Bernd Paul Jäger, Paul Eberhard Rudolph
Statistik
De Gruyter Studium

Bernd Paul Jäger, Paul Eberhard Rudolph

Statistik

Verstehen durch Experimente mit SAS®

DE GRUYTER

Autoren

Dr. rer. nat. Bernd Paul Jäger
Universitätsmedizin Greifswald
Inst. für Biometrie & Medizinische Informatik
Walther-Rathenau-Str. 48
17475 Greifswald

Dr. rer. nat. Paul Eberhard Rudolph
Taklerring 40
18109 Rostock
pe.rudolph@kabelmail.de

ISBN 978-3-11-040269-8
e-ISBN (PDF) 978-3-11-040272-8
e-ISBN (EPUB) 978-3-11-040285-8

Library of Congress Cataloging-in-Publication Data
A CIP catalog record for this book has been applied for at the Library of Congress.

Bibliografische Information der Deutschen Nationalbibliothek
Die Deutsche Nationalbibliothek verzeichnet diese Publikation in der Deutschen
Nationalbibliografie; detaillierte bibliografische Daten sind im Internet über
http://dnb.dnb.de abrufbar.

© 2016 Walter de Gruyter GmbH, Berlin/Boston
Satz: PTP-Berlin, Protago-TEX-Production GmbH, Berlin
Druck und Bindung: CPI books GmbH, Leck
♾ Gedruckt auf säurefreiem Papier
Printed in Germany

www.degruyter.com

Inhalt

Vorwort —— XI

1	**Erzeugung von Zufallszahlen und Monte-Carlo-Experimente** —— **1**	
1.1	MID-Square-Methode von John von Neumann —— 1	
1.2	Erzeugung gleichverteilter Zufallszahlen durch Restklassenoperationen —— 5	
1.2.1	Restklassenoperationen und die stetige Gleichverteilung —— 5	
1.2.2	Multiplikativer Generator von Coveyou und MacPherson —— 8	
1.2.3	Additiver Zufallszahlengenerator (Fibonacci-Generator) —— 10	
1.2.4	Gemischter Zufallszahlengenerator —— 13	
1.2.5	Quadratischer Blum-Blum-Shub-Zufallszahlengenerator —— 15	
1.2.6	RANDU – ein besonders schlechter Zufallszahlengenerator —— 16	
1.3	Zufallszahlengeneration mit Schieberegistern —— 19	
1.3.1	Allgemeines feedback shift register (GFSR) —— 19	
1.3.2	Twisted GFSR-Generatoren (TGFSR) —— 21	
1.3.3	Mersenne-Twister —— 24	
1.4	Erzeugung von Zufallszahlen mit beliebiger Verteilung —— 26	
1.4.1	Methode der Transformation der Verteilungsfunktion —— 26	
1.5	Erzeugung gleichverteilter Zufallszahlen mit irrationalen Generatoren —— 33	
1.5.1	Generatoren, die auf einem Satz von Weyl beruhen —— 33	
1.5.2	Van der Corput-Folgen —— 36	
1.5.3	Irrationaler Zufallszahlengenerator von Shuhai Li und Yumin Wang —— 38	
1.6	Erzeugung von normal verteilten Zufallszahlen —— 40	
1.6.1	Methode nach dem großen Grenzwertsatz der Statistik —— 41	
1.6.2	Polar-Methode von Marsaglia —— 42	
1.7	Monte-Carlo-Methode —— 44	
1.7.1	Nadelexperiment von Buffon —— 44	
1.7.2	Experimentelle Berechnung der Zahl Pi —— 47	
1.7.3	Monte-Carlo-Volumenbestimmung für Kegel, Kugel und Zylinder —— 49	
1.7.4	Näherungsweise Berechnung von bestimmten Integralen —— 51	
1.7.5	Bestimmung des Ellipsenumfangs —— 55	
1.7.6	Verbesserte Monte-Carlo-Berechnung bestimmter Integrale nach Sobol —— 58	
1.8	Zufallszahlenerzeugung im Softwaresystem SAS —— 61	
1.8.1	RANUNI- und UNIFORM-Funktion in SAS —— 61	
1.8.2	Erzeugung von Zufallszahlen mit anderen Verteilungen —— 61	

2 **Spielexperimente** —— **63**
2.1 Würfelexperiment mit einem gewöhnlichen Spielwürfel —— **63**
2.1.1 Gewöhnlicher Spielwürfel —— **63**
2.1.2 Gezinkter Würfel —— **67**
2.2 Würfeln mit zwei Würfeln —— **69**
2.2.1 Augensumme von zwei Würfeln —— **69**
2.2.2 Maximum und Minimum der Augenzahlen zweier Würfel —— **72**
2.2.3 Produkt der Augenzahlen zweier Würfel —— **74**
2.3 Wurfanzahl mit einem gewöhnlichen Spielwürfel, bis erstmals eine 6 fällt —— **76**
2.4 Wähle dein Glück —— **79**
2.5 Yahtzee oder Kniffel —— **82**
2.6 Lotto-Spiel 6 aus 49 —— **87**
2.7 Klassisches Pokerspiel —— **90**
2.8 Wie man beim Spiel Schnick-Schnack-Schnuck gewinnt —— **93**
2.9 Vom Werfen einer Münze zum ARC-SINUS-Gesetz —— **98**

3 **Wahrscheinlichkeitsfunktionen, Dichten, Verteilungen** —— **103**
3.1 Urnenmodelle —— **103**
3.1.1 Binomialmodell —— **104**
3.1.2 Polynomialmodell —— **110**
3.1.3 Hypergeometrisches Modell —— **116**
3.2 Erzeugung von normalverteilten Zufallszahlen —— **119**
3.2.1 Normalverteilungen $N(\mu, \sigma^2)$ —— **119**
3.2.2 Erzeugung von zweidimensional normalverteilten Zufallszahlen mit vorgegebenem Erwartungswertvektor und vorgegebener Kovarianzstruktur —— **122**
3.3 Prüfverteilungen —— **130**
3.3.1 χ^2-Verteilung —— **130**
3.3.2 t-Verteilung —— **134**
3.3.3 F-Verteilung —— **136**
3.3.4 Kolmogorov-Smirnov-Verteilung —— **139**
3.4 Wichtige Verteilungen —— **143**
3.4.1 Poisson-Verteilung („Verteilung der seltenen Ereignisse") —— **143**
3.4.2 Cauchy-Verteilung —— **149**
3.4.3 Betaverteilung —— **151**
3.4.4 Pareto-Verteilung —— **155**
3.4.5 Gammaverteilung —— **158**
3.4.6 Weibull-Verteilung —— **162**
3.4.7 Laplace-Verteilung —— **164**
3.4.8 Maxwell-Verteilung —— **166**
3.4.9 Inverse Gauß-Verteilung oder Wald-Verteilung —— **167**

3.4.10   Erlang-Verteilung —— **171**
3.4.11   Logistische Verteilung —— **173**
3.4.12   Wichtige in SAS verfügbare Verteilungen —— **176**

4   Punktschätzungen —— 179
4.1   Stichprobe und Stichprobenfunktion —— **179**
4.2   Momentenmethode als Punktschätzung
          für Verteilungsparameter —— **180**
4.2.1   Einführung der Momentenmethode an einem Beispiel —— **180**
4.2.2   Genauigkeit der Schätzwerte und Verteilung der Schätzungen —— **183**
4.2.3   Weitere Beispiele für Momentenschätzungen —— **186**
4.3   Maximum-Likelihood-Schätzungen —— **187**
4.3.1   Einführungsbeispiel für eine diskrete Zufallsgröße —— **187**
4.3.2   Einführungsbeispiel für eine stetige Zufallsgröße —— **188**
4.3.3   Erwartungstreue und asymptotische Erwartungstreue von
          Punktschätzungen —— **189**
4.3.4   Varianz und asymptotische Minimalvarianz von
          MLH-Punktschätzungen —— **193**
4.4   EM-Algorithmus zur Schätzung von Allelfrequenzen —— **196**
4.4.1   Einleitung —— **196**
4.4.2   Herleitung des EM-Algorithmus für das AB0-Blutgruppensystem —— **197**
4.4.3   EM-Algorithmus für 2-Allelen-Systeme —— **201**
4.5   Sequenzielle Schätzung —— **204**
4.5.1   Sequenzielle Schätzung des Binomialparameters p
          und ihre Eigenschaften —— **204**
4.5.2   Erwartungswert und Varianz des zufälligen
          Stichprobenumfangs —— **206**
4.5.3   Schätzungen für den Verteilungsparameter p
          der Binomialverteilung —— **208**
4.6   Sequenzielle MLH-Schätzung für Allelfrequenzen —— **216**
4.6.1   Allelfrequenzschätzungen, wenn Allel B über A dominiert —— **216**
4.6.2   Konfidenzintervalle für p = P(A), wenn Allel B über A dominiert —— **222**
4.6.3   Sequenzielle Allelfrequenzschätzungen, wenn Allel A über B
          dominiert —— **223**
4.6.4   Konfidenzschätzungen für p = P(A), wenn Allel A über B
          dominiert —— **225**
4.7   Andere Verfahren zur Parameterbestimmung —— **226**
4.7.1   Methode der kleinsten Quadrate (MKQ oder MLS) —— **226**
4.7.2   Minimum-χ^2-Methode (MCHIQ) —— **227**

5 **Konfidenzschätzungen —— 229**
5.1 Konfidenzintervalle für den Parameter μ
der N(μ, σ^2)-Verteilungen—— **229**
5.1.1 Konfidenzintervalle für μ bei bekannter Varianz σ^2 —— **229**
5.1.2 Konfidenzintervalle für μ bei unbekannter und geschätzter
Varianz s^2 —— **230**
5.2 Konfidenzschätzung für den Median —— **231**
5.3 Konfidenzintervalle für die Differenzen von Medianen —— **234**
5.3.1 Ungepaarter Fall —— **234**
5.3.2 Gepaarter Fall —— **235**
5.4 Konfidenzintervall für den Parameter p der Binomialverteilung—— **236**
5.4.1 Asymptotische Konfidenzintervalle für den Parameter p
der Binomialverteilung—— **236**
5.4.2 Exaktes Konfidenzintervall für den Parameter p
der Binomialverteilung—— **239**
5.4.3 Bewertung dreier Konfidenzintervalle für den Parameter p
einer Binomialverteilung B(n, p) —— **240**
5.4.4 Zusammenfassung und Empfehlung —— **241**
5.5 Konfidenzintervalle für epidemiologische Risikomaße —— **242**
5.5.1 Konfidenzintervalle für die Risikodifferenz RD —— **244**
5.5.2 Konfidenzintervall für das relative Risiko RR —— **247**
5.5.3 Konfidenzintervalle für den Chancenquotienten OR —— **249**
5.6 Konfidenzschätzung für eine Verteilungsfunktion —— **261**
5.7 Transformation von Konfidenzgrenzen —— **264**

6 **Statistische Tests —— 267**
6.1 Prinzip eines statistischen Tests —— **267**
6.2 Einstichprobentests —— **268**
6.2.1 Einstichprobentest für den Parameter p der Binomialverteilung —— **268**
6.2.2 Einstichprobentest für den Erwartungswert einer normalverteilten
Zufallsgröße —— **269**
6.2.3 Einstichproben-Trendtest nach Mann —— **270**
6.3 Simulation einer Prüfgröße, dargestellt für den David-Test —— **272**
6.3.1 Zielstellung—— **272**
6.3.2 Einleitung—— **273**
6.3.3 Theoretische Beschreibung —— **274**
6.3.4 Simulationsexperiment—— **276**
6.3.5 Ergebnisse —— **277**
6.4 Zweistichprobentests für zentrale Tendenzen —— **281**
6.4.1 Tests für verbundene Stichproben —— **281**
6.4.2 Tests für unverbundene Stichproben —— **291**
6.5 Tests zur Untersuchung der Gleichheit von Varianzen —— **304**

6.5.1	Parametrischer F-Test, ein Test auf Gleichheit zweier Varianzen ——	304
6.5.2	Hartley-Test und Cochran-Test ——	308
6.5.3	Levene-Test ——	312
6.5.4	Rangtest nach Ansari-Bradley-Freund für zwei Varianzen ——	318
6.5.5	Rangtest nach Siegel und Tukey ——	320
6.5.6	Bartlett-Test auf Gleichheit der Varianzen ——	323
6.6	Tests für mehr als zwei Stichproben ——	325
6.6.1	Friedman-Test bei mehr als zwei verbundenen Stichproben ——	325
6.6.2	Nemenyi-Test ——	329
6.6.3	Page-Test ——	332
6.6.4	Kruskal-Wallis-Test für unabhängige Stichproben ——	335
6.7	χ^2-Test für kategoriale Daten ——	338
6.7.1	χ^2-Test als Anpassungstest ——	339
6.7.2	χ^2-Test als Median- oder Median-Quartile-Test ——	341
6.7.3	χ^2-Test als Unabhängigkeitstest ——	344
6.7.4	χ^2-Test als Symmetrietest von Bowker für abhängige Stichproben ——	346
6.7.5	Exakter Test von Fisher und der Barnard-Test ——	349
6.8	Anpassungstests (Goodness of fit tests) ——	354
6.8.1	Kolmogorov-Smirnov-Anpassungstest ——	354
6.8.2	Lilliefors-Test ——	358
6.8.3	Kuiper-Test ——	360
6.8.4	Anderson-Darling-Test ——	361
6.8.5	Cramér-von-Mises-Test ——	362
6.8.6	Jarque-Bera-Test ——	363
6.8.7	D'Agostino-K^2-Test ——	365
6.9	Schnelltests (Quick Tests of Location) ——	369
6.9.1	Schnelltest nach Tukey und Rosenbaum ——	369
6.9.2	Schnelltest nach Neave ——	373
6.9.3	Wilks-Rosenbaum-Test ——	376
6.9.4	Kamat-Test ——	381
6.10	Ausreißertests ——	386
6.10.1	Einleitung ——	386
6.10.2	Einfache Grundregeln, Boxplotmethoden ——	388
6.10.3	Ausreißererkennung nach Peirce ——	392
6.10.4	Maximum-Methode ——	396
6.10.5	Modifizierte Z-Scores ——	398
6.10.6	Ausreißertest von Dean-Dixon ——	400
6.10.7	David-Hartley-Pearson-Test ——	401
6.10.8	Grubbs-Test ——	404
6.10.9	Grubbs-Beck-Test ——	406
6.10.10	Test auf mehrere Ausreißer von Tietjen und Moore ——	408

6.10.11   Parameterfreier Ausreißertest nach Walsh —— **413**
6.10.12   Modifiziertes Thompson-τ-Verfahren —— **414**
6.10.13   Wertung der Testmethoden zur Ausreißererkennung mittels
Powerbestimung —— **418**
6.11   Sequenzielle statistische Tests —— **419**
6.11.1   Prinzip von Sequenzialtests —— **419**
6.11.2   Sequenzieller t-Test —— **420**
6.11.3   Sequenzieller Test für das odds ratio OR —— **430**

7   Funktionstests für Zufallszahlengeneratoren —— 437
7.1   Zwei χ^2-Anpassungstests —— **437**
7.1.1   Einfacher χ^2-Anpassungstest —— **437**
7.1.2   Paartest —— **438**
7.2   Kolmogorov-Smirnov-Test —— **439**
7.3   Permutationstest —— **440**
7.4   Run-Tests —— **441**
7.4.1   Run-Test nach Knuth —— **444**
7.4.2   Zweiter Run-Test —— **450**
7.4.3   Bedingter Run-Test nach Wald und Wolfowitz —— **451**
7.5   Gap-Test —— **457**
7.6   Poker-Test —— **460**
7.7   Coupon Collectors Test —— **463**
7.8   Geburtstagstest —— **466**
7.9   Maximumtest —— **468**
7.10   Count-The-1's-Test und Monkey-Test —— **471**
7.11   Binärer Matrix-Rang-Test —— **473**
7.12   Kubustest —— **476**
7.13   Autokorrelation —— **477**

Literatur —— 481

Stichwortverzeichnis —— 489

Vorwort

Dieses Buch wendet sich vorwiegend an Wissenschaftler und Studierende, die
- die Statistik nicht als Wissenschaft, sondern als gehobene Anwendung benötigen,
- die Hintergründe der statistischen Verfahren dennoch verstehen möchten, damit auch die Interpretation der Ergebnisse sinnvoll ist,
- mit den für Mathematiker geschriebenen und streng logisch aufgebauten Statistiklehrbüchern nur wenig anfangen können, weil ihnen die mathematischen Grundlagen nicht bekannt sind oder bei langjährigem Nichtgebrauch weitestgehend entfallen sind,
- auf der anderen Seite aber mit den „Rezeptbüchern Statistik" unzufrieden sind und
- Bücher, bei denen ausschließlich in Allgemeinplätzen über die Verfahren geredet wird, gar nicht erst in die Hand nehmen.

Es ist insbesondere empfehlenswert für Anwender der Statistik mit Programmierkenntnissen, die häufig erst durch ein eigenes Rechnerprogramm die theoretischen Schlussfolgerungen der Verfahren verstehen.

Selbstverständlich kommt man ganz ohne theoretisches Hintergrundwissen auch hier nicht aus. Den Königsweg zum Verständnis der Mathematischen Statistik gibt es eben nicht. Die notwendigen und unverzichtbaren Theoreme werden in der Regel nicht bewiesen, sondern allein durch Experimente illustriert. Für diese Experimente werden SAS-Programme mitgeliefert. Das sind keine Beweise im mathematischen Sinne, aber am gut gewählten Beispiel erschließen sich leicht die hinter dem Algorithmus stehenden Zusammenhänge.

Es wird durchgängig die SAS-Software verwendet. Damit erwirbt man durch ‚learning by doing' zusätzliche SAS-Kenntnisse. Ohne großen Aufwand können die SAS-Programme auch in andere Programmiersprachen oder Statistiksoftware übertragen werden.

Das Buch liefert weder eine Einführung in die Mathematische Statistik noch das Softwaresystem SAS. Für beides werden Grundkenntnisse vorausgesetzt.

Der vermittelte Stoff gliedert sich in folgende Kapitel:

1 Erzeugung von Zufallszahlen

Wer bereits etwas über Zufallszahlen weiß, kann diesen Abschnitt überspringen. Sollten sich in den folgenden Abschnitten Lücken auftun, kann man immer noch einmal nachlesen. Es wird gezeigt, nach welchen Prinzipien mit einem deterministisch arbeitenden Rechnerprogramm Zufallszahlen (Pseudozufallszahlen) erzeugt werden können. Neben den einfach zu erhaltenden gleichverteilten Zufallszahlen werden

Transformationen angegeben, die diese in Zufallszahlen anderen Verteilungen überführen. Die Erzeugung kann auch alternativ über Grenzwertsätze oder die so genannte
Akzeptanz-Zurückweise-Regel erfolgen. Ein kleiner Exkurs zu Monte-Carlo-Methoden
schließt sich an.

Die Entwicklungsgeschichte und die Verbesserung der Zufallszahlengenerierung
wird nachvollzogen: Von dem ersten von-Neumann-Generator über die Kongruenzgeneratoren bis hin zum Mersenne-Twister, der heutigen Wissensstand darstellt, werden
die Generatoren besprochen und mit didaktisch ausgerichteten Programmen nachge-
baut. Natürlich benötigt man für praktische Anwendungen schnelle Generatoren, die
in der Lage sind, in kurzer Zeit tausende Zufallszahlen zu erzeugen. Diese Generatoren
sollten in der Maschinensprache programmiert sein, um das zu leisten. Sie sind aus
dem Internet teilweise sogar kostenfrei zu beziehen. Im ersten Kapitel geht es aber
allein um das Verständnis der Arbeitsweise der Algorithmen.

In den übrigen Abschnitten wird selbstverständlich der Mersenne-Twister der
SAS-Software verwendet.

2 Spielexperimente

Zufallszahlen werden zum Simulieren einfacher stochastischer Modelle genutzt, insbesondere derjenigen, die aus didaktischen Gründen häufig für das Studium der An-
fangsgründe der Wahrscheinlichkeitsrechnung und Statistik verwendet werden. Das
sind die bekannten Würfelexperimente, das Lotto-Spiel, Kartenspiele, Urnenmodelle
wie das Binomial- und Polynomialmodell oder das hypergeometrische Modell.

Die Beschäftigung mit Würfel- und Kartenspielen, etwa dem Pokerspiel, dient
nicht dem Ziel, sich auf dem Gebiet der Glücksspiele zum Profi zu entwickeln. Im
letzten Kapitel, dem Testen auf ordnungsgemäßes Arbeiten von Zufallszahlengeneratoren, wird wieder auf diese Glücksspiele Bezug genommen. Neue Zufallszahlengeneratoren müssen auch solche Tests durchlaufen.

3 Wahrscheinlichkeitsfunktionen, Dichten, Verteilungen

Häufig vorkommende Verteilungen und ihre Realisierungen in SAS werden hier behandelt. Einige wichtige Transformationen von einer Verteilung in die andere werden
beschrieben und durch ein Simulationsexperiment realisiert. Dieser Abschnitt umfasst einen Großteil der Wahrscheinlichkeitsrechnung.

4 Punkt- und 5 Konfidenzschätzungen

Punkt- und Konfidenzschätzungen für Parameter von Verteilungen werden in diesem Kapitel behandelt, beispielsweise solche für den Parameter p der Binomialverteilung und den daraus abgeleiteten Begriffen bei zwei Stichproben. Das sind z. B. die Differenz RD = $p_1 - p_2$ (auch als Risikodifferenz bezeichnet) oder der Quotient RR = p_1/p_2 (relatives Risiko) sowie das in der Medizin häufig verwendete Chancenverhältnis OR = $(p_1/(1 - p_1))/(p_2/(1 - p_2))$ (odds ratio) bei zwei vorliegenden Binomialverteilungen mit den Parametern p_1 und p_2. Als allgemeines Verfahren, sowohl für Punkt- als auch für Konfidenzschätzungen nützlich, wird das Maximum-Likelihood-Prinzip dargestellt.

6 Statistische Tests

In diesem Abschnitt werden zahlreiche Tests dargestellt, die für den Statistikanwender zum Grundrepertoire gehören sollten. Für viele Anwender sind die statistischen Tests das Herzstück der Statistik, die Statistik im eigentlichen Sinne.

Die jeweiligen Verfahren werden inhaltlich erläutert und die für die Tests herangezogenen Prüfgrößen durch ein Simulationsexperiment erzeugt. Dies erleichtert das Verständnis für den Algorithmus des Tests und führt oftmals zum Staunen über die Leistungen der Statistiker, die noch weitestgehend ohne Computer auskommen mussten.

Die durch Simulation erhaltenen kritischen Werte für den jeweiligen Test werden in der Regel vorhandenen Tafelwerten gegenübergestellt. Dabei wird sich zeigen, dass sie nahezu übereinstimmen und damit die Simulation, weil sie leicht durchzuführen ist, eine entsprechende Bedeutung hat.

Neben klassischen Tests werden auch sequenzielle Tests behandelt.

7 Funktionstests für Zufallszahlengeneratoren

Im letzten Kapitel ist das Handwerkszeug verfügbar, um Zufallszahlengeneratoren auf Tauglichkeit zu überprüfen. Eine ganze Reihe von Tests – zusammengefasst in der Diehard-Box – ist in den USA gesetzlich vorgeschrieben, um Zufallszahlengeneratoren insbesondere bei Glücksspielautomaten auf ordnungsgemäße Funktion zu überprüfen. Die meisten dieser Tests werden hier behandelt.

Damit schließt sich der Kreis von der Entwicklung von Zufallszahlengeneratoren im ersten Kapitel bis zum Testen ihrer ordnungsgemäßen Funktion im 7. Kapitel.

Die zum Buch gehörenden SAS-Programme sind nicht Textbestandteil, sie können aber von der Internetseite des Verlages (**www.degruyter.com/books/978-3-11-040269-8**)

heruntergeladen werden. Damit sind die entsprechenden Textdateien mit der Extension ‚sas' sofort im SAS-System als Programme verwendbar.

Im Text werden die SAS-Programme in der Regel nur mit sas_Kapitelnummer_Nummer bezeichnet. Die realen Dateien haben darüber hinaus häufig einen längeren (erklärenden) Dateinamen. Aufgrund der Nutzung von SAS wird der Punkt als Dezimaltrennzeichen verwendet.

Herrn Prof. Dr. rer. nat. habil. Karl-Ernst Biebler danken wir für die zahlreichen kritischen und konstruktiven Hinweise bei der Bearbeitung des Manuskripts.

Ebenso danken wir allen Verlagsmitarbeitern, die an der Entstehung des Buches beteiligt waren, insbesondere Frau Silke Hutt für ihre gute Betreuung des Projekts und ihre Geduld mit den Autoren sowie Frau Katharina Wanner für die Covergestaltung.

Es ist uns ein Herzensbedürfnis, uns bei all denen zu bedanken, die uns dahingehend unterstützt haben, dass sie viele Pflichtaufgaben für uns erledigt haben. Erst dadurch haben wir die Freiheit und die Zeit für die Manuskriptarbeit gefunden. Vor allen war das meine liebe Frau, Elke Jäger, die viel Verständnis für unsere Arbeit aufbrachte, besonders als wir zur endgültigen Fertigstellung in „Klausur" gingen.

Den Lesern wünschen wir Erfolg bei der Arbeit und insbesondere bei der Anwendung statistischer Methoden. Hinweise auf Fehler und Vorschläge zur Verbesserung des Buches sind uns willkommen.

Greifswald und Rostock, Mai 2016

Bernd Paul Jäger
Paul Eberhard Rudolph

1 Erzeugung von Zufallszahlen und Monte-Carlo-Experimente

1.1 MID-Square-Methode von John von Neumann

In der Anfangszeit der Computerära hoffte man, dass sich Zufallszahlen, „nichtvorhersagbare" Zahlen, bei arithmetischen Berechnungen mit großen Zahlen einstellen. Das bekannteste Verfahren aus dem Jahr 1946 stammt vom Computerpionier John von Neumann.

Von Neumann zu Margitta, Janos
(* 28. Dezember 1903, Budapest; † 8. Februar 1957 in Washington, DC)

Als Startwert (engl. seed, Saat) wählt man beispielsweise eine vierstellige ganze Zahl, die quadriert wird. Resultat ist eine höchstens achtstellige Zahl. Nach Weglassen der beiden hinteren Ziffern für die Einer und Zehner werden die vier Ziffern des Hunderters, des Tausenders, des Zehn- und Hunderttausenders, als neue maximal vierstellige Zufallszahl und als Startwert der folgenden Iteration gewählt.

Auf diese Weise würden sich spätestens nach 10^4 = 10 000 Iterationen die Zufallszahlen wiederholen, wenn nämlich nach jeder Multiplikation eine neue vierstellige Zahl entstehen würde, die bisher noch nicht als Startwert verwendet wurde. Die tatsächlichen Zyklen, das sind die Folgen der vierstelligen Zahlen, bis erstmals wieder die Startzahl auftritt, sind allerdings wesentlich kürzer. Nur in wenigen Fällen gehen sie über die Länge 100 hinaus.

Sind die resultierenden vier Ziffern sämtliche Null, so entstehen fortan keine neuen Zufallszahlen. Ist die erste oder zweite Hälfte der vier Ziffern Null, so gehen in der Regel die folgenden zufälligen Zahlen nach wenigen Iterationen ebenfalls gegen (0000). Dieser Fehler war leicht zu beheben, indem man erneut mit einer vierstelligen Zahl startete.

Die Quadratmitten-Methode ist heute nicht mehr in praktischem Gebrauch und nur von historischem Interesse, zumal von Neumann alle die genannten Probleme bereits kannte. Aber die „middle-square method" war schnell und leicht auf der ENIAC, einem der ersten Computer der Welt, zu implementieren. Die ENIAC wurde im Geheimauftrag der US-Armee ab 1942 von J. Presper Eckert und John W. Mauchly entwickelt. Mit ihrer Rechenleistung wurde auch die Entwicklung der amerikanischen

Tab. 1.1: Ein Beispiel für die Arbeitsweise der MID-Square-Methode von John von Neumann (seed = 2008 hat die Zyklenlänge 61).

$x_1 = 2008$	$x_1^2 = 4032064$
$x_2 = 0320$	$x_2^2 = 102400$
$x_3 = 1024$	$x_3^2 = 1048576$
$x_4 = 0485$	$x_4^2 = 235225$
$x_5 = 2325$	$x_5^2 = 5405625$
$x_6 = 4056$	$x_6^2 = 16451136$
$x_7 = 4511$	$x_7^2 = 20349121$
$x_8 = 3491$	$x_8^2 = 12187081$
$x_9 = 1870$	$x_9^2 = 3496900$
$x_{10} = 4969$	...

Atombombe unterstützt. Die Öffentlichkeit erfuhr erst nach dem Krieg am 14. Februar 1946 von der Existenz dieses Computersystems.

Es gibt drei besondere Zyklen der Länge 4 von vierstelligen Zahlen, in denen der Algorithmus verharren würde, wenn eine der Zyklenzahlen auftritt. Diese Zyklen müssen in einem Programm, das die Zyklenlängen berechnet, separat behandelt werden. Das sind:

1. 9600, 1600, 5600, 3600,
2. 8100, 6100, 2100, 4100 und
3. 3009, 540, 2916, 5030.

In den ersten Zyklus kommt man, wenn der Startwert eine der Zahlen 9600, 1600, 5600 oder 3600 selbst ist, aber auch wenn der Vorgänger 0400 oder 0600 ist. In den zweiten Zyklus kommt man, wenn der Startwert eine der Zahlen 8100, 6100, 2100 oder 4100 ist, aber auch wenn der Vorgänger 900 ist, und in den dritten Zyklus kommt man, wenn der Vorgänger 54 ist.

Im obigen Beispiel mit seed = 2008 gelangt man nach dem 57. Schritt zur Zahl 6900. Im 58. Schritt erhält man 6100 und ist damit im 2. Zyklus angelangt. Man kann in diesem noch die restlichen drei Zykluszahlen 2100, 4100 und 8100 erzeugen. Damit ist die endgültige Zyklenlänge 61 erreicht.

In der Tab. 1.2 sind für einige Startwerte die mit dem SAS-Programm `sas_1_1` ermittelten Zyklenlängen angegeben.

In der Abbildung 1.1 ist für jeden der Startwerte von 1 bis 9999 die Zyklenlänge angetragen. Man erkennt, dass die Zyklenlänge von 100 selten überschritten wird. Die Zyklenlängen sind nicht vorauszusagen. Auffällig ist bei um seed = 5000 herum eine sehr kleine Zyklenzahl (s. Tab. 1.2).

Zwei für die Statistik besonders wichtige Begriffe sollen an dieser Stelle genannt und mit dem Zyklenlängen beim von-Neumann-Generator illustriert werden.

In einem **Häufigkeitsdiagramm** werden die absoluten oder die relativen Häufigkeiten über der jeweiligen Ausprägung abgetragen.

Tab. 1.2: Zyklenlängen für ausgewählte Startwerte (seed).

seed	Zyklen-Länge l	seed	Zyklen-Länge l	seed	Zyklen-Länge l	seed	Zyklen-Länge l
4989	32	4995	2	5001	1	5007	3
4990	11	4996	1	5002	3	5008	3
4991	2	4997	3	5003	3	5009	2
4992	3	4998	3	5004	2	5010	4
4993	3	4999	2	5005	2	5011	53
4994	2	5000	1	5006	2	5012	74

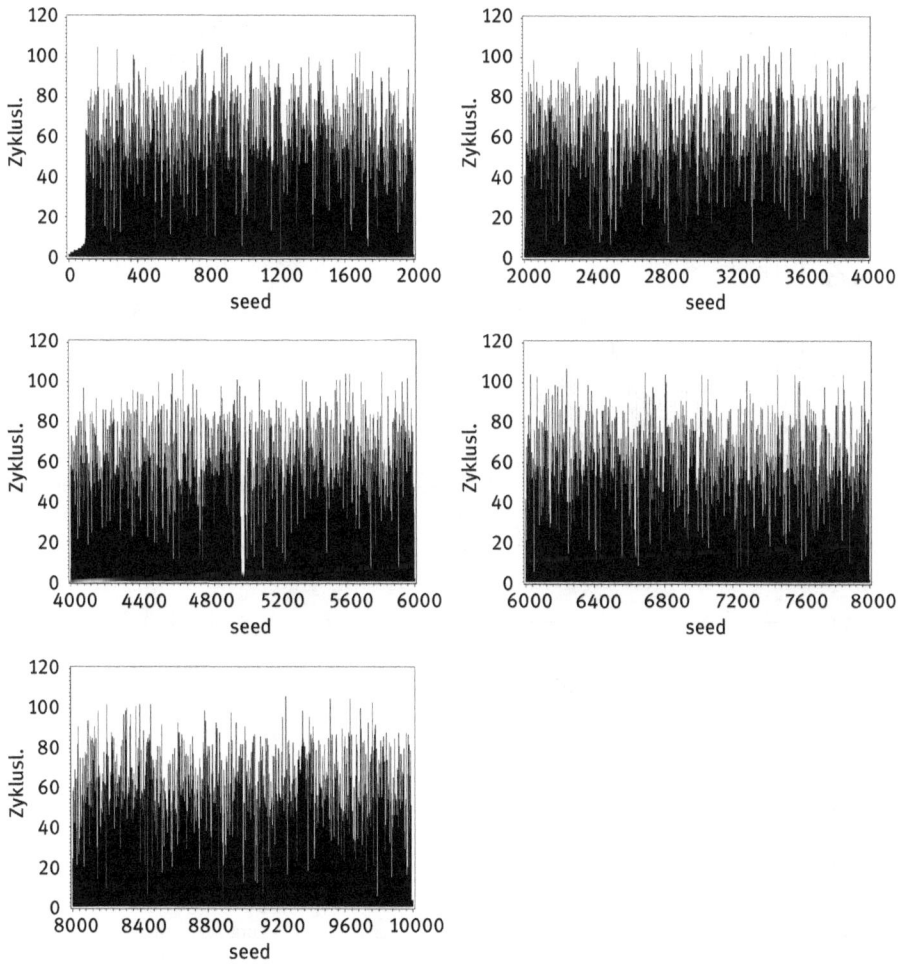

Abb. 1.1: Zyklenlängen z in Abhängigkeit vom Startwert „seed".

In der Abb. 1.2 sind über jeder denkbaren Zykluszahl, die auf der x-Achse darge-stellt wird, die relativen Häufigkeiten ihres Auftretens abgetragen. Man erkennt, dass keine der Zykluszahlen ausgelassen wird und keine Zykluszahl als besonders häufig heraussticht.

Die kumulierten relativen Häufigkeiten nennt man empirische **Verteilungsfunk-tion**. Die Ordinate, für die die empirische Verteilungsfunktion den Wert 0.5 annimmt, ist der empirische **Median**. Der Median der Zyklenlängen ist 44, d. h., 50% der Zyklen haben eine Länge von höchstens 44 und 50% von mehr als 44 (siehe Abb. 1.3).

Man erkennt, dass der Abbruch der Folge der „Zufallszahlen" relativ schnell er-folgt. Zyklenlängen über 100 sind die Ausnahme, nicht die Regel. Die mittlere Zyklen-länge ist 42.7366737, die empirische Streuung 26.0204762. Für Simulationen mit entsprechender Aussagekraft benötigt man Umfänge in der Größenordnung von etwa 10 000 Zufallszahlen, die nicht zyklisch geworden sind. Das läs st sich mit der MID-Sqare-Methode von John von Neumann nicht erreichen.

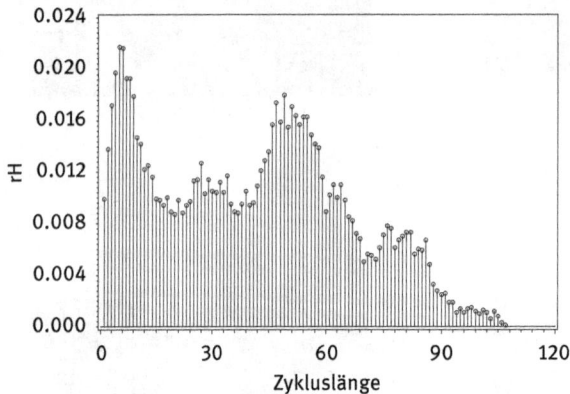

Abb. 1.2: Häufigkeitsfunktion der Längen z der Zufallszahlenfolgen bis zum Zyklischwerden, erzeugt nach dem Quadratmittenprinzip nach von Neumann.

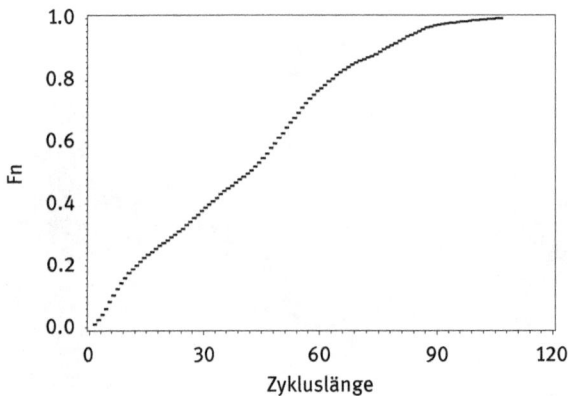

Abb. 1.3: Verteilungsfunktion der Längen der Zufallszahlenfolgen bis zum Zyklischwerden, erzeugt nach dem Quadratmittenprinzip nach von Neumann.

Bemerkung. Selbstverständlich kann man die MID-Sqare-Methode von John von Neumann auch auf 6-, 8- oder 10-stellige Startzahlen (seed) verallgemeinern. Das führt zu längeren Zyklen. Aber der unvorhersehbare Abbruch und das ständige Neustarten des Zufallszahlengenerators bleiben. Man wendet diese Methode nicht mehr an, weil es bessere gibt.

1.2 Erzeugung gleichverteilter Zufallszahlen durch Restklassenoperationen

1.2.1 Restklassenoperationen und die stetige Gleichverteilung

Restklassenoperationen
Die Erzeugung von Zufallszahlen mit Hilfe eines Computerprogramms scheint auf den ersten Blick ein hoffnungsloses Unterfangen zu sein. Ein Programm arbeitet streng deterministisch und ist folglich nicht in der Lage, Zufallszahlen zu erzeugen. Deshalb spricht man in diesen Fällen auch nur von Pseudo-Zufallszahlen.

Die vorgestellten Verfahren beruhen auf Restklassenoperationen ganzer Zahlen. Nimmt man beispielsweise die Zahl M = 5 als Modul, so lässt jede ganze Zahl bei der Division durch M den Rest 0, 1, 2, 3 oder 4. Den Rest 0 lassen beispielsweise alle Vielfachen von 5, also z. B. 0, 5, 10, 15, 25, ... aber auch −5, −10, −15, ... Die Menge dieser Zahlen nennt man Restklasse zur Null. Die Bezeichnung der Restklassen richtet sich nach ihrer kleinsten natürlichen Zahl.

Mit diesen fünf Restklassen in unserem Beispiel kann man ähnlich rechnen wie mit natürlichen Zahlen. Addiert man beispielsweise zwei ganze Zahlen, die bei der Division durch 5 jeweils den Rest 2 ergeben, so hat ihre Summe bei der Division durch 5 den Rest 4. Die vollständigen Additions- und auch Multiplikationsregeln für die Restklassen bezüglich M = 5 sind in den folgenden beiden Tabellen 1.3 und 1.4 niedergelegt.

Tab. 1.3: Additionstabelle für die Restklassen bezüglich der Division durch 5.

Addition	Restklasse				
+	0	1	2	3	4
0	0	1	2	3	4
1	1	2	3	4	0
2	2	3	4	0	1
3	3	4	0	1	2
4	4	0	1	2	3

Tab. 1.4: Multiplikationstabelle für die Restklassen bezüglich der Division durch 5.

Multiplikation	Restklasse				
×	0	1	2	3	4
0	0	0	0	0	0
1	0	1	2	3	4
2	0	2	4	1	3
3	0	3	1	4	2
4	0	4	3	2	1

Ein großer Teil der Rechenregeln, die man von den ganzen Zahlen kennt, gelten fort. Das sind beispielsweise die Kommutativgesetze und die Assoziativgesetze der Addition und Multiplikation und die Distributivgesetze. Einige Besonderheiten gibt es dennoch. Die Restklassen bezüglich der Division durch 6 beispielsweise enthalten so genannte Nullteiler. Es gilt natürlich immer $0 \times X = 0$ für jede Restklasse X. Allerdings ist es auch möglich die Null als Produkt von Restklassen zu erhalten, die nicht die 0 enthalten, etwa $2 \times 3 = 0$. Glücklicherweise ist das nicht der Fall, wenn man Restklassen bezüglich der Division durch eine Primzahl betrachtet.

Additive und multiplikative Zufallszahlengeneratoren

Die Rechnerprogramme, die iterativ aus einem oder mehreren Startwerten X_{s1} oder X_{s2} neue „Zufallszahlen" X_n unter Verwendung der Addition erzeugen, heißen additive (oder Fibonacci-) Generatoren, wenn

$$X_n = \text{MOD}(X_{s1} + X_{s2}, M),$$

bzw. multiplikative Generatoren, wenn sie sie die Multiplikation verwenden, beispielsweise

$$X_n = \text{MOD}(a \cdot X_{s2}, M).$$

Dabei bezeichnet $\text{MOD}(a, b)$ den ganzzahligen Rest ($0 \leq \text{MOD}(a, b) \leq b - 1$), den die Zahl a bei der Division durch b lässt. Selbstverständlich lassen sich durch diesen iterativen Erzeugungsalgorithmus nur endlich viele Zufallszahlen von 0 bis $M - 1$ erzeugen.

Eine Transformation der Zufallszahlen X_n in das Intervall von 0 bis 1 erhält man, indem jede dieser Zahlen durch M dividiert wird, $Y_n = X_n/M$. Selbst bei sehr großem M liegen diese Zahlen nicht dicht. Dicht liegen von Zahlen bedeutet, dass zwischen je zwei Zahlen a und b (o.B.d.A. a < b) stets eine weitere Zahl x mit a < x < b liegt. Zum Beispiel liegen die rationalen Zahlen dicht: Zwischen a und b liegt stets das arithmetische Mittel von a und b, die Zahl $(a + b)/2$. Zwischen zwei Zahlen, die ein Zufallszahlengenerator erzeugt gibt es mindestens den Abstand von $1/M$. Der Abstand zwischen zwei beliebigen solchen Zahlen ist immer ein Vielfaches von $1/M$. Deshalb handelt es sich keinesfalls um stetige gleichverteilte Zufallszahlen, sondern man hat dafür den Begriff Pseudo-Zufallszahl geprägt.

Gleichverteilung auf dem Intervall [a, b)

Die reelle Funktion

$$f(x) = \begin{cases} 0 & \text{für } x < a \\ 1/(b - a) & \text{für } a \leq x < b \\ 0 & \text{für } x \geq b \end{cases}.$$

heißt Dichtefunktion und

$$F(x) = \int_{-\infty}^{x} f(t)\,dt = \begin{cases} 0 & \text{für } x < a \\ x/(b-a) & \text{für } a \le x < b \\ 1 & \text{für } x \ge b \end{cases}.$$

Verteilungsfunktion der Gleichverteilung auf dem Intervall [a, b).

Der wesentliche Zusammenhang zwischen einer Dichte f und ihrer Verteilungsfunktion F wird durch die Beziehung

$$F(x) = \int_{-\infty}^{x} f(t)\,dt$$

vermittelt. Eine Verteilungsfunktion ist eine nichtnegative monoton wachsende Funktion mit den beiden Grenzwerten

$$\lim_{x \to -\infty} F(x) = 0 \quad \text{und} \quad \lim_{x \to +\infty} F(x) = 1.$$

Die Abbildung 1.4 gibt Dichte- und Verteilungsfunktion für die Gleichverteilung auf dem Intervall [1, 3) an.

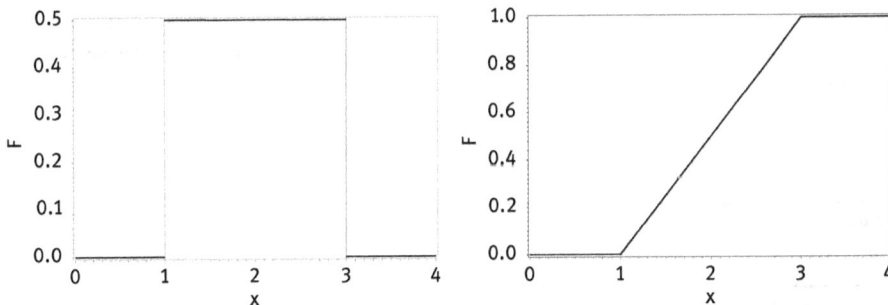

Abb. 1.4: Dichtefunktion (links) und Verteilungsfunktion (rechts) der Gleichverteilung auf dem Intervall [1, 3).

Die Namen gebende Eigenschaft der Dichte f der Gleichverteilung auf dem Intervall [a, b) ist ihr konstanter Wert auf diesem Intervall.

Da das Integral einer Dichtefunktion in den Grenzen von $-\infty$ bis $+\infty$ stets den Wert 1 annimmt, muss die Dichtefunktion auf [a, b) den Wert $1/(b-a)$ annehmen. Dann ist nämlich die Fläche unter der Dichtefunktion ein Rechteck mit der Breite $(b-a)$, der Höhe $1/(b-a)$ und folglich dem Flächeninhalt 1. Außerhalb des Intervalls [a, b) nimmt die Dichtefunktion den Wert 0 an.

Die Verteilungsfunktion F ist auf dem Intervall [a, b) linear wachsend. Wegen $F(a) = 0$ und $F(b) = 1$ muss der Anstieg der linearen Funktion $1/(b-a)$ sein.

Damit ist klar, dass eine Gleichverteilung, die eine stetige Zufallsgröße beschreibt und deren Dichte auf den reellen Zahlen definiert ist, niemals durch einen Kongruenzgenerator erzeugt werden kann. Die erzeugten Zufallszahlen liegen nicht einmal dicht wie die rationalen Zahlen, bei denen zwischen zwei Zahlen a und b immer eine weitere rationale Zahl, etwa (a + b)/2 liegt. Zufallszahlen, die solchen Eigenschaften genügen sollen, müssen nach anderen Prinzipien (etwa dem Satz von WEYL) erzeugt werden.

Um das Wort gleichverteilte Pseudozufallszahlen zu vermeiden, nennt man sie (und auch im Weiteren sollen sie so genannt werden) – natürlich nicht exakt – gleichverteilte Zufallszahlen.

1.2.2 Multiplikativer Generator von Coveyou und MacPherson

Besprochen wird nur der einfachste Fall eines multiplikativen Generators. Die aus einem Startwert x_0 erzeugte neue „Zufallszahl" x_1 wird mit der Formel

$$x_1 = \text{MOD}\,(a \cdot x_0, M)$$

gewonnen. Für die nächste Zufallszahl dient x_1 als neuer Startwert usw. usf.

Beispiel 1.1. Für M = 10, a = 7 und die Startwerte von 1 bis 9 sind in der Tab. 1.5 die berechneten Folgen von Zufallszahlen angegeben, bis sich Zufallszahlen wiederholen:

Tab. 1.5: Arbeitsweise eines multiplikativen Generators.

Start- wert	$x_0 = 1$	x_0							
		7	9	3	4	8	6	2	5
x_1	7 = Mod (7 * 1, 10)	9	3	1	8	6	2	4	5
x_2	9 = Mod (7 * 7, 10)	3	1	7	6	2	4	8	
x_3	3 = Mod (7 * 9, 10)	1	7	9	2	4	8	6	
x_4	1 = Mod (7 * 3, 10)	7	9	3	4	8	6	2	

Man erkennt deutlich, dass
- der Zufallszahlengenerator zyklisch wird, d. h., nach einer gewissen Anzahl von Schritten wiederholen sich die ausgegebenen Zahlen.
- die Zykluslänge in Abhängigkeit von den Startwerten 4 oder nur 1 (beim Startwert 5) ist.
- es bis auf Rotieren genau zwei verschiedene Zyklen der Länge vier gibt.

Die Kunst der Konstruktion der Zufallsgeneratoren besteht darin, durch geeignete Wahl der Parameter a und M solche mit vielen verschiedenen und möglichst langen Zyklen herauszufinden.

Ein solcher Zufallszahlengenerator bringt damit nichts anderes zu Stande als die Restklassen von 0 bis M − 1 gehörig zu durchmischen und diese Durchmischung von verschiedenen Startwerten aus zyklisch zu durchlaufen oder eben Teilmengen zyklisch zu durchlaufen.

Der von Coveyou und MacPherson (1967) entwickelte und getestete multiplikative Generator verwendet a $= 3^{17}$ oder a $= 3^{19}$ und M $= 10^{10}$. Bei der Transformation $y_n = x_n/M$ in das Intervall von 0 bis 1 bleibt im günstigsten Fall ein Zahlenabstand von 10^{-10}, der nicht unterschritten werden kann.

Das SAS-Programm `sas_1_2` enthält im data step den Generator von Coveyou und MacPherson.

Im 2. Teil des Programms wird die Prozedur FREQ genutzt, um die 100 000 erzeugten gleichverteilten Zufallszahlen auszuzählen und die empirische Verteilungsfunktion mit der Prozedur GPLOT darzustellen. Die Häufigkeitsfunktion wird mit den gerundeten Zufallszahlen bei gleicher Vorgehensweise mit den Prozeduren FREQ und GPLOT erzeugt.

Die Häufigkeitsverteilung von 100 000 gleichverteilten Zufallszahlen, erzeugt nach Coveyou und MacPherson und auf ein Tausendstel gerundet, ist in Abb. 1.5 dargestellt. Man erwartet bei 1000 möglichen Werten von 0, 0.001, 0.002, . . . , 0.999 pro Wert etwa 100 solcher gerundeten Zufallszahlen. In der Abb. 1.5 erkennt man, dass die „zufälligen" Schwankungen der Häufigkeiten zwischen minimal 77 und maximal 148 variieren, im Wesentlichen aber bei 100 liegen.

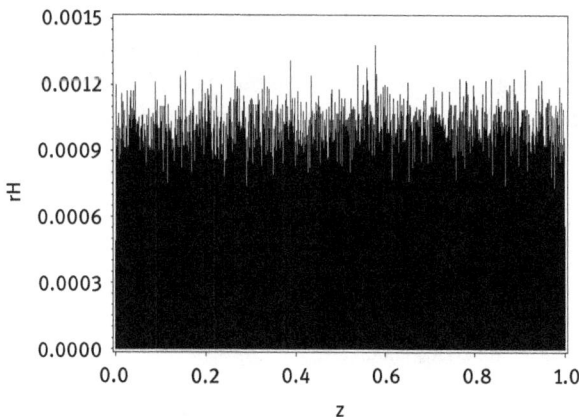

Abb. 1.5: Häufigkeitsverteilung von 100 000 gleichverteilten Zufallszahlen nach Coveyou und Mac-Pherson.

In Abb. 1.6 sind für Simulationsumfänge von 20 und 100 die Treppenfunktionen der empirischen Verteilungsfunktionen (auch kumulierte Häufigkeitsfunktionen genannt) dargestellt. Dazu wurde das SAS-Programm `sas_1_3` verwendet.

Für n = 100 000 ist die empirische Verteilungsfunktion bereits eine sehr gute Näherung für die stetige Gleichverteilung. Die Unterschiede zwischen der Treppen-funktion und einer Geraden (vergleiche Abb. 1.6) verschwinden bei größer werdenden Werten von n. Die Treppenstufen werden immer kleiner, die Höhe der Treppenstufen geht zwar nicht gegen 0, sondern gegen den Wert $1/M = 1 \cdot 10^{-10}$, der aber grafisch nicht mehr dargestellt werden kann.

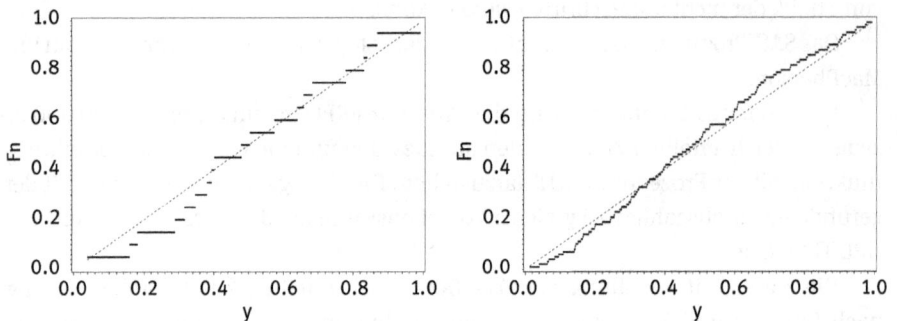

Abb. 1.6: Empirische Verteilungsfunktionen (Treppenfunktionen) für die Simulationsumfänge von 20 (links) und 100 (rechts) und Verteilungsfunktion der Gleichverteilung (Gerade).

Bemerkung. Durch das Runden der erzeugten Zufallszahlen auf $1/1000$ ist in den Ab-bildungen eigentlich die Realisierung einer diskreten Gleichverteilung auf den Werten $0.001, 0.002, \ldots, 0.999$ dargestellt mit $P(X = x_i) = 1/1000$. Aber auch dafür kann der Unterschied zwischen Verteilungsfunktion und empirischer Verteilungsfunktion, die man aus 100 000 Zufallszahlen erhält, grafisch nicht dargestellt werden.

1.2.3 Additiver Zufallszahlengenerator (Fibonacci-Generator)

Ein Zufallszahlengenerator heißt Fibonacci-Generator, wenn

$$x_{n+1} = MOD(x_n + x_{n-1}, M).$$

Dabei werden zwei Startwerte vorgegeben, mit deren Hilfe die folgende „zufällige" Restklassenzahl bestimmt werden kann. Der Vorteil besteht darin, dass die Länge der Zyklen von zwei Werten abhängt und in der Regel die Zykluslänge größer wird. Ins-besondere kann sie größer als M werden, was für multiplikative Generatoren nicht möglich ist.

Leonardo da Pisa, auch Fibonacci genannt
(* um 1170 in Pisa; † nach 1240 in Pisa)

Als Beispiel soll M = 13 gewählt werden. Für die Startwerte $x_1 = 1$ und $x_0 = 1$ sind die Berechnungen der weiteren Zufallszahlen bis zum zyklisch werden in der folgenden Tab. 1.6 zusammengestellt.

Die Folge der Zufallszahlen wiederholt sich nach der 28. Iteration. Obwohl nur 13 Restklassen möglich sind, wiederholen sich die Zufallszahlen erst ab der 29. Iteration. In der 6. Iteration kommt zum zweiten Mal eine 8. Während die erste 8 in der 4. Iteration von einer 0 gefolgt wird, ist die Folgezahl der 8 in der 8. Iteration wiederum eine 8. Der Zyklus wird erst beendet, wenn die Startwerte $x_1 = 1$ und $x_0 = 1$ als Kombination erneut auftreten. Das ist bei $x_{29} = 1$ und $x_{28} = 1$ in der 29. Zeile der Fall.

Tab. 1.6: Berechnung der Zufallszahlen des Fibonacci-Generators mit M = 13 und Startwerte $x_1 = 1$ und $x_0 = 1$ bis zum Zyklischwerden.

Schritt	x_{n+1}	=	x_n	+	x_{n-1}	Schritt	x_{n+1}	=	x_n	+	x_{n-1}
1	2	=	1	+	1	16	10	=	11	+	12
2	3	=	2	+	1	17	8	=	10	+	11
3	5	=	3	+	2	18	5	=	8	+	10
4	8	=	5	+	3	19	0	=	5	+	8
5	0	=	8	+	5	20	5	=	0	+	5
6	8	=	0	+	8	21	5	=	5	+	0
7	8	=	8	+	0	22	10	=	5	+	5
8	3	=	8	+	8	23	2	=	10	+	5
9	11	=	3	+	8	24	12	=	2	+	10
10	1	=	11	+	3	25	1	=	12	+	2
11	12	=	1	+	11	26	0	=	1	+	12
12	0	=	12	+	1	27	1	=	0	+	1
13	12	=	0	+	12	28	1	=	1	+	0
14	12	=	12	+	0	29	2	=	1	+	1
15	11	=	12	+	12						

Wie viele unterschiedliche Zyklen gibt es? Offensichtlich führt jedes Paar x_n und x_{n-1} einer beliebigen Iterationsspalte der Tab. 1.7 zum gleichen Zyklus. Dadurch sind bereits 28 verschiedene Startwerte beschrieben, die zum gleichen Zyklus führen. In der Tat gibt es genau 6 verschiedene Zyklen jeweils von der Länge 28. Damit sind $6 \cdot 28 = 168$ Kombinationen von Startwerten festgelegt.

Lediglich der Startwert $x_1 = 0$ und $x_0 = 1$ führt ausschließlich zur Zufallszahl 0, also zu einem Zyklus der Länge 1. Diese letzte Aussage ist natürlich für alle M richtig. Den Gesamtüberblick über alle Zyklen gibt die folgende Tab. 1.7 an.

Tab. 1.7: Überblick über die sechs möglichen Zyklen des Fibonacci-Generators mit M = 13.

Iteration	Startwerte					
	$x_0 = 1$ $x_1 = 1$	$x_0 = 1$ $x_1 = 2$	$x_0 = 1$ $x_1 = 3$	$x_0 = 1$ $x_1 = 4$	$x_0 = 1$ $x_1 = 5$	$x_0 = 2$ $x_1 = 2$
1	2	3	4	5	6	4
2	3	4	5	6	7	6
3	5	7	9	11	0	10
4	8	11	1	4	7	3
5	0	5	10	2	7	0
6	8	3	11	6	1	3
7	8	8	8	**8**	8	3
8	3	11	**6**	1	9	6
9	**11**	6	1	9	4	9
10	**1**	4	7	10	0	2
11	12	**10**	8	6	4	11
12	0	**1**	2	3	4	0
13	12	11	10	9	8	11
14	12	12	12	12	12	11
15	11	10	9	8	7	9
16	10	9	8	7	6	7
17	8	6	4	2	0	3
18	5	2	12	9	6	10
19	0	8	3	11	6	0
20	5	10	2	7	12	10
21	5	5	5	5	5	10
22	10	2	7	12	4	7
23	2	7	12	4	9	4
24	**12**	9	6	3	0	11
25	**1**	3	5	7	9	2
26	**0**	12	11	10	9	0
27	**1**	2	3	4	5	2
28	1	1	1	1	1	2

Der Nachweis, dass alle Zyklen erfasst sind, ist einfach aber aufwändig. Es gilt zu überprüfen, dass alle Paare (x_1, x_0) in der Tabelle aufgeführt sind, die als Startwerte benutzt werden. In der Tabelle sind lediglich die Paare fett markiert, die mit $x_0 = 1$ und beliebigen x_1 starten und zum gleichen Zyklus führen. Man beachte, dass in der zweiten Spalte vier Paare markiert sind, nämlich $(11, 1)$, $(12, 1)$, $(0, 1)$ und $(1, 1)$. Man prüfe nach, dass sämtliche Paare außer $(0, 0)$ in einem der sechs Zyklen vorkommen.

Es gibt darüber hinaus Sätze über die Periodenlänge von Zufallsgeneratoren. Für $M = 2^n$ beträgt die Periode eines Fibonacci-Generators unabhängig von der Wahl der Startwerte x_0 und x_1 stets $3 \cdot 2^{n-1}$. Man kann das an einem Beispiel leicht nachprüfen. Für $M = 8 = 2^3$ ist die Periodenlänge $3 \cdot 2^2 = 12$.

Das SAS-Programm `sas_1_4` realisiert einen Fibonacci-Zufallsgenerator für $M = 2^{35}$ mit der Zykluslänge $3 \cdot 2^{34} \approx 5.15396 \cdot 10^{10}$. Das ist eine so große Zahl, die man in Simulationsaufgaben in der Regel nicht benötigt. Für praktische Aufgabenstellungen wird die endliche Zykluslänge niemals eine Rolle spielen. Die Abb. 1.7 sieht einer Gleichverteilung auf dem Einheitsintervall ähnlich. Als Referenzlinie eingezeichnet ist die erwartete relative Häufigkeit.

Bemerkung. Das Programm `sas_1_4` kann auch genutzt werden, um die Werte in den vorangehenden beiden Tabellen zu überprüfen.

Die beiden Startwerte sollten insbesondere bei kleinen Stichprobenumfängen sehr groß gewählt werden (etwa in der maximalen Darstellungsgröße ganzer Zahlen). Ist das nicht der Fall und man wählt sie sehr klein, überwiegen anfangs noch sehr kleine Zufallszahlen, weil sie aus der Summe der Anfangswerte generiert werden.

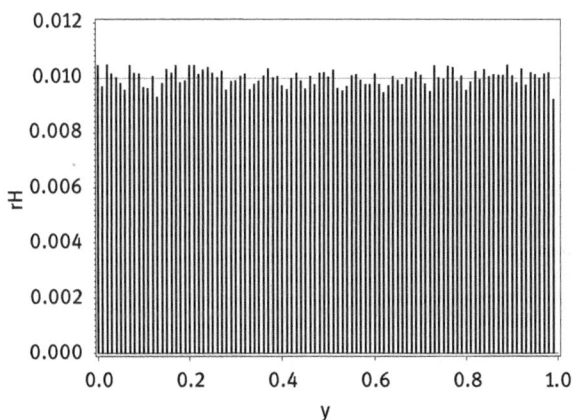

Abb. 1.7: Test des Fibonacci-Zufallszahlengenerators mit $M = 2^{35}$, dass die erzeugten Zufallszahlen gleichverteilt auf dem Einheitsintervall sind.

1.2.4 Gemischter Zufallszahlengenerator

Die gemischten Zufallszahlengeneratoren verbinden die Eigenschaften von additiven und multiplikativen Generatoren. Ein einfaches Beispiel dafür ist der Zufallszahlengenerator von Knuth. Die Iteration wird realisiert durch

$$x_{n+1} = \text{MOD}\,(a \cdot x_n + b, M),$$

also einer Multiplikation des Startwertes x_n mit einem vorgegebenen Parameter a des Zufallszahlengenerators und einer zusätzlichen Addition einer festen ganzen Zahl b, wobei a, b und x_n ganze Zahlen aus [0, M) sind.

Knuth, Donald („Don") Ervin
(* 10. Januar 1938 in Milwaukee, Wisconsin). Sein mehrbändiges Werk *The Art of Computer Programming* ist Vorbild für viele Bücher über Programmiersprachen geworden. Selbst der Titel wurde „nachgenutzt". Er schuf mit TEX ein Computerprogramm, das einen druckreifen Textsatz ermöglicht und dazu noch kostenfrei aus dem Internet bezogen werden kann.

Das SAS-Programm sas_1_5 realisiert den Zufallszahlengenerator nach Knuth (1969) mit den Parametern $a = 5^{13}$, $b = 1$, $x_0 = 37$ und dem von Knuth vorgeschlagenen $M = 2^{35}$. Es liefert gleichzeitig die Häufigkeitsfunktion von 100 000 auf diese Art erzeugten Zufallszahlen.

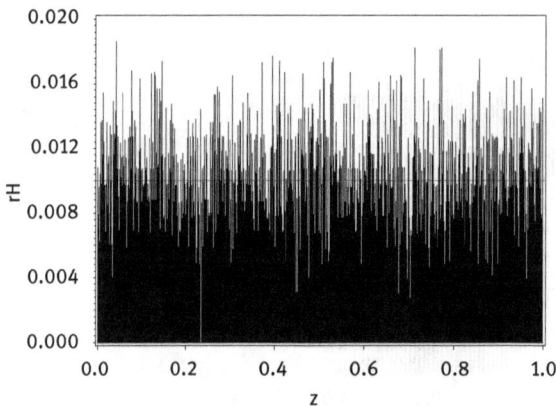

Abb. 1.8: Häufigkeitsfunktion von n = 100 000 gleichverteilten Zufallszahlen, die mit dem Zufallszahlengenerator $x_{n+1} = MOD(a \cdot x_n + b, M)$ von Knuth mit $a = 5^{13}$, $b = 1$ und einem Startwert $x_0 = 37$ erzeugt wurden.

Das SAS-Programm sas_1_6 testet, ob die erzeugten Zufallszahlen auf dem Einheitsintervall gleichverteilt sein könnten. Deutlich erkennt man (s. Abb. 1.9), dass die Treppenfunktion, die empirische Verteilungsfunktion, sich bereits bei diesem kleinen Stichprobenumfang sehr gut an die Gerade, die Verteilungsfunktion der Gleichverteilung, annähert.

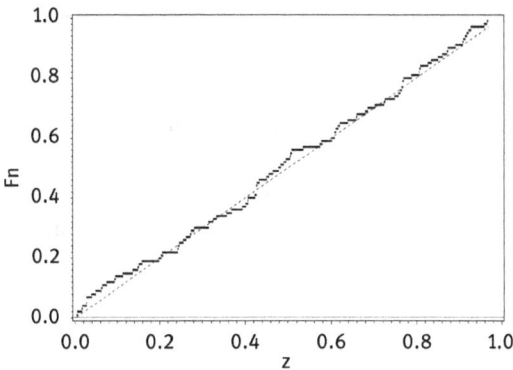

Abb. 1.9: Empirische Verteilungsfunktion (Treppenfunktion) von n = 100 gleichverteilten Zufallszahlen, die mit dem Zufallszahlengenerator $x_{n+1} = MOD(a \cdot x_n + b, M)$ von Knuth mit $a = 5^{13}$, $b = 1$ und einem Startwert $x_0 = 37$ erzeugt wurden, und der Gleichverteilung auf $[0, 1)$.

1.2.5 Quadratischer Blum-Blum-Shub-Zufallszahlengenerator

Der Modulo-Parameter M des Blum-Blum-Shub-Generators, vgl. Blum, Blum, Shub (1986), ist das Produkt zweier sehr großer Primzahlen p und q mit jeweils ca. 100 Dezimalstellen, $M = p \cdot q$. Für große Zyklenlängen sorgen die Zusatzbedingungen $3 = MOD(p, 4)$ und $3 = MOD(q, 4)$.

Die Iteration erfolgt nach

$$x_{n+1} = MOD\left((x_n)^2, M\right).$$

Die Iterationszufallszahlenfolge des Blum-Blum-Shub-Generators wird weniger zu Simulationszwecken als für moderne Codierungsverfahren in der Kryptologie benutzt. Die statistischen Eigenschaften sind deshalb weniger von Interesse.

Blum, Lenore
(* 18. Dezember 1942
in New York City)

Blum, Manuel
(* 26. April 1938
in Caracas, Venezuela)

Shub, Michael Ira
(* 17. August 1943
in Brooklyn)

Das SAS-Programm `sas_1_7` realisiert einen Blum-Blum-Shub-Generator mit p = 4127 und q = 3131, der den Bedingungen $3 = MOD(p, 4)$ und $3 = MOD(q, 4)$ genügt. Die Primzahlen p und q sind bei weitem nicht so groß, wie oben gefordert.

Aus den Zahlen $1, \ldots, p \cdot q - 1$ wird der Startwert s = 862 gewählt. Der Startwert sollte teilerfremd zu $M = p \cdot q = 12921637$ sein, um möglichst lange Zyklen zu erreichen. Die Bedingung ist genau dann erfüllt, wenn $s \neq p$ und $s \neq q$. Man erreicht mit dem Programm sas_1_7 eine Zyklenlänge von 20 619. Mit anderen Startwerten erreicht man möglicherweise andere Zyklenlängen.

Die 20 619 voneinander verschiedenen Zufallszahlen, die das SAS-Programm erzeugt, wurden geprüft, ob sie einer Gleichverteilung ähneln. Dazu wurden die die Zufallszahlen aus dem Intervall von 0 bis 1 in die Intervalle der Länge 1/100 durch Runden mit Rundungsgenauigkeit 1/100 (entspricht der SAS-Funktion ROUND(x,0.01)) einsortiert. Die Häufigkeitsfunktion in Abb. 1.10 scheint auf eine Gleichverteilung hinzudeuten.

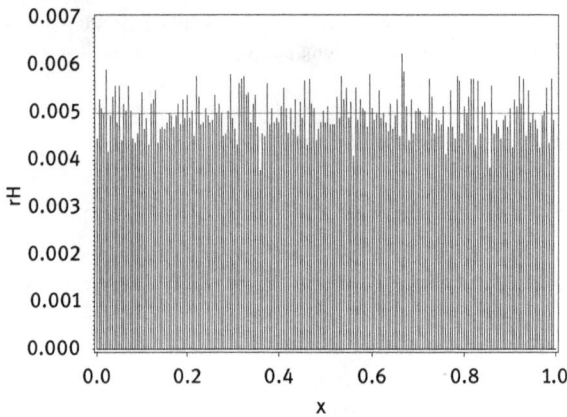

Abb. 1.10: Relative Häufigkeiten der mit einem Blum-Blum-Shub-Generator erzeugten Zufallszahlen (Parameter s. SAS-Programm sas_1_7).

1.2.6 RANDU – ein besonders schlechter Zufallszahlengenerator

Jeder Zufallszahlengenerator wird vielen statistischen Tests unterworfen, die er bestehen muss, ehe er in Fachzeitschriften beschrieben und in Programmbibliotheken zum allgemeinen Gebrauch aufgenommen wird. Im Kapitel über die Funktionstests von Zufallsgeneratoren werden die meist verwendeten Prüfverfahren beschrieben. Ein „schlechter" Kongruenzgenerator, der alle zu seiner Zeit geforderten Tests bestand, ist der RANDU-Generator. Für ihn und alle danach kommenden Generatoren wurde ein neuartiger statistischer Test ersonnen.

Der RANDU-Generator ist ein Extrembeispiel für einen linearen Kongruenzgenerator, der genau 15 Hyperebenen im dreidimensionalen Raum ausbildet. Der Generator RANDU, der durch

$$x_{k+1} = \mathrm{MOD}\left((2^{16} + 3)x_k, \, 2^{31}\right)$$

gekennzeichnet ist, war sehr beliebt, weil er in einer FORTRAN-Bibliothek vorhanden war und leicht implementiert werden konnte.

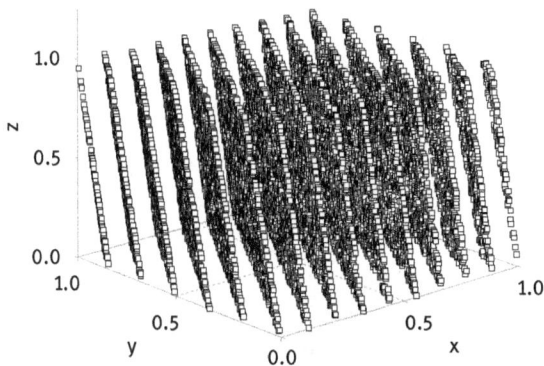

Abb. 1.11: Plot von 1500 von RANDU erzeugten Punkten (x,y,z).

Man erkennt im dreidimensionalen Plot deutlich, dass die Punkte in 15 Hyperebenen im Einheitswürfel angeordnet sind. In ein- und zweidimensionalen Darstellungen kann man keine Struktur erkennen, der Zufallszahlengenerator scheint ordentlich zu arbeiten. Heute gibt es dafür den so genannten Spektraltest für Zufallszahlengeneratoren, der gerade solche Abhängigkeitsstrukturen, wie sie im RANDU-Generator auftreten, erkennen soll.

Die Gründe für die spezielle Wahl der Parameter sind in der Darstellung von ganzen Zahlen durch 32 bit-Worte zu suchen, wodurch die Arithmetik von MOD$(\cdot, 231)$ besonders schnell wird. Der zweite Parameter ist $65539 = 2^{16} + 3$.

Dass beim RANDU-Generator eine Hyperebenenstruktur entsteht, kann in diesem Fall einfach begründet werden. Für die Zufallszahl x_{k+2} gilt:

$$x_{k+2} = (2^{16} + 3)x_{k+1} = (2^{16} + 3)((2^{16} + 3)x_k) = (2^{16} + 3)^2 x_k \,,$$

wobei das Gleichheitszeichen bezüglich der Modulo-Arithmetik zu verstehen ist. Nach Ausmultiplizieren des quadratischen Faktors erhält man

$$x_{k+2} = (2^{32} + 6 \cdot 2^{16} + 9)x_k = (6 \cdot (2^{16} + 3) - 9)x_k \,,$$

weil MOD$(x_k \cdot 2^{32}, 2^{31})$ = MOD$(2^{32}, 2^{31})$ = 0. Damit stellt sich die Zufallszahl x_{k+2} als Funktion der beiden vorausgehenden dar

$$x_{k+2} = 6 \cdot ((2^{16} + 3)x_k) - 9x^k = 6x_{k+1} - 9x_k \,.$$

Als Resultat dieser Abhängigkeit entstehen 15 Hyperebenen (s. Abb. 1.11 und 1.12).

Die drei Abb. 1.11 bis 1.13 wurden wurden mit dem SAS-Programm sas_1_8 erzeugt.

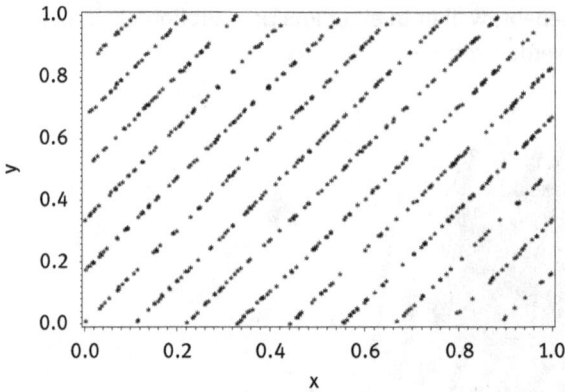

Abb. 1.12: Näherungsweise Darstellung der Schnittgeraden der von RANDU erzeugten Hyperebenen mit der x – y-Ebene (Trick: Die zweidimensionale Darstellung wird auf diejenigen Punkte einge-schränkt, für die die z-Koordinate kleiner ist als 0.05.).

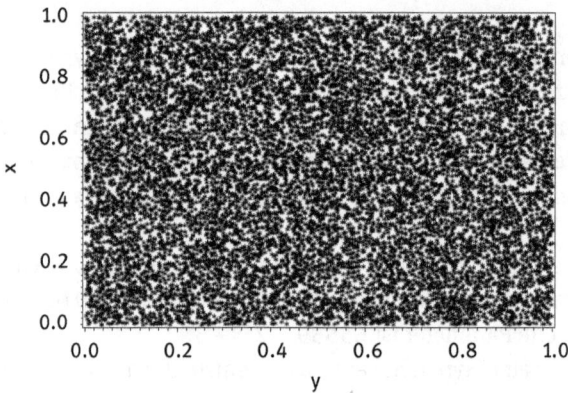

Abb. 1.13: Zweidimensionale Darstellung der x – y-Werte der obigen von RANDU erzeugten Punkte-menge, die keine Struktur erkennen lässt.

Bemerkung. Der Zufallszahlengenerator RANDU war in den frühen 70er Jahren weit verbreitet. Er wurde in den ersten Auflage von Press et al. (1992) viel zitiert und alle damit begründeten Verfahren und erzielten Resultate müssen als falsch oder mindes-tens als zweifelhaft eingestuft werden.

Eine ausführliche Übersicht über lineare Strukturen in Zufallszahlengeneratoren findet man bei Entacher, K.: A collection of classical pseudorandom number genera-tors with linear structures – advanced version. (http://crypto.mat.sbg.ac.at/results/ karl/server/server.html)

1.3 Zufallszahlengeneration mit Schieberegistern

1.3.1 Allgemeines feedback shift register (GFSR)

Ein weit verbreiteter Zufallszahlengenerator ist der GFSR-Generator. Er ist bereits stark an die Hardware eines Rechners und seine Maschinensprache angepasst, ist dadurch sehr schnell und kommt mit nur wenigen Prozessoroperationen aus. Es sind nur drei Speicheroperationen und eine bitweise OR-Operation durchzuführen, um eine neue Zufallszahl zu generieren. Die Vorgehensweise soll hier aus didaktischen Gründen in der höheren Programmiersprache SAS veranschaulicht werden.

Man geht von $m+1$ Worten aus, bestehend aus den Ziffern 0 und 1. Die Länge k der Worte ist fixiert (üblicherweise nimmt man die Wortbreite, die der Prozessor zulässt). Im Beispiel sind als Wortlänge $k = 8$ und $m = 6$ gewählt. Die sieben Worte X_0 bis X_6 sind beispielsweise

$$x_0 = (0, 1, 1, 0, 1, 0, 0, 0),$$
$$x_1 = (1, 0, 0, 1, 0, 0, 1, 0),$$
$$x_2 = (0, 0, 0, 0, 1, 0, 1, 1),$$
$$x_3 = (0, 1, 1, 0, 1, 1, 1, 0),$$
$$x_4 = (1, 1, 1, 1, 1, 0, 0, 0),$$
$$x_5 = (1, 1, 0, 1, 1, 0, 0, 0) \quad \text{und}$$
$$x_6 = (1, 0, 1, 1, 1, 1, 1, 0).$$

Die erzeugende Gleichung für neue zufällige Worte ist

$$X_{l+n} := X_{l+m} \oplus X_l \quad \text{für I} = 0, 1, 2, \ldots$$

wobei $\oplus$ die bitweise exklusive OR-Operation bezeichnet, die auch als bitweise Addition modulo 2 aufgefasst werden kann. Setzt man $l = 0$, so erhält man das folgende Wort X_7 durch

$$x_7(i) := \text{MOD}(x_6(i) + x_0(i), 2),$$

also

$$x_7(1) := \text{MOD}(1 + 0, 2) = 1,$$
$$x_7(2) := \text{MOD}(0 + 1, 2) = 1,$$
$$x_7(3) := \text{MOD}(1 + 1, 2) = 0,$$
$$x_7(4) := \text{MOD}(1 + 0, 2) = 1,$$
$$x_7(5) := \text{MOD}(1 + 1, 2) = 0,$$
$$x_7(6) := \text{MOD}(1 + 0, 2) = 1,$$
$$x_7(7) := \text{MOD}(1 + 0, 2) = 1 \quad \text{und}$$
$$x_7(8) := \text{MOD}(0 + 0, 2) = 0.$$

Das Dualwort $X_7 = (1, 1, 0, 1, 0, 1, 1, 0)$ lässt sich als ganze Zahl auffassen,

$$X_7 = 1 \cdot 2^7 + 1 \cdot 2^6 + 0 \cdot 2^5 + 1 \cdot 2^4 + 0 \cdot 2^3 + 1 \cdot 2^2 + 1 \cdot 2^1 + 0 \cdot 2^0 = 214 \, .$$

Nachdem die erste Pseudozufallszahl generiert wurde, verschiebt man alle Worte. Das neu erzeugte Wort X_7 fungiert als X_6, das ehemalige Wort X_6 als X_5, ..., das ehemalige Wort X_1 als X_0 und das ehemalige Wort X_0 wird aus dem Speicher getilgt. Damit stehen wiederum sieben Worte X_0 bis X_6 für die folgende Iteration zur Verfügung.

Das SAS-Programm `sas_1_9` realisiert den GSFR-Generator nach Lewis, Payne (1973) und veranschaulicht die Verteilungsfunktion der Pseudozufallszahlen.

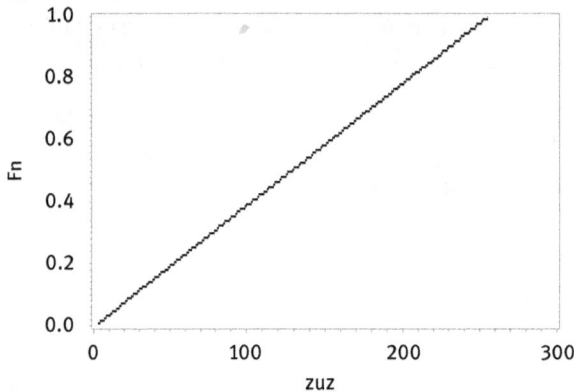

Abb. 1.14: Empirische Verteilungsfunktion der durch den GSFR-Generator erzeugten 1000 Pseudozufallszahlen.

Die Auswahl der Startwerte ist sehr kritisch. Mit dem SAS-Programm `sas_1_8` wurde eine zufällige Auswahl der Startwerte getroffen. Dadurch kann man auch schlechte „seeds" erzielen, bei denen bestimmte Zahlen in der Zufallszahlenfolge nicht vorkommen (s. Abb. 1.15). Die Verteilungsfunktion der Pseudozufallszahlen weicht dann stark von der Gleichverteilung ab.

Selbstverständlich wird der Generator zyklisch. Eine obere Grenze für die Periode ist $2^{k \cdot m}$. Die tatsächliche Periode ist nach Matsamuto (1998) $2^k - 1$, hängt mithin nur von der Wortlänge ab. Durch geringfügige Veränderungen im Programm kann man sich davon überzeugen, dass die Periode im oben realisierten Zufallszahlengenerator stets $2^8 - 1 = 127$ ist und die im Programm verwendete Wortlänge 8 für praktikable Generatoren viel zu klein ist.

Die Periode hängt eigenartigerweise nicht von der „glücklichen" Wahl der Startwerte ab, die zu einer Gleichverteilung führen.

Das SAS-Programm `sas_1_9` dient dazu, das Prinzip eines GFSR-Generators vorzustellen. Es lässt sich problemlos für größere Wortlängen in SAS erweitern, die dann auch zu entsprechend größeren Zyklen führen würden. Zufallszahlengenera-

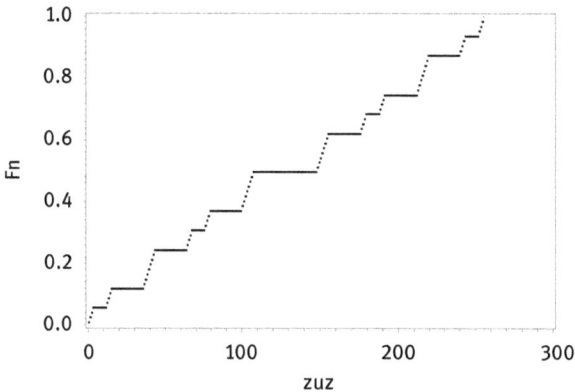

Abb. 1.15: Empirische Verteilungsfunktion der durch den GSFR-Generator erzeugten 1000 Pseudozufallszahlen, wenn der Zufallszahlengenerator nicht erstmals durch die Systemzeit initialisiert wird.

toren werden aber in maschinennahen Programmen realisiert, um sie schnell zu machen. Hier soll aus didaktischen Gründen allein das Prinzip des GFSR-Generators im Vordergrund stehen.

1.3.2 Twisted GFSR-Generatoren (TGFSR)

Der Mersenne-Twister, heutiger Standard bei den Zufallszahlengeneratoren und folglich auch in SAS integriert, ist eine Weiterentwicklung des TGFSR-Generators (twisted generalized shift feedback register).

Geht man beim GFSR-Generator von $m + 1$ Worten, bestehend aus den Ziffern 0 und 1 der fixierten Länge k aus, so kommt beim TGFSR zusätzlich eine quadratische Matrix A der Ordnung k hinzu, deren Elemente ebenfalls aus den Ziffern 1 und 0 bestehen. Die Länge k der Worte ist fixiert (üblicherweise nimmt man die Wortbreite, die der Prozessor zulässt). Im Beispiel sind als Wortlänge $k = 8$ und $m = 6$ gewählt. Die sieben Worte X_0 bis X_6 sind beispielsweise

$$x_0 = (0, 0, 1, 1, 1, 1, 0, 0),$$
$$x_1 = (1, 0, 1, 0, 0, 0, 1, 0),$$
$$x_2 = (0, 1, 1, 0, 0, 0, 0, 1),$$
$$x_3 = (0, 1, 1, 1, 1, 1, 0, 1),$$
$$x_4 = (1, 0, 1, 0, 1, 0, 0, 1),$$
$$x_5 = (1, 1, 0, 0, 0, 0, 1, 1)$$

und

$$x_6 = (1, 0, 0, 1, 1, 1, 0, 1).$$

Als $(k \times k)$-Matrix A wird festgelegt:

$$
\begin{array}{cccccccc}
1 & 0 & 0 & 1 & 1 & 1 & 0 & 1 \\
1 & 0 & 0 & 1 & 1 & 1 & 1 & 0 \\
0 & 1 & 0 & 0 & 1 & 0 & 1 & 1 \\
0 & 0 & 0 & 0 & 1 & 1 & 0 & 0 \\
1 & 0 & 0 & 0 & 1 & 0 & 0 & 0 \\
0 & 0 & 1 & 1 & 1 & 1 & 1 & 0 \\
0 & 0 & 0 & 1 & 1 & 1 & 0 & 0 \\
0 & 1 & 1 & 1 & 1 & 1 & 0 & 0
\end{array}
$$

Die erzeugende Gleichung für neue zufällige Worte ist

$$X_{l+n} := X_{l+m} \oplus X_l \times A \quad \text{für } l = 0, 1, 2, \dots ,$$

wobei $\oplus$ die bitweise exklusive OR Operation, die auch als bitweise Addition modulo 2 aufgefasst werden kann und $X_l \times A$ die gewöhnliche Multiplikation eines k-dimensionalen Vektors X_l mit einer $(k \times k)$-Matrix A bezeichnet.

Setzt man $l = 0$, so erhält man das folgende Wort X_7, indem man zunächst die Multiplikation

$$B = X_0 \times A = (1\,1\,1\,1\,0\,0\,0\,1)$$

durchführt, um anschließend

$$X_7 := X_6 \oplus B = (1\,0\,0\,1\,1\,1\,0\,1) \oplus (1\,1\,1\,1\,0\,0\,0\,1) = (0\,1\,1\,0\,1\,1\,0\,0)$$

zu erhalten. Wird dieses Wort als Dualzahl aufgefasst und in eine ganze Zahl gewandelt, erhält man

$$X_7 = 108 .$$

Nachdem die erste Pseudozufallszahl generiert wurde, verschiebt man alle Worte. Das neu erzeugte Wort X_7 fungiert als X_6, das ehemalige Wort X_6 als X_5, ..., das ehemalige Wort X_1 als X_0 und das ehemalige Wort X_0 wird aus dem Speicher getilgt. Damit stehen wiederum die sieben Worte X_0 bis X_6 für die folgende Iteration zur Verfügung.

Das SAS-Programm `sas_1_10` realisiert den TGSFR-Generator und veranschaulicht die Verteilungsfunktion der erzeugten Pseudozufallszahlen.

Bemerkung. Es sind keine speziellen Initialisierungstechniken erforderlich. Jede Anfangsbelegung, außer denjenigen, bei denen alle Worte oder die Matrix A aus lauter Nullen bestehen, führen zu sinnvollen Zufallszahlengeneratoren. Den Beweis findet man bei Fushimi u.a. (1983).

Die Periode der erzeugten Sequenzen hat die theoretische obere Grenze $2^{k \cdot d} - 1$. Nimmt man als Grundlage die Wortbreite $k = 32$ und arbeitet mit $d = 25$, dann liegt die obere Grenze bei etwa $2^{25 \cdot 32} = 2^{800} \approx 10^{240}$. Das ist eine so große Zahl, dass man nicht befürchten muss, bei einem Simulationsexperiment gleiche Zufallszahlen durch den Generator noch einmal zu bekommen.

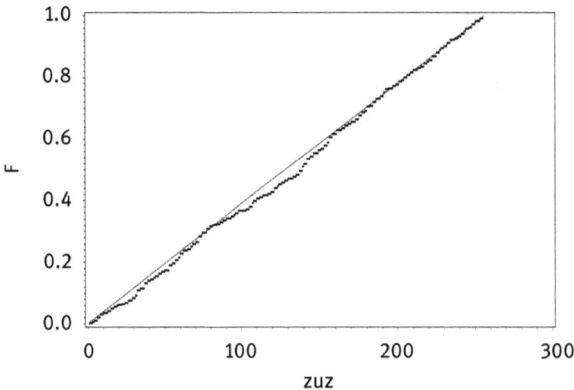

Abb. 1.16: Empirische Verteilungsfunktion der durch den TGFSR erzeugten 10 000 Pseudozufallszahlen.

Ob ein TGFSR-Generator diese maximale Periodenlänge erreicht, beantworten mehrere Theoreme, deren Beweise man bei Matsumoto, Kiruta (1992) findet, so zum Beispiel: Es sei $\phi_A(t)$ das charakteristische Polynom der Matrix A. Die maximale Periode $2^{k \cdot d} - 1$ des Mersenne-Twisters mit der definierenden Rekursionsgleichung $X_{l+n} :=$ $X_{l+m} \oplus X_l \times A$ wird dann und nur dann angenommen, wenn $\phi_A(t^n + t^m)$ ein primitives Polynom vom Grade $k \cdot d$ ist.

Der vorige Satz ist so zu interpretieren: Durch geeignete Wahl von n, m und $\phi(t)$ findet man TGFSR -Generatoren mit maximaler Periode. Es gibt dazu ebenfalls eine Reihe notwendiger, leider nicht hinreichender Bedingungen.

Von Matsomuto stammen die Twisted GFSR Generatoren in der Tab. 1.8, die durch ihre Parameter k, d und m vollständig beschrieben sind:

Tab. 1.8: Twisted GSFR-Generatoren und ihre Periode.

k	D	m	Periode
16	25	11	$2^{400} - 1$
31	13	2	$2^{403} - 1$
31	25	8	$2^{775} - 1$
32	25	7	$2^{800} - 1$
64	25	3	$2^{1600} - 1$

Der TGFSR-Generator ist speicheroptimal. Um mittels GFSR-Generator eine gleiche Periodenlänge zu erreichen, müsste man 800 Wörter der Wortbreite 32 verwalten.

Der Mersenne-Generator, eine Weiterentwicklung des TGFSR-Generators, bildet wahrscheinlich auch keine Hyperebenenstrukturen, wenn man eine mehrdimensionale Gleichverteilung benötigt. Ein allgemeiner Beweis fehlt zwar noch, aber bis zur

Dimension 623 ist der Nachweis geglückt (vergleiche den Abschnitt über den RANDU-Generator).

Im SAS-Programm `sas_1_10` sind die Parameter willkürlich festgelegt. Die Startworte a bis g und die Matrix werden durch eine Zufallsbelegung fixiert. Dadurch sind nicht immer geeignete Parameter ausgewählt. Es kann sogar dazu kommen, dass die erzeugten Pseudozufallszahlen keiner Gleichverteilung genügen, weil beispielsweise bestimmte Zufallsworte bei der Erzeugung ausgelassen werden.

1.3.3 Mersenne-Twister

Der Mersenne-Twister von Matsamuto, Nishimura (1998) ist eine Weiterentwicklung des Twisted GFSR-Generators. Man benötigt dazu 624 Worte der Länge 32, bestehend aus den Ziffern 0 und 1, und eine Matrix A der Ordnung 32, deren Elemente ebenfalls aus 0 und 1 bestehen. Die erzeugende Gleichung für neue zufällige Worte beim TGFSR-Generator war

$$X_{l+n} := X_{l+m} \oplus X_l \times A \quad \text{für } l = 0, 1, 2, \ldots,$$

wobei $\oplus$ die bitweise exklusive OR Operation und $X_l \times A$ die Multiplikation eines k-dimensionalen Vektors X_l mit einer $(k \times k)$-Matrix A bezeichnet. Ganz ähnlich ist die Erzeugung neuer 0-1-Worte beim Mersenne-Twister

$$X_{l+n} := X_{l+m} \oplus (X_l^u \mid X_{l+1}^o) \times A \quad \text{für } l = 0, 1, 2, \ldots.$$

Mersenne, Marin
(* 8. September 1588 in Sountière; † 1. September 1648 in Paris)

Das vollständige Wort X_l in der Rekursionsgleichung des TGFSR wird dabei durch ein Wort $(X_l^u \mid X_{l+1}^o)$ ersetzt, dessen erste r Koordinaten durch diejenigen von X_l (der Exponent u steht für untere) und dessen verbleibende Koordinaten durch die oberen (mit dem Index $r + 1$ beginnend, der Exponent o steht dabei für obere) des Wortes X_{l+1} ergänzt werden.

Der Algorithmus besitzt bei geeigneter Parameterwahl für die Wortlänge k, die Anzahl der Worte n, den Abstand der Worte m und den in $(X_l^u \mid X_{l+1}^o)$ verborgenen Parameter r die astronomisch große Periode von

$$2^{19937} - 1 \quad (\approx 4, 3 \cdot 10^{6001}).$$

Diese Periodenlänge ist eine so genannte Mersenne-Zahl (Nachweis siehe Tuckerman (1971)). Eine Tabelle mit geeigneten Parametern findet man bei Matsamuto, Nishimura (1998).

Der Mersenne-Twister ist Bestandteil der Funktionen in SAS. Außerdem ist der Mersenne-Twister für alle wichtigen Programmiersprachen im Internet kostenfrei für Zwecke der Lehre und Forschung erhältlich. Er gilt heute als der Zufallszahlengenerator schlechthin.

Von seinen Erfindern Matsumoto, M., Nishimura, T. stammt auch der Beweis, dass bis zur Dimension 623 keine Abhängigkeitsstrukturen auftreten, wie sie sich beim Generator RANDU als Hyperebenen des $\mathbb{R}^3$ äußerten.

Bemerkung. „Eine **Mersenne-Zahl** ist eine Zahl der Form $2^n - 1$. Im Speziellen bezeichnet man mit $M_n = 2^n - 1$ die n-te Mersenne-Zahl. Die ersten acht Mersenne-Zahlen M_n sind

$$0, 1, 3, 7, 15, 31, 63, 127 \quad \text{(Folge A000225 in OEIS).}$$

Die Primzahlen unter den Mersenne-Zahlen werden **Mersenne-Primzahlen** M_p genannt. Die ersten acht Mersenne-Primzahlen sind

$$3, 7, 31, 127, 8191, 131071, 524287, 2147483647 \quad \text{(Folge A000668 in OEIS)}$$

für die Exponenten

$$p = 2, 3, 5, 7, 13, 17, 19, 31 \quad \text{(Folge A000043 in OEIS).}$$

Die zur Basis 2 definierten Mersenne-Zahlen zeigen sich im Dualsystem als Einserkolonnen, d. h., Zahlen, die ausschließlich aus Einsen bestehen. Die n-te Mersenne-Zahl ist im Dualsystem eine Zahl mit n Einsen (Beispiel: $M_3 = 7 = 111^2$).

Mersenne-Zahlen zählen im Binären zu den Zahlenpalindromen, Mersenne-Primzahlen dementsprechend zu den Primzahlpalindromen.

Ihren Namen haben diese Primzahlen von dem französischen Mönch und Priester Marin Mersenne (1588–1648), der im Vorwort seiner Cogitata Physico-Mathematica behauptete, dass für p = 2, 3, 5, 7, 13, 17, 19, 31, 67, 127 und 257 M_p eine Primzahl sei.

Er irrte sich jedoch bei den Zahlen M_{67} und M_{257} und übersah die Mersenne-Primzahlen M_{61}, M_{89} und M_{107}" (aus http://de.wikipedia.org/wiki/Mersenne-Primzahl).

Bisher ist erst mit großem rechentechnischen Aufwand die 47. bekannte Mersenne-Primzahl $2^{42643801} - 1$ am 12. April 2008 von Smith, Woltman und Kurowski entdeckt worden. Ein Jahr später hat man die 46., allerdings kleinere Mersenne-Primzahl entdeckt. Beide wurden mit **GIMPS**, dem **G**reat **I**nternet **M**ersenne **P**rime **S**earch Projekt gefunden. Dieses Projekt versucht weltweit, möglichst viele Computer an den Berechnungen zu beteiligen und stellt die erforderliche Software (Prime95) zur Verfügung.

Marin Mersenne korrespondierte intensiv mit führenden Gelehrten oder suchte sie persönlich auf, darunter Galilei und Descartes. Dadurch wurde er ein wichtiger Vermittler von Informationen und Kontakten zwischen den zeitgenössischen Wissenschaftlern, insbesondere zwischen Mathematikern wie Pierre Gassendi, Gilles Personne de Roberval, Blaise Pascal, Christiaan Huygens und Pierre de Fermat. „Man sagte, Mersenne von einer Entdeckung zu informieren, sei gleichviel, wie diese im Druck zu veröffentlichen." (in http://de.wikipedia.org/wiki/Marin_Mersenne)

1.4 Erzeugung von Zufallszahlen mit beliebiger Verteilung

1.4.1 Methode der Transformation der Verteilungsfunktion

Ein Beispiel soll diesem Abschnitt vorangestellt werden, das deutlich macht, wie die Transformation der Verteilungsfunktion arbeitet. Es sei

$$F(x) = \begin{cases} x & \text{für } x \in [0, 1) \\ 0 & \text{für } x \le 0 \\ 1 & \text{für } x \ge 1 \end{cases}.$$

die Verteilungsfunktion der **Gleichverteilung auf dem Intervall** $[0, 1)$ und

$$G(x) = \begin{cases} 1 - \exp(-\alpha x) & \text{für } x \ge 0 \\ 0 & \text{sonst} \end{cases}.$$

diejenige der **Exponentialverteilung** mit dem **Parameter** $\alpha > 0$.

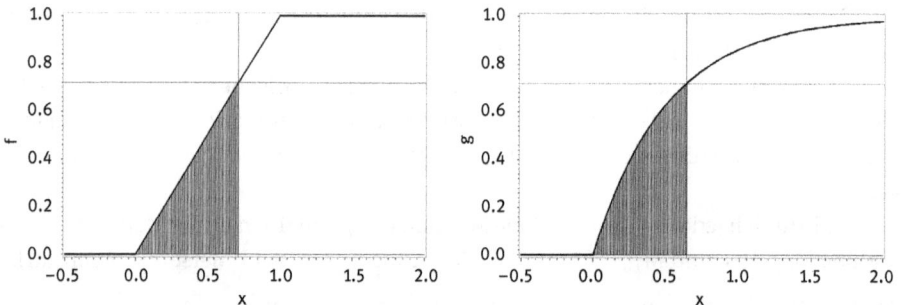

Abb. 1.17: Gleichverteilung F(x) auf [0, 1) (links) und der Exponentialverteilung G(x) für $\alpha = 2$ (rechts).

In der mit dem SAS-Programm sas_1_11 erzeugten Abb. 1.17 sind die beiden Verteilungsfunktionen skizziert, wobei der Parameter α mit 2 angesetzt wurde. Der Zufallszahlengenerator für die Gleichverteilung auf dem Intervall von Null bis 1 lieferte den

Wert u = 0.72. Dann gilt auch für diese Verteilungsfunktion F(u) = u = 0.72. Man sucht einen entsprechenden Wert z mit der Eigenschaft G(z) = 0.72. Dieser wird durch die Umkehrfunktion G^{-1} geliefert, denn $G^{-1}(G(z)) = z$.

Die Umkehrfunktion von G für Werte z aus [0, 1) ist $z = G^{-1}(u) = -\log(1-u)/\alpha$, wobei die Logarithmusfunktion log die inverse Funktion der Exponentialfunktion ist.

Im Beispiel ist $u = G^{-1}(0.72) = 0.6365$. Die Transformation ordnet damit dem Wert u den entsprechenden Wert z zu, so dass F(z) = G(u).

Diese Transformation gelingt immer dann leicht, wenn die Umkehrfunktion G^{-1} von G als analytischer Ausdruck bekannt ist. G^{-1} heißt bei Verteilungsfunktionen Quantilfunktion. Wenn kein analytischer Ausdruck der Umkehrfunktion existiert, muss man sich mit einer näherungsweisen Berechnung der Umkehrfunktion zufrieden geben.

Die vom Zufallszahlengenerator im Simulationsexperiment gelieferten 10 000 gleichverteilten Zufallszahlen u werden bezüglich der Abbildung

$$z = 1/(-\alpha) \cdot \log(1-u)$$

zu exponentialverteilten Zufallszahlen z transformiert. Die mit dem SAS-Programm sas_1_12 erzeugte Abb. 1.18 gibt auf der linken Seite die resultierende Häufigkeitsfunktion und die tatsächliche Dichte wieder, im rechten Teil ist die empirische Verteilung und die zugehörige Verteilung der unterliegenden Exponentialverteilung angegeben.

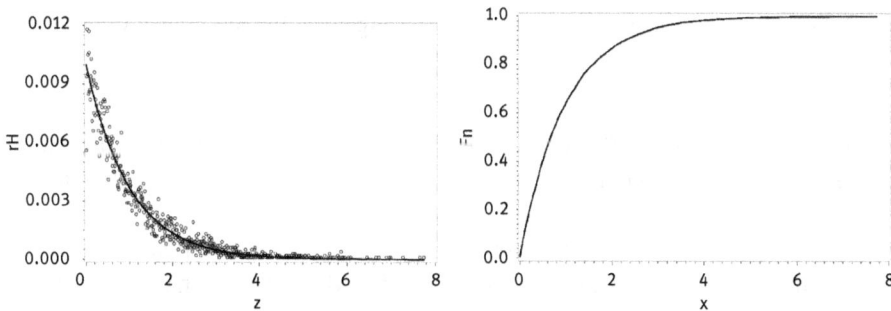

Abb. 1.18: Häufigkeitsfunktion der transformierten, jetzt exponentialverteilten 10 000 Zufallszahlen und der Dichte der Exponentialverteilung (links), sowie empirische Verteilung und zugehörige Exponentialverteilung (rechts).

Man erkennt auf der rechten Abbildung kaum noch einen Unterschied zwischen der Treppenfunktion der empirischen Verteilung und der stetigen Verteilungsfunktion. Das ist das Resultat des so genannten großen Grenzwertsatzes der Statistik, der besagt, dass die empirische Verteilungsfunktion mit wachsendem Stichprobenumfang gegen die unterliegende Verteilungsfunktion konvergiert. Beim Umfang n = 10 000 ist der Unterschied sicher schon zu vernachlässigen. Mit den tatsächlichen Differenzen zwischen der empirischen und der unterliegenden Verteilung beschäftigt sich der Satz von Kolmogorov und Smirnov.

Bemerkung. Im Softwaresystem SAS sind die Quantilfunktionen zahlreicher Verteilungen vorhanden. Durch den Aufruf QUANTILE('dist', probability, parm-1, ..., parm-k), wobei probability die gleich verteilte Zufallszahl aus [0, 1) ist, kann die oben angegebene Transformation über die Quantilfunktion erfolgen. Der Ausdruck 'dist' gehört ebenso wie parm-1, ..., parm-k zur ausgewählten Verteilung. Für diese Verteilung (dist) können stehen: BINOMIAL, CAUCHY, CHISQUARE, GAMMA, EXPONENTIAL, F, GEOMETRIC, HYPERGEOMETRIC, LAPLACE, LOGISTIC, LOGNORMAL, NEGBINOMIAL, NORMAL oder GAUSS, PARETO, NORMALMIX, POISSON, T, WALD oder IGAUSS, WEIBULL. Auch wenn man nicht alle diese Verteilungen kennt, ist es beruhigend zu wissen, dass man notfalls darauf zurückgreifen könnte.

Pareto-Verteilung

Die Pareto-Verteilung wird häufig in der Versicherungsmathematik angewandt zur Beschreibung der Verteilung kleiner Schadensfälle mit einer Schadensfreiheitsgrenze $k > 0$. Ihre Dichte f und die Verteilung F nehmen für x unterhalb der Schadenfreiheitsgrenze k den Wert 0 an, für $x \geq k$ sind sie definiert als

$$f(x) = (a/k) \cdot (k/x)^{a+1} \quad \text{und} \quad F(x) = 1 - (k/x)^a .$$

Im SAS-System lassen sich Dichte- bzw. Verteilungsfunktion mit Hilfe der SAS-Funktionen

$$PDF('PARETO', x, a, k) \quad \text{bzw.} \quad CDF('PARETO', x, a, k)$$

aufrufen. Dabei steht **PDF** für „**p**robability **d**istribution **f**unction“ und **CDF** für „**c**umulative **d**istribution **f**unction“. Mit dem SAS-Programm sas_1_13 erhält man die Abb. 1.19.

Für die weiteren angegebenen Verteilungen ist das SAS-Programm sas_1_13 nur dort zu ändern, wo die Quantilfunktion aufgerufen wird, im zweiten data-step nur an den beiden Stellen, an denen die Funktionen PDF und CDF benötigt werden.

Betaverteilung

Durch

$$f(x) = 6x(1 - x)$$

ist eine auf dem Intervall [0, 1) definierte Betaverteilung BETA (p, q) = BETA (2, 2) gegeben. Ihre Verteilungsfunktion

$$F(x) = 3x^2 - 2x^3$$

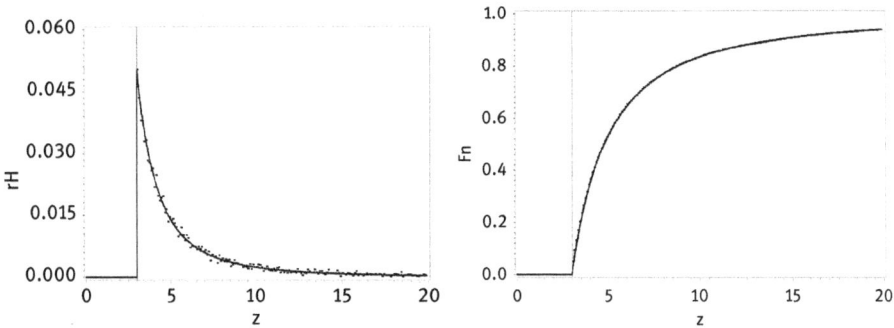

Abb. 1.19: Häufigkeitsdiagramm der simulierten Pareto-Verteilung, ihrer Dichte (links), sowie empirischer und exakter Verteilungsfunktion der Pareto-Verteilung (rechts) zu den Parametern $a = 1.5$ und $k = 3$.

ist auf dem Intervall streng monoton wachsend. Die Quantilfunktion bzw. die inverse Verteilungsfunktion ist mit Hilfe der Cardanischen Lösungsformeln für kubische Gleichungen auflösbar. Es tritt der so genannte irreduzible Fall („casus irreducibilis") ein, alle drei Lösungen x_1, x_2 und x_3 der kubischen Gleichung $u = 3x^2 - 2x^3$ sind reell. Man kann aber zeigen, dass nur eine dieser Lösungen in das Intervall von 0 bis 1 abbildet. Das ist die gesuchte Lösung (die Betaverteilte Zufallszahl)

$$x = -2\sqrt{|p|} \cdot \cos(\phi/3 + \pi/3) + 1/2$$

mit

$$p = -1/4, q = -1/4(u - 1/2), \phi = \arccos(-q/\sqrt{|p|^3})$$

und u dabei eine gleichverteilte Zufallszahl aus dem Intervall von 0 bis 1. Bezüglich der Lösungformeln für die Berechnung der Nullstellen einer kubischen Gleichung wird auf Tabellenwerke der Algebra verwiesen, etwa Bartsch (2001).

Mit dem SAS-Programm `sas_1_14` erzeugt man 10 000 gleichverteilte Zufallszahlen und transformiert diese nach der eben beschriebenen Formel. Der Vergleich der Häufigkeitsfunktion mit der Dichte der unterliegenden exakten Betaverteilung (Abb. 1.20) bringt eine gute Übereinstimmung. Der Vergleich zwischen empirischer und exakter Verteilung zeigt kaum noch Unterschiede.

Akzeptanz-Zurückweise-Regel (acceptance-rejection-method)

Die Erzeugung von Zufallszahlen mit einer beliebigen Wahrscheinlichkeitsverteilung $F(x)$ geschieht bei der Akzeptanz – Zurückweise – Regel durch das Verwenden einer bekannten Verteilung $G(x)$. Im Weiteren wird dazu zunächst die Gleichverteilung $G(x)$ verwendet, das Verfahren ist aber nicht darauf beschränkt. Die einzige Einschränkung des Verfahrens besteht darin, dass für die zugehörigen Dichten

$$f(x) < M \cdot g(x)$$

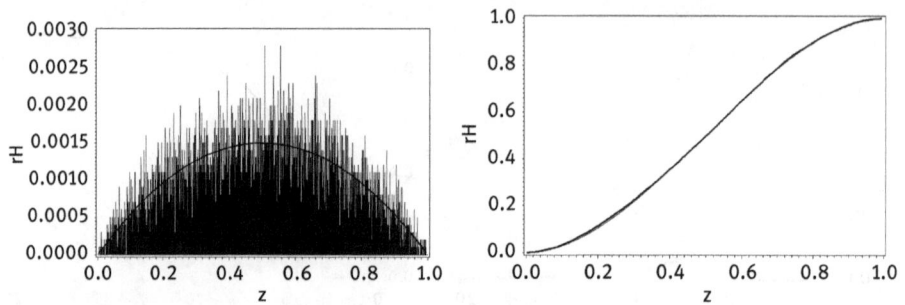

Abb. 1.20: Relative Häufigkeit (linke Seite) der betaverteilten Zufallszahlen zu den Parametern p = q = 2 (entspricht der Dichte f(x) = 6x(1 − x) der unterliegenden exakten Betaverteilung) und der empirischen Verteilungsfunktion (rechte Seite) mit der Dichte f(x) = 6x(1 − x).

gelten muss, wobei M > 1 eine obere Schranke für den Quotienten der Dichten ist:

$$f(x)/g(x) < M \quad \text{für alle } x.$$

Die Akzeptanz-Zurückweise-Regel wird in solchen Fällen verwendet, wo es schwierig ist die Transformation über die inverse Verteilungsfunktion F^{-1} (Quantilfunktion) anzugeben. Das exakte Verfahren der Zufallszahlenerzeugung wird durch ein Probierverfahren ersetzt. Für die Zufallszahl x wird entschieden, ob sie aus einer Grundgesamtheit stammt, deren Dichte durch f gegeben ist.

Der Algorithmus läuft wie folgt ab, wenn die obige Voraussetzung erfüllt ist:
- Vorläufiges Ziehen zweier gleichverteilter Zufallszahlen u und x .
- Überprüfe, ob f(x) < M · g(u) gilt.
- Wenn dies gilt, akzeptiere x als eine Realisierung einer Zufallsgröße mit Dichte f(x).
- Wenn dies nicht gilt, weise x zurück und wiederhole das vorläufige Ziehen.

Begründung dieser Methode: Wenn man das Paar (x, u) simuliert, erzeugt man durch M · g(u) eine Gleichverteilung auf dem Intervall von 0 bis M, G(u) = u/M. Es werden nur Paare mit der Eigenschaft f(x) < M · g(u) akzeptiert. Das entspricht aber der Verteilungsfunktion F(z) = P(f(x) < z) .

Beispiel 1.2. Die im vorigen Abschnitt untersuchte Betaverteilung BETA (p, q) = BETA (2, 2) ist auf dem Intervall [0, 1] definiert und hat die Dichte f(x) = 6x(1 − x) = 6x − 6x². Die Maximumstelle der Dichtefunktion auf dem Definitionsintervall $x_{max} = 0.5$ und das Maximum der Dichte f(0.5) = 1.5 erhält man aus dem Ansatz f′(x) = 6 − 12x = 0. Wählt man die Gleichverteilung auf dem Intervall [0, 1), so ist dort g(x) = 1. Als Schranke M kommt jede reelle Zahl größer als 1.5 in Frage. Es wird

M = 2 gewählt. Offensichtlich ist stets die Bedingung

$$f(x)/g(x) = 6x(1 - x) < 2 = M$$

erfüllt. Der Akzeptanz-Zurückweise-Algorithmus kann starten.

Im SAS-Programm `sas_1_15` werden 10 000 Betaverteilte Zufallszahlen erzeugt. Um den Vergleich der Häufigkeitsfunktion und der Dichte durchzuführen (s. Abb. 1.21), müssen noch die `PROC FREQ` zur Häufigkeitsauszählung und die `PROC GPLOT` zur grafischen Darstellung herangezogen werden.

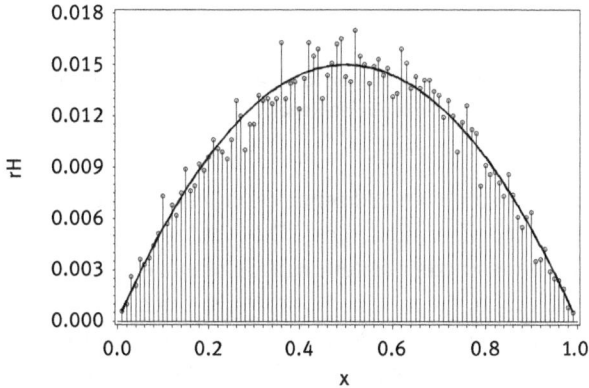

Abb. 1.21: Häufigkeitsfunktion und Dichtefunktion (durchgehende Linie) der Betaverteilten Zufallszahlen, erzeugt mit der Akzeptanz–Zurückweise-Regel aus gleichverteilten Zufallszahlen.

Beispiel 1.3. Die Dichte der Betaverteilung im Beispiel 1.2 ist als stetige Funktion auf dem Intervall [0, 1] gegeben. Wenn die Dichte auf dem Intervall von $-\infty$ bis $+\infty$ gegeben ist, kann man keine eine obere Schranke M für den Quotienten der Dichten $f(x)/g(x)$ mit der obigen Eigenschaft angeben. Die Standardnormalverteilung N(0, 1) hat die Dichte $f(x) = (1/\sqrt{2\pi}) \exp(-x^2)$, die für alle reellen Zahlen definiert und ungleich Null ist. Man geht – nicht ganz richtig – wie folgt vor:

Für die Dichte der Standardnormalverteilung außerhalb des Intervalls von -5 bis $+5$ wird näherungsweise der Wert 0 gesetzt, weil sie auf diesen Bereichen nur sehr kleine Werte annimmt. Die Wahrscheinlichkeitsmasse auf diesen Bereichen soll für praktische Belange unberücksichtigt bleiben.

Die Gleichverteilung auf dem Intervall von -5 bis $+5$ nimmt den Dichtewert $f(x) = 0.1$ an.

Die Dichte der Standardnormalverteilung nimmt ihr Maximum an der Stelle $x = 0$ mit $1/\sqrt{2\pi} = 0.3989 \approx 0.4$ an. Als eine mögliche Schranke für $f(x)/g(x)$ wird M = 4 gewählt und die Akzeptanz-Zurückweise-Regel kann starten. Mit dem SAS-Programm `sas_1_16` werden 10 000 normalverteilte Zufallszahlen und die Abb. 1.22 erzeugt.

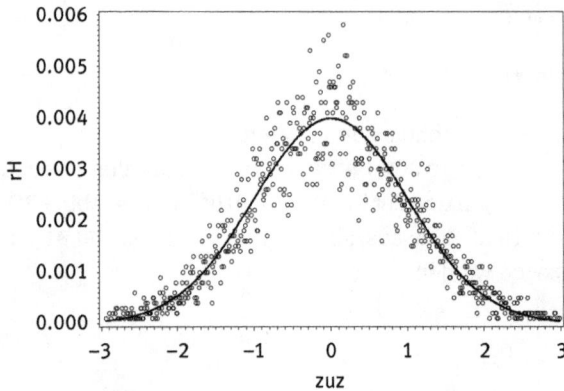

Abb. 1.22: Häufigkeitsfunktion und Dichtefunktion (durchgehende Linie) der normalverteil-ten Zufallszahlen (N(0, 1)), erzeugt mit der Akzeptanz-Zurückweise-Regel.

Bei diesem Beispiel sind die Voraussetzungen der Akzeptanz-Zurückweise-Regel nicht exakt eingehalten. Es gibt mehrere Möglichkeiten, dieses Dilemma zu umgehen:

–   Man kann zu einer sogenannten gestutzten Verteilung der Normalverteilung über-gehen. Diese Verteilung erhält man, indem eine Normierung durchgeführt wird. Die Dichte der Normalverteilung $f(x)$ wird auf dem Intervall [a, b] durch $F(b) - F(a)$ dividiert und außerhalb mit Null fortgesetzt. Damit ist gesichert, dass $f_1(x) = f(x)/(F(b) - F(a))$ alle die Eigenschaften für die Akzeptanz-Zurückweise-Regel auf-weist.

Im vorangehenden Beispiel war $F(b) - F(a) = F(5) - F(-5) \approx 1$. Auch das SAS-System, bei dem man $F(5) - F(-5)$ als PROBNORM(5) - PROBNORM(-5) berechnen lassen kann, gibt 1 aus.

–   Es gibt gänzlich andere Möglichkeiten, beispielsweise solche, die die asympto-tische Konvergenz der Binomialverteilung gegen eine Normalverteilung nach dem Satz von Moivre-Laplace ausnutzen, um normalverteilte Zufallszahlen zu erzeugen.

–   Von Stadtlober (1989, 1990) gibt es eine speziell auf Poisson-, Binomial- und hypergeometrische Verteilungen zugeschnittene „ratio-of-uniform rejection me-thod". Eine weitere von Stadtlober, Zechner (1998) beschriebene Methode für die gleichen diskreten Verteilungen ist die so genannte „patchwork rejection method".

1.5 Erzeugung gleichverteilter Zufallszahlen mit irrationalen Generatoren

1.5.1 Generatoren, die auf einem Satz von Weyl beruhen

Die Mersenne-Twister von Matsumoto, Nishimura (1989), die bei den Zufallszahlengeneratoren RAND(.) oder UNIFORM(.) in SAS realisiert wurden, sind moderne und zu Recht weit verbreitete Zufallszahlengeneratoren mit sehr guten Eigenschaften. Die beiden nicht zu behebenden Nachteile von Zufallszahlengeneratoren, die auf der Restklassenarithmetik beruhen, sind
- die Periodizität (auch wenn die Periodenlänge sehr groß ist) und
- die Eigenschaft, dass es einen kleinsten, nicht zu unterbietenden Abstand zwischen zwei erzeugten Zufallszahlen gibt, nämlich 1/M, wobei M die Zahl ist, bezüglich der die Restklassen bestimmt werden.

Weyl, Hermann Klaus Hugo
(* 9. November 1885 Elmshorn; † 8. Dezember 1955 Zürich)

Insbesondere wird jetzt auf Generatoren eingegangen, die auf einem Satz von Weyl (1916) basieren. Für derartige Generatoren gilt theoretisch, dass die mit ihnen erzielten Zufallszahlen im betrachteten Intervall dicht liegen und Folgen von Zufallszahlen nicht zyklisch werden.

Irrationale Zahlen sind Dezimalzahlen mit unendlich vielen Nachkommastellen ohne Periode. Sie können als Grundlage zahlreicher Zufallszahlengeneratoren dienen.

Ob die Nachkommastellen der Zahl π (oder anderer irrationaler Zahlen) eine gleichverteilte Zufallsfolge bilden, ist bisher nicht bewiesen. Trotzdem findet man eigenartigerweise einen solchen Generator in der Anwendung. Solange der Beweis der Gleichverteilung nicht geführt wurde, verbietet sich dem verantwortungsbewussten Forscher die Verwendung solcher Software.

Die historisch sicher erste bewiesene Methode beruht auf einem Satz von Weyl über Zahlenfolgen, die gleichverteilt modulo 1 sind. Auf einen auf dieser Methode beruhenden Zufallszahlengenerator wird besonders eingegangen. Er liefert theoretisch nichtperiodische Zufallszahlen, die darüber hinaus im Intervall [0, 1) dicht liegen. Wem an diesen Eigenschaften gelegen ist, wird den notwendigen Programmieraufwand in Kauf nehmen, um diesen Zufallsgenerator nach Weyl zu implementieren.

Definition Bruchteilfolge

Sei $x_1, x_2, \ldots$ eine Folge reeller Zahlen. Die zugehörige Folge $b_1, b_2, \ldots$ mit $b_i = x_i - [x_i]$ für alle i, wobei [z] die größte ganze Zahl kleiner als z bedeutet (SAS-Funktion FLOOR), heißt Bruchteilfolge.

Für die Folgenglieder der Bruchteilfolge jeder reellen Zahlenfolge gilt stets $0 \leq b_i \leq 1$.

Die Folgenglieder der Bruchteilfolge werden bei bestimmten Folgen, den so genannten gleichverteilten Folgen modulo 1, als Zufallszahlenfolge aufgefasst. Ihre Gleichverteilung wird in der folgenden Definition vorausgesetzt.

Definition gleichverteilte Folge modulo 1

Die Folge $x_1, x_2, \ldots$ heißt gleichverteilt modulo 1, wenn für jedes Intervall $[a, b) \subset [0, 1)$ die relative Anzahl der Folgenglieder $b_i (i \leq N)$ aus diesem Intervall gegen die Länge des Intervalls strebt, d. h. wenn

$$A([a, b), N) := \#\{n \leq N \mid \{b_n\} \in [a, b)\}$$

die Anzahl der Bruchteilfolgenglieder mit einem Index kleiner als N, so ist der Grenzwert

$$\lim_{N \to \infty} A([a, b], N)/N = b - a.$$

Ein Satz von Weyl charakterisiert Folgen, die gleichverteilt modulo 1 sind. Der Nachweis ist aufwändig und soll hier nicht geführt werden. Es sollen nur einige Beispiele für Folgen genannt werden, die gleichverteilt modulo 1 sind. Man weiß, dass die reellen Zahlenfolgen

- $(n \cdot \alpha)_{n \geq 1}$, wenn α irrational
- $(n^\alpha \log_\beta n)_{n \geq 1}$, wenn $0 < \alpha < 1$ und β beliebige reelle Zahl
- $(P(n))_{n \geq 1}$, wenn $P(n)$ ein Polynom in n vom Grade $k \geq 1$ bezeichnet, welches mindestens einen irrationalen Koeffizienten besitzt,

gleichverteilt modulo 1 sind.

Das dritte Beispiel schließt das erste ein, denn $(n \cdot \alpha)_{n \geq 1}$ ist ein Polynom vom Grade 1 in n mit einem irrationalen Koeffizienten α. Mit den folgenden Argumentationsschritten wird erschlossen, dass die Folgenglieder der Bruchteilfolge dicht im Intervall $[0, 1)$ liegen:

- Wenn eine Folge gleichverteilt modulo 1 ist, muss in jedem Intervall $[a, b) \subset [0, 1)$ laut Definition asymptotisch etwa der Anteil $N \cdot (b - a)$ der Glieder der Bruchteilfolge liegen.
- Wenn eine Folge gleichverteilt modulo 1 ist, muss daher jedes Intervall $[a, b) \subset [0, 1)$ unendlich viele Glieder der Bruchteilfolge enthalten.
- Zwei beliebige Folgenglieder der Bruchteilfolge bilden o.B.d.A. ebenfalls ein solches Intervall $[b_i, b_{i+1}) \subset [0, 1)$. In diesem müssen dann ebenfalls unendlich viele

weitere Folgenglieder liegen, d. h. die Bruchteilfolge liegt dicht im Intervall [0, 1). (Das ist der so genannte Approximationssatz von Kronecker.)

Beispiel 1.4. Das Polynom $P(n) = \sqrt{5} \cdot n + \sqrt{17} \cdot n^2$ in n vom Grade 2 mit zwei irrationalen Koeffizienten definiert eine Folge, die gleichverteilt modulo 1 ist.

Mit dem SAS-Programm `sas_1_ 17` wurden 10 000 Zufallszahlen generiert. Ihre empirische Dichte und Verteilung sind in den Abb. 1.23 und 1.24 dargestellt. Die Treppenfunktion ist nicht mehr als solche erkennbar.

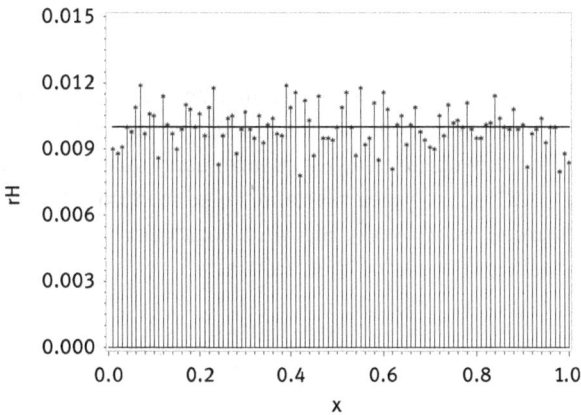

Abb. 1.23: Empirische Dichte für die 10 000 nach dem Satz von Weyl mittels der gleichverteilten Folge $P(n) = \sqrt{5} \cdot n + \sqrt{17} \cdot n^2$ modulo 1 erzeugten und zwischen 0 und 1 gleichverteilten Zufallszahlen.

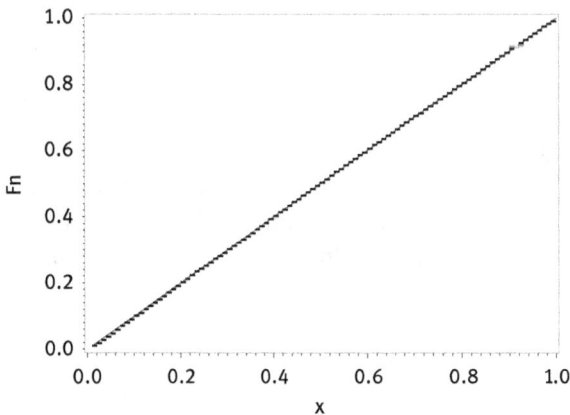

Abb. 1.24: Empirische Verteilungsfunktion für die 10 000 nach dem Satz von Weyl mittels der gleichverteilten Folge $P(n) = \sqrt{5} \cdot n + \sqrt{17} \cdot n^2$ modulo 1 erzeugten und zwischen 0 und 1 gleichverteilten Zufallszahlen.

Bemerkung. Die Schwierigkeit eines Programms zur Erzeugung von Weyl-Zufallszahlen besteht in der begrenzten Genauigkeit der Darstellung reeller Zahlen auf einem Computer. Im Beispiel sind die Zahlen mit 18 Nachkommastellen dargestellt. Nimmt man als Genauigkeit der zu erzeugenden Zufallszahl vier Nachkommastellen, so sind roh kalkuliert etwa 10^7 Zufallszahlen erzeugbar, damit vier verwertbare Nachkommastellen von $P(10^7) \approx 10^{14}$ verbleiben. Je mehr Zufallszahlen man erzeugen möchte, umso mehr Nachkommastellen benötigt man, mit umso mehr Nachkommastellen muss im Programm kalkuliert werden.

1.5.2 Van der Corput-Folgen

Eine van der Corput Folge ist eine sogenannte low-discrepancy sequence über dem Einheitsintervall, die erstmals 1935 von dem niederländischen Mathematiker J. G. van der Corput vorgestellt wurde. Eine low-discrepancy sequence, auch quasi-random oder sub-random sequence genannt, ist eine gleichverteilte Folge modulo 1 (s. Abschnitt 1.5.1 irrationale Zufallszahlen nach Weyl). Sie wird konstruiert durch die Umkehrung der p-adischen Darstellung der natürlichen Zahlen.

van der Corput, Johannes Gualtherus
(* 4. September 1890 in Rotterdam; † 16. September 1975 in Amsterdam)

Beispiel 1.5. Es soll eine van der Corput-Folge der Länge n = 16 unter Rückgriff auf die Dualdarstellung erzeugt werden. Die Tab. 1.9 illustriert in der letzten Spalte die bis zum jeweiligen i generierte van der Corput-Folge. Man erkennt im Gegensatz zu bisherigen Zufallszahlenfolgen, dass regelmäßige Muster auftreten (i = 3, i = 7, i = 11, i = 15), die für Monte- Carlo-Methoden erwünscht sind, für Simulationsaufgaben in der Statistik aber nicht.

Bemerkung. Die Elemente der van der Corput-Folge v(r) bilden in jeder Basis, nicht nur zur Basis 2, eine dichte Menge. Das heißt zwischen je zwei Folgegliedern kann man stets ein weiteres van der Corput-Element finden und für jede reelle Zahl existiert eine Teilfolge der van der Corput-Folge, die gegen diese Zahl konvergiert. Damit sind die Elemente auf dem Einheitsintervall gleichverteilt.

Tab. 1.9: Prinzip der Erzeugungsprozedur für eine van der Corput-Folge.

i	i/16	Dualdar-stellung	Inverse („gespiegelte") Dualdarstellung	Van der Corput-Zahl aus [0, 1)	Folge entspricht den Zufallszahlen in [0, 1)
0	0/16	.0000	.0000	0	
1	1/16	.0001	.1000	8/16	
2	2/16	.0010	.0100	4/16	
3	3/16	.0011	.1100	12/16	
4	4/16	.0100	.0010	2/16	
5	5/16	.0101	.1010	10/16	
6	6/16	.0110	.0110	6/16	
7	7/16	.0111	.1110	14/16	
8	8/16	.1000	.0001	1/16	
9	9/16	.1001	.1001	9/16	
10	10/16	.1010	.0101	5/16	
11	11/16	.1011	.1101	13/16	
12	12/16	.1100	.0011	3/16	
13	13/16	.1101	.1011	11/16	
14	14/16	.1110	.0111	7/16	
15	15/16	.1111	.1111	15/16	

Als Korollar zum Satz, dass die van der Corput-Folge v(r) gleichverteilt modulo 1 ist, gilt

$$\lim_{n \to \infty} \frac{1}{n} \sum_{r=1}^{n} v(r) = \frac{1}{2}.$$

Problematisch ist allerdings die Erzeugung mehrdimensional gleichverteilter van der Corput-Folgen. Teilt man etwa die endliche, durch das SAS-Programm erzeugte van der Corput-Folge v(r), sodass die Hälfte für die x- und die zweite Hälfte für die y-Koordinate verwendet wird, entstehen Strukturen in der Ebene. Das Einheitsquadrat wird nicht uniform überdeckt. Es wird empfohlen, die x- und y-Koordinaten mit verschiedenen Basen zu erzeugen. Die Abb. 1.25 (SAS-Programme sas_1_18 und sas_1_19) enthält für gleiche und ungleiche Basen jeweils ein Beispiel. Spezielle mehrdimensionale Folgen der Art $(k/n, \Phi_{p1}(k), \Phi_{p2}(k), \ldots)$, wobei $\Phi_{pi}(k)$ van der Corput-Zahl zur Basis p_i ist, heißen Hammersley-Sequenzen für $k = 0, \ldots, n-1$.

Die in der Abb. 1.25 links dargestellten Punkte nennt man auch Halton-Punkte, weil sie von der Art $(\Phi_{p1}(k), \Phi_{p2}(k))$ mit p1 ≠ p2 sind. Einen eleganten Algorithmus zur Erzeugung von Hammersley-Sequenzen und Halton-Sequenzen findet man etwa auf den Web-Seiten https://en.wikipedia.org/wiki/Halton_sequence und https://en.wikipedia.org/wiki/Low-discrepancy_sequence. Auch viele andere Programmbibliotheken enthalten entsprechende Programme in zahlreichen Programmiersprachen.

Eine echte Weiterentwicklung der van der Corput-Folge ist die Sobol-Folge, deren rechentechnische Realisierung besonders in technischen Fachrichtungen weit verbreitet ist. Auf Sobol-Folgen wird hier nicht weiter eingegangen.

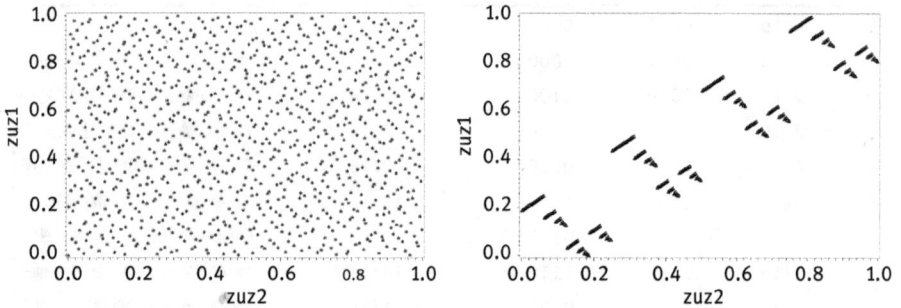

Abb. 1.25: 400 Paare (x_i, y_i), von denen x_i van der Corput-Folge zur Basis 2 und y_i van der Corput-Folge zur Basis 3 (links) und 400 Paare (x_i, y_i), von denen x_i van der Corput-Folge zur Basis 2 mit $1 = MOD(i/3)$ und y_i van der Corput-Folge zur Basis 2 mit $2 = MOD(i/3)$ (rechts).

Mit dem SAS-Programm `sas_1_19` lassen sich $b_n = 2^{10} = 1024$ Zufallszahlen erzeugen. Das kann man im LOG-Fenster von SAS überprüfen. 50 ausgegebene Zufallszahlen sind in Tab. 1.10 zusammengefasst.

Tab. 1.10: 50 Zufallszahlen der van der Corput-Folge zur Basis $b = 2$ und $n = 10$.

1	0.31250	11	0.15625	21	0.46875	31	0.07813	41	0.29688
2	0.81250	12	0.65625	22	0.96875	32	0.57813	42	0.79688
3	0.18750	13	0.40625	23	0.01563	33	0.32813	43	0.17188
4	0.68750	14	0.90625	24	0.51563	34	0.82813	44	0.67188
5	0.43750	15	0.09375	25	0.26563	35	0.20313	45	0.42188
6	0.93750	16	0.59375	26	0.76563	36	0.70313	46	0.92188
7	0.03125	17	0.34375	27	0.14063	37	0.45313	47	0.10938
8	0.53125	18	0.84375	28	0.64063	38	0.95313	48	0.60938
9	0.28125	19	0.21875	29	0.39063	39	0.04688	49	0.35938
10	0.78125	20	0.71875	30	0.89063	40	0.54688	50	0.85938

1.5.3 Irrationaler Zufallszahlengenerator von Shuhai Li und Yumin Wang

Shuhai, Wang (2007) schlugen einen idealen irrationalem Zufallszahlengenerator vor, welcher eine sich nicht wiederholende Zufallszahlenfolge generiert durch die Berechnung der dezimalen Erweiterung einer zufällig gewählten irrationalen Zahl. Die Vorgehensweise wird an einem Beispiel erläutert und ein ganz spezifischer Algorithmus vorgestellt, nämlich mit $R_u(a, b) = R_{\sqrt{\cdot}}(10, 22)$.

Der Algorithmus arbeitet wie folgt:

- Wähle eine Methode aus, um irrationale Zahlen zu erzeugen, hier die Wurzel-funktion $\sqrt{\cdot} \in U$ als ein Beispiel aus der Klasse $U = \{\sqrt{\cdot}, \sqrt[3]{\cdot}, \sqrt[4]{\cdot}, \sqrt[5]{\cdot}, \sqrt[6]{\cdot}, \ldots,$ $\exp(\cdot), \log_2(\cdot), \ln(\cdot), \ldots\}$ der möglichen Methoden, mit denen man irrationale Zahlen erzeugen kann.
- Wähle zufällig eine Startzahl $m \in \{0, 1, 2, \ldots, 10^{10} - 1\}$, für die $\sqrt{m}$ irrational ist. (Die Überprüfung führt auf die Faktorisierung von m. Wenn es nämlich gelingt, eine Primfaktorzerlegung der Art $m = p_1^{n_1} \cdot \ldots \cdot p_k^{n_k}$ anzugeben, wobei p_1 bis p_k Primzahlen und nicht alle Exponenten n_1 bis n_k gerade sind, dann ist $\sqrt{m}$ irrational.)
- Berechne $\sqrt{m}$ auf 27 Stellen nach dem Komma genau. Die 22 Ziffern von der sechs-ten bis zur 27-ten Stelle nach dem Dezimalpunkt werden als Zufallszahlenfolge aufgefasst. (Die Gründe, weshalb die ersten fünf Nachkommastellen verworfen werden, sind in der Originalarbeit dargelegt.)
- Wenn m eine Quadratzahl war, so wähle $m = m + 1 (\text{MOD } 10^{10})$ bis $\sqrt{m}$ irrational wird und kehre zu Schritt 3 zurück.

Beispiel 1.6. Mit $m = 528804893$ erhält man mit der oben angegebenen Genauigkeit von 27 Stellen nach dem Komma $\sqrt{m} = 22995.75815\,\mathbf{2320179591352520087794}$. Die Folge der ersten 22 einstelligen Zufallszahlen sind 2320179591352520087794.

Die zweite Folge von 22 Zufallszahlen erhält man aus m + 1, dem Nachfolger von m, nämlich 528804894. $\sqrt{m} = 22995.75817\,\mathbf{4063320063247330411103}$ liefert ab sechster Dezimalstelle 22 weitere Zufallszahlen 4063320063247330411103, und so weiter.

Die Periodenlänge des Zufallszahlengenerators $R_{\sqrt{\cdot}}(10, 22)$, bis er zyklisch wird, kann man ungefähr abschätzen. Unter den Startzahlen findet man etwa 10^5 Qua-dratzahlen, die sich nicht als Startzahl eignen. Damit ergibt sich für die Zyklenlänge $(10^{10} - 10^5) \times 22 \approx 2.2 \times 10^{11}$. Das sind etwa 676 Gb.

Bemerkung. Man kann die Parameter a und b des Verfahrens einstellen, um eine Zufallszahlenfolge zu generieren, die eine vorgegebene hohe Zyklenlänge k besitzt.

Die Zufälligkeit hängt nicht so sehr vom Startwert m ab. Eine weit größere Rolle spielt die frei wählbare Methode u, um irrationale Zahlen zu generieren, die als „seed" des Generators betrachtet werden muss. Das Verfahren erlaubt es also, beliebige irratio-nale Zahlen auszuwählen. Niemand kann eine irrationale Zahl aus einem endlichen Teil der Dezimaldarstellung errechnen. Dieser Zufallszahlengenerators ist eigentlich für Chiffrierungsaufgaben konzipiert. Niemand kann wissen, welche der möglichen Funktionen u aus der Klasse

$$U = \{\sqrt{m}, \sqrt{1.345m}, \log_{2.4}(1.2245m), 12.94\pi^2 m, \sqrt{m + \pi}, \ldots\}$$

gewählt wurde, die zu der endlichen Dezimaldarstellung 2320179591352520087794 führte. (Dieser Zufallszahlengenerator ist leicht in Algebraprogrammen zu realisieren, weil dort beliebig lange Darstellungen von reellen Zahlen möglich sind und gleichzeitig für die Berechnungsmethoden für alle u ∈ U möglich sind. Für SAS ist die Zahldarstellung und die Gleitkommaarithmetik nur für beschränkte Dezimalstellen möglich.)

1.6 Erzeugung von normal verteilten Zufallszahlen

Eine große Bedeutung in der Statistik haben die Normalverteilungen $N(\mu, \sigma^2)$. Das liegt nicht etwa daran, dass Zufallsgrößen, die uns in der realen Welt begegnen, häufig normalverteilt wären. Die Normalverteilung ist eher die Ausnahme. Für die Theorie spielt sie dagegen eine überragende Rolle, weil sie sich als Grenzverteilung zahlreicher Zufallsgrößen einstellt. So sind die Grenzverteilungen der so genannten Prüfgrößen normalverteilt, auf die im Abschnitt über statistische Tests näher eingegangen wird.

Auch ist der Mittelwert von Stichproben nach dem großen Grenzwertsatz der Statistik asymptotisch normalverteilt, zumindest für eine große Klasse von Verteilungen, solange etwa die Zufallsgröße einen Erwartungswert hat. Gegenbeispiele, das Stichprobenmittel ist also nicht asymptotisch normalverteilt, findet man deshalb bei Zufallsgrößen, die keinen Erwartungswert besitzen. Dazu gehören Cauchy-verteilte Zufallsgrößen.

Ausführlich mit Normalverteilungen beschäftigen sich spätere Kapitel. An dieser Stelle soll nur angemerkt werden, dass der Graph der Dichte der Normalverteilung $N(\mu, \sigma^2)$

$$f(x) = \frac{1}{\sigma\sqrt{2\pi}} \exp\left(-\frac{1}{2}\left(\frac{x-\mu}{\sigma}\right)^2 \right)$$

die bekannte Gaußsche Glockenkurve ist. Der Parameter μ bestimmt die Lage, an der Stelle $x = \mu$ liegt das Maximum der Glockenkurve und er steht für den Erwartungswert der Zufallsgröße. An den Stellen $\mu - \sigma$ und $\mu + \sigma$ befinden sich die Wendepunkte von $f(x)$. σ^2 ist die Varianz der Zufallsgröße.

Gauß, Johann Carl Friedrich
(* 30. April 1777 in Braunschweig; † 23. Februar 1855 in Göttingen)

Jede Zufallsgröße $X \sim N(\mu, \sigma^2)$ kann durch eine Standardisierungstransformation

$$Y = (X - \mu)/\sigma$$

in eine Zufallsgröße $Y \sim N(0, 1)$ mit Erwartungswert 0 und Varianz 1 umgewandelt werden. Y heißt standardnormalverteilt.

Auf Grund der großen Bedeutung der Normalverteilungen kommt auch der Erzeugung von entsprechenden Zufallszahlen Bedeutung zu. Zwei Methoden werden in den folgenden Abschnitten vorgestellt.

1.6.1 Methode nach dem großen Grenzwertsatz der Statistik

Nach dem großen Grenzwertsatz der Statistik ist es in vielen Fällen möglich, normal verteilte Zufallszahlen zu erzeugen. Inhaltlich besagt dieser Satz, dass der Mittelwert von Stichproben, die aus beliebigen Verteilungen stammen, für die Erwartungswert und Varianz existieren, mit wachsendem Stichprobenumfang gegen eine Normalverteilung konvergiert.

Eine auf dem Intervall von 0 bis 1 gleich verteilte Zufallsgröße U hat den Erwartungswert

$$E(U) = 1/2$$

und die Varianz

$$V(U) = 1/12 \, .$$

Die Summe

$$S = U_1 + U_2 + \cdots + U_n$$

der Elemente einer Stichprobe vom Umfang n von gleich verteilten Zufallszahlen $U_i = U$, $i = 1, \ldots, n$, aus dem Intervall von 0 bis 1 hat dann den Erwartungswert $E(S) = n/2$ und die Varianz $V(S) = n/12$. Damit ist für große n die Zufallsgröße

$$X = (S - n/2)/\sqrt{n/12}$$

näherungsweise N(0, 1)-verteilt. Die Zufallsgröße X wird besonders einfach, wenn der Stichprobenumfang ein Vielfaches von zwölf ist, insbesondere bieten sich n = 12 bzw. n = 48 an, bei der der Nennerterm den Wert 1 bzw. 2 annimmt. Für praktische Belange hat sich bereits n = 12 als vollkommen ausreichend erwiesen.

Im folgenden Beispiel werden jeweils zwölf gleich verteilte Zufallszahlen u_i gezogen, von denen die Summe s gebildet wird.

Nach dem großem Grenzwertsatz ist S – 6 näherungsweise N(0, 1)-verteilt. Das mit dem SAS-Programm `sas_1_20` durchgeführte Simulationsexperiment erzeugt auf diese Weise 10 000 Zufallszahlen x_i und stellt sie in einem Häufigkeitsdiagramm dar. Die Gauß'sche Glockenkurve wird damit hinreichend gut getroffen (vgl. Abb. 1.26).

Das SAS-Programm `sas_1_20` realisiert den Algorithmus dieses einfachsten Zufallszahlengenerators für normal verteilte Zufallszahlen und erstellt gleichzeitig die obige Abbildung. Ein zusätzlicher Service der dabei zur Anwendung kommenden `PROC UNIVARIATE` besteht in der Anpassung einer Normalverteilung an die Daten.

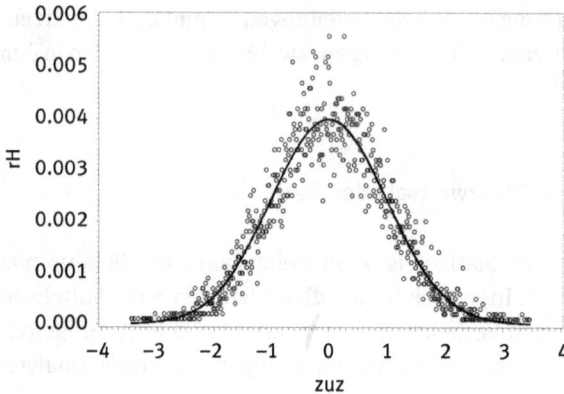

Abb. 1.26: Erzeugung von N(0, 1)-verteilten Zufallszahlen aus gleichverteilten nach dem großen Grenzwertsatz.

1.6.2 Polar-Methode von Marsaglia

Die Polar-Methode von George Marsaglia ist ein weiteres computerfreundliches Verfahren zur Erzeugung standardnormal verteilter Zufallszahlen. Bei dieser Methode werden aus gegebenen zweidimensional gleich verteilten Zufallszahlenpaar (y_1, y_2) eine zweidimensional standardnormalverteilte Zufallszahl (z_1, z_2) erzeugt. Zunächst wird aus (y_1, y_2) der Wert

$$q = (2y_1 - 1)^2 + (2y_2 - 1)^2$$

berechnet. Ist $q > 1$, wird die Zufallszahl (y_1, y_2) verworfen und es wird erneut gezogen. Ist $q \leq 1$ wird die zweite Hilfsgröße

$$p = \sqrt{-2\ln(q)/q}$$

bestimmt. Die beiden standardnormalverteilten Zufallszahlen z_1 und z_2 erhält man als

$$z_i = (2y_i - 1)p \quad \text{für } i = 1, 2 \,.$$

Die Begründung des Verfahrens entnehme man der Literatur, beispielsweise Marsaglia, MacLaren, Bray (1964) oder Marsaglia, Ananthanarayanan (1976).

Marsaglia, George
(* 12. März 1924 in Denver; † 15. Februar 2011 in Tallahassee)

Mit dem SAS-Programms `sas_1_21`, das den vorgestellten Algorithmus realisiert, werden 10 000 zweidimensional standardnormalverteilte Zufallszahlen erzeugt. In Abb. 1.27 sind die Randverteilung der zweidimensional normalverteilten Zufallsgröße (z_1, z_2) nach der ersten Koordinate z_1 und in Abb. 1.28 die zweidimensionale Darstellung von 2 500 mit dem Marsaglia-Verfahren simulierten Werten (z_1, z_2) angegeben.

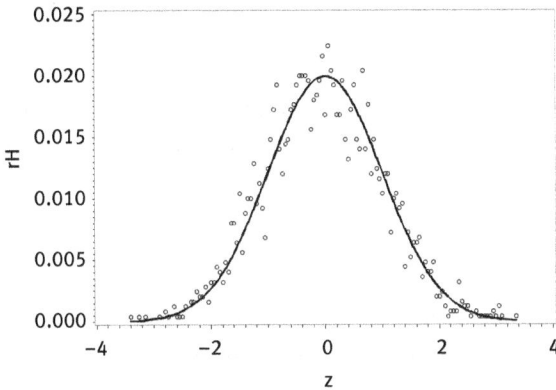

Abb. 1.27: Histogramm von 10 000 nach dem Marsaglia-Verfahren erzeugten standardnormalverteilten Zufallszahlen z_1 und angepasste N(0, 1)–Verteilung. Die empirische Verteilung von z_2 ist der von z_1 sehr ähnlich.

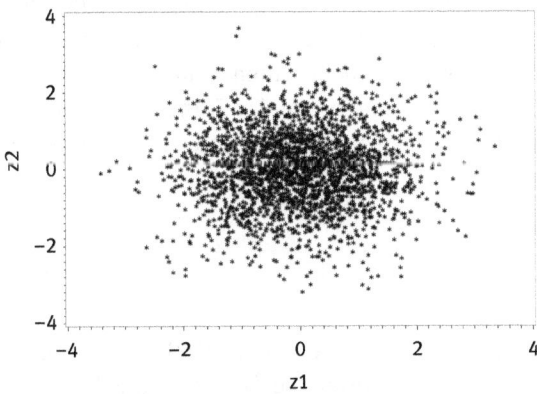

Abb. 1.28: Zweidimensionale Darstellung von 2500 mit dem Verfahren von Marsaglia simulierten Werten (z_1, z_2) der zweidimensional normalverteilten Zufallsgröße (Z_1, Z_2).

1.7 Monte-Carlo-Methode

Die Monte-Carlo-Methode liefert ungefähre Lösungen für eine Vielfalt von mathematischen Problemen, wobei das ursprüngliche Problem geschickt in ein wahrscheinlichkeitstheoretisches überführt wird. Die Behandlung dieses exakten wahrscheinlichkeitstheoretischen Problems wird durch einen statistischen Stichprobenerhebungsversuch auf einem Computer realisiert. Dadurch ist es möglich, durch sehr hohen Simulationsumfang (Stichprobenumfang) das wahrscheinlichkeitstheoretische und damit das ursprüngliche Problem hinreichend genau zu lösen.

Die Methode ist nach der Spielbank in Monte-Carlo, einem Stadtteil von Monaco, im Fürstentum Monaco benannt. Monaco und die dortige Spielbank sind sprichwörtlich für Glücksspiele geworden. Obwohl die Ursprünge der Monte-Carlo-Methoden schon alt sind, ist die systematische Entwicklung der Theorie erst in den 40er Jahren des 20. Jahrhunderts erfolgt.

Die erste Verwendung von Monte-Carlo-Methoden als ein Forschungswerkzeug stammt aus der Zeit der Entwicklung der Atombombe während des zweiten Weltkriegs. Es ging um die Simulation der zufälligen Neutronenausbreitung, die bei der komplizierten wahrscheinlichkeitstheoretischen Beschreibung der Vorgänge in spaltbarem Material auftrat.

Es gibt jedoch eine große Anzahl von früheren, sehr bekannten, allerdings wesentlich unspektakuläreren Anwendungen, wie etwa dem Buffonschen Nadelversuch, der noch besprochen wird.

Selbst innerhalb der Statistik wurde diese Methode erfolgreich angewandt. 1908 verwendete schon Student (W. S. Gosset) experimentelle Stichprobenerhebungen, um seine Entdeckung der Verteilung des Korrelationskoeffizienten zu illustrieren. Im selben Jahr verwendete er auch Monte-Carlo-Methoden, um das Zutrauen zu seiner so genannten t-Verteilung zu stützen, die er damals nur unvollständig theoretisch analysiert hatte.

1.7.1 Nadelexperiment von Buffon

Der bekannteste Beitrag des Naturwissenschaftlers Buffon zur Mathematik war ein Wahrscheinlichkeitsversuch, den er mittels Werfen von Stöcken über die Schulter auf einen Ziegelboden und Zählen der Anzahl der Würfe, die auf die Fugen der Fliesen trafen, durchführte. Buffon gab an (s. Holgate (1981)), dass die günstigen Fälle „.... dem Bereich des Teils des Zykloiden, dessen erzeugender Kreis einen Durchmesser gleich der Länge der Nadel hat, ..." entsprechen.

Buffon war ein Universalwissenschaftler. Die Biologen zählen ihn zu einem ihrer bedeutendsten. Er schuf nach seiner Ernennung durch Ludwig XV. zum Direktor des Königlichen Botanischen Gartens in Paris 1739 ein vielbändiges Standardwerk der Botanik.

Comte de Buffon, Georges-Louis Leclerc
(* 7. September 1707 in Montbard, Côte d'Or; † 16. April 1788 in Paris)

Der Buffonsche Nadelversuch verursachte unter Mathematikern viele Diskussionen, die zu einem geometrischen Verständnis der Wahrscheinlichkeit verhalfen.

Der Nadelversuch, beschrieben 1777, war nicht das einzige Wahrscheinlichkeitsproblem, dass Buffon experimentell prüfte. Er versuchte 1777 die Wahrscheinlichkeiten dafür zu berechnen, dass die Sonne scheinen würde, nachdem sie n Tage bereits geschienen hatte.

Wie sieht nun der Nadelversuch aus?

Man wirft zufällig eine Nadel der Länge l auf eine Ebene, die mit Parallelen mit dem Abstand b versehen ist ($l \leq b$). Wie groß ist die Wahrscheinlichkeit des Ereignisses A, dass die Nadel eine der Parallelen trifft?

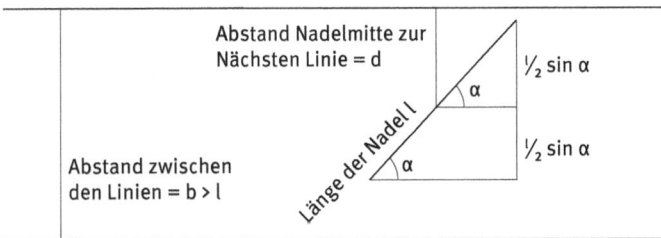

Abb. 1.29: Der Buffonsche Nadelversuch.

Die möglichen Fälle werden durch die Lage der Nadel beschrieben. Wesentlich zur Beschreibung der Lage sind der Steigungswinkel α der Nadel gegenüber den parallelen Linien, wobei $0 \leq \alpha \leq \pi$ gilt, und dem kleineren der beiden Abstände d des Mittelpunktes der Nadel zu einer der Parallelen, wodurch $0 \leq d \leq b/2$ gilt. Das Ereignis A, d. h., ein Schnittpunkt mit einer Parallelen wird realisiert, tritt ein, wenn

$$b/2 \leq (l/2) \cdot \sin \alpha \, ,$$

wobei α zufällig aus dem Intervall $[0, \pi]$ ausgewählt wird.

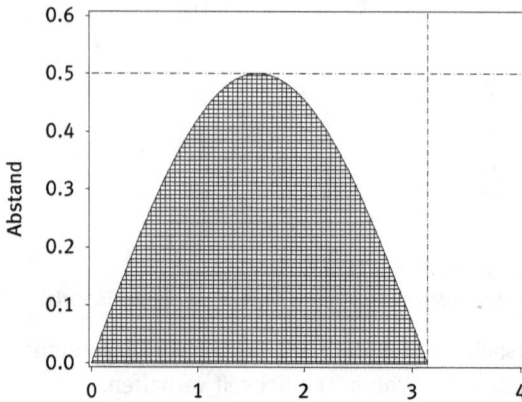

Abb. 1.30: Abstand $d(x) = (1/2) \sin(x)$ von der Mitte der Nadel zur nächsten Linie als Funktion des Winkels x.

Die Fläche mit der gestrichelten Begrenzung hat einen Inhalt von $\frac{b}{2}\pi$ und mit Hilfe der Integralrechnung folgt:

$$\int_0^\pi (1/2) \sin(\alpha)\, d\alpha = (1/2)(-\cos(\alpha)|_0^\pi) = 1.$$

Damit gilt für die Wahrscheinlichkeit P(A), dass die Nadel trifft:

$$P(A) = \frac{1}{\frac{b}{2}\pi}.$$

Mit dieser Formel kann umgekehrt auch eine Näherung für die Zahl π gewonnen werden, wenn man die Wahrscheinlichkeit P(A) durch die relative Häufigkeit h(A) ersetzt:

$$\pi = \frac{1}{\frac{b}{2}\,P(A)} \approx \frac{1}{\frac{b}{2}\,h(A)}.$$

Wählt man vereinfachend l = b, so ist

$$\pi \approx 2/h(A).$$

Das SAS-Programm `sas_1_22` realisiert das Buffonsche Experiment. Es werden 50 geworfene Nadeln der Länge l = 3 auf parallelen Linien des Abstandes b = 5 in Abb. 1.31 dargestellt.

In Abb. 1.31 treffen 17 Nadeln von 50 Würfen den Rand. Man erhält daraus

$$\pi \approx 3.5294,$$

eine keineswegs befriedigende Näherung. Die stochastische Konvergenz der Buffonschen Näherungslösung gegen π ist (mit dem SAS-Programm `sas_1_23` ermittelt) in Abb. 1.32 dargestellt.

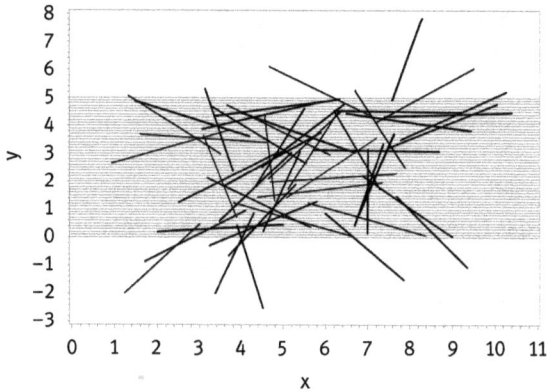

Abb. 1.31: Realisierung des Buffonschen Nadelexperimentes mit 50 geworfenen Nadeln der Länge $l = 3$ auf parallele Linien mit dem Abstand $b = 5$.

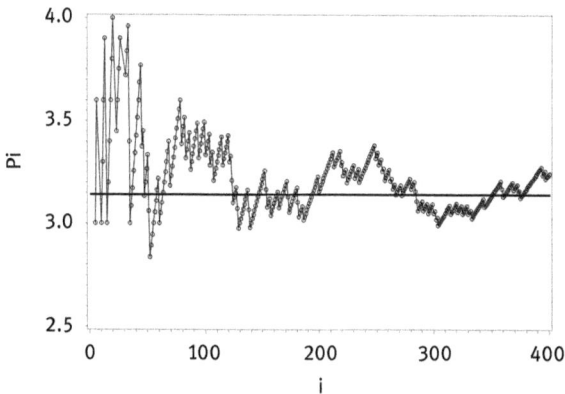

Abb. 1.32: Stochastische Konvergenz der Buffonschen Näherungslösung gegen π in Abhängigkeit vom Simulationsumfang.

1.7.2 Experimentelle Berechnung der Zahl Pi

Eine andere einfache Methode zur Berechnung der Zahl π erhält man durch die folgende Simulation: Einem Kreis mit dem Mittelpunkt im Koordinatenursprung $(0, 0)$ und dem Radius $r = 1$ wird ein Quadrat umschrieben, dessen Seiten achsenparallel sind. Die Flächen von Kreis und Quadrat verhalten sich zueinander wie

$$A_K/A_Q = r^2\pi/(2r)^2 = \pi/4 \, .$$

Man sieht, dass das Verhältnis der Flächen von Kreis und umschriebenen Quadrat unabhängig vom Radius stets $\pi/4$ ist. Lässt man nun Punkte (x, y), deren Koordinaten x und y jeweils gleichverteilt auf dem Intervall von -1 bis 1 sind, in das Quadrat fallen, so verhalten sich die Treffer des Kreises zu allen geworfenen Punkten ebenfalls wie π zu 4. Dabei nutzt man die Vorstellung der Wahrscheinlichkeiten als Inhalte von Flächen aus.

Das SAS-Programm `sas_1_24` realisiert diese Monte-Carlo-Methode zur stochastischen Kalkulation von π.

Die Abb. 1.33 zeigt das Trefferbild, nachdem 1000 Zufallszahlenpaare, deren Koordinaten gleichverteilt sind, auf das Quadrat geworfen wurden. Die Genauigkeit der Schätzung von π hängt in erster Linie vom gewählten Simulationsumfang ab. Man weiß aber leider nur, dass der Schätzwert mit steigendem Simulationsumfang stochastisch gegen den wahren Wert konvergiert. Ein größerer Umfang ist also kein Garant für eine genauere Schätzung. Das wird deutlich in der Abb. 1.34. Bei n = 190 und n = 330 liegt man schon nahe am wahren Wert. Diese Genauigkeit geht wieder verloren und wird erst wieder bei n = 500 erreicht.

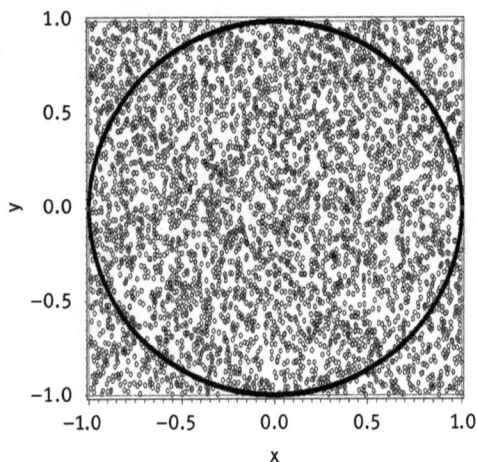

Abb. 1.33: Trefferbild von n = 1000 Zufallszahlen, deren Koordinaten auf $[-1, 1)$ gleichverteilt sind.

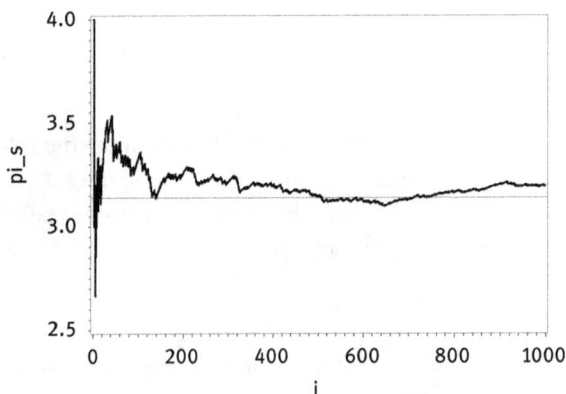

Abb. 1.34: Stochastische Konvergenz der Schätzung gegen den wahren Wert π in Abhängigkeit vom Simulationsumfang.

Die Genauigkeit des simulierten Wertes für π ist in Tab. 1.11 für verschiedene Simulationsumfänge angegeben.

Tab. 1.11: Genauigkeit der Schätzung in Abhängigkeit vom Simulationsumfang.

Simulationsumfang	Schätzung	Absolute Differenz
1 000	3.13580	0.00579
10 000	3.14618	0.00459
100 000	3.14087	0.00072
1 000 000	4.14226	0.00067
10 000 000	3.14198	0.00039

1.7.3 Monte-Carlo-Volumenbestimmung für Kegel, Kugel und Zylinder

Die bisher beschriebenen Verfahren der Monte-Carlo-Methoden beziehen sich auf ebene Figuren, in diesem Abschnitt werden dreidimensionale Gebilde betrachtet.

Der Bund der Pythagoreer versuchte, alle Dinge des Lebens, nicht nur in der Mathematik, auf einfachste Zahlen und Zahlenverhältnisse zu reduzieren. Nach ihrem Verständnis musste sich die Natur in Verhältnissen von natürlichen Zahlen ausdrücken lassen, das heißt kommensurabel sein. Ein Beispiel für solch einfache Zahlenverhältnisse sind die der Volumina von einer Kugel mit dem Radius r, dem sie umschreibenden Zylinder mit dem Radius r der Grundfläche und der Höhe 2r und einem Kegel, der dem Zylinder einbeschrieben ist, mit dem Radius der Grundfläche r und der Höhe 2r. Die Volumenverhältnisse lassen sich durch die Gleichung

$$V_{Zy} : V_{Ku} : V_{Ke} = 3 : 2 : 1$$

beschreiben, denn

$$V_{Zy} = \pi \cdot r^2 \cdot 2r = 2 \cdot r^3 \cdot \pi, \quad V_{Ku} = 4/3 \cdot \pi \cdot r^3$$

und

$$V_{Ke} = \pi \cdot r^2 \cdot 2r/3 = 2/3 \cdot r^3 \cdot \pi.$$

Selbstverständlich sieht man die Volumenverhältnisse auch, wenn man der Halbkugel mit dem Radius r = 1 einen Kegel mit der Höhe r = 1 einbeschreibt und gleichzeitig einen Zylinder mit dem Radius r = 1 und der Höhe r = 1 umbeschreibt, wie es in der Abb. 1.36 zu sehen ist.

Mit einem Simulationsexperimenten soll dieses Verhältnis der Volumina bestätigt werden.

Die Mittelpunktsgleichung einer Kugel mit dem Radius r lautet $x^2 + y^2 + z^2 = r^2$. Wählt man speziell r = 1, so vereinfacht sich die Formel. Ein Würfel mit der Kantenlänge 2 umschreibt diese Kugel. Ein Zylinder mit dem Radius r der Grundfläche und der Höhe 2r ist dem Würfel einbeschrieben und der Kugel umbeschrieben.

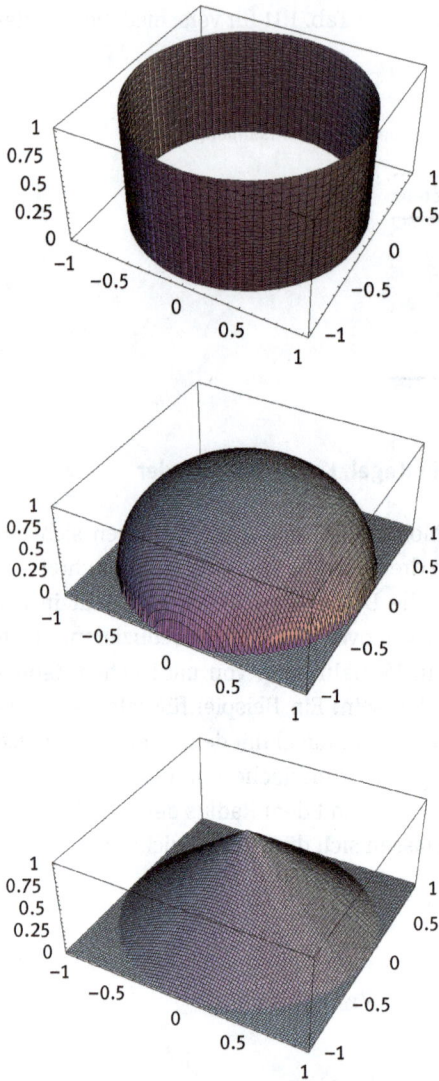

Abb. 1.35: Die Verhältnisse der Volumina von Zylinder, Kugel und Kegel verhalten sich wie $V_{Zy} : V_{Ku} : V_{Ke} = 3 : 2 : 1$.

Ein Tripel (x, y, z) von drei gleichverteilte Zufallszahlen, wobei x, y und z im Intervall von -1 bis 1 variieren, entspricht einem Punkt des Würfels. Es wird beobachtet, wie oft im Simulationsexperiment die Realisierungen (x, y, z) im Zylinder, in der Kugel oder im Kegel beobachtet werden. Sie liegen

- im Zylinder, wenn die Bedingung $x^2 + y^2 < 1$ erfüllt ist,
- in der Kugel, wenn $x^2 + y^2 + z^2 < 1$ gilt und
- im Kegel, wenn der Absolutbetrag von z kleiner als $1 - \sqrt{x^2 + y^2}$ ist. (Die letzte Beziehung kann man sich leicht herleiten, wenn man in der Ebene mit Kegelspitze, Ursprung und zu untersuchendem Punkt eine Strahlensatzfigur errichtet.)

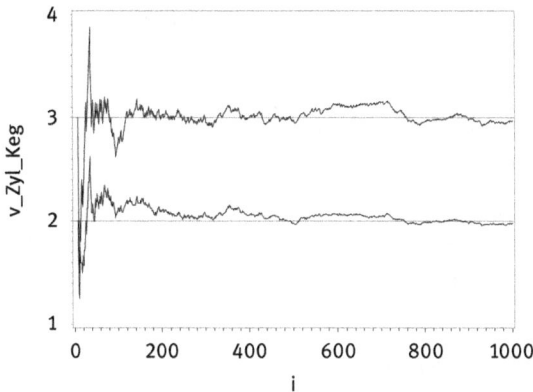

Abb. 1.36: Simulationsergebnisse für die Volumenverhältnisse von Zylinder, Kugel und Kegel.

Dieses Experiment wird sehr oft wiederholt, im beigegebenen SAS-Programm 100 000-mal. Die relativen Anteile der Treffer von Zylinder, Kugel und Kegel bezogen auf die Treffer des Kegels entsprechen näherungsweise den Volumenanteilen der einzelnen geometrischen Körpern. Bei 1 000 000 Wiederholungen wird 785 659-mal der Zylinder getroffen, die Kugel 524 324-mal und der Kegel 262 533-mal. Das Verhältnis

$$V_{Zy} : V_{Ku} : V_{Ke} = 3 : 2 : 1 \approx 785659 : 524324 : 262533 = 2.993 : 1.997 : 1 \, .$$

Mit größer werdendem Simulationsumfang konvergieren die Volumenverhältnisse stochastisch gegen die wahren Verhältnisse. Mit dem SAS-Programm `sas_1_25` ist es nur eine Frage der Rechenzeit, wie genau man das Volumenverhältnis auf experimentellem Wege erhalten möchte.

Bemerkung. Im Programm `sas_1_25` werden Tripel von Zufallszahlen benötigt. Von diesen Tripeln wird entschieden, ob sie innerhalb oder außerhalb etwa der Kugeloberfläche liegen. An dieser Stelle muss man sich darauf verlassen, dass der Zufallszahlengenerator gleichverteilte Punkte im Raum findet. Man wünscht nicht, dass sich die generierten Punkte auf wenigen Hyperebenen im Raum scharen. Man vergleiche dazu den Abschnitt über den Zufallszahlengenerator RANDU.

1.7.4 Näherungsweise Berechnung von bestimmten Integralen

Monte-Carlo-Methoden lassen sich auch zur Berechnung von bestimmten Integralen verwenden. Insbesondere ist das wichtig für Funktionen, zu denen keine Stammfunktion existiert. Die Dichte der Normalverteilung

$$f(x) = 1/\sqrt{2\pi} \exp(-x^2/2)$$

ist dazu ein geeignetes Beispiel. Gerade hierbei interessiert man sich weniger für die Werte der Dichte als für die Werte der Verteilungsfunktion

$$F(x) = \int_{-\infty}^{x} f(t) \, dt = \int_{-\infty}^{x} 1/\sqrt{2\pi} \cdot \exp\left(-t^2/2\right) dt \, .$$

Diese können folglich nur mittels numerischer Integrationsmethoden näherungsweise bestimmt werden. Bevor diese numerische Integration durch eine Monte-Carlo-Simulation ersetzt wird, soll an einem Beispiel die Simulationsmethode erläutert werden.

Beispiel 1.7. Das bestimmte Integral von $f(x) = \sin(x)$ soll in den Grenzen von 0 bis π bestimmt werden. Das ist leicht zu berechnen, weil die Stammfunktion von $\sin(x)$ bekannt ist, nämlich $-\cos(x)$:

$$\int_{0}^{\pi} \sin(x) \, dx = -\cos(x)\Big|_{0}^{\pi} = -\cos(\pi) - (-\cos(0)) = 2 \, .$$

Die Sinusfunktion ist auf dem Intervall von 0 bis π nach unten durch 0 und nach oben durch 1 beschränkt. In das Rechteck, das in x-Richtung durch 0 und π und in y-Richtung durch 0 und 1 begrenzt wird, lässt man gleichverteilte Zufallszahlenpaare (x, y) fallen. Wenn diese zwischen dem Funktionsgraphen von $f(x) = \sin(x)$ und der x-Achse liegen, treffen sie die Fläche, die durch das Integral bestimmt werden soll. Der relative Anteil der Punkte, die diese Fläche treffen, konvergiert stochastisch mit größer werdendem Simulationsumfang gegen den Flächenanteil, den das bestimmte Integral bezüglich des umschreibenden Rechtecks ausmacht.

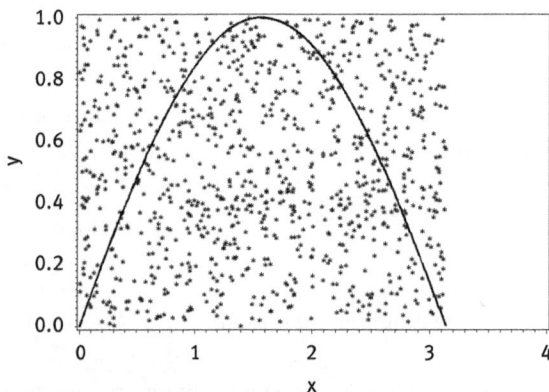

Abb. 1.37: Trefferbild von 1000 Punkten (x, y), wobei x gleichverteilt auf dem Intervall 0 bis π und y gleichverteilt auf dem Intervall 0 bis 1.

Das SAS-Programm sas_1_26 realisiert die Simulation.

Mittels PROC GPLOT kann man sich die stochastische Konvergenz veranschaulichen. Die Simulation bei 1000 zufälligen Punkten liefert als Näherung für 2 den brauchbaren Wert 1.99805. Durch Erhöhen des Simulationsumfangs lässt sich die Genauigkeit weiter stochastisch verbessern. Später wird mit Hilfe der Sätze von Kolmogorov und Smirnov der Simulationsumfang kalkuliert, der für das Erreichen einer bestimmten Genauigkeit erforderlich ist.

Beispiel 1.8. Die Verteilungsfunktion der Standardnormalverteilung

$$F(x) = \int_{-\infty}^{x} f(t)\,dt = \int_{-\infty}^{x} 1/\sqrt{2\pi} \cdot \exp\left(-t^2/2\right) dt$$

kann nur mit numerischen Mitteln näherungsweise bestimmt werden, der Hauptsatz der Integralrechnung ist wegen des Fehlens der Stammfunktion von $f(x)$ nicht anwendbar. Im SAS-System wird die näherungsweise numerische Berechnung durch die Grundfunktion PROBNORM(x) realisiert. Durch Simulationsmethoden andererseits und den Vergleich mit der numerischen Näherungsmethode wird im Folgenden die Tabelle der Standardnormalverteilung gewonnen. Aus dem SAS-Programm sas_1_26 wird durch die folgenden Änderungen das Programm sas_1_27. Als Funktion wird im Programm die Dichte der Standardnormalverteilung eingetragen, als Parameter werden gewählt:

- als obere Integrationsgrenze og der Wert, für den die Verteilungsfunktion F zu bestimmen ist,
- als untere Grenze ug wird –5 (anstelle von –∞) gesetzt, ein Wert, der realistischerweise (fast) nie unterschritten wird,
- als untere Schranke für die Dichte $f(x)$ setzt man schru = 0, weil die Dichtefunktion stets positiv ist und
- als obere Schranke der Dichte kann das Maximum der Standardnormaldichte, nämlich $f(0) = 1/\sqrt{2\pi} \approx 0.39894 < 0.4$ gewählt werden.

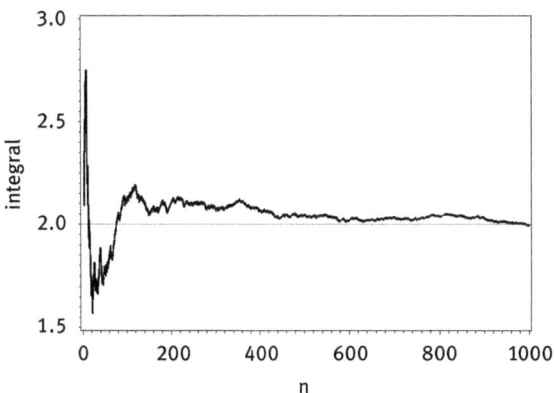

Abb. 1.38: Konvergenz der Monte-Carlo-Näherung in Abhängigkeit vom Stichprobenumfang n gegen das bestimmte Integral von $f(x) = \sin(x)$ in den Grenzen von 0 bis π.

Die Tab. 1.12 stellt für eine kleine Auswahl von x = 0 bis 3 mit der Schrittweite 0.2 die nach beiden Verfahren ermittelten Werte der Verteilungsfunktion gegenüber, sowie deren Differenzen.

Tab. 1.12: Werte der Verteilungsfunktion der Standardnormalverteilung, ermittelt mit der Monte-Carlo-Methode und der Standardfunktion PROBNORM(x) in SAS, einschließlich der Differenz beider Näherungsmethoden (Ausschnitt).

x	Monte-Carlo-Methode	PROBNORM	Differenz
0.0	0.50033	0.50000	−.000325000
0.2	0.57743	0.57926	0.001831949
0.4	0.65604	0.65542	−.000619938
0.6	0.72794	0.72575	−.002197118
0.8	0.78790	0.78814	0.000244761
1.0	0.83984	0.84134	0.001504346
1.2	0.88401	0.88493	0.000924410
1.4	0.92177	0.91924	−.002525619
1.6	0.95008	0.94520	−.004874572
1.8	0.95585	0.96407	0.008223601
2.0	0.98025	0.97725	−.003004932
2.2	0.98552	0.98610	0.000574952
2.4	0.98962	0.99180	0.002184184
2.6	0.99479	0.99534	0.000552012
2.8	0.99223	0.99744	0.005209990
3.0	1.00370		−.005049098

Beispiel 1.9. Beobachtet man einen festen Punkt auf dem Umfang eines Kreises, der seinerseits um die Außenseite eines Kreises ohne zu gleiten herum rollt, so beschreibt der Punkt eine so genannte **Epizykloide**. Haben beide Kreise den gleichen Durchmesser a, dann entsteht eine besonders schöne Epizykloide, die man **Kardioide oder Herzkurve** nennt.

Durch eine Monte-Carlo-Simulation soll der Flächeninhalt der Kardioide bestimmt werden. Die Gleichung der Kardioiden ist durch

$$(x^2 + y^2 - a^2)^2 - 4a^2((x - a)^2 + y^2) = 0$$

gegeben. Es gibt auch eine Parameterdarstellung bezüglich des Drehwinkels t, nämlich

$$x = a(2\cos(t) - \cos(2t)) \quad \text{und}$$
$$y = a(2\sin(t) - \sin(2t)) \,.$$

Die mit dem Programm sas_1_28 erzeugte Abb. 1.39 dient der Überlegung, in welchem Rechteck die Kardioide eingeschlossen werden kann. Der mittlere kleine Kreis ist der

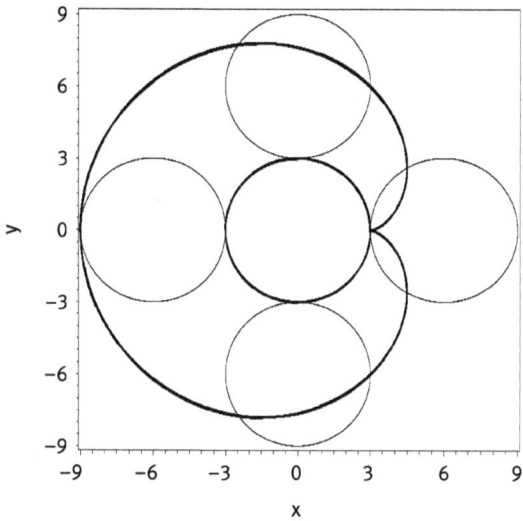

Abb. 1.39: Überlegungsfigur, um ein Quadrat zu finden, das die Kardioide umfasst.

fest gewählte mit dem Radius a = 3. Um diesen herum rollt ein zweiter Kreis. Aus seinen eingezeichneten Extremlagen in x- und y-Richtung wird klar, dass man die x- und y-Koordinate jeweils zwischen –3a = –9 ≤ x, y ≤ 9 = 3a wählen kann. Dann liegt die Kardioide sicher im „Zielgebiet" der gleichverteilten Punkte. Mit dieser rohen Abschätzung erspart man sich das aufwändige Berechnen der extremen Punkte der Kardioiden.

Die Entscheidung darüber, ob der zufällig geworfene Punkt innerhalb oder außerhalb der Kardioide liegt, wird bezüglich ihrer definierenden Gleichung getroffen. Wenn

$$(x^2 + y^2 - a^2)^2 - 4a^2((x - a)^2 + y^2) \le 0 \quad \text{gilt,}$$

so liegt der Punkt (x, y) innerhalb, wenn

$$(x^2 + y^2 - a^2)^2 - 4a^2((x - a)^2 + y^2) > 0 \quad \text{richtig ist,}$$

so liegt er außerhalb (vergleiche Abb. 1.40).

Das Simulationsexperiment (s. Programm `sas_1_29`) liefert beim Umfang n = 1000 einen Flächeninhalt von 171.396 Flächeneinheiten. Im Falle der Kardioide ist der Flächeninhalt A = 6πa² = 169.646. Die Genauigkeit ist auch hier ausreichend.

1.7.5 Bestimmung des Ellipsenumfangs

Es gibt zunächst zwei mögliche Wege, um den Umfang der Ellipse zu bestimmen. Wenn man von der funktionalen Darstellung der Ellipse ausgeht, startet man mit

$$x^2/a^2 + y^2/b^2 = 1 \, ,$$

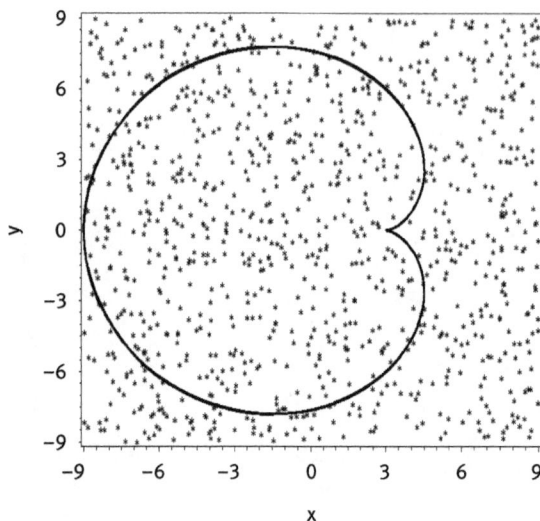

Abb. 1.40: Trefferbild von 1000 zufällig geworfenen Punkten (x, y), deren x- und y-Koordinaten jeweils gleichverteilt sind auf dem Intervall von −9 bis 9.

wobei a die große und b die kleine Halbachse der Ellipse bezeichnet. Der halbe Umfang oberhalb der x-Achse genügt folglich der Funktionsgleichung

$$y = f(x) = b\sqrt{1 - x^2/a^2}\,.$$

Den halben Umfang ermittelt man durch das folgende näherungsweise nummerisch lösbare Integral

$$U_1 = \int_{-a}^{a} \sqrt{1 + f'(x)^2}\,dx = \int_{-a}^{a} \sqrt{1 + (2bx/(a^2\sqrt{1 - x^2/a^2}))^2}\,dx\,.$$

Geht man von der Parameterdarstellung $x(t) = a \cdot \cos(t)$ und $y(t) = b \cdot \sin(t)$ bezogen auf den Drehwinkel t mit $0 \le t \le \pi$ aus, so erhält man den halben Umfang ebenfalls aus dem näherungsweise nummerisch lösbaren Integral

$$U_2 = \int_{0}^{\pi} \sqrt{x'(t)^2 + y'(t)^2}\,dt = \int_{0}^{\pi} \sqrt{(a\sin(t))^2 + (b\cos(t))^2}\,dt\,.$$

Die nummerische Integration soll in beiden Fällen durch eine Integration mittels Monte-Carlo-Methode ersetzt werden. Dazu betrachtet man zunächst die zu integrierenden Funktionen der Formeln für U_1 und U_2 innerhalb der jeweiligen Integrationsgrenzen (siehe Abb. 1.41 und 1.42).

Nur die Parameterdarstellung liefert eine zu integrierende Funktion, die zwischen der unteren und oberen Integrationsgrenze beschränkt ist. Auf diese kann die Monte-Carlo-Methode angewandt werden. Die Funktion, die bezüglich U_1 zu integrieren ist, hat sowohl an der unteren als auch der oberen Integrationsgrenze Polstellen, sie konvergiert dort gegen Unendlich. Sie ist deshalb schlechter für die Monte-Carlo-Methode geeignet.

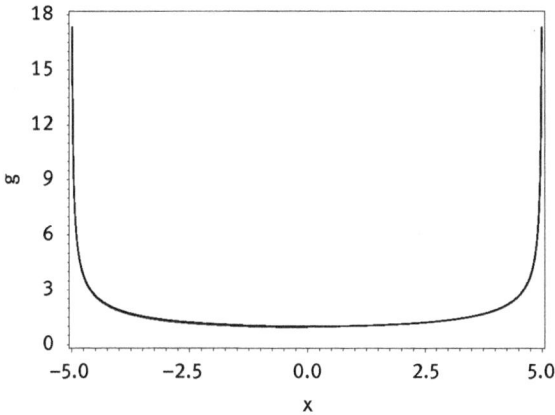

Abb. 1.41: Funktion, die bezüglich U_1 zu integrieren ist ($a = 5$, $b = 3$).

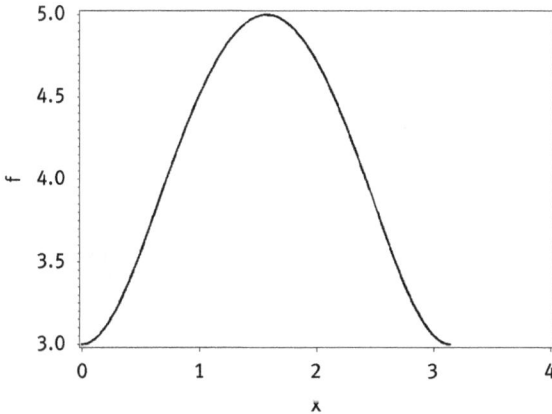

Abb. 1.42: Funktion, die bezüglich U_2 zu integrieren ist ($a = 5$, $b = 3$).

Als nummerische Näherungsformeln für die halbe Bogenlänge sind gebräuchlich (s. Bartsch (2001))

$$NU_1 = U/2 \approx \pi/2(3(a+b)/2 - \sqrt{ab})$$

und

$$NU_2 = U/2 \approx \pi/4(a+b+ \sqrt{2(a^2 + b^2)})\,.$$

Das SAS-Programm `sas_1_31` realisiert die Monte-Carlo-Methode und gibt für einen Simulationsumfang von $n = 1\,000\,000$ den Monte-Carlo-Näherungswert im Vergleich mit den beiden Werten NU_1 und NU_2 an. Man erhält für $a = 5$ und $b = 3$ als Näherungswert der Monte-Carlo-Methode 12.7614 und damit einen zwischen den beiden numerischen Näherungen $NU_1 = 12.7659$ sowie $NU_2 = 12.7597$ liegenden Wert.

1.7.6 Verbesserte Monte-Carlo-Berechnung bestimmter Integrale nach Sobol

Gegeben sei eine reelle Funktion g auf dem Intervall [a, b], deren Integral $I = \int_a^b g(x)\,dx$ existiert und näherungsweise berechnet werden soll. Man wählt eine beliebige Verteilungsdichte f_X, die auf dem Intervall [a, b] definiert ist.

Außer der auf [a, b] definierten Zufallsgröße X mit der Dichte f_X, mit $E(X) = \mu$ und $V(X) = \sigma^2$, benötigt man die transformierte Zufallsgröße

$$Y = g(X)/f_X\,.$$

Dann gilt für den Erwartungswert dieser Zufallsgröße

$$E(Y) = \int_a^b (g(x)/f_X(x))f_X(x)\,dx = 1\,.$$

Für eine Folge von Zufallsgrößen $Y_1, Y_2, \ldots, Y_n$, die unabhängig und identisch verteilt sind wie Y gilt der zentrale Grenzwertsatz: Die Zufallsgröße $\overline{Y} = \sum_{i=1}^n Y_i/n$ ist asymptotisch normalverteilt mit $E(\overline{Y}) = 1$ und existierender Varianz. Dann gilt für hinreichend große n

$$\frac{1}{n}\sum_{i=1}^n g(x_i)/f_X(x_i) \approx 1\,.$$

Beispiel 1.10. Es soll das Integral $I = \int_0^{\pi/2} \sin(x)\,dx$ mittels Monte-Carlo-Methode bestimmt werden. Der genaue Wert dieses Integrals ist natürlich bekannt, denn

$$I = \int_0^{\pi/2} \sin(x)\,dx = -\cos(x)\big|_0^{\pi/2} = 1\,.$$

Die Berechnung wird gleichzeitig mit drei Zufallsgrößen X_1, X_2 und X_3 auf dem Intervall $[0, \pi/2)$ durchgeführt. Ihre Dichten sind

$$f_{X_1}(x) = 2/\pi\,,$$

d. h. X_1 ist eine Gleichverteilung auf dem Intervall $[0, \pi/2)$,

$$f_{X_2}(x) = 8x/\pi^2$$

ist Dichte einer Dreieckverteilung und

$$f_{X_3}(x) = 12x(\pi - x)/\pi^3\,.$$

Die Abb. 1.43 stellt die zu integrierende Funktion und die drei Dichten dar.

Zur Erzeugung der Zufallszahlen mit der Dichte $f_{X_i}(x)$, $i = 1, 2, 3$, aus gleichverteilten Zufallszahlen Z aus dem Intervall $[0, 1)$ wendet man die Transformation über die

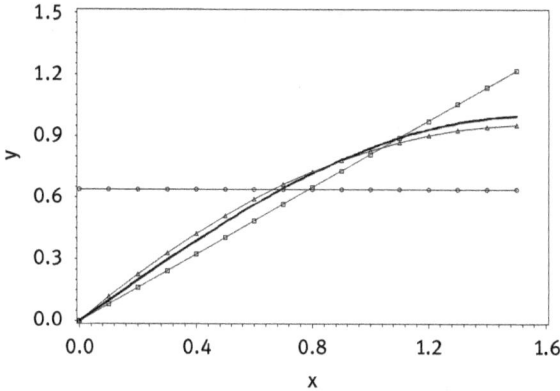

Abb. 1.43: Zu integrierende Funktion y = sin(x) (durchgehende fette Linie), $f_{X_1}(x) = 2/\pi$ (durchgehende Linie parallel zur Abszisse), $f_{X_2}(x) = 8x/\pi^2$ (Gerade, gestrichelt) und $f_{X_3}(x) = 12x(\pi - x)/\pi^3$ (Parabel, gepunktet).

Verteilungsfunktionen an. Aus

$$F_{X_1}(x) = \int_0^x 2/\pi \, dt = 2x/\pi = z \qquad \text{erhält man} \quad x = \pi z/2 \,, \quad \text{aus}$$

$$F_{X_2}(x) = \int_0^x 8t/\pi^2 \, dt = 4x^2/\pi^2 = z \quad \text{erhält man} \quad x = \pi\sqrt{z}/2 \quad \text{und bei}$$

$$F_{X_3}(x) = \int_0^x (12/\pi^3)t(\pi - t) \, dt = (12/\pi^3)(\pi x^2/2 - x^3/3) = z$$

wären stets eine Gleichung 3. Grades zu lösen und die maximal drei möglichen reellen Lösungen zu diskutieren. Man kann durch sukzessives Erhöhen von x um eine sehr kleine Schrittweite, startend bei x = 0, erreichen, dass

$$F_{X_3}(x_0) = (12/\pi^3)(\pi x_0^2/2 - x_0^3/3) \geq z \,.$$

Die Zufallszahl x_0, bei der das Relationszeichen erstmals gilt, ist Lösung. Bei vorgegebenem Stichprobenumfang n können nun gleichverteilte Zufallszahlen z_i gezogen werden, die bezüglich der obigen Transformationen in Zufallszahlen x_i mit vorgegebener Dichte gewandelt werden.

Mittels der Stichprobenfunktion $\frac{1}{n}\sum_{i=1}^{n} g(x_i)/f_{X_i}(x_i)$ erhält man einen Näherungswert für das gesuchte Integral. Die Tab. 1.14 gibt ein Rechenbeispiel für n = 10. Die stochastische Konvergenz gegen den Integralwert 1 ist in der Tab. 1.13 erkennbar.

Hinweis. Die Genauigkeit der Integralberechnung kann durch die Formel, die man aus dem zentralen Grenzwertsatz erhält, abgeschätzt werden, s. Sobol (1971).

Die Abb. 1.43 und 1.44 wurden mit dem SAS-Programm sas_1_32 erzeugt.

Tab. 1.13: Stochastische Konvergenz von $\frac{1}{n} \sum_{i=1}^{n} g(x_i)/f_{X_i}(x_i)$ gegen den tatsächlichen Integralwert $I = 1$.

n	10	100	1000	10 000
$f_{X_1}(x)$	1.1469727	1.0455480	1.0135915	1.0013789
$f_{X_2}(x)$	0.9699436	0.9919927	0.9957606	0.9999184
$f_{X_3}(x)$	1.0173364	1.0065627	1.0010941	1.0002261

Tab. 1.14: Rechenbeispiel für die Integralbestimmung.

	Gleichverteilte Zufallszahl	Zufallszahl mit Dichte $f_{X_1}(x)$	$f_{X_2}(x)$	$f_{X_3}(x)$	$y_1 = g(x_i)/f_{X_i}(x_i)$		
i	z	x_1	x_2	x_3	y_1	y_2	y_3
1	0.70027	1.10002	1.31452	1.25261	1.39997	0.90792	1.03724
2	0.62743	0.98560	1.24428	1.17212	1.30946	0.93917	1.03157
3	0.63203	0.99282	1.24883	1.17727	1.31570	0.93718	1.03197
4	0.40977	0.64368	1.00554	0.91455	0.94273	1.03612	1.00517
5	0.21799	0.34243	0.73342	0.64454	0.52746	1.12611	0.96464
6	0.24614	0.38664	0.77933	0.68862	0.59234	1.11263	0.97211
7	0.86990	1.36649	1.46511	1.43427	1.53817	0.83741	1.04539
8	0.81319	1.27739	1.41654	1.37419	1.50372	0.86064	1.04341
9	0.71416	1.12184	1.32749	1.26775	1.41518	0.90203	1.03816
10	0.40084	0.62965	0.99453	0.90318	0.92501	1.04022	1.00372
		Integral: $1/n \sum_{i=1}^{n} y_i$			1.14697	0.96994	1.01734

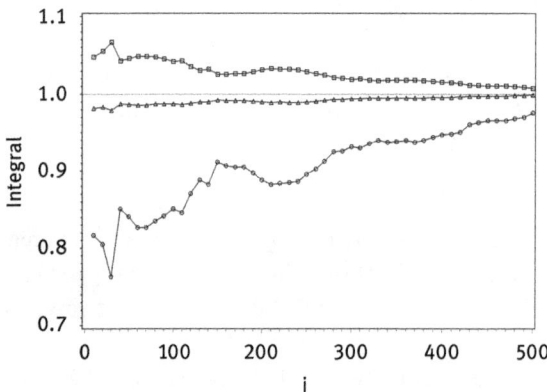

Abb. 1.44: Integration nach Sobol in Abhängigkeit vom Stichprobenumfang n von 1 bis 500.

1.8 Zufallszahlenerzeugung im Softwaresystem SAS

1.8.1 RANUNI- und UNIFORM-Funktion in SAS

Fishman, Moore (1982) untersuchten multiplikative Kongruenzgeneratoren des Typs

$$Z_i = MOD(A \cdot Z_{i-1}, M)$$

auf ihre statistischen Eigenschaften. Das besondere Interesse galt solchen Generatoren mit dem Modul $M = 2^{31} - 1$. Ist M eine Primzahl, so erreicht man unter bestimmten Bedingungen eine maximale Zyklenlänge und durchläuft alle Zahlen Z von 0 bis $M - 1$ in der Reihenfolge, die vom Generator bestimmt wird, wenn nämlich A eine primitive Wurzel von M ist, also

$$1 = MOD(A^{M-1}, M)$$

und

$$1 \neq MOD(A^p, M) \quad \text{für alle } 1 < p < M - 1\,.$$

Viele Zahlen A genügen diesen Bedingungen, unter anderen auch $A = 397204094$ des Generators

$$Z_i = MOD(397204094 \cdot Z_{i-1}, 2^{31} - 1)\,,$$

der in der SAS-Software (Version 6) für die Funktion RANUNI und UNIFORM verwandt wurde. Er löste den in älteren Versionen verwendeten Generator

$$Z_i = MOD(16807 \cdot Z_{i-1}, 2^{30})$$

ab, der ebenfalls von Fishman, Moore (1982) untersucht wurde und der wie der neue Generator alle damals verwendeten statistischen Tests (Unabhängigkeit, Gleichverteilung auf dem Einheitsintervall, dem Einheitsquadrat und dem Einheitswürfel, sowie gleichzeitiges Erfüllen aller drei Tests) bestand.

In der SAS-Software ist die Funktion UNIFORM äquivalent zu der Funktion RANUNI. Mit UNIFORM(seed) bzw. mit RANUNI(seed) kann man den Startpunkt des Zufallszahlengenerators festlegen, wobei seed eine ganze Zahl kleiner als 2^{31} ist. Mit seed größer als 0 wird eine Zufallszahlenerzeugung gestartet, die beim Folgeaufruf identisch ist. Für seed $\leq$ 0 wird die Zufallszahlenfolge mit der internen Uhrzeit gestartet und ist dadurch nicht wiederholbar.

1.8.2 Erzeugung von Zufallszahlen mit anderen Verteilungen

In der SAS-Software ist eine Vielzahl an Zufallszahlengeneratoren enthalten, die sich mit

```
CALL RANDGEN(result, distname<, parm1><, parm2><, parm3>);
```

aufrufen lassen. Die einzelnen Eingabeparameter bedeuten im Einzelnen

- result: vordefinierte Matrix, die mit den Zufallszahlen der unter distname gewünschten Verteilung gefüllt werden soll
- distname: Name einer Verteilung (aus der Tab. 1.15)
- parm1,2,3: benötigte Verteilungsparameter

RANDGEN und RAND arbeiten mit dem gleichen numerischen Methoden. RANDGEN erfordert einen vorhergehenden Aufruf von RANDSEED zum Setzen des Startwertes.

Die Tab. 1.15 enthält die zu den jeweiligen Verteilungen gehörigen Parameter.

Tab. 1.15: Parameter der Verteilungen.

Name der Verteilung	distname	parm1	parm2	parm3
Bernoulli	'BERNOULLI'	p		
Beta	'BETA'	a	b	
Binomial	'BINOMIAL'	p	n	
Cauchy	'CAUCHY'			
Chi-Quadrat	'CHISQUARE'	df		
Erlang	'ERLANG'	a		
Exponential	'EXPONENTIAL'			
$F_{n,d}$	'F'	n	d	
Gamma	'GAMMA'	a		
Geometrische	'GEOMETRIC'	p		
Hypergeometric	'HYPERGEOMETRIC'	N	R	n
Lognormal	'LOGNORMAL'			
Negative Binomial	'NEGBINOMIAL'	p	k	
Normal	'NORMAL'			
Poisson	'POISSON'	m		
T	'T'	df		
Diskrete	'TABLE'	p		
Dreieck	'TRIANGLE'	h		
Gleich	'UNIFORM'			
Weibull	'WEIBULL'	a	b	

2 Spielexperimente

2.1 Würfelexperiment mit einem gewöhnlichen Spielwürfel

2.1.1 Gewöhnlicher Spielwürfel

Zufallsexperimente mit dem gewöhnlichen Spielwürfel findet man in fast allen Lehrbüchern der Wahrscheinlichkeitsrechnung und der Statistik. Das liegt daran, dass man das Würfelexperiment nicht beschreiben muss, weil es allen Lesern bekannt ist und die meisten bereits ein Gefühl für die dortigen Wahrscheinlichkeiten entwickelt haben. Jeder weiß, dass die Wahrscheinlichkeiten, dass die sich zufällig einstellenden Augenzahlen X den Wert i annehmen, stets

$$P(X = i) = \frac{1}{6} \quad \text{für alle } i = 1, 2, \ldots, 6$$

sind. Mit gleichverteilten Zufallszahlen soll das Würfelexperiment nachgestaltet werden. Die gezogene gleichverteilte Zufallszahl Z zwischen 0 und 1 wird deshalb in eine ganzzahlige Augenzahl X von 1 bis 6 transformiert. Man hat dafür zu sorgen, dass die Wahrscheinlichkeiten für jede Augenzahl gleich 1/6 sind. Das erreicht man beispielsweise durch folgende Zuordnung:

Das Einheitsintervall wird in sechs gleich lange disjunkte Teilintervalle geteilt, nämlich [0, 1/6), [1/6, 2/6), [2/6, 3/6), [3/6, 4/6), [4/6, 5/6) und [5/6, 1). Zwei Intervalle A und B nennt man disjunkt, wenn der Durchschnitt von A und B kein Element enthält. Deshalb ist darauf zu achten, dass beispielsweise die Grenze 1/6 nicht zum Intervall [0, 1/6), wohl aber zum folgenden Intervall [1/6, 2/6) gehört.

Fällt die Zufallszahl Z in das i-te Intervall [(i−1)/6, i/6), so gilt die Augenzahl X = i als realisiert.

Alternativ hätte man als Intervalle für das Experiment auch [0, 1/10) für X = 1, [1/10, 2/10) für X = 2, allgemein [(i−1)/10, i/10) für X = i, i = 1, 2, . . . , 6 annehmen können. Auch damit sichert man, dass jede Augenzahl gleichwahrscheinlich ist. Für gezogene Zufallszahlen größer oder gleich 0.6 würde man erneut mit dem Ziehen einer Zufallszahl beginnen, genau so, als würde beim Würfeln der Würfel vom Spieltisch rollen und das Zufallsexperiment in diesem Fall zu wiederholen sein.

Wegen $P(X = i) = \frac{1}{6}$, $i = 1, 2, \ldots, 6$, gelten für den Erwartungswert der Augenzahl X

$$E(X) = \sum_{i=1}^{6} i \cdot P(X = i) = \frac{1}{6}(1 + 2 + 3 + 4 + 5 + 6) = 3.5$$

und für die Varianz

$$V(X) = \sum_{i=1}^{6}(i - E(X))^2 \cdot P(X = i) = \frac{1}{6} \cdot \sum_{i=1}^{6}(i - 3.5)^2$$

$$= \frac{1}{6}((-2.5)^2 + (-1.5)^2 + (-0.5)^2 + 0.5^2 + 1.5^2 + 2.5^2) = 2.91667 \,.$$

Das SAS-Programm `sas_2_1` führt das Experiment 10 000-mal durch. Es werden die relativen Häufigkeiten mit den Wahrscheinlichkeiten verglichen und gute Übereinstimmungen festgestellt. Ebenso stimmen bei großem Stichprobenumfang der Erwartungswert mit dem Mittelwert und die Varianz mit der empirischen Varianz nahezu überein. Der maximal ausgewiesene Unterschied zwischen relativer Häufigkeit und Wahrscheinlichkeit liegt im Experiment unter 0.003.

Der Mittelwert m = 3.4935 stimmt nahezu vollkommen mit dem Erwartungswert 3.5 überein,

$$m = (1 \cdot 1653 + 2 \cdot 1689 + 3 \cdot 1673 + 4 \cdot 1679 + 5 \cdot 1667 + 6 \cdot 1639)/10\,000\,.$$

Die empirische Varianz s^2 ist nur unwesentlich vom Sollwert 2.91667 entfernt,

$$s^2 = ((1 - m)^2 \cdot 1653 + (2 - m)^2 \cdot 1689 + (3 - m)^2 \cdot 1673$$
$$+ (4 - m)^2 \cdot 1679 + (5 - m)^2 \cdot 1667 + (6 - m)^2 \cdot 1639)/9999$$
$$= 2.89665\,.$$

Überträgt man die empirische Varianz in den Maßstab der Zufallsgröße, indem man die Standardabweichung s als Vergleich zu Grunde legt, ist die Übereinstimmung – wie vermutet – besser:

$$\sigma = \sqrt{V(X)} = 1.707826 \quad \text{versus} \quad s = 1.70195\,.$$

Tab. 2.1: Ergebnisse des Würfelexperiments mit gewöhnlichem Spielwürfel bei 10 000 Wiederholungen.

Augenzahl W	Relative Häufigkeit	Differenz zwischen relativer Häufigkeit und Wahrscheinlichkeit 1/6
1	0.1653	−0.00137
2	0.1689	0.00223
3	0.1673	0.00063
4	0.1679	0.00123
5	0.1667	0.00003
6	0.1639	−0.00277

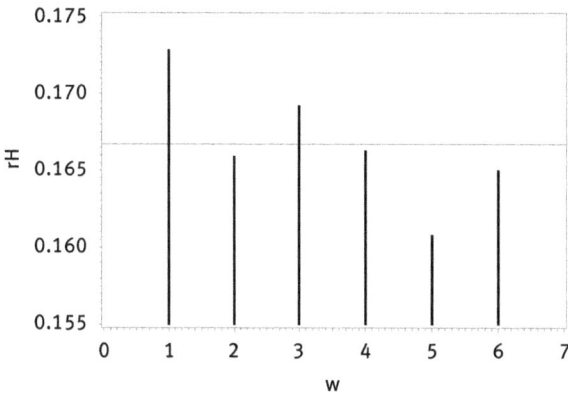

Abb. 2.1: Relative Häufigkeiten der Augenzahl beim Würfelexperiment mit 10 000 Wiederholungen. Um Differenzen zwischen relativer Häufigkeit und der Wahrscheinlichkeit 1/6 – Referenzlinie – erkennen zu können, wurde die y-Achse gestreckt.

Jeder befürchtet, beim Würfeln zu selten hohe Augenzahlen und zu häufig niedrige Augenzahlen zu werfen, was bei einem regulären Würfel natürlich nicht stimmt. Ist der Würfel nicht gezinkt, wird man bei langem Spiel nahezu alle Augenzahlen etwa gleichhäufig werfen. Man hat aber trotzdem das Gefühl, dass mittlere Augenzahlen etwa die 3 oder 4 häufiger vorkommen. Der Fehler im Denken beruht auf dem so genannten Erwartungswert des Zufallsexperiments, der Augensumme, die man im Mittel bei langem Spiel erwartet.

Auch hier muss man zwischen dem Erwartungswert aus dem Gedankenexperiment und dem empirischen Mittelwert im tatsächlichen Experiment unterscheiden. Der empirische Wert ist der Mittelwert aller Experimente, im obigen Beispiel

$$\overline{x} = \left(\frac{1}{n}\right) \sum_{i=1}^{10000} x_i = 3.4935 \, ,$$

der Erwartungswert $E(X) = 3.5$ wurde oben kalkuliert.

Mit wachsender Wurfanzahl konvergiert der empirische Mittelwert gegen den Erwartungswert, so wie auch die empirische Verteilungsfunktion gegen die Verteilungsfunktion strebt. Es ist der tiefere Sinn der Statistik, dass man sich mit Erkenntnissen aus nur einer „kleinen" Stichprobe zutraut, Aussagen über das tatsächliche Geschehen zu gewinnen. Die Sicherheit dieser Aussagen steigt mit zunehmendem Stichprobenumfang. Dieser Konvergenzbegriff, die so genannte stochastische Konvergenz, ist im Gegensatz zu Konvergenzbegriffen in der Analysis allerdings etwas schwerer zu fassen. Die Tab. 2.2 soll diese stochastische Konvergenz illustrieren. Für wachsende Simulationsumfänge sollten die minimalen und maximalen Abweichungen D_W zwischen den relativen Häufigkeiten des Experiments und den Wahrscheinlichkeiten ebenso kleiner werden wie auch die maximalen und minimalen Differenzen D_F zwischen der empirischen Verteilungsfunktion und der Verteilungsfunktion. Darüber hinaus zeigt Abb. 2.2 die Konvergenz des Mittelwertes gegen den Erwartungswert, wenn man den Stichprobenumfang iterativ von 1 bis 100 erhöht. Dieses Experiment ist dreimal wiederholt worden (siehe SAS-Programm sas_2_2).

Ähnlich verhält es sich mit der Varianz. Die empirische Varianz konvergiert stochastisch gegen die Varianz (s. Abb. 2.3).

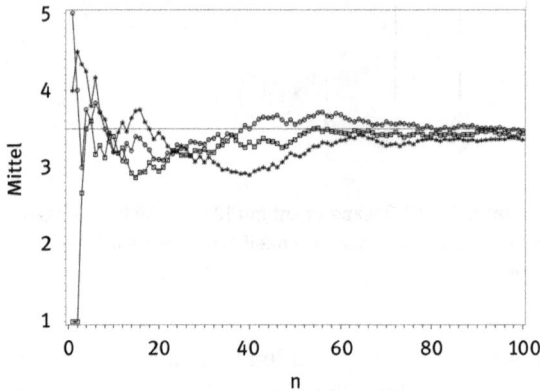

Abb. 2.2: Stochastische Konvergenz der mittleren Augenzahl gegen den Erwartungswert 3.5 bei dreifacher Wiederholung des Experimentes (Abszisse ist Stichprobenumfang).

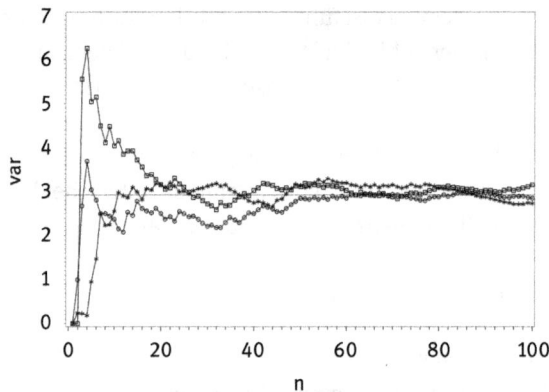

Abb. 2.3: Stochastische Konvergenz der empirischen Varianz gegen die Varianz 2.91667 bei dreifacher Wiederholung des Experimentes (Abszisse ist Stichprobenumfang).

Tab. 2.2: Minimale und maximale Abweichungen der relativen Häufigkeiten und der Wahrscheinlichkeiten D_W und der maximalen und minimalen Differenzen zwischen empirischer Verteilungsfunktion und Verteilungsfunktion für unterschiedliche Stichprobenumfänge n.

N	D_W		D_F	
	Min	**Max**	**Min**	**Max**
600	−0.0183	0.0167	−0.0150	0.0216
6 000	−0.0052	0.0060	−0.0000	0.0062
60 000	−0.0015	0.0030	−0.0022	0.0007
600 000	−0.0008	0.0008	−0.0003	0.0011

2.1.2 Gezinkter Würfel

Ein „gezinkter" Würfel, der z.B. die Augenzahl Y = 6 bevorzugt und Y = 1 seltener wirft, habe beispielsweise die Wahrscheinlichkeitsfunktion:

$$P(Y = 1) = \frac{1}{6} - r,$$

$$P(Y = i) = \frac{1}{6} \quad \text{für } i = 2, \ldots, 5 \quad \text{und}$$

$$P(Y = 6) = \frac{1}{6} + r, \quad \text{wobei für den Parameter r gilt } 0 \le r \le \frac{1}{6}.$$

Für eine solche Zufallsgröße gelten für den Erwartungswert

$$E(Y) = 1 \cdot (\frac{1}{6} - r) + \sum_{i=2}^{5} i \cdot P(Y = i) + 6 \cdot \left(\frac{1}{6} + r\right) = 3.5 + 5r$$

und die Varianz

$$V(Y) = (1 - E(Y))^2 \left(\frac{1}{6} - r\right)$$

$$+ \sum_{i=2}^{5} (i - E(Y))^2 \cdot P(Y = i) + (6 - E(Y))^2 \left(\frac{1}{6} + r\right) = 2.91667 - 25r^2$$

Die Abb. 2.4 und 2.5 zeigen die lineare Abhängigkeit des Erwartungswertes $E(Y)$ und die quadratische Abhängigkeit der Varianz $V(Y)$ vom Parameter r, der den Grad beschreibt, mit dem gezinkt wird. Der Parameter r kann nur positive Werte annehmen und nicht über 1/6 steigen, weil sonst die Wahrscheinlichkeit für die Augenzahl 1 negativ würde.

Mit Hilfe des Computers ist es möglich, ein Experiment in kürzester Zeit zu wiederholen und den Simulationsumfang rasch in die Höhe zu treiben. Der gezinkte Würfel mit obiger Wahrscheinlichkeitsverteilung wird im SAS-Programm sas_2_3 realisiert. Als Parameter wurde r = 0.1 gesetzt.

Die Tab. 2.3 gibt die Ergebnisse des Zufallsexperiments wieder, bei dem 10 000-mal eine Zufallszahl gezogen und anschließend in eine Augenzahl des Würfelexperi-

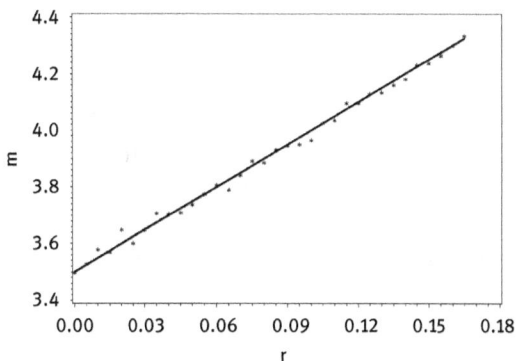

Abb. 2.4: Erwartungswert der Augenzahl Y beim gezinkten Würfel in Abhängigkeit vom Parameter r.

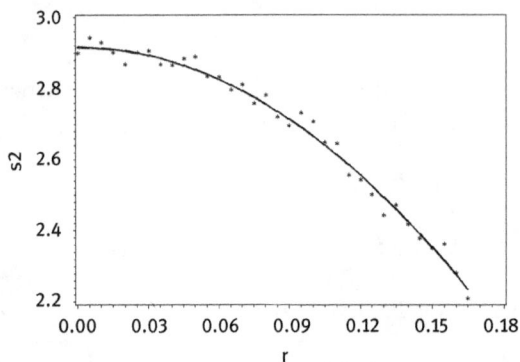

Abb. 2.5: Varianz der Augenzahl Y beim gezinkten Würfel in Abhängigkeit vom Parameter r.

ments umgewandelt wurde. Die Funktion, die die kumulierten relativen Häufigkeiten in Abhängigkeit von der Augenzahl darstellt, heißt empirische Verteilungsfunktion.

Den relativen Häufigkeiten steht der Begriff der Wahrscheinlichkeit, den kumulierten relativen Häufigkeiten stehen die kumulierten Wahrscheinlichkeiten und der empirischen Verteilungsfunktion steht die Verteilungsfunktion gegenüber. Tabelle 2.3 zeigt die gute Übereinstimmung zwischen Experiment und Modell.

Tab. 2.3: Ergebnisse des Würfelexperiments mit gezinktem Würfel bei 10 000 Wiederholungen (Parameter r = 0.1).

Augen-zahl Y	Häufig-keit	Relative Häufigkeit	Wahrschein-lichkeit	Kumulierte Häufigkeit	Empirische Verteilung	Verteilungs-funktion
0	0	0.0000	0	0	0.0	0
1	705	0.0705	$1/6 - .1 = .06667$	705	0.0705	$1/6 - .1 = .06667$
2	1 653	0.1653	$1/6 = .16667$	2 358	0.2358	$2/6 - .1 = .23333$
3	1 689	0.1689	$1/6 = .16667$	4 047	0.4047	$3/6 - .1 = .40000$
4	1 673	0.1673	$1/6 = .16667$	5 720	0.5720	$4/6 - .1 = .56667$
5	1 679	0.1679	$1/6 = .16667$	7 399	0.7399	$5/6 - .1 = .73333$
6	2 601	0.2601	$1/6 + .1 = .26667$	10 000	1.0	1
7	0	0.0000	0	10 000	1.0	1

Die in den folgenden Abb. 2.6 und 2.7 gezeigten Wahrscheinlichkeits- und Verteilungsfunktion wurden mit dem Programm sas_2_4 erzeugt.

Aufgabe 2.1. Verwenden Sie einen Tetraeder (mit den Augenzahlen von 1 bis 4 bzw. einen Dodekaeder (mit den Augenzahlen von 1 bis 12) anstelle des gewöhnlichen Spielwürfels und berechnen Sie Erwartungswerte und Varianzen.

Überprüfen Sie die Ergebnisse der vorigen Aufgabe mit einem Simulationsexperiment.

Wie müsste ein geometrisches Gebilde aussehen, mit dem man die gleichverteilten Augenzahlen von 1 bis 10 (bzw. 0 bis 9) „würfeln" könnte?

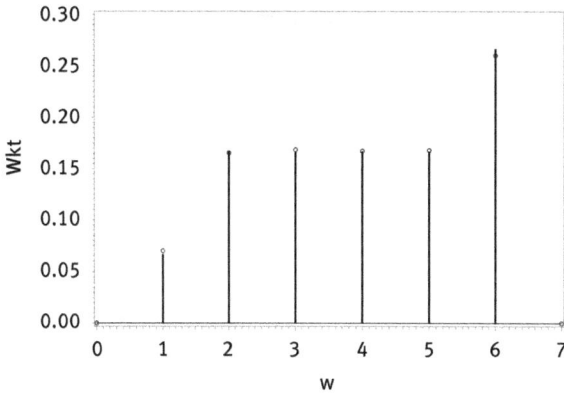

Abb. 2.6: Wahrscheinlichkeits-funktion (Linie) und relative Häufigkeiten (Kreis) beim Simulationsumfang 10 000 beim Würfelexperiment mit gezinktem Würfel.

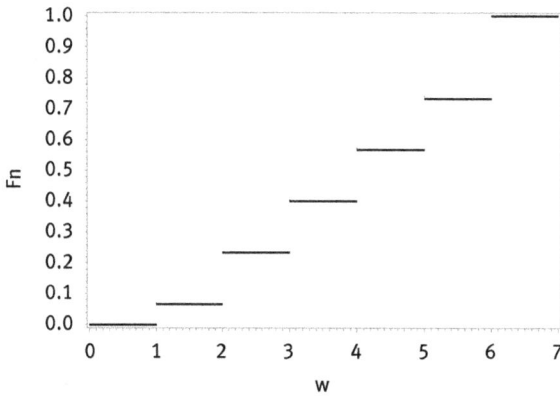

Abb. 2.7: Verteilungsfunktion (Linie) und empirische Vertei-lungsfunktion (Quadrat) beim Simulationsumfang 10 000 beim Würfelexperiment mit gezinktem Würfel.

2.2 Würfeln mit zwei Würfeln

2.2.1 Augensumme von zwei Würfeln

Etwas komplizierter werden Würfelexperimente, wenn man mit zwei Würfeln gleich-zeitig wirft. Als zufälliges Ergebnis im Experiment soll die Augensumme S beider Wür-fel gelten. Die Zufallsgröße S kann Werte zwischen 2 und 12 annehmen, allerdings sind die einzelnen Ereignisse nicht mehr gleich wahrscheinlich. Den Wert S = 2 kann man beispielsweise nur realisieren, wenn sowohl erster als auch zweiter Würfel eine 1 anzeigen. Das ist mit der Wahrscheinlichkeit $\frac{1}{6} \cdot \frac{1}{6} = \frac{1}{36}$ der Fall, weil das Werfen der beiden Würfel als unabhängig angesehen wird, da das Ergebnis des ersten Wurfs sicher keinen Einfluss auf das Ergebnis des zweiten hat. Um S = 5 zu realisieren gibt es deutlich mehr Möglichkeiten, und zwar sind das 4 + 1 oder 1 + 4 oder 3 + 2 oder 2 + 3, wobei der erste Summand für den ersten Würfel und der zweite Summand für den zweiten Würfel steht.

Da es insgesamt $6 \cdot 6 = 36$ verschiedene und gleichwahrscheinliche Experimentausgänge gibt, hat jeder einzelne dieser möglichen Ausgänge die Wahrscheinlichkeit $\frac{1}{36}$. Die Zufallsgröße mit dem Wert S = 5 vereinigt vier möglichen Experimentausgänge auf sich und hat dadurch die Wahrscheinlichkeit P(S = 5) = $\frac{4}{36}$. Auf die gleiche Art und Weise berechnet man die Wahrscheinlichkeiten für die noch ausstehenden Werte der Zufallsgröße S. Die Tab. 2.4 gibt den Gesamtüberblick, das Beispiel für S = 5 ist grau hinterlegt.

Tab. 2.4: Würfelexperiment mit zwei Würfeln und Zufallsgröße Augensumme S.

Summe S	1. Würfel					
	1	2	3	4	5	6
1	2	3	4	5	6	7
2	3	4	5	6	7	8
3	4	5	6	7	8	9
4	5	6	7	8	9	10
5	6	7	8	9	10	11
6	7	8	9	10	11	12

(2. Würfel = Zeilenbeschriftung 1–6)

Man erhält:

$$
\begin{array}{ll}
P(S = 2) \ = 1/36 & F(2) \ = P(S \le 2) \ = 1/36 \\
P(S = 3) \ = 2/36 & F(3) \ = P(S \le 3) \ = 3/36 \\
P(S = 4) \ = 3/36 & F(4) \ = P(S \le 4) \ = 6/36 \\
P(S = 5) \ = 4/36 & F(5) \ = P(S \le 5) \ = 10/36 \\
P(S = 6) \ = 5/36 & F(6) \ = P(S \le 6) \ = 15/36 \\
P(S = 7) \ = 6/36 & F(7) \ = P(S \le 7) \ = 21/36 \\
P(S = 8) \ = 5/36 & F(8) \ = P(S \le 8) \ = 26/36 \\
P(S = 9) \ = 4/36 & F(9) \ = P(S \le 9) \ = 30/36 \\
P(S = 10) = 3/36 & F(10) = P(S \le 10) = 33/36 \\
P(S = 11) = 2/36 & F(11) = P(S \le 11) = 35/36 \\
P(S = 12) = 1/36 & F(12) = P(S \le 12) = 1. \\
\end{array}
$$

Die Wahrscheinlichkeits- und Verteilungsfunktion der Zufallsgröße S sowie die Häufigkeits- und empirische Verteilung sind in Abb. 2.8 angegeben. Die relativen Häufigkeiten und die empirische Verteilungsfunktion sind für große Simulationsumfänge von diesen nicht mehr zu unterscheiden, deshalb ist n = 720 gewählt (s. Abb. 2.9). Das SAS-Programm `sas_2_5` realisiert das Experiment mit den beiden Würfeln. Die Ergebnisse sind in Tab. 2.5 zusammengestellt.

Tab. 2.5: Ergebnisse des Würfelexperimentes mit zwei Würfeln (n = 720).

S	Beob-achtete Anzahl	Erw. Anzahl	Relative Häufigkeit	Wahr-schein-lichkeit	Kumulierte Häufigkeit		Kumul. relative Häufigkeit	Ver-teilungs-funktion
					beob.	erw.		
2	23	20	.0319	.0278	23	20	.0319	.0278
3	37	40	.0514	.0556	60	60	.0833	.0833
4	54	60	.0750	.0833	114	120	.1583	.1667
5	74	80	.1028	.1111	188	200	.2611	.2778
6	102	100	.1417	.1389	290	300	.4028	.4167
7	110	120	.1528	.1667	400	420	.5556	.5833
8	112	100	.1556	.1389	512	520	.7111	.7222
9	99	80	.1375	.1111	611	600	.8486	.8333
10	53	60	.0736	.0833	664	660	.9222	.9167
11	40	40	.0556	.0556	704	700	.9778	.9722
12	16	20	.0222	.0278	720	720	1.000	1.000

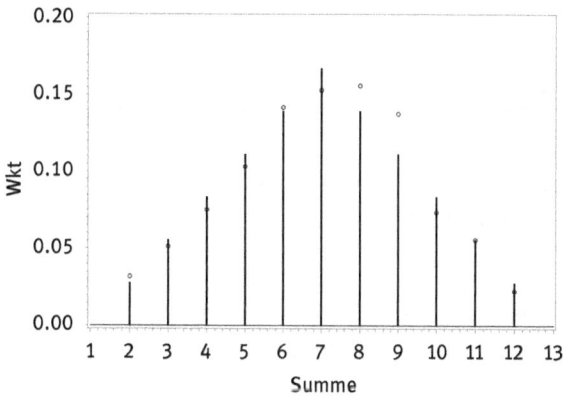

Abb. 2.8: Relative Häufigkeiten (Kreis) und Wahrscheinlicheitsfunktion der Augensumme von zwei Würfeln (n = 720).

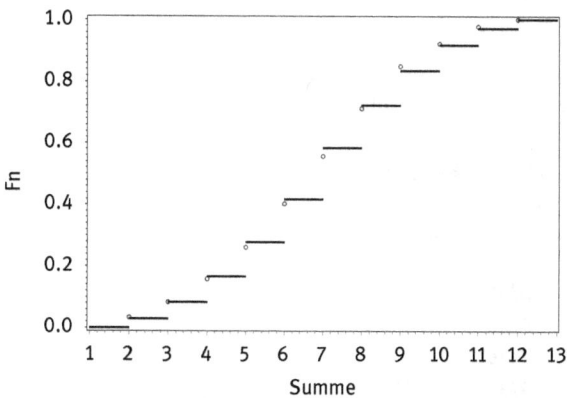

Abb. 2.9: Empirische Verteilungsfunktion (durchgehende Linie) und Verteilungsfunktion (Kreis) der Augensumme von zwei Würfeln (n = 720).

2.2.2 Maximum und Minimum der Augenzahlen zweier Würfel

Die folgenden Tab. 2.6, 2.7 und 2.8 beschreiben beim gleichzeitigen Würfeln mit zwei gewöhnlichen Spielwürfeln die Zufallsgrößen „Maximum der beiden Würfelergebnisse" MAX und „Minimum der beiden Würfelergebnisse" MIN der beiden Würfelergebnisse".

Tab. 2.6: Würfelexperiment mit zwei Würfeln und Zufallsgröße Maximum MAX der Augenzahl des ersten und zweiten Würfels.

Maximum MAX	1. Würfel					
	1	2	3	4	5	6
1	1	2	3	4	5	6
2	2	2	3	4	5	6
3	3	3	3	4	5	6
4	4	4	4	4	5	6
5	5	5	5	5	5	6
6	6	6	6	6	6	6

(2. Würfel)

Tab. 2.7: Würfelexperiment mit zwei Würfeln und Zufallsgröße Minimum MIN der Augenzahl des ersten und zweiten Würfels.

Minimum MIN	1. Würfel					
	1	2	3	4	5	6
1	1	1	1	1	1	1
2	1	2	2	2	2	2
3	1	2	3	3	3	3
4	1	2	3	4	4	4
5	1	2	3	4	5	5
6	1	2	3	4	5	6

(2. Würfel)

In den Tabellen ist grau hinterlegt, auf welche Art beispielsweise die Werte MAX = 4 und MIN = 3 zustande kommen. Als Wahrscheinlichkeiten für diese Werte der Zufallsgröße ergeben sich

$$P(MAX = 4) = P(W_1 = 1, W_2 = 4) + P(W_1 = 2, W_2 = 4)$$
$$+ P(W_1 = 3, W_2 = 4) + P(W_1 = 4, W_2 = 4)$$
$$+ P(W_1 = 4, W_2 = 1) + P(W_1 = 4, W_2 = 2)$$
$$+ P(W_1 = 4, W_2 = 3) = 7/36$$

Tab. 2.8: Wahrscheinlichkeits- und Verteilungsfunktionen der beiden Zufallsgrößen Minimum und Maximum der Augenzahlen zweier gewöhnlicher Spielwürfel.

i	MIN = Min (X_1, X_2)		MAX = Max (X_1, X_2)	
	$P(MIN = i)$	$F_1(i) = P(MIN \leq i)$	$P(MAX = i)$	$F_2(i) = P(MAX \leq i)$
1	11/36	11/36	1/36	1/36
2	9/36	20/36	3/36	4/36
3	7/36	27/36	5/36	9/36
4	5/36	32/36	7/36	16/36
5	3/36	35/36	9/36	25/36
6	1/36	1	11/36	1

und

$$P(MIN = 3) = P(W_1 = 3, W_2 = 3) + P(W_1 = 3, W_2 = 4)$$
$$+ P(W_1 = 3, W_2 = 5) + P(W_1 = 3, W_2 = 6)$$
$$+ P(W_1 = 4, W_2 = 3) + P(W_1 = 5, W_2 = 3)$$
$$+ P(W_1 = 6, W_2 = 3) = 7/36.$$

Dass alle Wahrscheinlichkeiten $P(W_1 = i, W_2 = j)$ für alle $i, j = 1, \ldots, 6$ gleich $1/36 = 1/6 \cdot 1/6$ sind, ist ein Resultat der Unabhängigkeit der beiden Würfe. Man muss folglich nur all die gleichwahrscheinlichen Elementarereignisse berücksichtigen, die das entsprechende Resultat Minimum oder Maximum haben.

Wenn von einer Zufallsgröße X die Verteilungsfunktionen F(x) bekannt ist, dann lassen sich die Verteilungsfunktionen für die Zufallsgrößen

$$MAX = Max(X_1, X_2, \ldots, X_k) \quad und \quad MIN = Min(X_1, X_2, \ldots, X_k),$$

wobei $X = X_i$ für $1 \le i \le k$, als Verallgemeinerung des vorangehenden Beispiels durch die Formeln

$$F(MAX(X_1, X_2, \ldots, X_k) = x) = F(X = x)^k \qquad (\star)$$

$$F(MIN(X_1, X_2, \ldots, X_k) = x) = 1 - (1 - F(X = x))^k \qquad (\star\star)$$

beschreiben.

Mit dem SAS-Programm `sas_2_6` werden die Wahrscheinlichkeitsfunktionen und die Verteilungsfunktionen des Maximums der Augenzahlen zweier gewöhnlicher Spielwürfel realisiert und in Abb. 2.10 und 2.11 dargestellt.

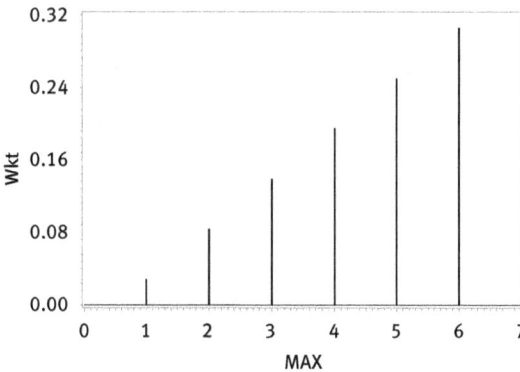

Abb. 2.10: Wahrscheinlichkeitsfunktion des Maximums der Augenzahlen zweier gewöhnlicher Spielwürfel.

Aufgabe 2.2. Beweisen Sie die Aussagen $(\star)$ und $(\star\star)$ über die Verteilung des Minimums und Maximums einer Stichprobe, wenn die Verteilung F der Grundgesamtheit bekannt ist, aus der die Stichprobe stammt. Überprüfen Sie diese Eigenschaft (a) am obigen Würfelbeispiel und (b) an der Gleichverteilung.

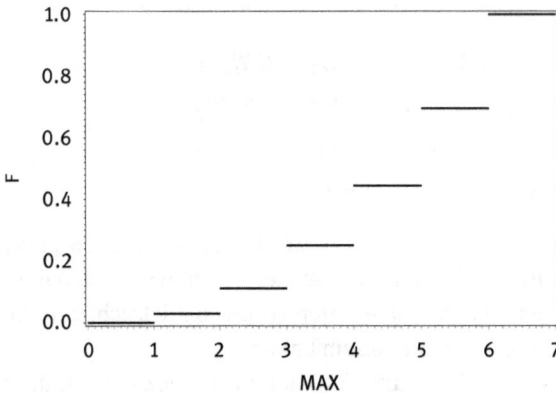

Abb. 2.11: Verteilungsfunktion des Maximums der Augenzahlen zweier gewöhnlicher Spielwürfel.

Im vorangehenden SAS-Programm sind lediglich für das Maximum der Augenzahlen zweier Würfel die Wahrscheinlichkeits- und Verteilungsfunktion ermittelt. Verallgemeinern Sie das Programm bis auf n = 5 Würfel.

Verändern Sie das Programm so, dass auch für das Minimum und für das Produkt der Augenzahlen von gewöhnlichen Spielwürfeln (bis n = 5) die Wahrscheinlichkeits- und Verteilungsfunktion bestimmt werden kann.

Bemerkung. Die Verteilungen des Minimums und des Maximums werden bei Ausreißertests verwendet. Sie spielen darüber hinaus eine Rolle bei den Verteilungen der Positionsstichproben, das heißt bei der Verteilung des ersten bis n-ten Wertes einer der Größe nach geordneten Stichprobe, wobei der erste und n-te geordneten Wert einer Stichprobe gerade das Minimum und das Maximum sind.

2.2.3 Produkt der Augenzahlen zweier Würfel

Das Produkt der Augenzahlen zweier Würfel nimmt Werte zwischen 1 und 36 an. Nicht alle Werte treten auf, sondern nur solche, die sich als Produkt zweier Zahlen von 1 bis 6 darstellen lassen. Das sind die Zahlen 1, 2, 3, 4, 5, 6, 8, 9, 10, 12, 15, 16, 18, 24, 25, 30 und 36. Ihre Wahrscheinlichkeits- und Verteilungsfunktion kann man aus Tab. 2.9 erschließen. Grau hinterlegt sind in dieser Tabelle die Paare, die beispielsweise zum Produkt P = 6 führen:

$$P(W_1 \cdot W_2 = 6) = P(W_1 = 1, W_2 = 6) + P(W_1 = 2, W_2 = 3)$$
$$+ P(W_1 = 3, W_2 = 2) + P(W_1 = 6, W_2 = 1) = 4/36 \,.$$

Es soll die Wahrscheinlichkeits- und Verteilungsfunktion ermittelt werden. Das SAS-Programm des vorangehenden Abschnitts kann leicht dafür verallgemeinert werden.

Tab. 2.9: Zufallsgröße Produkt $P = W_1 \cdot W_2$ der Augenzahlen zweier gewöhnlicher Würfel.

Produkt P	1. Würfel					
	1	2	3	4	5	6
1	1	2	3	4	5	6
2	2	4	6	8	10	12
3	3	6	9	12	15	18
4	4	8	12	16	20	24
5	5	10	15	20	25	30
6	6	12	18	24	30	36

(2. Würfel)

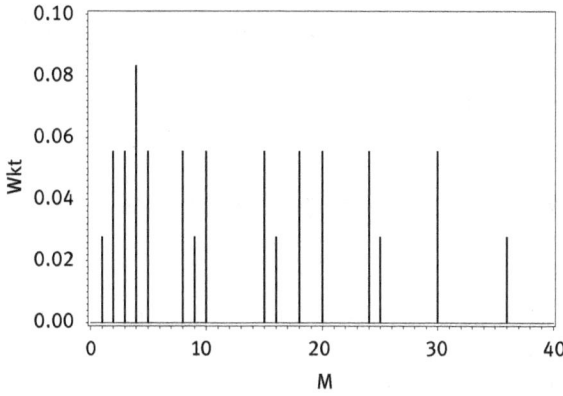

Abb. 2.12: Die Wahrscheinlichkeitsfunktion der Zufallsgröße Produkt $P = W_1 \cdot W_2$ der Augenzahlen zweier gewöhnlicher Würfel.

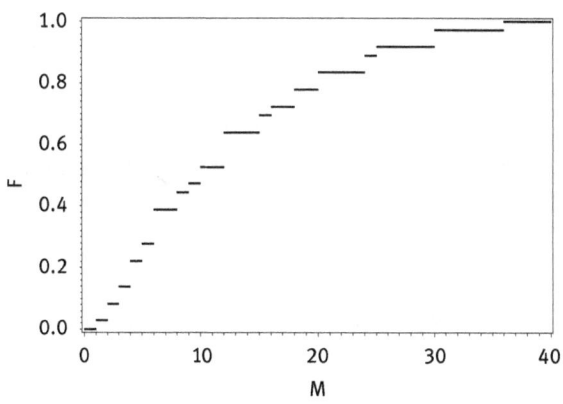

Abb. 2.13: Die Verteilungsfunktion der Zufallsgröße Produkt $P = W_1 \cdot W_2$ der Augenzahlen zweier gewöhnlicher Würfel.

Bemerkung. Die in den vorigen Abschnitten beschriebenen Würfelexperimente sind als Abbildungen der Zufallsgröße X, der Anzahl der Augen beim Würfeln mit einem gewöhnlichen Spielwürfel, erzeugt worden. Betrachtet wurden die vier Abbildungen

$$A_1 = X_1 + X_2 \qquad \text{(„Augensumme zweier Würfel“),}$$

$A_2 = \text{MAX}(X_1, X_2)$ („maximale Augensumme von zwei Würfeln"),

$A_3 = \text{MIN}(X_1, X_2)$ („minimale Augensumme von zwei Würfeln") und

$A_4 = X_1 \cdot X_2$ („Produkt der Augenzahl zweier Würfel"),

wobei die Zufallsgrößen $X_1 = X$ und $X_2 = X$ sind.

Man erkennt, dass die algebraische Operation der Funktion der Zufallsgrößen nichts mit der entsprechenden Operation bezüglich der Wahrscheinlichkeiten zu tun hat.

Aufgabe 2.3. Simulieren Sie das Würfelexperiment mit zwei Würfeln und den Zufallsgrößen Maximum, Minimum, sowie Produkt der Augenzahlen und vergleichen Sie die Ergebnisse mit denen des tatsächlichen Wahrscheinlichkeitsmodells. Verwenden Sie das entsprechende SAS-Programm und verändern lediglich die Wertzuweisungsfunktion entsprechend der Aufgabenstellung.

2.3 Wurfanzahl mit einem gewöhnlichen Spielwürfel, bis erstmals eine 6 fällt

Jeder hat beim Würfelspiel bereits bemerkt, dass man unter Umständen sehr lange warten muss, bis die Augenzahl 6 fällt. Im Folgenden soll die Zufallsgröße A „Anzahl der Würfe, bis erstmals eine 6 fällt" beschrieben werden. Sie ist eine so genannte diskrete und abzählbare Zufallsgröße, denn sie kann als Werte alle natürlichen Zahlen annehmen. Die Wahrscheinlichkeit, dass bereits im ersten Wurf eine 6 fällt ist

$$P(A = 1) = 1/6 \,.$$

Damit erstmals im zweiten Wurf eine 6 fällt ist es notwendig, dass beim ersten Wurf keine 6 fiel (die Wahrscheinlichkeit dafür ist $5/6$ und im zweiten Wurf die ersehnte 6 fällt. Da erster und zweiter Wurf unabhängig voneinander sind, ist die Wahrscheinlichkeit

$$P(A = 2) = (5/6) \cdot (1/6) \,.$$

Leicht kann man sich überlegen, dass die Wahrscheinlichkeit, dass erst im n-ten Versuch eine 6 fällt, dem entsprechend

$$P(A = n) = (5/6)^{n-1}(1/6) \tag{$\star$}$$

ist. Eine solche Wahrscheinlichkeitsfunktion heißt geometrische Wahrscheinlichkeitsfunktion zum Parameter $p = 5/6$, die zugehörige Verteilungsfunktion nennt man geometrische Verteilungsfunktion zum Parameter p.

Die Wahrscheinlichkeiten stellen in Abhängigkeit von n eine geometrische Folge dar. Ab zweitem Folgenglied gilt, dass $P(A = n) = p^{n-1}(1 - p)$ das geometrische Mittel des Vorgänger- und Nachfolgergliedes ist:

$$P(A = n) = \sqrt{P(A = n - 1) \cdot P(A = n + 1)}$$

$$= \sqrt{p^{n-2}(1 - p) \cdot p^n (1 - p)} = p^{n-1}(1 - p)$$

Mit der Formel (*) lässt sich für jeden Wert von A die Wahrscheinlichkeit berechnen. Man erkennt, dass die größte Wahrscheinlichkeit an der Stelle 1 auftritt. Dieser Wert mit der höchsten Wahrscheinlichkeit wird als **Modalwert** bezeichnet. Die Wahrscheinlichkeiten werden mit wachsendem n rasch (man sagt mit „geometrischer Geschwindigkeit") kleiner. Damit ist aber immer noch die Frage offen, wie viele Würfe man im Mittel ausführen muss, bis erstmals eine 6 fällt. Das wird durch den Erwartungswert der Zufallsgröße beschrieben. Der Erwartungswert einer Zufallsgröße ist von seiner Bedeutung her das Pendant des Mittelwertes einer Stichprobe $(x_1, x_2, \ldots, x_n)$. Dieser ist wie folgt definiert:

$$\bar{x} = \left(\sum_i x_i \right)/n = \sum_i (1/n) \cdot x_i$$

Damit ergeben sich zur Definition des Erwartungswertes E(A) einer diskreten Zufallsgröße A,

$$E(A) = \sum_i P(A = x_i) \cdot x_i \,,$$

nicht nur formale Übereinstimmungen, dass über alle Ausprägungen der Zufallsgröße zu summieren ist. Der erste Faktor ist die Wahrscheinlichkeit der Zufallsgröße an der Stelle x_i, während man beim Mittelwert dem einzelnen Stichprobenelement x_i die Wahrscheinlichkeit 1/n zuordnet. Somit kann man den Erwartungswert auch als gewichteten Mittelwert deuten.

Eine analoge Bedeutung haben Varianz einer Zufallsgröße

$$V(A) = \sum_i P(A - x_i) \cdot (x_i - E(A))^2$$

und empirische Varianz einer Stichprobe

$$s^2 = \sum_i (x_i - \bar{x})^2/(n - 1) = \sum_i (1/(n - 1)) \cdot (x_i - \bar{x})^2 \,,$$

wobei die Division durch n − 1 anstelle von n nur von untergeordneter Bedeutung ist, nämlich um die Erwartungstreue der Schätzung zu erreichen. Ein Grenzwertsatz der Statistik sagt aus, dass unter gewissen Voraussetzungen für wachsende Stichprobenumfänge n der Mittelwert gegen den Erwartungswert und die empirische Varianz gegen die Varianz stochastisch konvergieren.

Die Berechnungen von **Erwartungswert und Varianz einer geometrisch verteilten Zufallsgröße** erfordern bereits Kenntnisse über die Reihenkonvergenz, um nachzuweisen, dass

$$E(A) = \sum_i P(A = i) \cdot i = \sum_i (p^i(1 - p)) \cdot i = 1/(1 - p)$$

und

$$V(A) = \sum_i P(A = i) \cdot (i - E(A))^2 = \sum_i p^i(1 - p) \cdot (i - 1/(1 - p))^2 = p/(1 - p)^2$$

sind. Man beachte, da A eine Zufallsgröße mit abzählbar unendlich vielen Werten ist, dass E(A) und V(A) geometrische Reihen sind.

Beweis. Der Beweis der Reihenkonvergenz wird nur für den Erwartungswert vorgeführt, für die Varianz ist er etwas aufwändiger aber analog. Es entsteht eine geometrische Reihe, wenn man von der Reihe

$$\sum_i i \cdot p^i = p + 2p^2 + 3p^3 + 4p^4 + \ldots$$

die Reihe

$$p \cdot \sum_i i \cdot p^i = p^2 + 2p^3 + 3p^4 + \ldots$$

subtrahiert:

$$\left(\sum_i i \cdot p^i\right) - p \cdot \sum_i i \cdot p^i = (1 - p) \cdot \left(\sum_i i \cdot p^i\right) = p + p^2 + p^3 + p^4 + \ldots$$

$$= \sum_i p^i = 1/(1 - p)$$

Deshalb gilt

$$E(A) = (1 - p) \cdot \left(\sum_i i \cdot p^i\right) = 1/(1 - p).$$

Mit einem Simulationsexperiment sollen auch hier sowohl die Wahrscheinlichkeits- als auch die Verteilungsfunktion, und ebenso die numerischen Werte für Erwartungswert und Varianz durch ihre empirischen Werte näherungsweise bestimmt werden. Grundlage ist das SAS-Programm `sas_2_7`.

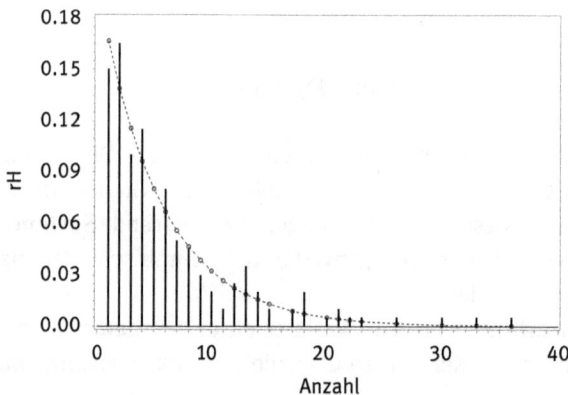

Abb. 2.14: Relative Häufigkeitsfunktion (auf x-Achse errichtete Nadeln) und die Wahrscheinlichkeitsfunktion (Kreise) für die Zufallsgröße „Anzahl der Würfe z, bis erstmals eine 6 fällt".

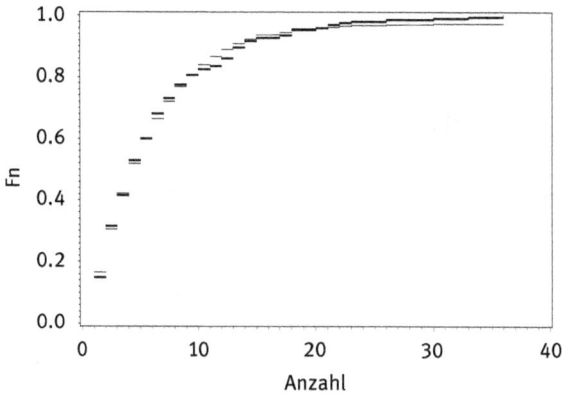

Abb. 2.15: Empirische Verteilungsfunktion der Zufallsgröße „Anzahl der Würfe z, bis erstmals eine 6 fällt" bei 1000-mal durchgeführtem Experiment. Die Verteilungsfunktion liegt dicht an der empirischen Verteilungsfunktion.

Abbildung 2.14 stellt die Häufigkeitsfunktion und die Wahrscheinlichkeitsfunktion dar. Bei 1000 Simulationen musste maximal 38mal gewürfelt werden, bis eine 6 fiel; bei 10 000 musste man im ungünstigsten Fall bis zum 59. Wurf warten, bei 100 000 bis zum 66. und bei 1 Million bereits bis zum 85. Wurf.

Als Mittelwerte und Varianzen ergaben sich die in Tab. 2.10 zusammengestellten Resultate.

Tab. 2.10: Mittelwerte und empirische Varianz der Zufallsgröße A „Anzahl der Würfe, bis erstmals eine 6 fällt" für verschiedene Stichprobenumfänge, sowie Erwartungswert E(A) und Varianz V(A).

Simulationsumfang	Mittelwert	Varianz
1 000	6.272	33.496
10 000	6.0088	30.779
100 000	6.02807	29.9783
1 000 000	6.006835	29.9317
∞	E(A) = 6	V(A) = 30

2.4 Wähle dein Glück

„Wähle-Dein-Glück" ist ein Würfelspiel aus Amerika. Es wird vor allem in Spielbanken als Einsteigerspiel genutzt, weil es aus Sicht des Spielers gewinnträchtig und als äußerst gerecht erscheint.

Der Spieler wählt seine Lieblingsaugenzahl und würfelt anschließend mit drei gewöhnlichen Spielwürfeln. Für jeden Würfel, der seine gewählte Augenzahl zeigt, erhält er von der Bank einen Dollar. Tritt die gewählte Augenzahl nicht auf, muss er einen Dollar an die Bank zahlen.

Das Spiel soll wahrscheinlichkeitstheoretisch beschrieben und der Erwartungswert, d. h., der erwartete Gewinn für die Spielbank, kalkuliert werden. Anschließend wird in einem Simulationsexperiment ein langer Spielverlauf nachgebildet und verglichen, ob der theoretische erwartete und der tatsächliche Gewinn der Spielbank im Simulationsexperiment übereinstimmen. Zusätzlich soll die Frage geklärt werden, ob ein leicht variiertes Spiel mit 4 Würfen „gerechter" ist?

Gewählt wird eine beliebige Augenzahl a des Spielwürfels. Die Wahrscheinlichkeit, dass beim Würfeln die Augenzahl a fällt ist bekanntlich 1/6 für jedes a. Für die zufällige (je nach Spielausgang) Auszahlung A mit den Werten 1, 2, 3 und –1 gelten die folgenden Wahrscheinlichkeiten:

$$P(A = 1) = \binom{3}{1} \cdot \left(\frac{1}{6}\right) \cdot \left(\frac{5}{6}\right)^2 = 3 \cdot 1/6 \cdot 5^2/6^2 = 75/216,$$

weil im Falle, dass 1 \$ zu zahlen ist, genau einmal die Augenzahl a mit der Wahrscheinlichkeit 1/6 fällt, zweimal nicht die Augenzahl a fällt, $(5/6)^2$. Dieses Resultat kommt auf $\binom{3}{1} = 3$ verschiedene Arten zu Stande, jeweils ob a beim ersten, zweiten oder dritten Wurf fällt. Die etwas schwerfällige Formeldarstellung wird gewählt, damit die Verallgemeinerung auf eine Variante mit vier Würfeln problemloser erfolgen kann.

$$P(A = 2) = \binom{3}{2} \cdot \left(\frac{1}{6}\right)^2 \cdot \left(\frac{5}{6}\right) = 3 \cdot 1/6^2 \cdot 5/6 = 15/216,$$

weil im Falle, dass 2 \$ zu zahlen sind, genau zweimal die Augenzahl a mit der Wahrscheinlichkeit $(1/6)^2$ fällt, und einmal nicht die Augenzahl a mit 5/6 fällt Dieses Resultat wird auf $\binom{3}{2} = 3$ verschiedene Arten realisiert, jeweils ob „nicht a" beim ersten, zweiten oder dritten Wurf fällt.

$$P(A = 3) = \binom{3}{3} \cdot \left(\frac{1}{6}\right)^3 \cdot \left(\frac{5}{6}\right)^0 = 1 \cdot 1/6^3 = 1/216,$$

weil im Falle, dass 3 \$ zu zahlen sind, genau dreimal die Augenzahl a mit der Wahrscheinlichkeit $(1/6)^3$ fällt.

$$P(A = -1) = \binom{3}{0} \cdot \left(\frac{1}{6}\right)^0 \cdot \left(\frac{5}{6}\right)^3 = 1 \cdot 5^3/6^3 = 125/216,$$

weil der Fall, dass keinmal die Zahl a fällt – also 1 \$ von der Spielbank eingenommen und nichts ausgezahlt wird – mit der Wahrscheinlichkeit $(5/6)^3$ passiert.

Der Erwartungswert für einen Spieler ist demnach

$$E(A) = \sum_i i \cdot P(A = i) = (-1) \cdot 125/216 + 1 \cdot 75/216$$
$$+ 2 \cdot 15/216 + 3 \cdot 1/216 = -17/216,$$

folglich ein Verlust von 17/216 $ oder etwa 7.87 C, wohingegen der erwartete Gewinn für die Spielbank 17/216 $ pro Spiel beträgt. Der Verlust eines Spielers pro Spiel hält sich damit in Grenzen und auch nur langfristig macht die Bank Gewinne, bei 21 600 Spielen erwartet die Bank einen Gewinn von etwa 1 700 $.

Das SAS-Programm `sas_2_8` überprüft vom 1. bis zum 21 600. Spiel den Kontostand s der Spielbank und stellt diesen in der Abb. 2.16 dar.

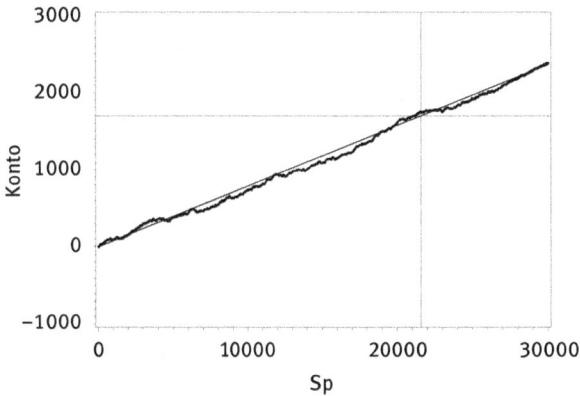

Abb. 2.16: Kontoentwicklung der Spielbank im Spiel „Wähle-Dein-Glück" mit den Referenzlinien für 2170 Spiele und erwarteten 1700 $.

Das Spiel „Wähle-Dein-Glück" ist ungerecht in dem Sinne, dass die Kontoentwicklung der Bank erfreulich positiv ist, wohingegen die des Spielers weniger erfreulich negativ ist. Ein „gerechtes Spiel" ist ein solches, bei dem der Erwartungswert nahe Null liegt oder sogar Null ist.

Ist die Variante vom „Wähle-Dein-Glück"-Spiel mit vier Würfeln gerechter? Die Auszahlung A als Zufallsgröße kann die Werte 1, 2, 3, 4 und −1 annehmen, je nachdem ob einmal, zweimal, dreimal, viermal oder keinmal die gewählte Lieblingswürfelzahl fällt. Dann gelten:

$$P(A = 1) = \binom{4}{1} \cdot (1/6) \cdot (5/6)^3 = 4 \cdot 1/6 \cdot 5^3/6^3 = 500/1296$$

$$P(A = 2) = \binom{4}{2} \cdot (1/6)^2 \cdot (5/6)^2 = 6 \cdot 1/6^2 \cdot 5^2/6^2 = 150/1296$$

$$P(A = 3) = \binom{4}{3} \cdot (1/6)^3 \cdot (5/6) = 4 \cdot 1/6^3 \cdot 5/6 = 20/1296$$

$$P(A = 4) = \binom{4}{4} \cdot (1/6)^4 \cdot (5/6)^0 = 1 \cdot 1/6^4 \cdot 1 = 1/1296$$

$$P(A = -1) = \binom{4}{0} \cdot (1/6)^0 \cdot (5/6)^4 = 1 \cdot 1 \cdot 5^4/6^4 = 625/1296$$

Als Erwartungswert für den Spieler erhält man

$$E(A) = \sum_i i \cdot P(A = i) = (-1) \cdot 625/1296 + 1 \cdot 500/1296 + 2 \cdot 150/1296$$
$$+ 3 \cdot 20/1296 + 4 \cdot 1/1296 = 239/1296 \approx 0.1844$$

Diese Variante des Spiels bringt jedem Spieler pro Spiel im Schnitt 18.44 C Gewinn und der Bank ebendiesen Verlust. Das Spiel „Wähle-Dein-Glück" mit vier Würfeln ist nicht gerechter geworden, nur eben lukrativer für den Spieler. Deshalb wird man ein solches Spiel in keiner Spielbank der Welt finden.

2.5 Yahtzee oder Kniffel

Yahtzee oder Kniffel ist ein Würfelspiel, das mit fünf gewöhnlichen Spielwürfeln ge-spielt wird. (Man kann auch einen Würfel fünfmal hinter einander ausspielen und die Resultate notieren.) Dann entspricht einem Wurf im Yahtzee auf natürliche Weise ein 5-Tupel, dessen einzelne Koordinaten natürliche Zahlen von 1 bis 6 sind. Ziel ist es, bei einem Wurf der fünf Würfel möglichst bei vielen der fünf geworfenen Würfel gleiche Augenzahlen zu erreichen („Pasch") eine ununterbrochene Reihe von 1 bis 5 („kleine Straße") oder von 2 bis 6 („große Straße") zu erreichen. Man unterscheidet im Einzelnen:

(A) **Zweierpasch**, d. h., genau zwei Würfel zeigen gleiche Augenzahl
   Beispiel: (2, 4, 5, 4, 1) ist ein Zweierpasch mit der Augenzahl 4
(B) **Dreierpasch**
   Beispiel: (1, 2, 1, 1, 4) ist ein Dreierpasch mit der Augenzahl 1
(C) **Viererpasch**
   Beispiel: (3, 3, 3, 6, 3) ist ein Viererpasch mit der Augenzahl 3
(D) **Fünferpasch**, erklärt sich von selbst
(E) **Doppelzweier** (zwei verschieden Zweierpaschs gleichzeitig)
   Beispiel: (5, 5, 6, 1, 1) besteht gleichzeitig aus einem Zweierpasch mit der Augen-zahl 5 und gleichzeitig einem Zweierpasch mit der Augenzahl 1
(F) **Full house** (Dreier- und Zweierpasch gleichzeitig)
   Beispiel: (3, 3, 3, 6, 6) besteht aus einem Dreierpasch der Augenzahl 3 und einem Zweierpasch der Augenzahl 6
(G) **Kleine Straße**, alle Augenzahlen von 1 bis 5 kommen vor
   Beispiel: (1, 3, 2, 4, 5)
(H) **Große Straße**, alle Augenzahlen von 2 bis 6 treten auf
   Beispiel: (5, 4, 2, 3, 6)
(I) **Kein Gewinn**
   Beispiel: (1, 3, 5, 4, 6) Für die kleine Straße hätte anstelle der 6 die Augenzahl 2 fallen müssen und für die große Straße anstelle der 1 die 2.

Im Folgenden werden die Wahrscheinlichkeiten für jedes der Ereignisse A bis I angegeben. Diese etwas aufwändige kombinatorische Herleitung kann man durch ein Programm überprüfen, das alle $6 \cdot 6 \cdot 6 \cdot 6 \cdot 6 = 6^5 = 7776$ möglichen 5-Tupel berücksichtigt und jedes Ausspiel einem der Ereignisse (A) bis (I) zuordnet. Eine anschließende Simulation überprüft die Übereinstimmung von Modell und Experiment.

Kombinatorische Herleitung

(A) Es gibt sechs verschiedene Varianten eines Zweierpasch, nämlich solche mit der Augenzahl 1 bis 6. Stellen wir uns vor, einen Zweierpasch mit der Augenzahl 1 realisiert zu haben. Dann können die beiden Augenzahlen 1 an $\binom{5}{2}$ = 10 verschiedenen Positionen des 5-Tupel auftreten. Werden die Augenzahlen, die nicht 1 waren, mit „n" gekennzeichnet, so sind das:

$$(1, 1, n, n, n), \quad (1, n, 1, n, n), \quad (1, n, n, 1, n), \quad (1, n, n, n, 1)$$
$$(n, 1, 1, n, n), \quad (n, 1, n, 1, n), \quad (n, 1, n, n, 1),$$
$$(n, n, 1, 1, n), \quad (n, n, 1, n, 1) \quad \text{und}$$
$$(n, n, n, 1, 1).$$

Für die verbleibenden Lücken „n" muss man genau drei der Augenzahlen von 2 bis 6 auswählen. Es gibt dafür $\binom{5}{3}$ = 10 Möglichkeiten, das wären

$$(2, 3, 4), \quad (2, 3, 5), \quad (2, 3, 6), \quad (2, 4, 5), \quad (2, 4, 6),$$
$$(2, 5, 6), \quad (3, 4, 5), \quad (3, 4, 6), \quad (3, 5, 6) \quad \text{und} \quad (4, 5, 6)$$

Setzt man beim ersten 5-Tupel $(1, 1, n, n, n)$ die erste Auswahl $(2, 3, 4)$ ein, so erhält man das Würfelergebnis $(1, 1, 2, 3, 4)$. Jetzt muss noch jede Permutation, jedes Mischen, der Auswahl $(2, 3, 4)$ berücksichtigt werden, die bei der gemachten Fallunterscheidung zum gleichen Zweierpasch führt. Es gibt $3! = 6$ Permutationen einer dreielementigen Menge, am Beispiel sind das die Würfelergebnisse

$$(1, 1, 2, 3, 4), \quad (1, 1, 2, 4, 3), \quad (1, 1, 3, 2, 4)$$
$$(1, 1, 3, 4, 2), \quad (1, 1, 4, 2, 3) \quad \text{und} \quad (1, 1, 4, 3, 2).$$

Fasst man alle aufgezählten Argumente zusammen, so erhält man bei den $6^5 = 7776$ möglichen Würfel-5-Tupeln in $6 \cdot \binom{5}{2} \cdot \binom{5}{3} \cdot 3! = 3600$ Fällen einen Zweierpasch. Das entspricht einer Wahrscheinlichkeit von $3600/7776 = 0.46296$.

(B) und (C) Durch ähnliche Überlegungen erhält man die Wahrscheinlichkeiten für einen Dreierpasch, den man in $6 \cdot \binom{5}{3} \cdot \binom{5}{2} \cdot 2! = 1200$ Fällen mit einer Wahrscheinlichkeit von $1200/7776 = 0.15432$ realisiert und einen Viererpasch, den man in $6 \cdot \binom{5}{4} \cdot \binom{5}{1} \cdot 1! = 150$ Fällen realisiert, was einer Wahrscheinlichkeit von $150/7776 = 0.01929$ entspricht.

(D) Es gibt nur 6 verschiedene Fünferpaschs. Bei analoger Vorgehensweise wie oben würde man ebenfalls $6 \cdot \binom{5}{5} \cdot \binom{5}{0} \cdot 0! = 6$ erhalten, ein Hinweis darauf, dass die Formeln für die Zweier-, Dreier- und Viererpaschs richtig sind.

(F) Es gibt 6 verschiedene Dreierpaschs. Die drei gleichen Zahlen können an $\binom{5}{3} = 10$ verschiedenen Positionen des 5-Tupels stehen. Die Positionen für die beiden gleichen Augenzahlen des Zweierpasch sind damit allerdings bereits festgelegt und es können bezüglich der Augenzahlen nur fünf verschiedenartige Zweierpaschs auftreten, weil eine Variante durch den Dreierpasch besetzt ist. Es gibt folglich $6 \cdot \binom{5}{3} \cdot 5 = 300$ "full house". Diese treten mit einer Wahrscheinlichkeit von $300/7776 = 0.03858$ auf.

(E) Die Überlegungen für einen Doppelzweier sind denen von "full house" ähnlich. Es ergeben sich $6 \cdot \binom{5}{2} \cdot 5 \cdot \binom{3}{2}/2 \cdot 4 = 1800$ Doppelzweier mit einer Wahrscheinlichkeit von $1800/7776 = 0.23148$. Die Division durch 2 im bestimmenden Term berücksichtigt, dass beide Zahlen des Zweierpaschs gegeneinander ausgetauscht werden können.

(G) und (H) Für kleine und große Straße kann man die gleichen folgenden Argumente nutzen. Das Würfelergebnis „kleine Straße" erhält man durch die Permutationen der Fünfermenge 1, 2, 3, 4 und 5. Es gibt folglich $5! = 120$ davon, was zu einer Wahrscheinlichkeit von $120/7776 = 0.01543$ führt.

(I) Eine Niete tritt auf, wenn keine Augenzahl mehrfach fällt und die Reihenfolge für die kleine oder große Straße durchbrochen wird. Damit kommen nur solche 5-Tupel vor, bei denen entweder die 2 oder die 3 oder die 4 oder die 5 fehlen. Selbstverständlich müssen alle Permutationen berücksichtigt werde. Es gibt deshalb $4 \cdot 5! = 480$ mögliche Spielresultate für Nieten mit einer Wahrscheinlichkeit von $480/7776 = 0.06173$.

Die Wahrscheinlichkeit für den Fall (I) wurde hergeleitet und nicht als Ergänzung der Summe der Wahrscheinlichkeiten der Fälle (A) bis (H) zur 1 ermittelt, denn die Wahrscheinlichkeitssumme der Fälle (A) bis (I) muss selbstverständlich 1 ergeben. Die kombinatorischen Herleitungen sind dann vermutlich richtig.

Simulationsexperiment
Das SAS-Programm `sas_2_9` kam beim Durchzählen der 7776 Würfel-5-Tupel zum gleichen Ergebnis. Ein Simulationsergebnis bei 10 000 Wiederholungen brachte das in Tab. 2.11 mitgeteilte Resultat, dass die Wahrscheinlichkeiten, die man durch das kombinatorische Modell auf der einen Seite und durch die simulierten relativen Häufigkeiten auf der anderen Seite erhält, sehr gut übereinstimmen.

Aufgabe 2.4. Überprüfe die Wahrscheinlichkeitsangaben, indem das Würfelspiel mit fünf Würfeln simuliert wird. (Hinweis: Zur Testung der Entscheidung, wie häufig sich

Tab. 2.11: Modell und Experiment beim Yahtzee, geordnet nach absteigender Wahrscheinlichkeit.

Rang nach Wahrschein- lichkeit	Name	Modell		Experiment	
		Erwartete Anzahl	Wahrschein- lichkeit	Beobachtete Anzahl	Relative Häufigkeit
I	Zweierpasch	3 600	0.46296	4 619	0.4619
II	Doppelzweier	1 800	0.23148	2 362	0.2362
III	Dreierpasch	1 200	0.15432	1 543	0.1543
IV	Nichts	480	0.06173	591	0.0591
V	Fullhouse	300	0.03858	378	0.0378
VI	Viererpasch	150	0.01929	187	0.0187
VII	KleineStraße	120	0.01543	163	0.0163
VIII	GroßeStraße	120	0.01543	152	0.0152
IX	Fünferpasch	6	0.00077	9	0.0009
	Summe	7 776	0.99999	10 000	1.0000

welches Resultat einstellt, kann man alle denkbaren Würfelergebnisse durch sechs Laufanweisungen erzeugen.)

Die jeweiligen Resultathäufigkeiten müssen mit den oben angegebenen Häufigkeiten, die durch kombinatorische Überlegungen erzielt wurden, übereinstimmen.

Bemerkung. Das Spiel wird in dieser einfachen Form eines einmaligen Wurfes nicht gespielt. Man kann nämlich in der Regel dreimal hinter einander würfeln und Ergebnisse „stehen lassen". Beispielsweise ist im ersten Wurf ein Dreierpasch aus Vieren gefallen, den man stehen lässt. Mit den zwei Würfeln, die keine Vier zeigen, kann man ein zweites und gegebenenfalls auch ein drittes Mal würfeln in der Hoffnung, dass ein Viererpasch, ein full house oder gar Fünferpasch fällt. Natürlich fragt man nach der Wahrscheinlichkeit, mit der sich das stehen gelassene Ergebnis verbessern lässt.

Gefragt ist in diesem Fall nach der Wahrscheinlichkeit, ein höherwertiges Ergebnis zu erzielen unter der Bedingung, dass im ersten Wurf ein bestimmtes Ergebnis vorlag. Wer oft spielt entwickelt ein feines Gefühl für diese sogenannten bedingten Wahrscheinlichkeiten.

Selbstverständlich kann man diese bedingten Wahrscheinlichkeiten wahlweise exakt berechnen oder durch ein Simulationsexperiment näherungsweise bestimmen. An einem Beispiel soll diese Berechnung einmal durchgeführt werden:

Beispiel 2.1. Nehmen wir an, dass beim ersten Wurf ein Dreierpasch mit Vieren gefallen ist, der stehenbleibt. Dann wird mit zwei Würfeln erneut gewürfelt. Es gibt drei Möglichkeiten, diesen Dreierpasch zu verbessern, nämlich:

(a) Ein Viererpasch mit Vieren,

(b) ein Fünferpasch mit Vieren oder

(c) ein „full house" mit einem beliebigen anderen Paar (nicht aus Vieren bestehend).

Die Wahrscheinlichkeit berechnet man so, dass eines dieser Ereignisse durch das Werfen von zwei Würfeln (drei sind stehen geblieben) verbessert wird. Dazu muss man beim Würfeln mit zwei Würfeln

(a) eine Vier mit einem der zwei Würfeln,

(b) zwei Vieren mit beiden Würfeln oder

(c) einen Zweier, der nicht aus Vieren besteht mit zwei Würfeln erzielen.

Die folgende Überlegungsfigur enthält die angekreuzten Möglichkeiten einer Verbesserung des Ergebnisses, wenn der Dreierpasch mit Vieren stehen gelassen wird.

Tab. 2.12: Überlegungsfigur zum Verbessern eines Dreierpaschs aus Vieren bei Stehenlassen der drei Vieren aus dem ersten Versuch und erneutem Werfen.

Insgesamt hat man bei den 36 möglichen Resultaten in fünf Fällen mit dem ersten und in fünf Fällen mit dem zweiten Würfel ein Viererresultat, in einem Fall stellt sich ein Doppelvierer ein und in fünf Fällen ein Zweier, nicht aus Vieren. Damit erhält man die folgenden bedingten Wahrscheinlichkeiten. Für

(a) einen Viererpasch aus Vieren, wenn man bereits einen Dreierpasch aus Vieren gewürfelt hatte: $10/36 = 0.27778$,

(b) einen Fünferpasch aus Vieren, wenn man bereits einen Dreierpasch aus Vieren gewürfelt hatte: $1/36 = 0.2778$,

(c) ein „full house" mit einem beliebigen anderen Paar (nicht aus Vieren bestehend), wenn man bereits einen Dreierpasch aus Vieren gewürfelt hatte: $5/36 = 0.27778$ und

(d) keine Verbesserung (nicht ausgefüllte Tabellenkästchen) mit $20/36 = 0.55556$.

In fast der Hälfte der Fälle, nämlich mit einer Wahrscheinlichkeit von $16/36 = 0.44444$ trat eine Resultatverbesserung ein (a–c).

Sollte aber beispielsweise aus taktischen Überlegungen für den Sieg ein full house oder ein Viererpasch genügen, kann man auch vier Würfel stehen lassen, sagen wir den Dreierpasch aus Vieren und eine Sechs. Mit einem Würfel wird das zweite oder dritte Mal gewürfelt. Die Wahrscheinlichkeit dafür, dass eine weitere Vier für einen Viererpasch oder eine Sechs für ein full house geworfen wird, ist $2/6 = 0.33333$ für den ersten Wurf und für den Fall, dass es im ersten Versuch nicht geklappt hat, $5/6 \cdot 2/6 = 0.27777$ für den zweiten Versuch. Die Gesamtwahrscheinlichkeit 0.61111 liegt damit über derjenigen der vorigen Taktik.

2.6 Lotto-Spiel 6 aus 49

Allgegenwärtig sind Glücksspiele wie das Lotto-Spiel 6 aus 49. Die Lotto-Gesellschaften und Spielervereinigungen versprechen den Mitspielern für risikolose und kleine Einsätze riesenhafte Gewinne. Jeder weiß natürlich, dass dies nicht stimmen kann, aber die wenigsten machen sich die Mühe, die tatsächlichen Wahrscheinlichkeiten für die einzelnen Gewinnstufen zu ermitteln.

Beim Spiel 6 aus 49, das hier ohne die Superzahl (0 bis 9) betrachtet wird, werden auf einem Tippschein mit den Zahlen von 1 bis 49 jeweils sechs Zahlen angekreuzt und der Tipp bei einer Lottoannahmestelle für einen geringen Beitrag (zur Zeit 1 Euro pro Tipp plus einer Bearbeitungsgebühr pro Spielschein) registriert. Bei der anschließenden Ziehung werden unter notarieller Kontrolle und teilweise im Fernsehen übertragen durch eine Maschine die sechs Glückszahlen zufällig gezogen. Damit können sich (ohne Superzahl) folgende Gewinnstufen einstellen:
1. Alle gezogenen Glückszahlen stimmen mit den angekreuzten überein, das wäre der sicher sehr seltene Hauptgewinn, ein Sechser.
2. Von den angekreuzten Zahlen stimmen nur 5, 4 oder 3 Zahlen mit den angekreuzten überein. Das wären ein Fünfer, Vierer oder Dreier mit den entsprechend abgestuften Auszahlungen der Lottogesellschaft.
3. Möglich ist aber auch, dass nur zwei, eine oder gar keine der angekreuzten Zahlen mit den gezogenen Gewinnzahlen übereinstimmen, ein, wie jeder Lottospieler aus seiner Spielpraxis weiß, leider sehr häufiges Ereignis. Bei diesem Spielergebnis wird nichts ausgezahlt. Aus einem Teil der gezahlten Einsätze erfolgt die Gewinnausschüttung für Sechser, Fünfer, Vierer und Dreier. Der Rest ist der Gewinn der Lotto-Gesellschaft, die freundlicherweise einen Teil für wohltätige Zwecke spendet. So hat jeder Lotto-Spieler – auch bei einem Verlust – das Gefühl, dass der Einsatz einem guten Zweck dient.

Um die Wahrscheinlichkeiten der einzelnen Gewinnstufen berechnen zu können, wird als erstes die Anzahl aller möglichen und verschiedenen Tippscheine ermittelt. Das ist mit der kombinatorischen Aufgabe identisch, alle sechselementigen Teilmengen aus einer 49-elementigen Menge zu ziehen. Das sind bekanntlich

$$\binom{49}{6} = 49!/(6!(49-6)!) = 49 \cdot 48 \cdot 47 \cdot 46 \cdot 45 \cdot 44/1 \cdot 2 \cdot 3 \cdot 4 \cdot 5 \cdot 6$$
$$= 13\,983\,816 .$$

Davon ist nur ein einziger Tippschein vollkommen richtig ausgefüllt. Wenn man die Zufallsgröße „Anzahl richtiger Gewinnzahlen" mit G bezeichnet, so gilt

$$P(G = 6) = 1/13983816 \approx 0.00000007.$$

Um die Anzahl aller möglichen Fünfer zu bestimmen, geht man von der gleichen kombinatorischen Grundaufgabe aus. Man fragt, wie viele fünfelementige Teilmengen man aus einer sechselementigen Menge ziehen kann. Das sind genau $\binom{6}{5} = 6$. Nehmen wir einmal an, dass die gezogenen sechs Glückszahlen (2, 9, 16, 20, 34, 47) wären. Dann sind die möglichen verschiedenen Fünfer jeweils einer der Typen

$$(2, 9, 16, 20, 34, x), \quad (2, 9, 16, 20, x, 47), \quad (2, 9, 16, x, 34, 47),$$

$$(2, 9, x, 20, 34, 47), \quad (2, x, 16, 20, 34, 47) \quad \text{und} \quad (x, 9, 16, 20, 34, 47),$$

wobei x jeweils eine der $\binom{43}{1} = 43$ nicht gezogenen Zahlen ist. Es gibt folglich genau $\binom{6}{5} \cdot \binom{43}{1} = 6 \cdot 43 = 258$ mögliche verschiedene Fünfer und

$$P(G = 5) = \binom{6}{5} \cdot \binom{43}{1} / \binom{49}{6} = 258/13983816 \approx 0.00001845.$$

Durch ähnliche Überlegungen erhält man die restlichen Wahrscheinlichkeiten.

$$P(G = 4) = \binom{6}{4} \cdot \binom{43}{2} / \binom{49}{6} = 13545/13983816 \approx 0.00097,$$

$$P(G = 3) = \binom{6}{3} \cdot \binom{43}{3} / \binom{49}{6} = 246820/13983816 \approx 0.01765,$$

$$P(G = 2) = \binom{6}{2} \cdot \binom{43}{4} / \binom{49}{6} = 1851150/13983816 \approx 0.13238,$$

$$P(G = 1) = \binom{6}{1} \cdot \binom{43}{5} / \binom{49}{6} = 5775588/13983816 \approx 0.41302 \quad \text{und}$$

$$P(G = 0) = \binom{6}{0} \cdot \binom{43}{6} / \binom{49}{6} = 6096454/13983816 \approx 0.43596.$$

Man prüft leicht nach, dass die Anzahl aller verschiedenen Resultate, die zu 0, 1, ..., 6 Richtigen führen gleich der Anzahl aller verschiedenen Tipps ist:

$$\binom{49}{6} = \binom{6}{0} \cdot \binom{43}{6} + \binom{6}{1} \cdot \binom{43}{5} + \binom{6}{2} \cdot \binom{43}{4} + \binom{6}{3} \cdot \binom{43}{3}$$

$$+ \binom{6}{4} \cdot \binom{43}{2} + \binom{6}{5} \cdot \binom{43}{1} + \binom{6}{6} \cdot \binom{43}{0}$$

oder

$$1 = P(G = 0) + P(G = 1) + P(G = 2) + P(G = 3) + P(G = 4) + P(G = 5) + P(G = 6).$$

Mit den obigen Wahrscheinlichkeiten findet derjenige, der regelmäßig Lotto spielt, sein Gefühl bestätigt, dass er etwa gleich häufig keine Gewinnzahl (P(G = 0) =

0.43596) oder einen Einer ($P(G = 1) = 0.41302$) erzielt und mit der Wahrscheinlichkeit von etwa 0.02 zu einem Auszahlungsgewinns gelangt. Exakt sind es

$$1 - P(G = 0) - P(G = 1) - P(G = 2) = 0.01864.$$

Bedenkt man darüber hinaus, dass nur ein gewisser Anteil der Spieleinnahmen zur Auszahlung der Gewinne kommt, ist es umso erstaunlicher, dass man überhaupt noch Lotto spielt.

Das Simulationsprogramm `sas_2_10_6aus49` läuft wie folgt:

1. Es werden sechs Zahlen `x1` bis `x6` aus den Zahlen von 1 bis 49 getippt, `xi` = `FLOOR(49*UNIFORM(-i))+1`, $i = 1, 2, \ldots, 6$.
   Dazu verwendet man gleichverteilte Zufallszahlen aus dem Intervall von 0 bis 1, die mit `UNIFORM(-i)` erhalten wurden, und eine Transformation, die diese in gleichverteilte ganze Zahlen von 1 bis 49 umwandelt.
2. Bei jeder getippten Zahl wird überprüft, ob sie bereits unter den vorher getippten zu finden ist. Wenn ja, wird zu einer Marke verzweigt und der letzte Tipp wiederholt.
3. Es werden sechs Zahlen `gx1` bis `gx6` aus den Zahlen von 1 bis 49 entsprechend den Regeln 1 und 2 gezogen.
4. Für dieser Konstellation der getippten `x1` bis `x6` und gezogenen `gx1` bis `gx6` wird die Anzahl der Übereinstimmungen gezählt und als Variable „richtige" verwaltet, deren Verteilung mittels der Prozedur `FREQ` bestimmt wird.

Die 20 Millionen simulierten Tippergebnisse sind in der Tab. 2.13 zusammengestellt. Man erkennt die gute Übereinstimmung zwischen den relativen Häufigkeiten und den Wahrscheinlichkeiten.

Tab. 2.13: Ergebnisse des Simulationsexperiments vom Umfang n = 20 000 000 für das Lotto-Spiel 6 aus 49 ohne Superzahl.

Richtige	Anzahl Richtige im Experiment	Relative Häufigkeit	Wahrscheinlichkeit	Absolute Differenz
0	8 720 290	0.43601	0.43596	0.00005
1	8 258 838	0.41294	0.41302	0.00008
2	2 647 909	0.13240	0.13238	0.00002
3	353 357	0.01767	0.01765	0.00002
4	19 251	0.00096	0.00097	0.00001
5	354	0.00002	0.00002	0.00000
6	1	0.00000005	0.00000007	0.00000
Summe	20 000 000	1.0000	1.00000	

Aufgabe 2.5. Bestimmen Sie die Wahrscheinlichkeit für einen Sechser mit Superzahl.

2.7 Klassisches Pokerspiel

Das klassische Pokerspiel wird mit einem Kartenspiel mit 52 Karten in den vier Farben ♣, ♠, ♥ und ♦ und den 13 Werten von 2 bis 10, Bube, Dame, König und Ass gespielt.

Der Spieler erhält nach dem Mischen der Karten fünf ausgehändigt. Ziel ist es, eine der in der Tab. 2.14 enthaltenen Kartenkombination zu erhalten. Je seltener diese ist, umso höher sind seine Gewinnchancen.

Die genauen Spielregeln (insbesondere das Setzen und die Gewinnausschüttung) kann man z. B. dem Internetlexikon Wikipedia unter dem Stichwort „Poker" entnehmen.

Eine grobe Einteilung der Gewinnkombinationen sind Vielfache von Karten gleichen Wertes (one pair, two pair, three of a kind, full house und four of a kind) oder lückenlose Reihenfolgen (Straßen) im Sinne der oberen Kodierungszahlen der Kartenwerte. Bei den „Straßen" kommt die Sonderstellung des Asses zum Tragen. Das Ass darf entweder am oberen Ende nach dem König oder am unteren Ende vor der 2 stehen.

Tab. 2.14: Gewinnvarianten beim Poker, zugehörige Wahrscheinlichkeiten und beobachtete Häufigkeiten in einem Simulationsexperiment vom Umfang 1 000 000.

	Name	Bedeutung	Beispiel	Wahrscheinlichkeit
I	ein Paar (one pair)	2 Karten gleichen Wertes = ein Paar	10♣ 10♥ J♦ 8♣ 6♥ (2 × 10)	0.422569028
II	zwei Paare (two pair)	2 Paare	J♦ J♠ 8♣ 8♠ A♠ (2 × J, 2 × 8)	0.047539016
III	Drilling (three of a kind)	3 Karten gleichen Wertes	Q♣ Q♥ Q♠ A♥ 4♣ (3 × Q)	0.021128451
IV	Straße (straight)	5 Karten in einer Reihe	J♠ 10♦ 9♥ 8♣ 7♥ (7, 8, 9, 10, J)	0.00392465
V	flush	5 Karten in einer Farbe	Q♠ 10♠ 7♠ 5♠ 3♠ (5 × ♠)	0.0019626312
VI	full house	ein Drilling und ein Paar	K♣ K♠ K♦ 9♥ 9♣ (3 × K, 2 × 9)	0.001440576
VII	Vierling (four of a kind)	4 Karten gleichen Wertes	A♥ A♦ A♠ A♣ 4♠ (4 × A)	0.000240096
VIII	straight flush	Straße in einer Farbe	Q♣ J♣ 10♣ 9♣ 8♣ (8, 9, 10, J, Q in ♣)	0.00001385
IX	Royal flush	Straße in einer Farbe mit Ass als höchster Karte	A♠ K♠ Q♠ J♠ 10♠	0.000001539

Zu IX. Es gibt nur vier Varianten für einen Royal flush, nämlich einen Royal flush in Kreuz, Pik, Herz und Karo. Deshalb ist

$$p = 4/\binom{52}{5} = 4/2598960 = 0.000001539 \,.$$

Zu VIII. In jeder der vier Farben gibt es von den kleinsten Straßen in einer Farbe (5, 4, 3, 2, A) und (6, 5, 4, 3, 2) an bis zur höchsten, die beim König beginnt (K, D, B, 10, 9), genau neun Varianten. Damit ergibt sich als Wahrscheinlichkeit

$$p = 4 \cdot 9/\binom{52}{5} = 36/2598960 = 0.00001385 \,.$$

Zu VII. Es gibt 13 verschiedene Varianten eines four of a kind, nämlich (2, 2, 2, 2, ?), (3, 3, 3, 3, ?) bis (A, A, A, A, ?). Die letzte Position kann jeweils durch eine beliebige der verbleibenden 48 Karten belegt werden. Die entsprechende Wahrscheinlichkeit ist

$$p = 13 \cdot 48/\binom{52}{5} = 0.000240096 \,.$$

Zu VI. Es gibt 13 verschiedene Arten von Drillingen, nämlich (2, 2, 2, ?, ?), (3, 3, 3, ?, ?) bis zu (A, A, A, ?, ?). Jede dieser Drillingsvarianten setzt sich aus $\binom{4}{3} = 4$ möglichen Farbvarianten zusammen. Das Paar für die beiden Fragezeichen ist aus 12 weiteren Werten zu bilden, bei (2, 2, 2, ?, ?) beispielsweise aus 3, 4, ..., K oder A. Jedes dieser Paare kann in $\binom{4}{2} = 6$ möglichen Farbvarianten gewählt werden. Damit ist die Wahrscheinlichkeit für ein full house

$$p = 13 \cdot \binom{4}{3} \cdot 12 \cdot \binom{4}{2} / \binom{52}{2} = 3744/2598960 = 0.001440576 \,.$$

Zu V: Fünf Karten in einer Farbe (flush) zu ziehen, entspricht dem klassischen hypergeometrischen Ansatz. Aus einer Urne mit N = 52 Karten von denen M = 13 von einer Farbe und die restlichen 39 alternativ gefärbt sind, wird n = 5 mal ohne Zurücklegen gezogen und alle gezogenen Karten (k = 5) sind von dieser Farbe. Man erhält

$$\binom{M}{k} \cdot \binom{N-M}{n-k} / \binom{N}{n} = \binom{13}{5} \cdot \binom{39}{0} / \binom{52}{5} = 1287/2598960 \,.$$

Da diese Wahrscheinlichkeit für jede der vier Farben gilt, ist sie mit vier zu multiplizieren. Von dieser Wahrscheinlichkeit sind die höherwertigen des Royal flush und des straight flush abzuziehen, die separat gewertet werden. Man erhält als Wahrscheinlichkeit für den flush

$$p = 5148 - 40/2598960 = 51008/2598960 = 0.0019626312 \,.$$

Zu IV. Es gibt zehn verschiedene Straßentypen aufsteigend geordnet, die von (A, 2, 3, 4, 5), (2, 3, 4, 5, 6) bis (10, B, D, K, A) reichen. An jeder Position kann eine der vier Farben platziert sein. Deshalb erhält man $10 \cdot 4^5$ mögliche Straßen, von denen allerdings die Varianten, die einen straight flush bzw. Royal flush ergeben und extra gezählt werden, abgezogen werden müssen. Man erhält

$$p = 10 \cdot 4^5 - 40/2598960 = 10200/2598960 = 0.00392465 \, .$$

Zu III. Es gibt 13 verschiedene Arten von Drillingen: (2, 2, 2, ?, ?), (3, 3, 3, ?, ?), ..., (A, A, A, ?, ?). Jeden Drilling gibt es in $\binom{4}{3} = 4$ verschiedenen Farbvarianten. Für die noch zu ziehenden zwei Karten stehen 48 Karten zur Verfügung, denn die Karte, die aus dem Drilling einen Vierling machen würde, darf nicht mehr berücksichtigt werden.

Von diesen $\binom{48}{2} = 1128$ möglichen Kartenpaaren sind diejenigen zu eliminieren, die den Drilling zu einem full house machen würden, mithin ein Paar ergeben. Zwölf mögliche Paare sind denkbar in $\binom{4}{2} = 6$ Farbvarianten. Man erhält

$$p = 13 \cdot 4 \cdot \left(\binom{48}{2} - 6 \cdot 12 \right)/2598960 = 54912/2598960 = 0.021128451 \, .$$

Zu II. Es gibt zunächst einmal 13 verschiedene Arten von Paaren und jedes Paar in $\binom{4}{2} = 6$ Farbvarianten. Das zweite Paar gibt es in 12 verschiedenen Arten mit ebenfalls 6 Farbvarianten. Das Produkt zählt die Anzahl doppelt, denn es gibt nicht $13 \cdot 12$ verschiedene Paare, sondern nur $\frac{13}{2} 12 = 78$. Für die fünfte zu ziehende Karte stehen noch $52 - 8 = 44$ mögliche Karten bereit. Mithin gibt es $\binom{4}{2}^2 \cdot \binom{13}{2} \cdot 44 = 123552$ Varianten. Man erhält als Wahrscheinlichkeit für two pair

$$p = 123552/2598960 = 0.047539016.$$

Zu I. Es gibt 13 verschiedene Paare und jedes Paar in 6 Farbvarianten. Für die noch zu ziehenden 3 Karten stehen noch 48 bereit. Damit gibt es $\binom{48}{3} = 17296$ Ziehungsmöglichkeiten. Von den 17296 Möglichkeiten müssen noch diejenigen subtrahiert werden, die bei noch zu ziehenden drei Karten zu full house, wenn ein Drilling gezogen wird, und zu two pair, wenn ein weiteres Paar gezogen würde, führen. Es gibt zwölf verschiedene Drillinge in jeweils vier Farbvarianten. Es gibt zwölf verschiedene zusätzliche Paare in je sechs Farbvarianten unter den drei noch zu ziehenden Karten, wobei die dritte Karte aus 44 verbleibenden auszuwählen ist. Man erhält

$$p = 13 \cdot 6 \cdot (17296 - 12 \cdot 4 - 12 \cdot 6 \cdot 44)/2598960$$
$$= 1098240/2598960 = 0.422569028 \, .$$

Aufgabe 2.6. Simulieren Sie das zufällige Geben von fünf Karten aus einem Pokerspiel mit 52 Karten. Überprüfen Sie die Wahrscheinlichkeiten aus Tab. 2.14, indem Sie die relativen Häufigkeiten der Gewinnkarten bei einem Simulationsumfang von n = 1 000 000 bestimmen.

Das SAS-Programm `sas_2_11_poker` simuliert das zufällige Geben von je fünf Karten. Der Auszählalgorithmus wird in diesem Programm nicht mitgeteilt. Seine vielen Fallunterscheidungen machen das Programm sehr lang. Die Erstellung wird dem Leser überlassen.

Beobachtet wurden nur die Gewinnhände, bei denen Vielfache eine Rolle spielen. Die beobachteten relativen Häufigkeiten und die Wahrscheinlichkeiten bei einem Simulationsumfang von n = 100 000 sind nicht sehr verschieden (s. Tab. 2.15).

Die Auszählung von Straßen ist programmtechnisch wesentlich schwieriger. Zu prüfen, ob die relativen Häufigkeiten und die Wahrscheinlichkeiten von Straßen (straight), straight flush und Royal flush übereinstimmen, bleibt als Aufgabe für Fortgeschrittene in der SAS-Programmierung.

Tab. 2.15: Übereinstimmung von erwarteten und beobachtetet Häufigkeiten von Gewinnhänden beim Simulationsumfang 100 000.

	Name	Erwartete Häufigkeiten	Beobachtete Häufigkeiten
I	ein Paar (one pair)	42 257	42 177
II	zwei Paare (two pair)	4 754	4 762
III	Drilling (three of a kind)	2 113	2 141
VI	full house	144	133
VII	Vierling (four of a kind)	24	20

Bemerkung. Ein Test über die ordnungsgemäße Arbeit von Zufallszahlengeneratoren arbeitet nach dem Prinzip des Pokerspiels, allerdings ebenfalls ein wenig vereinfacht.

Auch bei ihm werden der Einfachheit halber nur die obigen Gewinnvarianten ausgezählt und ebenso auf das programmtechnisch schwerere Auszählen von Straßen verzichtet. Prinzipiell kann man aber auch das Auszählen einer Straße einbeziehen, indem man beispielsweise die Codierungen z1 bis z5 auf einem Vektor $(x[1], \ldots, x[5])$ der Größe nach aufsteigend ordnet und abfragt, ob $x[i + 1] = x[i] + 1$ für alle $i = 1, \ldots, 4$.

2.8 Wie man beim Spiel Schnick-Schnack-Schnuck gewinnt

Das Spiel Schnick-Schnack-Schnuck ist abgesehen von leichten Variationen über die ganze Erde verbreitet, so dass man annehmen könnte, dass es bereits in frühen Epochen der Menschheit gespielt wurde. Es heißt in den einzelnen Ländern nur anders: Jan Ken Pon, Janken (in Japan), Rock, Paper, Scissors (in den USA und Großbritannien), Ro Sham Bo (im Südwesten der USA), Ching Chong Chow (in Südafrika), Pierre, Feuille, Ciseaux (in Frankreich), Gawi Bawi Bo (in Korea), Piedra, Papel o Tijera (in

Argentinien), Dung Pa Ski (in China), Stein, Saks, Papir (in Norwegen), Bürste, Paste, Tube (in Österreich) oder Pedra, Tesoura, Papel (in Portugal).

Zwei Spieler schwenken dreimal ihre Arme im Takt von „Schnick-Schnack-Schnuck" und stellen mit der Hand die Kategorien „Brunnen", „Papier", „Schere" und „Stein" dar. Der Gewinner ist leicht auszumachen, denn:

– In den Brunnen fallen Stein und Schere
– Das Papier deckt den Brunnen zu und wickelt den Stein ein
– Die Schere kann nur das Papier zerschneiden
– Der Stein macht die Schere stumpf

Zur mathematischen Theorie von Schnick-Schnack-Schnuck

Man weiß sofort, dass man die Kategorien Schere, Stein, Brunnen und Papier oft wechseln muss. Der Gegner darf nicht erraten, was man im folgenden Zug spielt. Deshalb ist eine zufällige Auswahl der Kategorien sicher sinnvoll.

Es wird angenommen, die Spieler 1 sowie 2 spielen die Kategorien Brunnen, Papier, Schere und Stein mit den Wahrscheinlichkeiten p_1, p_2, p_3 und p_4 sowie mit q_1, q_2, q_3 und q_4. Das Spiel ergibt den in Tab. 2.16 vorgestellten Gewinnplan.

Die Wahrscheinlichkeiten, dass der Spieler 1 in einer konkreten Spielrunde gewinnt, ist

$$p_1 q_3 + p_1 q_4 + p_2 q_1 + p_2 q_4 + p_3 q_2 + p_4 q_3 \, ,$$

dass er verliert, ist

$$p_1 q_2 + p_2 q_3 + p_3 q_1 + p_3 q_4 + p_4 q_1 + p_4 q_2$$

Tab. 2.16: Gewinnplan und Wahrscheinlichkeiten des Spielausgangs beim Schnick-Schnack-Schnuck, wenn Spieler 1 die Kategorien Brunnen, Papier, Schere und Stein mit den Wahrscheinlichkeiten p_1, p_2, p_3 und p_4 und Spieler 2 mit q_1, q_2, q_3 und q_4 spielt (helles Grau – Spieler 1 gewinnt, dunkles Grau – Spieler 1 verliert, weiß – unentschieden, keine Wertung).

			Spieler 2			
			Brunnen	Papier	Schere	Stein
			q_1	q_2	q_3	q_4
Spieler 1	Brunnen	p_1	$p_1 q_1$	$p_1 q_2$	$p_1 q_3$	$p_1 q_4$
	Papier	p_2	$p_2 q_1$	$p_2 q_2$	$p_2 q_3$	$p_2 q_4$
	Schere	p_3	$p_3 q_1$	$p_3 q_2$	$p_3 q_3$	$p_3 q_4$
	Stein	p_4	$p_4 q_1$	$p_4 q_2$	$p_4 q_3$	$p_4 q_4$

und dass das Spiel unentschieden ausgeht ist

$$p_1 q_1 + p_2 q_2 + p_3 q_3 + p_4 q_4,$$

wobei die Unabhängigkeit der Kategorienwahl von Spieler 1 und 2 vorausgesetzt wurde und aus Gründen des fair play auch vorausgesetzt werden muss. Der erwartete Gewinn oder Verlust pro Spiel für den Spieler 1 ist, wenn man den Gewinn mit +1, den Verlust mit −1 und das Remis mit 0 belegt, aus Sicht des Spielers 1

$$E_1 = p_1 q_3 + p_1 q_4 + p_2 q_1 + p_2 q_4 + p_3 q_2 + p_4 q_3$$
$$- p_1 q_2 - p_2 q_3 - p_3 q_1 - p_3 q_4 - p_4 q_1 - p_4 q_2.$$

Der Spieler 2 sieht das natürlich anders. Für ihn gilt

$$E_2 = -p_1 q_3 - p_1 q_4 - p_2 q_1 - p_2 q_4 - p_3 q_2 - p_4 q_3$$
$$+ p_1 q_2 + p_2 q_3 + p_3 q_1 + p_3 q_4 + p_4 q_1 + p_4 q_2.$$

Dieses Spiel soll mit einem SAS-Programm „gespielt" und Strategien ermittelt werden, die es einem Spieler auf lange Sicht gesehen ermöglichen zu gewinnen. Wenn das auf Grund des cleveren Gegners nicht möglich sein sollte, kann auf jeden Fall ein Spielverlust abgewendet werden.

Das Schnick-Schnack-Schnuck ist ein so genanntes **Nullsummenspiel**, der Verlust des einen ist der Gewinn des anderen; alle Summanden in der Erwartungswertformel treten bei beiden Spielern mit unterschiedlichen Vorzeichen auf. Im Weiteren sollen nur noch über den Erwartungswert des Spielers 1 Überlegungen angestellt werden und dieser wird mit E bezeichnet.

Für den Fall, dass der Spieler 2 alle Kategorien mit den Wahrscheinlichkeiten

$$q_1 = q_2 = q_3 = q_4 = 1/4$$

spielt, erhält man die leichter zu überschauende Formel

$$E_1 = (2p_1 + 2p_2 - 1)/4.$$

Für ein angestrebtes gerechtes Spiel sollte der Erwartungswert Null sein, Gewinn und Verlust sollten sich ausgleichen. Man erhält daraus die „Gerechtigkeitsbedingung"

$$p_1 + p_2 = 1/2,$$

d. h., wenn Spieler 1 die Kategorien „Brunnen" und „Papier" so ausspielt, dass ihre Wahrscheinlichkeiten sich zu 0.5 addieren, so wird das Spiel gerecht. Das ist umso erstaunlicher, da die Wahrscheinlichkeiten für „Schere" und „Stein" keine Rolle spielen. Man prüft leicht nach, dass sowohl $p_1 = 1/4$, $p_2 = 1/4$, $p_3 = 1/4$ und $p_4 = 1/4$, als auch ein zweiter Parametersatz $p_1 = 1/3$, $p_2 = 1/6$, $p_3 = 1/10$ und $p_4 = 4/10$ auf lange Spieldauer gesehen zu einem gerechten Ergebnis führen. Wählt man aber

$$p_1 + p_2 > 1/2 \quad \text{bzw.} \quad p_1 + p_2 < 1/2,$$

so gewinnt man im ersten Falle bzw. verliert man auf lange Sicht im zweiten Falle, weil man von der Gleichgewichtsstrategie abgewichen ist, wie man sich durch geeignete Parameterwahl leicht durch Einsetzen in die Formel des Erwartungswertes überzeugen kann.

Schwieriger ist allerdings die Bestimmung einer Parametermenge p_1, p_2, p_3 und p_4 für den Spieler 1, wenn der Spieler 2 eine andere Wahl als die Gleichverteilung getroffen hat. Die Parametersätze dafür zu bestimmen, bei denen das Spiel gerecht wird, die so genannten Gleichgewichtspunkte zu bestimmen, ist aufwändig und unübersichtlich.

Bemerkung. Die Gleichgewichtspunkte sind nach John F. Nash benannt. Er erhielt zusammen mit John C. Harsanyi und Reinhard Seiten 1994 den Nobelpreis für Pionierleistungen bei der Analyse der Gleichgewichtszustände in der Theorie der nichtkooperativen Spiele, die in der Wirtschaft eine große Rolle spielen.

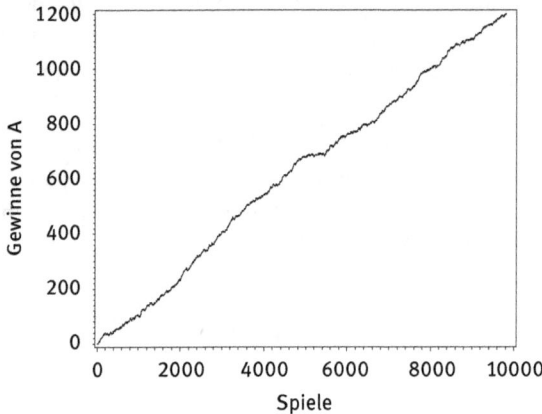

Abb. 2.17: Gewinnzahlen des Spielers A, wenn B die Strategie (0.25, 0.25, 0.25, 0.25) spielt und A eine Strategie mit $p_1 = 0.4$, $p_2 = 0.35$ ($p_1 + p_2 > 0.5$) und $p_3 = 0.1$.

Betrachtet man zunächst eine leicht abgewandelte Form des Schnick-Schnack-Schnuck-Spiels, bei dem die Kategorie „Brunnen" fehlt, dann werden Spiel und zu wählende Strategien überschaubarer (Tab. 2.17).

Die Wahrscheinlichkeiten, dass der Spieler 1 eine konkreten Spielrunde gewinnt, sind

$$p_1 q_3 + p_2 q_1 + p_3 q_2 \,,$$

dass er verliert

$$p_1 q_2 + p_2 q_3 + p_3 q_1 \,,$$

und dass das Spiel unentschieden ausgeht

$$p_1 q_1 + p_2 q_2 + p_3 q_3 \,,$$

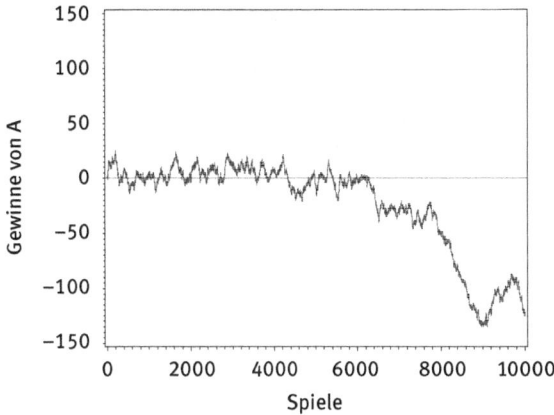

Abb. 2.18: Gewinnzahlen des Spielers A, wenn B die Strategie (0.25, 0.25, 0.25, 0.25) spielt und A eine Strategie mit $p_1 = 0.3$, $p_2 = 0.2$ ($p_1 + p_2 = 0.5$) und $p_3 = 0.1$.

Tab. 2.17: Gewinnplan und Wahrscheinlichkeiten des Spielausgangs beim Schnick-Schnack-Schnuck, wenn Spieler 1 die Kategorien Papier, Schere und Stein mit den Wahrscheinlichkeiten p_1, p_2 und p_3 und Spieler 2 mit q_1, q_2, und q_3 spielt (helles Grau – Spieler 1 gewinnt, dunkles Grau – Spieler 1 verliert, weiß – unentschieden, keine Wertung).

			Spieler 2		
			Papier	Schere	Stein
			q_1	q_2	q_3
Spieler 1	Papier	p_1	$p_1 q_1$	$p_1 q_2$	$p_1 q_3$
	Schere	p_2	$p_2 q_1$	$p_2 q_2$	$p_2 q_3$
	Stein	p_3	$p_3 q_1$	$p_3 q_2$	$p_3 q_3$

wobei wiederum die Unabhängigkeit der Kategorienwahl von Spieler 1 und 2 vorausgesetzt wurde und für ein Spiel auch unbedingt vorausgesetzt werden muss (s. Tab. 2.17). Der erwartete Gewinn für den Spieler 1 ist folglich pro Spiel

$$E = p_1 q_3 + p_2 q_1 + p_3 q_2 - p_1 q_2 - p_2 q_3 - p_3 q_1 \, .$$

Für den Fall, dass der Spieler 2 alle Kategorien mit der Wahrscheinlichkeit 1/3 spielt, erhält man

$$E = 0 \, .$$

Jetzt sind auch allgemeine Gleichgewichtspunkte für den Fall bestimmbar, dass der Spieler 2 eine Strategie $(q_1, q_2, q_3) \neq (1/3, 1/3, 1/3)$ spielt. Kennt man nämlich die Strategie des Spielers 2, sind also q_1, q_2, und q_3 fixiert, so lassen sich geeignete Strategien für den Spieler 1 finden, damit das Spiel gerecht wird. Aus

$$0 = p_1 q_3 + p_2 q_1 + (1 - p_1 - p_2)q_2 - p_1 q_2 - p_2 q_3 - (1 - p_1 - p_2)q_1$$

wobei für $p_3 = 1 - p_1 - p_2$ gesetzt wurde, ergibt sich eine lineare Beziehung zwischen den Wahrscheinlichkeiten p_1 und p_2, nämlich $p_1 = mp_2 + n$ mit

$$m = (1 - 3q_1)/(1 - 3q_2) \quad \text{und} \quad n = (q_1 - q_2)/(1 - 3q_2).$$

Bemerkung. Man beachte, dass bei der Lösung für n und m eine Parameterkonstellation mit $q_2 = 1/3$ ausgeschlossen ist. Die Voraussetzung $(q_1, q_2, q_3) \neq (1/3, 1/3, 1/3)$ ist zu scharf.

Gerechte Strategien liegen in Abhängigkeit von (q_1, q_2, q_3) auf Geraden. Durch die Formel lassen sich natürlich auch Parametersätze finden, dass Spieler 1 im Mittel gewinnt oder verliert, je nachdem, ob der Erwartungswert positiv oder negativ ausfällt.

Mit den SAS-Programmen `sas_2_12_BPSSt` und `sas_13_SSP` können für das Vier-Kategorien-Spiel und das Drei-Kategorien-Spiel durch einfache Parameteränderungen in den Programmen beliebige Strategien simuliert werden.

Aufgabe 2.7. Bestimmen Sie für verschiedene Strategien von Spieler 2 im Drei-Kategorien-Spiel Gegenstrategien von Spieler 1, die zu einem gerechten Spiel führen.

Finden Sie für das Vier-Kategorien-Spiel eine optimale Strategie unter Benutzung der „Gerechtigkeitsbedingung").

2.9 Vom Werfen einer Münze zum ARC-SINUS-Gesetz

Zwei Personen legen je einen Euro in die Spielbank. Der erste Spieler wettet stets darauf, dass beim Werfen einer regulären Münze „Zahl" oben liegt, der zweite wettet auf „Wappen". Der Gewinner erhält beide Euro, hat mithin einen Euro Gewinn, der zweite entsprechend einen Euro Verlust.

Als Zufallsgröße V führen wir ein die Anzahl der Spielrunden, die der Spieler, der auf „Zahl" gesetzt hat, vorn liegt. Sollten nach k Runden beide Spieler gleich häufig Spielrunden gewonnen haben, d. h., tritt während des Spiels ein Gleichstand ein, dann soll in diesem speziellen Fall der als vorn liegend gezählt werden, der in der vorangehenden Spielrunde noch vorn lag (Siegerbonus!). Der Mitspieler hat nur ausgeglichen!

Für drei Spielrunden enthält die folgende Tab. 2.18 den Spielverlauf mit dem zugehörigen Wert der Zufallsgröße.

Werden n Runden gespielt, könnte die Zufallsgröße V alle Werte von 0 bis n annehmen. Das ist aber nur für ungerade n richtig. Es zeigt sich, dass bei gerader Rundenanzahl n eigenartiger Weise nur gerade Werte von V angenommen werden.

Jeder vermutet richtig, dass das vorn Liegen der beiden Spieler in n Spielrunden ausgeglichen sein und die Wahrscheinlichkeitsfunktion symmetrisch um den Erwartungswert $E(V) = n/2$ liegen wird.

Dass aber mittlere Werte der Zufallsgröße V um n/2 herum am seltensten auftreten und der Rand um 0 und n am häufigsten angenommen wird, scheint abwegig. Damit unterliegt man aber einem Trugschluss. Ganz im Gegenteil werden die extremen Werte 0 und n bevorzugt. Die Ergebnisse bis zu n = 10 Spielrunden sind in der Tab. 2.19 angegeben.

Tab. 2.18: Entstehung der Zufallsgröße V bei dreimaligem Münzwurf.

Spielverlauf			V – Anzahl Spielrunden, die Z vorn liegt	Bemerkungen
W	W	W	0	
W	W	Z	0	
W	Z	W	0	In zweiter Runde gleicht Z aus, W weiterhin vorn
W	Z	Z	1	Ab 3. Runde liegt Z erstmals vorn.
Z	W	W	2	Z zweimal vorn. Ab 3. Runde liegt W vorn.
Z	W	Z	3	In zweiter Runde Ausgleich W, Z weiterhin vorn
Z	Z	W	3	
Z	Z	Z	3	

Tab. 2.19: Häufigkeiten der Zufallsgröße V für n ≤ 10.

Runden n	V 0	1	2	3	4	5	6	7	8	9	10	Varianz von V	Σ
1	1	1										0.25	2
2	2	0	2									1	4
3	3	1	1	3								1.75	8
4	6	0	4	0	6							3	16
5	10	2	4	4	2	10						4.25	32
6	20	0	12	0	12	0	20					6	64
7	35	5	15	9	9	15	5	35				7.75	128
8	70	0	40	0	36	0	40	0	70			10	256
9	126	14	56	24	36	36	24	56	14	126		12.25	512
10	252	0	140	0	120	0	120	0	140	0	252	15	1024

Das SAS-Programm `sas_2_14_Muenze` ermittelt für n = 9 Spieldurchgänge die Wahrscheinlichkeitsfunktion und die Verteilungsfunktion von V. Für andere n ist es durch Ändern der do-Schleifen abzuwandeln. Wenn es auf ein beliebiges n erweitert werden soll, ist diese Vorgehensweise unpraktikabel. Man muss dann mit `PROC IML` arbeiten, um die variable Do-Schleifen-Schachtelung in den Griff zu bekommen.

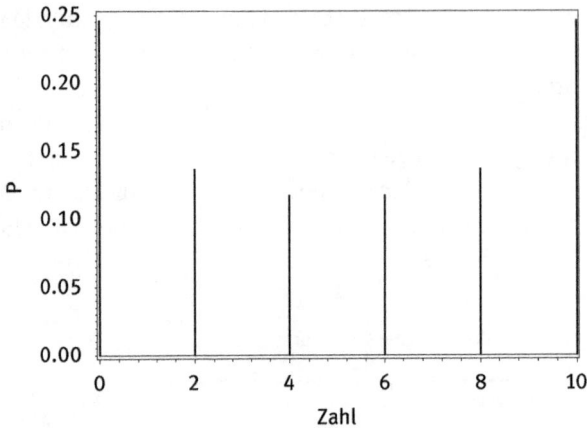

Abb. 2.19: Wahrscheinlichkeitsfunktion der Zufallsgröße V für n = 9.

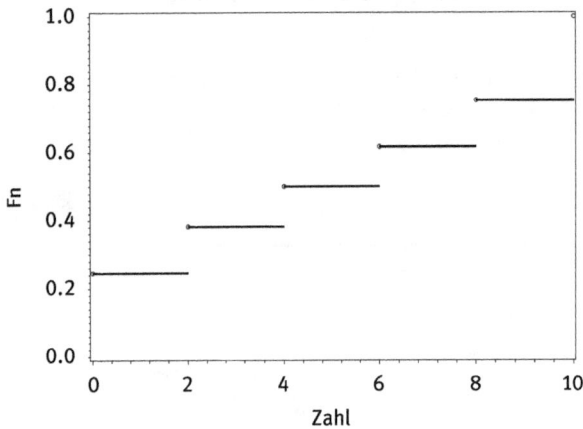

Abb. 2.20: Verteilungsfunktion der Zufallsgröße V für n = 9.

Wenn man die Zufallsgröße V bezüglich der Rundenanzahl n relativiert (d. h. V/n), kann man die Wahrscheinlichkeitsfunktionen über dem Einheitsintervall grafisch darstellen (s. Abb. 2.21). Man erkennt die U-förmige Verteilung. Mit dem SAS-Programm sas_2_15_Wkt4_Muenze werden die Wahrscheinlichkeitsdiagramme der normierten Zufallsgröße V/n für verschiedene n erzeugt.

Bemerkung. Ähnliche U-förmige Verteilungen, allerdings mit unsymmetrischen Wahrscheinlichkeitsfunktionen, benötigt man bei den Lebensdauerverteilungen. Sie spielen eine Rolle bei der Zuverlässigkeitstheorie.

Die Zufallsgröße V entsteht durch ein einfaches Spielmodell und ergibt eine U-förmige Verteilung, für die es im Allgemeinen weniger praktische Beispiele gibt als für solche, bei denen sich die Werte der Zufallsgröße um einen „mittleren" Wert häufen.

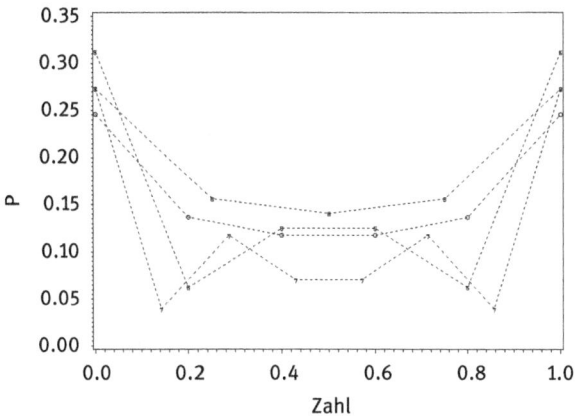

Abb. 2.21: U-förmiges Wahrscheinlichkeitsdiagramm der normierten Zufallsgröße V/n. An der Stelle 0 von oben nach unten n = 5, 7, 10, 20.

Das Spiel steht in Verbindung mit dem dänischen Mathematiker Erik Sparre Andersen (* 29.12.1919; † 8.3.2003).

… Bekannt ist er für sein Arcsin-Gesetz der Fluktuation von Summen von Zufallsvariablen. Anschaulich drückt der Satz die Tatsache aus, dass es entgegen dem ersten Anschein wahrscheinlicher ist, dass die Summe der Münzwürfe (Werte 1, −1 mit gleicher Wahrscheinlichkeit) sich die meiste Zeit in der Nähe der Extremwerte befindet statt beim Erwartungswert Null. Die Verteilungsfunktion hat U-Form mit unendlich hohen Rändern (deshalb die Benennung nach Arkussinus). Der Satz war von Levy Paul bei der Beschäftigung mit der Brownschen Bewegung veröffentlicht worden (1939) und von Mark Kac und Paul Erdös (1947). Andersen erkannte, dass dem Satz ein kombinatorisches Prinzip zugrunde liegt, was seine weite Anwendbarkeit erklärte. Die Beweise wurden später erheblich vereinfacht …

(http://de.wikipedia.org/wiki/Erik_Sparre_Andersen)

Das Arc-Sinus-Gesetz spielt eine große Rolle in der Theorie der Irrfahrten.

Der Erwartungswert der Zufallsgröße V ist E(V) = n/2 für jedes n.

Es möge beispielsweise n = 5 diese Aussage illustrieren:

$$E(V) = 0 \cdot P(V = 0) + 1 \cdot P(V = 1) + 2 \cdot P(V = 2) + 3 \cdot P(V = 3)$$
$$+ 4 \cdot P(V = 4) + 5 \cdot P(V = 5)$$
$$= 0 \cdot 10/32 + 1 \cdot 2/32 + 2 \cdot 4/32 + 3 \cdot 4/32 + 4 \cdot 2/32 + 5 \cdot 1/32$$
$$= (2 + 8 + 12 + 8 + 50)/32 = 80/32 = 5/2 \,.$$

Der allgemeine Beweis ist elementar und folgt aus der Symmetrie der Wahrscheinlichkeitsverteilung bezüglich n/2, denn aus

$$P(V = 0) = P(V = n), \quad P(V = 1) = P(V = n - 1), \dots$$

folgt für diese Paare

$$(0 \cdot P(V = 0) + n \cdot P(V = n))/n = (n/2) \cdot (P(V = 0) + P(V = n)),$$
$$(1 \cdot P(V = 1) + (n - 1) \cdot P(V = n - 1))/n = (n/2) \cdot (P(V = 1) + P(V = n - 1)), \dots$$

und damit

$$(n/2) \cdot (P(V = 0) + P(V = 1) + \cdots + P(V = n - 1) + P(V = n)) = n/2 .$$

Aufgabe 2.8. Geben Sie eine Formel für die Varianz von V in Abhängigkeit von n an.

Erstellen Sie ein SAS-Simulationsprogramm für n = 50 für die Zufallsgröße V, geben Sie die empirische Verteilung von V an und berechnen Sie Mittelwert und empirische Varianz für V.

3 Wahrscheinlichkeitsfunktionen, Dichten, Verteilungen

Im Folgenden werden elementare Begriffe und Notationen der Wahrscheinlichkeitsrechnung wie Zufallsgröße, Wahrscheinlichkeitsfunktion und -verteilung, Erwartungswert und Varianz einer Zufallsgröße usw. benutzt aber nicht weiter erläutert. Der damit nicht vertraute Leser findet diese Grundlagen jedoch schnell in einem der zahlreich verfügbaren Bücher über Wahrscheinlichkeitsrechnung und Statistik oder noch schneller im Internet.

3.1 Urnenmodelle

Eine Urne ist ein Hohlkörper zum Sammeln und Aufbewahren von Dingen. Man kennt den Begriff von

- Wahlurnen, in denen die Stimmen der mündigen Bürger gesammelt werden,
- Bestattungsurnen zur Aufnahme der Asche von Verstorbenen, aber auch als
- Lotterie-Urne, zur Ziehung der Lottozahlen.

In der letzten Bedeutung kommen sie den fiktiven Urnen zur Illustration von Zufallsexperimenten schon sehr nahe.

In dieser fiktiven Urne liegen endlich viele fiktive Kugeln, die natürlich auch nur mit virtuellen Farben gekennzeichnet sind. Man unterscheidet im Wesentlichen drei Urnenmodelle:

- Das **Binomialmodell**: Es liegen zwei Sorten von farbigen Kugeln (beispielsweise schwarze und weiße) in der Urne. Nach dem Ziehen einer Kugel und dem Notieren der Farbe wird die Kugel wieder in die Urne gelegt. Das ursprüngliche Mischungsverhältnis ist wieder hergestellt. Ergebnis von n Ziehungen sind Kugelanzahlen. Die Anzahl X der gezogenen schwarzen Kugeln ist zufällig. Sie kann Werte zwischen 0 und n annehmen. Ziel wird es sein, für jede dieser Anzahlen eine Wahrscheinlichkeit anzugeben, die nur von n und dem Mischungsverhältnis in der Urne abhängt. (Die Anzahl der weißen Kugeln ist nicht mehr zufällig. Hat man k schwarze Kugeln gezogen ist n – k die Anzahl der weißen Kugeln. Die Wahrscheinlichkeit, dass k schwarze Kugeln gezogen werden, muss demnach gleich der Wahrscheinlichkeit für das Ziehen von n – k weißen Kugeln sein.)
- Das **hypergeometrische Modell**: Es liegen ebenfalls zwei Sorten farbiger Kugeln (beispielsweise schwarze und weiße) in der Urne. Nach dem Ziehen und dem Notieren der Farbe wird die Kugel nicht in die Urne zurückgelegt. Dadurch verändert sich nach jedem Zug das Mischungsverhältnis. Die Anzahl X der schwarzen Kugeln bei n-maligem Ziehen ist zufällig. Sie kann als kleinster Wert 0 werden. Nach oben hin ist sie allerdings durch die Anzahl der schwarzen Kugeln in der Urne

beschränkt. Sind erst einmal alle schwarzen Kugeln aus der Urne gezogen, kann man nur noch weiße ziehen.

– Das **Polynomialmodell** ist ein Urnenmodell mit mehr als zwei Sorten Kugeln (beispielsweise schwarze, weiße und rote). Das wäre ein spezielles Trinomialmodell. Nach dem Ziehen und Notieren der Farbe einer gezogenen Kugel wird diese wieder in die Urne gegeben und das ursprüngliche Mischungsverhältnis wieder hergestellt. Nach n-maligem Ziehen hat man die Häufigkeiten N_s, N_w und N_r ausgezählt. Davon sind aber nur N_s, und N_w zufällig, denn es gilt $N_s + N_w + N_r = n$. Während N_s von 0 bis n variieren kann, ist N_w bereits eingeschränkt. Es kann nur noch zwischen 0 und $n - N_s$ liegen.

Diese drei Modelle werden in den folgenden Abschnitten genauer beschrieben.

3.1.1 Binomialmodell

Die Binomialverteilung kann durch ein Urnenmodell illustriert werden. In der Urne befinden sich zwei Sorten Kugeln und zwar rote (R) und schwarze (S). Die Wahrscheinlichkeit für das Ziehen einer roten Kugel ist $P(R) = p$, die für eine schwarze $P(S) = 1-p$.

Das sogenannte Bernoulli-Experiment besteht darin, aus der Urne nacheinander n Kugeln zu ziehen, ihre Farbe zu notieren und anschließend wieder in die Urne zurückzulegen.

Bei n = 9 Zügen könnte man beispielsweise das Resultat (R, R, S, R, S, S, R, R, S) erzielen. Die entsprechende Wahrscheinlichkeit für dieses Resultat ist wegen der Unabhängigkeit der neun Züge

$$p \cdot p \cdot (1 - p) \cdot p \cdot (1 - p) \cdot (1 - p) \cdot p \cdot p \cdot (1 - p) = p^5 (1 - p)^{9-5} = p^5 \cdot (1 - p)^4.$$

Dabei bedeuten die Exponenten über p und $1 - p$, dass $n_r = 5$ rote bzw. $n_s = 4$ schwarze Kugeln gezogen wurden. Es gibt aber noch andere Möglichkeiten für das Ziehen von 5 roten und 4 schwarzen Kugeln, etwa (R, R, R, R, R, S, S, S, S) oder (R, S, R, S, R, S, R, S, R). Die Gesamtanzahl ist durch den Binomialkoeffizienten $\binom{9}{5}$ gegeben.

Es gibt folglich $\binom{9}{5} = 9!/(5!(9 - 5)!) = 126$ verschiedene Möglichkeiten und die Wahrscheinlichkeit unter neun gezogenen Kugeln genau fünf rote zu finden, $P(X = 5)$, ist

$$P(X = 5) = \binom{9}{5} p^5 \cdot (1 - p)^4.$$

Die Abb. 3.1 eines Wahrscheinlichkeitsbaumes illustriert das Bernoulli-Experiment für n = 3 Züge.

Wenn die Zufallsgröße X die Anzahl k von roten Kugeln beim n-maligen Ziehen aus der obigen Urne beschreibt, so ist ihre Wahrscheinlichkeitsfunktion für k =

0, 1, ..., n durch

$$P(X = k) = \binom{n}{k} p^k \cdot (1-p)^{n-k}$$

bestimmt.

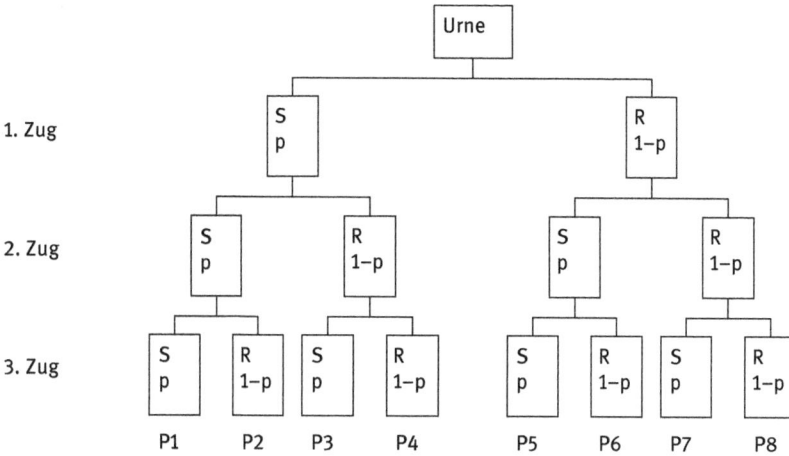

Abb. 3.1: Wahrscheinlichkeitsbaum für die Binomialverteilung $B(n, p) = B(3, p)$.

Tab. 3.1: Pfade, Pfadwahrscheinlichkeit und Wahrscheinlichkeitsfunktion von $X \sim B(3, p)$.

Pfad	Pfadwahrscheinlichkeit	Anzahl k von roten Kugeln	$P(X = k)$
P_1	$p \cdot p \cdot p$	3	$P(X = 3) = p^3$
P_2	$p \cdot p \cdot (1-p)$	2	$P(X = 2) = 3 \cdot p^2 \cdot (1-p)$
P_3	$p \cdot (1-p) \cdot p$	2	
P_5	$(1-p) \cdot p \cdot p$	2	
P_4	$p \cdot (1-p) \cdot (1-p)$	1	$P(X = 1) = 3 \cdot p \cdot (1-p)^2$
P_6	$(1-p) \cdot p \cdot (1-p)$	1	
P_7	$(1-p) \cdot (1-p) \cdot p$	1	
P_8	$(1-p) \cdot (1-p) \cdot (1-p)$	0	$P(X = 0) = (1-p)^3$

Definition. Eine Zufallsgröße X, die die Werte k = 0, 1, 2, ..., n annimmt und für die gilt

$$P(X = k) = \binom{n}{k} p^k \cdot (1-p)^{n-k},$$

heißt **binomialverteilt** mit den Parametern n und p, $X \sim B(n, p)$, mit $n \in \mathbb{N}$ und $0 \leq p \leq 1$.

Die Abb. 3.2 und 3.3 (erzeugt mit dem SAS-Programm `sas_3_1`) illustrieren die Einflüsse der Parameter p und n auf Wahrscheinlichkeits- und Verteilungsfunktion.

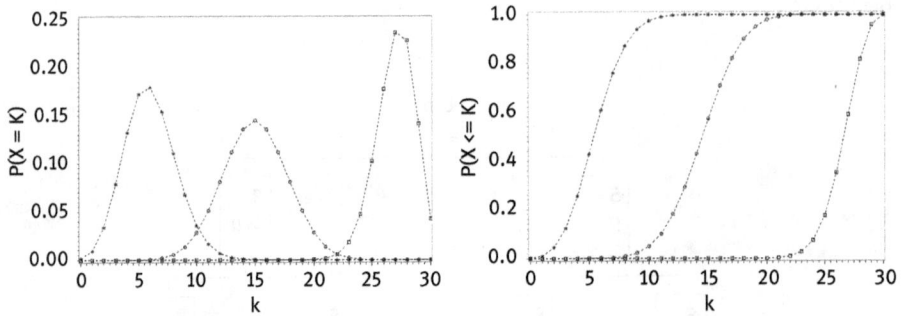

Abb. 3.2: Wahrscheinlichkeitsfunktionen und Verteilungsfunktionen der drei Binomialverteilungen B(30,0.2), B(30,0.5) und B(30,0.9) von links nach rechts.

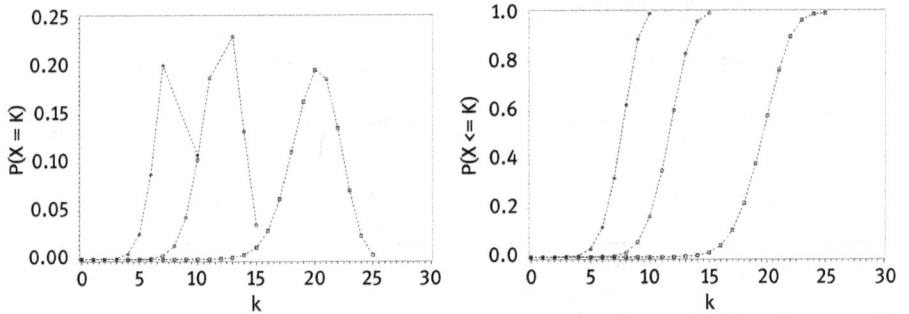

Abb. 3.3: Wahrscheinlichkeitsfunktionen und Verteilungsfunktionen der drei Binomialverteilungen B(10, 0.8), B(15, 0.8) und B(25, 0.8) von links nach rechts.

Satz. Für den Erwartungswert und die Varianz einer binomialverteilten Zufallsgröße $X \sim B(n, p)$ gelten:

$$E(X) = n \cdot p \quad \text{und} \quad V(X) = n \cdot p \cdot (1 - p).$$

Aufgabe 3.1. Die Blutgruppe A findet man in einer Population mit $p = 0.4$. Geben Sie die Wahrscheinlichkeit an, unter $n = 5$ Blutspendern $k = 0, 1, 2, 3, 4$ und 5 Personen zu finden, die Blutgruppe A besitzen.

Lösung. Bezeichnet man mit N_A die zufällige Anzahl der Personen mit der Blutgruppe A, so ist diese binomialverteilt, $N_A \sim B(n, p) = B(5, 0.4)$. Gesucht sind die Wahrscheinlichkeiten $P(N_A = k)$ für $k = 0, 1, \ldots, 5$. Die Ergebnisse sind in Tab. 3.2 eingetragen:

Tab. 3.2: Gesuchte Wahrscheinlichkeiten.

k	$\binom{5}{k}$	$P(N_A = k)$ Wahrscheinlichkeit	$F(k) = P(N_A \leq k)$ Verteilungsfunktion
0	1	0.07776	0.07776
1	5	0.25920	0.33696
2	10	0.34560	0.68256
3	10	0.23040	0.91296
4	5	0.07680	0.98976
5	1	0.01024	1.00000
Summe:	$2^5 = 32$	1	

Aufgabe 3.2. Eine Erbkrankheit findet sich in einer Population mit der Prävalenz p = 0.0001. Wie groß muss eine Stichprobe n sein, damit mit der Wahrscheinlichkeit von 0.95 mindestens ein Kranker gefunden wird?

Lösung. Bezeichnet X die Anzahl der Erbkranken in der Stichprobe vom unbekannten Umfang n, so ist $X \sim B(n, p) = B(n, 0.0001)$. Der Stichprobenumfang n ist gesucht, für den die folgende Bestimmungsgleichung gilt

$$0.95 = P(X \geq 1) = 1 - P(X = 0) = 1 - \binom{n}{0}0.0001^0(1 - 0.0001)^n = 1 - 0.9999^n \, .$$

Es müssen $n = \ln(0.05)/\ln(0.9999) = 29957$ Probanden untersucht werden, um mit der hohen Wahrscheinlichkeit von 0.95 mindestens einen Erbkranken zu finden.

Aufgabe 3.3. Wie hoch muss die Prävalenz p einer Erkrankung sein, wenn man mit der Wahrscheinlichkeit von 0.95 mindestens einen Fall unter 2000 Personen beobachten möchte?

Lösung. Die Anzahl der Erkrankten ist binomialverteilt, $X \sim B(2000, p)$, wobei p unbekannt ist. Aus der Bestimmungsgleichung

$$0.95 = P(X \geq 1) = 1 - P(X = 0) = 1 - \binom{2000}{0}p^0(1 - p)^{2000} = 1 - (1 - p)^{2000}$$

erhält man $p = 1 - \sqrt[2000]{0.05} = 0.0015$.

Aufgabe 3.4. Der „Vorzeichentest" ist eine wichtige Anwendung der Binomialverteilung. Zwei Schlafmittel S1 und S2 werden nacheinander an zehn Patienten erprobt. In acht Fällen war S1 besser, in zwei Fällen war S2 besser. Wie wahrscheinlich ist es bei angenommener gleicher Wirksamkeit, dass bei mindestens 8 von 10 Patienten S1 besser war?

Lösung. Die Anzahl A, bei denen das Schlafmittel S1 besser war ist binomialverteilt zu den Parametern n = 10 und p = 0.5. Gesucht ist die Wahrscheinlichkeit

$$P(A \geq 8) = P(A = 8) + P(A = 9) + P(A = 10)$$

$$= \binom{10}{8} 0.5^8 (1 - 0.5)^2 + \binom{10}{9} 0.5^9 (1 - 0.5)^1 + \binom{10}{10} 0.5^{10} (1 - 0.5)^0$$

$$= 0.5^{10} \cdot \left(\binom{10}{8} + \binom{10}{9} + \binom{10}{10} \right) = 0.0547 \,.$$

Bemerkung. Für „große" Stichprobenumfänge kann nach einem **Satz von Moivre und Laplace** eine Binomialverteilung durch eine Normalverteilung ersetzt werden (Faustregel: n · p > 9 und n · (1 – p) > 9), die den gleichen Erwartungswert und die gleiche Varianz wie die Binomialverteilung besitzt.

$$E(X) = (250 + a) \cdot 0.96 = E(Y) \quad \text{und} \quad V(X) = (250 + a) \cdot 0.96 \cdot 0.04 = V(Y) \,.$$

de Moivre, Abraham
(* 26. Mai 1667 in Vitry-le-François; † 27. November 1754 in London)

Aufgabe 3.5. Fluggesellschaften wissen aus Erfahrung, dass 4 % der Fluggäste, die Plätze reservieren, nicht zum Abflug erscheinen. Mit wieviel Plätzen kann man eine Verkehrsmaschine mit 250 Sitzen überbuchen, dass die Plätze für die tatsächlich ankommenden Fluggäste mit der Wahrscheinlichkeit von 0.99 ausreichen?

Lösung. Es sei a die unbekannte Anzahl zusätzlicher Buchungen der Fluggesellschaft, dann ist X ~ B(250 + a, 0.96) binomialverteilt bzw. normalverteilt nach dem Satz von Moivre-Laplace

$$Y \sim N((250 + a) \cdot 0.96, (250 + a) \cdot 0.96 \cdot 0.04)) \,.$$

Die Standardisierung, d. h., die gegebene Zufallsgröße in eine Zufallsgröße mit dem Erwartungswert 0 und der Varianz 1 transformieren, ergibt

$$Z = (X - (250 + a) \cdot 0.96)/\sqrt{(250 + a) \cdot 0.96 \cdot 0.04} \sim N(0, 1)$$

und aus

$$P(Z \leq 250) = P\left(\frac{(250 - (250 + a) \cdot 0.96)}{\sqrt{(250 + a) \cdot 0.96 \cdot 0.04}} \leq 2.3253 \right) = 0.99 \,,$$

wobei 2.3253 das 0.99-Quantil der $N(0, 1)$-Verteilung ist, erhält man die Bestimmungsgleichung für die Anzahl a der zu überbuchenden Plätze:

$$(250 - (250 + a) \cdot 0.96)/\sqrt{(250 + a) \cdot 0.96 \cdot 0.04} = 2.3253 \,.$$

Durch Umwandeln erhält man eine quadratische Gleichung mit den beiden Lösungen

$$a_1 = 18.192 \quad \text{und} \quad a_2 = 2.869 \,.$$

Welche der beiden ist die gesuchte Lösung? In Tab. 3.3 werden die Überbuchungen iterativ von 0 auf 20 erhöht und dafür die gesuchte Wahrscheinlichkeit berechnet. Man erkennt in der Tabelle, dass bei 2 Überbuchungen die Wahrscheinlichkeit $0.99530 > 0.99$ und bei 3 Überbuchungen mit 0.98882 unter 0.99 fällt. Zwei Überbuchungen sind damit für die Fluggesellschaft mit keinem größeren Risiko verbunden.

Tab. 3.3: Überbuchungsanzahl und asymptotische Wahrscheinlichkeit, dass kein Passagier zurückbleiben muss.

Über-buchungen	Plätze insgesamt	Erwartungswert (erwartete Passagiere)	Varianz (erwartete Passagiere)	Standardi-sierung	Wahrscheinlichkeit, dass kein Passagier zurückbleibt
0	250	240.00	9.6000	3.22749	$0.99938 \approx 1.0000$
1	251	240.96	9.6384	2.91183	0.99820
2	252	241.92	9.6768	2.59744	0.99530
3	253	242.88	9.7152	2.28431	0.98882
4	254	243.84	9.7536	1.97241	0.97572
5	255	244.80	9.7920	1.66176	0.95172
6	256	245.76	9.8304	1.35232	0.91186
7	257	246.72	9.8688	1.04410	0.85178
8	258	247.68	9.9072	0.73708	0.76946
9	259	248.64	9.9456	0.43124	0.66685
10	260	249.60	9.9840	0.12659	0.55037
11	261	250.56	10.0224	−0.17689	0.42980
12	262	251.52	10.0608	−0.47921	0.31589
13	263	252.48	10.0992	−0.78038	0.21758
14	264	253.44	10.1376	−1.08042	0.13998
15	265	254.40	10.1760	−1.37932	0.08390
16	266	255.36	10.2144	−1.67710	0.04676
17	267	256.32	10.2528	−1.97377	0.02420
18	268	257.28	10.2912	−2.26933	0.01162
19	269	258.24	10.3296	−2.56381	0.00518
20	270	259.20	10.3680	−2.85720	0.00214

Bemerkung. Am Ende der Tab. 3.3 findet der Übergang bzgl. der Komplementärwahrscheinlichkeit $1 - 0.99$ der Aufgabenstellung statt. Bei 18 ist die Wahrscheinlichkeit noch größer, bei 19 bereits kleiner als 0.01. Dieser Übergang ist mit der zweiten Lösung der quadratischen Gleichung verbunden.

3.1.2 Polynomialmodell

Aus einer Urne mit weißen, schwarzen und roten Kugeln wird n-mal mit Zurücklegen gezogen. Die Anteile der einzelnen Farben sind:

$$P(W) = p_w, \quad P(S) = p_s, \quad P(R) = 1 - p_w - p_s$$

Das Ziehen kann beim Polynomialmodell analog zum Binomialmodell ebenfalls durch einen Wahrscheinlichkeitsbaum veranschaulicht werden.

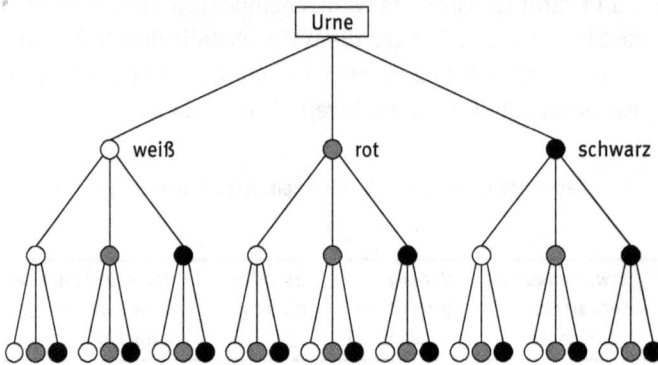

Abb. 3.4: Wahrscheinlichkeitsbaum, der das dreimalige Ziehen darstellt (Die Äste des Baumes sind von links nach rechts durchnummeriert, Pfad P1 bis P27).

Das zufällige Geschehen wird durch eine zweidimensionale Zufallsgröße (W, S) beschrieben, wobei die Anzahl der weißen Kugeln n_W zwischen 0 und n, sowie die Anzahl der schwarzen Kugeln n_S zwischen 0 und $n - n_W$ variiert. Die Anzahl n_R der roten Kugeln ist nicht mehr zufällig, sondern determiniert, denn $n_R = n - n_W - n_S$. Die Wahrscheinlichkeit eines Astes ist

$$p_W^{n_W} \cdot p_S^{n_S} \cdot (1 - p_W^{n_W} - p_S^{n_S})^{n-n_W-n_S}.$$

Der Polynomialkoeffizient

$$\binom{n}{n_W n_S n_R} = n!/(n_W! n_S! n_R!)$$

gibt die Anzahl aller Äste des Wahrscheinlichkeitsbaumes (Abb. 3.4) mit gleichen n_W, n_S und n_R an.

Man kann sich diesen Polynomialkoeffizienten auch als Produkt aus zwei Binomialkoeffizienten entstanden denken. In einem Gedankenexperiment stelle man sich vor, dass nur weiße und nicht weiße Kugeln (schwarze oder rote) in der Urne enthalten sind. Dann gibt es $\binom{n}{n_W}$ Äste, auf denen n_W weiße Kugeln positioniert sind und an $n-n_W$ ist die Farbe noch nicht bezeichnet worden. Es gibt aber genau $\binom{n-n_W}{n_S}$ Möglichkeiten, von diesen $n - n_W$ Kugeln genau n_S schwarz zu färben. Die jetzt weder weiß noch schwarz gefärbten Kugeln sind rot einzufärben. Man erhält den Polynomialkoeffizienten als Produkt zweier Binomialkoeffizienten

$$\binom{n}{n_W n_S n_R} = \binom{n}{n_W} \cdot \binom{n - n_W}{n_S} = \frac{n!}{n_W!(n - n_W)!} \cdot \frac{(n - n_W)!}{(n_S!(n - n_W - n_S)!)} = \frac{n!}{n_W! n_S! n_R!}.$$

Einen Überblick über die Anzahl der Pfade des Wahrscheinlichkeitsbaums aus Abb. 3.4, die gleiche Anzahlen an weißen, schwarzen und roten Kugeln aufweisen (= Exponenten in der Pfadwahrscheinlichkeit), und die Pfadwahrscheinlichkeiten gibt die Tab. 3.4:

Tab. 3.4: Pfadanzahl und Wahrscheinlichkeit des Pfades beim dreimaligen Ziehen mit Zurücklegen.

n_W	n_S	n_R	Pfade in Abb. 3.4	Anzahl Pfade	W	R	S	Wahrscheinlichkeit
3	0	0	P1	1	3			p_W^3
2	1	0	P3 P7 P19	3	2		1	$p_W^2 \cdot p_S$
2	0	1	P2 P4 P10	3	2	1		$p_W^2 \cdot p_r$
1	0	2	P5 P11 P13	3	1	2		$p_w \cdot p_r^2$
1	1	1	P6 P8 P12 P16 P20 P22	6	1	1	1	$p_w \cdot p_S \cdot p_r$
1	2	0	P9 P21 P25	3	1		2	$p_w \cdot p_S^2$
0	0	3	P14	1		3		p_r^3
0	1	2	P15 P17 P23	3		2	1	$p_S \cdot p_r^2$
0	2	1	P18 P24 P26	3		1	2	$p_S^2 \cdot p_r$
0	3	0	P27	1			3	p_S^3
Summe				$27 = 3^3$				1

Definition. Eine Zufallsgröße $X = (X_1, \ldots, X_r)$ heißt **polynomialverteilt** mit den Parametern n und $p_1, p_2, \ldots, p_r$ mit $0 < p_i < 1$ für $i = 1, 2, \ldots, r$ und $\sum_{i=1}^r p_i = 1$, wenn ihre Wahrscheinlichkeitsfunktion durch

$$P(X_1 = n_1, X_2 = n_2, \ldots, X_r = n_r) = \binom{n}{n_1 n_2 \ldots n_r} \cdot p_1^{n_1} \cdot p_2^{n_2} \cdots \cdots p_r^{n_r}$$

beschrieben wird.

Bemerkung. Ist $r = 2$, so geht die Polynomialverteilung in eine Binomialverteilung über.

In der Tab. 3.4 sind in der letzten Zeile die Spaltensummen eingetragen. In Analogie zum Binomialkoeffizienten, bei dem $\sum_{k=0}^n \binom{n}{k} = 2^n$ galt, gilt hier die leicht zu beweisende und auf allgemeine Polynomialkoeffizienten zu verallgemeinernde Formel

$$\sum_{k_1=0}^{n} \sum_{k_2=0}^{n-k_1} \binom{n}{k_1 k_2 n - k_1 - k_2} = 3^n.$$

Beispiel 3.1. Für die ABO-Blutgruppenhäufigkeiten in Europa gelten für die Allelwahrscheinlichkeiten näherungsweise $P(0) = 0.38$, $P(A) = 0.42$, $P(B) = 0.13$ und $P(AB) = 0.07$.

Wie wahrscheinlich ist es, dass unter $n = 10$ Blutspendern $n_0 = 3$, $n_A = 3$, $n_B = 3$ und $n_{AB} = 1$ sind?

$$P(X_0 = 3, X_A = 3, X_B = 3, X_{AB} = 1) = \binom{10}{3\,3\,3\,1} \cdot 0.38^3 \cdot 0.42^3 \cdot 0.13^3 \cdot 0.07$$

$$= 0.0105.$$

Diese Auswahl von Blutspendern ist unwahrscheinlich. Für $n_0 = 4$, $n_A = 4$, $n_B = 1$ und $n_{AB} = 1$ erhält man dagegen

$$P(X_0 = 4, X_A = 4, X_B = 1, X_{AB} = 1) = \binom{10}{4\,4\,1\,1} \cdot 0.38^4 \cdot 0.42^4 \cdot 0.13 \cdot 0.07$$

$$= 0.037.$$

Dieses Ereignis ist wahrscheinlicher als das erste. Seine Wahrscheinlichkeit ist fast viermal so hoch. Es bleibt trotzdem eine kleine Wahrscheinlichkeit, weil die Wahrscheinlichkeitsmasse 1 auf sehr viele Punkte verteilt wird.

Beispiel 3.2. Für $p_1 = 0.3$, $p_2 = 0.5$ und $p_3 = 1 - p_1 - p_2 = 0.2$, sowie $n = 50$ soll die Wahrscheinlichkeitsfunktion und die Verteilungsfunktion mit einem SAS-Programm (sas_3_2) realisiert werden.

Randverteilungen

Bezeichnet man die Wahrscheinlichkeiten der zweidimensionalen diskreten Zufallsgröße (X, Y) mit

$$P(X = x_i, Y = y_i) = p_{ij},$$

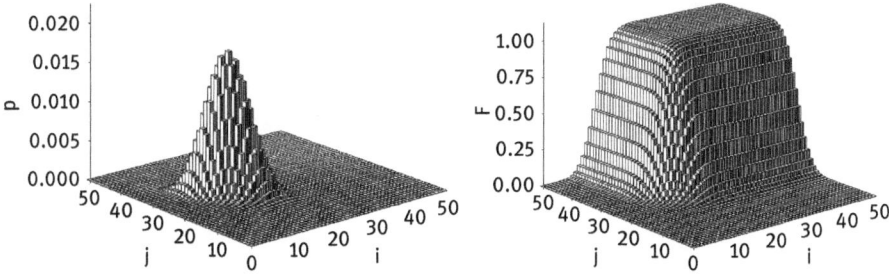

Abb. 3.5: Wahrscheinlichkeitsfunktion (links) und Verteilungsfunktion (rechts) der Polynomialverteilung mit den Parametern $n = 50$, $p_1 = 0.3$ und $p_2 = 0.5$ und $p_3 = 1 - p_1 - p_2 = 0.2$.

dann ist

$$p_{\cdot k} = \sum_i p_{ik} = P(X = x_1, Y = y_k) + P(X = x_2, Y = y_k) + \ldots$$

die Wahrscheinlichkeit dafür, dass $Y = y_k$ ist, wenn die Zufallsgröße X irgendeinen ihrer möglichen Werte annimmt. Die durch $p_{\cdot k}$ bestimmte Verteilung heißt **Randverteilung** der zufälligen Größe Y bezüglich der zweidimensionalen Zufallsgröße (X, Y). Entsprechend gibt es eine zweite durch $p_{i\cdot}$ definierte Randverteilung, die von X bezüglich der zweidimensionalen Zufallsgröße (X, Y).

Wie sehen die Randverteilungen einer polynomialverteilten Zufallsgröße mit den Parametern n, p_1 und p_2 aus? Es wird sich zeigen, dass diese Randverteilungen den zugehörigen Binomialverteilungen $B(n, p_1)$ und $B(n, p_2)$ entsprechen.

Beispiel 3.3. In der Urne befinden sich rote, schwarze und weiße Kugeln mit den Wahrscheinlichkeiten $p_r = P(\text{rot}) = 1/6$, $p_s = P(\text{schwarz}) = 1/3$ und folglich $p_w = P(\text{weiß}) = 1/2$.

Die Randverteilung (nach den roten Kugeln) dieser Polynomialverteilung

$$P(n, p_1, p_2) = P(3, 1/6, 1/3)$$

entspricht der Binomialverteilung $B(n, p_1) = B(3, 1/6)$, die zweite Randverteilung (nach den schwarzen Kugeln) einer Binomialverteilung $B(n, p_2) = B(3, 1/3)$ und auch die Verteilung der weißen Kugeln kann man als eine Randverteilung $B(n, p) = B(3, 1/2)$ ansehen.

Für die Anzahl der roten Kugeln wird die Randverteilung bestimmt. Für $R = 0$ ergibt sich

$$p_{0\cdot} = P(R = 0, S = 3) + P(R = 0, S = 2) + P(R = 0, S = 1) + P(R = 0, S = 0)$$

$$= p_s^3 + 3p_s^2(1 - p_r - p_s) + 3p_s(1 - p_r - p_s)^2 + (1 - p_r - p_s)^3$$

$$= (p_s + (1 - p_r - p_s))^3 = (1 - p_r)^3 = \binom{3}{0} \cdot p_r^0 \cdot (1 - p_r)^3 = P(R = 0),$$

für $R = 1$ erhält man

$$p_{1.} = P(R = 1, S = 2) + P(R = 1, S = 1) + P(R = 1, S = 0)$$

$$= 3p_r p_s^2 + 6p_r p_s (1 - p_r - p_s) + 3p_r (1 - p_r - p_s)^2$$

$$= 3p_r (p_s + (1 - p_r - p_s))^2 = (1 - p_r)^3 = \binom{3}{1} \cdot p_r \cdot (1 - p_r)^2 = P(R = 1),$$

für $R = 2$

$$p_{2.} = P(R = 2, S = 1) + P(R = 2, S = 0) = 3p_r^2 p_s + 3p_r^2 (1 - p_r - p_s)$$

$$= 3p_r^2 + (p_s + (1 - p_r - p_s)) = 3p_r^2 (1 - p_r) = \binom{3}{2} \cdot p_r^2 (1 - p_r) = P(R = 2)$$

und für $R = 3$ schließlich

$$p_{3.} = P(R = 3, S = 0, W = 0) = p_r^3 = \binom{3}{3} \cdot p_r^3 = P(R = 3),$$

wobei der jeweils letzte Term von $p_{i.} = P(R = i)$ für die Binomialwahrscheinlichkeit steht.

Viele Anwendungsbeispiele für Polynomialverteilungen stammen aus der Genetik.

Beispiel 3.4. Sind mit $p = P(A)$ und $1 - p = P(B)$ die Allelwahrscheinlichkeiten eines 2-Allelen-1-Locus-Modells bezeichnet, so erhält man die Genotypenwahrscheinlichkeiten bei unterstellter Panmixie nach dem Hardy-Weinberg-Gesetz

$$P(AA) = p^2, \quad P(AB) = 2p(1 - p) \quad \text{und} \quad P(BB) = (1 - p)^2.$$

Eine Stichprobenziehung vom Umfang $n = 100$ realisiert eine entsprechende Polynomialverteilung für die Genotypen AA, AB und BB mit $n_{AA} = 9, n_{AB} = 42$ und $n_{BB} = 49$. Allerdings hängen die Wahrscheinlichkeiten für die drei Kategorien AA, AB und BB von der Allelwahrscheinlichkeit $p = P(A)$ ab:

$$f(p) = P(AA = n_{AA}, AB = n_{AB}, BB = n_{BB}).$$

$$= \binom{n}{n_{AA} n_{AB} n_{BB}} (p^2)^{n_{AA}} (2p(1 - p))^{n_{AB}} ((1 - p)^2)^{n_{BB}}.$$

Wie groß ist die Allelwahrscheinlichkeit p, die eine solche Stichprobe mit maximaler Wahrscheinlichkeit realisiert? Es gilt, das Maximum von $f(p)$ auf dem Intervall von 0 bis 1 zu bestimmen. Diese Funktion zum Schätzen der Allelwahrscheinlichkeit wird in der Statistik **Maximum-Likelihood-Funktion** genannt.

Weil die Funktion $f(p)$ an der Stelle 0 und an der Stelle 1 gleich 0 wird und zwischen 0 und 1 stetig und als Wahrscheinlichkeit echt positiv ist, muss sie nach dem **Satz von Rolle** im Inneren des Intervalls $[0, 1]$ ein Maximum annehmen. Mit einem SAS-Programm (sas_3_3) sollen das Maximum auf zwei Stellen nach dem Komma genau bestimmt und die Maximum-Likelihood-Funktion für einen Stichprobenumfang $n = 100$ mit $n_{AA} = 9, n_{AB} = 42$ und $n_{BB} = 49$ dargestellt werden.

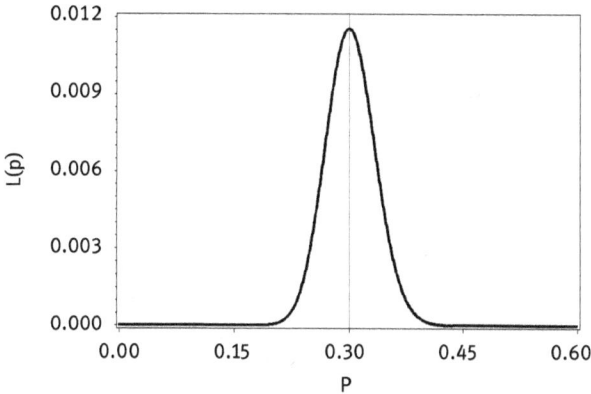

Abb. 3.6: Likelihood-Funktion für ein Erbmodell mit zwei Allelen an einem Locus ohne Vorliegen von Dominanz für $n = 100$, $n_{aa} = 9$, $n_{ab} = 42$ und $n_{bb} = 49$.

Aufgabe 3.6.

1. Berechnen Sie das Maximum und zeichnen Sie die Likelihood-Funktion für die Einlocus-Erbmodelle mit den beiden Allelen A und B mit im ersten Falle Dominanz von A über B und im zweiten Falle für Dominanz von B über A! (Hinweis: Verwenden Sie das SAS-Programm `sas_3_3` und verändern Sie für jede der Aufgabenstellungen entsprechend die Genotypenhäufigkeiten und die Genotypenwahrscheinlichkeiten.)

2. Das Maximum p_0 kann man auch mit klassischen Mitteln der Analysis finden. Zeigen Sie, dass man als Lösungen der Likelihoodgleichungen erhält:
   im Falle der vollen Beobachtbarkeit aller drei Genotypen

   $$p_0 = (2n_{AA} + n_{AB})/2n,$$

   bei Dominanz des Allels A über das Allel B

   $$p_0 = \sqrt{n_{BB}/n}$$

   und bei Dominanz des Allels B über A

   $$p_0 = 1 - \sqrt{n_{AA}/n}.$$

   (Hinweis: Lösen Sie nicht das Problem für die Likelihood-Gleichung sondern führen Sie erst eine Logarithmustransformation durch, die auf der einen Seite streng monoton und damit ordnungserhaltend ist und auf der anderen Seite die Ableitung nach dem unbekannten Parameter p erleichtert, weil sie aus einem Produktterm einen Summenterm macht.)

Bemerkung. Allelwahrscheinlichkeiten für Vererbungsmodelle mit vielen Allelen und komplizierten Dominanzverhältnissen können prinzipiell natürlich nach der obigen Methode, der so genannten Maximum-Likelihood-Methode (MLM) bestimmt werden. Die Numerik wird aber sehr aufwändig. Deshalb verwendet man in solchen Fällen besser den EM-Algorithmus (s. Kap. 4).

3.1.3 Hypergeometrisches Modell

In einer Urne mit $N = 8$ Kugeln liegen $M = 5$ schwarze und 3 rote Kugeln. Es werden im Gegensatz zum Bernoulli-Experiment $n = 3$ Züge *ohne* Zurücklegen durchgeführt.

Eine solche Verallgemeinerung des Bernoulli-Modells heißt hypergeometrisches Modell. Man kann sich das Modell und insbesondere die Mischungsverhältnisse der Kugeln durch einen Wahrscheinlichkeitsbaum illustrieren.

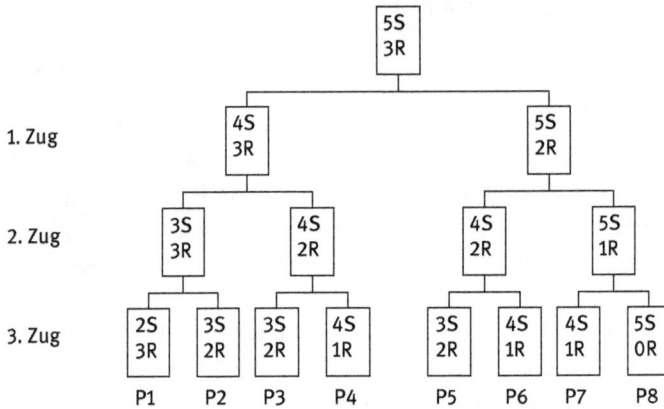

Abb. 3.7: Wahrscheinlichkeitsbaum für ein hypergeometrisches Modell mit fünf schwarzen und drei roten Kugeln in der Urne und dreimaligem Ziehen ohne Zurücklegen.

Tab. 3.5: Pfade des Wahrscheinlichkeitsbaumes aus Abb. 3.7 und assoziierte Wahrscheinlichkeiten.

Pfad	Anzahl schwarzer Kugeln	Pfadwahr- scheinlichkeit	$P(X = k)$
P1	3	$5/8 \cdot 4/7 \cdot 3/6$	0.1785
P2	2	$5/8 \cdot 4/7 \cdot 3/6$	0.5357
P3		$5/8 \cdot 3/7 \cdot 4/6$	
P4		$3/8 \cdot 5/7 \cdot 4/6$	
P5	1	$5/8 \cdot 3/7 \cdot 2/6$	0.2679
P6		$3/8 \cdot 5/7 \cdot 2/6$	
P7		$3/8 \cdot 2/7 \cdot 5/6$	
P8	0	$3/8 \cdot 2/7 \cdot 1/6$	0.0179

Glücklicherweise kann diese umständliche Prozedur der Berechnung der Wahrschein-lichkeiten $P(X = k)$ über die Pfade des Wahrscheinlichkeitsbaumes durch eine kombinatorische Formel vereinfacht werden.

Definition. Eine Zufallsgröße X heißt **hypergeometrisch verteilt** mit den Parametern N, M und n, wobei M, N, n natürliche Zahlen sind, $M < N$, $n \leq N$, und die Wahrschein-lichkeit, dass die Zufallsgröße X den Wert k annimmt, gegeben ist durch

$$P(X = k) = \left(\binom{M}{k} \binom{N-M}{n-k} \right) / \binom{N}{n}.$$

Beispiel 3.5. Für $N = 8, M = 5, n = 3$ sollen die Wahrscheinlichkeiten $P(X = i)$ für alle i von 0 bis 3 bestimmt werden.

$$P(X = 0) = \binom{5}{0}\binom{3}{3} / \binom{8}{3} = 1/56 = 0.0179,$$

$$P(X = 1) = \binom{5}{1}\binom{3}{2} / \binom{8}{3} = 0.2679,$$

$$P(X = 2) = \binom{5}{2}\binom{3}{1} / \binom{8}{3} = 0.5357 \quad \text{und}$$

$$P(X = 3) = \binom{5}{3}\binom{3}{0} / \binom{8}{3} = 0.1785.$$

Das SAS-Programm `sas_3_4` liefert die Bilder in Abb. 3.8.

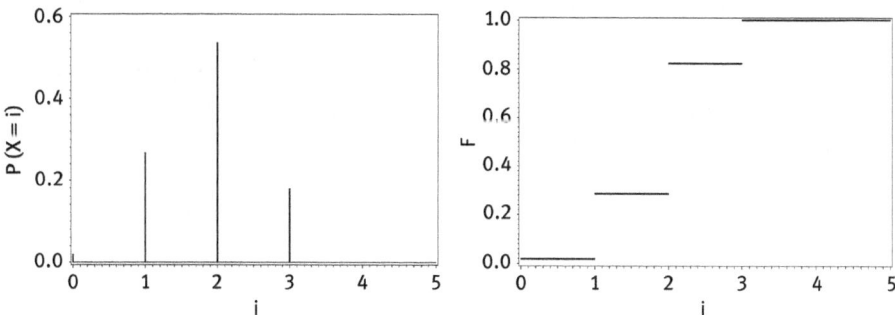

Abb. 3.8: Wahrscheinlichkeitsfunktion (links) und Verteilungsfunktion (rechts) der hypergeometri-schen Verteilung zum Beispiel 3.5 ($N = 8$, $M = 5$, $n = 3$).

Beispiel 3.6. Nach Herstellerangaben besitzt eine Lieferung von $N = 1000$ Ener-giesparglühlampen nur $M = 5$ „Ausschusslampen", die entweder defekt sind oder eine Glühdauer kleiner als zwei Stunden haben. Eine Testung kann selbstverständlich nicht die gesamte Lieferung betreffen, sondern nur $n = 50$ Glühlampen, bei der sich zwei als Ausschuss herausstellten.

Eine getestete Glühlampe kann nicht wieder zurückgelegt werden, deshalb kommt ein hypergeometrischer Ansatz zur Anwendung. Berechnet werden soll die Wahrscheinlichkeit $P(X \geq 2)$, dass sich solch ein beobachtetes Testresultat oder noch schlechtere Testresultate einstellen.

Die Berechnung von

$$P(X \geq 2) = P(X = 2) + P(X = 3) + P(X = 4) + P(X = 5)$$

erfolgt über das Komplement

$$P(X \geq 2) = 1 - P(X = 0) - P(X = 1),$$

um den Rechenaufwand zu minimieren.

$$P(X \leq 2) = 1 - \binom{5}{0}\binom{995}{50} \Big/ \binom{1000}{50} - \binom{5}{1}\binom{995}{49} \Big/ \binom{1000}{50}$$

$$= 1 - 0.773 - 0.204 = 0.023$$

Die Wahrscheinlichkeit von $P(X \geq 2)$ beträgt 0.023. Damit gibt es berechtigte Zweifel an den Herstellerangaben.

Beispiel 3.7. Ein Skatspiel enthält 32 Karten in den vier Farben Eichel (Kreuz), Grün (Pik), Rot (Herz) und Schellen (Karo). Zu jeder Farbe gehören acht Karten mit den Werten Ass, König, Ober (Dame), Unter (Buben), 10, 9, 8 und 7. Jeder der Mitspieler erhält nach dem Mischen zehn Karten. Zwei Karten gehören in den „Skat", der verdeckt bleibt. Wie wahrscheinlich ist es, dass ein Mitspieler keinen, einen, zwei, drei oder vier der im Spiel wichtigen Unter erhält?

Eine einmal gegebene Karte kann nach den Skatregeln nicht wieder zurückgegeben werden. Deshalb kommt ein hypergeometrisches Modell zum Ansatz. Von $N = 32$ Karten erhält jeder Spieler zehn. In jeder Farbe gibt es einen Buben (Unter), $M = 4$ im Spielblatt.

Die Wahrscheinlichkeit, $k = 0, 1, 2, 3, 4$ Buben/Unter zu erhalten, ist somit

$$P(X = k) = \binom{4}{k}\binom{32 - 4}{10 - k} \Big/ \binom{32}{10}.$$

Man erhält

$$P(X = 0) = 0.2034, \quad P(X = 1) = 0.4283,$$
$$P(X = 2) = 0.2891, \quad P(X = 3) = 0.0734 \quad \text{und}$$
$$P(X = 4) = 0.0058.$$

Die Wahrscheinlichkeit, mindestens zwei Buben/Unter zu erhalten, ist danach

$$P(X \geq 2) = 1 - P(X = 0) - P(X = 1) = 0.3683.$$

Mit dem SAS-Programm `sas_3_5` wird 10 000 Mal gemischt. Es werden 10 Karten gegeben und gezählt, wie viele Buben/Unter im Blatt (in den 10 Karten) enthalten sind. Die relativen Häufigkeiten stimmen sehr gut mit den eben berechneten Wahrscheinlichkeiten überein. Den Überblick gibt die Tab. 3.6. Man beachte, dass die Farben der Unter nicht berücksichtigt wurden. Diese sind jedoch zum „Reizen" beim Skatspiel bedeutsam.

Tab. 3.6: Wahrscheinlichkeiten und relative Häufigkeiten für Buben in 10 Karten.

Anzahl Unter	Wahrscheinlichkeit	Relative Häufigkeit bei 10 000 Simulationen
0	0.2034	0.2022
1	0.4283	0.4288
2	0.2891	0.2860
3	0.0734	0.0759
4	0.0058	0.0071

Bemerkung. Die meisten Glücksspiele sind als Tests für Zufallszahlengeneratoren geeignet. Wenn mit ihnen die Realität des jeweiligen Glücksspiels nachgebildet werden kann, ist das ein Hinweis, dass der Generator ordnungsgemäß arbeitet. Im Abschnitt über Tests von Zufallszahlengeneratoren wird näher darauf eingegangen.

3.2 Erzeugung von normalverteilten Zufallszahlen

Bisher sind im Kapitel 1 nur so genannte standardnormalverteilte Zufallszahlen erzeugt worden mit dem Erwartungswert 0 und der Varianz 1. In diesem Abschnitt werden normalverteilte Zufallszahlen mit beliebigem Erwartungswert und beliebiger positiver Varianz besprochen und mit Zufallszahlengeneratoren erzeugt.

3.2.1 Normalverteilungen $N(\mu, \sigma^2)$

Definition. Eine Zufallsgröße heißt **normalverteilt** $N(\mu, \sigma^2)$ mit den Parametern $\mu \in \mathbb{R}$ und $\sigma^2 > 0$, wenn ihre Dichte

$$f(x) = (1/\sqrt{2\pi\sigma^2}) \cdot \exp\left(-(x-\mu)^2/(2\sigma)\right)$$

ist.

Satz (Bedeutung der Parameter der Normalverteilungen). Für eine normal verteilte Zufallsgröße X mit den Parametern μ und $\sigma^2 > 0$ gelten:

1. Das Maximum der Dichtefunktion wird an der Stelle μ angenommen.
2. Die beiden Wendepunkte der Dichtefunktion liegen bei $\mu - \sqrt{\sigma}$ und $\mu + \sqrt{\sigma}$.
3. Der Erwartungswert von X ist $E(X) = \mu$.
4. Die Varianz von X ist $V(X) = \sigma^2$.

Der Beweis für die Aussagen 1 und 2 kann mit elementaren Mitteln geführt werden, indem notwendige und hinreichende Bedingungen für Extremwerte aus den höheren Ableitungen der Dichtefunktion f gewonnen werden. Aussage 3 wird für den Spezialfall der Standardnormalverteilung $N(\mu, \sigma^2) = N(0, 1)$ gezeigt. Nach Definition ist

$$E(X) = \int_{-\infty}^{\infty} x \cdot (1/\sqrt{2\pi}) \cdot \exp(-x^2/2)\, dx = 1/\sqrt{2\pi} \int_{-\infty}^{\infty} x \cdot \exp(-x^2/2)\, dx.$$

Weil zum einen $f(x) = -\exp(-x^2/2)$ eine Stammfunktion von $x \cdot \exp(-x^2/2)$ ist und zum anderen $\lim_{x \to \pm\infty}(-x^2/2) = 0$ gilt, folgt

$$E(X) = (1/\sqrt{2\pi}) \cdot \left(-\exp(-x^2/2)\right) \Big|_{-\infty}^{\infty} = 0.$$

Den Beweis für den allgemeinen Fall $N(\mu, \sigma^2)$ erhält man durch eine so genannte

Standardisierungstransformation $(X - \mu)/\sigma$,

die beliebige Normalverteilungen auf die Standardnormalverteilung $N(0, 1)$ zurückführt. Betreffend Aussage 4 wird partielle Integration angewandt.

Man erkennt in der Abb. 3.9, dass σ die Form der Dichtefunktionen und die Steilheit des Anstiegs der Verteilungsfunktionen bestimmt. Je kleiner σ ist, umso konzentrierter liegt die Wahrscheinlichkeitsmasse bei 0 und umso schneller wächst die Verteilungsfunktion an.

Der Parameter μ ist ein so genannter „Lageparameter". Er gibt an, wo das Maximum der Dichtefunktion liegt (Abb. 3.10). Der Parameter σ ist für die Form (vergleiche Abb. 3.9 und 3.10) der Dichte verantwortlich. Erzeugt wurden die Abb. 3.9 und 3.10 mit den SAS-Programmen sas_3_6 und sas_3_7.

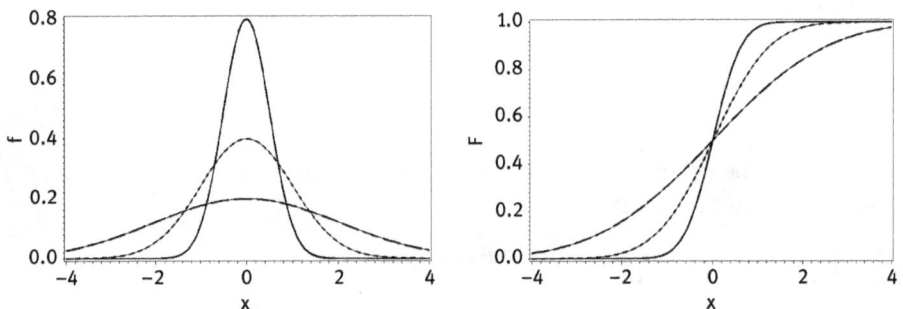

Abb. 3.9: Dichtefunktionen (links) und Verteilungsfunktionen (rechts) der Normalverteilung bei festem $\mu = 0$ und verschiedenen σ ($\sigma = 0.5$ volle Linie, $\sigma = 1.0$ kurze Striche, $\sigma = 2.0$ lange Striche).

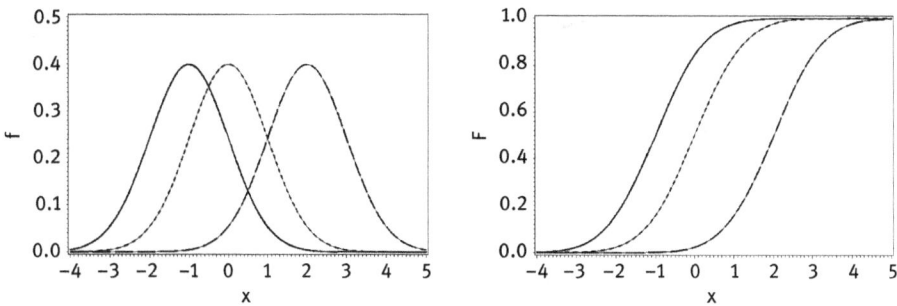

Abb. 3.10: Dichtefunktionen (links) und Verteilungsfunktionen (rechts) der Normalverteilung bei festem σ = 0 und verschiedenen μ (μ = −1.0 volle Linie, μ = 0 kurze Striche, μ = 2.0 lange Striche).

Die Normalverteilungen spielen in der Statistik eine besondere Rolle. Das liegt aber nicht etwa daran, dass diese in der Natur besonders häufig vorkommen. Man hat sogar gefunden, dass die Normalverteilungen in der belebten Natur eher die Ausnahme sind. Ihre besondere Bedeutung kommt den Normalverteilungen dadurch zu, dass „Grenzverteilungen" normalverteilt sind.

Beispielsweise ist schon im Abschnitt über die Binomialverteilungen darauf hingewiesen worden, dass die Binomialverteilungen $X \sim B(n, p)$ für große n gegen Normalverteilungen $Y \sim N(np, np(1-p))$ gehen. Diese Eigenschaft wird als Grenzwertsatz von Moivre-Laplace bezeichnet. Die Summen und Mittelwerte von Verteilungen (sofern diese einen Erwartungswert und eine Varianz besitzen) sind für größer werdende n in der Regel normalverteilt.

Die nach der Maximum-Likelihood-Methode erzeugten Schätzungen für Parameter von Verteilungen sind asymptotisch normalverteilt. Diese Eigenschaft wird für die Konstruktion asymptotischer Konfidenzintervalle genutzt werden.

Man kann sich beim Kennenlernen der Normalverteilungen X auf die Standardnormalverteilung Y beschränken, weil man durch die Standardisierung

$$Y = (X - E(X))/V(X) = (X - \mu)/\sigma$$

von einer beliebigen Normalverteilung $X \sim N(\mu, \sigma^2)$ zu einer Standardnormalverteilung $Y \sim N(0, 1)$ kommt. Mit einer geeigneten Transformation ist auch der umgekehrte Weg möglich.

Da die Verteilungsfunktion der Normalverteilung nur über einen Grenzprozess gewonnen wird (s. obigen Beweis), kann sie nur näherungsweise durch numerische Integration bestimmt werden. Es stehen dem Anwender aber Tabellen zur Verfügung. Die Verteilungstabelle der Standardnormalverteilung wird am Anschluss an die Abschnitte über die Erzeugung von normalverteilten Zufallszahlen auf experimentellem Wege erzeugt.

3.2.2 Erzeugung von zweidimensional normalverteilten Zufallszahlen mit vorgegebenem Erwartungswertvektor und vorgegebener Kovarianzstruktur

Zweidimensionale Zufallsgrößen mit Normalverteilung

Die zweidimensionale Zufallsgröße (X, Y) hat eine zweidimensionale Normalverteilung, wenn ihre Dichte durch

$$f(x, y) = \frac{1}{2\pi\sigma_1\sigma_2\sqrt{1-\rho^2}}\, e^{-\frac{1}{2(1-\rho^2)}\left(\frac{(x-\mu_1)^2}{\sigma_1^2} - 2\frac{\rho(x-\mu_1)(y-\mu_2)}{\sigma_1\sigma_2} + \frac{(y-\mu_2)^2}{\sigma_2^2}\right)}$$

gegeben ist, wobei μ_1 und μ_2 beliebige reelle Zahlen, σ_1 und σ_2 positive reelle Zahlen und ρ eine Zahl mit $-1 < \rho < 1$ sind.

Die Abb. 3.11 der Dichte einer zweidimensionalen Normalverteilung wurde mit dem SAS-Programm `sas_3_8` erzeugt, die Parameter $\mu_1, \mu_2, \sigma_1, \sigma_2$ und ρ können dabei an der entsprechenden Stelle des data-steps variiert werden.

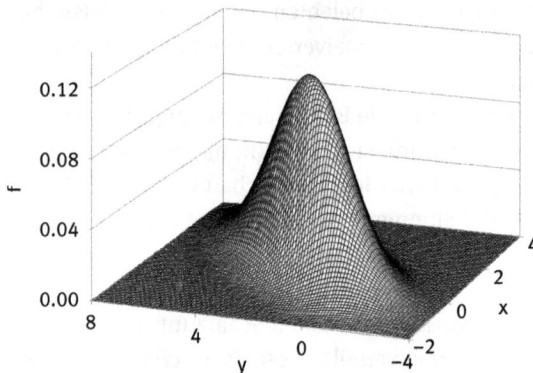

Abb. 3.11: Dichtefunktion der zweidimensionalen Normalverteilung mit den Parametern $\mu_1 = 1$, $\mu_2 = 2$, $\sigma_1 = 1$, $\sigma_2 = 2$ und $\rho = 0.7$.

Die inhaltliche Bedeutung der Parameter der zweidimensionalen Normalverteilung

- $\mu_1 = E(X)$ und $\mu_2 = E(Y)$ sind die Erwartungswerte für X und Y. Am Punkt (μ_1, μ_2) nimmt die Dichtefunktion ihren größten Wert an.
- $\sigma_1^2 = V(X) = E(X - E(X))^2$ und $\sigma_2^2 = V(Y) = E(Y - E(Y))^2$ sind die Varianzen von X und Y. Diese sind ein Streuungsmaß und entscheiden darüber, wie weit die Werte in x- und y-Richtung um die Mittelpunkte μ_1 und μ_2 streuen.
- $\rho = COV(X, Y)/\sqrt{V(X) \cdot V(Y)} = E(X \cdot Y)/(\sigma_1\sigma_2)$, der Korrelationskoeffizient von X und Y, ist ein Wert zwischen -1 und $+1$. Für $\rho = 0$ ist die Verteilung symmetrisch, die Symmetrieachsen sind parallel zur x- und y-Achse. Sind darüber hinaus noch σ_1 und σ_2 gleich groß, d. h., die Streuungen in beide Achsenrichtungen gleich, so sind parallele Schnitte zur x-y-Ebene durch die Dichtefunktion der zweidimensionalen Verteilung nicht nur zentralsymmetrische Ellipsen um den Punkt (μ_1, μ_2), sondern sie sind kreisförmig (siehe dazu auch die erzeugten Zufallszahlen in Abb. 3.12).

- In manchen Wissenschaftsdisziplinen hat es sich eingebürgert von „engem“, „moderatem“ oder „schwachen“ Zusammenhang zu sprechen, je nachdem, ob der geschätzte Korrelationskoeffizient R im Absolutbetrag dichter bei 1, bei 0.5 oder dichter bei 0 liegt. Dass das zu weit gegriffen ist, wird man im Abschnitt über die Verteilung des Korrelationskoeffizienten sehen.
- Ist der Korrelationskoeffizient negativ, so stehen kleinen Werten der Zufallsgröße X große Werte von Y gegenüber und großen X kleine Y. Ist er positiv, so gehören zu kleinen X auch kleine Y-Werte und zu großen auch wiederum große.
- Eine Ursache-Wirkungsbeziehung mit Hilfe des Korrelationskoeffizienten auffinden zu wollen ist ebenfalls falsch. Man erhält nämlich beim Vertauschen von X und Y, den gleichen Schätzwert für den Korrelationskoeffizienten: $R_{xy} = R_{yx}$.
- Für $\rho^2 = 1$ ist die Dichte nicht definiert. Das stochastische Modell geht hierbei in ein deterministisches über, es gilt nämlich $Y = aX + b$.

Zweidimensional normalverteilte Zufallszahlen

Durch das **Box-Muller-Verfahren** werden zweidimensional normalverteilte Zufallszahlen (X, Y) mit dem Erwartungswertvektor $(\mu_1, \mu_2) = (0, 0)$ und der Einheitsmatrix als Kovarianzmatrix $\Sigma = \left(\begin{smallmatrix} 1 & 0 \\ 0 & 1 \end{smallmatrix}\right)$ erzeugt, d. h., nur eine einzige Normalverteilung mit den Parametern $\mu_1 = 0$, $\mu_2 = 0$, $\sigma_1 = 1$, $\sigma_2 = 1$ und $\rho = 0$. Um zweidimensionale normalverteilte Zufallszahlen mit beliebigen vorgegebenen Parametern zu erzeugen, muss ein wenig Algebrawissen bemüht werden.

Betrachtet werden eine beliebig normalverteilte Zufallsgröße $Z \sim N(\mu_z, \Sigma_z)$ und eine lineare Transformation der Form $Y = L \cdot Z + \mu$, wobei L eine (2×2)-Matrix und μ ein zweidimensionaler Vektor sind. Dann ist die durch Transformation erhaltene Zufallsgröße Y ebenfalls wieder normalverteilt mit dem Erwartungswertvektor $E(Y) = L \cdot E(Z) + \mu$ und der Kovarianzmatrix $E_Y = L \cdot E_Z \cdot L'$.

Wählt man speziell $Z \sim N(0, I_Z)$, so ist $Y \sim N(\mu, L \cdot L')$. Damit ist man in der Lage, beliebige Normalverteilungen zu erzeugen, wenn es gelingt, die gewünschte Kovarianzmatrix als Produkt einer beliebigen Matrix L und ihrer Transponierten L' darzustellen: $\Sigma = L \cdot L'$.

Eine günstige Wahl von L ist eine Dreiecksmatrix $A = \left(\begin{smallmatrix} a_{11} & 0 \\ a_{12} & a_{22} \end{smallmatrix}\right)$, die man mit Hilfe rekursiver Gleichungen (**Choleski-Zerlegung**; Johnson (1987)) bestimmen kann. Die rekursiven Gleichungen werden für den n-dimensionalen Fall angegeben, sie sind im SAS-Programm `sas_3_9` realisiert:

$$a_{i1} = \sigma_{i1} / \sqrt{\sigma_1} \qquad \text{für } 1 \le i \le n,$$

$$a_{ij} = \left(\sigma_{ij} - \sum_{k=1}^{j-1} a_{ik} a_{kj}\right) / \sqrt{\sigma_1} \quad \text{für } 1 < j < i \le n \quad \text{und}$$

$$a_{ii} = \sqrt{\sigma_i - \sum_{k=1}^{i-1} a_{ik}^2} \qquad \text{für } 2 \le j = i \le n.$$

Damit ist man in der Lage, aus einer n-dimensionalen Normalverteilung $Z = (X_1, X_2, \ldots, X_n)$ mit den Erwartungswerten $E(X_i) = 0$ für alle i und der Einheitsmatrix als Kovarianzmatrix (die Box-Muller-Prozedur liefert eine solche Normalverteilung) nach der Choleski-Zerlegung der gewünschten Kovarianzmatrix, $\Sigma = A \cdot A'$, mittels der Transformation $Y = A * Z + \mu$ die gewünschten Zufallszahlen zu erzeugen.

Cholesky, André-Louis
(* 15. Oktober 1875 in Montguyon; † 31. August 1918 in Nordfrankreich)

Im vorangegangenen Abschnitt wurde kurz erläutert, wie man eine beliebige n-dimensionale normalverteilte Zufallsgröße mit vorgegebenem Mittelwertsvektor $(\mu_1, \ldots, \mu_n)$ und vorgegebener n-dimensionaler Kovarianzmatrix erzeugt. Das zugehörige SAS-Programm als Macro findet man bei Tuchscherer u. a. (1999). Für den zweidimensionalen Fall gibt das SAS-Programm `sas_3_10` die Zufallszahlen aus. Die Parameter sind im data-step beliebig setzbar.

Für $\mu_1 = 0$, $\mu_2 = 0$, $\sigma_1 = 1$, $\sigma_2 = 1$ und variierendes ρ werden zweidimensionalen Darstellungen der Zufallszahlen in Abb. 3.12 ausgegeben.

Während das SAS-Programm `sas_3_9` zweidimensionale normalverteilte Zufallszahlen mit $\mu_1 = 0$, $\mu_2 = 0$, $\sigma_1 = 1$, $\sigma_2 = 1$ und lediglich variierendem Korrelationskoeffizienten erzeugen konnte, liefert das SAS-Makro `PNORMAL` (`sas_3_10`) n-dimensional normalverteilte Zufallszahlen mit vorgegebener Kovarianzmatrix `COVAR`. Das Programm beruht auf einem iterativen Algorithmus von Johnson (1987) zur Choleski-Zerlegung der Kovarianzmatrix in eine Dreiecksmatrix A, so dass `COVAR` $= A \cdot T(A)$ gilt, wobei T(A) die Transponierte von A ist. Ausführlicher ist das nachlesbar bei Tuchscherer u.a. (1999).

Mit der Kovarianzmatrix

$$\text{COVAR} = \begin{pmatrix} V(X) & COV(X, Y) \\ COV(X, Y) & V(Y) \end{pmatrix}$$

ist bekanntlich der Korrelationskoeffizient festgelegt:

$$\rho = COV(X, Y)/\sqrt{V(X) \cdot V(Y)}.$$

Im Aufruf des Makros sind die Parameter $\mu_1 = 1$, $\mu_2 = 2$ und mit der Kovarianzmatrix

$$\begin{pmatrix} 20/9 & 1 \\ 1 & 5/9 \end{pmatrix} = \begin{pmatrix} 2.2222 & 1 \\ 1 & 0.5555 \end{pmatrix}$$

und damit die Parameter $\sigma_1 = \sqrt{20/9}$, $\sigma_2 = \sqrt{5/9}$ und $\rho = 1/\sqrt{20/9 \cdot 5/9} = 9/10$ festgelegt worden.

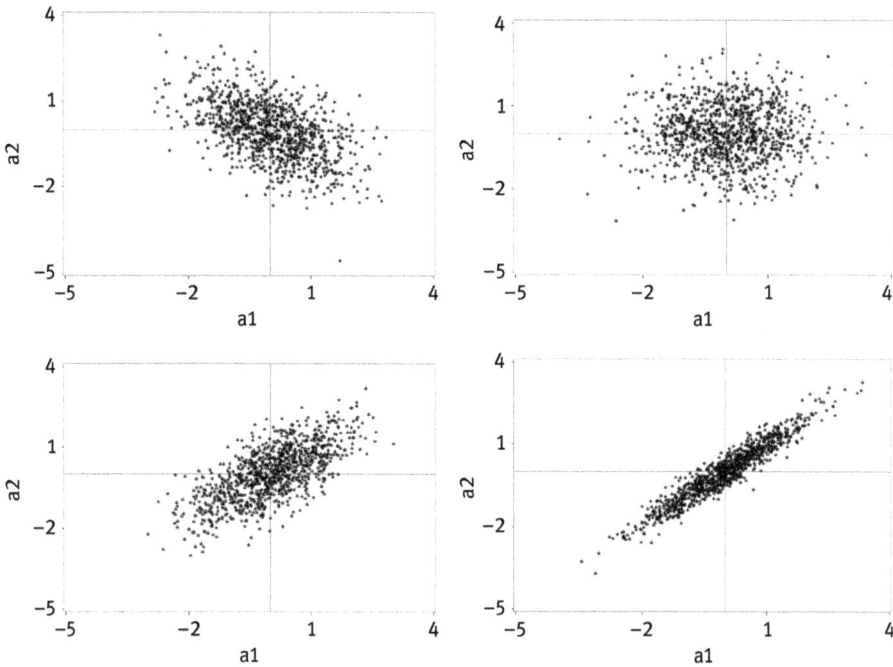

Abb. 3.12: 1000 zweidimensional normalverteilte Zufallszahlen mit $\mu_1 = 0$, $\mu_2 = 0$, $\sigma_1 = 1$, $\sigma_2 = 1$ und variierendem Korrelationskoeffizienten $\rho = -0.5$ (oben, links), $\rho = 0$ (oben, rechts), $\rho = 0.7$ (unten, links) und $\rho = 0.95$ (unten, rechts).

Die Verteilung von Mittelwerten, Streuungen und des Korrelationskoeffizienten aus Stichproben von zweidimensional normalverteilten Zufallszahlen

Für eine Stichprobe $(X_1, Y_1), (X_2, Y_2), \ldots, (X_n, Y_n)$ aus einer Grundgesamtheit mit zweidimensionaler Normalverteilung erhält man als Maximum-Likelihood-Schätzungen der Parameter der zweidimensionalen Normalverteilung

$$\overline{X} = (1/n) \sum_{k=1}^{n} X_k \qquad \text{für } \mu_1,$$

$$\overline{Y} = (1/n) \sum_{k=1}^{n} Y_k \qquad \text{für } \mu_2,$$

$$S_1 = \sqrt{(1/n) \sum_{k=1}^{n} (X_k - \overline{X})^2} \qquad \text{für } \sigma_1,$$

$$S_2 = \sqrt{(1/n) \sum_{k=1}^{n} (Y_k - \overline{Y})^2} \qquad \text{für } \sigma_2 \quad \text{und}$$

$$R = \left(\sum_{k=1}^{n} (X_k - \overline{X})(Y_k - \overline{Y}) \right) / (n S_1 S_2) \qquad \text{für } \rho.$$

Dabei wird $(\sum_{k=1}^{n} (X_k - \overline{X})(Y_k - \overline{Y}))/n$ als empirische Kovarianz von X und Y bezeichnet. Der empirische Korrelationskoeffizient R ist die durch die Streuungen von X und Y „normierte" empirische Kovarianz.

Die folgenden Eigenschaften der Schätzfunktionen, deren schwierige Herleitung man beispielsweise bei Fisz (1989) findet, sollen durch Simulationsexperimente illustriert werden. Mit dem SAS-Programm `sas_3_11` werden Stichproben vom Umfang n = 40 erzeugt. Aus diesen Stichproben werden die Schätzungen $\overline{X}$, $\overline{Y}$, S_1, S_2 und R gewonnen. Das Experiment wird 10 000-mal wiederholt und die Häufigkeitsverteilungen der Zufallsgrößen werden ermittelt. Diese stimmen auf Grund des großen Simulationsumfangs gut mit den erwarteten Verteilungen überein.

$\overline{X}$ und $\overline{Y}$ sind erwartungstreue Schätzungen mit Minimalvarianz, d. h.

$$E(\overline{X}) = \mu_1, \quad E(\overline{Y}) = \mu_2, \quad V(\overline{X}) = \sigma_1^2/n \quad \text{und} \quad V(\overline{Y}) = \sigma_2^2/n.$$

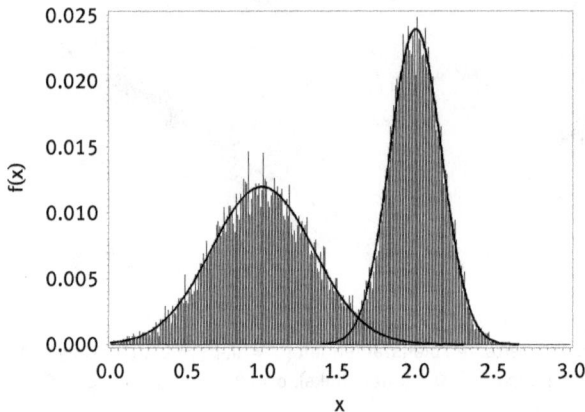

Abb. 3.13: Simulierte Häufigkeitsfunktionen der Zufallsgrößen $\overline{X}$, $\overline{Y}$ und zugehörige Dichten.

$$E(S_i^2) = ((n - 1)/n) \cdot \sigma_i^2 \quad \text{und} \quad V(S_i^2) = (2(n - 1)/n^2) \cdot \sigma_i^4$$

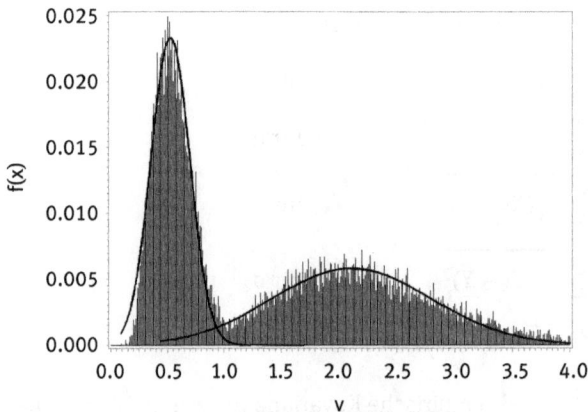

Abb. 3.14: Simulierte Häufigkeitsfunktion der Zufallsgrößen S_1, S_2 und zugehörige Dichten.

Die Schätzungen der Varianzen sind, wie im eindimensionalen Fall auch, nicht erwartungstreu, wegen der Konvergenz der Folge $((n - 1)/n)$ gegen 1 sind sie aber asymptotisch erwartungstreu.

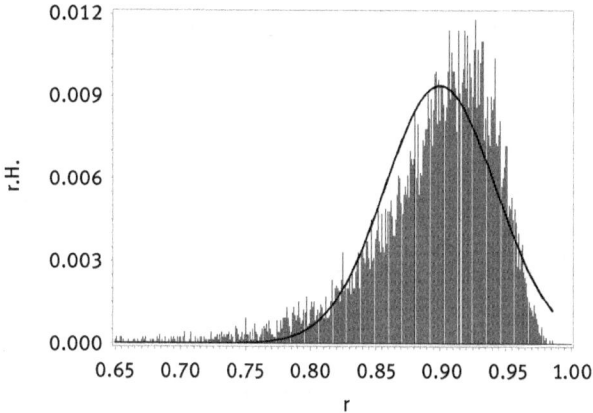

Abb. 3.15: Simulierte Häufigkeitsfunktion von R.

Am schwierigsten ist die Herleitung der Verteilung von R. Hier gilt für die Dichte

$$f(r) = (n - 2)/\pi \cdot (1 - \rho^2)^{n-1/2}(1 - r^2)^{n-4/2} \int_0^1 x^{n-2}((1 - \rho rx)^{n-1}\sqrt{1 - x^2})\,dx.$$

Berechnet man daraus Erwartungswert und Varianz, so erhält man näherungsweise

$$E(R) \approx \rho \quad \text{und} \quad V(R) \approx (1 - \rho^2)^2/n.$$

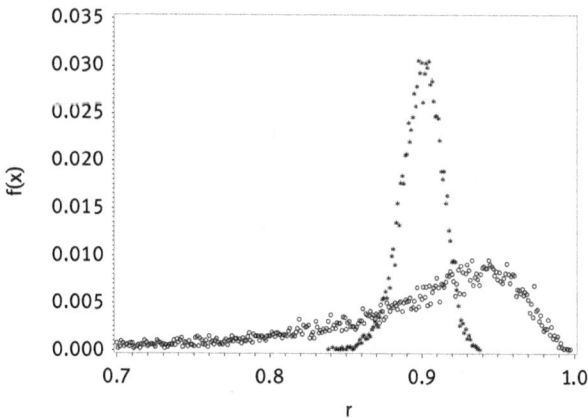

Abb. 3.16: Simulierte Dichtefunktion von R für $\rho = 0.9$ für Stichproben vom Umfang 10 (Kreis) und 200 (Stern).

Man erkennt in Abb. 3.16, dass die Dichtefunktionen erst mit größer werdendem Umfang n symmetrischer werden und die Mittelwerte gegen den Parameter ρ konvergieren. Eine damit zu begründende Berechnung von Konfidenzintervallen kommt, ausgehend von der Standardisierung der Zufallsgröße R und nach Festlegung des Konfidenzniveaus, zu der bestimmenden Ungleichung für den unterliegenden Parameter ρ:

$$-z_{1-\alpha/2} \leq (R - \rho)/\sqrt{(1 - \rho^2)^2/n} \leq z_{1-\alpha/2}$$

Die Umstellung nach ρ führt auf ein Bestimmungssystem vom Grad 4. Unter den vier reellen Lösungen sind diejenigen aus dem Intervall von -1 bis 1 auszuwählen, die der sachlichen Lösung entsprechen:

$$\rho_1 = \left(\sqrt{n} - \sqrt{n - 4\sqrt{n}Rz_{1-\alpha/2} + 4z_{1-\alpha/2}^2} \right)/2z_{1-\alpha/2}$$

$$\rho_2 = \left(\sqrt{n} + \sqrt{n - 4\sqrt{n}Rz_{1-\alpha/2} + 4z_{1-\alpha/2}^2} \right)/2z_{1-\alpha/2}$$

$$\rho_3 = \left(-\sqrt{n} - \sqrt{n + 4\sqrt{n}Rz_{1-\alpha/2} + 4z_{1-\alpha/2}^2} \right)/2z_{1-\alpha/2}$$

$$\rho_4 = \left(-\sqrt{n} + \sqrt{n - 4\sqrt{n}Rz_{1-\alpha/2} + 4z_{1-\alpha/2}^2} \right)/2z_{1-\alpha/2}\,.$$

Beispiel 3.8. Ausgehend von $n = 40$, $z_{1-\alpha/2} = 1.96$ und einer Schätzung $R = 0.5$ erhält man als Konfidenzintervall $[0.202849, 0.670556]$. Die beiden verbleibenden Lösungen -3.89737 und 3.02397 sind keine Lösungen des Sachproblems.

Diese asymptotischen Aussagen gelten allerdings erst für sehr große Stichprobenumfänge n, insbesondere wenn der Korrelationskoeffizient $|\rho| \geq 0.9$ ist. Als Faustregel wird im Allgemeinen $n > 500$ angegeben. Die schlechte Asymptotik kommt durch die extrem schiefen Dichten zustande. Je dichter der Wert von ρ der 1 oder der -1 kommt, umso steiler und schiefer ist die Dichtefunktion.

Fisher hat aber schon früh entdeckt, dass die Transformation

$$U = 1/2 \log ((1 + R)/(1 - R))$$

auch für kleine n bereits asymptotisch normalverteilt

$$N(1/2 \log ((1 + \rho)/(1 - \rho)) + \rho/(2(n - 1)), 1/(n - 3))$$

ist.

Diese streng monoton wachsende Transformation U ist auch Grundlage für die Konstruktion eines Konfidenzbereichs für ρ. Auf diese Weise erhält man nach der Standardisierung eine Bestimmungsgleichung für U_u und U_o

$$\left| \frac{1/2 \cdot \log ((1 + R)/(1 - R)) - 1/2 \cdot \log ((1 + \rho)/(1 - \rho)) - \rho/(2(n - 1))}{\sqrt{1/(n - 3)}} \right| \leq z_{1-\alpha/2}\,.$$

Leider gibt es keine geschlossene Lösung, man muss sich durch ein Näherungsverfahren die Lösungen beschaffen. Ausgehend von $n = 40$, $z_{1-\alpha/2} = 1.96$ und einer Schätzung $R = 0.5$ (analoge Aufgabenstellung bei der Bestimmung der asymptotischen Konfidenzgrenzen, siehe oben) erhält man ein Konfidenzintervall $[0.22326, 0.70215]$.

Eine Näherungslösung, die darüber hinaus asymptotisch mit der eben beschriebenen übereinstimmt, erhält man, indem der Term $\rho/(2(n-1))$ aus der vorangehenden Bestimmungsgleichung weggelassen wird, weil er gegen Null geht, wenn n wächst:

$$\left| \frac{1/2 \cdot \log((1+R)/(1-R)) - 1/2 \cdot \log((1+\rho)/(1-\rho))}{\sqrt{1/(n-3)}} \right| \leq z_{1-\alpha/2} \,.$$

Diese Vorgehensweise sollte allerdings bei allgemeiner Verfügbarkeit numerischer Programme in heutiger Zeit unterbleiben.

Doch nun zurück zu den simulierten Zufallsgrößen U. Man erkennt in der Abb. 3.17 deutlich, dass die simulierte Häufigkeitsverteilung von U im Gegensatz zu der von R symmetrisch ist. Die Varianz ist unabhängig vom Parameter ρ und nur vom Stichprobenumfang n abhängig. Für $\rho = 0$ ergibt sich für R nicht nur eine symmetrische Dichte für alle Stichprobenumfänge, sondern die durch Transformation

$$t = R/\sqrt{1-R^2}\,\sqrt{n-2}$$

aus der Schätzung R erhaltene Zufallsgröße t hat eine Student-t-Dichte mit n − 2 Freiheitsgraden. Damit ist es möglich für vorgegebenes n, einen R-Wert zu berechnen, ab dem ein signifikanter Unterschied zu $\rho = 0$ festgestellt werden kann.

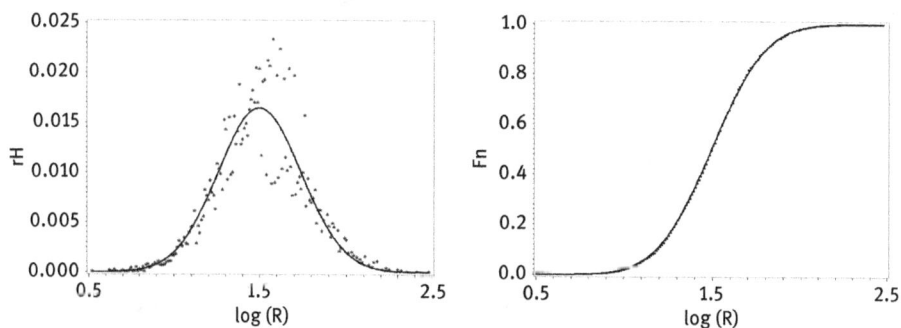

Abb. 3.17: Häufigkeitsfunktion und empirische Verteilungsfunktion des simulierten und transformierten Korrelationskoeffizienten R für n = 20 und $\rho = 0.9$.

Diese Eigenschaft wird für einen häufig verwendeten statistischen Test der Hypothese H_0: $\rho = 0$ genutzt.

Ausgehend von n = 40, $\alpha = 0.05$ und einer Schätzung R = 0.5 soll die Hypothese der Unkorreliertheit ($\rho = 0$) entschieden werden. Man erhält

$$t = (0.5/\sqrt{1-0.5^2}) \cdot \sqrt{38} = 3.5590 > 2.0244 = f_{38;0.975} \,.$$

Die Unkorreliertheit wird abgelehnt. Die statistische Entscheidung geht mit einer Entscheidung über die obigen Konfidenzintervalle konform, bei denen der Parameter $\rho = 0$ nicht zum Intervall gehört.

Tab. 3.7: Kritische absolute Werte für die Schätzung r des Korrelationskoeffizienten ρ, die dieser erreichen muss, um von ρ = 0 unterschieden werden zu können (Programm sas_3_12).

n	R kritisch (α = 0.05, zweiseitig)	R kritisch (α = 0.01, zweiseitig)	n	R kritisch (α = 0.05, zweiseitig)	R kritisch (α = 0.01, zweiseitig)	n	R kritisch (α = 0.05, zweiseitig)	R kritisch (α = 0.01, zweiseitig)
			21	0.43286	0.54871	41	0.30813	0.39782
			22	0.42271	0.53680	42	0.30440	0.39317
3	0.99692	0.99988	23	0.41325	0.52562	43	0.30079	0.38868
4	0.95000	0.99000	24	0.40439	0.51510	44	0.29732	0.38434
5	0.87834	0.95874	25	0.39607	0.50518	45	0.29396	0.38014
6	0.81140	0.91720	26	0.38824	0.49581	46	0.29071	0.37608
7	0.75449	0.87453	27	0.38086	0.48693	47	0.28756	0.37214
8	0.70673	0.83434	28	0.37389	0.47851	48	0.28452	0.36833
9	0.66638	0.79768	29	0.36728	0.47051	49	0.28157	0.36462
10	0.63190	0.76459	30	0.36101	0.46289	50	0.27871	0.36103
11	0.60207	0.73479	31	0.35505	0.45563	51	0.27594	0.35754
12	0.57598	0.70789	32	0.34937	0.44870	52	0.27324	0.35415
13	0.55294	0.68353	33	0.34396	0.44207	53	0.27063	0.35086
14	0.53241	0.66138	34	0.33879	0.43573	54	0.26809	0.34765
15	0.51398	0.64114	35	0.33384	0.42965	55	0.26561	0.34453
16	0.49731	0.62259	36	0.32911	0.42381	56	0.26321	0.34150
17	0.48215	0.60551	37	0.32457	0.41821	57	0.26087	0.33854
18	0.46828	0.58971	38	0.32022	0.41282	58	0.25859	0.33566
19	0.45553	0.57507	39	0.31603	0.40764	59	0.25637	0.33284
20	0.44376	0.56144	40	0.31201	0.40264	60	0.25420	0.33010

3.3 Prüfverteilungen

3.3.1 χ^2-Verteilung

Definition. Die Dichte der χ^2-Verteilung mit dem Freiheitsgrad n ist durch

$$g_n(z) = \begin{cases} 1/(2^{n/2} \cdot \Gamma(n/2)) \exp(-z/2) \cdot z^{n/2-1} & \text{für } z > 0 \\ 0 & \text{für } z \leq 0 \end{cases}.$$

gegeben, wobei für die Gamma-Funktion $\Gamma(p)$ gilt $\Gamma(p) = \int_0^\infty x^{p-1} \exp(-x)\,dx$.

Bemerkung. Für die Gamma-Funktion gilt: $\Gamma(p+1) = p\cdot\Gamma(p)$. Die Richtigkeit der letzten Aussage ist leicht mit partieller Integration nachweisbar. Die Gamma-Funktion gilt deshalb als eine Verallgemeinerung des Fakultätsbegriffes, denn wegen $\Gamma(n + 1) = n!$ für alle natürlichen Zahlen n schließt sie die Fakultätsfunktion ein und erweitert deren Definitionsbereich auf reelle Zahlen. Einige spezielle Funktionswerte erhält man aus der Gleichung

$$\Gamma(1/2) = \sqrt{\pi}, \quad \text{nämlich}$$
$$\Gamma(3/2) = \Gamma(1/2 + 1) = 1/2\Gamma(1/2) = 1/2\sqrt{\pi}$$

und iterativ auch alle weiteren Vielfachen von $1/2$

$$\Gamma(n + 1/2) = (2n)!/(n!4^n) \cdot \sqrt{\pi}.$$

Die Gamma-Funktion ist auch für negative Argumente definiert, ausschließlich der negativen ganzen Zahlen.

In der SAS-Software muss man n! stets über die Gamma-Funktion berechnen.

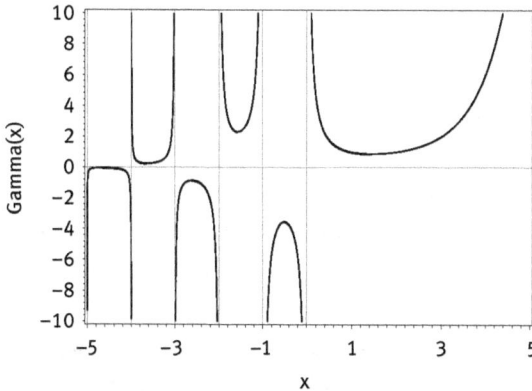

Abb. 3.18: Funktionsverlauf der GAMMA-Funktion in den Grenzen von −5 bis 5 mit Polstellen bei 0, −1, −2, −3, −4 und −5.

Die **Verteilungsfunktion** der χ^2-Verteilung kann mit Hilfe der so genannten „**regularisierten unvollständigen Gamma-Funktion der oberen Grenze**" berechnet werden,

$$F_n(z) = P(n/2, z/2) = \gamma(n/2, z/2)/\Gamma(n/2),$$

wobei

$$\gamma(a, x) = \int_0^x t^{a-1} \exp(-t)\, dt$$

die unvollständige Gamma-Funktion der oberen Grenze ist.

Im SAS-System steht für die Verteilungsfunktion $F_n(z)$ der χ^2-Verteilung mit n Freiheitsgraden die Funktion PROBCHI(z,n) oder CDF('CHISQARE',z,n) und für die Dichtefunktion PDF('CHISQARE',z,n) zur Verfügung (Für CDF- und PDF-Funktion können auch noch optionale Nichtzentralitätsparameter an die Parameterliste angefügt werden).

In Abb. 3.19 sind die Dichte- und die Verteilungsfunktionen der χ^2-Verteilung für verschiedene Freiheitsgrade wiedergegeben. Beide Abbildungen wurden mit dem SAS-Programm sas_3_13 erzeugt, wobei für die Verteilungsfunktion an der Stelle x zum Freiheitsgrad df die SAS-Funktion PROBCHI(x,df) verwendet wurde.

Satz. Wenn X eine χ^2-verteilte Zufallsgröße mit dem Freiheitsgrad n ist, so gelten:

$$E(X) = n \quad \text{und} \quad V(X) = 2n.$$

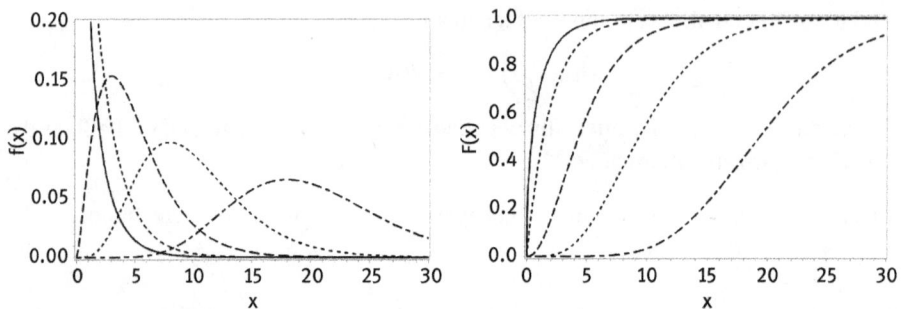

Abb. 3.19: Dichtefunktionen (links) und Verteilungsfunktionen (rechts) der χ^2-Verteilungen für die Freiheitsgrade 1, 2 (streng monoton wachsend), 5, 10 und 20 (von links nach rechts).

Betrachtet man die Abb. 3.19 der Dichten der χ^2-Verteilungen, so erkennt man, dass mit wachsendem Freiheitsgrad die Dichten symmetrischer werden und der beim Freiheitsgrad n liegende Erwartungswert etwa an der Stelle des Maximums auftritt.

Bemerkung (Näherungsweise Bestimmung der Quantile).

1. Die Berechnung der Quantile der χ^2-Verteilungen war in Zeiten ohne Rechentechnik ein aufwändiges numerisches Problem. Für große Freiheitsgrade gab es näherungsweise Bestimmungsmethoden. Die Tafeln der χ^2-Verteilung berücksichtigen im Allgemeinen 30 Freiheitsgrade. Fisher hat gezeigt, dass die Zufallsgröße

$$Y = \sqrt{2\chi_n^2} \sim N(\sqrt{2n-1},\, 1)$$

asymptotisch normalverteilt ist.

Für die Berechnung der $(1 - \alpha)$-Quantile der χ^2-Verteilung für große n leitet man daraus ab:

$$P(Y \le u_{1-\alpha}) = 1 - \alpha,$$

$$P(\sqrt{2\chi_n^2} - \sqrt{2n-1} \le u_{1-\alpha}) = 1 - \alpha$$

und schließlich für das $(1 - \alpha)$-Quantil der χ^2-Verteilung

$$\chi_n^2 \le 1/2(u_{1-\alpha} + \sqrt{2n-1})^2 .$$

Dabei ist $u_{1-\alpha}$ das $(1 - \alpha)$-Quantil der Standardnormalverteilung.

2. Wegen $E(X) = n$ und $V(X) = 2n$ ergibt sich noch eine andere asymptotische Möglichkeit zur $(1-\alpha)$-Quantilberechnung. Für große n leitet man aus der Asymptotik von

$$(\chi_n^2 - E(\chi_n^2))/\sqrt{V(\chi_n^2)}$$

gegen eine Standardnormalverteilung aus

$$P((\chi_n^2 - n)/\sqrt{2n} \le u_{1-\alpha}) = 1 - \alpha$$

für das $(1 - \alpha)$-Quantil der χ^2-Verteilung ab

$$\chi_n^2 \leq n + u_{1-\alpha} \sqrt{2n},$$

wobei $u_{1-\alpha}$ das $(1 - \alpha)$-Quantil der Standardnormalverteilung ist.
Für die Freiheitsgrade df $= 30, 31, 32, \ldots, 40, 50, 60, 70, 80, 90$ und 100 sind
in Tab. 3.8 das exakte Quantil und die beiden Näherungen nach Fisher und der
asymptotischen Normalverteilung aufgeführt. Beide Näherungen unterschätzen
das exakte Quantil und man erkennt die Überlegenheit der Approximation nach
Fisher.

Tab. 3.8: Vergleich des exakten Quantils mit den beiden näherungsweisen nach Fisher und der asymptotischen Normalverteilung für verschiedene Freiheitsgrade df.

df	$1 - \alpha = 0.95$			$1 - \alpha = 0.99$		
	exakt	Fisher	asymp.	exakt	Fisher	asymp.
30	43.773	43.487	42.741	50.892	50.075	48.020
31	44.985	44.699	43.952	52.191	51.375	49.318
32	46.194	45.908	45.159	53.486	52.671	50.611
33	47.400	47.114	46.363	54.776	53.962	51.899
34	48.602	48.316	47.564	56.061	55.248	53.184
35	49.802	49.516	48.762	57.342	56.530	54.464
36	50.998	50.713	49.957	58.619	57.808	55.740
37	52.192	51.906	51.150	59.893	59.082	57.012
38	53.384	53.098	52.340	61.162	60.353	58.281
39	54.572	54.286	53.527	62.428	61.620	59.546
40	55.758	55.473	54.712	63.691	62.883	60.807
50	67.505	67.219	66.449	76.154	75.353	73.263
60	79.082	78.796	78.018	88.379	87.583	85.484
70	90.531	90.245	89.462	100.425	99.633	97.526
80	101.879	101.594	100.806	112.329	111.540	109.426
90	113.145	112.859	112.068	124.116	123.330	121.211
100	124.342	124.056	123.262	135.807	135.023	132.900

Satz. Wenn die Zufallsgrößen X_i standardnormalverteilt sind, $X_i \sim N(0, 1)$ für $i = 1, 2, \ldots, n$, dann ist $\sum_{i=1}^{n} X_i^2$ eine χ^2-Verteilung mit n Freiheitsgraden.

Der Satz wird hier nicht bewiesen. Er dient im Weiteren dazu, mit einem Simulationsprogramm die χ^2-Verteilung mit n Freiheitsgraden aus n Standardnormalverteilungen zu erzeugen. In der Abb. 3.20 sind die Simulationsergebnisse für den Freiheitsgrad df $= 5$ (erzeugt mit dem SAS-Programm `sas_3_14`) dargestellt.

Bemerkung. Es ist in SAS möglich, mit der Funktion RANDGEN direkt χ^2-verteilte Zufallszahlen zu erzeugen. Auf diese Möglichkeit wird später eingegangen.

Die χ^2-Verteilungen besitzen sehr große Bedeutung bei der statistischen Auswertung von kategorialen Daten, beispielsweise dem Unabhängigkeitstest in $(k \times n)$-Tafeln, den Anpassungstests oder den Grenzverteilungen von Prüfgrößen.

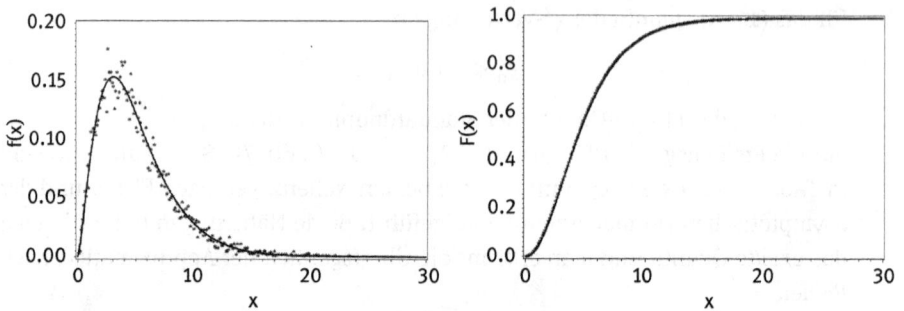

Abb. 3.20: Dichte und Häufigkeiten (Sterne) sowie Verteilung und empirische Verteilung (Sterne) der χ^2-Verteilung mit dem Freiheitsgrad 5 bei 10 000 durchgeführten Simulationen.

3.3.2 t-Verteilung

Definition. Eine Zufallsgröße X, deren Dichte durch

$$g(t) = 1/(\sqrt{n-1} \cdot B(1/2, (n-1)/2)) \cdot (1 + t^2/(n-1))^{-n/2}$$

gegeben ist, heißt t-verteilt mit dem Freiheitsgrad n − 1.

Die Beta-Funktion B(p, q) ist dabei wie folgt definiert:

$$B(p, q) = \int_0^1 x^{p-1}(1-x)^{q-1}\,dx, \quad \text{wobei } p, q > 0.$$

Die Beziehung zwischen Beta- und Gamma-Funktion wird durch die Gleichung

$$B(p, q) = \Gamma(p) \cdot \Gamma(q)/\Gamma(p+q)$$

hergestellt. Die Dichtefunktion der t-Verteilung mit dem Freiheitsgrad n − 1 kann deshalb auch als

$$g(t) = \Gamma(n/2)/(\sqrt{n-1} \cdot \Gamma(1/2) \cdot \Gamma(n-1/2)) \cdot (1 + t^2/(n-1))^{-n/2}$$

geschrieben werden.

Satz. Die Dichte- bzw. die Verteilungsfunktionen der t-Verteilungen konvergieren mit wachsendem Freiheitsgrad gegen die Dichte bzw. die Verteilung der Standardnormalverteilung N(0, 1).

In der Abb. 3.21 werden die Dichtefunktionen und die Verteilungsfunktionen der t-Verteilung für verschiedene Freiheitsgrade dargestellt, sowie die nach dem vorangehenden Satz zu erwartende Normalverteilung für sehr große Freiheitsgrade (SAS-Programm sas_3_15). Man erkennt, dass sich mit wachsendem Freiheitsgrad sowohl die Dichtefunktionen als auch die Verteilungsfunktionen der t-Verteilungen denen der Standardnormalverteilung annähern.

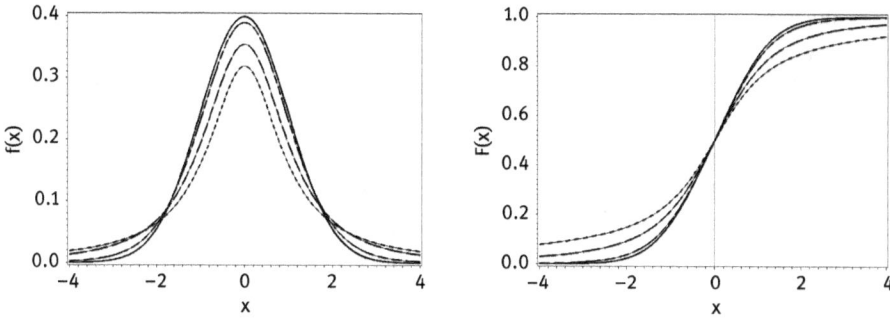

Abb. 3.21: Dichtefunktionen (links) und Verteilungsfunktionen (rechts) der t-Verteilung für die Freiheitsgrade 1, 2 und 10, sowie die nach dem vorigen Satz erwartete Dichte und Verteilung der Standardnormalverteilung (durchgehende Linie).

Satz. Es seien X_i ($i = 1, \ldots, n$) unabhängige Zufallsgrößen mit Normalverteilung $N(\mu, \sigma^2)$, $\overline{X} = (1/n) \cdot \sum_{i=1}^{n} X_i$ der Mittelwert und $S^2 = \frac{1}{n-1} \sum_{i=1}^{n} (X_i - \overline{X})^2$ die empirische Varianz. Dann ist

$$t = ((\overline{X} - \mu)/S) \cdot \sqrt{n - 1}$$

eine Zufallsgröße mit t-Verteilung und dem Freiheitsgrad n.

Der Satz wird nicht bewiesen, sondern durch ein Simulationsexperiment (SAS-Programm `sas_3_16`) illustriert. 10 000-mal wurden jeweils zehn $N(0, 1)$-verteilte Zufallszahlen erzeugt, aus denen der Erwartungswert und die Standardabweichung geschätzt wurden. Damit wurde jeweils ein Wert von t bezüglich obiger Formel bestimmt. Mit der empirischen Verteilung dieser t-Werte hat man näherungsweise die Verteilung von t gegeben (siehe Abb. 3.22).

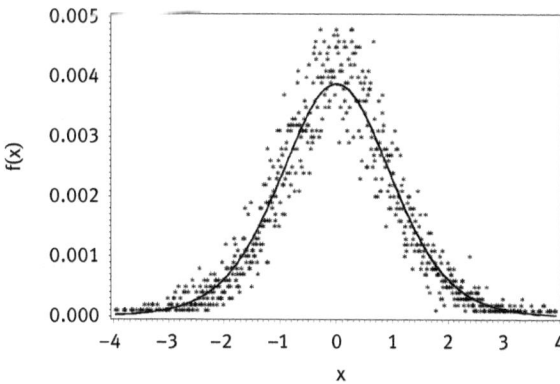

Abb. 3.22: Simulierte und zugehörige Dichte der t-Verteilung (volle Linie) mit dem Freiheitsgrad df = 10.

Aufgabe 3.7.

1. Beweisen Sie folgende Eigenschaften der t-Verteilung:
   (a) Die Dichte der t-Verteilung mit n Freiheitsgraden besitzt Wendepunkte bei
   $x_{1,2} = \pm\sqrt{n/(n+2)}$.
   (b) Der Erwartungswert für n = 1 existiert nicht, für n > 1 erhält man E(X) = 0.
   (c) Für n > 2 ist die Varianz durch V(X) = n/(n − 2) gegeben.
2. Illustrieren Sie die drei Eigenschaften 1 (a) bis 1 (c) mit Hilfe des obigen Simulationsprogramms `sas_3_16` für t-verteilte Zufallszahlen.
3. Erstellen Sie eine Quantiltabelle für 0.95, 0.975, 0.99 und 0.995 für die t-Verteilung mit den Freiheitsgraden von 1 bis 50 nach der exakten und der Simulationsmethode.

3.3.3 F-Verteilung

Definition. Eine Zufallsgröße X mit der Dichtefunktion

$$f(x) = \Gamma((n_1+n_2)/2) \cdot n_1^{n_1/2} \cdot n_2^{n_2/2}/(\Gamma(n_1/2) \cdot \Gamma(n_2/2)) \cdot x^{n_1/2-1}/(n_2 + n_1 x)^{(n_1+n_2)/2}$$

heißt F-verteilt mit den Freiheitsgraden n_1 und n_2.

Die Abb. 3.23 gibt für verschiedene Freiheitsgrade n_1 und n_2 die Dichte- und Verteilungsfunktionen wieder. Das SAS-Programm `sas_3_17` nutzt dazu die SAS-Funktionen `PDF('F',x,n1,n2)` für die Dichten und `CDF('F',x,n1,n2)` für die Verteilungen:

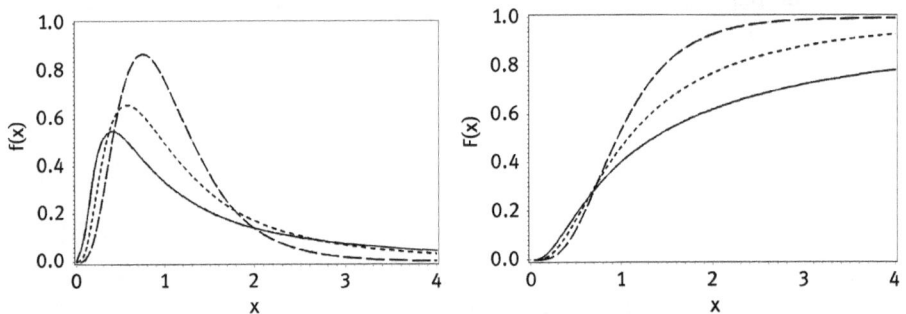

Abb. 3.23: Dichten (links) und Verteilungsfunktionen (rechts) der F-Verteilung mit den Freiheitsgraden $n_1 = 2, 5, 30$ und fixiertem $n_2 = 10$.

Satz. Der Erwartungswert einer F-verteilten Zufallsgröße X mit den Freiheitsgraden n_1 und n_2 ist nur für $n_1 > 2$ definiert und es gilt $E(X) = n_1/(n_1 - 2)$, die Varianz ist nur für $n_1 > 4$ definiert und es gilt $V(X) = (2n_1^2 \cdot (n_1 + n_2 - 2))/(n_2 \cdot (n_1 - 2)^2 \cdot (n_1 - 4))$.

Für $n_2 > 2$ nimmt die Dichtefunktion einer F-verteilten Zufallsgröße X mit den Freiheitsgraden n_1 und n_2 an der Stelle $x_{max} = (n_1(n_2 - 2))/(n_2(n_1 + 2))$ ihr Maximum an.

Satz. Seien $Y_1 \sim \chi^2(n_1)$ und $Y_2 \sim \chi^2(n_2)$ zwei χ^2-Verteilungen mit den Freiheitsgraden n_1 und n_2, so hat die Zufallsgröße $X = (Y_1/n_1)/(Y_2/n_2)$ eine F-Verteilung mit den Freiheitsgraden n_1 und n_2.

Der Satz wird nicht bewiesen, sondern die F-Verteilung mit einem Simulationsprogramm aus zwei χ^2-Verteilungen erzeugt. Dabei könnte man das Programm, das bei der Erzeugung der χ^2-Verteilung genutzt wurde, sowohl für den Nenner als auch den Zähler der Transformation $X = (Y_1/n_1)/(Y_2/n_2)$ verwenden.

Man kann aber auch die von SAS gelieferte Funktion RAND(.) zum Erzeugen von Zufallszahlen beliebiger vorgegebener parametrischer Verteilung nutzen. Als Funktionsargumente sind der Name der Verteilung (mit Hochkommata eingeschlossen) und die entsprechende Parameterliste der Verteilung anzugeben, mit RAND('CHISQUARE',6) beispielsweise erzeugt man Zufallszahlen die χ^2-verteilt mit dem Freiheitsgrad $n_1 = 6$ sind.

Um eine F-verteilte Zufallszahl mit den Freiheitsgraden $n_1 = 6$ und $n_2 = 4$ zu erzeugen, ist nach obigem Satz die Transformation

```
x = (RAND('CHISQUARE',6) / 6) / (RAND('CHISQUARE',4) / 4)
```

durchzuführen. Nachdem das Experiment 10 000-mal durchgeführt wurde, ergibt sich das folgende Bild:

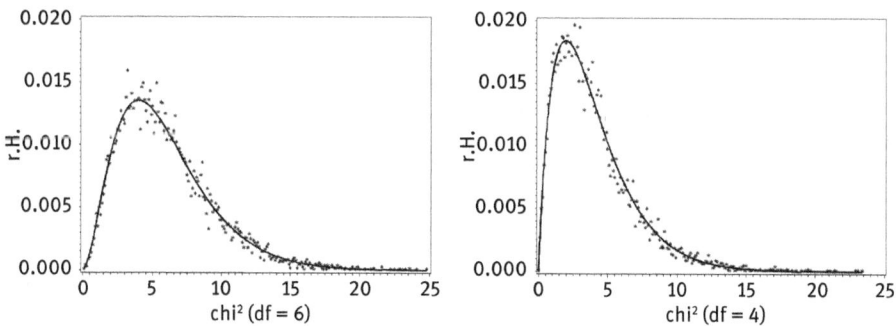

Abb. 3.24: Zwei simulierte χ^2–Verteilungen mit den Freiheitsgraden $n_1 = 6$ (links) und $n_2 = 4$ (rechts), mit denen die F-Verteilung mit den Freiheitsgraden $n_1 = 6$ und $n_2 = 4$ (Abb. 3.25) generiert wird.

Eine einfache Erweiterung des SAS-Programms sas_3_18 zur Erzeugung von F-verteilten Zufallszahlen mittels der obigen Transformation zum SAS-Programm sas_3_19 gestattet es, die $(1 - \alpha)$-Quantile für die Irrtumswahrscheinlichkeiten $\alpha = 0.05$ und $\alpha = 0.01$ durch Simulation zu erhalten.

Wie gut die simulierten mit den exakt berechneten Quantilen übereinstimmen, gibt Tab. 3.9 für ausgewählte Freiheitsgrade an.

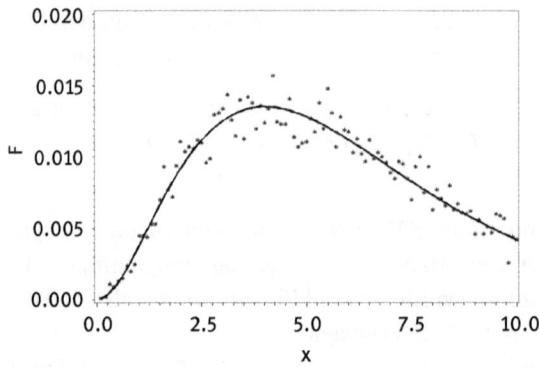

Abb. 3.25: Simulierte Dichte der F-Verteilung mit den Freiheitsgraden $n_1 = 6$ und $n_2 = 4$.

Tab. 3.9: Simulierte und exakte $(1 - \alpha)$-Quantile der F-Verteilungen für $n_1 = 6$ und verschiedene Freiheitsgrade n_2 sowie $\alpha = 0.05$ und $\alpha = 0.01$.

n_1	n_2	$\alpha = 0.01$ exakt	simuliert	$\alpha = 0.05$ exakt	simuliert
6	2	99.33	104.68	19.330	19.040
6	3	27.91	27.53	8.941	9.013
6	4	15.21	14.92	6.163	6.186
6	5	10.67	10.89	4.950	5.011
6	6	8.47	8.35	4.284	4.283
6	7	7.19	7.05	3.866	3.887
6	8	6.37	6.34	3.581	3.569
6	9	5.80	5.74	3.374	3.389
6	10	5.39	5.41	3.217	3.200
6	11	5.07	5.04	3.095	3.111
6	12	4.82	4.91	2.996	3.005
6	13	4.62	4.62	2.915	2.910
6	14	4.46	4.49	2.848	2.834
6	15	4.32	4.37	2.790	2.796
6	16	4.20	4.22	2.741	2.720
6	17	4.10	4.07	2.699	2.687
6	18	4.01	4.02	2.661	2.633
6	19	3.94	3.95	2.628	2.626
6	20	3.87	3.87	2.599	2.588
6	21	3.81	3.78	2.573	2.564
6	22	3.76	3.83	2.549	2.555
6	23	3.71	3.73	2.528	2.545
6	24	3.67	3.67	2.508	2.511
6	25	3.63	3.62	2.490	2.482
6	26	3.59	3.60	2.474	2.465
6	27	3.56	3.57	2.459	2.462
6	28	3.53	3.54	2.445	2.452
6	29	3.50	3.51	2.432	2.435
6	30	3.47	3.47	2.421	2.419
6	40	3.29	3.29	2.336	2.342
6	60	3.12	3.12	2.254	2.262
6	120	2.96	2.97	2.175	2.177

Bemerkung. Die Beta-Verteilung (s. Abschnitt 3.4.3) mit $p = n_1/2$ und $q = n_2/2$ geht für ganzzahlige n_1 und n_2 in die F-Verteilung über.

Da die numerische Berechnung der Quantile sehr aufwändig ist, greift man häufig auf Quantiltabellen zurück, die sich notwendigerweise auf ausgewählte Freiheitsgrade n_1 und n_2 beschränken. Folgende Beziehung ist beim Wechsel der Freiheitsgrade für die Berechnung des α-Quantils zu berücksichtigen:

$$F_{\alpha, n_1, n_2} = 1/F_{\alpha, n_2, n_1}$$

Satz. Wenn $X_1, X_2, \ldots, X_{n_1}$ identisch normalverteilte Zufallsgrößen sind mit $E(X_i) = \mu_x$ und $V(X_i) = \sigma$ für alle $i = 1, 2, \ldots, n_1$ und wenn $Y_1, Y_2, \ldots, Y_{n_2}$ identisch normalverteilte Zufallsgrößen sind mit $E(Y_i) = \mu_y$ und $V(Y_i) = \sigma$ für alle $i = 1, 2, \ldots, n_2$, so ist die Zufallsgröße

$$Z = \left(\sum_{i=1}^{n_1} (X_i - \overline{X})^2 / (n_1 - 1) \right) / \left(\sum_{i=1}^{n_2} (Y_i - \overline{Y})^2 / (n_2 - 1) \right)$$

eine F-Verteilung mit den Freiheitsgraden und $n_1 - 1$ und $n_2 - 1$.

Dabei sind $\overline{X} = (1/n_1) \cdot \sum_{i=1}^{n_1} X_i$ und $\overline{Y} = (1/n_2) \cdot \sum_{i=1}^{n_2} Y_i$.

Das ist die übliche Darstellung einer F-verteilten Zufallsgröße als Quotient zweier empirischer Varianzen. Die eben besprochenen Sätze können ineinander überführt werden. Die χ^2-Verteilung kann als Summe von Quadraten von Standardnormalverteilungen dargestellt werden, also auch durch die entsprechenden Summen im Zähler $((X_i - \overline{X})/\sigma)^2 = (1/\sigma^2) \cdot (X_i - \overline{X})^2$ und im Nenner $((Y_i - \overline{Y})/\sigma)^2 = (1/\sigma^2) \cdot (Y_i - \overline{Y})^2$. Der Faktor $1/\sigma^2$ entfällt durch Kürzen.

Satz. Wenn X eine t-Verteilung mit dem Freiheitsgrad r besitzt, dann besitzt $Y = X^2$ eine F-Verteilung mit den Freiheitsgraden $n_1 = 1$ und $n_2 = r$.

3.3.4 Kolmogorov-Smirnov-Verteilung

Die Verteilungsfunktion F(x) einer stetigen Zufallsgröße X sei unbekannt. Anhand einer Stichprobe $x_1, x_2, \ldots, x_n$ vom Umfang n soll ein Konfidenzbereich konstruiert werden, in dem F(x) mit der Wahrscheinlichkeit von mindestens $1 - \alpha$ liegt. Der über alle reellen Zahlen x ermittelte „maximale" Abstand

$$D = \sup (F(x) - F_n(x))$$

zwischen der Verteilungsfunktion F(x) der Zufallsgröße X und der aus der Stichprobe abgeleiteten empirischen Verteilungsfunktion $F_n(x)$ ist eine Zufallsgröße, deren Verteilung von Kolmogorov (1933, 1941), Smirnov (1948) hergeleitet wurde. Man beachte, dass der Supremumsabstand nur an den Stellen der Stichprobe x_i zu bestimmen ist und

$$D = D_i = \max_i (|F(x_i) - F_n(x_i)|, |F(x_i) - F_n(x_{i-1})|).$$

Die Abb. 3.26 stellt die Prüfgröße D schematisch dar. Die Formel für die Prüfgröße ist unabhängig von der konkreten Verteilung F und deren empirischer Verteilung F_n und gilt global für alle Werte des Definitionsbereichs der Verteilung.

Da die Verteilung von D nicht von der konkreten Verteilung F abhängt, kann sie näherungsweise im Simulationsexperiment auch von der Gleichverteilung ausgehend bestimmt werden.

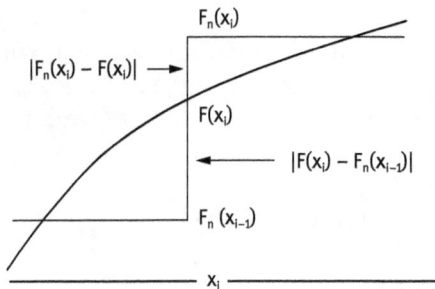

Abb. 3.26: Schema zur Veranschaulichung der Prüfgröße von Kolmogorov und Smirnov (Treppenfunktion ist die empirische Verteilungsfunktion F_n, gebogene Linie ist der Graph der Verteilungsfunktion F).

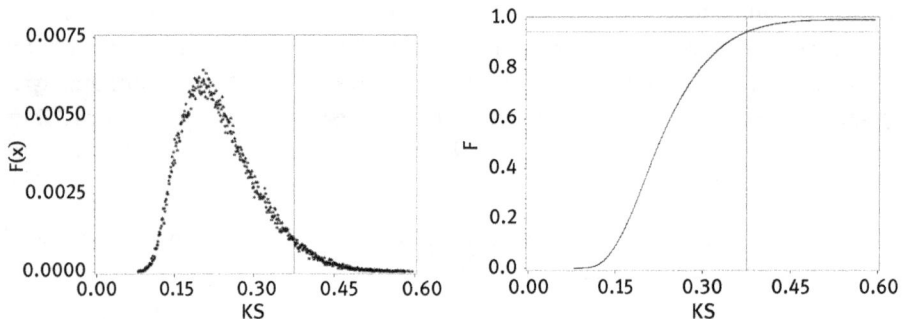

Abb. 3.27: Häufigkeitsverteilung der simulierten Zufallsgröße D_n von Kolmogorov und Smirnov (links) und ihre empirische Verteilungsfunktion (rechts) bei 100 000 wiederholten Stichprobenziehungen, jeweils vom Umfang n = 12. Die Referenzlinien beziehen sich auf das 0.95-Quantil an der Stelle 0.375.

Zu vorgegebenem Umfang n werden wiederholt Stichproben $x_1, x_2, \ldots, x_n$ gezogen und die maximalen Abstände D ermittelt. Bei 100 000 Wiederholungen ist die empirische Verteilung D_n dieser Abstände eine sehr gute Näherung für die Kolmogorov-Smirnov-Verteilung (SAS-Programm `sas_3_20`). Die daraus resultierenden empirischen Quantile können mit denen von von Kolmogorov und Smirnov kalkulierten exakten Quantilen verglichen werden.

Das SAS-Programm `sas_3_21` erzeugt die empirischen Quantile und die empirische Verteilung der maximalen Abstände. Tabelle 3.10 enthält ausgewählte Quantile für Stichprobenumfänge von 3 bis 30.

Tab. 3.10: Empirischen Quantile der Kolmogorov-Smirnov-Verteilung für n = 3 bis 30, sowie Vergleich des empirisch ermittelten $Q_n(0.95)$ und des exakten Quantils $Q(0.95)$ (s. grau hinterlegte Spalten).

n	$Q_n 0.05$	$Q_n 0.01$	$Q_n 0.025$	$Q_n 0.05$	$Q_n 0.95$	$Q_n 0.975$	$Q_n 0.99$	$Q_n 0.995$	exakt $Q 0.95$
3	.21419	.22723	.24850	.26892	.70924	.77043	.83178	.86627	.708
4	.18516	.19582	.21414	.23139	.62285	.67345	.73350	.77328	.624
5	.16595	.17598	.19165	.20717	.56362	.61222	.66740	.70370	.563
6	.15277	.16104	.17593	.19200	.52067	.56425	.61453	.65052	.519
7	.14009	.14855	.16401	.17895	.48219	.52440	.57404	.60979	.484
8	.13245	.14090	.15499	.16799	.45549	.49520	.54339	.57530	.454
9	.12549	.13330	.14641	.15943	.43102	.46943	.51509	.54714	.430
10	.11949	.12708	.13952	.15161	.40954	.44702	.49151	.51949	.409
11	.11413	.12129	.13315	.14490	.39149	.42599	.46736	.49750	
12	.11042	.11690	.12798	.13905	.37498	.40868	.44830	.47694	.375
13	.10602	.11260	.12370	.13390	.36144	.39316	.43231	.46093	
14	.10262	.10904	.11897	.12900	.34792	.37897	.41731	.44405	.349
15	.099525	.10554	.11534	.12514	.33797	.36789	.40370	.42945	
16	.095823	.10152	.11132	.12054	.32610	.35702	.39337	.41798	.327
17	.093061	.098625	.10794	.11756	.31731	.34669	.38310	.40748	
18	.090793	.096269	.10559	.11475	.30974	.33765	.37058	.39200	.309
19	.089077	.094493	.10357	.11237	.30227	.32912	.36086	.38285	
20	.086790	.092283	.10100	.10957	.29408	.32008	.35173	.37480	.294
21	.084766	.089589	.097894	.10665	.28731	.31366	.34342	.36456	
22	.082559	.087489	.095838	.10423	.28111	.30597	.33833	.35934	
23	.081046	.086119	.094116	.10218	.27550	.29997	.32955	.35030	
24	.079467	.084225	.092335	.10012	.26922	.29298	.32285	.34416	
25	.077830	.082221	.090069	.09784	.26392	.28821	.31668	.33690	.264
26	.076890	.081496	.089235	.09648	.25917	.282/1	.31092	.33109	
27	.075339	.079958	.087199	.09466	.25437	.27702	.30418	.32459	
28	.073792	.078205	.085764	.09308	.24923	.27182	.29902	.31846	
29	.072809	.077244	.084374	.09167	.24486	.26670	.29402	.31223	
30	.071963	.076265	.083037	.08993	.24252	.26490	.29107	.30957	.242

Für eine Stichprobe vom Umfang n = 20 liest man in Tab. 3.10 für die Konfidenzwahrscheinlichkeit 1−α = 0.95 den exakten Wert 0.294 bzw. den simulierten Wert 0.29408 ab. Mit dem simulierten Wert liegt man etwa 8/100 000 neben dem exakten Wert.

Ein Konfidenzschlauch um die empirische Verteilungsfunktion wird durch die beiden Funktionen

$$F_u(x) = \max_x(F_n(x) - 0.294; 0) \quad \text{und} \quad F_o(x) = \min_x(F_n(x) + 0.294; 1)$$

gebildet. Die Breite des Konfidenzbereiches verringert sich mit größer gewähltem α und wachsendem Stichprobenumfang n.

Beispiel 3.9. Die Abb. 3.28 zeigt für die Stichprobe der 18 Selomin-Werte

$$12.0, \ 13.0, \ 13.0, \ 15.0, \ 16.0, \ 17.0, \ 17.0, \ 17.0, \ 17.2,$$

$$17.9, \ 18.3, \ 18.5, \ 19.0, \ 20.5, \ 21.0, \ 22.7, \ 23.5, \ 25.0$$

die empirische Verteilungsfunktion (volle Linie) sowie den durch F_u und F_o (beide gestrichelt) begrenzten Konfidenzbereich.

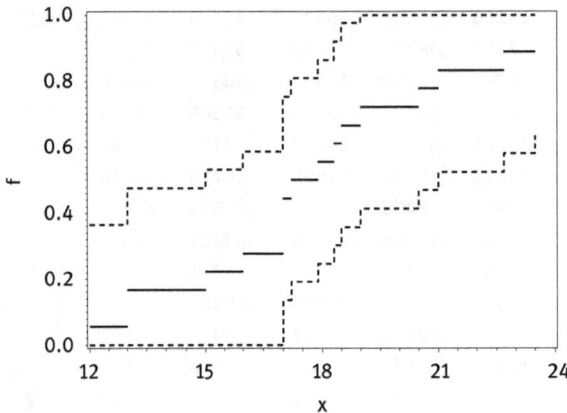

Abb. 3.28: Konfidenzschätzung für eine empirische Verteilungsfunktion der Selomin-Werte.

Aufgabe 3.8. Zeigen Sie, dass man die empirischen Quantile der Tab. 3.10 ebenfalls erhält, wenn man anstelle der Stichprobe aus einer Gleichverteilung auf dem Intervall $[0, 1)$ mit einer Stichprobe aus einer Standardnormalverteilung oder aus einer Exponentialverteilung startet.

Asymptotische Aussagen

Die Tabellenwerte der Kolmogorov-Smirnov-Verteilung gehen nur bis $n = 30$. Für größere n haben Kolmogorov und Smirnov gezeigt, dass die Verteilung

$$Q(y) = P(\sup_x |F_n(x) - F(x)| < y/\sqrt{n})$$

durch

$$Q(y) = \sum_{k=-\infty}^{\infty} (-1)^k e^{-2k^2 y^2}$$

näherungsweise beschrieben werden kann. Diese Verteilung, die in Abb. 3.29 dargestellt ist, wurde mit einem SAS-Makro berechnet. Die Reihe wurde numerisch als Partialsumme der Ordnung 300 aufgefasst.

Mit Hilfe der asymptotischen Verteilung lässt sich die Tab. 3.10 erweitern.

Eine Näherung für das 0.95-Quantil der Kolmogorov-Smirnov-Verteilung Q liest man in der vorangehenden Tab. 3.10 ab. Für Stichprobenumfänge größer als 30 ist

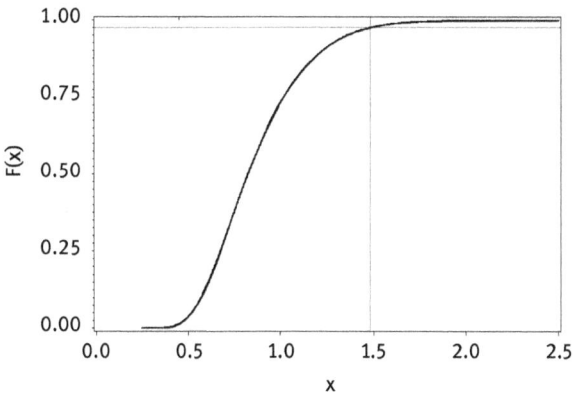

Abb. 3.29: Kolmogorov-Smirnov-Verteilung für große Stichprobenumfänge n.

damit als Näherungswert $D_n \approx 1.36/\sqrt{n}$ zu verwenden. Die Tab. 3.11 gibt für häufig verwendete Quantile die Näherungswerte an.

Tab. 3.11: Näherungswerte für die Quantile der Kolmogorov-Smirnov-Verteilung für große Stichprobenumfänge n.

Quantil	0.005	0.01	0.025	0.05	0.95	0.975	0.99	0.995
Näherungswert	$\dfrac{0.42}{\sqrt{n}}$	$\dfrac{0.44}{\sqrt{n}}$	$\dfrac{0.48}{\sqrt{n}}$	$\dfrac{0.52}{\sqrt{n}}$	$\dfrac{1.36}{\sqrt{n}}$	$\dfrac{1.48}{\sqrt{n}}$	$\dfrac{1.63}{\sqrt{n}}$	$\dfrac{1.73}{\sqrt{n}}$

Aufgabe 3.9. Berechnen Sie die Näherungswerte für die Quantile auf vier Stellen nach dem Komma. (Man verwende dazu das Makro sas_3_21 und erhöhe y in der do-Schleife so lange um die Genauigkeitsschranke 0.00001, bis das Quantil erreicht ist.)

3.4 Wichtige Verteilungen

3.4.1 Poisson-Verteilung („Verteilung der seltenen Ereignisse")

Definition. Eine Zufallsgröße X mit Werten $r = 0, 1, 2, \ldots$ heißt **Poisson-verteilt** mit dem Parameter $\lambda > 0$, wenn die Wahrscheinlichkeitsfunktion gegeben ist durch

$$P(X = r) = \lambda^r / r! \cdot e^{-\lambda}.$$

Satz. Für eine Poisson-verteilte Zufallsgröße X mit dem Parameter $\lambda > 0$ gilt:

$$E(X) = V(X) = \lambda.$$

Tab. 3.12: Asymptotische Kolmogorov-Smirnov-Verteilung für große Stichprobenumfänge.

y	Q(y)	y	Q(y)	y	Q(y)	y	Q(y)	y	Q(y)
0.30	0.00001	0.73	0.33911	1.16	0.86444	1.59	0.98726	2.02	0.99943
0.31	0.00002	0.74	0.35598	1.17	0.87061	1.60	0.98805	2.03	0.99947
0.32	0.00005	0.75	0.37283	1.18	0.87655	1.61	0.98879	2.04	0.99951
0.33	0.00009	0.76	0.38964	1.19	0.88226	1.62	0.98949	2.05	0.99955
0.34	0.00017	0.77	0.40637	1.20	0.88775	1.63	0.99015	2.06	0.99959
0.35	0.00030	0.78	0.42300	1.21	0.89303	1.64	0.99078	2.07	0.99962
0.36	0.00051	0.79	0.43950	1.22	0.89810	1.65	0.99136	2.08	0.99965
0.37	0.00083	0.80	0.45586	1.23	0.90297	1.66	0.99192	2.09	0.99968
0.38	0.00128	0.81	0.47204	1.24	0.90765	1.67	0.99244	2.10	0.99970
0.39	0.00193	0.82	0.48803	1.25	0.91213	1.68	0.99293	2.11	0.99973
0.40	0.00281	0.83	0.50381	1.26	0.91643	1.69	0.99339	2.12	0.99975
0.41	0.00397	0.84	0.51936	1.27	0.92056	1.70	0.99382	2.13	0.99977
0.42	0.00548	0.85	0.53468	1.28	0.92451	1.71	0.99423	2.14	0.99979
0.43	0.00738	0.86	0.54974	1.29	0.92829	1.72	0.99461	2.15	0.99981
0.44	0.00973	0.87	0.56454	1.30	0.93191	1.73	0.99497	2.16	0.99982
0.45	0.01259	0.88	0.57907	1.31	0.93537	1.74	0.99531	2.17	0.99984
0.46	0.01600	0.89	0.59331	1.32	0.93868	1.75	0.99563	2.18	0.99985
0.47	0.02002	0.90	0.60727	1.33	0.94185	1.76	0.99592	2.19	0.99986
0.48	0.02468	0.91	0.62093	1.34	0.94487	1.77	0.99620	2.20	0.99987
0.49	0.03002	0.92	0.63428	1.35	0.94776	1.78	0.99646	2.21	0.99989
0.50	0.03605	0.93	0.64734	1.36	0.95051	1.79	0.99670	2.22	0.99990
0.51	0.04281	0.94	0.66008	1.37	0.95314	1.80	0.99693	2.23	0.99990
0.52	0.05031	0.95	0.67251	1.38	0.95565	1.81	0.99715	2.24	0.99991
0.53	0.05853	0.96	0.68464	1.39	0.95804	1.82	0.99735	2.25	0.99992
0.54	0.06750	0.97	0.69645	1.40	0.96032	1.83	0.99753	2.26	0.99993
0.55	0.07718	0.98	0.70794	1.41	0.96249	1.84	0.99771	2.27	0.99993
0.56	0.08758	0.99	0.71913	1.42	0.96455	1.85	0.99787	2.28	0.99994
0.57	0.09866	1.00	0.73000	1.43	0.96651	1.86	0.99802	2.29	0.99994
0.58	0.11039	1.01	0.74057	1.44	0.96838	1.87	0.99816	2.30	0.99995
0.59	0.12276	1.02	0.75083	1.45	0.97016	1.88	0.99830	2.31	0.99995
0.60	0.13572	1.03	0.76078	1.46	0.97185	1.89	0.99842	2.32	0.99996
0.61	0.14923	1.04	0.77044	1.47	0.97345	1.90	0.99854	2.33	0.99996
0.62	0.16325	1.05	0.77979	1.48	0.97497	1.91	0.99864	2.34	0.99996
0.63	0.17775	1.06	0.78886	1.49	0.97641	1.92	0.99874	2.35	0.99997
0.64	0.19268	1.07	0.79764	1.50	0.97778	1.93	0.99884	2.36	0.99997
0.65	0.20799	1.08	0.80613	1.51	0.97908	1.94	0.99892	2.37	0.99997
0.66	0.22364	1.09	0.81434	1.52	0.98031	1.95	0.99900	2.38	0.99998
0.67	0.23958	1.10	0.82228	1.53	0.98148	1.96	0.99908	2.39	0.99998
0.68	0.25578	1.11	0.82995	1.54	0.98258	1.97	0.99915	2.40	0.99998
0.69	0.27219	1.12	0.83736	1.55	0.98362	1.98	0.99921	2.41	0.99998
0.70	0.28876	1.13	0.84450	1.56	0.98461	1.99	0.99927	2.42	0.99998
0.71	0.30547	1.14	0.85140	1.57	0.98554	2.00	0.99933	2.43	0.99999
0.72	0.32227	1.15	0.85804	1.58	0.98643	2.01	0.99938	2.44	0.99999

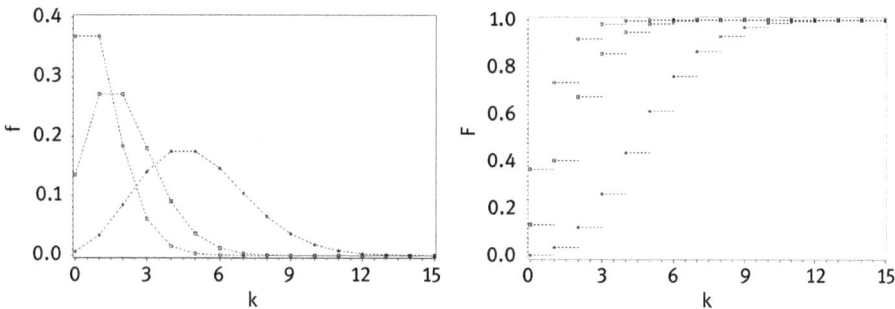

Abb. 3.30: Wahrscheinlichkeitsfunktionen der Poisson-Verteilung für $\lambda = 0.8, 2, 5$ (Kreis, Quadrat, Stern) und rechts die zugehörigen Verteilungsfunktionen (SAS-Programm sas_3_23).

Beweis.

$$E(X) = \sum_{k=0}^{\infty} k \cdot (\lambda^k/k!) \cdot e^{-\lambda} = \lambda e^{-\lambda} \sum_{k=1}^{\infty} \lambda^{k-1}/(k-1)! = \lambda e^{-\lambda} e^{\lambda} = \lambda$$

und

$$V(X) = \sum_{k=0}^{\infty} (k-\lambda)^2 \cdot (\lambda^k/k!) \cdot e^{-\lambda}$$

$$= \sum_{k=0}^{\infty} k^2 (\lambda^k/k!) e^{-\lambda} - \sum_{k=0}^{\infty} 2k\lambda \cdot (\lambda^k/k!) e^{-\lambda} + \sum_{k=0}^{\infty} \lambda^2 \cdot (\lambda^k/k!) e^{-\lambda}$$

$$= \lambda(\lambda+1) - 2\lambda^2 + \lambda^2 = \lambda.$$

Beispiel 3.10. In diesem Beispiel nach Bortkiewicz (1898) wird die Anzahl von Todesfällen pro Jahr infolge eines Huftritts in preußischen Kavallerieregimentern untersucht. In Beobachtung sind n = 200 Jahre, nämlich 10 Jahre bei 20 Regimentern. Es ergaben sich die in Tab. 3.13 zusammengefassten Resultate.

Tab. 3.13: Todesfälle pro Jahr in preußischen Kavallerieregimentern.

Todesfälle r pro Jahr	0	1	2	3	4	Σ
Zahl der Regimenter n_i	109	65	22	3	1	200
relative Häufigkeit h_i	0.545	0.325	0.110	0.015	0.005	1.000

Zur Beschreibung des Zufallsgeschehens durch eine Poisson-Verteilung ist der Parameter λ notwendig. Da der Erwartungswert einer Poisson-verteilten Zufallsgröße $E(X) = \lambda$ ist, wird der Mittelwert als eine Näherung („Schätzung") für λ angesehen. Später wird sich zeigen, dass diese Berechnungsmethode eine sogenannte Maximum-Likelihood-Schätzung des Parameters λ ist. Die Berechnung der mittleren Anzahl von

Todesfällen ergibt

$$\bar{x} = 0 \cdot 109/200 + 1 \cdot 65/200 + 2 \cdot 22/200 + 3 \cdot 3/200 + 4 \cdot 1/200 = 0.61 = \lambda$$

Mit dem Parameter λ lassen sich die Wahrscheinlichkeiten der Poisson-Verteilung berechnen.

$$P(X = 0) = 0.61^0/0! \cdot e^{-0,61} = 0.543$$
$$P(X = 1) = 0.61^1/1! \cdot e^{-0,61} = 0.331$$
$$P(X = 2) = 0.61^2/2! \cdot e^{-0,61} = 0.101$$
$$P(X = 3) = 0.61^3/3! \cdot e^{-0,61} = 0.02$$
$$P(X = 4) = 0.61^4/4! \cdot e^{-0,61} = 0.003$$

Die Ergebnisse sind ähnlich der Häufigkeitsverteilung in der Tab. 3.13. Die Poisson-Verteilung scheint ein geeignetes Modell zur Beschreibung zu sein.

Beispiel 3.11. Die verstreuten Reiskörner
Die Tab. 3.14 zeigt den Ausschnitt eines Fußbodens mit rechteckigen gleich großen Fliesen, auf denen n = 250 Reiskörner verstreut wurden. Die 10 × 25 Fliesen enthalten je 0, 1, 2, 3 oder 4 Reiskörner. Das Experiment wird mit dem SAS-Programm `sas_3_23` nachgebildet, man kann es aber auch auf Rechenkästchenpapier problemlos „nachspielen".

Mit Tab. 3.14 kann man den Erwartungswert errechnen:

$$E = 0.472 \cdot 0 + 0.392 \cdot 1 + 0.112 \cdot 2 + 0.016 \cdot 3 + 0.008 \cdot 4 = 0.696\,.$$

Dieser Wert entspricht dem Parameter $\lambda = 0.7$ des Rechnerexperimentes, wie es im SAS-Programm beschrieben wird.

Der Vergleich in Tab. 3.15 zwischen Experiment und berechneter Poisson-Verteilung zeigt eine gute Übereinstimmung.

Tab. 3.14: Zufällig auf 10 × 25 Bodenfliesen verstreute 250 Reiskörner.

1	1	1	0	0	1	1	0	2	2	1	0	0	0	0	0	1	0	4	0	0	2	0	2	0
1	0	0	0	0	0	1	0	1	3	1	0	1	0	0	1	1	1	0	0	0	0	2	0	1
1	2	0	0	0	0	1	1	0	0	1	2	0	1	1	1	1	0	1	1	1	0	0	0	1
0	0	1	0	1	0	0	3	1	2	0	0	2	1	1	1	1	2	0	1	1	0	2	1	0
0	1	0	1	1	1	0	0	1	0	1	1	1	0	1	2	3	0	0	0	0	1	1	2	0
0	0	1	0	1	1	1	1	0	0	2	0	2	1	1	0	0	1	1	0	1	0	0	1	0
1	1	1	0	1	1	0	1	0	0	0	0	1	0	1	1	1	0	3	0	0	1	1	0	1
0	1	2	0	0	2	1	1	0	2	0	1	0	1	1	0	1	1	2	1	0	4	2	0	1
0	2	1	1	2	0	1	1	0	0	0	0	2	2	2	0	2	0	0	0	1	1	1	0	1
1	0	0	0	2	0	0	0	1	0	0	0	0	2	0	0	1	0	1	0	1	0	0	1	1

Tab. 3.15: Ergebnis des Reiskornversuchs.

k	Häufig-keit	Prozent	w	$E = W \cdot n$	kumulative Häufigkeit	Kumulativer Prozentwert	F
0	118	47.20	0.49659	124.146	118	47.20	0.49659
1	98	39.20	0.34761	86.902	216	86.40	0.84420
2	28	11.20	0.12166	30.416	244	97.60	0.96586
3	4	1.60	0.02839	7.097	248	99.20	0.99425
4	2	0.80	0.49659	1.242	250	100	1.00000

Die Wahrscheinlichkeit, dass ein bestimmtes Feld leer bleibt, ist

$$P(X = 0) = \frac{0.7^0}{0!} \cdot \exp(-0.7) = 0.49659$$

und entspricht etwa der beobachteten relativen Häufigkeit von 0.472.

Satz. Es seien $X_n \sim B(n, p)$ d. h., $P(X_n = r) = n!/(r! \cdot (n-r)!) \cdot p^r \cdot (1-p)^{n-r}$.
Gilt für $n = 1, 2, 3, \ldots$ die Beziehung $p = \lambda/n$ mit $\lambda > 0$, dann ist

$$P(X_n = r) = \frac{\lambda}{r!} e^{-\lambda}.$$

Bemerkung. Seit 1948 verwendet man die **Anscombe**-Transformation als eine so genannte „Varianz stabilisierende Transformation" einer Poisson-verteilten Zufallsgröße in eine Zufallsgröße mit Normalverteilung, Anscombe (1948). Die Anscombe-Transformation wird in der Astronomie bei bildgebenden Verfahren von Röntgenstrahlungsquellen benutzt, wobei die Anzahlen der Photonen in natürlicher Weise einer Poisson-Verteilung genügen. Der Hauptzweck der Anscombe-Transformation

$$A(x) = \sqrt[2]{x + 3/8}$$

ist es, die Daten so zu transformieren, dass die Varianz 1 ergibt, wie auch immer der Erwartungswert sein mag. Die Poisson-Daten werden approximativ normalverteilt mit Standardabweichung 1 insbesondere dann, wenn der Erwartungswert der Poissonverteilten Zufallsgröße über 20 liegt.

Es gibt viele andere mögliche Varianz stabilisierende Transformationen für die Poisson-Verteilung. Bar-Lev, Enis (1988) berichten über eine Familie solcher Transformationen, die die Anscombe-Transformation einschließt. Andere Transformationen dieser Familie findet man bei Freeman, Tukey (1950) mit

$$A(x) = \sqrt{x + 1} - \sqrt{x}.$$

Eine vereinfachte Transformation ist

$$A(x) = 2\sqrt{x},$$

die nicht ganz so gut arbeitet wie die oben beschriebenen, dafür aber leichter verständlich ist.

Die Varianz stabilisierenden Transformationen wurden mit dem SAS-Programm sas_3_24 getestet. Die Ergebnisse sind in der Tab. 3.16 zusammengestellt.

Tab. 3.16: Überprüfung der Transformationen zur Varianzstabilisation.

λ	Poisson-Verteilung		Varianz nach der Transformation		
	V(X)	Empirische Varianz	Anscombe	Freeman, Tukey	vereinfacht
1	1.00000	1.00357	0.84868	0.97103	1.26976
2	1.41421	1.41408	0.96061	1.02761	1.24765
3	1.73205	1.74084	0.99372	1.02153	1.16769
4	2.00000	1.99450	0.99830	1.00613	1.10483
5	2.23607	2.24408	1.00520	1.00413	1.07477
6	2.44949	2.44474	0.99898	0.99388	1.04622
7	2.64575	2.64718	1.00270	0.99708	1.04065
8	2.82843	2.82791	1.00019	0.99420	1.03015
9	3.00000	2.98888	0.99733	0.99141	1.02214
10	3.16228	3.16195	1.00150	0.99598	1.02348
11	3.31662	3.32339	1.00148	0.99643	1.02119
12	3.46410	3.46515	0.99969	0.99494	1.01723
13	3.60555	3.60585	1.00041	0.99598	1.01648
14	3.74166	3.73517	0.99872	0.99456	1.01344
15	3.87298	3.86240	0.99793	0.99402	1.01156
16	4.00000	3.99408	0.99832	0.99465	1.01101
17	4.12311	4.11257	0.99836	0.99488	1.01028
18	4.24264	4.23264	0.99733	0.99404	1.00847
19	4.35890	4.33584	0.99465	0.99153	1.00514
20	4.47214	4.48591	1.00381	1.00080	1.01386
21	4.58258	4.56874	0.99700	0.99415	1.00645
22	4.69042	4.69459	1.00105	0.99832	1.01009
23	4.79583	4.79706	1.00085	0.99823	1.00948
24	4.89898	4.88348	0.99642	0.99392	1.00461
25	5.00000	5.00611	1.00084	0.99842	1.00872
∞			1	1	1

Dobinski's Formel

In der Kombinatorik heißt die Anzahl von Zerlegungen einer Menge von n Elementen auch Bell-Zahl, nach Eric Temple Bell. Die Bell-Zahlen können rekursiv ermittelt werden:

$$B_{n+1} = \sum_{k=0}^{n} \binom{n}{k} B_k \, ,$$

sie können aber auch direkt nach der sogenannten Dobinski-Formel

$$B_n = \frac{1}{e} \sum_{k=0}^{\infty} k^n / k!$$

gewonnen werden. Das ist aber nichts anderes als das k-te Moment der Poisson-Verteilung mit dem Parameter $\lambda = 1$.

3.4.2 Cauchy-Verteilung

Eine Cauchy-verteilte Zufallsgröße besitzt weder Erwartungswert noch Varianz oder höhere Momente, da die entsprechenden Integrale nicht definiert sind.

Im Gegensatz zur Normalverteilung, deren Werte stark um den Mittelwert zentriert sind, variieren die Werte der Cauchy-Verteilung sehr stark, d. h., die Wahrscheinlichkeit für extrem hohe oder niedrige Werte ist nicht klein. Solche Verteilungen nennt man Verteilungen mit schweren Schwänzen (heavy tailed distributions).

Bei Experimenten oder bei technischen Regelsystemen, bei denen Ausreißer eine große Rolle spielen und deren Stabilität dann gefährdet ist, werden oftmals Cauchy-verteilte Messwerte eingesetzt, um die Systemstabilität zu testen.

Die Cauchy-Verteilungen genügen auch nicht dem Gesetz der großen Zahlen. In einer Aufgabe wird gezeigt, dass der Mittelwert $(X_1 + \cdots + X_n)/n$ aus n Standard-Cauchy-verteilten Zufallsvariablen selbst wieder Standard-Cauchy-verteilt ist und damit nicht asymptotisch gegen eine Normalverteilung konvergiert.

Cauchy, Augustin-Louis
(* 21. August 1789 in Paris; † 23. Mai 1857 in Sceaux)

Definition. Eine Zufallsgröße X heißt **Cauchy-verteilt** mit den Parametern θ und $\lambda > 0$, wenn ihre Dichte beschrieben wird durch

$$f(x) = (1/\pi) \cdot (1/(1/\lambda^2 + (x - \theta)^2)) \, .$$

X heißt **Standard-Cauchy-verteilt**, wenn für ihre Parameter $\theta = 0$ und $\lambda = 1$ gelten.

Als Verteilungsfunktion erhält man

$$F(x) = (1/\lambda) \cdot ((1/2) + (1/\pi) \cdot \tan^{-1}((x - \theta)/\lambda)) \, , \quad \text{weil}$$

$$\int_{x_0}^{x} f(t)\, dt = (\tan^{-1}((x - \theta)/\lambda) - \tan^{-1}((x_0 - \theta)/\lambda))/\lambda\pi \quad \text{und}$$

$$\lim_{x_0 \to -\infty} (\tan^{-1}((x_0 - \theta)/\lambda)) = -\pi/2 \, .$$

Die Abb. 3.31 und 3.32 illustrieren den Einfluss der Parameter θ (Zentrumsparameter) und λ (Breitenparameter) auf den Verlauf der Dichte- und Verteilungsfunktion. Sie wurden mit dem SAS-Programm sas_3_25 erzeugt.

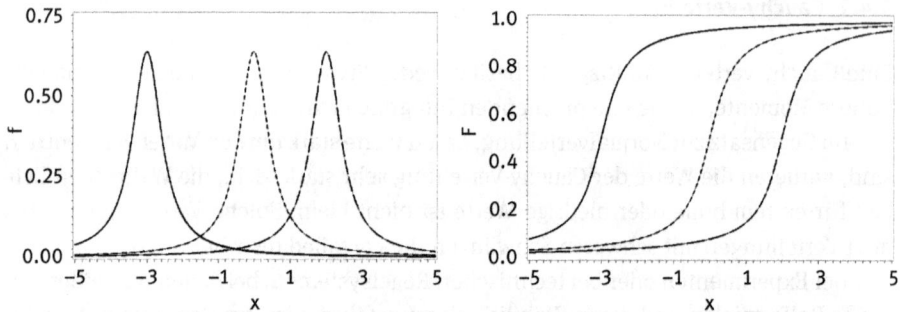

Abb. 3.31: Dichten (links) und Verteilungsfunktionen (rechts) der Cauchy-Verteilung bei fixiertem λ = 0.5 und variierenden Parametern „ = −3 (volle Linie), 0 (gestrichelt, kurz) und 2 (gestrichelt, lang).

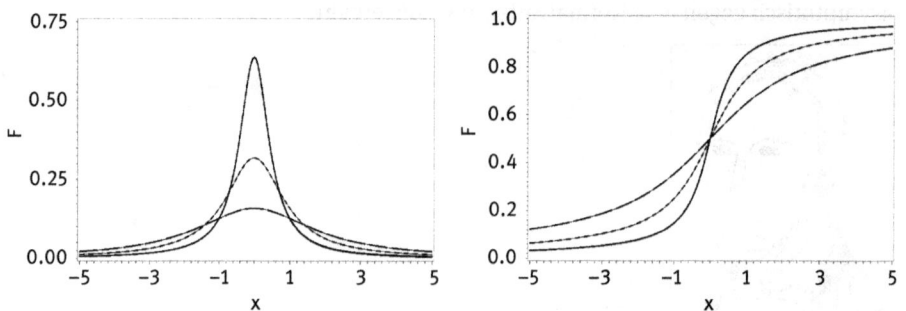

Abb. 3.32: Dichten (links) und Verteilungsfunktionen (rechts) der Cauchy-Verteilung bei fixiertem θ = 0 und variierenden Parametern λ = 0.5, 1, 2 (von oben nach unten).

Satz. Der Quotient aus zwei standardnormalverteilten Zufallsvariablen X und Y hat eine Standard-Cauchy-Verteilung, d. h., θ = 0 und λ = 1.

Die Abb. 3.33 zeigt das auf diesem Satz beruhende Simulationsergebnis von SAS-Programm sas_3_26. Zur Illustration wurden Häufigkeits- und Dichtefunktion gewählt. Der Unterschied zwischen der empirischen und der Verteilungsfunktion ist so gering, dass er grafisch nicht dargestellt werden kann.

Bemerkung. Zur Erzeugung Cauchy-verteilter Zufallszahlen kann man für bestimmte Anwendungen auch die Inversionsmethode verwenden. Zu einer Zufallszahl z, die aus einer Gleichverteilung auf dem Intervall [0, 1) stammt und für die $F_G(z) = z$ gilt, sucht

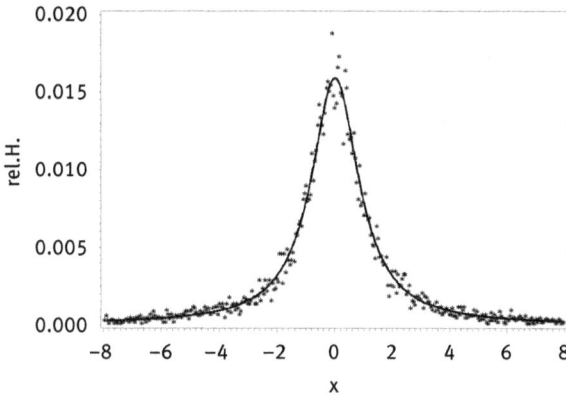

Abb. 3.33: Häufigkeitsfunktion von 10 000 simulierten Cauchy-verteilten Zufallszahlen mit $\theta = 0$ und $\lambda = 1$, die man als Quotient von standardnormalverteilten Zufallszahlen erhält mit der zugehörigen Dichtefunktion.

man diejenige Cauchy-verteilte Zufallszahl x mit den Parametern λ und θ, für die gilt $F_C(x) = F_G(z) = z$. Als Lösung der Bestimmungsgleichung

$$z = (1/\lambda) \cdot ((1/2) + (1/\pi) \cdot \tan^{-1}((x - \theta)/\lambda))$$

erhält man

$$x = \theta + \lambda \cdot \tan(\pi(z \cdot \lambda - 1/2)).$$

In SAS kann man mit RAND('CAUCHY') unmittelbar Standard-Cauchy-verteilte Zufallszahlen erzeugen.

Es ist sofort klar, dass man bei Cauchy-Verteilungen nicht wie bei den Normalverteilungen arbeiten kann, wo man durch die Standardisierungstransformation $(X - E(X))/\sqrt{V(X)}$ von einer beliebigen Normalverteilung zur $N(0, 1)$-Verteilung kommt. Das scheitert daran, dass die Cauchyverteilung weder einen Erwartungswert noch eine Varianz besitzt.

3.4.3 Betaverteilung

Definition. Eine stetige Zufallsgröße X heißt **betaverteilt 1. Art** über dem offenen Intervall (a, b) mit den Parametern p > 0 und q > 0, wenn sie die folgende Dichte besitzt

$$f(x) = \begin{cases} x^{p-1}(1 - x)^{q-1}/B(p, q) & \text{für } 0 < x < 1 \\ 0 & \text{sonst} \end{cases}.$$

Bemerkung. Die Funktion $B(p, q) = \int_0^1 t^{p-1}(1 - p)^{q-1}\, dt$ ist die sogenannte Betafunktion.

In SAS wird die Betafunktion auf die Gamma-Funktion $\Gamma(p) = \int_0^\infty t^{p-1} e^{-t} \, dt$ zurückgeführt. Es gilt nämlich $B(p, q) = \Gamma(p) \cdot \Gamma(q) / \Gamma(p + q)$.

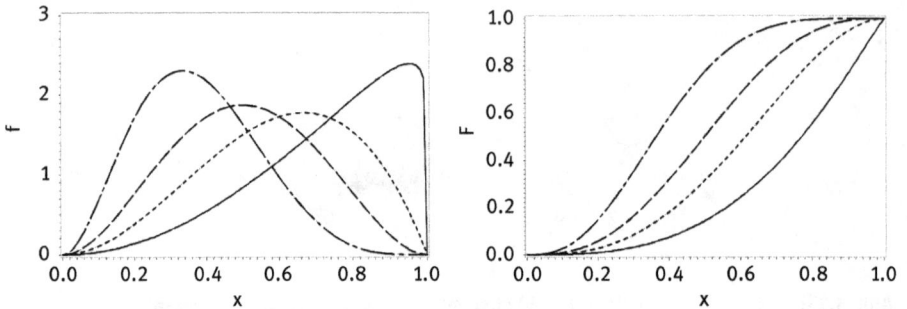

Abb. 3.34: Dichtefunktionen (links) und Verteilungsfunktionen (rechts) für $p = 3$ und variierendes $q = 1.1, 2, 3$ und 5 (von rechts nach links), SAS-Programm `sas_3_27`.

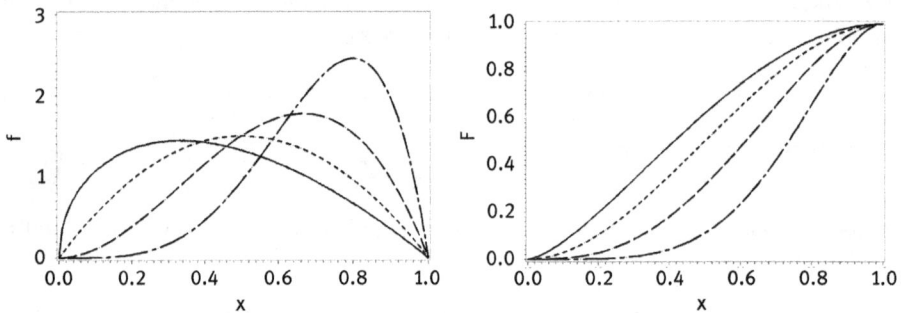

Abb. 3.35: Dichtefunktionen (links) und Verteilungsfunktionen (rechts) der Betaverteilung bei fixiertem $q = 2$ und variierendem $p = 1.5, 2$ und 3 (von links nach rechts).

Satz. Für eine betaverteilte Zufallsgröße X mit den Parametern p und q gelten:

- Erwartungswert: $E(X) = p/(p + q)$,
- Varianz: $V(X) = pq/(p + q)^2 (p + q + 1)$ und
- Modalwert: $Mo(X) = (p - 1)/(p + q - 2)$ für $p \geq 1$, $q \geq 1$ und $p + q > 2$

3.4.3.1 Erzeugung einer Betaverteilung aus zwei χ^2-Verteilungen

Satz. Wenn $X_1 \sim \chi^2(n_1)$ und $X_2 \sim \chi^2(n_2)$ Zufallsgrößen mit χ^2-Verteilungen mit den Freiheitsgraden n_1 bzw. n_2 sind, so ist

$$Y = X_1/(X_1 + X_2)$$

eine Zufallsgröße auf dem Intervall $(0, 1)$ mit Betaverteilung und den Parametern $p = n_1/2$ und $q = n_2/2$.

Mit dem SAS-Programm `sas_3_28` wurden 2 χ^2-Verteilungen erzeugt und nach dem vorherigen Satz daraus eine Betaverteilung (s. Abb. 3.36 und 3.37).

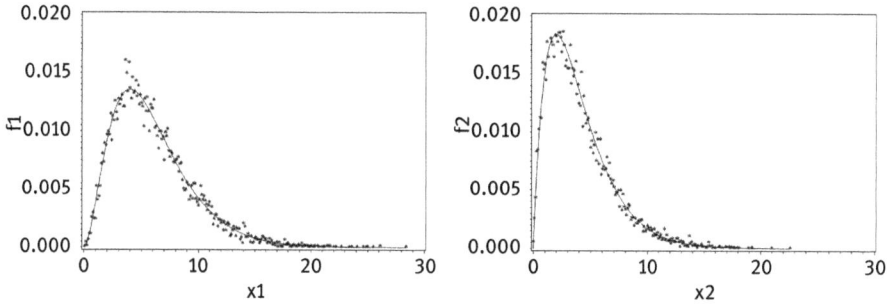

Abb. 3.36: Ausgangssituation – zwei χ^2-Verteilungen X_1 und X_2 mit den Freiheitsgraden 6 (links) bzw. 4 (rechts).

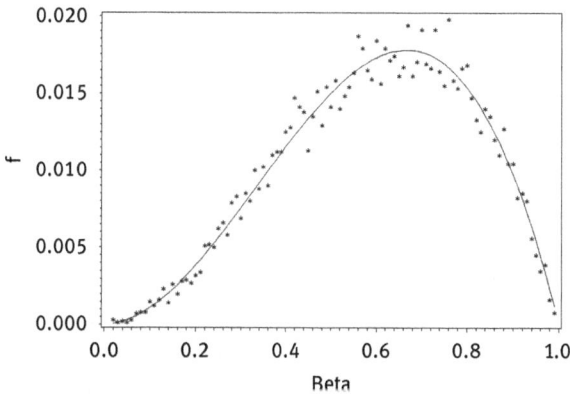

Abb. 3.37: Resultat der Transformation $Y = X_1/(X_1 + X_2)$ ist eine Betaverteilung mit den Parametern $p = 3$ und $q = 2$, wobei X_1 und X_2 zwei χ^2-Verteilungen mit den Freiheitsgraden 6 bzw. 4 sind.

3.4.3.2 Erzeugung einer Betaverteilung aus zwei Gammaverteilungen

Satz. Wenn X_1 eine Gammaverteilung mit den Parametern 1 und m_1 und X_2 eine Gammaverteilung mit den Parametern 1 und m_2 sind, so ist

$$Y = X_1/(X_1 + X_2)$$

eine Zufallsgröße auf dem Intervall (0, 1) mit Betaverteilung und den Parametern $p = m_1$ und $q = m_2$.

Das SAS-Programm `sas_3_29` liefert ein Beispiel für die Erzeugung einer Betaverteilung aus zwei Gammaverteilungen. Die Ergebnisse sind in den Abb. 3.38 und 3.39 dargestellt.

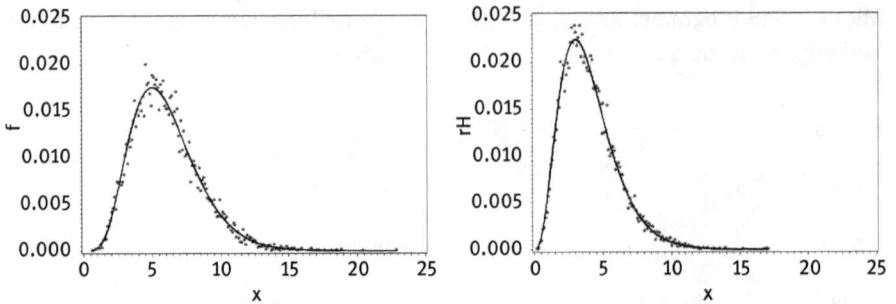

Abb. 3.38: Ausgangssituation – zwei Gammaverteilungen X_1 und X_2 mit den Parametern 1 und 6 (links) und 1 und 4 (rechts).

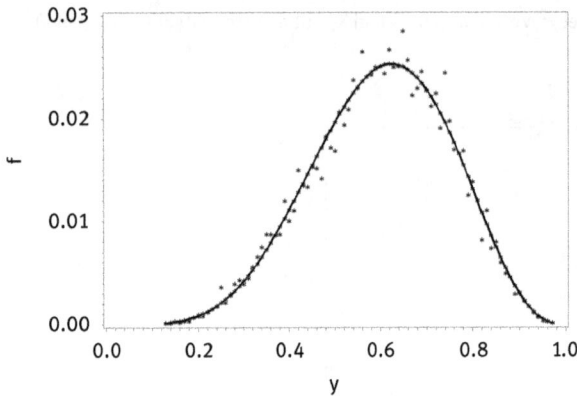

Abb. 3.39: Resultat der Transformation $X_1/(X_1+X_2)$ ist eine Betaverteilung mit den Parametern $p = 3$ und $q = 2$, wobei X_1 und X_2 Gammaverteilungen mit den Parametern 1 und 6 bzw. 1 und 4 waren.

3.4.3.3 Erzeugung einer Betaverteilung aus einer F-Verteilung

Satz. Wenn X eine F-Verteilung mit den Freiheitsgraden n_1 und n_2 besitzt, dann ist

$$Y = n_1 X/(n_2 + n_1 X)$$

eine Zufallsgröße mit Betaverteilung und den Parametern $p = n_1/2$ und $q = n_2/2$.

Mit dem SAS-Programm sas_3_30 wurde aus einer F-verteilten Zufallsgröße nach obigem Satz eine Betaverteilung generiert. Das Ergebnis ist in Abb. 3.40 dargestellt.

3.4.3.4 Erzeugung einer Betaverteilung nach der Acceptance-Rejection-Methode

Da die Betaverteilung auf dem abgeschlossenen Intervall [0, 1] definiert ist, kann die Erzeugung von betaverteilten Zufallszahlen auch nach der Acceptance-Rejection-

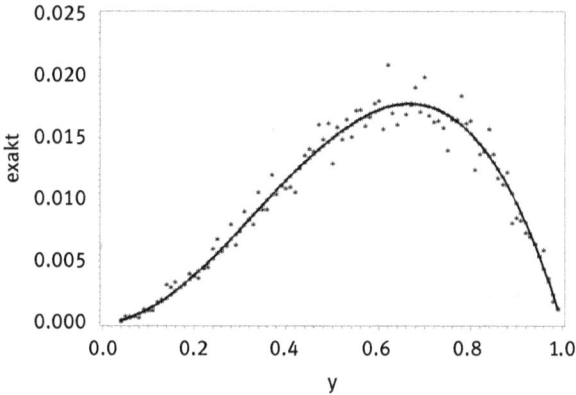

Abb. 3.40: Resultat der Transformation $Y = (n_1 X)/(n_2 + n_1 X)$ ist eine Betaverteilung Y mit den Parametern $p = 3$ und $q = 2$.

Methode erfolgen. Mit dem SAS-Programm `sas_3_31` wird diese Methode demonstriert. Ein Ergebnis ist in Abb. 3.41 dargestellt.

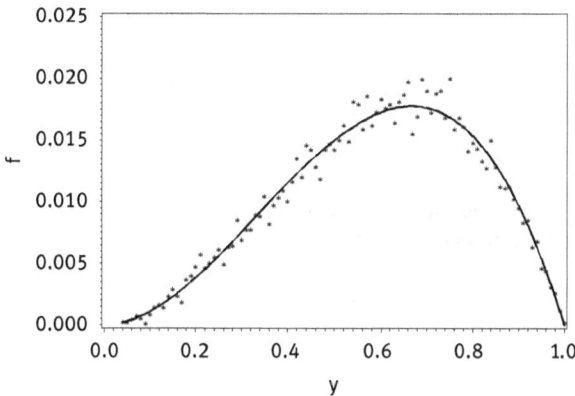

Abb. 3.41: Dichte der Beta-Verteilung mit den Parametern $p = 3$ und $q = 2$ und relative Häufikeitsfunktion von 10 000 durch die Acceptance-Rejection-Methode erzeugten Zufallszahlen.

3.4.4 Pareto-Verteilung

Die Pareto-Verteilung ist nach dem italienischen Volkswirtschaftswissenschaftler und Soziologen Vilfredo Federico Damaso Pareto (1848–1923) benannt, der diese Verteilung anwandte, um die Einkommenssteuer der Bevölkerung einer Volkswirtschaft zu beschreiben. Auch heute besitzt die Pareto-Verteilung eine große Bedeutung in den Wirtschaftswissenschaften.

Definition. Eine Zufallsgröße X heißt Pareto-verteilt mit den Parametern $k > 0$ und $x_0 > 0$, wenn sie die Wahrscheinlichkeitsdichte

$$f(x) = \begin{cases} (k/x_0) \cdot (x_0/x)^{k+1} & \text{für } x \geq x_0 \\ 0 & \text{für } x < x_0 \end{cases}$$

besitzt. Die Verteilungsfunktion ist

$$F(x) = \begin{cases} 1 - (x_0/x)^k & \text{für } x \geq x_0 \\ 0 & \text{für } x < x_0 \end{cases}$$

Die Abb. 3.42 und 3.43 zeigen den Einfluss der Parameter k und x_0 auf die Graphen der Dichte und der Verteilungsfunktion. Sie sind mit dem SAS-Programm `sas_3_32` erstellt. Dieses kann ohne große Änderungen für alle Illustrationen des Einflusses von Parametern auf Dichte und Verteilung angewandt werden. Geändert werden müssen die definierenden Funktionen für Dichte und Verteilung und die Achsenbeschriftungen.

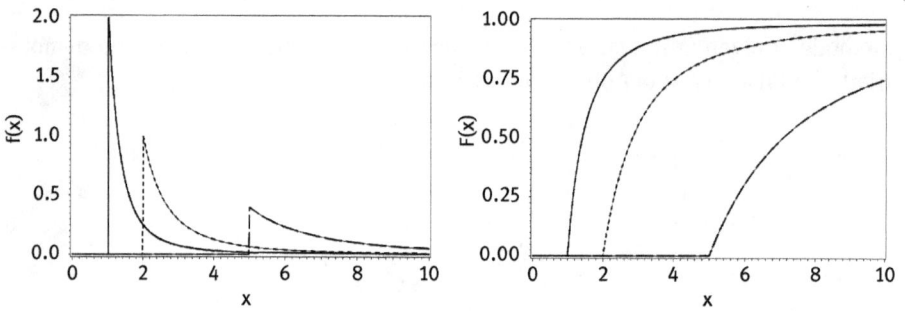

Abb. 3.42: Dichte- (links) und Verteilungsfunktionen (rechts) der Pareto-Verteilung bei fixiertem k = 2 und variierendem x_0 = 1, 2 und 5 (von links nach rechts).

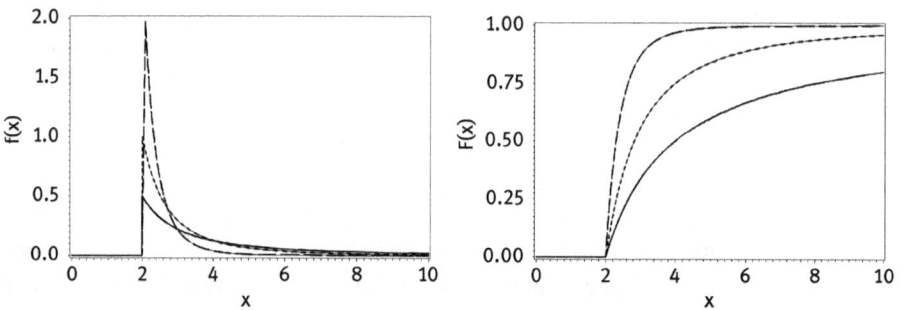

Abb. 3.43: Dichte- (links) und Verteilungsfunktionen (rechts) der Pareto-Verteilung bei fixiertem x_0 = 1 und variierendem k = 0.3, 1 und 2 (von unten nach oben).

Für eine Pareto-verteilte Zufallsgröße X mit den Parametern k > 0 und x_0 > 0 gelten für

– den Erwartungswert $E(X) = x_0 k/(k - 1)$ für k > 1,
– den Median $Q_{50}(X) = x_0 \sqrt[k]{2}$,

- den Modalwert $Mo(X) = x_0$,
- die Varianz $V(X) = x_0^2((k/(k-2)) - (k^2/(k-1)^2))$ für $k > 2$,
- die Schiefe $\gamma_1(X) = 2(1+k)/(k-3)\sqrt{(k-2)/2}$ für $k > 3$
- und den Exzess $\gamma_2(X) = 6(k^3 + k^2 - 6k - 2)/(k(k-3)(k-4))$ für $k > 4$.

Diese Eigenschaften lassen sich mit elementaren Mitteln der Analysis herleiten.

Pareto-verteilte Zufallszahlen z mit den Parametern $k > 0$ und $x_0 > 0$ kann man sich durch die Methode der Transformation der Verteilungsfunktion beispielsweise aus gleichverteilten Zufallszahlen x beschaffen. Die Inverse F^{-1} der Pareto-Verteilung mit den Parametern $k > 0$ und $x_0 > 0$ ist

$$z = F^{-1}(x) = x_0/\sqrt[k]{1-x}.$$

Da in SAS die Erzeugung von Pareto-verteilten Zufallszahlen kein Bestandteil der Funktion RAND ist, werden im SAS-Programm sas_3_33 in einem Simulationsexperiment 10 000 Pareto-verteilte Zufallszahlen erzeugt. In Abb. 3.44 wird ihre Häufigkeitsverteilung mit der entsprechenden Dichte der Pareto-Verteilung verglichen.

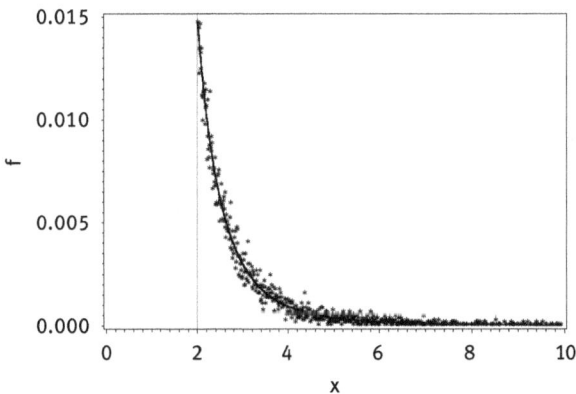

Abb. 3.44: Häufigkeitsfunktion (Stern) von 10 000 Pareto-verteilten Zufallszahlen zu den Parametern $k = 3$ und $x_0 = 2$ und unterliegende Dichtefunktion (durchgezogene Linie).

Umgekehrt lassen sich aus Pareto-verteilten auch anders verteilte Zufallszahlen erzeugen. Der folgende Satz, der die Transformation von Pareto-verteilten in exponentialverteilte Zufallszahlen beschreibt, wird durch ein Beispiel mit dem SAS-Programm sas_3_34 illustriert. Die Abb. 3.45 gibt für 10 000 Pareto-Zufallszahlen die Häufigkeitsverteilung an und vergleicht diese mit der angestrebten Exponentialverteilung.

Selbstverständlich ist das ein Umweg (gleichverteilte Zufallszahlen → Pareto-verteilte Zufallszahlen → exponentialverteilte Zufallszahlen), wenn man in vorderen Kapiteln die Erzeugung von beliebigen Zufallszahlen durch die Methode der Transformation der Verteilungsfunktionen und insbesondere die Erzeugung von exponentialverteilten aus gleichverteilten Zufallszahlen betrachtet.

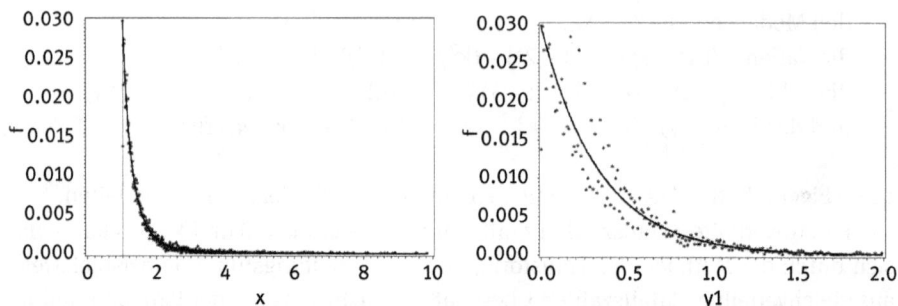

Abb. 3.45: Häufigkeitsfunktionen von 10 000 Pareto-verteilten Zufallszahlen mit den Parametern $k = 2$ und $x_0 = 1$ (links) und den daraus erzeugten exponentialverteilten Zufallszahlen mit dem Parameter $\alpha = 1/2$ (rechts).

Satz. Wenn X eine Pareto-verteilte Zufallsvariable mit den Parametern k und 1 ist, dann ist die Zufallsgröße LOG(X) exponentialverteilt mit dem Parameter $1/k$.

3.4.5 Gammaverteilung

Definition. Eine stetige Zufallsgröße X heißt **gammaverteilt** mit den Parametern b > 0, p > 0, wenn für die Dichte

$$f(x) = \begin{cases} (b^p/\Gamma(p)) \cdot x^{p-1}e^{-bx} & \text{für } x > 0 \\ 0 & \text{sonst} \end{cases}$$

gilt.

Die Gammafunktion ist dabei wie folgt definiert: $\Gamma(p) = \int_0^\infty t^{p-1}e^{-t}\,dt$.

Für p = 1 erhält man die Exponentialverteilung als Spezialfall der Gamma-Verteilung.

Satz. Die Verteilungsfunktion für natürliche Zahlen p kann als Formel angegeben werden,

$$F(x) = \left((p-1)! - e^{-bx}\left((p-1)! + \sum_{i=1}^{p-1}(p-1)!\,b^{p-i}x^{p-i}\right)\right)/\Gamma(p)\,.$$

für die übrigen p kann das Integral $F(x) = \int_0^x f(t)\,dt$ nur näherungsweise numerisch bestimmt werden.

Satz. Für eine gammaverteilte Zufallsgröße X mit den Parametern b > 0 und p > 0 gelten für den Erwartungswert, die Varianz und den Modalwert für p ≥ 1 die Gleichungen

$$E(X) = p/b\,, \quad V(X) = p/b^2 \quad \text{und} \quad Mo(X) = (p-1)/b$$

Die Beweise für die beiden Sätze werden dem Leser überlassen.

Die Abb. 3.46 zeigt mit dem SAS-Programm `sas_3_35` erzeugte Beispiele für Dichten und Verteilungsfunktionen. Die Folge der variierenden Parameter ist bei den Dichten von oben nach unten und bei den Verteilungen von links nach rechts den Graphen zugeordnet.

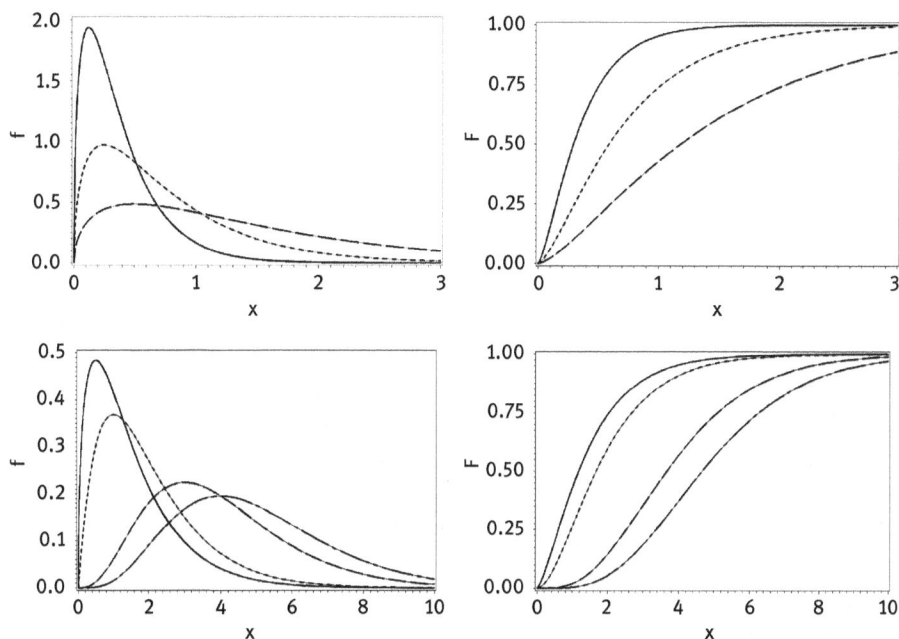

Abb. 3.46: Dichte- (links) und Verteilungsfunktionen (rechts) der Gammaverteilung bei fixiertem Parameter p = 1.5 und variierenden b = 0.25, 0.5 und 1.0 (oben) und fixiertem b = 1 und variierendem p = 1.5, 2, 4 und 5 (unten).

Satz. Wenn X_i (i = 1, ..., n) unabhängige und identisch verteilte Exponentialverteilungen zum Parameter λ sind, so ist $X = X_1 + X_2 + \cdots + X_n$ eine gammaverteilte Zufallsgröße mit den Parametern n und λ.

Mit Hilfe dieses Satzes kann man leicht gammaverteilte Zufallszahlen erzeugen. Das SAS-Programm `sas_3_36` illustriert (s. Abb. 3.47) eine Gamma-Verteilung zu den Parametern n = 6 und λ = 1, die aus sechs unabhängigen Exponentialverteilungen jeweils zum Parameter λ = 1 erzeugt wurde. Die exponentialverteilten Zufallszahlen sind durch die Methode der Transformation der Verteilungsfunktion leicht aus gleichverteilten zu gewinnen.

Mit Hilfe dieses Satzes ist es auch möglich, die Werte der Verteilungsfunktion näherungsweise zu berechnen. Es werden aus gleichverteilten Zufallszahlen zunächst exponentialverteilte und durch Aufsummieren gammaverteilte Zufallszahlen erzeugt.

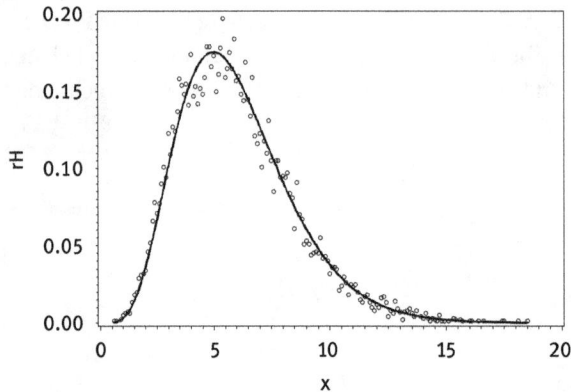

Abb. 3.47: Gamma-Verteilung, erzeugt aus sechs Exponentialverteilungen zum Parameter $\lambda = 1$.

Den Wert der Verteilungsfunktion F an der Stelle z erhält man aus dem Anteil von beispielsweise 10 000 gammaverteilten Zufallszahlen, die z nicht übertreffen. Diesen simulierten Wert kann man mit den SAS-Funktionswerten CDF('GAMMA',z,5) vergleichen, CDF steht für die Verteilungsfunktion, die kumulierte Dichtefunktion (**c**umulative probability **d**istribution **f**unction) und zwar für die Gamma-Verteilung (in Hochkommata eingeschlossen) mit dem Parameter n = 5 an der Stelle z. Der Parameter λ ist stets 1 gesetzt. Möchte man ihn ändern, ist er als vierter Funktionsparameter einzusetzen: CDF('GAMMA',z,5,λ). Es wurde das SAS-Programm sas_3_37 verwendet.

Tab. 3.17: Vergleich der simulierten und der exakten Werte der Verteilungsfunktion der Gammaverteilung zu den Parametern 5 und 1.

z	simuliert	exakt	z	simuliert	exakt	z	simuliert	exakt
0.5	0.00023	0.00017	4.5	0.46859	0.46790	8.5	0.92601	0.92564
1.0	0.00388	0.00366	5.0	0.55902	0.55951	9.0	0.94541	0.94504
1.5	0.01820	0.01858	5.5	0.64069	0.64248	9.5	0.95942	0.95974
2.0	0.05182	0.05265	6.0	0.71497	0.71494	10.0	0.97140	0.97075
2.5	0.10894	0.10882	6.5	0.77486	0.77633	10.5	0.97892	0.97891
3.0	0.18450	0.18474	7.0	0.82765	0.82701	11.0	0.98449	0.98490
3.5	0.27516	0.27456	7.5	0.87149	0.86794	11.5	0.98878	0.98925
4.0	0.37241	0.37116	8.0	0.89891	0.90037	12.0	0.99314	0.99240

Satz. Wenn X_1 gammaverteilt ist mit den Parametern b und p_1, X_2 gammaverteilt mit b und p_2 und X_1 und X_2 unabhängig sind, dann gilt: $X_1 + X_2$ ist gammaverteilt mit b und $p_1 + p_2$.

Das SAS-Programm sas_3_38 illustriert diesen Satz. Es wird die SAS-Funktion RANGAM verwendet. Die Argumente von RANGAM sind zum einen ein ganzzahliger Startwert

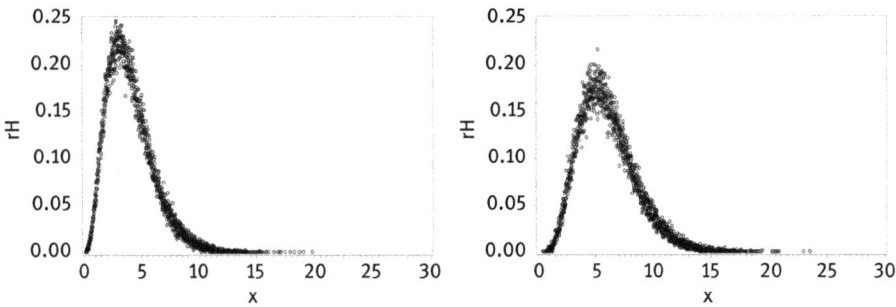

Abb. 3.48: Gammaverteilungen zu den Parametern b = 1 und p = 4 (links) und b = 1 und p = 6 (rechts), Ausgangssituation.

seed und der Parameter p (b ist stets 1 gesetzt). Die Ergebnisse sind in den Abb. 3.48 und 3.49 dargestellt.

Für p > 1 wird beim Zufallszahlengenerator RANGAM die Acceptance-Rejection-Methode nach Cheng (1977) realisiert, für p ≤ 1 die Acceptance-Rejection-Methode nach Fishman (1975).

Der Zufallszahlengenerator hat eine Periode von $2^{19937} - 1 \approx 10^{6000}$.

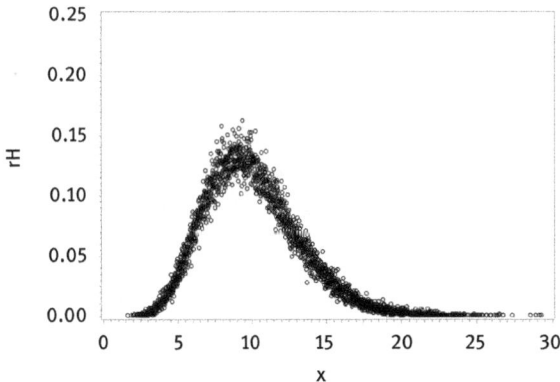

Abb. 3.49: Resultierende Gammaverteilungen mit den Parametern b = 1 und p = 10, Ergebnissituation.

Bemerkung. Die Erzeugung von gammaverteilten Zufallszahlen nach der Acceptance-Rejection-Methode ist (auch wenn diese von SAS in der Funktion RANGAM verwendet wird) fehlerbehaftet, weil die Verteilung nicht auf einem kompakten Bereich definiert ist. Der Fehler ist allerdings äußerst gering, weil beispielsweise die Wahrscheinlichkeit, dass sehr große Werte auftreten, im obigen Beispiel Werte größer als 10, mit Null angesetzt wird.

3.4.6 Weibull-Verteilung

Definition. Eine stetige Zufallsgröße X heißt **Weibull**-verteilt mit den Parametern b > 0 und p > 0, wenn für ihre Dichte gilt

$$f(x) = \begin{cases} b \cdot p \cdot x^{p-1} \exp(-b \cdot x^p) & \text{für } x > 0 \quad \text{und} \\ 0 & \text{sonst} \end{cases}.$$

Die Verteilung ist

$$F(x) = \begin{cases} 1 - \exp(-b \cdot x^p) & \text{für } x > 0 \quad \text{und} \\ 0 & \text{sonst}. \end{cases}$$

Die Abb. 3.50 und 3.51 zeigen den Einfluss der Parameter b und p auf die Graphen der Dichte und der Verteilungsfunktion. Sie sind mit dem SAS-Programm `sas_3_39`

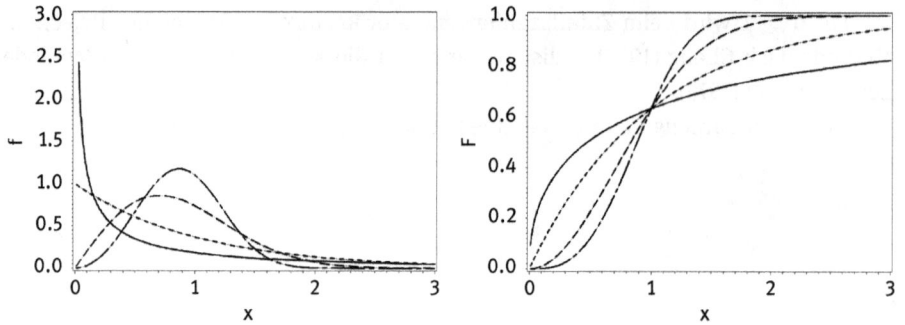

Abb. 3.50: Dichten (links) und Verteilungen (rechts) der Weibull-Verteilungen für b = 1 und variierende Parameter p (p = 0.5 volle Linie, p = 1 feingestrichelt, p = 2 langgestrichelt, p = 3 lang-fein-gestrichelt).

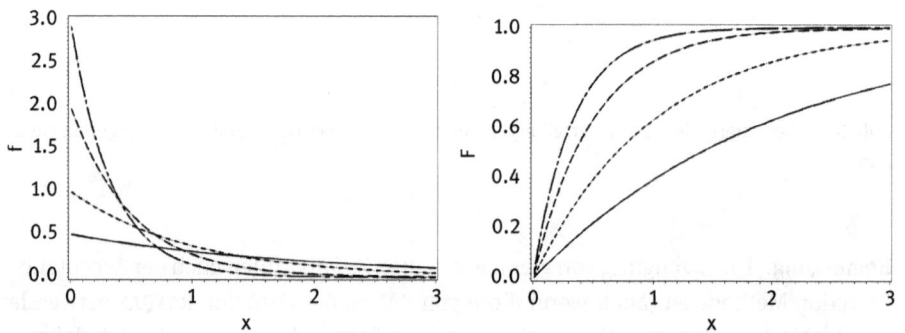

Abb. 3.51: Dichten (links) und Verteilungen (rechts) der Weibull-Verteilungen für p = 1 und variierende Parameter b (b = 0.5 volle Linie, b = 1 feingestrichelt, b = 2 langgestrichelt, b = 3 lang-fein-gestrichelt).

erstellt. Dieses kann mit kleinen Änderungen für alle Illustrationen des Einflusses der Parameter auf Dichte und Verteilung angewandt werden.

Satz. Für eine Weibull-verteilte Zufallsgröße X mit den Parametern p und b gelten für
- den Erwartungswert $E(X) = b^{-1/p} \cdot \Gamma((1/p) + 1)$,
- die Varianz $V(X) = b^{-2/p} \cdot (\Gamma((2/p) + 1) - \Gamma^2((1/p) + 1))$
- den Median $Q_{50}(X) = (\ln 2/b)^{1/p}$
- und den Modalwert $Mo(X) = ((1 - 1/p)/b)^{1/p}$ für $p \geq 1$.

Zur Erzeugung von Weibull-verteilten Zufallszahlen
Die Erzeugung Weibull-verteilter Zufallszahlen mit vorgegebenen Parametern stehen drei Methoden zur Verfügung:
- die **Inversionsmethode** ausgehend von der Gleichverteilung zwischen 0 und 1
- der **Acceptance-Rejection-Methode** (nicht ganz exakt, weil der Definitionsbereich nicht beschränkt ist) und
- der in SAS realisierte Zufallszahlengenerator CALL RANDGEN(x,'WEIB',a,b).

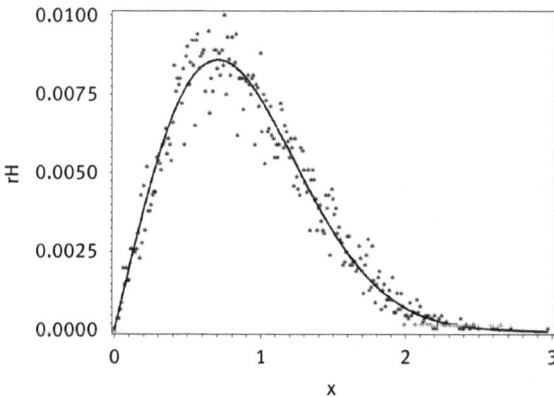

Abb. 3.52: Relative Häufigkeiten von Weibull-verteilten Zufallszahlen mit den Parametern b = 1 und p = 2 erzeugt durch die Transformation der Verteilungsfunktion der Gleichverteilung zwischen 0 und 1.

Bei der Inversionsmethode startet man mit einem Zufallszahlengenerator, der gleichverteilte Zufallszahlen u aus dem Intervall zwischen 0 und 1 liefert. Für diese Gleichverteilung gilt $u = F(u)$. Es wird zum zufälligen und gleichverteiltem u ein Quantil x_0 der Weibull-Verteilung mit den Parametern p und b gesucht, für das gilt: $u = F(x_0) = 1 - \exp(-b \cdot x_0^p)$. Das ist für

$$x_0 = \sqrt[p]{LOG(1 - u)/b}$$

richtig.

Im SAS-Programm `sas_3_40` ist dieser Algorithmus realisiert.

Bemerkung. In SAS können Weibull-verteilte Zufallszahlen mit dem Zufallszahlengenerator `RANDGEN` erzeugt werden.

3.4.7 Laplace-Verteilung

Die Laplace-Verteilung wird auch als Doppelexponentialverteilung bezeichnet. Dieser Name rührt daher, dass die Dichtefunktion nach zwei aneinander gefügten Exponentialverteilungen aussieht.

Definition. Eine stetige Zufallsgröße X heißt **Laplace-verteilt** mit den reellen Parametern μ und $\sigma > 0$, wenn sie die Wahrscheinlichkeitsdichte

$$f(x) = (1/(2\sigma)) \cdot e^{-|x-\mu|/\sigma}$$

besitzt. Ihre Verteilungsfunktion ist

$$F(x) = \begin{cases} (1/2)e^{(x-\mu)/\sigma} & \text{für } x \le \mu \\ 1 - (1/2)e^{-(x-\mu)/\sigma} & \text{für } x > \mu \end{cases}.$$

Satz. Der Parameter μ der Laplace-Verteilung ist gleichzeitig Erwartungswert, Median und Modalwert. Die Varianz ist $V(X) = 2\sigma^2$.

Der Einfluss der Parameter auf die Gestalt der Dichten und Verteilungsfunktionen ist mit dem SAS-Programm `sas_3_41` in den Abb. 3.53 und 3.54 dargestellt. Der Parameter μ bewirkt die Verschiebungen entlang der x-Achse und σ ist für die Streuung zuständig.

Satz. Sind die Zufallsgrößen X und Y unabhängige exponentialverteilte Zufallsgrößen mit demselben Verteilungsparameter λ, dann ist die Zufallsgröße $Z = X - Y$ Laplace-verteilt mit den Parametern $\mu = 0$ und $\sigma = 1$.

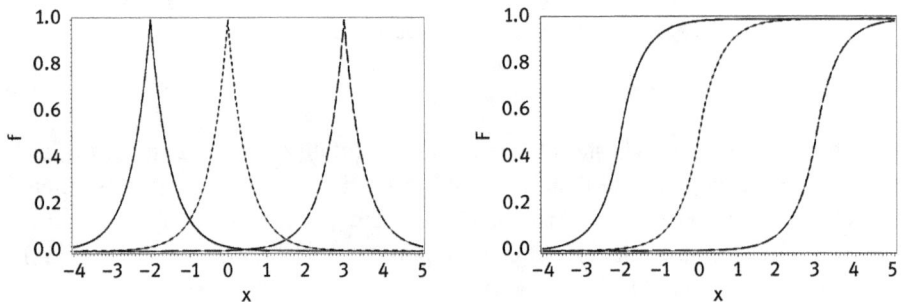

Abb. 3.53: Dichten (links) und Verteilungsfunktionen (rechts) der Laplace-Verteilung mit festem Parameter $\sigma = 0.5$ und variierendem Parameter $\mu = -3, 0$ und 3 (von links nach rechts).

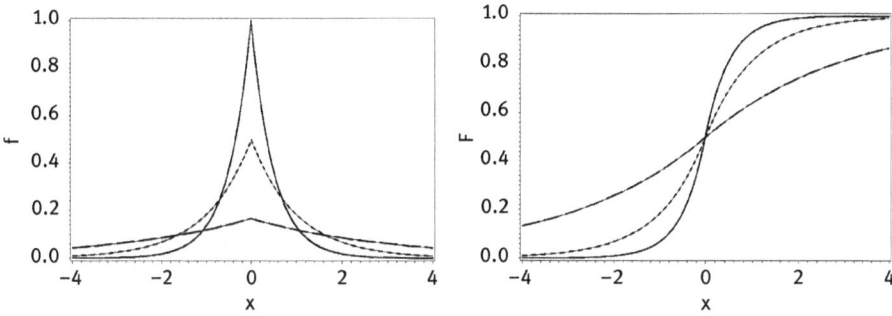

Abb. 3.54: Dichten (links) und Verteilungsfunktionen (rechts) der Laplace-Verteilung mit festem Parameter $\mu = 0$ und variierendem Parameter $\sigma = 0.5$ (volle Linie), $\sigma = 1$ (fein gestrichelt) und $\sigma = 2$ (lang gestrichelt).

Die mit dem SAS-Programm sas_3_42 gewonnene Abbildung illustriert den Sachverhalt des Satzes.

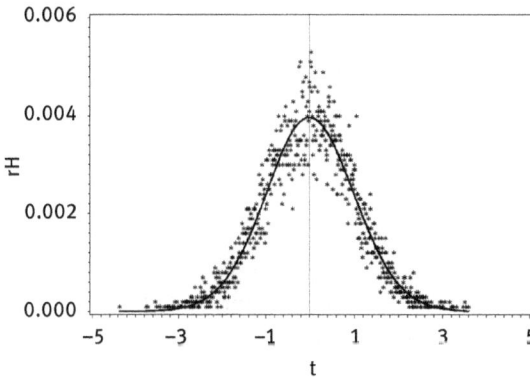

Abb. 3.55: Die Differenz zweier exponentialverteilter Zufallsgrößen ist Laplace-verteilt.

Satz. Sind die Zufallsgrößen X_1 bis X_4 unabhängige standardnormalverteilte Zufallsgrößen, dann ist die Zufallsgröße $Z = \det\left(\begin{smallmatrix} X_1 & X_2 \\ X_3 & X_4 \end{smallmatrix}\right) = X_1 X_4 - X_2 X_3$ Standard-Laplaceverteilt, d. h., $E(Z) = 0$ und $V(Z) = 1$.

Durch leichtes Abändern des SAS-Programms sas_3_42 zur Erzeugung von Laplaceverteilten Zufallszahlen erhält man das SAS-Programm sas_3_43 und eine Illustration des Satzes über die Gewinnung einer Standard-Laplace-Verteilung aus Standardnormalverteilungen. Damit sind zwei Möglichkeiten aufgezeigt, um Laplace-verteilte Zufallszahlen zu erzeugen. Warum standardmäßig in SAS die Dichte- und Verteilungsfunktionen (PDF und CDF) der Laplace-Verteilung enthalten sind, aber bei der Funktion RAND die Zufallszahlengenerierung ausgespart ist, zumal diese nicht besonders aufwändig ist, bleibt das Geheimnis der SAS-Programmierer.

Als einfachste Methode zur Erzeugung Laplace-verteilter Zufallszahlen bietet sich aber die Methode der Invertierung der Verteilungsfunktion an. Es ist

$$F^{-1}(x) = \begin{cases} \mu + \sigma \log(2x) & \text{für } x \le \mu \\ \mu - \sigma \log(-2(x-1)) & \text{für } x > \mu \end{cases}.$$

Das SAS-Programm `sas_3_44` erzeugt 50 000 Laplace-verteilte Zufallszahlen mit den Parametern $\mu = 15$ und $\sigma = 4$ nach dieser Methode. Simulierte relative Häufigkeiten und zugehörige Dichtefunktion sind in Abb. 3.56 dargestellt.

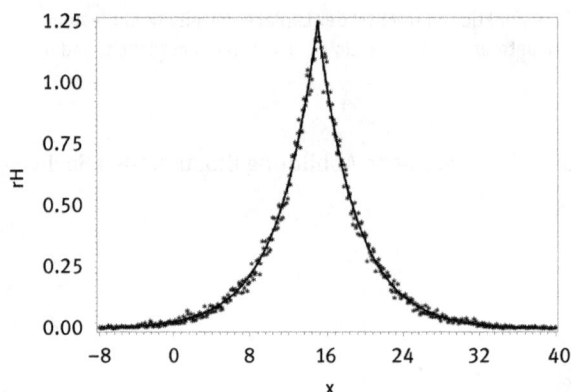

Abb. 3.56: Relative Häufigkeiten von Laplace-verteilten Zufallszahlen (Stern), erzeugt mittels Transformation der Verteilungsfunktion, und zugehörige Dichtefunktion (durchgehende Linie).

3.4.8 Maxwell-Verteilung

Die Maxwell-Verteilung, manchmal auch Maxwell-Boltzmann-Verteilung genannt, spielt in der Thermodynamik eine große Rolle. Sie beschreibt die Teilchengeschwindigkeiten in einem idealen Gas.

Definition. Eine stetige Zufallsgröße X heißt Maxwell-verteilt mit den Parametern $\sigma > 0$, wenn sie die folgende Dichte besitzt:

$$f(x) = \begin{cases} 2/(\sigma^3 \sqrt{2\pi}) \cdot x^2 \cdot \exp(-x^2/(2\sigma^2)) & \text{für } x > 0 \\ 0 & \text{sonst} \end{cases}.$$

Für die Verteilungsfunktion gilt:

$$F(x) = 2\Phi(x/\sigma) - (1 + 2x/(\sigma\sqrt{2\pi}) \cdot \exp(-x^2/(2\sigma^2))).$$

Satz. Für eine Maxwell-verteilte Zufallsgröße X gelten für
- den Erwartungswert: $E(X) = 2\sqrt{2}\sigma/\sqrt{\pi}$,
- die Varianz: $V(X) = (3 - 8/\pi)\sigma^2$
- und den Modalwert: $Mo(X) = \sigma\sqrt{2}$.

Mit dem SAS-Programm `sas_3_45` wird der Einfluss des Parameters σ auf die Dichte-funktion und die Verteilungsfunktion demonstriert (s. Abb. 3.57).

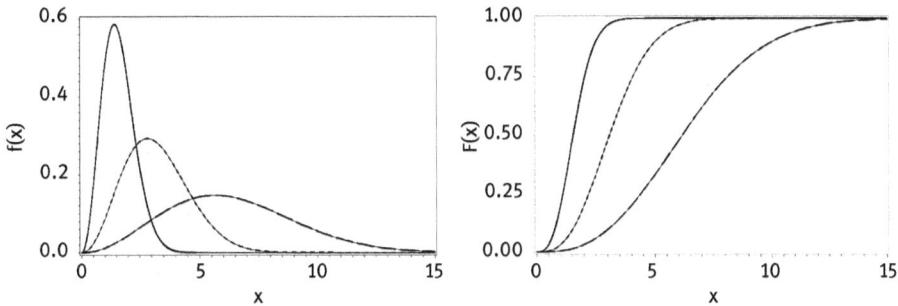

Abb. 3.57: Einfluss des Parameters σ auf die Dichtefunktion (links) und die Verteilungsfunktion (von links nach rechts σ = 1, 2 und 4).

Satz. Wenn X Maxwell-verteilt mit dem Parameter σ ist, dann hat $Y = X^2/\sigma^2$ eine χ^2-Verteilung mit 3 Freiheitsgraden.

Aufgabe 3.10. Illustrieren Sie diesen Satz. Man muss dazu Zufallszahlen erzeugen, die näherungsweise einer Maxwell-Verteilung genügen. Dazu wird die Dichte der Maxwell-Verteilung als auf dem abgeschlossenen Intervall von 0 bis x_0 = E(X) + $3\sqrt{V(X)}$ (die Wahrscheinlichkeit $P(X \geq x_0)$, für Werte $x \geq x_0$, wird näherungsweise 0 angenommen) eingeschränkt. Die Zufallszahlen werden mit der Akzeptanz-Abweise-Regel aus gleichverteilten erzeugt. Sie finden die Lösung auch im SAS-Programm `sas_3_46`.

Wie gut diese Näherung ist, sieht man in den beiden Abb. 3.58 und 3.59, die mit dem SAS-Programm `sas_3_46` erstellt wurden.

3.4.9 Inverse Gauß-Verteilung oder Wald-Verteilung

Definition. Eine Zufallsgröße heißt **inverse Gauß-Verteilung** mit den Parametern μ > 0 und λ > 0, wenn ihre Dichtefunktion

$$f(x) = \begin{cases} \sqrt{\lambda/(2\pi x^3)} \cdot \exp\left(-\lambda(x-\mu)^2/(2\mu^2 x)\right) & \text{für } x > 0 \\ 0 & \text{sonst} \end{cases}$$

ist. Die Verteilungsfunktion ist

$$F(x) = \Phi\left(\sqrt{\lambda/x} \cdot (x/\mu - 1)\right) + \exp\left(2\lambda/\mu\right) \cdot \Phi\left(-\sqrt{\lambda/x} \cdot (x/\mu + 1)\right),$$

wobei Φ die Verteilungsfunktion der Standardnormalverteilung ist.

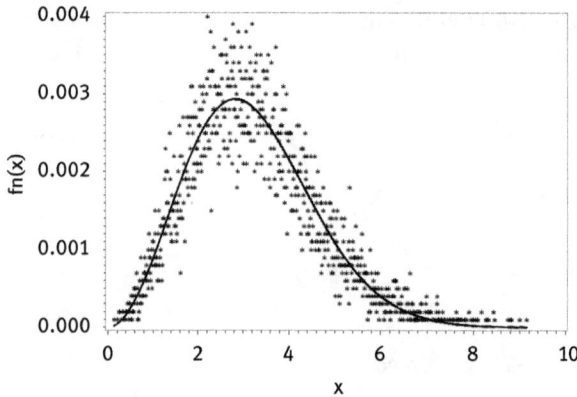

Abb. 3.58: Erzeugung von näherungsweise Maxwell-verteilten Zufallszahlen (Stern) zum Parameter $\sigma = 2$ mit der Akzeptanz-Abweise-Regel und Maxwell-Dichte (Linie).

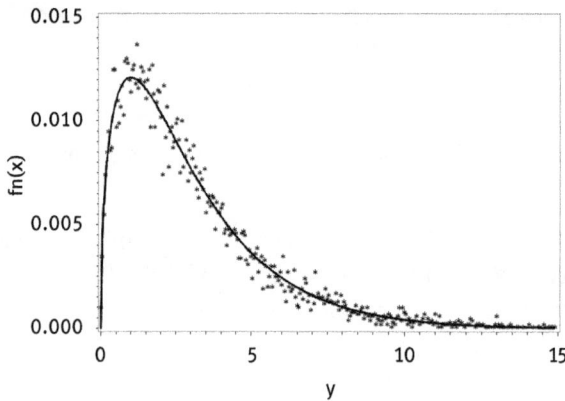

Abb. 3.59: Durch die Transformation $Y = X^2/\sigma^2$ aus Maxwell-verteilten Zufallszahlen X erzeugte χ^2-verteilte Zufallszahlen Y (Stern) mit 3 Freiheitsgraden und χ^2-Dichte (Linie).

Die Abb. 3.60 und 3.61 illustrieren den Einfluss der Parameter μ und λ auf den Verlauf der Dichte- und Verteilungsfunktion der inversen Gauß-Verteilung.

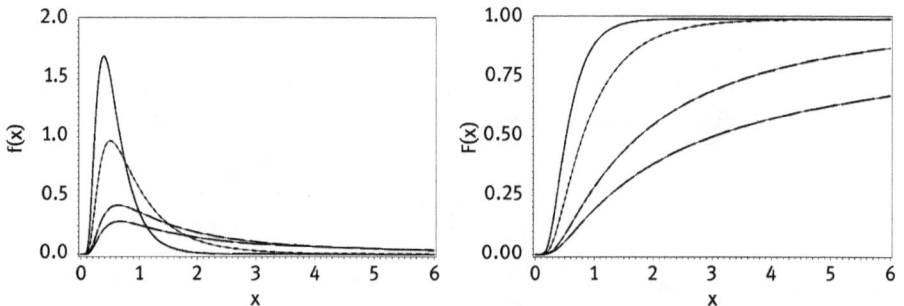

Abb. 3.60: Dichte- (links) und Verteilungsfunktionen (rechts) der inversen Gauß-Verteilung bei fixiertem $\lambda = 2$ und variierendem $\mu = 0.6, 1, 3$ und 10 (von oben nach unten).

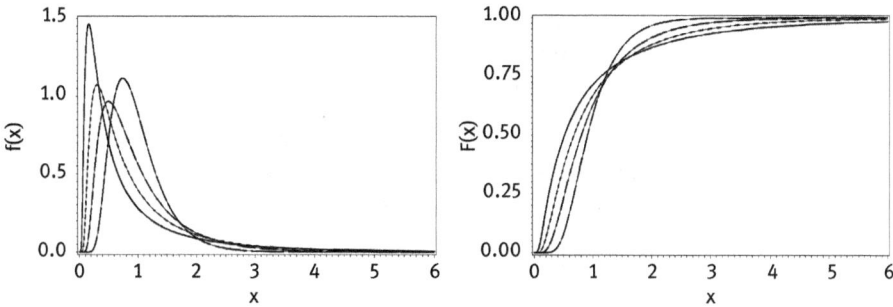

Abb. 3.61: Dichte- (links) und Verteilungsfunktionen (rechts) der inversen Gauß-Verteilung bei fixiertem $\mu = 1$ und variierendem $\lambda = 0.5, 1, 2$ und 5 (von links nach rechts).

Satz. Für eine Zufallsgröße X mit inverser Gauß-Verteilung und den Parametern $\mu > 0$ und $\lambda > 0$ gelten für

- den Erwartungswert $E(X) = \mu$,
- die Varianz $V(X) = \mu^3/\lambda$,
- den Modalwert $Mo(X) = \mu\left(\sqrt{1 + ((3\mu)/(2\lambda))^2} - ((3\mu)/(2\lambda))\right)$,
- die Schiefe $\gamma_1 = 3\sqrt{\mu/\lambda}$
- und den Exzess $\gamma_2 = 15\mu/\lambda$.

Erst wenn man alle diese Verteilungsmomente in der Gesamtschau zur Verfügung hat, kann man den Einfluss der Verteilungsparameter deuten. Jetzt wird beispielsweise klar, dass mit wachsendem Parameter λ die Dichten symmetrischer werden, weil die Schiefen $\gamma_1 = 3\sqrt{\mu/\lambda}$ kleiner werden, ebenso auch die Exzesse $\gamma_2 = 15\mu/\lambda$ und die Varianzen $V(X) = \mu^3/\lambda$.

Der folgende Satz liefert eine mögliche Begründung, weshalb im SAS-System unter dem Begriff inverser Gauß-Verteilungen ausschließlich der Fall $\mu = 1$ behandelt wird.

Definition. Eine Zufallsgröße X besitzt eine **inverse Gauß-Verteilung im engeren Sinne** mit dem Parameter $\lambda > 0$, wenn ihre Dichtefunktion für $x > 0$

$$f(x) = \sqrt{\lambda/(2\pi x^3)} \cdot \exp(-\lambda x^2/(2x))$$

ist. Die Verteilungsfunktion ist

$$F(x) = \Phi(\sqrt{\lambda/x} \cdot (x - 1)) + \exp(2\lambda) \cdot \Phi(-\sqrt{\lambda/x} \cdot (x + 1)).$$

Man kann mit den Funktionen PDF('IGAUSS',x,λ) und CDF('IGAUSS',x,λ) in SAS bequem die Dichte- und die Verteilungsfunktionen der inversen Gauß-Verteilung im engeren Sinne ermitteln.

In Abb. 3.61 ist $\mu = 1$ gewählt. Eine deckungsgleiche Abbildung erhält man, wenn Dichten und Verteilungsfunktionen der inversen Gauß-Verteilung im engeren Sinne mit $\lambda = 0.5, 1, 2$ und 5 erzeugt werden.

Satz. Wenn X eine Zufallsgröße mit inverser Gauß-Verteilung und den Parametern $\mu > 0$ und $\lambda > 0$ ist, dann ist die Zufallsgröße $t \cdot X$ mit $t > 0$, eine Zufallsgröße mit inverser Gauß-Verteilung und den Parametern $t\mu$ und $t\lambda$.

Hat man einen Generator für invers Gauß-verteilte Zufallszahlen im engeren Sinne zur Verfügung, d. h. $\mu = 1$ und $\lambda = \lambda_0/\mu_0$, so kann man aus ihnen invers Gauß-verteilte Zufallszahlen mit den Parametern μ_0 und λ_0 erzeugen, indem man die Zufallszahlen mit $t = \mu_0$ multipliziert.

Nach der Methode der Transformation der Verteilungsfunktion soll ein Zufallszahlengenerator für invers Gauß-verteilte Zufallszahlen mit den Parametern μ_0 und λ_0 konstruiert werden, zumal in SAS ein solcher fehlt. Das SAS-Programm `sas_3_47` realisiert den Algorithmus. Da die Verteilungsfunktion streng monoton wachsend ist, existieren für die Quantile eindeutige numerische Lösungen.

Man zieht eine gleichverteilte Zufallszahl z aus dem Intervall [0, 1). Gesucht wird diejenige Zahl x, für die $F_{IG}(x) = F_G(z) = z$ ist, wobei F_{IG} die Verteilungsfunktion der inversen Gauß-Verteilung und F_G die Verteilungsfunktion der Gleichverteilung bezeichnet.

Im Programm wird mit einer numerischen Genauigkeit von drei Stellen nach dem Komma gerechnet. In einer do-Schleife wird x solange um 0.001 erhöht, bis erstmals die Verteilungsfunktion $F_{IG}(x) > z$ ist. In diesem Falle wird die do-Schleife beendet.

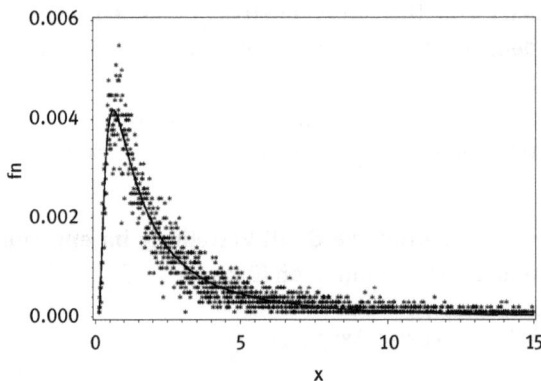

Abb. 3.62: Häufigkeitsfunktion (Sterne) von 10 000 Zufallszahlen mit inverser Gauß-Verteilung zu den Parametern $\mu = 3$ und $\lambda = 2$ und unterliegende Dichtefunktion (durchgehende Linie).

Aus den 10 000 erzeugten Zufallszahlen wurde die Häufigkeitsfunktion ermittelt und mit der Dichte verglichen (s. Abb. 3.62). Eine Abbildung von empirischer Verteilungsfunktion und unterliegender Verteilungsfunktion wäre auf Grund der geringen Unterschieds zwischen beiden Funktionen nicht informativ.

Bemerkung. Das SAS-Programm `sas_3_47` zur Erzeugung der Zufallszahlen nach der Inversionsmethode ist auf die meisten bisher besprochenen Verteilungen leicht anwendbar. Auszutauschen sind lediglich die Verteilungsfunktion F und die obere Grenze der do-Schleife, die sich nach dem jeweiligen Erwartungswert und der Streuung richtet.

3.4.10 Erlang-Verteilung

Die Erlang-Verteilung wurde von Agner Krarup Erlang bei der Modellierung der Arbeit von Telefonzentralen entwickelt. Man interessierte sich damals für die Anzahl von Telefonleitungen, die zwischen Telefonzentralen eingerichtet werden mussten. Dem damaligen Stand der Technik entsprechend wurde pro Leitung nur ein Gespräch übermittelt und möglichst viele Anrufer sollten eine freie Leitung vorfinden.

Die Erlang-Verteilung wird heute vor allem in der Warteschlangentheorie verwendet, um beispielsweise die Ankunft von Kunden zu erfassen. Die Personaleinsatzplanung der Anzahl der in einem Callcenter benötigten Mitarbeiter ist analog zur Ausgangsfragestellung der freien Telefonleitungen behandelbar.

Erlang, Agner Krarup
(* 1. Januar 1878 in Lønborg; † 3. Februar 1929 in Kopenhagen)

Definition. Eine Zufallsgröße heißt Erlang-verteilt mit dem Parameter $n \geq 0$, wenn ihre Dichte durch

$$f(x) = \begin{cases} x^{n-1}/(n-1)! \cdot e^{-x} & \text{für } x \geq 0 \\ 0 & \text{sonst} \end{cases}$$

gegeben ist.

Die Verteilungsfunktion $F(x) = \int_{-\infty}^{x} f(t)\, dt$ erhält man durch numerische Integration, lediglich für natürliches n kann man die Verteilungsfunktion durch partielle Integration als geschlossene Formel erhalten

$$F(x) = 1 - e^{-x} \cdot \sum_{i=0}^{n-1} x^i/i! \quad \text{für } x \geq 0 \,.$$

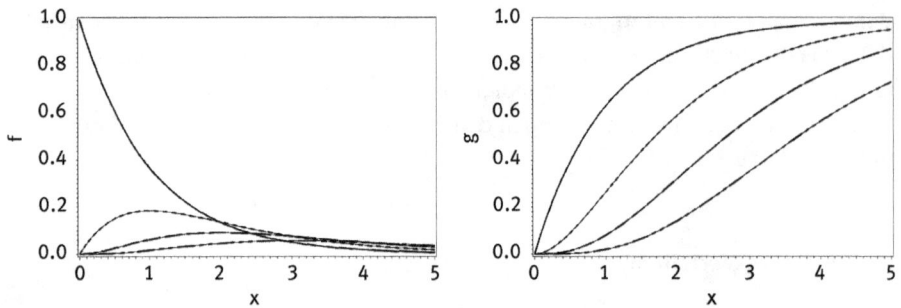

Abb. 3.63: Dichtefunktionen (links) und Verteilungsfuktionen von Erlang-Verteilungen für n = 1, 2, 3 und 5.

Die Abb. 3.63 (SAS-Programm `sas_3_48`) illustriert den Einfluss des Parameters n auf die Dichte- und Verteilungsfunktionen.

Durch partielle Integration kann man leicht zeigen, dass für den Erwartungswert und die Varianz einer Zufallsgröße X, die Erlang-verteilt zum Parameter n ist, gelten:

$$E(X) = n \quad \text{und} \quad V(X) = n.$$

Erlang-verteilte Zufallszahlen mit dem Parameter n erhält man als Summe von n unabhängigen exponentialverteilten Zufallszahlen. Da man exponentialverteilte Zufallszahlen beispielsweise aus transformierten gleichverteilten Zufallszahlen erhält, sind Erlang-verteilte Zufallszahlen auch aus gleichverteilten generierbar. Der folgende Satz fasst diese Erzeugungsprinzipien zusammen und das SAS-Programm `sas_3_49` illustriert den 1. Teil des Satzes.

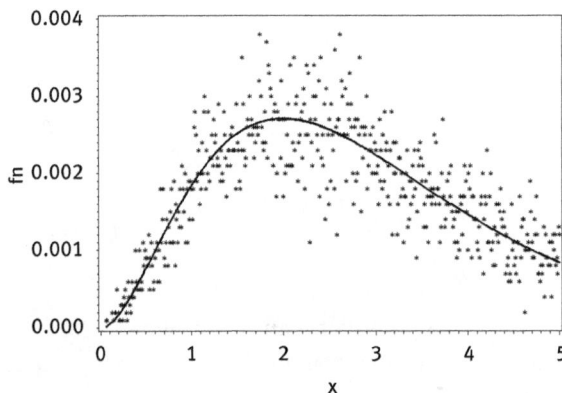

Abb. 3.64: Häufigkeitsverteilung von 100 000 Erlang-verteilten Zufallszahlen (gerundet auf zwei Dezimalstellen), generiert als Summe dreier exponentialverteilter Zufallszahlen, sowie Dichtefunktion der Erlang-Verteilung zum Parameter n = 3.

Satz. Wenn die Zufallsgrößen X_i ($i = 1, \ldots, n$) unabhängig und exponentialverteilt mit dem Parameter $\lambda = 1$ sind, so ist $Y = \sum_{i=1}^{n} X_i$ mit dem Parameter n Erlang-verteilt. Wenn die Zufallsgrößen X_i ($i = 1, \ldots, n$) unabhängig und gleichverteilt auf $[0, 1)$ sind, so ist $Y = -\log\left(\prod_{i=1}^{n} X_i\right) = -\sum_{i=1}^{n} \log(X_i) = \sum_{i=1}^{n} -\log(X_i)$ Erlang-verteilt zum Parameter n.

Bemerkung. Es gibt Verallgemeinerungen von Erlang-Verteilungen mit einem zweiten Parameter mit folgender Dichte

$$f(x) = \begin{cases} (\lambda x)^{n-1}/(n-1)! \cdot \lambda \cdot e^{-\lambda x} & \text{für } x \geq 0 \\ 0 & \text{sonst} \end{cases}.$$

Die oben beschriebenen Dichten sind ein Spezialfall dieser Dichte für $\lambda = 1$.

Die Erzeugung von Zufallszahlen dieser Verteilung gelingt als Verallgemeinerung des obigen Satzes, wenn man n Exponentialverteilungen mit dem Parameter λ zu Grunde legt.

Erlang-Verteilungen mit dem Parameter $n = 1$ sind Exponentialverteilungen.

In SAS kann man mittels RAND('Erlang',n) unmittelbar Erlang-verteilte Zufallszahlen erzeugen, die Dichte- und Verteilungsfunktionen sind mit den Funktionen PDF (**p**robability **d**ensity (mass) **f**unctions) und CDF (**c**umulative **d**istribution **f**unctions) leider nicht möglich. Deshalb wurden die Dichten und Verteilungsfunktionen mit dem SAS-Programm sas_3_50 berechnet.

3.4.11 Logistische Verteilung

Die logistische Verteilung wird in der Statistik vor allem bei Verweil- und Lebensdauern, sowie bei Wachstumsprozessen verwendet.

Für die Modellierung des Wachstums (beispielsweise des bakteriellen Wachstums) einer Population mit dem Bestand f zur Zeit t mit beschränkter Kapazität G wählt man die Differentialgleichung

$$f'(t) = k \cdot f(t) \cdot (G - f(t)).$$

Die Veränderung des Bestandes $f'(t)$ zur Zeit t ist proportional zu $k \cdot f(t)$, zum Bestand zur Zeit t und zur noch verbliebenen Kapazität $G - f(t)$. Als Lösung der Differentialgleichung ergibt sich

$$f(t) = G/(1 + \exp(-k \cdot G \cdot t) \cdot (G/f_0 - 1)),$$

wobei $f_0 = f(0)$ den Bestand zur Zeit $t = 0$ darstellt. Durch Normierungsschritte, insbesondere mit $G = 1$, erhält man die Verteilungsfunktion der logistischen Verteilung.

Definition. Eine Zufallsgröße X heißt **logistisch** verteilt mit den Parametern μ und $s > 0$, wenn sie die Wahrscheinlichkeitsdichte

$$f(x) = (e^{-(x-\mu)/s})/(s(1 + e^{-(x-\mu)/s})^2)$$

und damit die Verteilungsfunktion

$$F(x) = 1/(1 + e^{-(x-\mu)/s}) = 1/2 + (1/2) \cdot \tanh((x - \mu)/(2s))$$

besitzt.

Die mit dem SAS-Programm `sas_3_51` erzeugten Abb. 3.65 und 3.66 illustrieren den Einfluss der Parameter μ und s auf den Verlauf der Dichte- und Verteilungsfunktionen. Der Gipfel der Dichten liegt bei μ, und s ist ein Streuungsparameter.

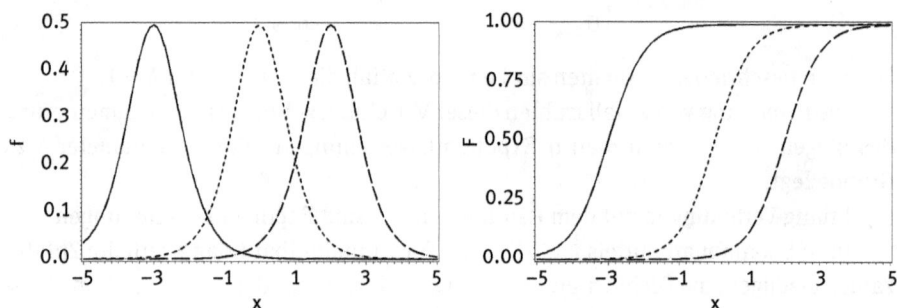

Abb. 3.65: Dichtefunktionen (links) und Verteilungsfunktionen (rechts) der logistischen Verteilung bei fixiertem $s = 0.5$ und variierendem $\mu = -3, 0$ und 2 (von links nach rechts).

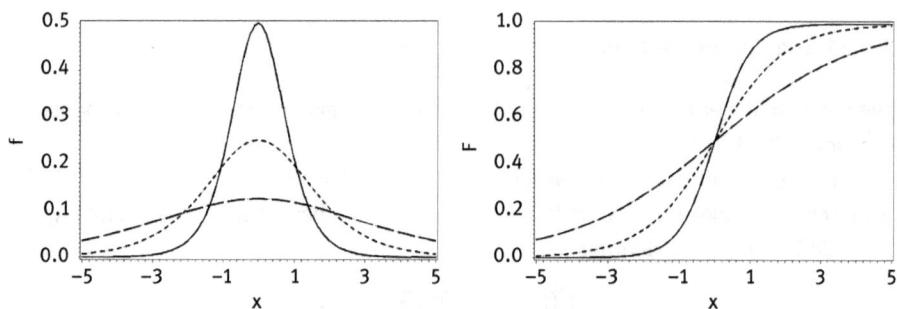

Abb. 3.66: Dichtefunktionen (links) und Verteilungsfunktionen (rechts) der logistischen Verteilung bei fixiertem $\mu = 0$ und variierendem $s = 0.5, 1$ und 2 (von oben nach unten).

Der Erwartungswert und die Varianz einer logistisch verteilten Zufallsgröße X sind

$$E(X) = \mu \quad \text{und} \quad V(X) = s^2\pi^2/3 .$$

Die Dichten der logistischen Verteilungen sind symmetrisch zum Erwartungswert μ, der gleichzeitig auch Median und Modalwert der Verteilung ist.

Die Berechnung der Quantile kann leicht über die Inverse F^{-1} der Verteilungsfunktion F erfolgen:

$$F^{-1}(p) = \mu - s \cdot \ln(p/(1-p)).$$

Damit gelingt es auf bequeme Weise, aus gleichverteilten Zufallszahlen z logistisch verteilte y zu generieren:

$$y = F^{-1}(z) = \mu - s \cdot \ln(z/(1-z)).$$

Leider ist in SAS die Erzeugung von logistisch verteilten Zufallszahlen in die Funktion RAND nicht eingebunden. Mit dem SAS-Programm sas_3_52 ist das möglich. Um die Abb. 3.67 zu erzeugen, muss man zusätzlich in elementaren data-steps die Werte der exakten Dichte an die ausgezählten Zufallszahlen anhängen und die Prozedur GPLOT für die sich ergebende Gesamtdatei aufrufen.

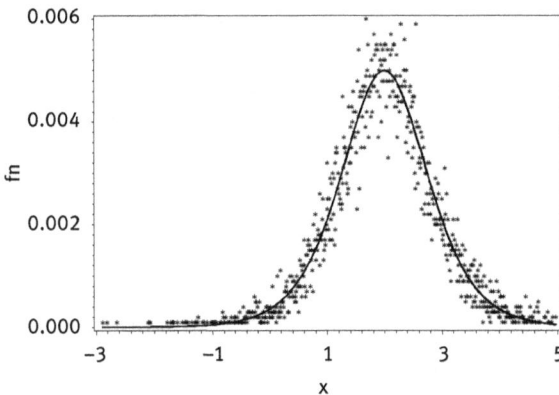

Abb. 3.67: Dichte (durchgezogene Linie) und simulierte Häufigkeitsfunktion (Sterne) von 10 000 Werten der logistischen Verteilung mit den Parametern $\mu = 2$ und $s = 0.5$.

Beispiel 3.12. Man vermutet, dass die Ausfallzeit von elektrischen Rasierapparaten logistisch verteilt ist. Als Mittelwert einer umfangreichen Stichprobe ermittelt man 11 Jahre und als empirische Varianz den Wert 2.5 (Jahre^2). Diese setzt man dem Erwartungswert $E(X) = \mu = 11$ und der Varianz $V(X) = s^2\pi^2/3 = 2.5$ gleich, um die Verteilungsparameter zu schätzen. Man erhält $\mu = 11$ und $s = \sqrt{2.5 \cdot 3/\pi^2} = 0.8717$.

Für die Wahrscheinlichkeit, dass ein elektrischer Rasierapparat länger als x Jahre hält, ergibt sich aus $P(X > x) = 1 - P(X \le x) = 1 - F(x)$.

Für die Wahrscheinlichkeit, dass ein Rasierapparat länger als 10 Jahre hält, gilt:

$$P(X > 10) = 1 - P(X \le 10) = 1 - F(10) = 1 - 1/(1 + e^{-(10-11)/0.8717}) = 0.8133.$$

Auf der anderen Seite interessiert man sich für Zeitpunkte, an denen der Anteil noch intakter Rasierapparate gerade p $(0 \le p \le 1)$ ist.

Es wird das Quantil $F^{-1}(1-p)$ gesucht. Als Zeitpunkt, an dem noch 20 % der Rasierapparate intakt sind, erhält man 9.79 Jahre, nämlich

$$F^{-1}(0.8) = 11 - 0.8717 \cdot \ln(0.8/(1-0.8)) = 9.7916.$$

3.4.12 Wichtige in SAS verfügbare Verteilungen

Im SAS-System sind zahlreiche der bekanntesten Verteilungen enthalten.

1. Mit der Funktion PDF() können für diskrete Verteilungen die Wahrscheinlichkeitsverteilung, für stetige Funktionen die Dichtefunktion angegeben werden. Die Abkürzung stammt von „**p**robability **d**ensity (mass) **f**unctions".

   Beispiel. Die Exponentialfunktion mit dem Parameter lambda an der Stelle x erhält man mit

   $$\text{PDF('EXPONENTIAL',x,lambda)}.$$

   Dabei ist das erste Argument (eingeschlossen in Hochkommata) die Verteilung, hier die Exponentialverteilung, das zweite Argument die Stelle und das dritte der Parameter der Verteilung. Die Reihenfolge der Verteilungsparameter sollte man dem Hilfesystem entnehmen. Von vielen Verteilungen gibt es zusätzlich noch Nichtzentralitätsparameter.

2. Mit der Funktion CDF() werden die Verteilungsfunktionen berechnet. Die Syntax entspricht der PDF-Funktion. Die Abkürzung steht für „**c**umulative **d**istribution **f**unctions".

   Beispiel. Die Normalverteilung zum Parameter my und sigma an der Stelle x erhält man mit

   $$\text{CDF('NORMAL',x,my,sigma)}.$$

   Fehlen aber die Parameter my und sigma im Funktionsaufruf, so wird der Wert der Standardnormalverteilung ausgegeben.

3. Mit der Funktion RAND() werden vorhandene Zufallszahlengeneratoren aufgerufen. Die Syntax ist ähnlich der PDF-Funktion, es fehlt lediglich das Argument für die Stelle x.

   Beispiel. Eine χ^2-verteilte Zufallszahl mit dem Freiheitsgrad df erhält man durch

   $$x = \text{RAND('CHISQUARE',df)}.$$

   Neben der RAND-Funktion gibt es die Möglichkeit mit

   ```
   CALL RANDGEN(result,distname<,parm1><,parm2><,parm3>);
   ```

   eine Subroutine aufzurufen, die in der Lage ist, gleich eine ganze Matrix mit dem Namen result mit Zufallszahlen zu füllen. Die Syntax ist ansonsten mit der RAND-Funktion identisch. Man kann die Initialisierung von CALL RANDGEN mittels

   ```
   CALL RANDSEED(seed);
   ```

   mit einem beliebigen Startwert seed des Generators (seed $< 2^{31} - 1$) individuell vornehmen.

4. Die Quantile von einer Vielzahl von Verteilungen können mit der Funktion
    QUANTILE(.) aufgerufen werden. Das erste Funktionsargument ist auch hier wieder der Name der Verteilung in Hochkommata eingeschlossen, gefolgt von der
    Wahrscheinlichkeit, zu der das Quantil bestimmt werden soll. Es schließen sich
    die Verteilungsparameter an, deren Reihenfolge dem Hilfesystem entnommen
    werden kann.

Beispiel. Das Quantil der t-Verteilung zum Freiheitsgrad df = 5 für p = 0.975
erhält man durch QUANTILE('t',0.975,5)

Tab. 3.18: Übersicht, zu welchen Verteilungen welche der Funktionen PDF, CDF, RAND und QUANTILE
existieren.

Verteilung	PDF	CDF	RAND	QUANTILE
Bernoulli	×	×	×	×
Beta	×	×	×	×
Binomial	×	×	×	×
Cauchy	×	×	×	×
Chi-Square	×	×	×	×
Erlang			×	
Exponential	×	×	×	×
F	×	×	×	×
Gamma	×	×	×	×
Generalized Poisson				×
Geometric	×	×	×	×
Hypergeometric	×	×	×	×
Laplace	×	×		×
Logistic	×	×		×
Lognormal	×	×	×	×
Negative Binomial	×	×	×	×
Normal	×	×	×	×
Normal Mixture	×	×		×
Pareto	×	×		×
Poisson	×	×	×	×
t	×	×	×	×
Tweedie				×
Tabled		×		
Triangular		×		
Uniform	×	×	×	×
Wald (Inverse Gaussian)	×	×		×
Weibull	×	×	×	×

4 Punktschätzungen

Die Statistik ist heutzutage sicher die meist angewandte Forschungstechnologie. Aus Beobachtungsdaten sollen begründete Aussagen abgeleitet werden. Insbesondere kann das gelingen, wenn die Datenerhebung als Stichprobe durchgeführt wird. Dabei fasst man die beobachtete Größe als Zufallsgröße auf. Aus den Daten berechnet man interessierende Parameter oder Funktionen. In der Statistik spricht man dann von Schätzungen.

Die Bewertung der Daten und der daraus abgeleiteten Schätzungen erfolgt im Kontext der Wahrscheinlichkeitstheorie. Dazu werde zunächst Begriffe und Bezeichnungen bereitgestellt.

Ihre theoretische Begründung erfährt die Statistik durch den aus dem Jahre 1933 stammenden Hauptsatz der Statistik von Gliwenko. Die Folge der empirischen Verteilungsfunktionen von Stichprobenüber einer Zufallsgröße X strebt mit wachsendem Stichprobenumfang gegen die Verteilungsfunktion von X.

Genaueres über die Art dieser Konvergenz findet man in Lehrbüchern der Wahrscheinlichkeitsrechnung.

Punktschätzungen sind Methoden zur Berechnung von interessierenden Parametern aus Stichprobendaten und demnach Stichprobenfunktionen.

4.1 Stichprobe und Stichprobenfunktion

Definition. Es sei $(X_1, \ldots, X_n)$ eine endliche Folge von unabhängigen und identisch verteilten Zufallsgrößen $X_i \sim X$, $i = 1, \ldots, n$. Diese Folge heißt Stichprobe vom Stichprobenumfang n. Eine Stichprobenfunktion ist eine auf einer Stichprobe definierte reellwertige Funktion.

Bemerkung. Es soll unterschieden werden zwischen $(X_1, \ldots, X_n)$ als mathematischer Stichprobe und einer Realisierung $(x_1, \ldots, x_n)$, die vielfach auch einfach als Stichprobe bezeichnet wird.

Beispiele für Stichprobenfunktionen:
- Wenn $X_i = X \sim N(0, 1)$ für $i = 1, \ldots, n$ standardnormalverteilte Zufallsgrößen sind, so ist

$$Y = X_1^2 + X_2^2 + \cdots + X_n^2$$

eine χ^2 – verteilte Zufallsgröße mit n Freiheitsgraden. Diese Zufallsgröße und ihre Verteilung wurde bereits in Kapitel 3 behandelt.
- Es sei $X_i = X \sim N(\mu, \sigma^2)$ verteilt für $i = 1, \ldots, n$. Dann ist

$$\bar{X} = (X_1 + X_2 + \cdots + X_n)/n$$

eine normalverteilte Zufallsgröße $\bar{X} \sim N(\mu, \sigma^2/n)$. Diese als Mittelwert bezeichnete Zufallsgröße hat den gleichen Erwartungswert wie die Ausgangsverteilung, ihre Varianz ist aber kleiner. Das ist gerade der Grund, weshalb man die Mittelwertsbildung durchführt. Große und kleine Werte mitteln sich und dadurch tritt eine Reduzierung der Streuung ein.

– Wenn $X_i = X$ für $i = 1, \ldots, n$ verteilt sind und F_X die Verteilungsfunktion von X ist, so sind die Verteilungsfunktionen der beiden Stichprobenfunktionen $Y = \max\{X_1, \ldots, X_n\}$ und $Z = \min\{X_1, \ldots, X_n\}$ durch

$$F_Y = F_Y(\max\{X_1, \ldots, X_n\}) = (F_X(X))^n$$

und

$$F_Z = F_Z(\min\{X_1, \ldots, X_n\}) = 1 - (1 - F_X(X))^n$$

gegeben.

Ein Simulationsexperiment soll die beiden letztgenannten Verteilungen F_Y und F_Z darstellen. Es werden eine Stichprobe von zwischen 0 und 1 gleichverteilten Zufallszahlen und eine Stichprobe aus standardnormalverteilten Zufallszahlen jeweils vom Umfang $n = 4$ realisiert und darauf die beiden Stichprobenfunktionen $Y = \max\{X_1, \ldots, X_n\}$ und $Z = \min\{X_1, \ldots, X_n\}$ angewandt. Führt man diesen Versuch hinreichend oft durch, im folgenden SAS-Programm 200-mal, kann man näherungsweise die Verteilungsfunktion F_Y und F_Z der Zufallsgröße Maximum bzw. Minimum durch ihre empirischen Verteilungsfunktionen der 200 Maxima und Minima gewinnen (siehe Abb. 4.1 und 4.2). Bei der Gleichverteilung auf dem Einheitsintervall ist die Verteilungsfunktion leicht handhabbar, $F(x) = x$. Dadurch gelten:

$$F_Y = F_Y(\max\{x_1, \ldots, x_n\}) = (F_X(x))^n = x^n$$

und

$$F_Z = F_Z(\min\{x_1, \ldots, x_n\}) = 1 - (1 - F_X(x))^n = 1 - (1 - x)^n.$$

4.2 Momentenmethode als Punktschätzung für Verteilungsparameter

4.2.1 Einführung der Momentenmethode an einem Beispiel

Die Vorgehensweise der Momentenmethode wird zunächst an einem Beispiel vorgeführt. Über eine Zufallsgröße X setzt man voraus, dass ihre Verteilung aus einer bestimmten Verteilungsfamilie stammt. Die Parameter der Verteilung der Zufallsgröße sind im Allgemeinen aber unbekannt. Ziel ist es, aus Momenten der Verteilung, die im allgemeinen Funktionen der Parameter der Verteilung sind, die Verteilungsparameter zu kalkulieren. Grundlage sind die Daten $x_1, x_2, \ldots, x_n$ einer konkreten Stichprobe.

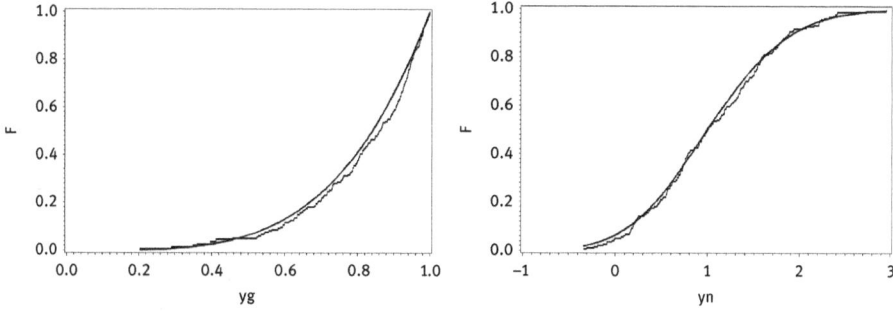

Abb. 4.1: Verteilung (volle Linie) des Maximums von n = 4 gleichverteilten (links) und standardnormalverteilten Zufallszahlen (rechts) und zugehörige empirische Verteilungen (Treppenfunktionen) beim Simulationsumfang n = 200.

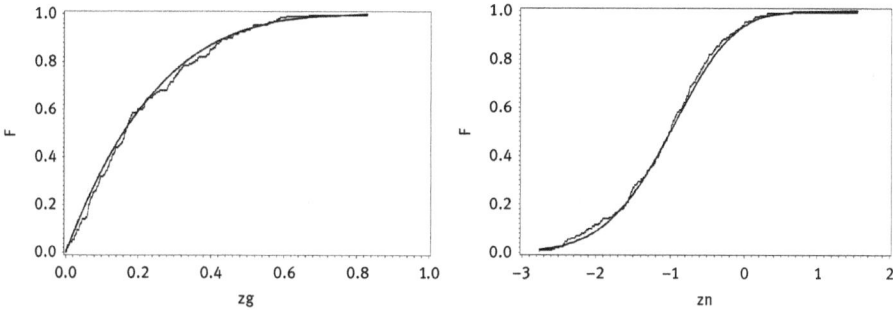

Abb. 4.2: Verteilung (volle Linie) des Minimums von n = 4 gleichverteilten (links) und standardnormalverteilten Zufallszahlen (rechts) und zugehörige empirische Verteilungen (Treppenfunktionen) beim Simulationsumfang n = 200.

Beispiel 4.1. Eine Zufallsgröße X sei Gamma-verteilt mit den Parametern b > 0 und p > 0. Ihre Dichte für x > 0 ist

$$f(x) = \frac{b^p}{\Gamma(p)} x^{p-1} e^{-bx}.$$

Als Momente der Verteilung werden der Erwartungswert, die Varianz und der Modalwert (siehe Kapitel 3) betrachtet:

$$E(X) = \frac{p}{b}, \quad V(X) = \frac{p}{b^2} \quad \text{und} \quad Mo(X) = \frac{p-1}{b}.$$

Diese drei Momente sind Funktionen der unbekannten Parameter p und b. Die empirischen Momente, die man aus der Stichprobe enthält, werden den tatsächlichen Momenten gleichgesetzt. Im Folgenden bezeichne m oder x̄ den empirischen Mittelwert und s die empirische Standardabweichung. Man benötigt genau zwei Bestimmungsgleichungen für die Parameter p und b.

A) Mit

$$E(X) = \frac{p}{b} = \bar{x} \quad \text{und} \quad V(X) = \frac{p}{b^2} = s^2$$

hat man zwei Bestimmungsgleichungen für p und b. Nach Anwendung des Gleichsetzungsverfahrens erhält man geschätzte Parameter

$$b = \frac{\bar{x}}{s^2} \quad \text{und} \quad b = \frac{(\bar{x})^2}{s^2}.$$

B) Eine weitere Schätzung würde aus der Kenntnis von Mittelwert $\bar{x}$ und empirischen Modalwert mo gelingen, denn aus den beiden Bestimmungsgleichungen

$$E(X) = \frac{p}{b} = \bar{x} \quad \text{und} \quad Mo(X) = \frac{p-1}{b} = mo$$

ergeben sich

$$b = \frac{1}{\bar{x} - mo} \quad \text{und} \quad p = \frac{\bar{x}}{\bar{x} - mo}.$$

C) Aus den Bestimmungsgleichungen

$$Mo(X) = \frac{p-1}{b} = mo \quad \text{und} \quad V(X) = \frac{p}{b^2} = s^2$$

erhält man ein drittes Bestimmungssystem, das nach Einsetzen von $p = s^2 b^2$ aus der zweiten Gleichung in die erste auf eine quadratische Gleichung führt, $s^2 b^2 - mo \cdot b - 1 = 0$, deren eine Lösung im interessierenden Bereich der positiven Parameter liegt:

$$b = \frac{mo - \sqrt{mo^2 + 4s^2}}{2s^2} \quad \text{und} \quad p = s^2 b^2.$$

Die Eigenschaften der Berechnungsmethoden A bis C sollen simuliert werden.

Mit der SAS-Funktion RAND('GAMMA',2) werden Zufallszahlen aus einer Gammaverteilung mit den Parametern $p = 2$ und $b = 1$ erzeugt. Aus deren Mittelwert $\bar{x}$ und

Tab. 4.1: Genauigkeit der Schätzung nach der Momentenmethode für die Parameter der Gamma-Verteilung wächst mit dem Stichprobenumfang n.

n	$\bar{x}$	s	mo	Methode A p_a	b_a	Methode B p_b	b_b	Methode C p_c	b_c
25	1.8654	1.7254	1.4	1.1689	0.6266	4.0077	2.1483	2.2048	0.8605
50	1.7610	1.2665	1	1.9332	1.0977	2.3139	1.3139	2.1605	1.1605
100	2.1145	1.3169	1.3	2.5778	1.2191	2.5960	1.2277	2.5879	1.2215
500	2.0259	1.4120	1.25	2.0585	1.0161	2.6110	1.2888	2.3599	1.0879
1000	2.0345	1.3829	1.3	2.1642	1.0637	2.7698	1.3614	2.4804	1.1388
10 000	1.9943	1.4135	1	1.9904	0.9980	2.0057	1.0057	2.0006	1.0006
	2	1.4142	1	2	1	2	1	2	1

der empirischen Varianz s^2 sind nach der Momentenmethode A die Parameter b_a und p_a, aus $\bar{x}$ und dem Modalwert mo nach der Momentenmethode B die Parameter b_b und p_b und schließlich mit dem Modalwert mo und der empirischen Varianz s^2 nach der Momentenmethode C die Parameter b_c und p_c der Gammaverteilung schätzbar. In Tab. 4.1 sind für einige Stichprobenumfänge n die Ergebnisse der drei Schätzmethoden angegeben. Man erkennt, dass im Allgemeinen mit wachsendem Stichprobenumfang die Genauigkeit der Schätzung wächst.

Bemerkungen. Höhere Momente werden mit wachsendem Grad schlechter geschätzt, so dass daraus resultierende Parameterberechnungen folglich auch ungenauer werden und bei wiederholter Durchführung der Schätzung eine größere Varianz hervorrufen.

Es gibt in der Regel viele Schätzmethoden für die Parameter einer Verteilung, je nachdem, von welchen Momenten aus man startet. Welche man bevorzugen sollte, wird zunächst noch zurückgestellt.

Bei sehr großen Stichprobenumfängen hat die Momentenmethode ihre Berechtigung.

4.2.2 Genauigkeit der Schätzwerte und Verteilung der Schätzungen

Für das Beispiel 4.2 liegen Schätzmethoden vor. Die Tab. 4.1 gibt nur ungenau Auskunft, für welche Schätzung man sich entscheiden sollte, da dies von der Stichprobe abhängt. Um sich davon unabhängig zu machen, wird das Zufallsexperiment vielfach durchgeführt. Die Mittelwerte und die empirischen Varianzen der drei Schätzungen geben bei oftmaligem Ziehen einer Stichprobe darüber Auskunft, wo deren Erwartungswerte und die Varianzen liegen werden. Man wird diejenige Schätzmethode bevorzugen, deren Erwartungswert am dichtesten am wahren Parameter liegt oder deren Varianz am kleinsten ist. Im Anwendungsfalle kennt man den wahren Parameter natürlich nicht.

Ein Simulationsprogramm soll über diese Eigenschaften Auskunft geben. Es werden 10 000 Stichproben vom Umfang n = 500 aus G(2, 1)-verteilten Zufallszahlen gezogen. Aus jeder Stichprobe werden der empirische Mittelwert, die empirische Streuung und der Modalwert bestimmt, mit denen die Parameter p und b der Gammaverteilung berechnet werden. Aus 10 000 errechneten Parameterwerten kann man hinreichend genau die Verteilung der Momentenschätzungen bestimmen. Man erhält folgende Ergebnisse:

1. Bei der Berechnungsmethode B handelt es sich nicht um eine Momentenschätzung. Man erhält bei zahlreichen Stichproben Modalwerte, die größer als der empirische Mittelwert sind. Das führt dazu, dass durch die Formeln $b = 1/(\bar{x}-mo)$ und $p = \bar{x}/(\bar{x} - mo)$ negative Parameter b und p entstehen, die bei der Gamma-Verteilung aber unzulässig sind.

2. Von den verbleibenden beiden Momentenschätzungen ist die Methode A der Methode C vorzuziehen, weil sowohl bei der Schätzung des Parameters p (siehe Abb. 4.3) als auch der Schätzung des Parameters b wesentlich kleinere Varianzen auftreten, d. h. die Schätzungen liegen dichter gestreut um den wahren Parameter.

3. Bildet man die statistischen Kenngrößen aller 10 000 Einzelschätzungen so wird der optische Eindruck aus den empirischen Verteilungen bestätigt (siehe Tab. 4.2).

Tab. 4.2: Beschreibende statistische Kenngrößen für die Momentenschätzungen A und C.

	M	**S**	**Minimum**	**Maximum**	**1. Quartil**	**Median**	**3. Quartil**
p_a	2.012145	0.156958	1.449822	2.734106	1.903906	2.006305	2.112448
p_c	2.216784	0.525958	1.210725	5.851594	1.836143	2.125024	2.495156
b_a	1.006720	0.084959	0.727645	1.419012	0.947688	1.003483	1.061183
b_c	1.050271	0.142775	0.702418	1.866913	0.947251	1.032656	1.136518

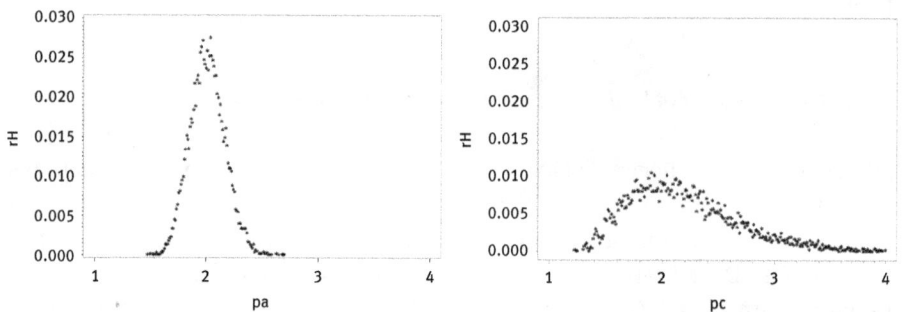

Abb. 4.3: Häufigkeitsverteilung der Schätzung des Parameters p der Gammaverteilung $G(p, b)$ = $G(2, 1)$ nach der Momentenschätzmethoden A und C.

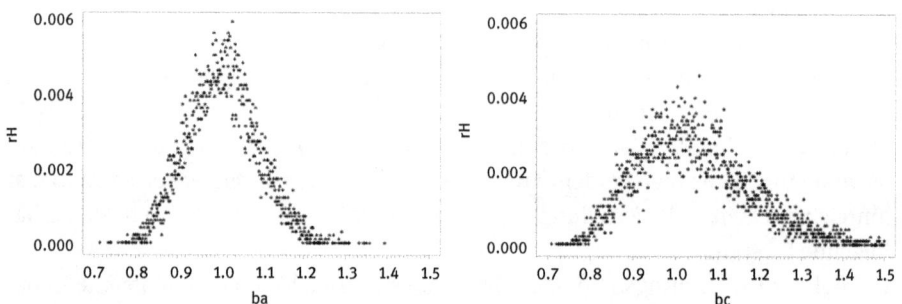

Abb. 4.4: Häufigkeitsverteilung der Schätzung des Parameters b der Gammaverteilung $G(p, b)$ = $G(2, 1)$ nach den Momentenschätzmethoden A und C.

Neben den ersten und zweiten Momenten wurde bereits der Modalwert zur Momentenschätzung der Parameter herangezogen.

Auch Quantile, sofern sie von den Parametern der Verteilung abhängen, sind oft nützlich.

Beispiel 4.2. Die Weibull-Verteilung mit den Parametern $b > 0$ und $p > 0$ ist durch die Dichtefunktion, die für $x > 0$ die Werte

$$f(x) = b \cdot p \cdot x^{p-1} \cdot \exp(-b \cdot x^p)$$

annimmt (sonst $f(x) = 0$) und die Verteilungsfunktion,

$$F(x) = 1 - \exp(-b \cdot x^p)$$

definiert.

Aus der Verteilung sind die z-Quantile

$$q_z = (-\log(1 - z)/b)^{1/p}$$

leicht kalkulierbar, aus denen man die unbekannten Verteilungsparameter p und q bestimmen kann. Sind aus der Stichprobe beispielsweise die beiden Quartile q_{25} und q_{75} empirisch bestimmt, gewinnt man daraus die Bestimmungsgleichungen

$$q_{25} = (-\log(0.75)/b)^{1/p} \quad \text{und} \quad q_{75} = (-\log(0.25)/b)^{1/p},$$

und die Lösungen

$$p = \log\left(\frac{\log(0.25)}{\log(0.75)}\right) / \log\left(\frac{q_{75}}{q_{25}}\right) \quad \text{und} \quad b = \frac{q_{25}}{(-\log(0.75))^{1/p}} = \frac{q_{75}}{(-\log(0.25))^{1/p}}.$$

Für $p = 2$ und $b = 5$ wurden mit der SAS-Funktion RAND('WEIBULL', 2, 5) Weibull-verteilte Zufallszahlen erzeugt. Die aus den Stichproben geschätzten Parameter p und b findet man in Tab. 4.3. Man erkennt, dass mit wachsendem Stichprobenumfang n sowohl die Quantil- als auch die Parameterschätzungen genauer werden und gegen den wahren Wert der Weibull-Verteilung konvergieren.

Tab. 4.3: Auswirkung der Genauigkeit der Momentenschätzung für die Parameter $p = 2$ und $b = 5$ der Weibull-Verteilung mit Stichprobenumfang n im Simulationsexperiment.

n	q_{25}	q_{75}	P	b
25	2.91639	6.03171	2.16399	5.18666
50	2.46031	5.97658	1.77174	4.97036
100	2.81897	5.77228	2.19414	4.97388
500	2.44589	5.87327	1.79512	4.89618
1000	2.57206	5.97022	1.86745	5.01220
10 000	2.64295	5.92091	1.94960	5.00757
	2.68180	5.88701	2	5

Aufgabe 4.1. Konstruieren sie analog zu obigen Momentenschätzungen für die Parameter der Weibull-Verteilung die Schätzungen aus den Quantilen q_{50}, q_{80} und q_{95}. Überprüfen Sie die Verteilungen der Momentenschätzungen für den Stichprobenumfang n = 100 durch ein Simulationsexperiment mit den Tabellenwerten.

4.2.3 Weitere Beispiele für Momentenschätzungen

Tab. 4.4: Momentenschätzungen.

Verteilung	zur Kalkulation benötigte Momente		Lösung
Beta-Verteilung	$E(X) = a + \dfrac{(b-a)p}{p+q}$	$V(X) = \dfrac{(b-a)^2 pq}{(p+a)^2(p+q+1)}$	Für a = 0 und b = 1: $q = \dfrac{(m-1)(ms^2 + m - 1)}{ms^2}$ und $p = -(ms^2 + m - 1)/s^2$
Laplace-Verteilung	$E(X) = \mu$		$\mu = m$
		$V(X) = 2\sigma^2$	$\sigma = s/\sqrt{2}$
Logistische Verteilung	$E(X) = \mu$		$\mu = m$
		$V(X) = \sigma^2$	$\sigma = s$
Log-normal-Verteilung	$E(X) = e^{\mu + \frac{\sigma^2}{2}}$	$Q_{50} = e^\mu$	$\sigma = \sqrt{2(\ln(m) - \ln(q_{50}))}$ $\mu = \ln(q_{50})$
Maxwell-Verteilung	$E(X) = \dfrac{2\sigma\sqrt{2}}{\sqrt{\pi}}$		$\sigma = \dfrac{m}{2}\sqrt{\dfrac{\pi}{2}}$
		$V(X) = \left(3 - \dfrac{8}{\pi}\right)\sigma^2$	$\sigma = \dfrac{s}{\sqrt{3 - 8/\pi}}$
Rayleigh-Verteilung	$E(X) = \sqrt{\pi\lambda}/2$		$\lambda = 4m^2/\pi$
		$V(X) = \lambda\left(1 - \dfrac{\pi}{4}\right)$	$\lambda = \dfrac{4s^2}{4-\pi}$
Weibull-Verteilung	$q_{50} = 1 - \exp(-bq_{50}^p)$	$q_{75} = 1 - \exp(-bq_{75}^p)$	$p = \ln(0.5)/\ln\left(\dfrac{q_{50}}{q_{75}}\right)$ $b = -\ln(0.5)/\ln\left(q_{50}^p\right)$
		$E(X) = b^{-\frac{1}{p}}\Gamma\left(\dfrac{1}{p} + 1\right)$	Lösung des nichtlinearen Gleichungssystems näherungsweise möglich
Gleich-verteilung auf [a,b]	$E(X) = \dfrac{a+b}{2}$	$V(X) = \dfrac{(b-a)^2}{12}$	$a = m - \sqrt{3}\cdot s$ $b = m + \sqrt{3}\cdot s$
Geometr. Verteilung	$E(X) = \dfrac{1}{1-p}$		$p = 1 - 1/m$
		$V(X) = \dfrac{p}{(1-p)^2}$	$p = (1 + 2s - \sqrt{1 + 4s})/(2s)$

4.3 Maximum-Likelihood-Schätzungen

Die Maximum-Likelihood-Methode bezeichnet ein spezielles Schätzverfahren für Parameter von Verteilungen. Dabei geht man so vor, dass derjenige Parameter als Schätzung ausgewählt wird, für den die realisierende Stichprobe am mutmaßlichsten erscheint. Man wählt den Parameter so, dass der Stichprobe
- im diskreten Falle die größte Wahrscheinlichkeit und
- im stetigen Falle dem Produkt der Dichten an den Stellen der Stichprobe der größte Wert zukommt.

Um beide Fälle einzuschließen sollte das englische Wort **likelihood** nicht mit Wahrscheinlichkeit **probability**, sondern mit Mutmaßlichkeit übersetzt werden.

Das Maximum-Likelihood-Prinzip ist ein Grundprinzip. Man glaubt, dass der realisierten Stichprobe die größte Mutmaßlichkeit unter allen denkbaren Stichproben zukommt. Wenn es Stichproben gäbe, die eine höhere Mutmaßlichkeit hätten, so würden diese realisiert.

Hat man früher geglaubt, dass aus Stichproben keine gültigen Aussagen zu gewinnen sind, dann ist das Maximum-Likelihood-Prinzip die vollkommene Umkehrung dessen.

4.3.1 Einführungsbeispiel für eine diskrete Zufallsgröße

Es sei X eine binomialverteilte Zufallsgröße, $X \sim B(n, p)$, wobei p eine unbekannte Wahrscheinlichkeit ist und aus einer Stichprobe zu schätzen ist. Die Wahrscheinlichkeit, dass in einer Stichprobe vom Umfang n genau k-mal das interessierende Ereignis eintritt, ist eine Funktion, die nur vom unbekannten Parameter abhängt,

$$L(p) = P(X = k) = \binom{n}{k} p^k (1 - p)^{n-k}.$$

Sie heißt Likelihoodfunktion. Der Parameter p ist so zu bestimmen, dass $L(p)$ zum Maximum wird. Aus technischen Gründen wird der Übergang von $L(p)$ zu $\ln L(p)$ (der Logarithmus ist ordnungserhaltend!) durchgeführt, wodurch nicht die Maximalstelle verändert wird,

$$\ln(L(p)) = \ln \binom{n}{k} + k \cdot \ln(p) + (n - k) \cdot \ln(1 - p).$$

Die extremwertverdächtige Stelle erhält man durch klassische Verfahren der Analysis. Die Ableitung von $\ln(L(P))$ nach dem Parameter p und Nullsetzen ergibt eine Bestimmungsgleichung für eine extremwertverdächtige Stelle p_0,

$$\frac{\partial \ln(L(p))}{\partial p} = 0 = \frac{k}{p} - \frac{n-k}{1-p}.$$

Daraus ermittelt man als extremwertverdächtige Stelle

$$p_0 = \frac{k}{n}.$$

Die hinreichende Bedingung für ein Maximum,

$$\frac{\vartheta^2 \ln(L(p))}{\vartheta p^2} = -\frac{k}{p^2} - \frac{(n-k)p}{(1-p)^2} < 0,$$

ist für jedes p, also auch für p_0 erfüllt.

Bemerkungen. Der Übergang von L(p) zu ln(L(p)) wandelt das abzuleitende Produkt in eine Summe von Logarithmen um. Die aufwändige Ableitung eines Produktes mittels Produktregel kann durch die gewöhnliche Ableitung der Summe der Logarithmen der Faktoren ersetzt werden.

Die Maximum-Likelihood-Schätzung des Parameters p der Binomialverteilung ist identisch mit der Momentenschätzung, bei der man den Erwartungswert E(p) der binomialverteilten Zufallsgröße X ~ B(n, p) dem beobachteten k der Stichprobe gleichsetzt. Aus der Gleichung E(X) = n · p = k erhält man ebenfalls p_0 = k/n.

In der Regel sind Maximum-Likelihood-Schätzungen und Momentenschätzungen verschieden von einander.

4.3.2 Einführungsbeispiel für eine stetige Zufallsgröße

Bei der Schätzung der Parameter von stetigen Zufallsgrößen ist die Likelihoodfunktion das Produkt der Dichtefunktion für die Realisierung der Stichprobe. Es sei $(x_1, \ldots, x_n)$ die Realisierung einer Stichprobe $(X_1, \ldots, X_n)$ aus Normalverteilungen, $X_i \sim N(\mu, \sigma^2)$.

Die Likelihood-Funktion, das Produkt der Dichte an den Stellen, die durch die Stichprobe realisiert wurden, ist eine Funktion der zwei Veränderlichen µ und σ,

$$L(\mu, \sigma^2) = \prod_{i=1}^{n} f(x_i) = \prod_{i=1}^{n} \frac{1}{\sqrt{2\pi}\sigma} \exp\left(-\frac{(x_i - \mu)^2}{2\sigma^2}\right).$$

Schätzung für den Parameter µ

Es wird ebenfalls analog zum diskreten Fall der Übergang von $L(\mu, \sigma^2)$ zu $\ln(L(\mu, \sigma^2))$ durchgeführt

$$\ln(L(\mu, \sigma^2)) = \sum_{i=1}^{n} \left(-\ln(\sqrt{2\pi}\sigma) - \frac{(x_i - \mu)^2}{2\sigma^2}\right).$$

Die partielle Ableitung nach µ bilden

$$\frac{\partial \ln(L(\mu, \sigma^2))}{\partial \mu} = \frac{1}{\sigma^2} \sum_{i=1}^{n} (x_i - \mu),$$

und Nullsetzen ergibt:

$$\mu_0 = \frac{1}{n}\left(\sum_{i=1}^{n} x_i\right).$$

Die Überprüfung der hinreichenden Bedingung, dass der extremwertverdächtige Punkt auch ein Maximum ist, $\frac{\partial^2 \ln(L(\mu,\sigma^2))}{\partial \mu^2} < 0$, wird dem Leser überlassen.

Bemerkung. Die gefundene Maximum-Likelihood-Schätzung für den Parameter stimmt mit der Momentenmethode überein.

Schätzung für den Parameter σ

Die partielle Ableitung von $\ln(L(\mu, \sigma^2))$ nach σ werden gebildet und Null gesetzt, um die Extremwert verdächtigen Punkte zu erhalten:

$$\sigma_0^2 = \frac{1}{n}\left(\sum_{i=1}^{n}(x_i - \mu)^2\right).$$

Die Überprüfung der hinreichenden Bedingung, dass der extremwertverdächtige Punkt auch ein Maximum ist, $\frac{\partial^2 \ln(L(\mu,\sigma^2))}{\partial \sigma^2} < 0$, wird dem Leser überlassen.

Bemerkung. Die gefundene Maximum-Likelihood-Schätzung (MLH-Schätzung) für den Parameter σ stimmt nicht mit der Momentenmethode überein. Setzt man die Stichprobenvarianz, die empirische Varianz $s = \frac{1}{n-1}(\sum_{i=1}^{n}(x_i - \bar{x})^2)$, der Varianz gleich, so erhält man eine asymptotische Übereinstimmung. Später wird sich zeigen, dass die Zufallsgröße Stichprobenvarianz erwartungstreu ist. Die MLH-Schätzung ist im Allgemeinen nur asymptotisch erwartungstreu.

4.3.3 Erwartungstreue und asymptotische Erwartungstreue von Punktschätzungen

Schätzungen sind Zufallsgrößen. Dadurch ist es sinnvoll, über Erwartungswerte und Varianzen nachzudenken, wie es bereits im Abschnitt „Genauigkeit der Schätzung" bei der Momentenmethode anklang.

Von einer Schätzung $\widetilde{A}$ für den unbekannten Parameter a wäre es wünschenswert, dass der Erwartungswert der Schätzung mit dem Parameter zusammenfällt. Wenn das der Fall ist, heißt eine solche Schätzung **erwartungstreu**:

$$E(\widetilde{A}) = a.$$

Leider ist das nicht immer so. Sehr oft muss man sich damit begnügen, dass die Schätzung einen so genannten **Bias** B hat:

$$B = E(\widetilde{A}) - a.$$

Hängt der Bias einer Schätzung vom Stichprobenumfang n ab (B = B_n) und verschwindet dieser mit wachsendem n, so nennt man die Schätzung **asymptotisch erwartungstreu:**

$$\lim_{n\to\infty} B_n = 0 \quad \text{oder} \quad \lim_{n\to\infty} E(\tilde{A}) = a.$$

Die Untersuchung von Schätzungen auf diese Eigenschaften hin ist aufwändig. Glücklicherweise gibt es einen Satz, der inhaltlich besagt, dass Maximum-Likelihood-Schätzungen zumindest asymptotisch erwartungstreu sind. Darüber hinaus haben sie unter allen sogenannten regulären Schätzungen die hervorragenden Eigenschaften, dass

- ihre Varianz asymptotisch gesehen die so genannte Minimalvarianz ist, die von anderen regulären Schätzungen nicht unterboten werden kann,
- diese Minimalvarianz leicht ausgerechnet werden kann und
- die Schätzung asymptotisch $N(\mu, \sigma^2)$ normalverteilt ist, wobei μ der zu schätzende Parameter und σ^2 die Minimalvarianz darstellen. Damit lassen sich leicht asymptotische Konfidenzintervalle bestimmen, wie im nächsten Kapitel ausgeführt wird.

Beispiel 4.3. Die Schätzung der Allelwahrscheinlichkeit p = P(A) in einem Zweiallelenmodell mit den Allelen A und B an einem Locus, wenn jeder Genotyp beobachtet werden kann, ist eine erwartungstreue Schätzung.

Die Genotypenwahrscheinlichkeiten werden nach dem Hardy-Weinberg-Gesetz bestimmt:

$$P(AA) = p^2, P(AB) = 2p(1-p) \quad \text{und} \quad P(BB) = (1-p)^2.$$

Eine Stichprobe aus dieser polynomialverteilten Grundgesamtheit liefert n_{AA}-mal die Genotypen AA, n_{AB}-mal die Genotypen AB und n_{BB}-mal Genotyp BB. Als Likelihood-Gleichung erhält man

$$L(p) = \binom{n}{n_{AA} \quad n_{AB} \quad n_{BB}} (p^2)^{n_{AA}} (2p(1-p))^{n_{AB}} ((1-p)^2)^{n_{BB}}.$$

Die Maximum-Likelihood-Schätzung für die Allelwahrscheinlichkeit ist

$$p_1 = \frac{2n_{AA} + n_{AB}}{2n}.$$

Bevor allgemein gezeigt wird, dass die Schätzung für jeden Stichprobenumfang n erwartungstreu ist, soll der Spezialfall n = 1 behandelt werden. Die drei möglichen Resultate, eine Stichprobe vom Umfang n = 1 zu ziehen, sind entweder $n_{AA} = 1$ oder $n_{AB} = 1$ oder $n_{BB} = 1$. Sie sind in Tab. 4.5 aufgelistet:

Tab. 4.5: Zweiallelensystem ohne Dominanz – mögliche Resultate des Ziehens der Genotypen bei einer Stichprobe vom Umfang $n = 1$.

n_{AA}	n_{AB}	n_{BB}	$p_1 = \dfrac{2n_{AA} + n_{AB}}{2n}$	Wkt.
1	0	0	1	p^2
0	1	0	$\frac{1}{2}$	$2p(1-p)$
0	0	1	0	$(1-p)^2$

Mit Tab. 4.5 ist der Erwartungswert kalkulierbar,

$$E(p_1) = 1 \cdot p^2 + \frac{1}{2} \cdot (2p(1-p)) + 0 \cdot (1-p)^2 = p,$$

und man erhält für den Stichprobenumfang $n = 1$: Die Schätzung ist erwartungstreu, sie liefert den Parameter p.

Allgemein sind die Anzahl N_{AA} der Homozygoten AA und die Anzahl N_{AB} der Heterozygoten AB jeweils binomialverteilt, und zwar

$$N_{AA} \sim B(2n, p^2) \quad \text{und} \quad N_{AB} \sim B(2n, 2p(1-p)).$$

Dann ist

$$E(p_1) = E\left(\frac{2N_{AA} + N_{AB}}{2n} \right) = \frac{1}{2n}(2E(N_{AA}) + E(N_{AB})) = \frac{1}{2n}(2np^2 + n \cdot 2p(1-p)) = p \quad \square$$

Beispiel 4.4. Die Schätzung der Allelwahrscheinlichkeit $p = P(A)$ in einem Zweiallelenmodell mit den Allelen A und B an einem Locus, wenn das Allel B über A dominiert, ist nicht erwartungstreu. Sie ist eine asymptotisch erwartungstreue Schätzung.

Die Geno- und Phänotypenwahrscheinlichkeiten werden nach dem Hardy-Weinberg-Gesetz bestimmt:

$$P(AA) = p^2, \quad P(B.) = 2p(1-p) + (1-p)^2 = 1 - p^2.$$

Eine Stichprobe aus dieser binomialverteilten Grundgesamtheit liefert n_{AA}-mal die Genotypen AA und $n_{B.}$-mal die Phänotypen B. Als Likelihood-Gleichung erhält man

$$L(p) = \binom{n}{n_{AA}\ \ n_{B.}} (p^2)^{n_{AA}} (1 - p^2)^{n_{B.}}.$$

Die Maximum-Likelihood-Schätzung für die Allelwahrscheinlichkeit ist

$$p_2 = \sqrt{\frac{n_{AA}}{n}}.$$

Bevor allgemein gezeigt wird, dass die Schätzung für jeden Stichprobenumfang n nicht erwartungstreu ist, soll der Spezialfall $n = 1$ behandelt werden. Die möglichen Resultate, eine Stichprobe vom Umfang $n = 1$ zu ziehen, sind in Tab. 4.6 aufgelistet:

Tab. 4.6: Vererbungsmodell mit zwei Allelen, B dominiert über A – mögliche Resultate des Ziehens der Geno- und Phänotypen bei einer Stichprobe vom Umfang n = 1.

n_{AA}	n_B.	$p_2 = \sqrt{n_{AA}/n}$	Wkt.
1	0	1	p^2
0	1	0	$1 - p^2$

Damit ist der Erwartungswert kalkulierbar und man erhält für den Stichprobenumfang n = 1:

$$E(p_2) = 1 \cdot p^2 + 0 \cdot (1 - p^2) = p^2 \neq p.$$

Die Schätzung ist nicht erwartungstreu, sie liefert p^2 und nicht den Parameter p.

Allgemein sind die Anzahlen N_{AA} der Homozygoten AA binomialverteilt $N_{AA} \sim B(n, p^2)$. Dann ist

$$E(p_2) = E\left(\sqrt{\frac{N_{AA}}{n}} \right) = \sum_{N_{AA}=1}^{n} \left(\sqrt{\frac{N_{AA}}{n}} \right) \cdot \binom{n}{N_{AA}} (p^2)^{N_{AA}} (1 - p^2)^{n - N_{AA}} \neq p.$$

Beispiel 4.5. Die Schätzung der Allelwahrscheinlichkeit p = P(A) in einem Zweiallelenmodell mit den Allelen A und B an einem Locus, wenn das Allel A über B dominiert, ist nicht erwartungstreu. Sie ist aber eine asymptotisch erwartungstreue Schätzung.

Die Geno- und Phänotypenwahrscheinlichkeiten werden nach dem Hardy-Weinberg-Gesetz bestimmt:

$$P(BB) = (1 - p)^2, P(A.) = 1 - (1 - p)^2.$$

Eine Stichprobe aus dieser binomialverteilten Grundgesamtheit liefert n_A.-mal die Phänotypen A. und n_{BB}-mal die Genotypen BB. Als Likelihood-Gleichung erhält man

$$L(p) = \binom{n}{n_A.} (1 - (1 - p)^2)^{n_A.} ((1 - p)^2)^{n_{BB}}.$$

Die Maximum-Likelihood-Schätzung für die Allelwahrscheinlichkeit ist

$$p_3 = 1 - \sqrt{\frac{n_{BB}}{n}}.$$

Bevor allgemein gezeigt wird, dass die Schätzung für jeden Stichprobenumfang n nicht erwartungstreu ist, soll der Spezialfall n = 1 behandelt werden. Die möglichen Resultate, eine Stichprobe vom Umfang n = 1 zu ziehen, sind in Tab. 4.7 aufgelistet:

Tab. 4.7: Vererbungsmodell mit zwei Allelen, A dominiert über B – mögliche Resultate des Ziehens der Phäno- und Genotypen bei einer Stichprobe vom Umfang n = 1.

n_A.	n_{BB}	$p_3 = 1 - \sqrt{n_{BB}/n}$	Wkt.
1	0	1	$1 - (1 - p)^2$
0	1	0	$(1 - p)^2$

Mit Tab. 4.7 ist der Erwartungswert kalkulierbar,

$$E(p_3) = 1 \cdot (1 - (1 - p)^2) + 0 \cdot (1 - p)^2 = 1 - (1 - p)^2 \neq p,$$

und man erhält für den Stichprobenumfang n = 1: Die Schätzung ist nicht erwartungstreu, sie liefert $1 - (1 - p)^2$ und damit nicht den Parameter p.

Allgemein sind die Anzahl N_{BB} der Homozygoten BB binomialverteilt N_{BB} ~ $B(n, (1 - p)^2)$. Dann ist

$$E(p_3) = \sum_{N_{BB}=1}^{n} \left(1 - \sqrt{\frac{N_{BB}}{n}} \right) \cdot \left(\binom{n}{N_{BB}} (1 - (1 - p)^2)^{n - N_{BB}} ((1 - p)^2)^{N_{BB}} \right) \neq p.$$

Die Abb. 4.5 enthält die Erwartungswertfunktionen der Schätzungen $p_2 = \sqrt{n_{AA}/n}$ und $p_3 = 1 - \sqrt{n_{BB}/n}$ in Abhängigkeit vom Parameter p = P(A). Sie wurden mit dem SAS-Programm Erwartung_p2.sas erstellt. Man erkennt in beiden Fällen die asymptotische Erwartungstreue, denn mit wachsendem Stichprobenumfang nähern sich die Erwartungswertfunktionen der Geraden f(p) = p, die für den Parameter p = P(A) steht. Die Schätzung p_2 unterschätzt und p_3 überschätzt den wahren Parameter.

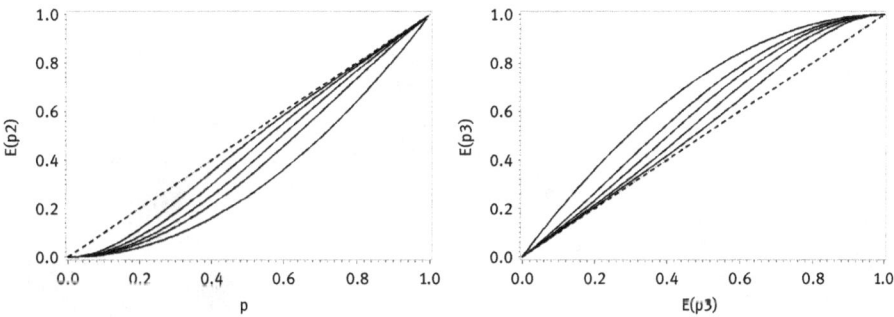

Abb. 4.5: Erwartungswertfunktionen E(p_2) (linke Seite) und E(p_3) (rechte Seite) für die Stichprobenumfänge n = 1, 2, 3, 5 und 10, einschließlich der Geraden f(p) = p, die für den Parameter p = P(A) steht (gestrichelt).

4.3.4 Varianz und asymptotische Minimalvarianz von MLH-Punktschätzungen

MLH-Schätzungen haben unter allen sogenannten regulären Schätzungen die hervorragende Eigenschaft, dass
- ihre Varianz asymptotisch gegen die so genannte Minimalvarianz konvergiert, die von anderen regulären Schätzungen nicht unterboten werden kann

$$\lim_{n \to \infty} V(\tilde{A}) = V_{min}(A),$$

- diese Minimalvarianz leicht ausgerechnet werden kann und

– die Schätzung asymptotisch $N(\mu, \sigma^2)$ normalverteilt ist, wobei μ der zu schätzende Parameter und σ^2 die Minimalvarianz darstellen. Damit lassen sich leicht asymptotische Konfidenzintervalle bestimmen, wie im nächsten Kapitel ausgeführt wird.

Diese Minimalvarianz ist nach dem Satz von **Rao, Cramer und Darmois** gegeben. Im diskreten Fall, wenn die Zufallsgröße X die Wahrscheinlichkeitsfunktion $P(X = x_i) = p_i$ an ihrer wesentlichen Wertemenge der x_i besitzt und wenn $\widetilde{A}$ die MLH-Schätzung des Verteilungsparameters a ist, dann gilt

$$\lim_{n \to \infty} V(\widetilde{A}) = V_{\min}(A) = \frac{1}{n \sum\limits_i \left(\dfrac{d \log(p_i(a))}{da} \right)^2 p_i(a)}.$$

Im stetigen Fall, wenn die Zufallsgröße die Dichtefunktion f besitzt, gilt:

$$\lim_{n \to \infty} V(\widetilde{A}) = V_{\min}(A) = \frac{1}{n \int\limits_{-\infty}^{\infty} \left(\dfrac{d \log(f(x_i, a))}{da} \right)^2 f(x, a)dx}.$$

Rao, Calyampudi Radhakrishna
(* 10. September 1920
in Hadagali, Karnataka)

Cramér, Harald
(* 25. September 1893 in Stockholm;
† 5. Oktober 1985 in Stockholm)

Darmois, Georges
(* 24. Juni 1888 in Éply;
† 5. Januar 1960 in Paris)

Beispiel 4.6 (Schätzung der Minimalvarianz des Parameters p der Binomialverteilung B(n, p)). Als MLH-Schätzung erhält man $\widetilde{p} = k/n$. Zunächst erkennt man, dass die MLH-Schätzung erwartungstreu ist:

$$E(\widetilde{p}) = \sum_{k=0}^{n} \left(\frac{k}{n} \right) \binom{n}{k} p^k (1 - p)^{n-k} = \frac{1}{n} \sum_{k=0}^{n} k \binom{n}{k} p^k (1 - p)^{n-k} = \frac{1}{n} E(X) = \frac{np}{n} = p.$$

Weiterhin kann man die Varianz der Schätzung angeben,

$$V(\widetilde{p}) = \sum_{k=0}^{n} \left(\frac{k}{n} - p \right)^2 \binom{n}{k} p^k (1 - p)^{n-k} = \frac{1}{n^2} \sum_{k=0}^{n} (k - np)^2 \binom{n}{k} p^k (1 - p)^{n-k}$$

$$= \frac{1}{n^2} V(X) = \frac{np(1 - p)}{n^2} = \frac{p(1 - p)}{n},$$

und mit der Minimalvarianz vergleichen:

Aus $\log(p_k) = \log\binom{n}{k} + k\log(p) + (n-k)\log(1-p)$ erhält man

$$\frac{d\log(p_k)}{dp} = \frac{k}{p} - \frac{n-k}{1-p} = \frac{k-np}{p(1-p)},$$

woraus sich die Minimalvarianz ergibt:

$$V_{min}(p) = \frac{1}{n\left(\sum\limits_k \left(\frac{k-np}{p(1-p)}\right)^2\right)\binom{n}{k}p^k(1-p)^{n-k}}$$

$$= \frac{1}{\dfrac{n}{(p(1-p))^2}\left(\sum\limits_{k=0}^{n}(k-np)^2\binom{n}{k}p^k(1-p)^{n-k}\right)}$$

$$= \frac{1}{\dfrac{n}{(p(1-p))^2}V(X)} = \frac{1}{\dfrac{n}{(p(1-p))^2}(np(1-p))} = \frac{p(1-p)}{n^2}.$$

Aufgabe 4.2. Zeigen Sie, dass Minimalvarianz nach Rao/Cramer und Varianz der Schätzung $\tilde{\mu} = \frac{1}{n}\sum_{i=1}^{n} x_i$ für den Parameter σ der Normalverteilung $N(\mu, \sigma^2)$ übereinstimmend σ^2/n sind.

Ein Simulationsprogramm (Konvergenz_m_Normal.sas) illustriert diese Aufgabe, dass die Zufallsgröße $\tilde{\mu}$ (MLH-Schätzung des Parameters μ) sehr gut durch die Normalverteilung $N(\mu, \sigma^2/n)$ beschrieben wird. Dazu werden 10 000 Stichproben vom Umfang n = 10 gezogen, daraus die MLH-Schätzung von μ, der Mittelwert $\tilde{\mu} = \frac{1}{n}\sum_{i=1}^{n} x_i$, bestimmt. Die empirische Verteilung dieser 10 000 Mittelwerte wird mit $N(\mu, \sigma^2/n)$ verglichen und weitestgehend Übereinstimmung festgestellt (siehe Abb. 4.6).

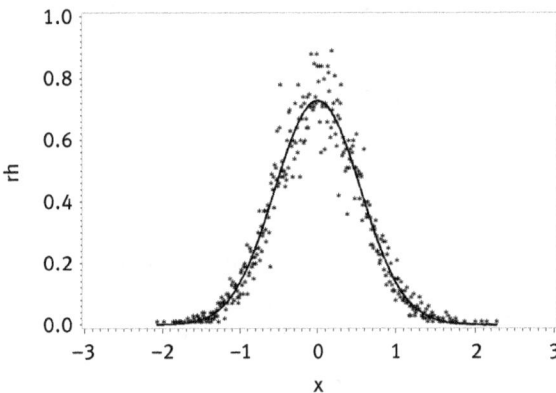

Abb. 4.6: Relative Häufigkeiten von 10 000 Mittelwerten aus Stichproben vom Umfang n = 10 (gepunktet) und zugehörige Normalverteilungsdichte (volle Linie).

Aufgabe 4.3.

1. Berechnen Sie für ein Vererbungsmodell, bei dem zwei Allele A und B an einem Locus variieren und bei voller Beobachtbarkeit aller Genotypen AA, AB und BB die Varianz der MLH-Schätzung der Allelfrequenz p = P(A). Zeigen Sie, dass asymptotisch gilt:

$$\widetilde{p_1} = \frac{2n_{AA} + n_{AB}}{2n} \overset{n \to \infty}{\longrightarrow} N\left(p, \frac{p(1-p)}{2n}\right).$$

2. Berechnen Sie für ein Vererbungsmodell, bei dem zwei Allele A und B an einem Locus variieren und bei dem B über A dominiert die Varianz der MLH-Schätzung. Zeigen Sie, dass asymptotisch gilt:

$$\widetilde{p_2} = \sqrt{\frac{n_{AA}}{n}} \overset{n \to \infty}{\longrightarrow} N\left(p, \frac{1-p^2}{4n}\right).$$

3. Berechnen Sie für ein Vererbungsmodell, bei dem zwei Allele A und B an einem Locus variieren und bei dem A über B dominiert die Varianz der MLH-Schätzung. Zeigen Sie, dass asymptotisch gilt:

$$\widetilde{p_3} = 1 - \sqrt{\frac{n_{BB}}{n}} \overset{n \to \infty}{\longrightarrow} N\left(p, \frac{2p - p^2}{4n}\right).$$

4. Geben Sie die asymptotische Minimalvarianz der MLH-Schätzung des Parameters λ der Poissonverteilung an. Illustrieren Sie, dass asymptotisch gilt

$$\widetilde{\lambda} = \bar{x} \overset{n \to \infty}{\longrightarrow} N\left(\lambda, \frac{\lambda}{n}\right).$$

5. Geben Sie die asymptotische Minimalvarianz der MLH-Schätzung des Parameters α der Exponentialverteilung an. Illustrieren Sie, dass asymptotisch gilt

$$\widetilde{\alpha} = \frac{1}{\bar{x}} \overset{n \to \infty}{\longrightarrow} N\left(\alpha, \frac{\alpha^2}{n}\right).$$

4.4 EM-Algorithmus zur Schätzung von Allelfrequenzen

4.4.1 Einleitung

Die Schätzung von Allelwahrscheinlichkeiten in Mehrallelensystemen ist nur so lange einfach, wie kein Allel dominiert. Dann lässt sie sich nämlich durchführen analog zum Zweiallelenfall ohne Dominanz. Die Schätzformel ist eine verallgemeinerte „Genzählmethode". Liegt aber Dominanz vor, wird die Berechnung aufwändig. Der Maximum-Likelihood-Ansatz führt in einem solchen Fall zu einem nichtlinearen Gleichungssystem, dessen numerische Behandlung in der Regel Schwierigkeiten bereitet. Diese Schwierigkeiten zu umgehen, ist das Ziel des EM-Algorithmus, eines Iterationsalgorithmus, dem die „Genzählmethode" zu Grunde liegt. Die Anzahlen nicht erkennbarer Genotypen, die einem Phänotypen unterliegen und in die Berechnung der Allelwahrscheinlichkeit eingehen, werden durch die erwarteten Anzahlen bezüglich des Vererbungsmodells ersetzt. So kommt man ausgehend von Startwerten zu neuen Schätzwerten, die ihrerseits wieder als Startwerte in die Iteration einfließen. Der Nachweis der Konvergenz gegen die MLH-Lösung und damit die asymptotische Erwartungstreue stammt von Excoffier, Slatkin (1995). Am Beispiel eines Dreiallelen-Modells mit Dominanz wird die Vorgehensweise erläutert. An den jeweiligen Stellen ist auf die Schwierigkeiten hingewiesen.

4.4.2 Herleitung des EM-Algorithmus für das AB0-Blutgruppensystem

Es wird das Blutgruppensystem AB0 ausgewählt, bei dem die Allele A und B über das Allel 0 dominieren. Als Bezeichnungen für die Allelwahrscheinlichkeiten seien gewählt:

$$p = P(A), \quad q = P(B) \quad \text{und} \quad r = 1 - p - q = P(0).$$

Es entstehen die folgenden vier Phänotypen mit den zugehörigen Phänotypenwahrscheinlichkeiten:

- A mit den unterliegenden Genotypen AA und A0 und der entsprechenden Wahrscheinlichkeit $p^2 + 2p(1 - p - q)$,
- B mit den Genotypen BB und B0 und der Wahrscheinlichkeit $q^2 + 2q(1 - p - q)$, sowie die beiden Phänotypen(= Genotypen)
- AB mit $2pq$ und
- 0 mit $(1 - p - q)^2$.

Wenn man in einer Stichprobe vom Umfang n die Genotypenhäufigkeiten mit n_A, n_B, n_{AB} und n_0 bezeichnet, ergibt sich der Likelihood-Ansatz

$$L(p, q) = \binom{n}{n_A \ \ n_B \ \ n_{AB} \ \ n_0} \cdot (p^2 + 2p(1 - p - q))^{n_A} \cdot (q^2 + 2q(1 - p - q))^{n_B}$$
$$\cdot (2pq)^{n_{AB}} \cdot ((1 - p - q)^2)^{n_0}.$$

Von dieser Funktion L zweier Veränderlicher p und q gilt es, das Maximum zu berechnen. Die Logarithmustransformation als eine die Ordnung erhaltende Abbildung verändert nicht die Maximalstelle, so dass ersatzweise von der leichter zu behandelnden Funktion $\log(L(p, q))$ ausgegangen werden kann. Notwendige Bedingung für ein Extremum sind das Verschwinden der partiellen Ableitungen nach p bzw. nach q. Daraus ergibt sich ein nichtlineares Gleichungssystem

$$0 = \frac{\left(\begin{array}{c} 2n_A(1 - p - q)^2(2p + q - 2) + (p + 2q - 2)(2p(n_B(p + q - 1) \\ + n_0(2p + q - 2)) + n_{AB}(2 + 2p^2 - 3q + q^2 + p(3q - 4))) \end{array} \right)}{p(1 - p - q)(2 - 2p - q)(p + 2q - 2)},$$

$$0 = \frac{\left(\begin{array}{c} n_{AB}(2p^3 + 2(q-2)(1-q)^2 + p^2(7q-8) + p(10-17q+7q^2)) \\ +2\left(\begin{array}{c} n_B(1-p-q)^2(p+2q-2) \\ +q(2p+q-2)(-n_A(1-p-q) + n_0(p+2q-2)) \end{array}\right) \end{array}\right)}{q(1-p-q)(2-2p-q)(p+2q-2)},$$

von dem keine expliziten Wurzeln angegeben werden können. Mit geeigneten Start-werten, beispielsweise den Bernstein-Lösungen, erhält man numerische Näherungs-lösungen für dieses System. Man kann leicht nachweisen, dass es im Definitionsbe-reich von $L(p, q)$, einem Dreieck mit den Punkten $(0,0)$, $(1,0)$ und $(0,1)$, genau eine Lösung (p_0, q_0) gibt, weil die Funktion auf dem Rand Null ist und auf dem Inneren des Definitionsbereichs stetig und positiv.

Bemerkungen zur Bernstein-Lösung

Die Momentenschätzungen, die sich aus den Erwartungswerten von Phänotypensum-men ergeben, sind der sogenannte Bernstein-Ansatz:

$$n_0 + n_A \approx E(0) + E(A) = n(1-q)^2,$$
$$n_0 + n_B \approx E(0) + E(B) = n(1-p)^2$$

und

$$n_0 \approx E(0) = n(1-p-q)^2.$$

deren Lösung

$$q = 1 - \sqrt{(n_0 + n_A)/n},$$
$$p = 1 - \sqrt{(n_0 + n_B)/n}$$

und

$$r = 1 - p - q = \sqrt{n_0/n}$$

von Bernstein (1924, 1930) stammt. Ihm ist auch die Aufklärung des Vererbungs-systems der ABO-Blutgruppen zu verdanken. Diese Schätzung hat natürlich nicht die guten Eigenschaften einer MLH-Lösung. Für große Stichprobenumfänge n liegt sie aber befriedigend genau an der MLH-Lösung.

Beim EM-Algorithmus wird ein Ansatz gewählt, der an die „Genzählmethode" erin-nert. Die Allelwahrscheinlichkeit p beispielsweise erhält man iterativ aus der Glei-chung

$$p = \frac{1}{2n}(2E(AA|A.) + E(AO|A.) + n_{AB}) = \frac{1}{2n}(2n_A P(AA|A.) + n_A P(AO|A.) + n_{AB}),$$

wobei $P(AA|A.)$ die bedingte Wahrscheinlichkeit ist, dass der Genotyp AA vorliegt, wenn man bereits den Phänotyp A. erkannt hat und $P(AO|A.)$ die bedingte Wahr-scheinlichkeit ist, dass der Genotyp AO vorliegt, wenn bereits der Phänotyp A erkannt wurde. Die erwarteten Genotypenanzahlen AA bei beobachteten n_A Phänotypen A sind $n_A \cdot P(AA|A.)$, die erwarteten AO sind $n_A \cdot P(AO|A.)$. Leider sind diese bedingten Wahrscheinlichkeiten Funktionen der unbekannten Allelfrequenzen:

$$P(AA|A.) = \frac{p^2}{p^2 + 2p(1 - p - q)} \quad \text{und} \quad P(AO|A.) = \frac{2p(1 - p - q)}{p^2 + 2p(1 - p - q)}.$$

Startet man von einer beliebigen Näherung p_0, q_0 und $r_0 = 1 - p_0 - q_0$ und wendet die gleichen Überlegungen auf eine Schätzfunktion für das Allel q an,

$$P(BB|B.) = \frac{q^2}{q^2 + 2q(1 - p - q)} \quad \text{und} \quad P(BO|B.) = \frac{2q(1 - p - q)}{q^2 + 2q(1 - p - q)}$$

so ergeben sich folgende Iterationsgleichungen für p_n und q_n

$$p_n = \frac{1}{2n}\left(2n_A \cdot \frac{p_{n-1}^2}{p_{n-1}^2 + 2p_{n-1}(1 - p_{n-1} - q_{n-1})}\right.$$

$$\left. + n_A \cdot \frac{2p_{n-1}(1 - p_{n-1} - q_{n-1})}{p_{n-1}^2 + 2p_{n-1}(1 - p_{n-1} - q_{n-1})} + n_{AB}\right),$$

$$q_n = \frac{1}{2n}\left(2n_B \cdot \frac{q_{n-1}^2}{q_{n-1}^2 + 2q_{n-1}(1 - p_{n-1} - q_{n-1})}\right.$$

$$\left. + n_B \cdot \frac{2q_{n-1}(1 - p_{n-1} - q_{n-1})}{q_{n-1}^2 + 2q_{n-1}(1 - p_{n-1} - q_{n-1})} + n_{AB}\right),$$

und schließlich $r_n = 1 - p_n - q_n.$.

Nach wenigen Iterationen ist man selbst bei schlecht gewählten Startwerten dicht an der MLH-Lösung, die offensichtlich den folgenden Bedingungen

$$p = \frac{1}{2n}\left(2n_A \cdot \frac{p^2}{p^2 + 2p(1 - p - q)} + n_A \cdot \frac{2p(1 - p - q)}{p^2 + 2p(1 - p - q)} + n_{AB}\right), \qquad (*)$$

$$q = \frac{1}{2n}\left(2n_B \cdot \frac{q^2}{q^2 + 2q(1 - p - q)} + n_B \cdot \frac{2q(1 - p \; q)}{q^2 + 2q(1 - p - q)} + n_{AB}\right) \qquad (**)$$

sowie

$$r = 1 - p - q \qquad (***)$$

genügt. Den Nachweis, dass der Iterationsalgorithmus konvergiert und dass EM- und MLH-Lösung übereinstimmen, findet man unter allgemeineren Bedingungen bewiesen bei Excoffier, Slatkin (1995).

Beispiel 4.7. Für $n_A = 43$, $n_B = 13$, $n_{AB} = 5$ und $n_0 = 39$, das sind etwa die erwarteten Phänotypenanzahlen von Deutschland für einen Stichprobenumfang von $n = 100$, erhält man bei den Iterationsschritten die in Tab. 4.8 enthaltenen Ergebnisse, wobei von $p = 0.5$, $q = 0.5$ und $r = 0$ gestartet wurde. Das exakte Ergebnis ist aus dem obigen Gleichungssystem $(*)$ bis $(***)$ gewonnen.

Bemerkung. Der EM-Algorithmus lässt sich problemlos auch auf die Schätzung von Haplotypenfrequenzen mit Erfolg anwenden.

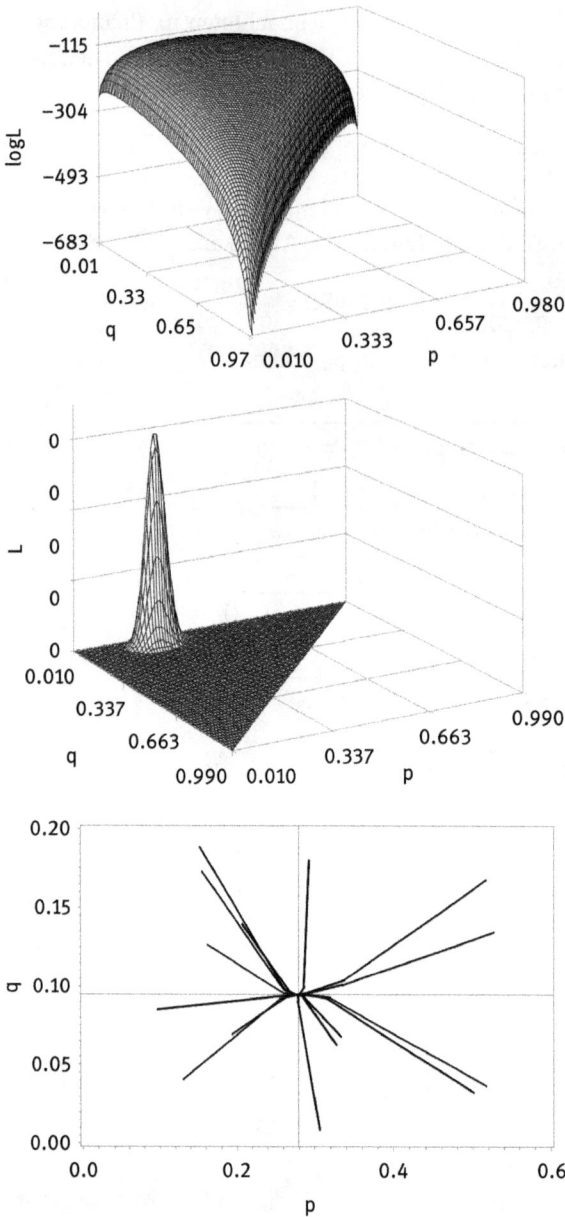

Abb. 4.7: Likelihoodfunktion $L(p, q)$, obere Darstellung, und $\ln(L(p, q))$, mittlere Darstellung, für das ABO-System mit $n_A = 43$, $n_B = 13$, $n_{AB} = 5$ und $n_0 = 39$ nehmen auf dem Definitionsbereich genau ein Maximum an. (Maximum wird an der Stelle $(p_0, q_0) = (0.279, 0.095)$ angenommen, wie man mit der PROC MEANS leicht nachrechnen kann.) Die untere Darstellung zeigt die Konvergenz des EM-Algorithmus gegen die Lösung (p_0, q_0) von verschiedenen Startwerten in der p-q-Ebene.

Tab. 4.8: Ergebnisse des EM-Algorithmus bei den Iteration 1 bis 6.

Iteration	p = P(A)	q = P(B)	r = P(0)
0	0.5	0.5	0.0
1	0.455	0.155	0.39
2	0.319211	0.100775	0.580014
3	0.286396	0.095195	0.618409
4	0.280424	0.094654	0.624493
5	0.279399	0.094575	0.626026
6	0.279225	0.094565	0.626210
...	...	...	...
∞	0.279189	0.094563	0.626248

4.4.3 EM-Algorithmus für 2-Allelen-Systeme

Es soll gezeigt werden, dass der EM-Algorithmus, angewandt auf ein 2-Allelen-1-Locus-System, wenn ein Allel das zweite Allel dominiert, die gleichen Ergebnisse liefert wie der zugehörige Maximum-Likelihood-Ansatz. Die beiden Lösungsgleichungen stimmen überein. Dieser Beweis ist etwas einfacher als der von Excoffier und Slatkin.

Fall 1: A dominiert B

Man beobachtet in einer Stichprobe vom Umfang n den Phänotypen A. = {AA, AB} genau n_A-mal und den Genotypen BB genau (n_{BB} = n – n_A)-mal. Der Maximum-Likelihood-Schätzer lieferte

$$\tilde{p} = P(A) = 1 - \sqrt{n_{BB}/n}.$$

Auf Grund der bedingten Wahrscheinlichkeiten

$$P(AA|A.) = \frac{p^2}{p^2 + 2p(1 - p)}$$

sowie

$$P(AB|A.) = \frac{2p(1 - p)}{p^2 + 2p(1 - p)}$$

erhält man die bedingten Erwartungswerte

$$E(AA|A.) = n_A \cdot P(AA|A.) \quad \text{sowie} \quad E(AB|A.) = n_A \cdot P(AB|A.)$$

und daraus als Analogie zur „Genzählmethode"

$$p = (2 \cdot E(AA|A.) + E(AB|A.))/(2n),$$

eine Fixpunktaufgabe,

$$p = \frac{2n_A \cdot \frac{p^2}{p^2+2p(1-p)} + n_A \cdot \frac{2p(1-p)}{p^2+2p(1-p)}}{2n} = f(p),$$

die in eine Iterationsgleichung

$$p_{n+1} = \frac{2n_A \cdot \frac{p_n^2}{p_n^2 + 2p_n(1-p_n)} + n_A \cdot \frac{2p_n(1-p_n)}{p_n^2 + 2p_n(1-p_n)}}{2n}$$

zur Bestimmung von p umgewandelt werden kann. In Tab. 4.9 sind die Iterationsergebnisse zusammengefasst, wenn man mit dem Startwert $p_0 = 0.5$ beginnt.

Dabei wurden $n_A = 35$ und $n_{BB} = 65$ angenommen, der Maximum-Likelihood-Schätzer ist $\bar{p} = P(A) = 1 - \sqrt{n_{BB}/n} = 1 - \sqrt{\frac{65}{100}} = 0.19377$.

Tab. 4.9: Iterative Verbesserung der Schätzung beim EM-Algorithmus im 2-Allelen-Modell, wenn A das Allel B dominiert.

i	P	Differenz
0	0.5	0.306230
1	0.23333	0.039559
2	0.19811	0.004339
3	0.19424	0.000467
4	0.19382	0.000050
5	0.19378	0.000005
6	0.19377	0.000001

Zum Nachweis der Konvergenz der Iteration wird der Fixpunktsatz von Banach verwandt. Man zeigt leicht, dass

$$f(p) = \frac{2n_A \cdot \frac{p^2}{p^2 + 2p(1-p)} + n_A \cdot \frac{2p(1-p)}{p^2 + 2p(1-p)}}{2n}$$

$$= \left(\frac{p^2}{p^2 + 2p(1-p)} + \frac{2p(1-p)}{p^2 + 2p(1-p)} \right) \cdot \left(\frac{n_A}{n} \right)$$

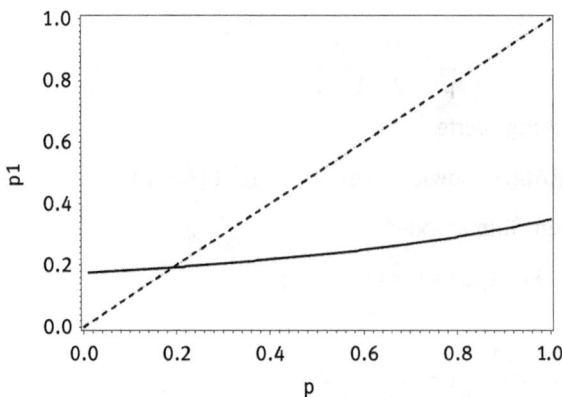

Abb. 4.8: Graphen von f(p) (volle Linie) und l(p) = p (gestrichelt), deren Schnittpunkt der gesuchte Fixpunkt $f(p_0) = p_0$ ist.

eine kontrahierende Abbildung und folglich p_0 mit $f(p_0) = p_0$ der gesuchte Fixpunkt ist. Sieht man von der positiven Konstanten n_A/n ab, so ist die Restfunktion

$$g(p) = \frac{p^2}{p^2 + 2p(1-p)} + \frac{2p(1-p)}{p^2 + 2p(1-p)}$$

Lipschitz-stetig, denn ihre erste Ableitung $g'(p) = 1/(p-2)^2$ ist nach unten durch $1/4$ und nach oben durch 1 beschränkt.

Fall 2: B dominiert A

Man beobachtet in einer Stichprobe vom Umfang n den Genotypen AA genau n_{AA} mal und den Phänotypen B. = {BB, AB } genau $(n_B = n - n_{AA})$-mal. Der MLH-Schätzer ist

$$\tilde{p} = P(A) = \sqrt{n_{AA}/n}.$$

Auf Grund der bedingten Wahrscheinlichkeiten

$$P(BB|B.) = \frac{(1-p)^2}{(1-p)^2 + 2p(1-p)}$$

sowie

$$P(AB|B.) = \frac{2p(1-p)}{(1-p)^2 + 2p(1-p)}$$

erhält man durch Iteration, beispielsweise von $p_0 = 0.5$ ausgehend,

$$p_{n+1} = \frac{2n_{AA} + n_B \cdot \frac{2p_n(1-p_n)}{(1-p_n)^2 + 2p_n(1-p_n)}}{2n}.$$

In Tab. 4.10 ist die iterative Verbesserung der Schätzung beim EM-Algorithmus im 2-Allelen-Modell, wenn B das Allel A dominiert, dargestellt. Der Startwert ist $p_0 = 0.5$.

Tab. 4.10: Iterative Verbesserung der Schätzung beim EM-Algorithmus im 2-Allelen-Modell, wenn B das Allel A dominiert.

i	P	Differenz
1	0.56667	-0.024941
2	0.58511	-0.006502
3	0.58993	-0.001675
4	0.59118	-0.000430
5	0.59150	-0.000110
6	0.59158	-0.000028
7	0.59160	-0.000007
8	0.59161	-0.000002

Dabei wurden $n_{AA} = 35$ und $n_B = 65$ angenommen, der Maximum-Likelihoodschätzer ist

$$\bar{p} = P(A) = \sqrt{n_{AA}/n} = \sqrt{35/100} = 0.59161.$$

Der Nachweis, dass die Iteration konvergiert, ist leicht zu führen. Man zeigt analog zum vorangehenden Beispiel, dass die Voraussetzungen des Fixpunktsatzes von Banach erfüllt sind. Die Lipschitz-stetige Funktion ist in Abb. 4.9 zu sehen. Ihre 1. Ableitung ist nach unten durch -2 und nach oben durch $-1/2$ beschränkt.

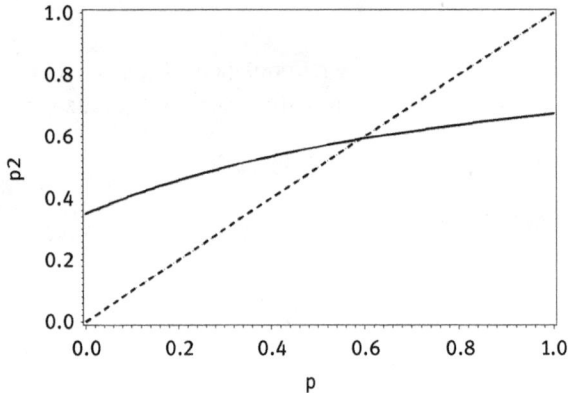

Abb. 4.9: Fixpunkt ist der Schnittpunkt der Graphen der identischen Abbildung I = I(p) = p (gestrichelt) und der Funktion $f(p) = (2n_{AA} + n_B \cdot \frac{2p_n(1-p_n)}{(1-p_n)^2 + 2p_n(1-p_n)})/2n$ (volle Linie).

4.5 Sequenzielle Schätzung

4.5.1 Sequenzielle Schätzung des Binomialparameters p und ihre Eigenschaften

In einer Urne befinden sich rote und schwarze Kugeln, die schwarzen allerdings mit einer sehr kleinen Wahrscheinlichkeit p. Entnimmt man zufällig mit Zurücklegen n Kugeln und beobachtet als Zufallsgröße die Anzahl X von schwarzen Kugeln, so ist diese eine binomialverteilte Zufallsgröße $X \sim B(n, p)$. Eine erwartungstreue Maximum-Likelihoodschätzung $\bar{p}$ für den Parameter p erhält man aus dem Ansatz $L(p) = \binom{n}{k}p^k(1-p)^{n-k}$.

Man bestimmt den Parameter p so, dass $L(p)$ maximal wird und erhält $\bar{p} = k/n$. Dieser Schätzer ist nicht nur erwartungstreu, $E(\bar{p}) = p$, er besitzt auch die Minimalvarianz $V_{min}(\bar{p}) = p(1-p)/n$ nach der Rao-Cramer-Ungleichung. Diese Varianz kann nach oben durch

$$\frac{p(1-p)}{n} \leq \frac{1}{4n}$$

abgeschätzt werden. Den maximalen Wert nimmt sie für $p = 0.5$ an. Den vorteilhaften Eigenschaften der Schätzung steht der Nachteil gegenüber, dass der Variationskoeffizient

$$\frac{\sqrt{V_{\min}(\tilde{p})}}{E(\tilde{p})} = \frac{\sqrt{\frac{p(1-p)}{n}}}{p} = \sqrt{\frac{1-p}{np}}$$

mit gegen 1 konvergierendem p zwar gegen Null fällt, für p gegen Null aber gegen Unendlich divergiert. Damit ist für kleine p mit sehr ungenauen Schätzungen zu rechnen (s. Abb.4.10).

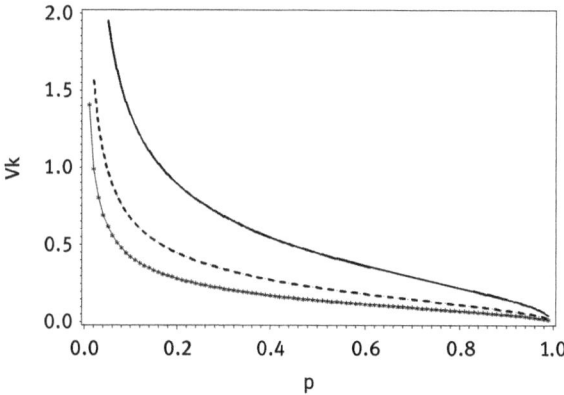

Abb. 4.10: Variationskoeffizient der Schätzung $\tilde{p}$ für den Parameter p der Binomialverteilung B(n, p) für n = 5, 20 und 50 (von rechts nach links) in Abhängigkeit von p.

Von Haldane (1945) stammt eine Schätzmethode für den Parameter p der Binomialverteilung, die diesen Nachteil vermeidet. Im Gegensatz zum Bernoulli-Modell, bei dem der Stichprobenumfang festgehalten und die Anzahl von Realisierungen k des interessierenden Ereignisses beobachtet werden, hält man bei dieser Methode das k fest und führt solange das Bernoulli-Experiment durch Vergrößern des Stichprobenumfangs n fort, bis man k-mal das interessierende Ereignis gefunden hat. Es handelt sich um ein so genanntes sequenzielles Verfahren. Die Wahrscheinlichkeit für das Auftreten des zufälligen Stichprobenumfangs n bei vorgegebenen k und p wird durch

$$P(X = n) = \binom{n-1}{k-1} p^k (1-p)^{n-k}$$

beschrieben. Im n-ten Versuch ist notwendigerweise das beobachtete Bernoulli-Ereignis mit der Wahrscheinlichkeit p eingetreten. Dann sind die (k − 1) positiven Ereignisse bei den (n − 1) vorangegangenen Experimenten mit der Wahrscheinlichkeit $\binom{n-1}{k-1} p^{k-1}(1-p)^{n-k}$ eingetreten. Die Gesamtwahrscheinlichkeit ergibt sich als Produkt dieser beiden Wahrscheinlichkeiten

$$p \cdot \left(\binom{n-1}{k-1} \right) p^{k-1} (1-p)^{n-k}) = \binom{n-1}{k-1} p^k (1-p)^{n-k}.$$

Man kann leicht nachweisen, dass es sich um eine Wahrscheinlichkeitsverteilung handelt, weil die beiden Bedingungen P(X = n) ≥ 0 und

$$\sum_{n=k}^{\infty} P(X = n) = \sum_{n=k}^{\infty} \binom{n-1}{k-1} p^k (1-p)^{n-k} = 1$$

erfüllt sind.

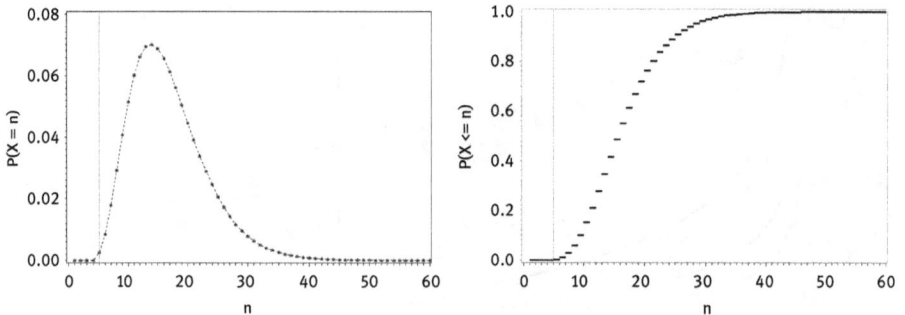

Abb. 4.11: Wahrscheinlichkeitsfunktion (links) und Verteilungsfunktion (rechts) der Zufallsgröße „notwendiger Stichprobenumfang" bis zum Auffinden von k = 5 positiven Ausgängen des Bernoulli-Experiments zum Parameter p = 0.3.

Mit dem SAS-Programm `sequenzX.sas` werden die Wahrscheinlichkeits- und Verteilungsfunktion der Zufallsgröße „notwendiger Stichprobenumfang" illustriert (Abb. 4.11). Dabei macht man sich zu Nutze, dass man auf die SAS-Funktion PDF für die Binomialverteilung zurückgreifen kann:

$$P(X = n) = \text{PDF}(\text{'BINOMIAL'}, k, p, n) * (k/n).$$

Im Weiteren wird zunächst diese Methode für die Schätzung des Parameters p der Binomialverteilung ausgeführt und anschließend auf die Schätzung der Allelfrequenz für ein Zweiallelen-Modell mit Dominanz eines Allels angewandt. Dabei kann man sich der sequenziellen Haldane-Schätzung bedienen, weil die Anzahlen der Phänotypen N_{AA} im Falle B dominiert A bzw. N_{BB} im Falle A dominiert B binomialverteilt sind und zwar $N_{AA} \sim B(n, p^2)$ bzw. $N_{BB} \sim B(n, (1-p)^2)$.

4.5.2 Erwartungswert und Varianz des zufälligen Stichprobenumfangs

Für die Zufallsgröße X und den Stichprobenumfang n, gelten für den Erwartungswert E(X) = k/n und für die Varianz $V(X) = k(1-p)/p^2$.

Beweis.

$$E(X) = \sum_{n=k}^{\infty} n \cdot P(X = n) = \sum_{n=k}^{\infty} n \cdot \binom{n-1}{k-1} p^k (1-p)^{n-k}$$

$$= \frac{k}{p} \sum_{n=k}^{\infty} \binom{n}{k} p^{k+1} (1-p)^{n-k} = \frac{k}{p},$$

weil

$$\sum_{n=k}^{\infty} \binom{n}{k} p^{k+1} (1-p)^{n-k} = \sum_{n_0=k_0}^{\infty} \binom{n_0-1}{k_0-1} p^{k_0} (1-p)^{n_0-k_0} = 1$$

für $n_0 = n + 1$ und $k_0 = k + 1$.

Nach gleichem Prinzip ermittelt man aus dem Ansatz

$$V(X) = E(X - E(X))^2 = E(X^2) - (E(X))^2 = E(X^2) - \left(\frac{k}{p}\right)^2$$

die Varianz $V(X) = k(1-p)/p^2$.

Ein Simulationsexperiment, durchgeführt mit Hilfe von SAS und einem Simulationsumfang von 100 000 zeigt, dass die Verteilungen des zufälligen Umfangs für kleine k sehr unsymmetrisch sind, mit wachsendem k die Wahrscheinlichkeitsverteilungen symmetrischer werden. Für $p = 0.1$ und $k = 1, 5$ und 20 sind die Häufigkeitsverteilungen der Simulationsexperimente dargestellt.

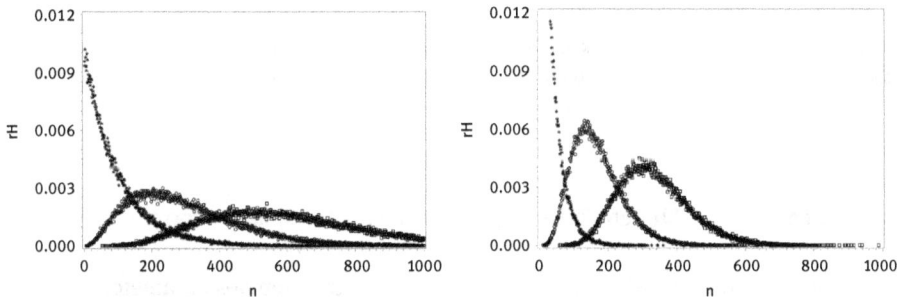

Abb. 4.12: Häufigkeitsverteilungen des zufälligen Stichprobenumfangs im Simulationsexperiment für den Parameter $p = 0.01$ und vorgegebene Anzahlen von positiven Versuchsausgängen $k = 1, 3$ und 6 (links) sowie $p = 0.03$ und $k = 1, 5$ und 10 (rechts).

Der Erwartungswert und die Varianz sind für praktische Belange hilfreich, aber niemals ausreichend zur Beschreibung einer Zufallsgröße. Der tatsächlich beobachtete Stichprobenumfang, bis k-mal ein positives Ereignis eingetreten ist, kann im Einzelfall stark vom erwarteten abweichen. Ein Simulationsexperiment, durchgeführt mit SAS, für variierendes p von 0.005 bis 0.1 mit der Schrittweite 0.0025 soll die empirische Verteilung für $k = 1$ näherungsweise ermitteln, insbesondere die Quantile bestimmen.

Die gewählten Parameter p sind für genetische Modelle ausgewählt, wo es um seltene Erkrankungen geht und die Erhebung aus der Population solange durchgeführt wird, bis ein krankes Individuum (k = 1) gefunden wurde.

Die Abb. 4.13 und die Tab. 4.11 enthalten die Ergebnisse der Simulation und sind wie folgt zu lesen: Für p = 0.05 würde man einen Stichprobenumfang von n = 20 erwarten.

Das Simulationsexperiment sagt diesbezüglich aus, dass in 50 Prozent der Fälle ein Stichprobenumfang von n = 14, in 60 Prozent der Fälle ein n von 18, in 70 Prozent der Fälle 24 und in 80 Prozent der Fälle n = 32 ausreichte, um k = 1 positive Ergebnisse zu erzielen.

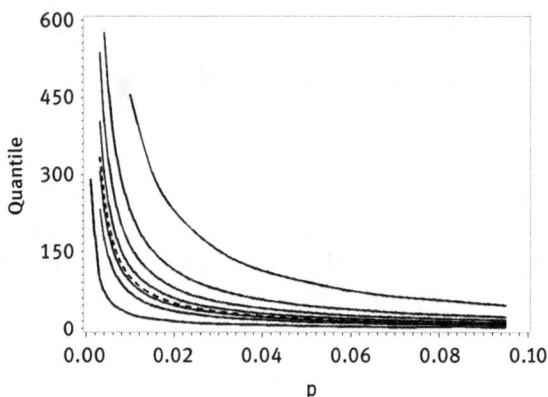

Abb. 4.13: Erwartungswert E(X) = k/p (gestrichelte Linie) und Quantilfunktionen q_{25}, q_{50}, q_{60}, q_{70}, q_{80}, q_{90} und q_{99} (von unten nach oben) der Zufallsgröße X „notwendigen Stichprobenumfang" für k = 1 und variierendes p (Erwartungswertfunktion liegt zwischen q_{60} und q_{70}.

4.5.3 Schätzungen für den Verteilungsparameter p der Binomialverteilung

In diesem Abschnitt werden zwei verschiedene Schätzungen des Parameters p vorgestellt, die Maximum-Likelihood-Schätzung und diejenige von Haldane. Es wird sich zeigen, dass eine eineindeutige Abbildung zwischen den zufälligen Schätzungen und dem zufälligen Stichprobenumfang besteht. Damit können die exakten ebenso wie die empirischen Verteilungen des notwendigen Stichprobenumfangs mit der entsprechenden Transformation auf die der beiden Schätzungen übertragen werden.

Darauf aufbauend können exakte Konfidenzschätzungen für die Schätzungen angegeben werden.

Tab. 4.11: Erwartungswert E(X) und Quantile q_{25}, q_{50}, q_{60}, q_{70}, q_{80} und q_{90} des notwendigen Stichprobenumfangs für k = 1 und p von 0.005 bis 0.1.

P	E(X)	q_{25}	q_{50}	q_{60}	q_{70}	q_{80}	q_{90}
0.0050	200.0	56	138	182	239	320	458
0.0075	133.3	38	91	120	159	213	305
0.0100	100.0	30	70	91	120	161	226
0.0125	80.0	24	57	75	99	132	191
0.0150	66.7	19	46	60	79	105	154
0.0175	57.1	17	40	52	67	91	130
0.0200	50.0	15	35	46	61	81	114
0.0225	44.4	14	32	42	54	72	102
0.0250	40.0	12	28	38	49	65	92
0.0275	36.4	11	25	33	43	58	83
0.0300	33.3	10	23	30	39	53	77
0.0325	30.8	9	22	28	37	49	68
0.0350	28.6	8	19	26	34	45	65
0.0375	26.7	8	19	25	33	44	62
0.0400	25.0	8	17	23	30	40	57
0.0425	23.5	7	16	22	28	37	53
0.0450	22.2	7	16	21	27	35	50
0.0475	21.1	6	14	19	25	34	47
0.0500	20.0	6	14	18	24	32	45
0.0525	19.0	6	13	18	23	30	43
0.0550	18.2	5	13	16	22	29	41
0.0575	17.4	5	12	16	21	28	40
0.0600	16.7	5	12	15	20	27	38
0.0625	16.0	5	11	15	19	25	36
0.0650	15.4	5	11	14	19	25	36
0.0675	14.8	5	11	14	18	24	34
0.0700	14.3	4	10	13	17	23	32
0.0725	13.8	4	10	13	17	22	31
0.0750	13.3	4	10	13	16	22	31
0.0775	12.9	4	9	12	16	20	29
0.0800	12.5	4	9	11	15	19	28
0.0825	12.1	4	9	11	15	20	28
0.0850	11.8	4	8	11	14	19	27
0.0875	11.4	4	8	10	14	18	25
0.0900	11.1	4	8	10	13	18	25
0.0925	10.8	3	7	10	13	17	24
0.0950	10.5	3	7	10	13	17	23
0.0975	10.3	3	7	10	13	17	23
0.1000	10.0	3	7	9	12	16	22

4.5.3.1 Maximum-Likelihood-Schätzung

Eine Maximum-Likelihood-Schätzung erhält man aus der Likelihood-Gleichung

$$L(p) = \binom{n-1}{k-1} p^k (1-p)^{n-k},$$

deren Maximum bezüglich p und festem k zu bestimmen ist. Man erhält bei klassischer Vorgehensweise die Maximum-Likelihood-Schätzung

$$p_{ML} = \frac{k}{n},$$

die zwar nicht erwartungstreu,

$$E(p_{ML}) = \sum_{k=n}^{\infty} \left(\frac{k}{n}\right) \binom{n-1}{k-1} p^k (1-p)^{n-k} \neq p,$$

aber doch wenigstens asymptotisch erwartungstreu ist. Beispielsweise gelten für die ersten k:

$k = 1$ $E(p_{ML}) = (-p\ln(p))/(1-p)$

$k = 2$ $E(p_{ML}) = (2p(1-p+p\ln(p))/(1-p)^2$

$k = 3$ $E(p_{ML}) = (3p(1-4p+3p^2-2p^2\ln(p))/(2(1-p)^3)$

$k = 4$ $E(p_{ML}) = (2p(2-9p+18p^2-11p^3+6p^3\ln(p))/(3(1-p)^4)$

$k = 5$ $E(p_{ML}) = (5p(3-16p+36p^2-48p^3+25p^4-12p^4\ln(p))/(12(1-p)^5)$

Prinzipiell kann man auch für große k die Erwartungswertfunktionen angeben. Dabei wird auf die verallgemeinerte hypergeometrische Funktion zurückgegriffen. Es gilt allgemein

$$E(p_{ML}) = p^k \text{HypergeometricPFQ}[\{k, k\}, \{1+k\}, 1-p].$$

Bemerkung. Die verallgemeinerte hypergeometrische Funktion hat die Reihendarstellung

HypergeometricPFQ$[\{a_1, \ldots, a_p\}, \{b_1, \ldots, b_q\}, z]$

$$= {}_pF_q(a, b, z) = \sum_{k=0}^{\infty} \frac{(a_1)_k \ldots (a_p)_k}{(b_1)_k \ldots (b_q)_k} \cdot \frac{z^k}{k!}$$

(http://documents.wolfram.com/v4/RefGuide/HypergeometricPFQ.html)

In der Abb. 4.14 sind die Erwartungswertfunktionen in Abhängigkeit vom Parameter p aufgetragen. Man erkennt, dass mit wachsendem k die Erwartungswertfunktion sich dem Grenzwert $f(p) = p$ nähert, die Schätzung folglich asymptotisch erwartungstreu ist.

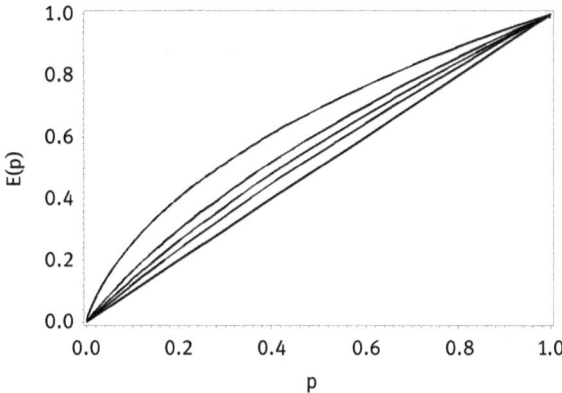

Abb. 4.14: Erwartungswert der Schätzung p_{ML} für $k = 1, 2, 3$ und 5 (von oben nach unten) als Funktion von p, sowie die Gerade $f(p) = p$ als Grenzwert (asymptotischer Erwartungswert).

4.5.3.2 Schätzung nach Haldane

Haldane (1945) hat einen erwartungstreuen Schätzer p_H für den Parameter p angegeben:

$$p_H = (k - 1)/(n - 1).$$

Dieser Schätzer ist der Maximum-Likelihoodschätzer für die Stichprobe vom Umfang $n - 1$, bei dem bekanntlich erst $k - 1$ positive Ausgänge des Bernoulli-Experimentes eingetreten sind.

Es gilt für den Erwartungswert des Haldane-Schätzers $E(p_H) = p$.

Beweis. Man sieht leicht, dass

$$E(p_H) = \sum_{k=n}^{\infty} \left(\frac{k-1}{n-1} \right)\binom{n-1}{k-1}p^k(1-p)^{n-k} = p \sum_{k=n}^{\infty} \binom{n-2}{k-2}p^{k-1}(1-p)^{n-k} = p.$$

Analog lässt sich bei zweimaliger Anwendung des vorigen Umwandlungstricks zeigen, dass

$$E\left(\frac{(k-1)(k-2)}{(n-1)(n-2)} \right) = \sum_{k=n}^{\infty} \left(\frac{(k-1)(k-2)}{(n-1)(n-2)} \right)\binom{n-1}{k-1}p^k(1-p)^{n-k}$$

$$= p^2 \sum_{k=n}^{\infty} \binom{n-3}{k-3}p^{k-2}(1-p)^{n-k} = p^2.$$

Daraus erhält man nach Bauer (1986)

$$s_{p_H}^2 = \left(\frac{k-1}{n-1} \right)^2 - \left(\frac{(k-1)(k-2)}{(n-1)(n-2)} \right) = \frac{p_H^2(1-p_H)}{k-1-p_H},$$

einen erwartungstreuen Schätzwert der Varianz.

Der Beweis stammt von Finney (1949), der damit die von Haldane angegebene Näherungsformel

$$s_{p_H}^2 = \frac{p_H^2(1-p_H)}{k-2}$$

verbesserte, die Bias aufwies. Die exakte Varianz wurde von Best (1974) durch eine komplizierte Reihenentwicklung hergeleitet. Eine leicht zu bestimmende obere Grenze haben Mikulski, Smith (1976) angegeben,

$$s_{p_H}^2 \leq \frac{p^2(1-p)}{k-2}.$$

Damit ist es möglich, den Variationskoeffizienten der Schätzung des Parameters p nach Haldane nach oben zu begrenzen:

$$\frac{\sqrt{V(p_H)}}{E(p_H)} \leq \frac{\sqrt{\frac{p^2(1-p)}{k-2}}}{p} = \sqrt{\frac{1-p}{k-2}}.$$

Die Abb. 4.15 gibt für k = 5, 10, 20 und 50 die oberen Schranken des Variationskoeffizienten für die Schätzung von p nach Haldane an. Diese ist für p gegen Null nach oben beschränkt, hat demnach nicht mehr die oben bemängelte Eigenschaft.

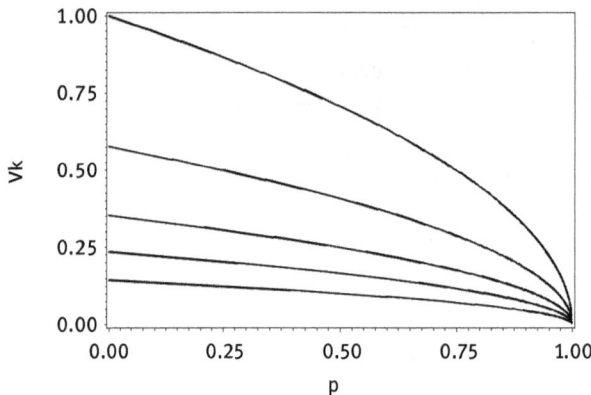

Abb. 4.15: Schranken des Variationskoeffizienten für die Schätzung von p nach Haldane für k = 5, 10, 20 und 50 (von oben nach unten).

Als exakte Varianz der Haldane-Schätzung erhält man

$$V(p_H) = \sum_{n=k}^{\infty} \left(\frac{k-1}{n-1} - p\right)^2 \binom{n-1}{k-1} p^k (1-p)^{n-k}$$

$$= \frac{1}{(k-1)!}\Big((p-1)p^k((p-1)(k+1)!\,\text{Hypergeometric2F1}[k-1, k-1, k, 1-p]$$

$$+ p(k-1)!(-(k+1)(2+2k(p-1)-p)\text{Hypergeometric2F1}[k, k, k+1, 1-p]$$

$$+ k^2(p-1)p \cdot \text{Hypergeometric2F1}[k+1, k+1, k+2, 1-p]))\Big).$$

Die Abb. 4.16 stellt die exakten Varianzen der Haldane-Schätzung als Funktion vom Parameter p für verschiedene k dar. Man erkennt insbesondere, dass die Varianz für kleine p auch kleine Werte annimmt. Das ist einer der Vorteile gegenüber den klassischen Schätzverfahren mit festem Stichprobenumfang und zufälligem b.

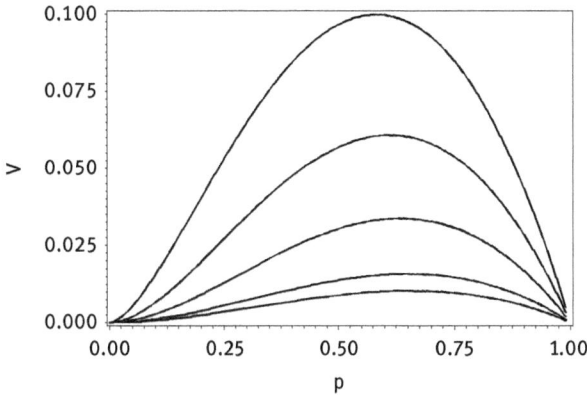

Abb. 4.16: Exakte Varianzen der Haldane-Schätzung in Abhängigkeit vom Parameter p für k = 2, 3, 5, 10 und 15.

Bemerkung. Die hypergeometrische Funktion besitzt die Reihendarstellung

$$\text{Hypergeometric2F1}[a, b, c, z] = {}_2F_1(a, b, c, z) = \sum_{k=0}^{\infty} \frac{(a)_k (b)_k}{(c)_k} \cdot \frac{z^k}{k!}.$$

Sie ist Lösung der hypergeometrischen Differentialgleichung

$$z(1 - z)y'' + (c - (a + b + 1)z)y' - aby = 0.$$

Die hypergeometrische Funktion (Gauß-Reihe oder Kummer-Reihe) kann als Integral geschrieben werden,

$$\text{Hypergeometric2F1}[a, b, c, z] = \frac{\Gamma(c)}{\Gamma(b)\Gamma(c - b)} \int_0^1 t^{b-1}(1 - t)^{c-b-1}(1 - tz)^{-a}dt.$$

(http://documents.wolfram.com/v4/MainBook/3.2.10.html)

Um die exakte Varianz der Haldane-Schätzung zu berechnen, wird im SAS-Programm nicht mit den hypergeometrischen Funktionen gearbeitet, weil diese nicht zu den SAS-Standardfunktionen gehören, sondern die Reihe wird durch ihre 300. Partialsumme ersetzt:

$$V(p_H) = \sum_{n=k}^{\infty} \left(\frac{k - 1}{n - 1} - p\right)^2 \binom{n - 1}{k - 1} p^k (1 - p)^{n-k} \approx \sum_{n=k}^{300} \left(\frac{k - 1}{n - 1} - p\right)^2 \binom{n - 1}{k - 1} p^k (1 - p)^{n-k}.$$

Die Differenz zwischen der exakten Varianz der Haldane-Schätzung und der von Mikulski und Smith angegebenen oberen Grenze $V(p_H) \leq p^2(1 - p)/(k - 2)$ wird in der Abb. 4.17 illustriert. Mit wachsendem k wird diese Differenz kleiner. Man erkennt daran, dass die Mikulski-Grenze eine „scharfe" obere Grenze darstellt.

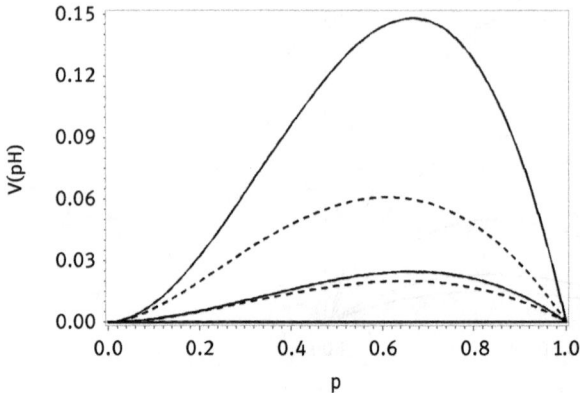

Abb. 4.17: Varianz der Haldane-Schätzung (gestrichelte Linien) und der von Mikulski und Smith angegebenen oberen Grenze (volle Linien) für k = 3 (oben) und k = 8 (unten).

Ein Simulationsexperiment, durchgeführt mit Hilfe des Statistiksystems SAS, illustriert, dass im Gegensatz zur MLH-Schätzung die Haldane-Schätzung erwartungstreu ist. Für vorgegebene Parameter p = 0.1 und k = 2 erhält man bei 100 000-maliger Wiederholung des Experimentes die folgenden Ergebnisse:

Als empirische Mittelwerte der beiden Schätzungen ergeben sich m_{MLH} = 0.01924235 und m_H = 0.00996759 sowie die beiden empirischen Varianzen der Schätzung s^2_{MLH} = 0.00081923 und s^2_H = 0.00031992.

4.5.3.3 Exakte Konfidenzschätzungen des Parameters p bei sequenzieller Schätzung

Die Verteilung der Schätzungen $p_{MLH} = k/n$ bzw. $p_H = (k-1)/(n-1)$ wird allein durch die Verteilung der benötigten zufälligen Stichprobenumfänge n_0 definiert:

$$P\left(p_{MLH} = \frac{k}{n_0}\right) = P\left(p_H = \frac{k-1}{n_0-1}\right) = P(X = n_0) = \binom{n_0-1}{k-1}p^k(1-p)^{n_0-k}.$$

Ein exaktes symmetrisches Konfidenzintervall (p_u, p_o) zum Niveau $1 - \alpha$ kann man aus den beiden Bestimmungsgleichungen

$$\frac{\alpha}{2} = \sum_{n=k}^{n_0} \binom{n_0-1}{k-1}p_u^k \cdot (1-p_u)^{n-k}$$

bzw.

$$1 - \frac{\alpha}{2} = \sum_{n=k}^{n_0} \binom{n_0-1}{k-1}p_o^k \cdot (1-p_o)^{n-k}$$

erhalten. Auf die Berechnung asymptotischer Konfidenzgrenzen wird nicht eingegangen, weil diese erst für große Werte k hinreichend genau werden. Die Tab. 4.12 enthält für k = 1 und vorgegebene Werte n_0 neben der Punktschätzung die exakten und symmetrischen Konfidenzgrenzen zu den Niveaus $1 - \alpha$ = 0.95 und $1 - \alpha$ = 0.99.

Tab. 4.12: Punktschätzung p_{MLH} und exakte, symmetrische obere p_o und untere p_u Konfidenz-grenzen für den Parameter p zu den Niveaus 0.95 und 0.99 für k = 1 in Abhängigkeit von den beobachtete Stichprobenumfängen n_0.

n_0	p_{MLH}	$1 - \alpha = 0.95$			$1 - \alpha = 0.99$		
		p_u	p_o	$p_o - p_u$	p_u	p_o	$p_o - p_u$
10	.10000	.002528580	.22820	.22567	.000501129	.41130	.41079
20	.05000	.001265090	.12148	.12021	.000250596	.23273	.23248
30	.03333	.000843571	.08272	.08188	.000167071	.16189	.16173
40	.02500	.000632745	.06270	.06207	.000125306	.12406	.12393
50	.02000	.000506228	.05049	.04998	.000100246	.10054	.10044
60	.01667	.000421874	.04225	.04183	.000083539	.08452	.08443
70	.01429	.000361618	.03633	.03597	.000071605	.07290	.07282
80	.01250	.000316423	.03186	.03154	.000062655	.06408	.06402
90	.01111	.000281269	.02837	.02809	.000055693	.05717	.05711
100	.01000	.000253146	.02557	.02532	.000050124	.05160	.05155
200	.00500	.000126581	.01287	.01274	.000025062	.02614	.02612
300	.00333	.000084389	.00860	.00851	.000016708	.01751	.01749
400	.00250	.000063293	.00645	.00639	.000012531	.01316	.01315
500	.00200	.000050634	.00517	.00512	.000010025	.01054	.01053
600	.00167	.000042195	.00431	.00427	.000008354	.00879	.00878
700	.00143	.000036168	.00369	.00366	.000007161	.00754	.00753
800	.00125	.000031647	.00323	.00320	.000006266	.00660	.00659
900	.00111	.000028130	.00287	.00285	.000005569	.00587	.00586
1000	.00100	.000025317	.00259	.00256	.000005013	.00528	.00528
2000	.00050	.000012659	.00129	.00128	.000002506	.00265	.00264
3000	.00033	.000008439	.00086	.00085	.000001671	.00176	.00176
4000	.00025	.000006329	.00065	.00064	.000001253	.00132	.00132
5000	.00020	.000005064	.00052	.00051	.000001003	.00106	.00106
6000	.00017	.000004220	.00043	.00043	.000000835	.00088	.00088
7000	.00014	.000003617	.00037	.00037	.000000716	.00076	.00076
8000	.00013	.000003165	.00032	.00032	.000000627	.00066	.00066
9000	.00011	.000002813	.00029	.00028	.000000557	.00059	.00059
10 000	.00010	.000002532	.00026	.00026	.000000501	.00053	.0005

4.6 Sequenzielle MLH-Schätzung für Allelfrequenzen

Die in der Einleitung angegebenen Probleme der unsicheren Schätzung machen sich bei Allelfrequenzschätzungen insbesondere bei kleinen Frequenzen p bemerkbar. Besonders deutlich wird es bei Schätzungen in Vererbungssystemen, wenn Dominanz einzelner Allele vorliegt.

4.6.1 Allelfrequenzschätzungen, wenn Allel B über A dominiert

Es wird im Weiteren ein Erbmodell mit zwei alternativen Allelen A und B an einem Locus betrachtet, bei dem B über A dominiert. Es werden n_B. Phänotypen B. mit den nach Modell unterliegenden Genotypen BB und AB bzw. n_{AA} Genotypen AA in einer Stichprobe vom Umfang n beobachtet. Bezeichnet man mit p = P(A) die Allelfrequenz von A, so ergeben sich nach dem Hardy-Weinberg-Gesetz die entsprechenden Wahrscheinlichkeiten p^2 = P(AA) für den Genotyp AA bzw. $1 - p^2$ = P(B.) für den Phänotyp B.

Die klassische Maximum-Likelihood-Schätzung für p,

$$p_{MLH} = \sqrt{\frac{n_{AA}}{n}}$$

erhält man aus dem Ansatz

$$L(p) = \binom{n}{n_{AA}}(p^2)^{n_{AA}}(1 - p^2)^{n-n_{AA}}.$$

Im Gegensatz dazu wird jetzt nicht der Stichprobenumfang vorgegeben, sondern die Anzahl n_{AA} der Genotypen AA. Der Stichprobenumfang wird solange erhöht, bis die Anzahl n_{AA} erstmals erreicht wird. Dieser Wert X für den Stichprobenumfang wird als Zufallsgröße betrachtet. Das Zufallsgeschehen kann dadurch beschrieben werden, dass beim n-ten Zug ein Genotyp AA gezogen wird und bis zum (n – 1)-ten Zug nach binomialer Verteilung erst (n_{AA} – 1) Genotypen AA gezogen waren. Man erhält

$$P(X = n) = p^2 \binom{n-1}{n_{AA}-1}(p^2)^{n_{AA}-1}(1 - p^2)^{(n-1)-(n_{AA}-1)}$$

$$= \binom{n-1}{n_{AA}-1}(p^2)^{n_{AA}}(1 - p^2)^{n-n_{AA}}.$$

Als Erwartungswert bzw. als Varianz des notwendigen Stichprobenumfangs X ergeben sich

$$E(X) = \sum_{n=n_{AA}}^{\infty} \binom{n-1}{n_{AA}-1}(p^2)^{n_{AA}}(1 - p^2)^{n-n_{AA}} = \frac{n_{AA}}{p^2}$$

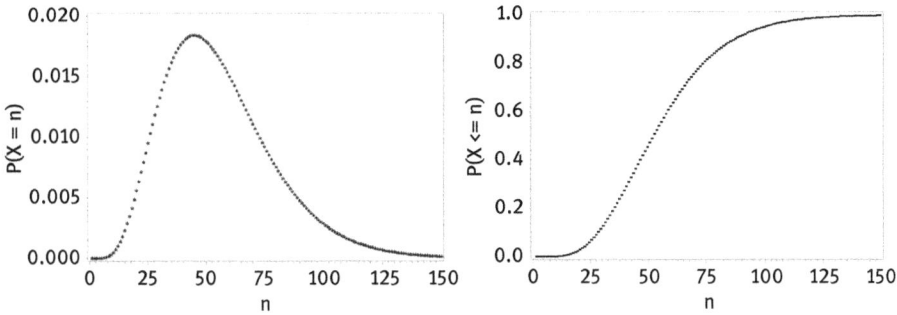

Abb. 4.18: Wahrscheinlichkeitsfunktion (links) und Verteilungsfunktion (rechts) der Zufallsgröße „notwendiger Stichprobenumfang n" bis zum Auffinden von $n_{AA} = 5$ Genotypen AA bei einer Allelfrequenz $p = P(A) = 0.3$.

und

$$V(X) = \sum_{n=n_{AA}}^{\infty} \left(n - \frac{n_{AA}}{p^2}\right)^2 \binom{n-1}{n_{AA}-1} (p^2)^{n_{AA}} (1-p^2)^{n-n_{AA}} = \frac{n_{AA}(1-p^2)}{p^4}.$$

Als sequenzielle Maximum-Likelihood-Schätzung für p kommt man ausgehend von

$$L(p) = \binom{n-1}{n_{AA}-1}(p^2)^{n_{AA}}(1-p^2)^{n-n_{AA}}$$

analog zur klassischen MLH-Schätzung ebenfalls auf

$$p_{MLH} = \sqrt{\frac{n_{AA}}{n}}.$$

Man beachte, dass trotz gleicher Formel wesentliche Unterschiede zur gewöhnlichen MLH-Schätzung bei festem Umfang n und zufälligem k bestehen, denn bei dieser Schätzung ist im Gegensatz zur klassischen Schätzung die Anzahl n_{AA} der Phänotypen AA fest und der Stichprobenumfang n zufällig. Die Schätzung ist nicht erwartungstreu,

$$E(p_{MLH})_{n_{AA}} = \sum_{n=n_{AA}}^{\infty} \left(\sqrt{\frac{n_{AA}}{n}}\right)\binom{n-1}{n_{AA}-1}(p^2)^{n_{AA}}(1-p^2)^{n-n_{AA}} \neq p,$$

sofern $p \neq 0$ bzw. $p \neq 1$.

Die Berechnung der Erwartungswerte der Schätzung bei fixiertem n_{AA} ist trotz Verwendung der Polylogarithmusfunktion PolyLog numerisch aufwändig. Man erhält bei Benutzung eines Algebraprogrammes beispielsweise

$$E(p_{MLH})_{n_{AA}=1} = \frac{p^2 \, \text{PolyLog}\left[\frac{1}{2}, 1-p^2\right]}{1-p^2},$$

$$E(p_{MLH})_{n_{AA}=2} = \frac{\sqrt{2}p^4\left(\text{PolyLog}\left[-\tfrac{1}{2}, 1-p^2\right] - \text{PolyLog}\left[\tfrac{1}{2}, 1-p^2\right]\right)}{(1-p^2)^2},$$

$$E(p_{MLH})_{n_{AA}=3} = \frac{\sqrt{3}p^6\left(\begin{array}{c}\text{PolyLog}\left[-\tfrac{3}{2}, 1-p^2\right] - 3\cdot\text{PolyLog}\left[-\tfrac{1}{2}, 1-p^2\right] \\ +2\cdot\text{PolyLog}\left[\tfrac{1}{2}, 1-p^2\right]\end{array}\right)}{2(1-p^2)^3},$$

$$E(p_{MLH})_{n_{AA}=4} = \frac{p^8\left(\begin{array}{c}\text{PolyLog}\left[-\tfrac{5}{2}, 1-p^2\right] - 6\cdot\text{PolyLog}\left[-\tfrac{3}{2}, 1-p^2\right] \\ +11\cdot\text{PolyLog}\left[-\tfrac{1}{2}, 1-p^2\right] - 6\cdot\text{PolyLog}\left[\tfrac{1}{2}, 1-p^2\right]\end{array}\right)}{3(1-p^2)^4},$$

$$E(p_{MLH})_{n_{AA}=5} = \frac{\sqrt{5}p^{10}\left(\begin{array}{c}\text{PolyLog}\left[-\tfrac{7}{2}, 1-p^2\right] - 10\cdot\text{PolyLog}\left[-\tfrac{5}{2}, 1-p^2\right] \\ +35\cdot\text{PolyLog}\left[-\tfrac{3}{2}, 1-p^2\right] - 50\cdot\text{PolyLog}\left[-\tfrac{1}{2}, 1-p^2\right] \\ +24\cdot\text{PolyLog}\left[\tfrac{1}{2}, 1-p^2\right]\end{array}\right)}{24(1-p^2)^5}.$$

Bemerkungen. Die **Polylogarithmusfunktionen** werden durch

$$\text{PolyLog}[n, z] = \text{Li}_n(z) = \sum_{k=1}^{\infty} \frac{z^k}{k^n}$$

definiert. Die Polylogarithmus-Funktion ist auch als **Jonquièresche Funktion** bekannt. Der **Dilogarithmus** genügt der Gleichung

$$\text{PolyLog}[2, z] = \text{Li}_2(z) = \int_z^0 \frac{\log(1-t)}{t}\, dt.$$

$\text{Li}_2(1-z)$ ist manchmal auch unter dem Namen **Spence-Integral** bekannt. Polylogarithmus-Funktionen treten in Feynman-Diagramm-Integralen in der Elementarteilchen-Physik sowie in der algebraischer K-Theorie auf. (http://documents.wolfram.com/v4-de/MainBook/3.2.10.html)

Auf die Berechnung der Erwartungswerte für Werte von n_{AA} größer als 5 soll hier verzichtet und auf Algebra-Programme verwiesen werden. Große praktische Bedeutung haben solche Modelle mit kleinem p und daraus resultierenden kleinen Anzahlen für n_{AA}. Die Abb. 4.19 gibt die Erwartungswertfunktionen für $n_{AA} = 1$, 3 und 10 an. Mit wachsendem n_{AA} geht $E(p_{MLH})_{n_{AA}}$ gegen die Gerade $f(p) = p$, die Schätzung ist folglich nur asymptotisch erwartungstreu. Der Parameter p wird überschätzt.

Die exakte Varianz der Schätzung

$$V(p_{MLH})_{n_{AA}} = \sum_{n=n_{AA}}^{\infty} \left(\sqrt{\frac{n_{AA}}{n}} - E(p_{MLH})_{n_{AA}}\right)^2 \binom{n-1}{n_{AA}-1}(p^2)^{n_{AA}}(1-p^2)^{n-n_{AA}}$$

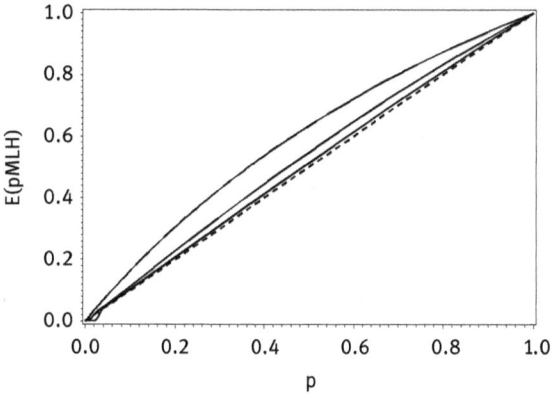

Abb. 4.19: Erwartungswertfunktionen $E(p_{MLH})_{n_{AA}}$ für $n_{AA} = 1, 3$ und 10 (von oben nach unten) und die Gerade $f(p) = p$ (gestrichelt).

zu bestimmen ist numerisch ebenso schwierig wie im Falle des Erwartungswertes $E(p_{MLH})_{n_{AA}}$. Man erhält:

$$V(p_{MLH})_{n_{AA=1}} = \frac{\left[p^2(1-p^2)\log(p^2) + p^4 \text{PolyLog}\left[\frac{1}{2}, 1-p^2\right] \right]^2}{(1-p^2)^2}$$

$$V(p_{MLH})_{n_{AA=2}} = \frac{2p^2}{(1-p^2)^4}$$
$$\cdot \left(\begin{matrix} (1-p^2)^2(1-p^2+p^2\log(p^2)) \\ -p^6 \cdot \left(\text{PolyLog}\left[-\frac{1}{2}, 1-p^2\right] - \text{PolyLog}\left[\frac{1}{2}, 1-p^2\right] \right)^2 \end{matrix} \right)$$

$$V(p_{MLH})_{n_{AA=3}} = \frac{1}{4(1-p^2)^6}$$
$$\cdot \left(\begin{matrix} 3p^2(-2(1-p^2)^3(-1+4p^2-3p^4+2p^4\log(p^2))) \\ -p^{10}\left(\begin{matrix} \text{PolyLog}\left[-\frac{3}{2}, 1-p^2\right] - 3 \cdot \text{PolyLog}\left[-\frac{1}{2}, 1-p^2\right] \\ +2 \cdot \text{PolyLog}\left[\frac{1}{2}, 1-p^2\right] \end{matrix} \right) \end{matrix} \right)^2$$

$$V(p_{MLH})_{n_{AA=4}} = \frac{1}{9(1-p^2)^8}$$
$$\cdot \left(\begin{matrix} p^2(6(1-p^2)^4(2-9p^2+11p^6+6p^6\log(p^2))) \\ -p^{14}\left(\begin{matrix} \text{PolyLog}\left[-\frac{5}{2}, 1-p^2\right] - 6\text{PolyLog}\left[-\frac{3}{2}, 1-p^2\right] \\ +11\text{PolyLog}\left[-\frac{1}{2}, 1-p^2\right] - 6\text{PolyLog}\left[\frac{1}{2}, 1-p^2\right] \end{matrix} \right) \end{matrix} \right)^2$$

$$V(p_{MLH})_{n_{AA}=5} = \frac{5p^2}{576(1-p^2)^{10}}$$

$$\cdot \left(\begin{array}{c} (-48(1-p^2)^5(-3+16p^2-36p^4+48p^6-25p^8+12p^8\log(p^2))) \\ -p^{18} \left(\begin{array}{c} \text{PolyLog}\left[-\frac{7}{2},1-p^2\right] - 10\text{PolyLog}\left[-\frac{5}{2},1-p^2\right] \\ +35\text{PolyLog}\left[-\frac{3}{2},1-p^2\right] - 50\text{PolyLog}\left[-\frac{1}{2},1-p^2\right] \\ +24\text{PolyLog}\left[\frac{1}{2},1-p^2\right] \end{array} \right) \end{array} \right)^2$$

Bei der Berechnung weiterer Werte $V(p_{MLH})_{n_{AA}}$ für größere n_{AA} sollte man sich mit der alleinigen numerischen Bestimmung mittels eines Algebra-Programmes begnügen. Stehen die PolyLog-Funktionen nicht zur Verfügung, dann bleibt bei der numerischen Behandlung nur übrig, die Reihendarstellung der Varianzfunktion der MLH-Schätzung durch eine Partialsummendarstellung zu ersetzen.

Die Abb. 4.20 stellt die Varianzen der sequenziellen Schätzungen als Funktionen von p dar.

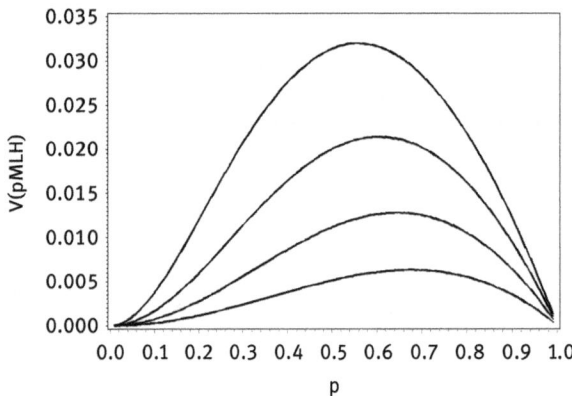

Abb. 4.20: Varianzen $V(p_{MLH})_{n_{AA}}$ der Allelfrequenzen als Funktion des Parameters p für n_{AA} = 3, 5, 7 und 10 (von oben nach unten).

Damit erhält man im Gegensatz zur klassischen Schätzung der Allelfrequenzen bei der sequenziellen Schätzung beschränkte Variationskoeffizienten für jeden Parameter p (s. Abb. 4.21).

Aufgabe 4.4. Oben wurde eine Formel von Haldane $p_H = (k-1)/(n-1)$ angegeben, die die nichterwartungstreue sequenzielle MLH-Schätzung des Parameters p bezüglich der Binomialverteilung $p_{MLH} = k/n$ dahingehend verbessert, dass sie erwartungstreu wird. Untersuchen Sie, ob die sequenzielle Allelfrequenzschätzung aus den beobachteten Häufigkeiten n_{AA} der Genotypen AA,

$$p_{MLH} = \sqrt{n_{AA}/n},$$

durch eine analoge Schätzung

$$p_H = \sqrt{(n_{AA}-1)/(n-1)}$$

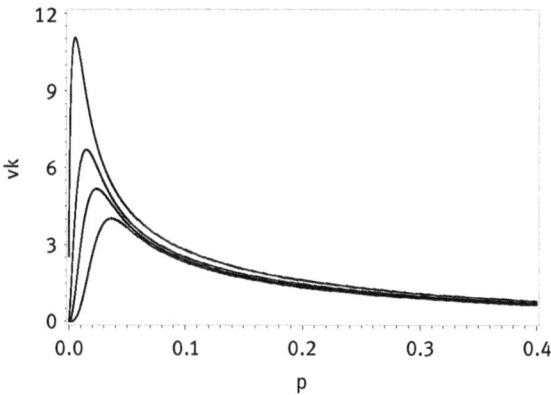

Abb. 4.21: Variationskoeffizienten der sequenziellen Schätzung der Allelfrequenzen als Funktion des Parameters p für n_{AA} = 3, 5, 7 und 10 (von oben nach unten).

ebenfalls erwartungstreu wird oder zumindest verbessert werden kann.

Hinweis. Die aufwändigen Herleitungen der exakten Erwartungswerte werden für kleine n_{AA} durch Simulationsexperimente ersetzt. Als Simulationsumfang wird 100 000, als Allelfrequenz für das Allel A p = 0.01 gewählt. Das entspricht einer Genotypenfrequenz von 0.0001.

Eine auf dem Einheitsintervall gleichverteilte Zufallszahl z entscheidet darüber, ob ein positiver Versuchsausgang eingetreten ist, nämlich wenn $z \leq p^2$. Nach dem Erhöhen der Phänotypenanzahl AA wird auch der Umfang n erhöht und der Versuch wiederholt bis n_{AA}-mal AA beobachtet wurde. Für $z > p^2$ wird der Versuch ohne Erhöhen von AA wiederholt. Wenn n_{AA} positive Ergebnisse vorliegen, werden beide Schätzungen p_{MLH} und p_H durchgeführt.

Die empirischen Verteilungen von p_{MLH} und p_H werden ermittelt und ihre Verteilungsparameter geschätzt. Die Ergebnisse sind in Tab. 4.13 zusammengestellt. Durchgängig sind die Ergebnisse der Haldane-Schätzung p_H besser.

Tab. 4.13: Ergebnisse des Simulationsexperimentes zum Vergleich von p_{MLH} und p_H.

| | n_{AA} | | | | | | | |
| | 2 | | 3 | | 5 | | 10 | |
	p_{MLH}	p_H	p_{MLH}	p_H	p_{MLH}	p_H	p_{MLH}	p_H
M	.0125	.0089	.01147	.00936	.01083	.00968	.01038	.00985
$d = |m - .01|$	.0025	.0011	.00147	.00064	.00083	.00032	.00038	.00015
$s^2 \cdot 10^{-6}$	45.40	22.75	16.83	11.22	7.63	6.10	2.93	2.63
q_{50}	.0109	.0077	.0106	.0086	.0103	.0092	.0102	.0096
n_{MAX}	117 071		143 416		185 428		261 957	

4.6.2 Konfidenzintervalle für p = P(A), wenn Allel B über A dominiert

Die Verteilung der sequenziellen Schätzung $p_{MLH} = \sqrt{n_{AA}/n}$ wird allein durch die Verteilung der benötigten zufälligen Stichprobenumfänge $X = n_0$ definiert:

$$P\left(p_{MLH} = \sqrt{\frac{n_{AA}}{n_0}}\right) = P(X = n_0) = \binom{n_0 - 1}{n_{AA} - 1}(p^2)^{n_{AA}}(1 - p^2)^{n_0 - n_{AA}}.$$

Tab. 4.14: Punktschätzungen, exakte und symmetrische Konfidenzgrenzen für die Allelfrequenz $p = P(A)$ zu den Niveaus 0.95 und 0.99 für $n_{AA} = 1$ und beobachtete Stichprobenumfänge n_0 bei sequenzieller Vorgehensweise.

n_0	p_{MLH}	$1 - \alpha = 0.95$			$1 - \alpha = 0.99$		
		p_u	p_o	$p_o\text{-}p_u$	p_u	p_o	$p_o\text{-}p_u$
20	.22361	.035568	.34854	.31297	.015830	.48242	.46659
25	.20000	.031815	.31373	.28191	.014159	.43701	.42285
30	.18257	.029044	.28761	.25857	.012926	.40236	.38944
35	.16903	.026891	.26709	.24020	.011967	.37481	.36284
40	.15811	.025154	.25041	.22525	.011194	.35222	.34103
45	.14907	.023716	.23651	.21279	.010554	.33328	.32272
50	.14142	.022500	.22469	.20219	.010012	.31709	.30708
60	.12910	.020540	.20555	.18502	.009140	.29072	.28158
70	.11952	.019016	.19060	.17158	.008462	.26999	.26153
80	.11180	.017788	.17849	.16071	.007915	.25315	.24523
90	.10541	.016771	.16844	.15166	.007463	.23910	.23164
100	.10000	.015911	.15991	.14400	.007080	.22717	.22009
200	.07071	.011251	.11344	.10219	.005006	.16169	.15668
300	.05774	.009186	.09272	.08353	.004088	.13231	.12822
400	.05000	.007956	.08034	.07239	.003540	.11471	.11117
500	.04472	.007116	.07188	.06477	.003166	.10267	.09950
600	.04082	.006496	.06563	.05914	.002890	.09376	.09087
700	.03780	.006014	.06077	.05476	.002676	.08684	.08416
800	.03536	.005626	.05686	.05123	.002503	.08125	.07874
900	.03333	.005304	.05361	.04831	.002360	.07661	.07425
1000	.03162	.005032	.05086	.04583	.002239	.07269	.07045
2000	.02236	.003558	.03598	.03242	.001583	.05144	.04985
3000	.01826	.002905	.02938	.02647	.001293	.04201	.04071
4000	.01581	.002516	.02544	.02293	.001119	.03638	.03526
5000	.01414	.002250	.02276	.02051	.001001	.03254	.03154
6000	.01291	.002054	.02078	.01872	.000914	.02971	.02880
7000	.01195	.001902	.01923	.01733	.000846	.02751	.02666
8000	.01118	.001779	.01799	.01621	.000792	.02573	.02494
9000	.01054	.001677	.01696	.01529	.000746	.02426	.02351
10 000	.01000	.001590	.01609	.01450	.000708	.02302	.02231

Ein exaktes symmetrisches Konfidenzintervall (p_u, p_o) zum Niveau $1 - \alpha$ kann man aus den beiden Bestimmungsgleichungen

$$\frac{\alpha}{2} = \sum_{n=n_{AA}}^{n_0} \binom{n_0 - 1}{n_{AA} - 1} (p_u^2)^{n_{AA}} (1 - p_u^2)^{n_0 - n_{AA}}$$

bzw.

$$1 - \frac{\alpha}{2} = \sum_{n=n_{AA}}^{n_0} \binom{n_0 - 1}{n_{AA} - 1} (p_o^2)^{n_{AA}} (1 - p_o^2)^{n_0 - n_{AA}}$$

erhalten. Auf die Berechnung asymptotischer Konfidenzgrenzen wird nicht eingegangen, weil diese erst für große Werte k eine Rolle spielen und hinreichend genau werden. Die Tab. 4.14 enthält für k = 1 und vorgegebene Werte n_0 neben der Punktschätzung die exakten und symmetrischen Konfidenzgrenzen zu den Niveaus $1 - \alpha = 0.95$ und $1 - \alpha = 0.99$.

4.6.3 Sequenzielle Allelfrequenzschätzungen, wenn Allel A über B dominiert

Es wird jetzt ein Erbmodell mit zwei alternativen Allelen A und B an einem Locus betrachtet, bei dem A über B dominiert. Es werden $n_{A.}$ Phänotypen A. mit den nach Modell unterliegenden Genotypen AA und AB bzw. n_{BB} Genotypen BB in einer Stichprobe vom Umfang n beobachtet. Bezeichnet man mit p = P(A) die Allelfrequenz von A, so ergeben sich nach dem Hardy-Weinberg-Gesetz die entsprechenden Wahrscheinlichkeiten für den Phänotypen A. von $1-(1-p)^2 = P(A.)$ bzw. $(1-p)^2 = P(BB)$ für den Genotypen BB.

Die klassische Maximum-Likelihood-Schätzung

$$p_{MLH} = 1 - \sqrt{\frac{n_{BB}}{n}} = 1 - \sqrt{\frac{n - n_{A.}}{n}}$$

erhält man aus dem Ansatz

$$L(p) = \binom{n}{n_{BB}} \left((1 - p)^2\right)^{n_{BB}} \left(1 - (1 - p)^2\right)^{n - n_{BB}}.$$

Es wird nicht der Stichprobenumfang n vorgegeben, sondern die Anzahl n_{BB} des Genotypen BB. Die Zufallsgröße Stichprobenumfang , bis diese Anzahl n_{BB} erstmals erreicht wird, kann dadurch beschrieben werden, dass genau beim n-ten Zug der Genotyp BB n_{BB}–mal auftrat, bis zum (n – 1)-ten Zug nach binomialer Verteilung aber erst n_{BB} – 1 Genotypen BB gezogen waren. Man erhält

$$P(X = n) = (1 - p)^2 \cdot \binom{n - 1}{n_{BB} - 1} \left((1 - p)^2\right)^{n_{BB} - 1} \left(1 - (1 - p)^2\right)^{(n-1)-(n_{BB}-1)}$$

$$= \binom{n - 1}{n_{BB} - 1} \left((1 - p)^2\right)^{n_{BB}} \left(1 - (1 - p)^2\right)^{n - n_{BB}}$$

Als Erwartungswert bzw. als Varianz des zufälligen Stichprobenumfangs ergeben sich

$$E(X) = \sum_{n=n_{BB}}^{\infty} n \cdot \binom{n-1}{n_{BB}-1} \left((1-p)^2\right)^{n_{BB}} \left(1-(1-p)^2\right)^{n-n_{BB}}$$

und

$$V(X) = \sum_{n=n_{BB}}^{\infty} \left(n - \frac{n_{BB}}{(1-p)^2}\right)^2 \binom{n-1}{n_{BB}-1} \left((1-p)^2\right)^{n_{BB}} \left(1-(1-p)^2\right)^{n-n_{BB}}$$

Als Maximum-Likelihood-Schätzung für den Parameter $p = P(A)$, der Allelfrequenz für A, kommt man ausgehend von

$$L(p) = \binom{n-1}{n_{BB}-1} \left((1-p)^2\right)^{n_{BB}} \left(1-(1-p)^2\right)^{n-n_{BB}}$$

wie bei klassischer Schätzung, nur dass jetzt n_{BB} fest und n variabel sind, auf

$$p_{MLH} = 1 - \sqrt{\frac{n_{BB}}{n}}.$$

Diese Schätzung ist nicht erwartungstreu,

$$E(p_{MLH}) = \sum_{n=n_{BB}}^{\infty} \left(1 - \sqrt{\frac{n_{BB}}{n}}\right) \cdot \binom{n-1}{n_{BB}-1} \left((1-p)^2\right)^{n_{BB}} \left(1-(1-p)^2\right)^{n-n_{BB}}$$

sofern $p \neq 0$ bzw. $p \neq 1$. Für kleine n kann man die Erwartungswertfunktion explizit angeben:

$$E(p_{MLH})_{n_{BB}=1} = 1 - \frac{(1-p)^2 \text{PolyLog}\left[\frac{1}{2}, (2-p)p\right]}{(2-p)p},$$

$$E(p_{MLH})_{n_{BB}=2} =$$
$$1 - \frac{-\sqrt{2}(1-p)^4 \text{PolyLog}\left[-\frac{1}{2}, (2-p)p\right] + \sqrt{2}(1-p)^4 \text{PolyLog}\left[\frac{1}{2}, (2-p)p\right]}{(2-p)^2 p^2},$$

$$E(p_{MLH})_{n_{BB}=3} = 1 + \frac{\left(\begin{array}{c} \sqrt{3}(1-p)^6 \text{PolyLog}\left[-\frac{3}{2}, (2-p)p\right] - \sqrt{3}(1-p)^6 \\ \cdot \left(3\text{PolyLog}\left[-\frac{1}{2}, (2-p)p\right] - 2\text{PolyLog}\left[\frac{1}{2}, (2-p)p\right]\right) \end{array}\right)}{(2-p)^2 p^2},$$

$$E(p_{MLH})_{n_{BB}=4} = \frac{1}{3(2-p)^4 p^4}$$

$$\cdot \left(\left(\begin{array}{cc} 48p^4 - 96p^5 + 72p^6 - 24p^7 + 3p^8 + (1-p)^8 * \\ \text{PolyLog}\left[-\frac{5}{2}, -(2-p)p\right] \quad -8\sqrt{2}\text{PolyLog}\left[-\frac{5}{2}, (2-p)^2 p^2\right] \\ 6\text{PolyLog}\left[-\frac{3}{2}, -(2-p)p\right] \quad +24\sqrt{2}\text{PolyLog}\left[-\frac{3}{2}, (2-p)^2 p^2\right] \\ +11\text{PolyLog}\left[-\frac{1}{2}, -(2-p)p\right] \quad 22\sqrt{2}\text{PolyLog}\left[-\frac{1}{2}, (2-p)^2 p^2\right] \\ 6\text{PolyLog}\left[\frac{1}{2}, -(2-p)p\right] \quad +6\sqrt{2}\text{PolyLog}\left[\frac{1}{2}, (2-p)^2 p^2\right] \end{array}\right)\right)$$

$$E(p_{MLH})_{n_{BB}=5} = 1 - \frac{\sqrt{5}(1-p)^{10}}{24(2-p)^5 p^5}$$

$$\cdot \left(\begin{array}{c} PolyLog\left[-\frac{7}{2}, (2-p)p \right] - 10PolyLog\left[-\frac{5}{2}, (2-p)p \right] \\ +35PolyLog\left[-\frac{3}{2}, (2-p)p \right] - 50PolyLog\left[-\frac{1}{2}, (2-p)p \right] \\ +24PolyLog\left[\frac{1}{2}, (2-p)p \right] \end{array} \right),$$

Die Abb. 4.22 zeigt die Erwartungswertfunktionen für $n_{BB} = 1, 3$, und 5. Man erkennt, dass der unterliegende Parameter unterschätzt wird.

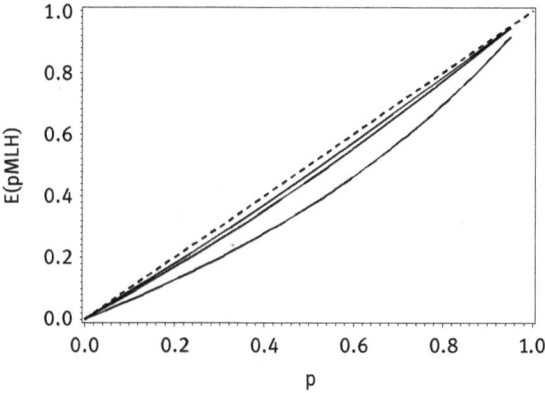

Abb. 4.22: Erwartungswertfunktionen $E(p_{MLH})_{n_{BB}}$ für $n_{BB} = 1, 3$ und 5 sowie $f(p) = p$ (von unten nach oben).

4.6.4 Konfidenzschätzungen für p = P(A), wenn Allel A über B dominiert

Die Verteilung der sequenziellen Schätzung $p_{MLH} = 1 - \sqrt{n_{BB}/n}$ wird allein durch die Verteilung der benötigten zufälligen Stichprobenumfänge X definiert:

$$P\left(p_{MLH} = 1 - \sqrt{\frac{n_{BB}}{n_0}} \right) = P(X = n_0) = \binom{n_0 - 1}{n_{BB} - 1} \left(1 - (1-p)^2 \right)^{n_0 - n_{BB}} \left((1-p)^2 \right)^{n_{BB}}.$$

Ein exaktes symmetrisches Konfidenzintervall (p_u, p_o) zum Niveau $1 - \alpha$ kann man aus den beiden Bestimmungsgleichungen

$$\frac{\alpha}{2} = \sum_{n=n_{BB}}^{n_0} \binom{n_0 - 1}{n_{BB} - 1} \left(1 - (1-p_u)^2 \right)^{n_0 - n_{BB}} \left((1-p_u)^2 \right)^{n_{BB}}$$

und

$$1 - \frac{\alpha}{2} = \sum_{n=n_{BB}}^{n_0} \binom{n_0 - 1}{n_{BB} - 1} \left(1 - (1-p_o)^2 \right)^{n_0 - n_{BB}} \left((1-p_o)^2 \right)^{n_{BB}}$$

erhalten. Auf die Berechnung asymptotischer Konfidenzgrenzen wird nicht eingegangen, weil diese erst für sehr große Werte n_{BB} hinreichend genau werden.

Bemerkungen. Exakte Konfidenzintervalle für dieses Vererbungssystem zu berechnen wird dem Leser überlassen. Man kann hier in Analogie zum Zweiallelenmodell vorgehen, bei dem B über A dominierte.

Sowohl die Punkt- als auch die Konfidenzschätzungen können andererseits bei diesem Vererbungssystem (A dominiert B) durch Allelumbenennung aus dem oben beschriebenen Modell (B dominiert A) abgeleitet werden.

Zusammenfassung. Sequenzielle Verfahren zur Punkt- bzw. Konfidenzschätzung von Allelwahrscheinlichkeiten sind in der Literatur bisher wenig beachtet. Sie wurden hier ausgeführt für den Zweiallelenfall bei Vorliegen von Dominanz eines Allels.

Besonders für Schätzungen der Allelwahrscheinlichkeit seltener Allele bieten die vorgestellten Verfahren den Vorteil, dass der Variationskoeffizient der Schätzungen beschränkt ist. Das sequenzielle Verfahren entspricht in natürlicher Weise dem Vorgehen der Genetiker: Man beginnt mit der Geno- oder Phänotypenbestimmung und schätzt beim erstmaligen Auftreten seltener Genotypen deren Allelwahrscheinlichkeit.

Untersucht wurden für Zweiallelenmodelle mit den Allelen A und B bei Dominanz von B über A eine sequenzielle Schätzmethode. Für den besonders wichtigen Fall $n_{AA} = 1$ und beobachtete Stichprobenumfänge n_0 werden sowohl Punktschätzungen für die Allelfrequenz $p = P(A)$, als auch exakte und symmetrische Konfidenzgrenzen zu den Niveaus 0.95 und 0.99 bei sequenzieller Vorgehensweise angegeben.

Mit Hilfe der Quantilbestimmung kann man wahrscheinlichkeitstheoretisch begründete obere Schranken für benötigte Stichprobenumfänge bei vermuteter Allelfrequenz $p = P(A)$, angeben.

4.7 Andere Verfahren zur Parameterbestimmung

In diesem Kapitel werden einige Methoden der Schätzung von Verteilungsparametern besprochen, insbesondere von Allelwahrscheinlichkeiten in Vererbungsmodellen. Selbstverständlich gibt es noch viele andere Methoden, die eine ebenso große Rolle spielen, hier aber nicht weiter behandelt werden. Auf jeden Fall sollen aber noch einige benannt und die unterliegenden Ideen an Beispielen erläutert werden:

4.7.1 Methode der kleinsten Quadrate (MKQ oder MLS)

Im Abschnitt über die Erwartungstreue und asymptotische Erwartungstreue von Punktschätzungen wurde die Schätzung der Allelwahrscheinlichkeit $p = P(A)$ in einem Zweiallelenmodell mit den Allelen A und B an einem Locus besprochen. Wenn jeder Genotyp beobachtet werden kann, ist eine erwartungstreue MLH-Schätzung durch

$$p_1 = (2n_{AA} + n_{AB})/(2n)$$

gegeben. Die Genotypenwahrscheinlichkeiten P(AA), P(AB) und P(BB) sowie ihre erwarteten Häufigkeiten E(AA), E(AB) und E(BB) werden nach dem Hardy-Weinberg-Gesetz bestimmt:

$$P(AA) = p^2, \qquad E(AA) = np^2,$$
$$P(AB) = 2p(1-p), \quad E(AB) = n2p(1-p),$$
$$P(BB) = (1-p)^2, \qquad E(BB) = n(1-p)^2.$$

Dann kann man eine Schätzung des unbekannten Parameters p aber auch durch die Bestimmung des Minimums der Funktion

$$p_{MKQ}(p) = \min_p((n_{AA} - E(AA))^2 + (n_{AB} - E(AB))^2 + (n_{BB} - E(BB))^2)$$
$$= \min_p((n_{AA} - np^2)^2 + (n_{AB} - 2np(1-p))^2 + (n_{BB} - n(1-p)^2)^2)$$

erhalten, bei der die Abweichungsquadrate zwischen der beobachteten und der erwarteten Häufigkeit der Genotypen verwendet werden. Diese Schätzung ist die MKQ-Schätzung. Es gibt Sätze über die asymptotische Äquivalenz der MLH- und der MKQ-Schätzung. Für ein Zahlenbeispiel wird die Methode unten illustriert.

4.7.2 Minimum-χ^2-Methode (MCHIQ)

In der Regel wird an die Schätzung der Allelwahrscheinlichkeiten ein statistischer Test angeschlossen, der die Differenzen zwischen der beobachteten und der erwarteten Häufigkeit der Genotypen bewertet. Das ist in der Regel der χ^2-Test, der in späteren Abschnitten vorgestellt wird. Da liegt es auf der Hand, den Parameter p gleich so zu schätzen, dass die Prüfgröße $\chi^2(p)$ des Tests minimiert wird:

$$p_{MCHI} = \min_p \chi^2(p) = \min_p\left(\frac{(n_{AA} - np^2)^2}{np^2} + \frac{(n_{AB} - 2np(1-p))^2}{2np(1-p)} + \frac{(n_{BB} - n(1-p)^2)^2}{n(1-p)^2}\right)$$

Bemerkungen. Sowohl von der Methode der kleinsten Quadrate als auch der Minimum-χ^2-Methode ist bekannt, dass ihre Lösungen asymptotisch mit der MLH-Lösung übereinstimmen.

Neben der Minimum-χ^2-Methode gibt es die sogenannte variierte Minimum-χ^2-Methode. Die notwendigen Bedingungen für die Existenz von Lösungen ist das Nullwerden der ersten Ableitung von $\chi^2(p)$. Bei der variierten Minimum-χ^2-Methode werden bezüglich der ersten Ableitung alle die Terme weggelassen, die den unbekannten Parameter als Quadrat enthalten. Trotz dieser etwas eigenartigen Vorgehensweise hat die Methode gute Eigenschaften.

Die zu minimierenden Funktionen sowohl bei der MKQ- als auch der MCHIQ-Methode führen auf Polynome vom Grad 4 in p und damit kann man Lösungsformeln angeben, die allerdings hier wegen ihres Umfangs nicht angegeben werden. Die gesuchten Minima werden iterativ bestimmt. Man nutzt dazu das Monotonieverhalten der Funktionen, deren Minima bestimmt werden sollen.

Beispiel 4.8. In einer Stichprobe vom Umfang n = 100 wurden die Genotypen AA mit der von der Allelfrequenz abhängenden Wahrscheinlichkeit $P(AA) = p^2$ genau 35-mal, AB mit $P(AB) = 2p(1-p)$ genau 40-mal und folglich die Genotypen BB mit $P(BB) = (1-p)^2$ wegen $n_{BB} = n - n_{AA} - n_{AB}$ mit der Häufigkeit 25 festgestellt. In der Abb. 4.23 sind die Likelihoodfunktion, die Fehlerquadratfunktion und die χ^2-Funktion dargestellt, die mit dem SAS-Programm `MLH_MKQ_Chi.sas` berechnet wurden. Man erhält als Maximumstelle für die Likelihoodfunktion den Wert 0.55, als Minimumstelle der Fehlerquadrate 0.56865 und als Minimumstelle der χ^2-Funktion 0.5485.

Da der wahre Parameterwert $p_0 = P(A)$ unbekannt ist, lässt sich nichts über die Nähe der Schätzungen zu diesem sagen. Man kann nur feststellen, dass die drei Schätzungen dicht bei einander liegen.

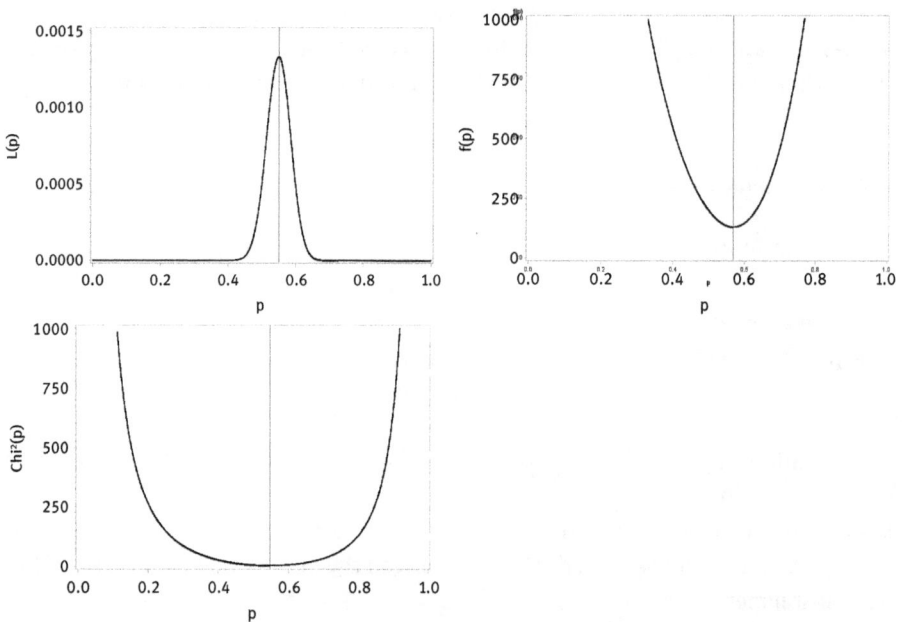

Abb. 4.23: Vergleich der Likelihoodfunktion (MLH-Lösung p_{MLH} = 0.55, oben links) mit der Fehlerquadratfunktion (MKQ-Lösung p_{MKQ} = 0.56865, oben rechts) und der χ^2-Funktion (Minimum-χ^2-Lösung p_{MCHI} = 0.5485, unten).

5 Konfidenzschätzungen

Punktschätzungen von Parametern erlauben zunächst keine Aussage darüber, wie nahe sie den „wahren" Werten sind. Offensichtlich hängt das auch vom Stichprobenumfang ab. Deshalb sind Konfidenzschätzungen von besonderem Interesse. Sie liefern Begrenzungen für ein Gebiet, das die geschätzte Größe mindestens mit vorgegebener Wahrscheinlichkeit $1 - \alpha$, dem sogenannten Konfidenzniveau enthält.

Üblich sind für α die Werte 0.05 bzw. 0.01. Wenn im Text nicht anders gefordert ist α stets 0.05.

5.1 Konfidenzintervalle für den Parameter μ der $N(\mu, \sigma^2)$-Verteilungen

5.1.1 Konfidenzintervalle für μ bei bekannter Varianz σ^2

Es seien N der Stichprobenumfang und $(X_1, X_2, \ldots, X_N)$ eine Stichprobe, d. h., für alle i sind die X_i normal verteilt mit gleichen Parametern, $X_i \sim N(\mu, \sigma^2)$ für $i = 1, 2, \ldots, N$, und X_i und X_j sind paarweise unabhängig. Dann ist die Zufallsgröße $\overline{X} = \sum_{i=1}^{N} X_i / N$ eine MLH-Schätzung für den unbekannten Parameter μ. Es ist bekannt, dass $\overline{X}$ ebenfalls wieder normal verteilt ist und zwar $\overline{X} \sim N(\mu, \sigma^2/N)$.

Durch Normierung (Übergang zu einer $N(0,1)$-verteilten Zufallsgröße) erhält man:

$$(\overline{X} - E(\overline{X}))/\sqrt{V(\overline{X})} = (\overline{X} - \mu)/\sqrt{(\sigma^2/N)} = (\overline{X} - \mu)/(\sigma/\sqrt{N}) \sim N(0, 1).$$

Dann gilt für ein gewähltes $\alpha > 0$:

$$P\left(-u_{1-\alpha/2} \leq \frac{\overline{X} - \mu}{(\sigma/\sqrt{N})} \leq u_{1-\alpha/2} \right) = 1 - \alpha.$$

Hier bezeichnet $u_{1-\alpha/2}$ das $(1 - \alpha/2)$-Quantil der Standardnormalverteilung.

Daraus ergeben sich die symmetrisch zum Mittelwert gelegenen oberen und unteren Konfidenzgrenzen für μ:

$$X_o = \overline{X} + u_{1-\alpha/2} \cdot \sigma/\sqrt{N} \quad \text{und} \quad X_u = \overline{X} - u_{1-\alpha/2} \cdot \sigma/\sqrt{N}.$$

Für den Parameter μ einer Normalverteilung mit bekannter Varianz σ^2 ist das symmetrische **Konfidenzintervall** $[X_u, X_o]$ zum Niveau $1 - \alpha = 0.95$ durch

$$X_u = \overline{X} - 1.96 \cdot \sigma/\sqrt{N} \quad \text{und} \quad X_o = \overline{X} + 1.96 \cdot \sigma/\sqrt{N}$$

bestimmt. Ein **linksoffenes Konfidenzintervall** $(-\infty, .X_o]$. zum Niveau $1 - \alpha$ erhält man durch

$$X_o = \overline{X} + u_{1-\alpha} \cdot \sigma/\sqrt{N},$$

ein **rechtsoffenes Konfidenzintervall** zum Niveau 1 − α durch

$$X_u = \overline{X} - u_{1-\alpha} \cdot \sigma/\sqrt{N},$$

wobei $u_{1-\alpha}$ das $(1 - \alpha)$ -Quantil der Standardnormalverteilung ist.

Durch ein Simulationsexperiment soll überprüft werden, ob ein so konstruiertes symmetrisches Konfidenzintervall den wahren Mittelwert μ mit der vorgegebenen Wahrscheinlichkeit 1 − α enthält. Dazu wählt man N normal verteilte Zufallszahlen x_i aus einer $N(\mu, \sigma^2)$-Verteilung aus, summiert sie (innere do-Schleife) und bestimmt anschließend den Mittelwert, um daraus die Konfidenzgrenzen x_u und x_o zu bestimmen. Liegt μ zwischen x_u und x_o, so wird eine flag-Variable auf „enthalten" gesetzt, die ansonsten den Wert „nicht enthalten" hat.

Das SAS-Programm SAS_5_1Ueberdeckung.sas überprüft 10 000 mal, wie oft der wahre Parameter μ im Konfidenzintervall enthalten ist. Da der Startpunkt des Zufallszahlengenerators von der Systemzeit abhängt, erhält man bei jedem Programmstart einen etwas anderen Wert für den Anteil der Versuche, bei denen der wahre Parameter im Konfidenzintervall liegt, in etwa beträgt dieser Anteil wie erwartete 0.95.

In einem Lauf des SAS-Programms SAS_5_1Ueberdeckung.sas wurde der Parameter μ in 9545 von 10 000 Fällen durch das konstruierte Konfidenzintervall überdeckt, nur in 455 Fällen wurde μ nicht überdeckt. Es sind damit näherungsweise 1 − α = 0.95 Überdeckungen.

5.1.2 Konfidenzintervalle für μ bei unbekannter und geschätzter Varianz s^2

Ist die Varianz σ^2 unbekannt, wird sie durch ihre Schätzung s^2, die Normalverteilungsquantile durch die t-Quantile zum Freiheitsgrad n − 1 ersetzt. Es ergeben sich als obere und untere Konfidenzgrenze für den Parameter μ:

$$X_o = \overline{X} + t_{n-1,1-\alpha/2} \cdot (s/\sqrt{N}) \quad \text{und} \quad X_u = \overline{X} - t_{n-1,1-\alpha/2} \cdot (s/\sqrt{N}),$$

wobei $t_{n-1,1-\alpha/2}$ das $(1 - \alpha/2)$-Quantil der t-Verteilung zum Freiheitsgrad n − 1 ist.

Das Simulationsprogramm SAS_5_2Ueberdeckung_t.sas zieht Stichproben vom Umfang n = 10 aus einer N(0, 1)-verteilten Zufallsgröße. Daraus werden $\overline{x}$, s, x_u und x_o bestimmt und kontrolliert, ob der „wahre Parameter" μ = 0 im Intervall $[x_u, x_o]$ enthalten ist. Liegt er nicht im Intervall, wird z auf 1 gesetzt, das ansonsten 0 ist.

Das Programm SAS_5_2Ueberdeckung_t.sas wiederholt diese Schritte 10 000-mal. Man erwartet dabei in etwa 500 Fällen, dass μ = 0 nicht im errechneten Konfidenzintervall und in ca. 9 500 Fällen im Konfidenzintervall liegt. Wird SAS-Programm mit dem fest vorgegebenen Startwert gestartet, erhält man 498 Nichtüberdeckungen. Bei anderen Startwerten des Zufallszahlengenerators für normalverteilte Zufallszahlen NORMAL(.) schwanken die Nichtüberdeckungszahlen um den Wert 500, solange man den Wert für α nicht verändert.

Bemerkung. Bei der Konstruktion von Konfidenzintervallen werden im Folgenden in der Regel zweiseitige betrachtet, weil sie zum einen die wichtigeren sind und einseitige leicht daraus zu konstruieren sind. Man nimmt als Quantile nicht diejenigen für $1 - \alpha/2$ sondern für $1-\alpha$ und konstruiert nur die untere Grenze für ein rechts offenes bzw. nur die obere Grenze für ein links offenes Konfidenzintervall.

5.2 Konfidenzschätzung für den Median

Die Konfidenzschätzungen für den Erwartungswert normalverteilter Zufallsgrößen sowie approximative Methoden machen wesentlich von der Kenntnis der Wahrscheinlichkeitsverteilung der arithmetischen Mittelwerte Gebrauch. Letztlich sind es die günstigen Eigenschaften der Normalverteilung, die genutzt werden.

Anders ist dies beim Median. Die Berechnung eines Vertrauensintervalls für den Median ist nicht an Voraussetzungen über die Verteilung der beobachteten Zufallsgröße gebunden und damit ein universell anwendbares Verfahren für viele Zufallsgrößen.

Sei X eine Zufallsgröße, $(X_{(1)}, \ldots, X_{(N)})$ eine der Größe nach geordnete Stichprobe vom Umfang N und $x_{0.5}$ der Median. Die Wahrscheinlichkeit, dass ein Stichprobenelement $x_{(i)}$ links bzw. rechts vom Median $x_{0.5}$ zu liegen kommt, ist jeweils 1/2. Nach dem Binomialmodell berechnet sich die Wahrscheinlichkeit, dass k von den N Stichprobenelementen links vom Median liegen, als

$$P(N, k, (1/2)) = \binom{N}{k}(1/2)^k(1 - 1/2)^{N-k} = \binom{N}{k}(1/2)^N.$$

Danach beträgt die Wahrscheinlichkeit, dass der an der Stelle λ stehende Wert $x_{(\lambda)}$ den Median $x_{0.5}$ überschreitet,

$$P(X_{0.5} < X_\lambda) = \sum_{k=0}^{\lambda-1} \binom{N}{k}(1/2)^N = (1/2)^N \sum_{\lambda=0}^{\lambda-1} \binom{N}{k}.$$

Für $\lambda < \rho$ erhält man $P(X_{0.5} > X_{(\rho)}) = (1/2)^N \sum_{k=\rho}^{N} \binom{N}{k}$. Folglich ist

$$P(X_{(\lambda)} < X_{0.5} < X_{(\rho)}) = (1/2)^N \sum_{k=\lambda}^{\rho-1} \binom{N}{k}$$

die Wahrscheinlichkeit dafür, dass der Median zwischen $X_{(\lambda)}$ und $X_{(\rho)}$ liegt. Üblicherweise bestimmt man ein symmetrisches Konfidenzintervall, also $\rho = N - \lambda + 1$. Soll das Konfidenzintervall den Median mit einer statistischen Sicherheit $1 - \alpha$ enthalten, so ist aus der letzten Gleichung in Abhängigkeit von N die größte Zahl λ zu errechnen, für die gilt:

$$P(x_{(\lambda)} \leq x_{0.5} \leq x_{(\rho)}) > 1 - \alpha.$$

Für Stichprobenumfänge zwischen N = 6 und N = 20 gibt es Tabellen. Zu den Konfidenzniveaus $1 - \alpha = 0.95$ und $1 - \alpha = 0.99$ sind die Vertrauensintervalle für den Median in Tab. 5.1 angegeben und mit dem SAS-Programm Mediantabelle.sas berechnet.

Für kleinere Stichprobenumfänge, etwa N < 6, gibt es solche Konfidenzintervalle nicht; die üblichen Niveaus $\alpha = 0.05$ bzw. $\alpha = 0.01$ können nicht eingehalten werden.

Für N > 15 und insbesondere wegen p = 0.5 nähert sich die den Überlegungen zu Grunde liegende Binomialverteilung recht gut der Normalverteilung mit den Parametern

$$\mu = N/2 \quad \text{und} \quad \sigma = \sqrt{p(1 - p)N} = \sqrt{N/2}.$$

Näherungsweise können die Vertrauensgrenzen $x_{(\lambda)}$ und $x_{(\rho)}$ berechnet werden:

$$\lambda = N/2 - 0.98\sqrt{N} \quad \text{und} \quad \rho = N/2 + 0.98\sqrt{N} \quad \text{für } \alpha = 0.05$$

sowie

$$\lambda = N/2 - 1.29\sqrt{N} \quad \text{und} \quad \rho = N/2 + 1.29\sqrt{N} \quad \text{für } \alpha = 0.01.$$

Dabei ist λ auf die nächste ganze Zahl abzurunden und ρ auf die nächste ganze Zahl aufzurunden. Mit N = 40 und $\alpha = 0.05$ erhält man $\lambda = 13$ und daraus $\rho = N-\lambda+1 = 27$. Der Konfidenzbereich geht vom 13. bis zum 27. Messwert der geordneten Stichprobe.

Tab. 5.1: Konfidenzgrenzen für den Median.

N	$\alpha = 0.05$		$\alpha = 0.01$		N	$\alpha = 0.05$		$\alpha = 0.01$	
	u	o	u	O		u	o	u	o
6	1	6	.	.	19	5	15	4	16
7	1	7	.	.	20	6	15	4	17
8	1	8	1	8	21	6	16	5	17
9	2	8	1	9	22	6	17	5	18
10	2	9	1	10	23	7	17	5	19
11	2	10	1	11	24	7	18	6	19
12	3	10	2	11	25	8	18	6	20
13	3	11	2	12	26	8	19	7	20
14	3	12	2	13	27	8	20	7	21
15	4	12	3	13	28	9	20	7	22
16	4	13	3	14	29	9	21	8	22
17	5	14	3	15	30	10	21	8	23
18	5	14	4	15	N > 30	$N/2 \mp 0.98\sqrt{N}$		$N/2 \mp 1.29\sqrt{N}$	

Beispiel 5.1. Bei 20 Patienten wurde die Selomin-Ausscheidung im Urin gemessen. Die angegebenen Zahlen sind Konzentrationswerte in mmol/dl und bereits der Größe nach geordnet:

1.6, 2.11, 2.87, 4.89, 5.72, 5.82, 6.67, 7.27, 9.33, 10.42, 11.17, 11.28, 12.10, 12.54, 13.04, 13.27, 13.81, 14.33, 14.87, 19.92.

Das Konfidenzintervall für den Median für α = 0.05 ist [5.82; 13.04]. Laut Tab. 5.1 beginnt es mit dem sechstgrößten und endet mit dem Messwert, der den 15. Rangplatz einnimmt. Das ist der Messwert 13.4.

Simulationsexperiment:

In einem Simulationsexperiment soll überprüft werden, ob das Konfidenzintervall für den Median den wahren Parameter mit einer Wahrscheinlichkeit von mindestens 0.95 überdeckt oder umgekehrt, ob die Wahrscheinlichkeit, dass der wahre Parameter nicht überdeckt wird, höchstens 0.05 ist. Die Konstruktion des Konfidenzintervalls für den Median beruht nicht auf der unterliegenden Verteilung und benutzt nur die Voraussetzung, dass die Zufallsgröße ordinal ist.

Dazu werden eine große Stichprobe (um mit den Näherungswerten rechnen zu können) aus gleichverteilten Zufallszahlen aus dem Intervall von 0 bis 1 gezogen sowie der empirische Median und seine Konfidenzgrenzen u und o zum Niveau 0.05 bestimmt.

Liegt der Median P_{50} = 0.5 innerhalb der Konfidenzgrenzen, wird eine Flag-Markierung vorgenommen. Bei 10 000 Wiederholungen des Experimentes sollten 9500-mal ein Flag vermerkt sein und in höchstens 500 Fällen nicht. Das SAS-Programm SAS_5_3_Ueberdeckung_Median bestätigt diese Aussage. In Abb. 5.1 erkennt man die stochastische Konvergenz der relativen Überdeckungshäufigkeiten gegen die Konfidenzwahrscheinlichkeit 0.95, besser die relativen Nichtüberdeckungshäufigkeiten gegen 0.05, wenn der Stichprobenumfang wächst.

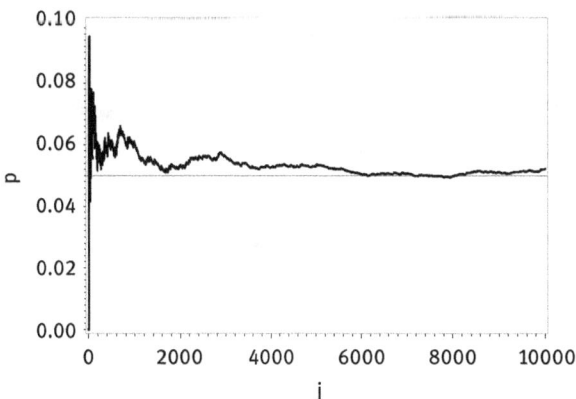

Abb. 5.1: Stochastische Konvergenz der relativen Nichtüberdeckungshäufigkeit, wenn der Stichprobenumfang wächst (Referenzlinie α = 0.05).

Das Programm lässt sich leicht abwandeln für beliebige Verteilungen. Dazu ist im ersten data-Step die Funktion UNIFORM(x), die gleichverteilte Zufallszahlen zwischen

0 und 1 ausgibt, gegen den entsprechenden Zufallszahlenaufruf auszuwechseln. Nach obigen Begründungen ist das ohne Einfluss auf das Simulationsergebnis für den Median.

5.3 Konfidenzintervalle für die Differenzen von Medianen

5.3.1 Ungepaarter Fall

Es werden zwei unabhängige Stichproben $(X_1, X_2, \ldots, X_{n_1})$ und $(Y_1, Y_2, \ldots, Y_{n_2})$ betrachtet, wobei ohne Beschränkung der Allgemeinheit $n_1 \leq n_2$ sei.

Ziel ist es, die Differenz $D = x_{0.5} - y_{0.5}$ zwischen beiden Medianen durch den Median aller möglichen $n_1 \times n_2$ Differenzen $D_{ij} = x_i - y_j$ für $i = 1, \ldots, n_1$ und $j = 1, \ldots, n_2$ zu schätzen. Das daraus zu berechnende Konfidenzintervall für die Differenz der Mediane mit den unteren und oberen Konfidenzgrenzen K_u und K_o soll mit der Wahrscheinlichkeit $1 - \alpha$ den Median überdecken. Grundlage der Berechnung ist für kleine Anzahlen $n_1 \times n_2$ die Prüfgröße R des Wilcoxon-Tests (Rangsummentest, s. 6.4.1). Aber je größer $n_1 \times n_2$, desto mehr nähert sich diese Verteilung einer Normalverteilung mit

$$E(R) = n_1 n_2 / 2 \quad \text{und} \quad V(R) = n_1 n_2 (n_1 + n_2 + 1)/12$$

an. Dann ist für eine vorgegebene Konfidenzwahrscheinlichkeit α ein zweiseitiges asymptotisches Konfidenzintervall gegeben durch die beiden Grenzen

$$K_u = n_1 n_2 / 2 - u_{1-\alpha/2} \cdot \sqrt{n_1 n_2 (n_1 + n_2 + 1)/12}$$

und

$$K_o = n_1 n_2 / 2 + u_{1-\alpha/2} \cdot \sqrt{n_1 n_2 (n_1 + n_2 + 1)/12},$$

wobei $u_{1-\alpha/2}$ das $(1 - \alpha/2)$-Quantil der Standardnormalverteilung ist. Das folgende Berechnungsbeispiel kann auch mit dem SAS-Programm `konfi_diff_Mediane_unpaar.sas` durchgeführt werden.

Beispiel 5.2. Die beiden unabhängigen Stichproben sind

$$X : 1.2, 2.3, 3.7, 4.5, 5.61, 7.4 \quad (n_1 = 6)$$

und

$$Y : 1.1, 2.5, 3.4, 6.9, 8.2 \quad (n_2 = 5).$$

Der Median der Differenzen liegt zwischen den Werten mit den Rängen 15 und 16, das sind die Differenzen -0.2 und $+0.2$, also gilt als Median der Differenzen der Wert 0.

Tab. 5.2: Arbeitsweise bei der Bestimmung des Konfidenzintervalls für die Differenz zweier Mediane aus unabhängigen Stichproben (Rang der Differenz in Klammern).

$D_{ij} = x_i - y_j$		1. Stichprobe x_i					
		1.2	2.3	3.7	4.5	5.61	7.4
2. Stich-	1.0	0.2 (16)	1.3 (21)	2.7 (24)	3.5 (26)	4.61 (28)	6.4 (30)
probe y_j	2.5	−1.3 (11)	−0.2 (15)	1.2 (20)	2.0 (22)	3.11 (25)	4.9 (29)
	3.4	−2.2 (10)	−1.1 (13)	0.3 (17)	1.1 (19)	2.21 (23)	4.0 (27)
	6.9	−5.7 (3)	−4.6 (4)	−3.2 (7)	−2.4 (9)	−1.31 (12)	0.5 (18)
	8.2	−7.0 (1)	−5.9 (2)	−4.5 (5)	−3.7 (6)	−2.61 (8)	−0.8 (14)

(Dieser Wert ist von der Differenz 0.7 der Mediane $M_x = 4.1$ und $M_y = 3.4$ verschieden!)

$$K_u = 5 \cdot 6/2 - 1.96 \cdot \sqrt{5 \cdot 6(5 + 6 + 1)/12} = 4.265$$

$$K_o = 5 \cdot 6/2 + 1.96 \cdot \sqrt{5 \cdot 6(5 + 6 + 1)/12} = 25.735$$

Das Konfidenzintervall befindet sich zwischen dem 4. und 26. Rangplatz der Differenzen, das ist $[-4.6; 3.5]$.

5.3.2 Gepaarter Fall

Am gleichen Individuum i werden zwei Messwerte x_i und y_i erhoben und die Paardifferenzen $d_i = x_i - y_i$ für alle i von 1 bis n gebildet.

Es wird die Differenz zwischen beiden Medianen durch die Kalkulation aller möglichen Mittelwerte aus je zwei Differenzen geschätzt. Grundlage der Berechnung ist eine Vorgehensweise, die auch beim U-Test von Mann und Whitney (s. Kap. 6) zur Anwendung kommt.

Es werden die Differenzen $d_i = x_i - y_i$ für alle i gebildet und der Größe nach sortiert. Die folgende Matrix ist so aufgebaut, dass in der 1. Zeile und in der 1. Spalte die sortierten Differenzen stehen, aus denen „mittlere Differenzen"

$$a_{ij} = (d_i + d_j)/2 \quad \text{für} \quad j \geq i$$

gebildet werden.

Es gibt $1 + 2 + \cdots + n = n(n + 1)/2$ solcher Mittelwerte von Differenzen. Die a_{ij} werden der Größe nach sortiert. Über die $(\alpha/2)$- und $(1 - \alpha/2)$-Perzentile dieser a_{ij} kommt man zu den unteren und oberen mittleren Differenzen, die den unteren und oberen Konfidenzgrenzen des Medians der Differenzen entsprechen. Für große Stichprobenumfänge kann man die Konfidenzgrenzen asymptotisch bestimmen:

$$K_{\frac{o}{u}} = n(n + 1)/4 \pm u_{1-\alpha/2} \cdot \sqrt{n(n + 1)(2n + 1)/24}.$$

Dabei bezeichnet $u_{1-\alpha/2}$ das $(1 - \alpha/2)$-Quantil der Standardnormalverteilung.

Tab. 5.3: Arbeitsweise bei der Bestimmung des Konfidenzintervalls für die Differenz zweier Mediane aus gepaarten Stichproben.

	d_1	d_2	.	d_i	.	d_n
d_1	$(d_1 + d_1)/2 = a_{11}$	$(d_1 + d_2)/2 = a_{12}$	.	$(d_1 + d_i)/2 = a_{1i}$	.	$(d_1 + d_n)/2 = a_{1n}$
d_2		$(d_2 + d_2)/2 = a_{22}$	.	$(d_2 + d_i)/2 = a_{2i}$	.	$(d_2 + d_n)/2 = a_{2n}$
..			.		.	..
d_i				$(d_i + d_i)/2 = a_{ii}$	.	$(d_i + d_n)/2 = a_\epsilon$
..					.	..
d_n						$(d_n + d_n)/2 = a_{nn}$

Beispiel 5.3. Bei n = 15 Patienten werden das Hormon A im Blut vor x_i und nach y_i einer Therapie gemessen und die Differenzen $d_i = x_i - y_i$ gebildet. Das Berechnungsbeispiel kann auch mit dem SAS-Programm `konfi_diff_Mediane_unpaar.sas` durchgeführt werden.

Tab. 5.4: Hormonwerte x_i vor, y_i nach der Therapie und Differenzen $d_i = x_i - y_i$.

x_i	8.6	5.8	9.5	6.0	3.8	3.5	6.4	3.5	5.7	2.3	7.6	4.2	2.9	6.9	4.8
y_i	5.8	3.8	4.8	5.8	6.1	5.5	4.4	4.4	5.4	6.9	8.9	9.2	4.1	6.8	8.4
d_i	2.8	2.0	4.7	0.2	−2.3	−2.0	2.0	−0.9	0.3	−4.6	−1.3	−5.0	−1.2	0.1	−3.6

Die Berechnungen der gemittelten Differenzen $a_{ij} = (d_i + d_j)/2$ für $j \geq i$ ist aus Tab. 5.5 ersichtlich. In der ersten Zeile und ersten Spalte der Tabelle findet man die geordneten Differenzen d_i. Neben den mittleren Differenzen sind dort auch die Rangwerte eingetragen. Das untere 2.5-Percentil liegt für 120 mittleren Differenzen a_{ij} beim Rangwert 4, das 97.5-Percentil beim Rangwert 116. Das Konfidenzintervall ist damit [−4.3, 3.35]. Die „seltenen" $\frac{2.5}{100} \cdot 120 = 3$ Differenzen vom unteren und oberen Ende werden weggestrichen. In Tab. 5.5 sind diese „selten vorkommenden" grau hinterlegt und die erste und letzte Differenz des Konfidenzbereichs fett hervorgehoben.

Die Rechnung wird ausgeführt vom SAS-Programm `konfi_diff_Mediane_paarig.sas`.

5.4 Konfidenzintervall für den Parameter p der Binomialverteilung

5.4.1 Asymptotische Konfidenzintervalle für den Parameter p der Binomialverteilung

Asymptotische Konfidenzintervalle sind erst anwendbar für große $n \cdot p$ (groß heißt $n \cdot p > 5$ und gleichzeitig $n \cdot (1 - p) > 5$). Es sei $\bar{p} = k/n$ eine Punktschätzung für den Parameter p der Binomialverteilung und zwar eine Maximum-Likelihood-Schätzung

Tab. 5.5: Mittlere Differenzen und zugehöriger Rangplatz (in Klammern).

d_i	-5	-4.6	-3.6	-2.3	-2	-1.3	-1.2	-0.9	0.1	0.2	0.3	2	2	2.8	4.7
-5.0	-5 (1)	-4.8 (2)	**-4.3** (4)	-3.65 (6)	-3.5 (8)	-3.15 (11)	-3.1 (12)	-2.95 (15)	-2.45 (19)	-2.4 (21)	-2.35 (23)	-1.5 (39)	-1.5 (40)	-1.1 (49)	-0.15 (72)
-4.6		-4.6 (3)	-4.1 (5)	-3.45 (9)	-3.3 (10)	-2.95 (14)	-2.9 (16)	-2.75 (18)	-2.25 (26)	-2.2 (27)	-2.15 (28)	-1.3 (43)	-1.3 (44)	-0.9 (55)	0.05 (75)
-3.6			-3.6 (7)	-2.95 (13)	-2.8 (17)	-2.45 (20)	-2.4 (22)	-2.25 (25)	-1.75 (32)	-1.7 (34)	-1.65 (35)	-0.8 (58)	-0.8 (59)	-0.4 (67)	0.55 (88)
-2.3				-2.3 (24)	-2.15 (29)	-1.8 (31)	-1.75 (33)	-1.6 (38)	-1.1 (48)	-1.05 (50)	-1 (52)	-0.15 (70)	-0.15 (71)	0.25 (80)	1.2 (100)
-2.0					-2 (30)	-1.65 (36)	-1.6 (37)	-1.45 (41)	-0.95 (53)	-0.9 (54)	-0.85 (57)	0 (73)	0 (74)	0.4 (85)	1.35 (101)
-1.3						-1.3 (42)	-1.25 (45)	-1.1 (47)	-0.6 (60)	-0.55 (62)	-0.5 (64)	0.35 (83)	0.35 (84)	0.75 (91)	1.7 (105)
-1.2							-1.2 (46)	-1.05 (51)	-0.55 (61)	-0.5 (63)	-0.45 (65)	0.4 (86)	0.4 (87)	0.8 (92)	1.75 (106)
-0.9								-0.9 (56)	-0.4 (66)	-0.35 (68)	-0.3 (69)	0.55 (89)	0.55 (90)	0.95 (93)	1.9 (107)
0.1									0.1 (76)	0.15 (77)	0.2 (78)	1.05 (94)	1.05 (95)	1.45 (102)	2.4 (111)
0.2										0.2 (79)	0.25 (81)	1.1 (96)	1.1 (97)	1.5 (103)	2.45 (114)
0.3											0.3 (82)	1.15 (98)	1.15 (99)	1.55 (104)	2.5 (115)
2.0												2 (108)	2 (109)	2.4 (112)	**3.35** (117)
2.0													2 (110)	2.4 (113)	3.35 (118)
2.8														2.8 (116)	3.75 (119)
4.7															4.7 (120)

(MLH). Für solche Schätzungen gelten

$$E(\bar{p}) = p, \; V(\bar{p}) = p(1 - p)/n$$

und asymptotisch ist $\bar{p}$ normalverteilt, $\bar{p} \sim N(p, p(1 - p)/n)$.

Nach Normierung erhält man

$$\frac{\bar{p} - E(\bar{p})}{\sqrt{V(\bar{p})}} = \frac{\bar{p} - p}{\sqrt{p(1 - p)/n}} \sim N(0, 1).$$

Die Konfidenzgrenzen zum Niveau $\alpha = 0.05$ werden durch etwas mühsames Umstellen der Ungleichung

$$-1.96 \leq \frac{\bar{p} - p}{\sqrt{p(1 - p)/n}} \leq 1.96$$

auf die Form $p_u \leq p \leq p_o$ ermittelt:

$$p_{u/o} = \frac{2n\bar{p} + 1.96^2 \mp 1.96\sqrt{4n\bar{p}(1 - \bar{p}) + 1.96}}{2(n + 1.96^2)}.$$

Beispiel 5.4. Für $n = 20$ Patienten mit Hypertonie wird bei 12 von ihnen festgestellt, dass sie Raucher sind. Als Punktschätzung für die Wahrscheinlichkeit Raucher zu sein ermittelt man $\bar{p} = 0.6$. Als Konfidenzgrenzen erhält man

$$p_o = \frac{2 \cdot 20 \cdot 0.6 + 1.96^2 + 1.96\sqrt{4 \cdot 20 \cdot 0.6 \cdot (1 - 0.6) + 1.96^2}}{2 \cdot (20 + 1.96^2)} = 0.781$$

und

$$p_u = \frac{2 \cdot 20 \cdot 0.6 + 1.96^2 - 1.96\sqrt{4 \cdot 20 \cdot 0.6 \cdot (1 - 0.6) + 1.96^2}}{2 \cdot (20 + 1.96^2)} = 0.387.$$

Für beliebige andere Konfidenzniveaus ist anstelle von 1.96 das entsprechende Quantil $u_{1-\alpha/2}$ der Standardnormalverteilung zu setzen. Für einseitige Konfidenzintervalle ist die obige Ungleichung entsprechend abzuwandeln.

Bemerkungen. Die asymptotische Varianz der Schätzung $\bar{p}$ ist allerdings vom unbekannten Parameter p abhängig, $V(\bar{p}) = p(1 - p)/n$.

Bei einer schlechteren als der eben beschriebenen asymptotischen Näherungsmethode setzt man anstelle des unbekannten Parameters p die Schätzung $\bar{p}$ in die Varianzformel ein und berechnet damit die Konfidenzgrenzen bezüglich

$$V(\bar{p}) = \bar{p}(1 - \bar{p})/n.$$

Die Differenz zwischen beiden asymptotischen Methoden wird mit wachsendem Stichprobenumfang n allerdings kleiner und geht gegen 0. Der „Vorteil" der schlechteren Methode liegt in der bequemeren Berechenbarkeit der Konfidenzgrenzen, was ihre große Verbreitung erklären mag. Aus

$$P(-u_{1-\alpha/2} \leq (\bar{p} - p)/\sqrt{\bar{p}(1 - \bar{p})/n} \leq u_{1-\alpha/2}) = 1 - \alpha \qquad (*)$$

erhält man nach Umstellen die oberen und unteren Konfidenzgrenzen zum Niveau α,

$$p_{\substack{o \\ u}} = \overline{p} \pm u_{1-\alpha/2} \cdot \sqrt{\overline{p}(1 - \overline{p})/n}.$$

Im Simulationsexperiment wird sich zeigen, dass diese Methode das Konfidenzniveau nicht einhält. Man sollte sie niemals verwenden!

Beispiel 5.5. Mit $n = 20, k = 12$ und $\alpha = 0.05$ erhält man bei Verwendung des empirischen Wertes $\overline{p}$ die Konfidenzgrenzen $p_u = 0.3853$ und $p_o = 0.8815$. Das Intervall ist größer als in Beispiel 5.4, insbesondere durch die obere Konfidenzgrenze, und damit sichtbar eine schlechtere Konfidenzschätzung.

5.4.2 Exaktes Konfidenzintervall für den Parameter p der Binomialverteilung

Die aufwändige Berechnungsprozedur wird an einem Beispiel erläutert (s. Abb. 5.2). Es sei $n = 100$ der Stichprobenumfang, $\alpha = 0.05$ und die Anzahl der positiven Versuchsausgänge des Bernoulli-Experiments $k = 4$. Folglich ist $\overline{p} = 0.4$ eine Punktschätzung für das unbekannte p der Binomialverteilung. Die Konstruktion des Konfidenzintervalls kann man der Abb. 5.2 entnehmen. Für ein fixiertes p werden die wahrscheinlichen Bereiche ($P \geq 0.95$) mit durchgehenden Linien gekennzeichnet, die nach unten hin diejenigen k ausschließen, deren kumulierte Wahrscheinlichkeit unter $\alpha/2$ liegt und nach oben hin die k ausschließen, für die die restliche Wahrscheinlichkeit unter $\alpha/2$ liegt. Als untere Konfidenzgrenze bestimmt man das größte p_u, für das gilt

$$\sum_{i=0}^{k} \binom{n}{i} p_u^i (1 - p_u)^{n-i} = 1 - \alpha/2.$$

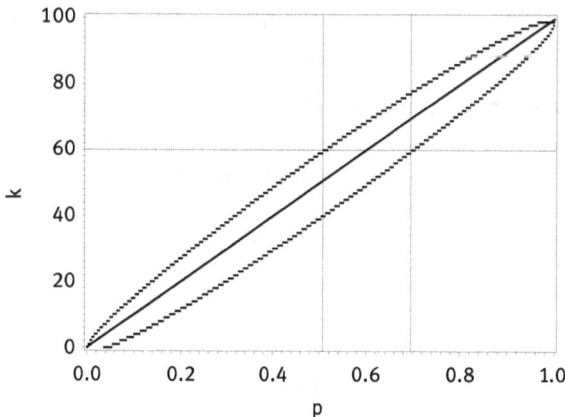

Abb. 5.2: Exakte obere und untere Grenze des Konfidenzintervalls, die die Punktschätzung (durchgehende Linie) einhüllen, für den Parameter p der Binomialverteilung mit $n = 100$. Als vertikale Referenzlinien sind eingezeichnet die zu $k = 60$ gehörenden Grenzen $p_u = 0.49721$ und $p_o = 0.69671$.

Als obere Konfidenzgrenze bestimmt man dasjenige kleinste p_o, für das gilt

$$\sum_{i=0}^{k} \binom{n}{i} p_o^i (1 - p_o)^{n-i} = \alpha/2.$$

Die möglichen Werte einer binomialverteilten Zufallsgröße X sind $k = 0, 1, \ldots, 100$ und auf der Ordinate ablesbar. Jeder Wahrscheinlichkeit aus dem Einheitsintervall [0, 1] kann eine Wahrscheinlichkeitsfunktion zugeordnet werden. Damit korrespondieren zwei Punkte $u_{n,p}$ und $o_{n,p}$ derart, dass $P(k \le u_{n,p})$ und $P(k > o_{n,p})$ jeweils $\alpha/2$ sind. Die Punkte bilden die in Abb. 5.2 demonstrierte Kontur. Beobachtet man beispielsweise $k = 60$ als Realisierung von X, so sind die Abszissen der Schnittpunkte der Geraden $k = 60$ mit den Konturlinien die gesuchten Begrenzungen des Konfidenzintervalls für p bezüglich der Beobachtung $x = 60$.

Bemerkungen. Leider ist man bei der Berechnung auf Rechnerprogramme angewiesen. Im Anbetracht einer exakten Arbeitsweise und der allgemeinen Verfügbarkeit von Rechnern sollte man den Aufwand nicht scheuen, zumal die meisten Statistik-programme dafür Prozeduren bereithalten.

Die Verteilungsfunktion der Binomialverteilung kann für große n durch die inverse Betafunktion ermittelt werden. Der Algorithmus ist in SAS in die CDF-Funktion eingegangen. Im Gegensatz zur elementaren Ermittlung der Binomialwahrscheinlichkeiten über die definierende Gleichung mit den Binomialkoeffizienten kommt es nicht zu einem numerischen Überlauf, wenn n größer als 180 ist.

Für die Berechnung der exakten Konfidenzgrenzen findet man eine große Anzahl Rechnerprogramme im Internet. Ein schneller Algorithmus von Daly (1992) ist als SAS-Makro CIBINOM verfügbar. Es wurde eingebaut ins SAS-Programm Exakte_Konfi_Grenzen_p.sas, mit dem das Makro in einer do-Schleife aufgerufen wird, um die Abb. 5.2 zu erzeugen. Das Makro wird auch im folgenden Abschnitt benutzt, weil es sich problemlos in das Simulationsprogramm einbinden lässt.

Es wurden drei Methoden zur Berechnung von Konfidenzintervallen vorgestellt, von denen man zunächst nur vermutet, dass die exakte ihrer Konstruktion wegen die beste sein wird. Über die leichter zu berechnenden Näherungsmethoden kann man sich noch kein Urteil erlauben. Im folgenden Abschnitt wird mit Simulationsmethoden untersucht, in wie weit das Konfidenzniveau bei den beiden Näherungslösungen und bei der exakten Methode eingehalten wird.

5.4.3 Bewertung dreier Konfidenzintervalle für den Parameter p einer Binomialverteilung B(n, p)

Die Konfidenzintervalle hängen bei allen drei vorgestellten Methoden vom Stichprobenumfang n und vom Konfidenzniveau $\alpha = 0.05$ ab, die hier fixiert seien. Sonst gilt natürlich, je kleiner α, desto breiter wird das Konfidenzintervall.

Da man die zahlreichen variierenden Größen durch Simulation nur ungenügend überdecken kann, wählt man solche Kombinationen von Werten aus, die für die Untersuchungssituation „typisch" sind. Für den Stichprobenumfang sind kleine n sinnvoll zu untersuchen, bei denen die asymptotischen Voraussetzungen der Berechnungen der Konfidenzintervalle am meisten gestört sind.

Es wurde n = 15, 30 und 50 gewählt. Für den Parameter p wird der Bereich von 0.05 bis 0.95 mit der Schrittweite 0.025 abgedeckt. Das geschieht im SAS-Programm in einer do-Schleife. Für den vorgegebenen Stichprobenumfang werden eine binomialverteilte Stichprobe gezogen und die Konfidenzintervalle nach der exakten und den beiden Näherungsmethoden bestimmt.

Die Berechnung der exakten Konfidenzgrenzen geschieht mit Hilfe des Makros CIBINOM.

Es wird überprüft, ob für eine gezogene Stichprobe das daraus berechnete jeweilige Konfidenzintervall den vorgegebenen Binomialparameter p überdeckt. In Abb. 5.3 ist zu sehen, wie oft bei jeweils 10 000 Simulationen keine Überdeckung des wahren Parameters auftrat. Dieses Ereignis der Nichtüberdeckung sollte bei jeder der drei Methoden, da $\alpha = 0.05$ gewählt wurde, in höchstens 500 der 10 000 Simulationen auftreten.

Die Ergebnisse sind in Abb. 5.3 zusammengestellt.

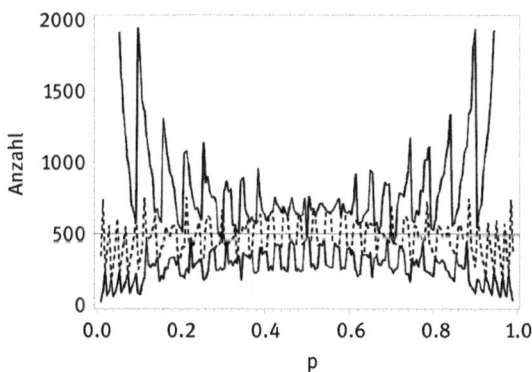

Abb. 5.3: Einhaltung des Konfidenzniveaus bei der exakten Methode (volle untere Linie), der asymptotischen Methode bei Gleichsetzung von Schätzung und Parameter (volle obere Linie) und asymptotische Methode nach Abschnitt 5.4.1 (punktiert) in Abhängigkeit vom Binomialparameter p und einem Stichprobenumfang n = 30 aus jeweils 10 000 Simulationen.

5.4.4 Zusammenfassung und Empfehlung

Die exakte Methode hält bei jedem Stichprobenumfang und jedem Binomialparameter p das Konfidenzniveau ein. Sie ist eher „konservativ", da sie deutlich unterhalb der angepeilten Fehler bleibt. Sie ist die zu favorisierende Methode.

Die Näherungsmethode sollte niemals angewandt werden. Sie überschreitet das Konfidenzniveau für alle untersuchten Stichprobenumfänge und fast alle p, insbesondere für sehr kleine und sehr große p ist sie undiskutabel schlecht. Der gemachte Fehler ist bei Werten um p = 0.5 am kleinsten und steigt zu den extremeren Werten (dicht bei 0 und dicht bei 1) an. Um sie mit den anderen Ergebnissen darstellen zu können, wurden die Anzahlen der Fehlklassifikationen auf 2000 gestutzt. Unverständlicherweise findet man diese Näherungsmethode noch oft in der Literatur behandelt und in Gebrauch.

Nicht ganz so schlecht ist die Näherungsmethode nach 5.4.1. Sie hält zwar nicht in allen Fällen die Fehler ein, sie überschreitet allerdings auch nicht so deutlich die erwartete 500er Marke. Die Nichtüberdeckung des Parameters durch die Intervalle liegt in den untersuchten Beispielen (n = 15, n = 30 und n = 50) unterhalb von 7 bis 8 Prozent für alle Binomialparameter p.

5.5 Konfidenzintervalle für epidemiologische Risikomaße

Besonders in medizinischen und epidemiologischen Studien, in denen man den Einfluss eines Risikomerkmals (Rauchen, Alkoholgenuss, ...) auf eine Erkrankung oder den Erfolg einer neuen Therapie gegen die Standardtherapie untersucht, hat es sich eingebürgert, nicht über die beiden Parameter p_1 und p_2, die Wahrscheinlichkeiten für das Risikomerkmal in der Gruppe der Gesunden bzw. Kranken oder das Risiko unter der ersten oder zweiten Therapie, sondern über deren

Differenz („**Risiko**differenz")	$RD = RD(p_1, p_2) = p_1 - p_2,$
Quotient („**r**elatives **R**isiko")	$RR = RR(p_1, p_2) = p_1/p_2,$
oder den „**o**dds **r**atio"	$OR = OR(p_1, p_2) = (p_1/(1 - p_1))/(p_2/(1 - p_2)),$

die Verhältnisse in beiden Untersuchungsgruppen darzustellen. Die Konfidenzintervalle von RD, RR und OR werden dann ähnlich einem statistischen Test interpretiert. Sind nämlich beide Parameter p_1 und p_2 nahezu gleich, so gelten $RD \approx 0, RR \approx 1$, und $OR \approx 1$. Bestimmt man nun die Konfidenzintervalle für RD, RR und OR, so folgert man aus
– 0 nicht im Konfidenzintervall von RD, die Risiken p_1 und p_2 sind verschieden,
– 1 nicht im Konfidenzintervall von RR, die Risiken p_1 und p_2 sind verschieden und
– 1 nicht im Konfidenzintervall von OR, die Risiken p_1 und p_2 sind verschieden.

Inwieweit diese Schlussfolgerungen richtig sind, soll ein Simulationsexperiment überprüfen. Bevor diese Überprüfung stattfinden kann, müssen die Berechnungsprozeduren für die Konfidenzintervalle angegeben und die dazu ins Spiel kommenden asymptotischen Näherungen genannt werden.

Bemerkungen. Der Wunsch, die beiden Risiken p_1 und p_2 zu einer Maßzahl (RD, RR oder OR) zu vereinigen, bringt nicht nur Vorteile. Die Abb. 5.4 bis 5.6 zeigen, dass alle Paare (p_1, p_2), die auf einer Geraden oder Kurve liegen, zur selben Maßzahl führen.

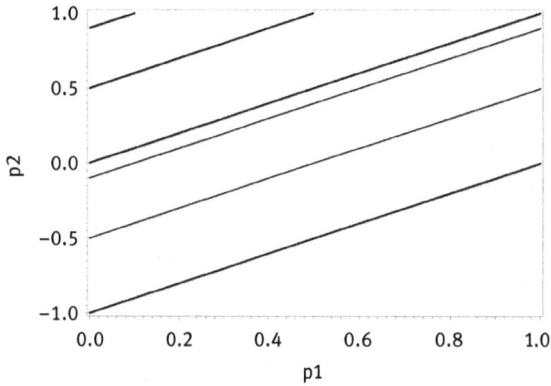

Abb. 5.4: RD $= -0.9, -0.5, 0, 0.1,$ 0.5 und 1 (von oben nach unten).

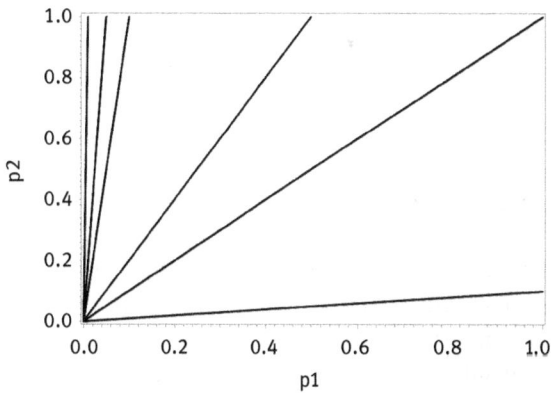

Abb. 5.5: RR $= 0.01, 0.05, 0.1,$ 0.5, 1 und 10 (von oben nach unten).

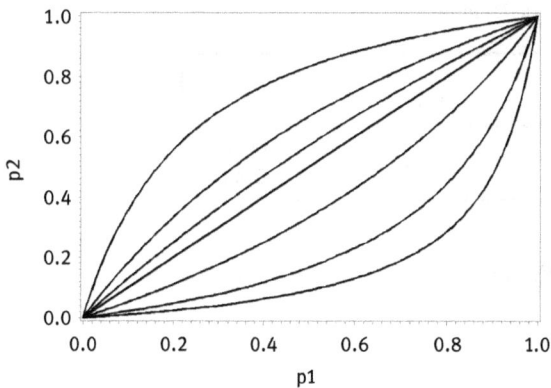

Abb. 5.6: OR $= 0.2, 0.5, 0.75, 1, 2,$ 5 und 10 (von oben nach unten).

Darüber hinaus wird die Berechnung von Konfidenzintervallen auf Grund der Transformationen der beiden Risiken p_1 und p_2 erschwert.

Beim odds ratio wird nicht der Quotient von Wahrscheinlichkeiten sondern der von Chancen (odds) gebildet. Wahrscheinlichkeiten p und Chancen Ch lassen sich aber durch die Gleichungen

$$Ch = p/(1 - p) \quad \text{und} \quad p = Ch/(1 + Ch)$$

ineinander umrechnen. Der Begriff stammt von den Buchmachern aus England, die Wetten auf alle möglichen Ereignisse annehmen. Die Chance beschreibt das Verhältnis der Wetteinsätze bei einem gerechten Spiel. Wettet man beispielsweise, dass beim Wurf eines Spielwürfels eine 6 fällt, dann entsteht ein gerechtes Ergebnis, wenn man 1 Euro für eine 6 gegen 5 Euro für keine 6 setzt. Die Wahrscheinlichkeit eine 6 zu würfeln ist 1/6, die Chance eine 6 zu würfeln ist 1/5.

Bei der inhaltlichen Deutung der Risikomaße geht man bei RD von einem „Basisrisiko" aus, dem alle Individuen (also auch die Gesunden) unterworfen sind und dass zu diesem Basisrisiko ein weiterer additiver Anteil für das jeweilige Risikomerkmal hinzukommt: $p_1 = p_2 + RD$.

Bei RR geht man von einem Grundrisiko aus, dem alle Individuen unterliegen, und einer multiplikativen Erhöhung dieses Risikos, wenn das Risikomerkmal hinzukommt: $p_1 = p_2 \cdot RD$.

5.5.1 Konfidenzintervalle für die Risikodifferenz RD

Die Ergebnisse einer klassischen epidemiologischen Studie, in der eine Stichprobe aus der Population der Gesunden vom Umfang n_g und eine zweite Stichprobe in der Population der Kranken vom Umfang n_k gezogen wird, lassen sich die bezüglich eines Risiko untersuchten Personen in folgender 4-Felder-Tafel niederlegen.

Tab. 5.6: Benennung der Größen in der Vierfeldertafel.

Risiko vorhanden	Risiko nicht vorhanden	Stichproben- Umfang	
n_{11}	n_{12}	$n_k = n_{11} + n_{12}$	Kranke
n_{21}	n_{22}	$n_g = n_{21} + n_{22}$	Gesunde

Als Schätzungen $\overline{p_1}$, $\overline{p_2}$ und $\overline{RD}$ für die beiden Binomialparameter p_1 und p_2 und die Risikodifferenz RD erhält man:

$$\overline{p_1} = n_{11}/(n_{11} + n_{12}),$$
$$\overline{p_2} = n_{21}/(n_{21} + n_{22}),$$

und

$$\overline{RD} = n_{11}/(n_{11} + n_{12}) - n_{21}/(n_{21} + n_{22}).$$

Die Standardabweichung der Schätzung $\overline{RD}$ ist

$$S(\overline{RD}) = \sqrt{p_1(1 - p_1)/n_1 + p_2(1 - p_2)/n_2},$$

eine von den beiden Parametern abhängende Größe.

1. Eine erste Näherung zur Berechnung der Konfidenzgrenzen von $\overline{RD}$ besteht darin, die Standardabweichung zu approximieren, indem anstelle der Parameter p_1 und p_2 deren Schätzungen $\overline{p_1}$ und $\overline{p_2}$ einsetzt.

$$S(\overline{RD}) \approx \sqrt{\overline{p_1}(1 - \overline{p_1})/n_1 + \overline{p_2}(1 - \overline{p_2})/n_2}.$$

Die unteren und oberen Konfidenzgrenzen RD_u und RD_o für $\alpha = 0.05$ erhält man aus

$$RD_{u/o} = \overline{RD} \mp u_{1-\alpha/2} \sqrt{\overline{p_1}(1 - \overline{p_1})/n_1 + \overline{p_2}(1 - \overline{p_2})/n_2}.$$

2. Von Newcombe (1998 a,b) stammt die folgende Näherungsmethode.

$$RD_u = \overline{RD} - \sqrt{(\overline{p_1} - l_1)^2 + (u_2 - \overline{p_2})^2}$$

und

$$RD_o = \overline{RD} + \sqrt{(\overline{p_2} - l_2)^2 + (u_1 - \overline{p_1})^2},$$

wobei l_1, l_2 die exakten unteren und u_1, u_2, die exakten oberen Konfidenzgrenzen für p_1 und p_2 sind.

Simulationsexperiment:

In SAS ist für Konfidenzbereiche für RD nur die asymptotische Methode realisiert. Aber weil für beide Risiken in der gleichen Prozedur die exakten Konfidenzbereiche bestimmt werden können, ist die Newcombe-Methode leicht anzupassen. Für einen ausgewählten Wert von RD, nämlich 0, werden für alle Risiken der Gesunden p_1 von 0.05 bis 0.95 mit der Schrittweite 0.01 die jeweiligen $p_2 = p_1 - RD$ berechnet, die zu der vorgegebenen RD führen. Für jedes dieser Paare (p_1, p_2) wird 10 000-mal eine Vierfeldertafel erzeugt. Mit Hilfe der PROC FREQ werden für diese Tafeln mit der Tafeloption RISKDIFF unter anderem die Risikodifferenz RD, ihre asymptotischen Konfidenzgrenzen, die Risiken p_1 und p_2, sowie deren exakte Konfidenzgrenzen in eine Datei ausgegeben.

In einem datastep kann man die Konfidenzgrenzen nach der Newcombe-Methode bestimmen und gleichzeitig überprüfen, wie oft beide Konfidenzintervalle die vorgegebene Risikodifferenz enthalten. Die beiden relativen Häufigkeiten für die Nichtüberdeckung sollten, wenn bei den konstruierten Konfidenzintervallen $\alpha = 0.05$ zu Grunde gelegt wurde, nicht über 0.05 liegen. Die Ergebnisse zeigen die Abb. 5.7 und 5.8. Das SAS-Programm zum Simulationsexperiment ist Nichtdeckung_RD.sas.

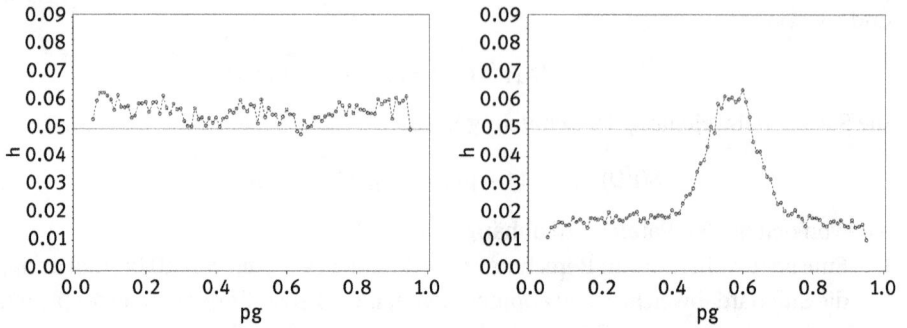

Abb. 5.7: Relative Häufigkeit der Nichtüberdeckungen durch das asymptotische (links) und durch das Konfidenzintervall nach Newcombe (rechts) für $RD = 1$, $n_1 = 50$, $n_2 = 50$ in Abhängigkeit vom Risiko der Gesunden p_g (Referenzlinie $\alpha = 0.05$).

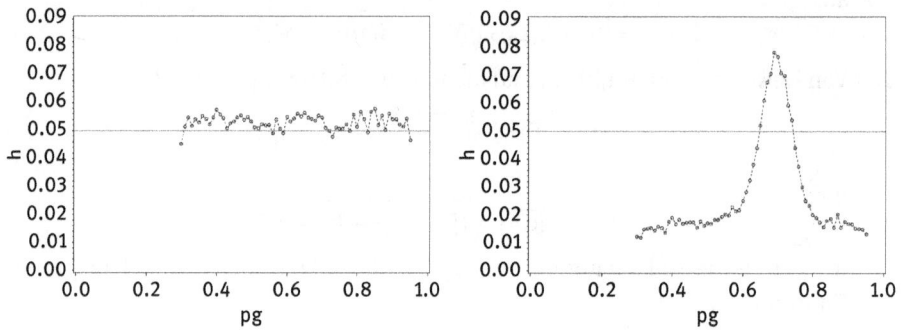

Abb. 5.8: Relative Häufigkeit der Nichtüberdeckungen durch das asymptotische (links) und das Konfidenzintervall nach Newcombe (rechts) für $RD = 0.75$, $n_1 = 100$, $n_2 = 100$ in Abhängigkeit vom Risiko der Gesunden p_g.

Bemerkungen. Man erkennt in den Abb. 5.7 und 5.8, dass die Forderungen an Konfidenzintervalle sowohl von der asymptotischen als auch der Methode von Newcombe nicht eingehalten werden. In jedem Falle treten Parameterkonstellationen auf, bei denen das geforderte $\alpha = 0.05$ nicht eingehalten wird.

Die asymptotische Methode liegt in fast allen Fällen über $\alpha = 0.05$. Mit wachsenden Umfängen n_1 und n_2 nähern sich die Nichtüberdeckungswahrscheinlichkeiten dieser Grenze an.

Bei der Newcombe-Methode stellt man fest, dass sie auf großen Parameterbereichen sehr konservativ ist, d. h. die Nichtüberdeckung wird nicht ausgeschöpft. Für kleinere Parameterbereiche verfehlt sie allerdings das Konfidenzniveau, allerdings auch nicht mehr als die asymptotische Methode. Es fällt schwer, einer Methode den Vorzug vor der anderen zu geben.

Es gibt auch eine sehr rechenintensive exakte Methode, die ähnlich dem exakten Fisher-Test arbeitet und die Ränder der Tafeln als fest ansieht. Dem interessierten

Leser werden zur genaueren Vorgehensweise die Artikel von Santner, Snell (1980) und Agresti, Min (2001) empfohlen.

5.5.2 Konfidenzintervall für das relative Risiko RR

Man geht von zwei Binomialverteilungen $B(n_1, p_1)$ und $B(n_2, p_2)$ aus. Beim Ziehen zweier Stichproben von exponierten bzw. nicht exponierten Personen vom Umfang n_1 und n_2 wird auf den Ausbruch einer Krankheit untersucht. Man interessiert sich für die Wahrscheinlichkeiten (Risiken) p_1 bzw. p_2, dass die Krankheit in der exponierten bzw. nicht exponierten Gruppe ausbricht. Man erhält die folgende Vierfeldertafel Tab. 5.7.

Neben den Risiken p_1 und p_2, ihren Punktschätzungen $\overline{p_1} = k_1/n_1$ und $\overline{p_2} = k_2/n_2$ sowie deren Konfidenzschätzungen (vergleiche Abschnitt 5.4) interessiert man sich in vielen Fällen für das leicht zu interpretierende relative Risiko

$$RR = p_1/p_2,$$

das beide Risiken im Zusammenhang beurteilt, seine Punktschätzung

$$\overline{RR} = (k_1 n_2)/(n_1 k_2)$$

und ebenso seine Konfidenzschätzung. Im Gegensatz zu den beiden Risiken, von denen man die Verteilung der Schätzfunktion kennt, macht die Berechnung der für die Konfidenzgrenzenberechnung benötigten Verteilung des Quotienten, insbesondere der Varianz des Quotienten, erhebliche Schwierigkeiten.

Tab. 5.7: Vierfeldertafel mit den Bezeichnungen für RR.

	Exposition vorhanden	Exposition nicht vorh.	Summe
Krank	k_1	k_2	$k_1 + k_2$
Nicht krank	$n_1 - k_1$	$n_2 - k_2$	$n - (k_1 + k_2)$
	n_1	n_2	N

Herleitung der Berechnungsformel für die asymptotische Varianz von $\log(\overline{RR})$:
Dazu geht man den Umweg über eine Logarithmustransformation

$$\log(\overline{RR}) = \log(\overline{p_1}) - \log(\overline{p_2}),$$

die das Problem des Quotienten zunächst zu dem einer Summe vereinfacht, denn

$$V(\log(\overline{p_1}) - \log(\overline{p_2})) = V(\log(\overline{p_1})) + V(\log(\overline{p_2})).$$

Durch Entwicklung der Logarithmusfunktion in einer Taylorreihe bis zum linearen Glied erhält man mit

$$V(\log(\overline{RR})) = V(\log(\overline{p_1})) + V(\log(\overline{p_2})) = (1 - p_1)/(p_1 n_1) + (1 - p_2)/(b)$$

eine Näherung für die Varianz, in die man durch Einsetzen der Schätzungen $\overline{p_1} = k_1/n_1$ für p_1 und $\overline{p_2} = k_2/n_2$ für p_2 einen zusätzlichen Fehler einschleust,

$$
\begin{aligned}
V(\log(\overline{p_1})) + V(\log(\overline{p_2})) &= 1 - p_1/p_1 n_1 + 1 - p_2/p_2 n_2 \\
&\approx (1 - (k_1/n_1))/k_1 + (1 - (k_2/n_2))/k_2 \\
&= 1/k_1 - 1/n_1 + 1/k_2 - 1/n_2.
\end{aligned}
$$

Man erhält als Varianz von $\log(\overline{RR})$ die Näherung

$$V(\log(\overline{RR})) = 1/k_1 - 1/n_1 + 1/k_2 - 1/n_2.$$

Durch Rücktransformation mittels Exponentialfunktion ergeben sich für das $(1 - \alpha)$–Konfidenzniveau die asymptotische obere RR_o und untere Konfidenzgrenze RR_u:

$$RR_o = \overline{RR} \cdot \exp(+u_{1-\alpha/2} \cdot \sqrt{1/k_1 - 1/n_1 + 1/k_2 - 1/n_2})$$

und

$$RR_u = \overline{RR} \cdot \exp(-u_{1-\alpha/2} \cdot \sqrt{1/k_1 - 1/n_1 + 1/k_2 - 1/n_2}),$$

wobei $u_{1-\alpha/2}$ das $(1 - \alpha/2)$-Quantil der Standardnormalverteilung ist.

Beispiel 5.6. Galoisy-Guibal u.a. (2006) untersuchten, ob ein Träger von multiresistenten Bakterien ein Risiko für nosokomiale Infektionen bei einem Kliniksaufenthalt darstellt. Nasale und rektale Abstriche wurden von allen 412 Patienten genommen, die von Juni 1998 bis Oktober 2002 auf der dortigen Intensivstation lagen. 42 Patienten waren Träger von multiresistenten Bakterien, 95 Patienten hatten nosokomiale Infektionen, von denen 16 Träger und 79 Nichtträger von multiresistenten Stämmen waren.

Tab. 5.8: Beispiel nach Galoisy-Guibal (2006).

Nosokomiale Infektionen	Träger von multiresistenten Bakterien	Nichtträger von multiresistenten Bakterien	Gesamt
ja	16	79	95
nein	26	291	317
Gesamt	42	370	412

Man schätzt $p_1 = 16/95 = 0.16842$ und $p_2 = 26/317 = 0.820$, folglich für das relative Risiko $\overline{RR} = p_1/p_2 = 2.08$.

Daraus berechnet man die oberen und unteren Konfidenzgrenzen des relativen Risikos RR.

$$RR_o = 2.08 \cdot \exp(1.96 \cdot \sqrt{1/16 - 1/95 + 1/26 - 1/317}) = 3.81$$

und

$$RR_u = 2.08 \cdot \exp(-1.96 \cdot \sqrt{1/16 - 1/95 + 1/26 - 1/317}) = 1.13.$$

Die Wahrscheinlichkeit, dass das Intervall (1.13, 3.81) den wahren Parameter RR nicht überdeckt, soll näherungsweise mit 0.05 begrenzt sein.

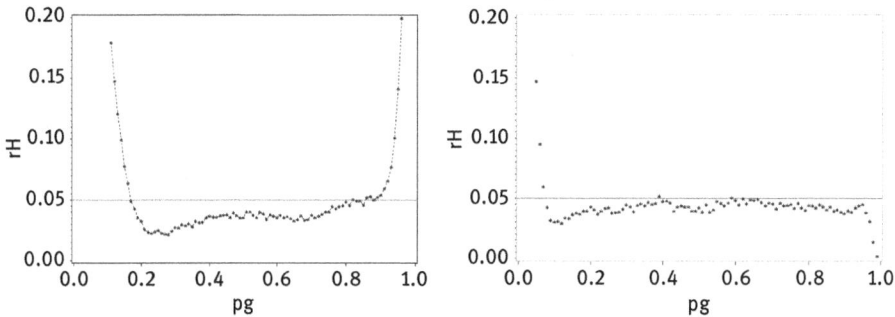

Abb. 5.9: Nichtüberdeckungswahrscheinlichkeit des Parameters RR = 1 für $n_1 = n_2 = 20$ (links) und für $n_1 = n_2 = 50$ (rechts) in Abhängigkeit vom Parameter p_g, wobei jeweils $p_k = p_g/RR$ gilt (Referenzlinie = 0.05, 10 000 Simulationen).

Wie genau aber die gemachten Näherungsannahmen eingehalten werden, ist ungewiss. Darüber gibt ein Simulationsexperiment mit dem SAS-Programm `konfi_RR.sas` Auskunft. Im ersten `data-step` sind nachdem die Kästchenbelegung erfolgte die Berechnungsprozeduren für die beiden Methoden der Konfidenzberechnung für RD durch die der Konfidenzberechnung für RR auszutauschen.

Man erkennt in den Abb. 5.9 und 5.10, dass das Konfidenzintervall auf großen Parameterbereichen das Fehlerniveau = 0.05 einhält, aber für kleine oder große p_k und p_g, selbst für RR = 1 eben nicht. Deshalb sollte man bei solchen Parametersätzen vorsichtig sein. Man überprüft mit `konfi_RR.sas` leicht, dass diese Aussage auch gilt, wenn RR von 1 verschieden ist.

5.5.3 Konfidenzintervalle für den Chancenquotienten OR

In der anglikanischen Literatur ist der Begriff „Chance" verbreitet, im Gegensatz zum kontinentalen Sprachgebrauch in der Statistik, hier „Wahrscheinlichkeit". Obwohl umgangssprachlich beide Begriffe gleichgesetzt werden, bestehen wesentliche Unterschiede. Mit Wahrscheinlichkeit wird der Anteil der für das Experiment günstigen

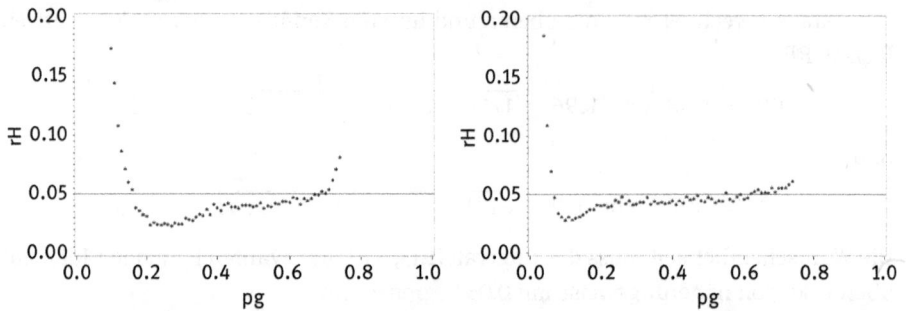

Abb. 5.10: Nichtüberdeckungswahrscheinlichkeit des Parameters RR = 0.75 für $n_1 = n_2 = 20$ (links) und für $n_1 = n_2 = 50$ (rechts) in Abhängigkeit vom Parameter p_g, wobei jeweils $p_k = p_g/RR$ gilt (Referenzlinie = 0.05, 10 000 Simulationen).

Fälle bezogen auf die möglichen Fälle relativiert. Bei Chance wird das Verhältnis von den für das Experiment günstigen Fällen zu den für das Experiment ungünstigen Fällen beschrieben.

Prinzipiell sind beide Begriffsbildungen gleichberechtigt, man kann nämlich

1. eine Wahrscheinlichkeit p in eine Chance Ch umrechnen, Ch = p/(1 – p), und
2. eine Chance Ch in eine Wahrscheinlichkeit p = Ch/(1 + Ch).

Während nun p zwischen 0 und 1 liegt, variiert Ch zwischen 0 und +∞.

Im Zweistichprobenfall ergeben sich in Analogie zum relativen Risiko

$$RR = p_1/p_2$$

das mit Hilfe der zugehörigen Chancen ermittelte Chancenverhältnis oder odds ratio,

$$OR = Ch_1/Ch_2,$$
$$OR = (p_1/(1 - p_1))/(p_2/(1 - p_2)) = p_1 \cdot (1 - p_2)/(p_2 \cdot (1 - p_1)).$$

Bei kleinen Wahrscheinlichkeiten p_1 und p_2 fallen die Begriffe relatives Risiko RR und odds ratio OR wegen $1 - p_1 \approx 1$ und $1 - p_2 \approx 1$ näherungsweise zusammen. Der Vorteil der beiden Relativzahlen gegenüber der alleinigen Betrachtung von p_1 und p_2 liegt auf der „gängigeren" Interpretation.

Beispiel 5.7. Hein u.a. (2005) berichten über eine epidemiologische Studie, in der ein genetischer Marker für die Fettleibigkeit von Personen im Lewis Blutgruppensystem bei der Ausprägung Le(a-b-) beschrieben wurde. Bei 3290 Personen wurden gleichzeitig der body mass index BMI $30 \geq kg/m^2$ und der Le(a-b-)-Typ bestimmt. Die Ergebnisse sind in Tab. 5.9 zusammengefasst.

Die Wahrscheinlichkeiten p_1 und p_2 adipös zu sein in beiden Gruppen werden als Risiko unter Exposition $p_1 = ℜ$ bzw. Risiko bei Nichtexposition $p_2 = RNE$ aufgefasst.

Tab. 5.9: Verteilung der Adipösen in den Gruppen der Exponierten und Nichtexponierten.

	Exposition vorhanden Le(a-b-)	Exposition nicht vorhanden	
BMI ≥ 30	$k_1 = 49$	$k_2 = 242$	291
BMI < 30	$n_1 - k_1 = 267$	$n_2 - k_2 = 2732$	2999
	$n_1 = 316$	$n_2 = 2974$	3290

Als Schätzungen ergeben sich

$$\overline{p_1} = k_1/n_1 = 49/316 = 0.155 \quad \text{und} \quad \overline{p_2} = k_2/n_2 = 242/2974 = 0.081$$

für die Risiken p_1 und p_2, bzw.

$$\overline{Ch_1} = 49/267 = 0.184 \quad \text{und} \quad \overline{Ch_2} = 242/2732 = 0.089$$

für die zugehörigen Chancen. Als Schätzungen für das relative Risiko RR bzw. odds ratio OR erhält man

$$\overline{RR} = k_1 \cdot n_2/(n_1 \cdot k_2) = 49 \cdot 2974/(316 \cdot 242) = 1.906$$

bzw.

$$\overline{OR} = k_1 \cdot (n_2 - k_2)/((n_1 - k_1) \cdot k_2) = 49 \cdot 2731/267 \cdot 242 = 2.071.$$

Die Interpretation:

Die Wahrscheinlichkeit beim Vorliegen der Exposition (dem Lewis-Blutgruppentyp Le(a-b-) anzugehören) adipös zu werden ist 1.9-mal so hoch wie bei einem anderen Lewis-Blutgruppentyp.

Die Chance, an Adipositas zu erkranken ist in der Le(a-b-)-Blutgruppe, der Expositionsgruppe, etwa 2.1-mal so hoch wie in anderen Lewis-Blutgruppentypen.

Dieser Vorteil der einfachen Interpretation wird aber durch die Schwierigkeiten bei der Berechnung der Konfidenzgrenzen für RR und OR verspielt. Während man die Verteilung der Schätzungen für $\overline{p_1}$ und $\overline{p_2}$ asymptotisch kennt, s. Abschnitt 5.4 über Konfidenzintervalle für den Parameter p der Binomialverteilung, ist diejenige der Quotienten

$$\overline{RR} = \overline{p_1}/\overline{p_2}, \quad \overline{Ch_1} = \overline{p_1}/(1 - \overline{p_1}), \quad \overline{Ch_2} = \overline{p_2}/(1 - \overline{p_2}) \quad \text{oder} \quad \overline{OR} = \overline{Ch_1}/\overline{Ch_2}$$

zunächst unbekannt und kann nur nach weiteren Transformationsverfahren näherungsweise bestimmt werden. Im Weiteren werden drei Näherungsverfahren, diejenigen nach Woolf (1955), Cornfield (1956) und Miettinen (1976) angegeben und dazu ein exaktes Verfahren. Die Verfahren werden kommentarlos hergeleitet und ein SAS-Programm zur Berechnung beigegeben. Eine Bewertung wird erst nach einem Simulationsexperiment erfolgen.

5.5.3.1 Konfidenzintervall für das odds ratio nach Woolf

Der Umweg über den Logarithmus des odds ratio (ähnlich beim RR), $\log(\overline{OR})$, führt zur asymptotischen Varianz

$$V(\log(\overline{OR})) \approx 1/k_1 + 1/(n_1 - k_1) + 1/k_2 + 1/(n_2 - k_2)$$

und damit zu einem näherungsweisen Konfidenzintervall zum Niveau α für $\log(\overline{OR})$,

$$\log(\overline{OR}) \pm u_{1-\alpha/2} \sqrt{1/k_1 + 1/(n_1 - k_1) + 1/k_2 + 1/(n_2 - k_2)},$$

wobei $u_{1-\alpha/2}$ das entsprechende Quantil der Standardnormalverteilung ist. Das Konfidenzintervall $(\overline{OR_u}; \overline{OR_o})$ für $\overline{OR}$ wird durch Rücktransformation der Konfidenzgrenzen von $\log(\overline{OR})$ erhalten.

$$\overline{OR_{o/u}} = \exp(\log(\overline{OR}) \pm u_{1-\alpha/2} \cdot \sqrt{1/k_1 + 1/(n_1 - k_1) + 1/k_2 + 1/(n_2 - k_2)}).$$

Üblich sind für α die Werte 0.05 bzw. 0.01 und damit die $(u_{1-\alpha/2})$-Quantile 1.96 und 2.58 der Standardnormalverteilung.

Die Berechnung des odds ratio und der Konfidenzgrenzen nach Woolf in SAS kann man mit dem SAS-Programm OR_Konfi_Woolf.sas realisieren.

Beispiel 5.8. Im vorangehenden Beispiel 5.7 erhielt man die Punktschätzung $\overline{OR}$ = 2.07. Die näherungsweise Varianz von $\log(\overline{OR})$ nach vorgestelltem Algorithmus ist

$$V(\log(\overline{OR})) \approx 1/49 + 1/267 + 1/242 + 1/2732 = 0.02865.$$

Für α = 0.05 ist das Quantil $u_{1-\alpha/2}$ = 1.96 und man erhält als untere Konfidenzgrenze für $\log(\overline{OR})$ den Wert $\log(2.071) - 1.96\sqrt{0.02865} = 0.39647$ und als obere Grenze $\log(2.071) + 1.96\sqrt{0.02865} = 1.05979$. Durch Rücktransformation kommt man auf

$$\overline{OR_o} = \exp(1.05979) = 2.88576$$

und

$$\overline{OR_u} = \exp(0.39647) = 1.48657.$$

An die Berechnung der Konfidenzgrenzen schließt sich eine Interpretation im Sinne eines statistischen Tests an. Da das Konfidenzintervall [1.48657, 2.88576] den Parameter $\overline{OR}$ = 1 nicht enthält, gelten die p_1 und p_2 als signifikant verschieden.

5.5.3.2 Herleitung des asymptotischen Konfidenzbereichs von OR

Ohne mit Details zu langweilen, wird über die Logarithmustransformation bei $\overline{OR}$ der Logarithmus des Quotienten zur Differenz der Logarithmen der $\overline{Ch_1}$ und der $\overline{Ch_2}$ umgewandel,

$$\log(\overline{OR}) = \log(\overline{Ch_1}/\overline{Ch_2}) = \log\left(\frac{\overline{p_1}/(1-\overline{p_1})}{\overline{p_2}/(1-\overline{p_2})}\right) = \log(\overline{p_1}/(1-\overline{p_1})) - \log(\overline{p_2}/(1-\overline{p_2})).$$

Die Varianzen $V(\log(\overline{p_1}/(1 - \overline{p_1})))$ und $V(\log(\overline{p_2}/1 - \overline{p_2}))$ addieren sich auf Grund der Unabhängigkeit und man kennt diese näherungsweise, wenn man den Logarithmus in einer Taylorreihe entwickelt und nach dem ersten Glied abbricht. Nach Einsetzen der Schätzungen und der Varianzen von $\overline{p_1}$ und $\overline{p_2}$ erhält man

$$V(\log(\overline{OR})) \approx 1/k_1 + 1/(n_1 - k_1) + 1/k_2 + 1/(n_2 - k_2).$$

Dieses Näherungsprinzip, die Parameter durch deren Schätzungen zu ersetzen, ist bereits beim Konfidenzintervall des Parameters p einer Binomialverteilung $B(n, p))$ angewandt worden, die Konsequenzen sind dort beschrieben. Dann ist

$$\left(\log(\overline{OR}) - u_{1-\frac{\alpha}{2}} \sqrt{V(\log(\overline{OR}))}; \; \log(\overline{OR}) + u_{1-\frac{\alpha}{2}} \sqrt{V(\log(\overline{OR}))} \right)$$

ein asymptotisches Konfidenzintervall für den Logarithmus von OR und

$$\left(\exp(\log(\overline{OR}) - u_{1-\frac{\alpha}{2}} \sqrt{V(\log(\overline{OR}))}); \; \exp(\log(\overline{OR}) + u_{1-\frac{\alpha}{2}} \sqrt{V(\log(\overline{OR}))}) \right)$$

ein asymptotisches Konfidenzintervall für OR.

5.5.3.3 Konfidenzintervall für das odds ratio nach Miettinen

Das Konfidenzintervall $(\overline{OR_u}; \overline{OR_o})$ nach Miettinen für das odds ratio bestimmt man aus

$$\overline{OR_u} = \min \left(\overline{OR}^{1-u_{1-\alpha/2}/\sqrt{x^2}}, \overline{OR}^{1+u_{1-\alpha/2}/\sqrt{x^2}} \right)$$

und

$$\overline{OR_o} = \max \left(\overline{OR}^{1-u_{1-\alpha/2}/\sqrt{x^2}}, \overline{OR}^{1+u_{1-\alpha/2}/\sqrt{x^2}} \right),$$

wobei $u_{1-\alpha/2}$ das $(1 - \alpha/2)$-Quantil der Standardnormalverteilung $N(0,1)$ und χ^2 die realisierte Prüfgröße zum Freiheitsgrad 1 des χ^2-Homogenitätstestes der Vierfelderta-fel sind.

Beispiel 5.9. Im vorangehenden Beispiel 5.7 erhielt man die Punktschätzung $\overline{OR} = 2.071$. Die näherungsweise Berechnung des Konfidenzintervalls für den odds ratio nach Miettinen kann erst durchgeführt werden, wenn man einen χ^2-Homogenitätstest durchgeführt hat.

In der Vierfeldertafel (Tab. 5.10) sind die Erwartungswerte für die einzelnen Fel-der in Klammern hinter die Beobachtungswerte gesetzt. Diese Erwartungswerte erhält man, indem man die Randwahrscheinlichkeiten der gemeinsamen Stichprobe mit dem jeweiligen Stichprobenumfang multipliziert, beispielsweise ist für das erste Feld mit dem Beobachtungswert 49 der zugehörige Erwartungswert

$$27.95 = 316 \cdot P(\text{BMI} \geq 30) = 316 \cdot (291/3290).$$

Tab. 5.10: Vierfeldertafel zu Beispiel 5.7 mit Beobachtungswerten und Erwartungswerten (in Klammern gesetzt).

	Exposition Le(a-b-) vorhanden	Exposition nicht vorhanden	Zeilensumme
BMI ≥ 30	49 (27.95)	242 (263.05)	291
BMI < 30	267 (288.05)	2732 (2710.95)	2999
Spaltensumme	$n_1 = 316$	$n_2 = 2974$	3290

Man erhält

$$\chi^2 = \sum_i (B_i - E_i)^2 / E_i = (49 - 27.95)^2 / 27.95 + (242 - 263.05)^2 / 263.05$$

$$+ (267 - 288.05)^2 / 288.05 + (2732 - 2710.95)^2 / 2710.95$$

$$= 19.2396.$$

Der durchgeführte Test lehnt die Hypothese $H_0 : p_1 = p_2$ mit der Irrtumswahrscheinlichkeit $\alpha = 0.05$ ab. Für die Konfidenzgrenzen nach Miettinen ergeben sich für $\overline{OR} = 2.0718$,

$$\overline{OR}_u = \min(2.0718^{1-1.96/\sqrt{19.2396}}, 2.0718^{1+1.96/\sqrt{19.2396}})$$

$$= \min(1.496, 2.867) = 1.496 \quad \text{und} \quad \overline{OR}_o = 2.867.$$

Das SAS-Programm OR_Konfi_Miettinen.sas stimmt im ersten Teil mit demjenigen zur Berechnung der Konfidenzgrenzen nach Woolf überein. Erst danach unterscheiden sich die Programme. Im differenten Teil werden in einem data-step die oberen $\overline{OR}_o$ und unteren $\overline{OR}_u$ Konfidenzgrenzen nach obigen Formeln realisiert.

5.5.3.4 Konfidenzintervall für das odds ratio nach Cornfield

Zur Bestimmung des Konfidenzintervalls $[\overline{OR}_u; \overline{OR}_o]$ nach Cornfield für das odds ratio berechnet man zunächst dasjenige x_u, das die Gleichung

$$x = k_1 - u_{1-\frac{\alpha}{2}} \cdot \sqrt{\left(\frac{1}{x} + \frac{1}{n_1 - x} + \frac{1}{(k_1 + k_2) - x} + \frac{1}{(n_1 - k_1) + (n_2 - k_2) - n_1 + x} \right)^{-1}}$$

$$(*)$$

und dasjenige x_o, das die Gleichung

$$x = k_1 + u_{1-\frac{\alpha}{2}} \cdot \sqrt{\left(\frac{1}{x} + \frac{1}{n_1 - x} + \frac{1}{(k_1 + k_2) - x} + \frac{1}{(n_1 - k_1) + (n_2 - k_2) - n_1 + x} \right)^{-1}}$$

$$(**)$$

erfüllt. Dabei sind α das Konfidenzniveau und $u_{1-\alpha/2}$ das $(1 - \alpha/2)$-Quantil der Standardnormalverteilung $N(0, 1)$. Mit diesen Hilfsgrößen x_u, und x_o lassen sich näherungsweise die unteren und oberen Grenzen des Konfidenzbereiches für das odds ratio bestimmen.

$$OR_u = x_u \cdot (n_2 + x_u - k_1 - k_2)/((n_1 - x_u)(k_1 + k_2 - x_u))$$

und

$$OR_o = x_o \cdot (n_2 + x_o - k_1 - k_2)/((n_1 - x_o)(k_1 + k_2 - x_o)).$$

Beispiel 5.10. Im Beispiel 5.7 erhielt man die Punktschätzung $\overline{OR} = 2.071$.
Die Gleichung (*),

$$x = 49 - 1.96 \cdot \sqrt{(1/x + 1/(316 - x) + 1/(291 - x) + 1/(2683 + x))^{-1}},$$

wird mit $x_u = 38.2572$ gelöst und (**),

$$x = 49 + 1.96 \cdot \sqrt{(1/x + 1/(316 - x) + 1/(291 - x) + 1/(2683 + x))^{-1}},$$

mit $x_o = 61.7682$. Daraus erhält man

$$OR_u = 1.48307 \quad \text{und} \quad OR_o = 2.90915.$$

Man kann auch mit dem SAS-Programm `OR_Konfi_Cornfield.sas` arbeiten.

5.5.3.5 Exakte Methode zur Bestimmung der Konfidenzgrenzen für das odds ratio

Neben den Näherungsmethoden gibt es auch eine so genannte exakte Methode zur Bestimmung der Konfidenzgrenzen des odds ratio, die auf kombinatorischen Überlegungen ähnlich denen des exakten Fisher-Tests beruht.

1. Problem:
Es gibt mehr als ein Parameterpaar (p_1, p_2), das zu einem OR verschmilzt. Darauf ist in der Einleitung dieses Abschnitts bereits hingewiesen. Hält man beispielsweise OR fest, so führen alle Parameterpaare

$$(p_1, p_2) = \left(p_1, \frac{p_1}{OR - p_1 \cdot OR + p_1} \right)$$

zum gleichen OR.

2. Problem:
Unter allen Paaren (p_1, p_2), die zum gleichen OR führen, gibt es genau ein Paar mit maximaler Differenz zwischen p_1 und p_2. Diese Differenz, die zu einem festen OR

führt, kann durch die Funktion

$$f(p_1) = p_1 - p_2(OR, p_1) = p_1 - \frac{p_1}{OR - p_1 \cdot OR + p_1}$$

beschrieben werden. Es gelten offensichtlich $f(0) = f(1) = 0$.

Die extremwertverdächtige Stelle kann durch Nullsetzen der ersten Ableitung bestimmt werden. Man erhält aus

$$f'(p_1) = 1 - \frac{OR}{(OR - p_1 \cdot OR + p_1)^2} = 0$$

zwei extremwertverdächtige Stellen, von denen

$$p_1 = \frac{\sqrt{OR}}{-1 + \sqrt{OR}} > 1$$

ist und damit nicht aus dem Intervall von 0 bis 1 stammt. Die zweite Lösung

$$p_1 = \frac{\sqrt{OR}}{1 + \sqrt{OR}}$$

ist mit Rückgriff auf den Satz von Rolle (f ist stetig auf $[0, 1]$, $f(0) = f(1) = 0$) folglich Lösung des Extremwertproblems. In der Abb. 5.11 sind neben den Differenzen

$$f(p_1) = p_1 - p_2(OR, p_1)$$

auch die jeweils zugehörigen Maximalwerte für ausgewählte OR eingezeichnet.

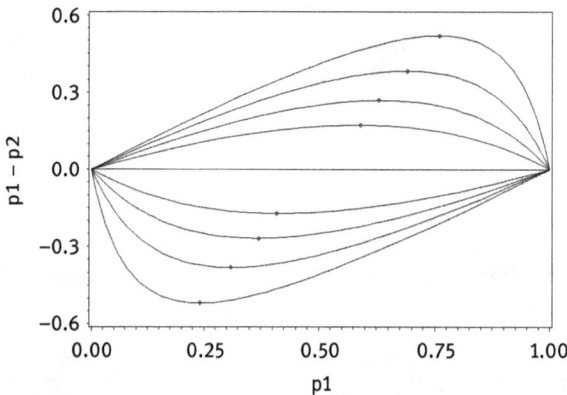

Abb. 5.11: Differenzen $f(p_1) = p_1 - p_2(OR, p_1)$ sowie die jeweils zugehörigen Maximalwerte (mit * gekennzeichnet) für verschiedene OR (von oben nach unten OR = 1/10, 1/5, 1/3, 1/2, 1, 2, 3, 5 und 10).

Bemerkung. Da an der Extremstelle $p_1 = g(OR)$ und andererseits bei fixiertem OR ebenfalls $p_2 = h(p_1) = h(g(OR))$ eine Funktion von OR ist, lässt sich der Extrempunkt angeben als

$$(p_1, p_2) = \left(\frac{\sqrt{OR}}{1 + \sqrt{OR}}, \frac{\sqrt{OR} - 1}{\sqrt{OR} + 1} \right).$$

3. Problem:

Die üblicherweise verwendete Schätzung für OR geht davon aus, dass anstelle der Wahrscheinlichkeiten p_1, $1 - p_1$, p_2 und $1 - p_2$ MLH-Schätzungen für diese Risiken $\overline{p_1} = n_{11}/n_1$, $\overline{p_2} = n_{21}/n_2$, $1 - \overline{p_1} = n_{12}/n_1$ und $1 - \overline{p_2} = n_{22}/n_2$ eingesetzt werden. Damit erhält man die leicht zu bestimmende, allerdings nur heuristisch begründete Schätzformel

$$\overline{OR_1} = \frac{\overline{p_1} \cdot (1 - \overline{p_2})}{\overline{p_2} \cdot (1 - \overline{p_1})} = \frac{n_{11} \cdot n_{22}}{n_{21} \cdot n_{12}},$$

die allein auf den Häufigkeiten der Vierfeldertafel beruht.

Demgegenüber ist eine Maximum-Likelihood-Schätzung für OR numerisch nur aufwändig bestimmbar. Man geht davon aus, dass die Wahrscheinlichkeit der Vierfeldertafel unter Rückgriff auf die Binomialwahrscheinlichkeiten bestimmt werden kann. Die Randsummen der Tafel sollen dabei als fest angenommen werden. Aus

$$P(n_{11}, n_{22}) = \left(\binom{n_1}{n_{11}} p_1^{n_{11}} (1 - p_1)^{n_1 - n_{11}} \right) \cdot \left(\binom{n_2}{n_{21}} p_2^{n_{21}} (1 - p_2)^{n_2 - n_{21}} \right)$$

erhält man durch Einsetzen von $b = k_1 - a$ und $OR = (p_1/(1 - p_1))/(p_2/(1 - p_2))$

$$P(a, k_1) = \binom{n_1}{a} \binom{n_2}{k_1 - a} OR^a \cdot (1 - p_1)^{n_1} p_2^{k_1} (1 - p_2)^{n_2 - k_1}$$

und als bedingte Wahrscheinlichkeit

$$P_B(a) = \frac{P(a, k_1)}{\sum_{i=a_u}^{a_o} P(i, k_1)} = \frac{\binom{n_1}{a} \binom{n_2}{k_1 - a} OR^a}{\sum_{i=a_u}^{a_o} \binom{n_1}{i} \binom{n_2}{k_1 - i} OR^i}$$

einen Ausdruck, der nur von der Anzahl a, den Rändern der Vierfeldertafel und OR abhängt. Die Zufallsgröße a variiert dabei zwischen $a_u = \max\{0, k_1 - n_2\}$ und $a_o = \min\{k_1, n_1\}$. Die MLH-Schätzung $\overline{OR_2}$ für OR ist derjenige Wert, für den $P_B(a)$ maximal wird. Man erhält für diese Schätzung keine explizite Formel, sondern es kommen näherungsweise numerische Lösungsverfahren zur Anwendung.

Beispiel 5.11. Für eine Tafel mit den Randsummen $n_1 = 13$, $n_2 = 12$, $k_1 = 15$ und $k_2 = 10$ variiert der Wert von a zwischen 3 und 13. In Tab. 5.11 sind alle Tafeln mit der Schätzung $\overline{OR_1}$ und der Maximum-Likelihood-Schätzung $\overline{OR_2}$ angegeben. Man sieht teilweise deutliche Unterschiede zwischen beiden Schätzungen.

4. Problem:

Die oben angegebenen bedingten Wahrscheinlichkeiten $P_B(a)$, die für die Maximum-Likelihood-Schätzung des Parameters OR verwandt wurden, sind auch Basis für die Bestimmung eines exakten Konfidenzintervalls für OR.

Tab. 5.11: Vergleich der beiden Schätzungen des odds ratio.

a	Tafel	$\overline{OR_1}$	MLH-Schätzung $\overline{OR_2}$
13	$\begin{pmatrix} 13 & 2 \\ 0 & 10 \end{pmatrix}$	nicht definiert	kein Maximum vorhanden
12	$\begin{pmatrix} 12 & 3 \\ 1 & 9 \end{pmatrix}$	36	29.2756
11	$\begin{pmatrix} 11 & 4 \\ 2 & 8 \end{pmatrix}$	11	9.7838
10	$\begin{pmatrix} 10 & 5 \\ 3 & 7 \end{pmatrix}$	4.6667	4.3624
9	$\begin{pmatrix} 9 & 6 \\ 4 & 6 \end{pmatrix}$	2.25	2.1763
8	$\begin{pmatrix} 8 & 7 \\ 5 & 5 \end{pmatrix}$	1.1429	1.1369
7	$\begin{pmatrix} 7 & 8 \\ 6 & 4 \end{pmatrix}$	0.5833	0.5963
6	$\begin{pmatrix} 6 & 9 \\ 7 & 3 \end{pmatrix}$	0.2857	0.3012
5	$\begin{pmatrix} 5 & 10 \\ 8 & 2 \end{pmatrix}$	0.125	0.1374
4	$\begin{pmatrix} 4 & 11 \\ 9 & 1 \end{pmatrix}$	0.0404	0.0476
3	$\begin{pmatrix} 3 & 12 \\ 10 & 0 \end{pmatrix}$	0	0

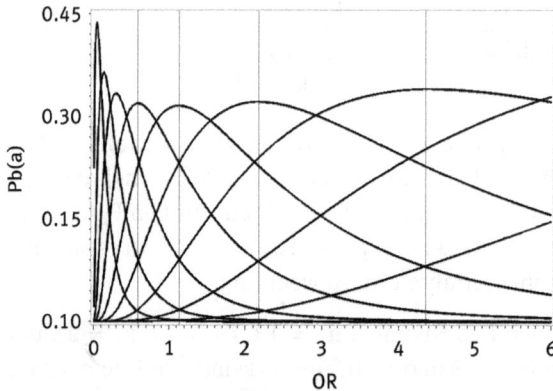

Abb. 5.12: Bedingte Wahrscheinlichkeiten $P_B(a)$ für a = 4 bis 12, als Referenzlinien sind eingezeichnet 0.5963, 1.1369, 2.1763 und 4.3624, die MLH-Schätzungen für a = 7, 8, 9 und 10.

Das Intervall $[OR_{u,\alpha}, OR_{o,\alpha}]$ heißt **exaktes** $(1 - \alpha)$-**Konfidenzintervall für OR**, wenn $OR_{o,\alpha}$ Lösung der Gleichung

$$G_o(OR) = \sum_{j=a}^{a_0} P_B(j) = \frac{\alpha}{2}$$

und $OR_{u,\alpha}$ Lösung der Gleichung

$$G_u(OR) = \sum_{j=a_u}^{a} P_B(j) = \frac{\alpha}{2}$$

sind, wobei $a_u = \max\{0, k_1 - n_2\}$ und $a_o = \min\{k_1, n_1\}$.

Das exakte Konfidenzintervall ist sehr konservativ. Deshalb wird immer das Konfidenzintervall von Woolf zur Anwendung empfohlen, weil die Überdeckungswahrscheinlichkeit des unterliegenden Parameters OR durch das Intervall dicht am nominalen $(1 - \alpha)$ liegt.

In SAS ist die aufwändige Berechnung der exakten oberen und unteren Konfidenzgrenzen des odds ratio in der PROC FREQ möglich, wenn die Option „exact" angegeben wird. Standardmäßig werden nur die Näherungen nach Woolf ausgegeben.

5.5.3.6 Simulationsexperiment und Empfehlungen

Dem Anwender stehen zur Berechnung der Konfidenzgrenzen des odds ratio mehrere Möglichkeiten zur Verfügung. Welche soll er wählen? Das kann natürlich danach entschieden werden, welche Programme zur Verfügung stehen. Das ist aber eines der schwächsten Argumente.

Erinnert sei daran, dass ein Konfidenzintervall den Parameter mit mindestens der Wahrscheinlichkeit $1 - \alpha$ überdeckt, oder mit höchstens der Wahrscheinlichkeit α nicht überdeckt. In einem Simulationsprogramm werden zwei Stichproben mit den Stichprobenumfängen n_1 und n_2 und vorgegebenen OR gezogen. Daraus werden die Konfidenzintervalle nach den verschiedenen oben beschriebenen Methoden gebildet und es wird geprüft, ob diese den vorgegebenen Parameter OR überdecken. Dieses Experiment wird 10 000-mal wiederholt. Es wird für jedes Verfahren gezählt, wie viele Nichtüberdeckungen eintraten. Ein „ordnungsgemäßes" Konfidenzintervall sollte nicht mehr als in 500 von 10 000 Fällen den Parameter OR nicht überdecken.

Die Schwierigkeiten der Simulation bestehen darin, dass zu einem vorgegebenen OR mehrere Paare (p_1, p_2) existieren, die zum gleichen OR führen. Mit diesem Paar werden aber die beiden Stichproben simuliert, nämlich binomialverteilt $B(n_1, p_1)$ und $B(n_2, p_2)$. Die größte Varianz im Verfahren entstehen, wenn $p_1 = 0.5$ gewählt wird. In diesem Falle variiert auch das geschätzte OR am meisten und ebenso die Varianzen der Längen der Konfidenzintervalle. Dieser ungünstigste Fall wird simuliert.

Die erste Stichprobe wird aus einer Binomialverteilung $B(n_1, 0.5)$ gezogen. Ein vorgegebenes OR führt dann wegen

$$OR = (p_1/(1 - p_1))/(p_2/(1 - p_2)) \Leftrightarrow p_2 = p_1/(OR(1 - p_1) + p_1)$$

zwangsläufig zu einer zweiten binomialverteilten Stichprobe $B(n_2, 0.5/(OR \cdot 0.5 + 0.5))$.

Die Ergebnisse der Simulation sind in der Abb. 5.13 dargestellt. Man erkennt, dass das exakte Konfidenzintervall sehr konservativ entscheidet und $\alpha = 0.05$ nicht aus-

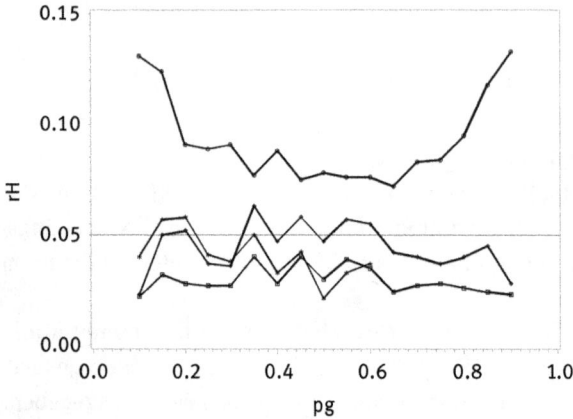

Abb. 5.13: Relative Häufigkeiten rH der Nichtüberdeckung des Parameters OR = 1 bei 1000 Simulationen (exakte Methode – Quadrat, Cornfield – Stern, Miettinen – Kreis, Woolf – Diamant).

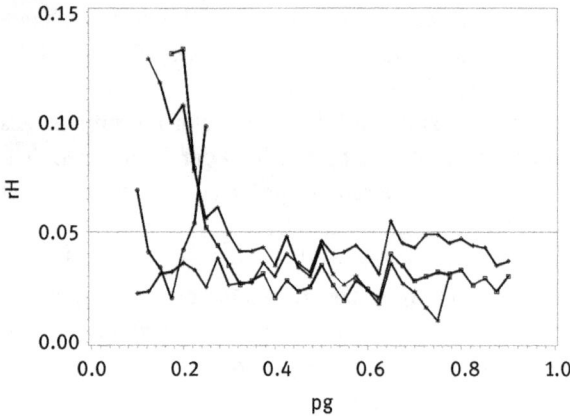

Abb. 5.14: Relative Häufigkeiten rH der Nichtüberdeckung des Parameters OR = 5 bei 1000 Simulationen (exakte Methode – Quadrat, Cornfield – Stern, Miettinen – Kreis, Woolf – Diamant).

schöpft, das Konfidenzintervall nach Woolf für alle untersuchten Werte von OR das Konfidenzniveau einhält und erst mit größerem OR konservativer wird. Das Konfidenzintervall des odds ratio nach Miettinen hält das α- Niveau auch bei kleinem OR nur näherungsweise ein und ist für größere OR vollkommen inakzeptabel.

Auch daran erkennt man ein gutes Statistikpaket wie SAS, dass es standardmäßig bei der Berechnung der Konfidenzgrenzen das Verfahren von Woolf favorisiert, das nach den Simulationsexperimenten sich als „bestes" im Sinne der Einhaltung des Konfidenzniveaus herausstellt.

Das Simulationsprogramm Vergleich_or_1_15.sas für variierende OR von 1 bis 15 erzeugt die Abb. 5.15. Das vorangehende SAS-Programm wird leicht variiert, Nicht

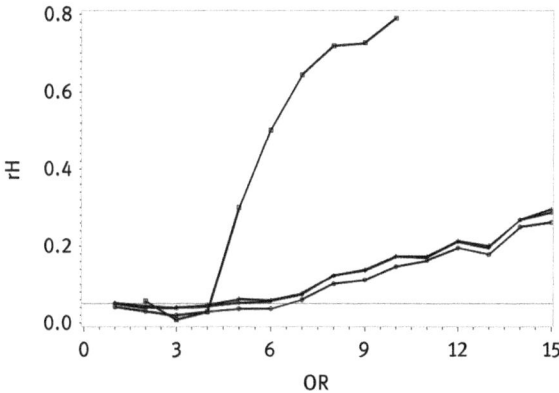

Abb. 5.15: Relative Häufigkeiten rH der Nichtüberdeckungen des odds ratios OR durch das exakte Konfidenzintervall (untere Linie, Kreissignatur), durch das Konfidenzintervall von Woolf (Diamant) und durch das Konfidenzintervall nach Miettinen (Quadrat) und Cornfield (Stern) bei einem Simulationsumfang von 1000 pro OR.

OR wird fixiert und p_g variiert von 0 bis 1, sondern p_g wird festgehalten und p_k so eingerichtet, dass sich das gewählte OR einstellt. Dieses variiert in einer do-Schleife.

Man erkennt, dass der Konfidenzbereich des exakten OR das Konfidenzniveau bis OR = 7 einhält. Die Methoden von Woolf und Cornfield sind etwa gleich, halten das α-Niveau aber nur bis OR = 6 ein. Die Methode von Miettinen wird für OR > 4 undiskutabel schlecht.

5.6 Konfidenzschätzung für eine Verteilungsfunktion

Die Verteilungsfunktion $F_X(x)$ einer stetigen Zufallsgröße X sei unbekannt. Anhand einer Stichprobe $(X_1, \ldots, X_N)$ vom Umfang N soll ein Vertrauensbereich konstruiert werden, in dem $F_X(x)$ mit einer Wahrscheinlichkeit $1 - \alpha$ liegt. Der über alle reellen Zahlen x ermittelte Abstand,

$$D_N = \sup_x |F_N(x) - F_X(x)|$$

zwischen der Verteilungsfunktion $F_X(x)$ der Zufallsgröße X und der aus der Stichprobe abgeleiteten empirischen Verteilungsfunktion $F_N(x)$ ist eine Zufallsgröße, deren Verteilung bekannt ist. Zu vorgegebenen N sowie der Wahrscheinlichkeiten $\alpha = 0.05$ enthält Tab. 5.12 einige Quantile $d_{N,1-\alpha/2}$ dieser nach Kolmogorov und Smirnov benannten Verteilung, also

$$P(D_N \leq d_{N,1-\alpha/2}) = 1 - \alpha/2.$$

Einen Konfidenzbereich für eine Verteilungsfunktion ist der durch die beiden Funktionen

$$K_u(x) = \max_x |F_N(x) - d_{N,1-\frac{\alpha}{2}}; 0|, \quad K_o(x) = \min_x |F_N(x) + d_{N,1-\frac{\alpha}{2}}; 0|$$

begrenzte Bereich der Ebene, wobei $d_{N,1-\frac{\alpha}{2}}$ das Quantil der Kolmogorov-Smirnov-Verteilung ist.

Beispiel 5.12. Die Abb. 5.16 zeigt für die Selomin-Werte des Beispiels 5.1 die empirische Verteilungsfunktion sowie den Konfidenzbereich für die unbekannte Verteilungsfunktion. Für die Stichprobe vom Umfang N = 20 entnimmt man Tab. 5.12 den Wert $d_{N,1-\alpha/2} = 0.294$. Damit ist durch

$$K_u(x) = \max_x[F_N(x) - 0.294; 0],$$

$$K_o(x) = \min_x[F_N(x) + 0.294; 1]$$

eine Konfidenzschätzung für die unbekannte Verteilungsfunktion $F_X(x)$ gegeben. Die Breite des Konfidenzbereiches verringert sich mit größer gewähltem α und wachsendem Stichprobenumfang N (s. letzte Zeile von Tab. 5.12).

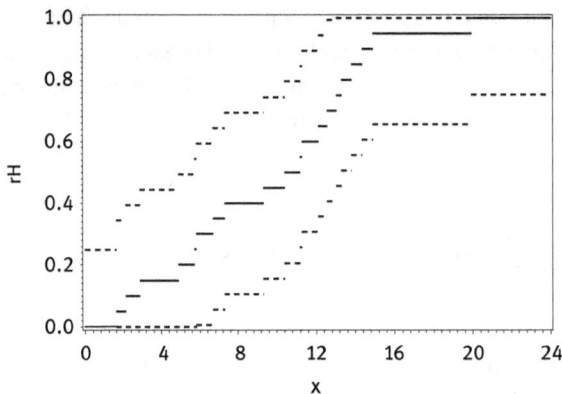

Abb. 5.16: Konfidenzschätzung für die empirische Verteilungsfunktion (Bsp. 5.1). Der Konfidenzbereich wird durch die beiden gestrichelten Graphen $K_{oben}(x)$ und $K_{unten}(x)$ begrenzt (erstellt mit `Kolmogorov_Smirnov_Bsp.sas`).

Versuchsplanung:

Welchen Stichprobenumfang N hat man zu wählen, um bei $\alpha = 0.05$ einen Konfidenzbereich der maximalen Breite B = 0.01 zu erhalten? Für N > 40 gibt Tab. 5.13 das Quantil $d_{N,1-\alpha/2} = 1.36/\sqrt{N}$ an. Mit B = 0.01 ist $D_N = B/2 = 0.005$, somit gelten

$$D_N = 1.36/\sqrt{N}$$

und nach N umgestellt: $N = (1.36/0.005)^2 \approx 73984$.

Soll ein Konfidenzbereich bestimmt werden, der mit weniger hoher Wahrscheinlichkeit $F_X(x)$ enthält, wird der Stichprobenumfang geringer.

Kolmogorov und Smirnov haben gezeigt, dass die asymptotische Verteilung von D_n durch die Reihe

$$Q(y) = P(D_N \leq y/\sqrt{n}) = 1 + 2 \cdot \sum_{k=1}^{\infty} (-1)^k \cdot \exp(-2k^2 y^2)$$

dargestellt werden kann. Numerisch bestimmt man die Werte, indem man die Reihe durch die 300. Partialsumme ersetzt. Das SAS-Programm `kolmosmirnov.sas` berechnet die asymptotische Verteilungstabelle 5.13 und erstellt die Abb. 5.17.

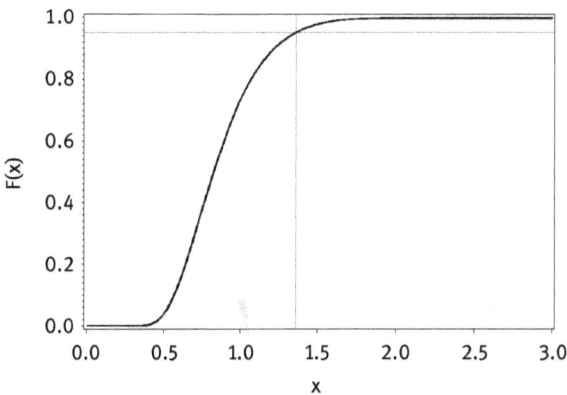

Abb. 5.17: Asymptotische Kolmogorov-Smirnov-Verteilung mit eingezeichnetem 0.95-Quantil von 1.36.

Tab. 5.12: Exakte Tabelle nach Kolmogorov-Smirnov für kleine Stichprobenumfänge.

N	$\alpha = 0.05$
3	0.708
4	0.624
5	0.563
6	0.519
7	0.483
8	0.454
9	0.430
10	0.409
12	0.375
14	0.348
16	0.327
18	0.309
20	0.294
≥ 20	$1.36/\sqrt{N}$

Tab. 5.13: Asymptotische Kolmogorov-Smirnov-Verteilung.

y	Q(y)	y	Q(y)	y	Q(y)	y	Q(y)	y	Q(y)	y	Q(y)
.30	.00001	.60	.13572	.90	.60727	1.20	.88775	1.50	.97778	1.80	.99693
.31	.00002	.61	.14923	.91	.62093	1.21	.89303	1.51	.97908	1.81	.99715
.32	.00005	.62	.16325	.92	.63428	1.22	.89810	1.52	.98031	1.82	.99735
.33	.00009	.63	.17775	.93	.64734	1.23	.90297	1.53	.98148	1.83	.99753
.34	.00017	.64	.19268	.94	.66008	1.24	.90765	1.54	.98258	1.84	.99771
.35	.00030	.65	.20799	.95	.67251	1.25	.91213	1.55	.98362	1.85	.99787
.36	.00051	.66	.22364	.96	.68464	1.26	.91643	1.56	.98461	1.86	.99802
.37	.00083	.67	.23958	.97	.69645	1.27	.92056	1.57	.98554	1.87	.99816
.38	.00128	.68	.25578	.98	.70794	1.28	.92451	1.58	.98643	1.88	.99830
.39	.00193	.69	.27219	.99	.71913	1.29	.92829	1.59	.98726	1.89	.99842
.40	.00281	.70	.28876	1.00	.73000	1.30	.93191	1.60	.98805	1.90	.99854
.41	.00397	.71	.30547	1.01	.74057	1.31	.93537	1.61	.98879	1.91	.99864
.42	.00548	.72	.32227	1.02	.75083	1.32	.93868	1.62	.98949	1.92	.99874
.43	.00738	.73	.33911	1.03	.76078	1.33	.94185	1.63	.99015	1.93	.99884
.44	.00973	.74	.35598	1.04	.77044	1.34	.94487	1.64	.99078	1.94	.99892
.45	.01259	.75	.37283	1.05	.77979	1.35	.94776	1.65	.99136	1.95	.99900
.46	.01600	.76	.38964	1.06	.78886	1.36	.95051	1.66	.99192	1.96	.99908
.47	.02002	.77	.40637	1.07	.79764	1.37	.95314	1.67	.99244	1.97	.99915
.48	.02468	.78	.42300	1.08	.80613	1.38	.95565	1.68	.99293	1.98	.99921
.49	.03002	.79	.43950	1.09	.81434	1.39	.95804	1.69	.99339	1.99	.99927
.50	.03605	.80	.45586	1.10	.82228	1.40	.96032	1.70	.99382	2.00	.99933
.51	.04281	.81	.47204	1.11	.82995	1.41	.96249	1.71	.99423	2.01	.99938
.52	.05031	.82	.48803	1.12	.83736	1.42	.96455	1.72	.99461	2.02	.99943
.53	.05853	.83	.50381	1.13	.84450	1.43	.96651	1.73	.99497	2.03	.99947
.54	.06750	.84	.51936	1.14	.85140	1.44	.96838	1.74	.99531	2.04	.99951
.55	.07718	.85	.53468	1.15	.85804	1.45	.97016	1.75	.99563	2.05	.99955
.56	.08758	.86	.54974	1.16	.86444	1.46	.97185	1.76	.99592	2.06	.99959
.57	.09866	.87	.56454	1.17	.87061	1.47	.97345	1.77	.99620	2.07	.99962
.58	.11039	.88	.57907	1.18	.87655	1.48	.97497	1.78	.99646	2.08	.99965
.59	.12276	.89	.59331	1.19	.88226	1.49	.97641	1.79	.99670	2.09	.99968

Für kleine n wird die exakte Kolmogorov-Smirnov-Verteilung näherungsweise durch ein Simulationsexperiment erzeugt. Das wird später im Abschnitt über Tests erklärt und durchgeführt.

5.7 Transformation von Konfidenzgrenzen

In jeder Grundvorlesung über Wahrscheinlichkeitsrechnung wird vermittelt, dass die Transformation T einer Zufallsgröße X,

$$Y = T(X),$$

auch eine Abbildung der Verteilung F_X nach sich zieht. Dabei ist F_Y nicht immer einfach zu ermitteln. Folglich sind die Parameter von Y nicht einfach Transformationen der korrespondierenden Parameter bzgl. X. Beispielsweise gilt nicht notwendig $E(Y) = T(E(X))$.

Für eine streng monotone Transformation bestehen diese Probleme jedoch nicht. Das wurde bei der Methode von Woolf ausgenutzt. Der Vorschlag zur Umrechnung der RR-Konfidenzgrenzen in OR-Konfidenzgrenzen, wie er von Schmidt, Kohlmann (2008) propagiert wurde, ist falsch. Aus der Schätzung $\overline{OR}$ lässt sich zwar eine Schätzung $\overline{RR}$ durch die folgende Transformation

$$\overline{RR} = \overline{OR} \Big/ \left(1 - \frac{n_{21}}{n_g} + \frac{n_{21}}{n_g}\overline{OR} \right)$$

erhalten (vgl. Bezeichnungen in Tab. 5.6).

Es ist jedoch für kein OR $\neq$ 1 das Intervall $[T(\overline{OR}_u), T(\overline{OR}_o)]$ ein $(1 - \alpha)$-Konfidenzintervall für RR, wenn $[\overline{OR}_u, \overline{OR}_o]$ ein $(1 - \alpha)$-Konfidenzintervall für OR ist, Biebler, Jäger (2015).

Leider wird diese falsche Berechnungsmethode eines Konfidenzintervalls für RR selbst unter Zitierung kritischer Literatur zur Anwendung empfohlen, Schmidt, Kohlmann (2008).

6 Statistische Tests

6.1 Prinzip eines statistischen Tests

Die einzelnen Wissenschaftsdisziplinen haben spezifische Methoden der Beweisführung entwickelt. Die strengsten Anforderungen an den Beweis einer Aussage stellt sicher die Mathematik. Ausgehend von Axiomen werden nach strengen logischen Schlussregeln Aussagen gewonnen. Aus ihnen können, da ihr Wahrheitsgehalt unbestritten ist, weitere Schlüsse gezogen werden. Die schwächste Form eines Beweises ist der seit der Scholastik weitestgehend abgeschaffte Autoritätenbeweis. In der Medizin ist er hin und wieder anzutreffen. Bestimmte Therapieformen werden, obwohl neue, alternative und bessere bekannt sind, solange weiterhin verordnet, bis die Autorität verstorben ist, die diese Therapieform entwickelte und favorisierte.

Besonders einfach hat man es mit Beweisen in den naturwissenschaftlichen Disziplinen, insbesondere der unbelebten Natur. Durch Festhalten von Einflussparametern und Wiederholung von Experimenten kann der Wahrheitsgehalt von Gesetzmäßigkeiten überprüft werden. Schwerer ist es schon in der belebten Natur, in den biologischen oder den medizinischen Wissenschaften, wo die Voraussetzungen nur grob gleich gehalten werden können, etwa durch Ein- und Ausschlusskriterien bei geplanten Studien. Das Zufällige spielt bei solchen Studien immer noch eine große Rolle und es gilt, die typischen von den zufälligen Reaktionen zu trennen. Das ist das Anwendungsfeld der Statistik.

Der statistische Test stellt eine Besonderheit dar. Über den Wahrheitsgehalt einer Aussage, die als so genannte Nullhypothese H_0 formuliert ist, wird mit Hilfe einer vorher festgelegten „Irrtumswahrscheinlichkeit" α entschieden. Im Allgemeinen wird natürlich die Irrtumswahrscheinlichkeit klein gewählt, etwa $\alpha = 0.05$ (oder seltener, $\alpha = 0.01$). Ist die Wahrscheinlichkeit, die einer vorgelegten Stichprobe (einschließlich der Wahrscheinlichkeiten aller „extremeren" als der beobachteten) unter H_0 zukommt, kleiner als α, so gilt H_0 als abgelehnt. Man nimmt anstelle der Nullhypothese H_0 im Allgemeinen deren Negation an, die so genannte Alternativhypothese H_A. Ist demgegenüber die Wahrscheinlichkeit groß, also mindestens größer als α, so glaubt man, eine typische Stichprobe gezogen zu haben, und man behält die Nullhypothese mangels Gegenbeweis aufrecht. Man beachte:

Hinweis. Das Ablehnen der Nullhypothese ist ein „statistischer Beweis", das Akzeptieren und Beibehalten von H_0 aber nicht.

Das ist auch der erste Grund, weshalb man H_0 so formuliert, dass deren Ablehnung das gewünschte Versuchsresultat ist. Der zweite und mindestens ebenso wichtige Grund ist die Parametrisierung der Nullhypothese H_0, denn nur bei parametrisierten Hypothesen hat man die Hoffnung, die Wahrscheinlichkeiten für die gezogene und extremere Stichproben kalkulieren zu können.

Selbstverständlich kommt es vor, dass man die Nullhypothese ablehnt, obwohl diese richtig ist. Diese Fehlentscheidung ist aber vorab quantifiziert, nämlich mit der Irrtumswahrscheinlichkeit α, die man auch Fehler 1. Art nennt. Genau so denkbar ist der entgegengesetzte Fall, dass man die Nullhypothese nicht ablehnt, obwohl die Alternative richtig wäre. Dieses ist der so genannte Fehler 2. Art, den man mit β bezeichnet. Beide Fehler sind gegenläufig. Verkleinert man α, so wird β größer, verkleinert man β, so wird α größer. Ein statistischer Test ist vollständig und umfassend beschrieben, wenn die Fehler 1. und 2. Art kalkuliert werden können.

Möchte man α und β gleichzeitig festhalten, so verbleibt nur die Möglichkeit, mit variierendem Stichprobenumfang dem Zufallsgeschehen Rechnung zu tragen. Damit wird die Stichprobenumfangsplanung angesprochen, die an dieser Stelle nicht behandelt wird. Dem daran interessierten Leser wird z. B. das Buch von Bock (1998) empfohlen.

6.2 Einstichprobentests

6.2.1 Einstichprobentest für den Parameter p der Binomialverteilung

Der Einstichprobentest für den Parameter p der Binomialverteilung dient der Überprüfung der Nullhypothese H_0, der Anteil eines Merkmals innerhalb einer Grundgesamtheit sei p_0. Man notiert diese Hypothese $H_0 : p = p_0$. Für die Alternativhypothese H_A (oder auch H_1 genannt) kann p jeden Parameterwert annehmen, der von p_0 verschieden ist. Man notiert $H_A : p \neq p_0$.

Man schätzt den Anteil $p_s = k/n$ des interessierenden Merkmals, wenn man in der Stichprobe vom Umfang n dieses gerade k-mal beobachtet hat. Der Erwartungswert dieser MLH-Schätzung ist bekanntlich $E(P_s) = p_0$ und die Varianz $V(P_s) = (p_0(1 - p_0))/n$.

Die Prüfgröße Z des statistischen Tests, die durch Standardisierung entsteht,

$$Z = (p_s - p_0)/\sqrt{p_0(1 - p_0)/n},$$

ist folglich asymptotisch standardnormalverteilt.

Das Simulationsprogramm `sas_6_1` erzeugt die Abb. 6.1 und zeigt, dass die Prüfgrößenverteilung von Z einer $N(0,1)$-Verteilung genügt.

Beispiel 6.1. In einer Stichprobe vom Umfang n = 20 hat man das interessierende Merkmal zwölfmal gefunden. Man schätzt daraus $p_s = k/n = 14/20 = 0.7$. Ist das Ergebnis mit der Nullhypothese $H_0 : p = 0.5$ verträglich?

Man errechnet

$$Z = (p_s - p_0)/\sqrt{p_0(1 - p_0)/n} = (0.7 - 0.5)/\sqrt{(0.5(1 - 0.5))/20} = 1.7889.$$

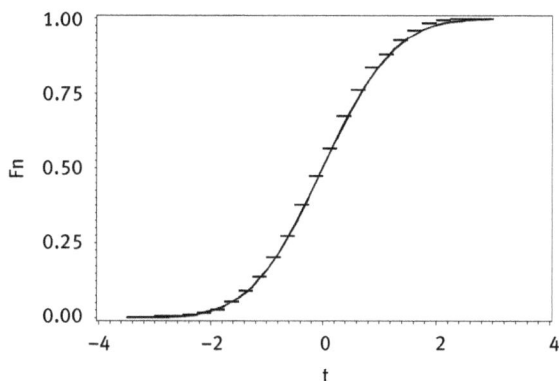

Abb. 6.1: Simulierte Verteilung der Prüfgröße des Einstichprobentests für den Parameter p der Binomialverteilung für einen Simulationsumfang von 500 bei einem Stichprobenumfang von n = 100 (empirische Verteilung Treppenfunktion, glatte Kurve ist die Standardnormalverteilung).

Setzt man die Irrtumswahrscheinlichkeit auf $\alpha = 0.05$, so ist das Quantil der Standardnormalverteilung $z_{1-\alpha/2} = z_{0.975} = 1.96$. Der Wert 1.7889 liegt deutlich unter dem $(1 - \alpha/2)$-Quantil, die Nullhypothese kann nicht abgelehnt werden.

Bemerkung. Am Beispiel 6.1 erkennt man, das der Parameter p sowohl nach oben als auch nach unten von p_0 abweichen kann. Dies bedeutet, einen zweiseitigen Test durchzuführen und daher $\alpha/2$ in beide Richtungen als Fehler 1. Art zu betrachten.

Um einseitig testen zu können, müssen für die einseitige Abweichung von der Nullhypothese unwiderlegbare Sachgründe vorliegen. Im Allgemeinen wird also stets zweiseitig getestet.

6.2.2 Einstichprobentest für den Erwartungswert einer normalverteilten Zufallsgröße

Beim Einstichprobentest für den Erwartungswert testet man mit einer einzigen Stichprobe Hypothesen über den Erwartungswert einer Grundgesamtheit. Er setzt voraus, dass die zu untersuchende Stichprobe aus einer normalverteilten Grundgesamtheit stammt. Getestet werden soll die Nullhypothese H_0, dass der Erwartungswert der Grundgesamtheit einem vorgegebenen Wert entspricht,

$$H_0 : \mu = \mu_0.$$

Als Alternativhypothese gelten alle übrigen Parameterwerte, nämlich

$$H_A : \mu \neq \mu_0.$$

Als Prüfgröße verwendet man die Zufallsvariable

$$T = (\mu_0 - \bar{x})/\sqrt{s^2/n}.$$

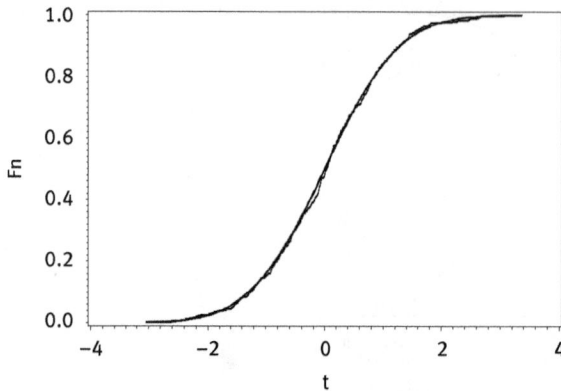

Abb. 6.2: Simulierte Verteilung der Prüfgröße des Einstichproben-Erwartungswert-Tests für einen Simulationsumfang von 500 bei einem Stichprobenumfang von n = 100, empirische Verteilung ist die Treppenfunktion, die glatte Kurve ist die t-Verteilung für den Freiheitsgrad f = n − 1.

Dabei stehen $\bar{x}$ für das aritmetische Mittel und s^2 für die empirische Varianz der Stichprobe, n ist der Stichprobenumfang. Die Prüfgröße T ist bei Gültigkeit der Nullhypothese zentral t-verteilt mit n − 1 Freiheitsgraden.

Das Simulationsprogramm `sas_6_2` erzeugt die Abb. 6.2 und diese zeigt, dass die empirische Verteilung gut durch die t-Verteilung beschrieben wird.

Beispiel 6.2. Eine Stichprobe vom Umfang n = 12 ist durch die Messwerte 12, 12.3, 12.5, 12.6 , 13.1, 13.6, 13.9, 14.2, 14.2, 14.8, 15 und 15.4 gegeben. Ist diese Stichprobe mit

$$H_0 : \mu = 14.5$$

verträglich? Man errechnet Mittelwert m = 13.6333333 und empirische Standardabweichung s = 1.1340461 und damit die Prüfgröße

$$T = (\mu_0 - \bar{x})/\sqrt{s^2/n} = (14.5 - 13.63333)/0.32737 = 2.6474.$$

In Tabellenwerken der Statistik findet man als kritischen t-Wert 2.201 für $\alpha = 0.05$ und den Freiheitsgrad f = 11. Das bedeutet, alle Werte zwischen −2.201 und 2.201 wären mit der Nullhypothese verträglich, alle Werte außerhalb dieses H_0-Bereichs sprechen für die Alternativhypothese, so auch 2.6474.

6.2.3 Einstichproben-Trendtest nach Mann

Von Mann (1945) stammt der im Folgenden beschriebene Trendtest.

Zu aufeinanderfolgenden Zeitpunkten, die nicht notwendig äquidistant sein müssen, werden die Merkmalswerte $x_1, x_2, \ldots, x_n$ bestimmt. Es wird die Hypothese

$$H_0 : \text{Es besteht kein Aufwärtstrend}$$

gegen die Alternative

$$H_1 : \text{Es besteht ein Aufwärtstrend}$$

getestet. Als Prüfgröße dient

$$M = \sum_{i=1}^{n-1} \sum_{j=i+1}^{n} \text{sgn}(x_i - x_j),$$

wobei

$$\text{sgn}(x_i - x_j) = \begin{cases} +1 & \text{falls } x_i - x_j > 0 \\ 0 & \text{falls } x_i - x_j = 0. \\ -1 & \text{falls } x_i - x_j < 0 \end{cases}$$

H_0 wird verworfen, falls die Prüfgröße größer ist als $K_{n;1-\alpha}$, das $(1 - \alpha$-Quantil der sogenannten K-Statistik von Kendall.

Mann, Henry Berthold
(* 27. Oktober 1905 in Wien; † 1. Februar 2000 in Tucson)

Die Kendallsche Statistik erhält man sehr leicht durch ein Simulationsexperiment. Zum Stichprobenumfang n werden gleichverteilte Zufallszahlen aus dem Intervall von 0 bis 1 gezogen. Aus dieser Stichprobe wird die Prüfgröße M berechnet. Führt man das Experiment wiederholt durch, so beschafft man sich weitere Werte der Prüfgröße und ist bei hinreichend großem Simulationsumfang in der Lage, die empirische Verteilung der Prüfgröße M zu bestimmen. Die Genauigkeit der Bestimmung wird durch den Simulationsumfang determiniert.

Das SAS-Programm `sas_6_3` illustriert die Aussagen. Für unterschiedliche Stichprobenumfänge muss lediglich in der ersten Zeile des Programms eine Änderung vorgenommen werden.

Bemerkung. Es wird einseitig getestet, man wählt das $(1 - \alpha$-Quantil.

Sollte der Trendtest auf Abwärtstrend gewünscht werden, so wird H_0 verworfen, wenn die Prüfgröße kleiner ist als das α-Quantil der Kendallschen Statistik. Aus Symmetriegründen gilt $K_{n;\alpha} = -K_{n;1-\alpha}$.

Für große Stichprobenumfänge gilt die folgende Normalverteilungsapproximation: Wegen

$$E(M) = 0 \quad \text{und} \quad V(M) = n(n-1)(2n+5)/18$$

ist

$$M^* = M/\sqrt{n(n-1)(2n+5)/18}$$

asymptotisch standardnormalverteilt. Die Asymptotik greift sehr früh (s. Abb. 6.3 für n = 10). Ab n = 15 ist zwischen empirischer Verteilung und approximativer Normalverteilung kein Unterschied mehr zu erkennen.

Die kritischen Werte des Trendtests wurden durch Simulationsexperimente mit dem Simulationsumfang 100 000 neu ermittelt. Sie stimmen weitgehend mit den Tabellenwerten von Kendall überein. In einigen Fällen ist der benachbarte Wert der Prüfgröße getroffen.

Die Tab. 6.1 enthält neben den kritischen Werten auch das zugehörige empirische Quantil. Daran erkennt man, wie konservativ man bei dem entsprechenden Stichprobenumfang ist.

Bei den Stichprobenumfängen 5 und 6 fallen auf Grund der wenigen Merkmalsausprägungen der Prüfgröße Quantile zusammen. Abb. 6.3 und Tab. 6.1 werden mit dem Programm sas_6_3 erzeugt.

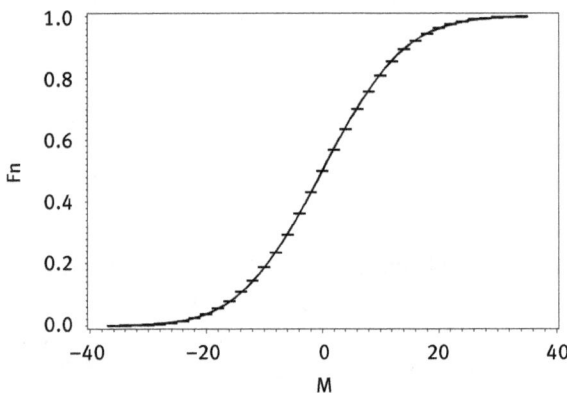

Abb. 6.3: Empirische Kendall-Verteilung (*) bei 100 000 Simulationen und Approximation durch eine Normalverteilung (durchgehende Linie) für n = 10.

6.3 Simulation einer Prüfgröße, dargestellt für den David-Test

6.3.1 Zielstellung

Im Statistiksystem SAS stehen viele Grundfunktionen zur Erzeugung von Pseudozufallszahlen zur Verfügung. Mit ihrer Hilfe gelingt es, das Ziehen von Stichproben zu simulieren. Parameterschätzungen und Prüfgrößen statistischer Tests sind Stichprobenfunktionen. Damit ist es möglich, sich Realisierungen einer Schätzung bzw. einer Prüfgröße aus gezogenen Stichproben zu verschaffen. Mit ausreichend großem Simulationsumfang lässt sich auf diese Art die empirische Verteilung gewinnen, die

Tab. 6.1: Simulierte kritische Werte des Trendtests von Mann (Spalte 3 ist Ausschnitt aus Tab. 44, S. 249, Hartung (1984)).

n	Kendall-Prüfgröße Simuliert	exakt	Quantil empirisch	nominal	n	Kendall-Prüfgröße simuliert	exakt	Quantil empirisch	nominal
5	6	7	95.829	90.0	11	17		91.791	90.0
	6	8	95.829	95.0		21		95.677	95.0
	8	8	99.158	97.5		25		97.994	97.5
	8	9	99.158	99.0		29		99.183	99.0
	10	10	100.000	99.5		31		99.507	99.5
6	7	7	93.281	90.0	12	18		90.152	90.0
	9	9	97.242	95.0		24		95.785	95.0
	9	11	97.242	97.5		28		97.814	97.5
	11	13	99.184	99.0		32		99.012	99.0
	11	14	99.184	99.5		36		99.595	99.5
7	9	9	93.322	90.0	13	22		91.862	90.0
	13	13	98.492	97.5		26		95.015	95.0
	15	15	99.498	99.0		32		97.983	97.5
	17	17	99.872	99.5		38		99.302	99.0
8	10	11	91.020	90.0		40		99.517	99.5
	14	14	96.996	95.0	14	23		90.348	90.0
	16	16	98.461	97.5		31		96.038	95.0
	18	19	99.292	99.0		35		97.674	97.5
	20	21	99.738	99.5		41		99.069	99.0
9	12	13	90.997	90.0		45		99.541	99.5
	16	16	96.299	95.0	15	27	27	91.588	90.0
	18	19	97.808	97.5		33	34	95.324	95.0
	22	23	99.398	99.0		39	40	97.690	97.5
	24	25	99.710	99.5		47	47	99.263	99.0
10	15	15	92.212	90.0		51	52	99.586	99.5
	19	19	96.438	95.0					
	21	23	97.696	97.5					
	27	29	99.526	99.5					

bei großem Simulationsumfang der zu beschreibenden Verteilung der Schätzfunktion bzw. der Testgröße nahe kommt.

Die Prüfgrößen des David-Tests, David u. a. (1954), für verschiedene Stichprobenumfänge werden auf diese Weise erzeugt, ihre empirischen Quantile ermittelt und mit den Tabellenwerten verglichen.

6.3.2 Einleitung

1. Im Technikbereich werden die Parameter der $N(\mu, \sigma^2)$-Verteilung aus kleinen Stichproben ($2 \leq n \leq 10$) oftmals nicht durch die erwartungstreuen Maxi-

mum-Likelihood-Schätzungen $m_1 = (\sum_{i=1}^{n} X_i)/n$ für μ und die Schätzung $s_1 = \sqrt{(\sum_{i=1}^{n}(x_i - m_1)^2)/(n-1)}$ für σ bestimmt.

Die Schätzung s_1 ist erwartungstreu und asymptotisch äquivalent zur Maximum-Likelihood-Schätzung, bei der im Gegensatz zu s_1 nicht durch $n-1$ sondern durch n zu dividieren ist.

Man schätzt in technischen Fachrichtungen besonders für kleine Stichprobenumfänge Erwartungswert μ und Streuung σ häufig durch die wesentlich leichter zu berechnenden

$$m_2 = (x_{(n)} - x_{(1)})/2 \quad \text{und} \quad s_2 = (x_{(n)} - x_{(1)})/\alpha_n.$$

Dabei bedeuten $x_{(i)}$ der i-te Wert der geordneten Messreihe und α_n ein tabellierter, von n abhängender Korrekturfaktor. In der Literatur heißen m_2 auch **„Spannweitenmitte"** bzw. **„midrange"**, $x_{(n)} - x_{(1)}$ **„Spannweite"** bzw. **„statistical range"**.

2. Der David-Test, ein Einstichprobentest auf Normalverteilung, hat als Prüfgröße

$$D = (X_{(n)} - X_{(1)})/S$$

und bemisst damit das Verhältnis von Spannweite $X_{(n)} - X_{(1)}$ und Streuung S.

3. Der Zusammenhang des Schätzproblems 1. und des Testproblems 2. wird durch die Gleichung für s_2 vermittelt. Wird diese nach α_n umgestellt,

$$\alpha_n = (X_{(n)} - X_{(1)})/S,$$

erhält man auf der rechten Seite der Gleichung die Prüfgröße des David-Tests. Die in der Literatur mitgeteilten Tabellenwerte sind demnach

$$\alpha_n = E(D) = E((X_{(n)} - X_{(1)})/S),$$

d. h., der Korrekturfaktor α_n ist der Erwartungswert der Prüfgröße des David-Tests.

6.3.3 Theoretische Beschreibung

Aus einer Grundgesamtheit mit stetiger Verteilung wird eine Stichprobe $(X_1, X_2, \ldots, X_n)$ vom Umfang n gezogen. Diese wird aufsteigend geordnet $(X_{(1)} \leq X_{(2)} \leq \cdots \leq X_{(n)})$. Wenn die Zufallsgrößen X_i, $i = 1, 2, \ldots, n$, die Dichtefunktion $f(x)$ und die Verteilungsfunktion $F(x)$ besitzen, so sind die Dichtefunktionen der so genannten Ordnungsstatistiken $X_{(i)}$ gegeben durch

$$f_{X_{(i)}}(x) = (n!/(i-1)!(n-i)!)F(x)^{i-1}(1-F(x))^{n-i}f(x)$$

und die Verteilungsfunktionen der Ordnungsstatistiken durch

$$F_{X_i}(x) = \sum_{r=i}^{n} \binom{n}{r} F(x)^r (1 - F(x))^{n-r}.$$

Die Abb. 6.4 illustriert für eine Stichprobe vom Umfang n = 7 aus einer N(0, 1)-verteilten Grundgesamtheit Dichte- und Verteilungsfunktionen der Ordnungsstatistiken $(X_{(1)}, X_{(2)}, \ldots, X_{(7)})$. Insbesondere besitzen die Dichtefunktionen der Zufallsgrößen

$$X_{(1)} = \text{MIN}(X_1, X_2, \ldots, X_n) \quad \text{und} \quad X_{(n)} = \text{MAX}(X_1, X_2, \ldots, X_n),$$

die für die Spannweite benötigt werden, die Darstellung

$$f_{X_{(1)}}(x) = f_{\text{MIN}}(x) = n \cdot (1 - F(x))^{n-1} f(x)$$

und

$$f_{X_{(n)}}(x) = f_{\text{MAX}}(x) = n \cdot F(x)^{n-1} f(x),$$

für die Verteilungsfunktionen gelten

$$F_{X_{(1)}}(x) = F_{\text{MIN}}(x) = 1 - (1 - F(x))^n \quad \text{und} \quad F_{X_{(n)}}(x) = F_{\text{MAX}}(x) = F(x)^n.$$

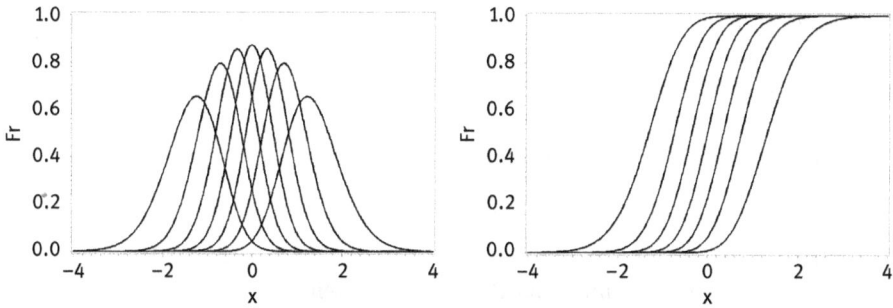

Abb. 6.4: Dichtefunktionen (links) und Verteilungsfunktionen (rechts) der Ordnungsstatistiken $X_{(1)}, X_{(2)}, \ldots, X_{(7)}$ (von links nach rechts) für Stichproben des Umfangs n = 7 aus N(0, 1)-verteilter Grundgesamtheit (erzeugt mit `eas_6_4`).

Daraus kann man auf die Dichten und Verteilungen von M_2, S_2 und D schließen, die ihrerseits Funktionen von $X_{(1)}$ und $X_{(n)}$ sind. Für die Spannweite

$$W = X_{(n)} - X_{(1)}$$

erhält man nach Balakrishnan, Cohen (1991) die Dichte

$$g(w) = n(n-1) \int_{-\infty}^{\infty} (F(x+w) - F(x))^{n-2} f(x) f(x+w) dx$$

und die Verteilung

$$G(w) = n \int_{-\infty}^{\infty} (F(x+w) - F(x))^{n-1} f(x) dx,$$

in beiden Fällen für $0 \leq w \leq \infty$.

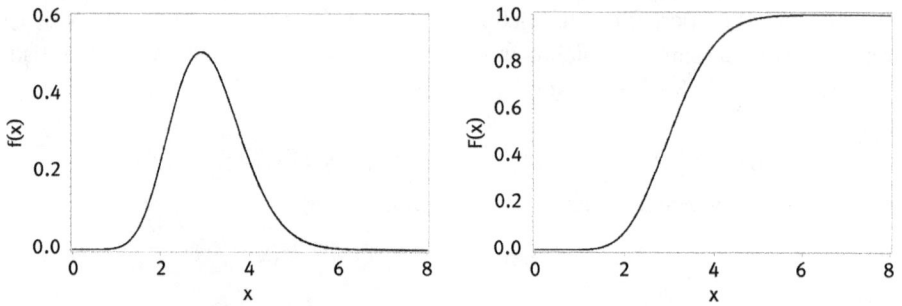

Abb. 6.5: Dichte (links) und Verteilung (rechts) der Spannweite W aus Stichproben vom Umfang n = 10 aus einer Standardnormalverteilung (erzeugt mit sas_6_5).

Diese Formeln erlauben in speziellen Fällen weitere Vereinfachungen. Im betrachteten Beispiel handelte es sich um die Normalverteilung N(0, 1), bei der bereits die Verteilungsfunktion F(x) nur durch numerische Integration zu erhalten ist. Man ist leider auf Näherungsverfahren der Integration angewiesen. Mit dem einfachsten Summationsverfahren, der Trapezregel, sind Dichte- und Verteilungsfunktion bestimmt und in der Abb. 6.5 dargestellt.

Darüber hinaus ist für die Berechnung des Erwartungswertes

$$\alpha_n = E(D) = E((X_{(n)} - X_1)/S) = E(W/S),$$

der Zufallsgröße „Quotient W durch S", eine weitere Schwierigkeit bei der Kalkulation. Auf die vollständige Herleitung der Dichte und Verteilung der David-Prüfgröße soll verzichtet werden mit dem Hinweis auf die Originalarbeit von David u. a. (1954).

6.3.4 Simulationsexperiment

Das mit dem SAS-Programm sas_6_6 realisierte Simulationsexperiment läuft nach folgendem Schema ab:
1. Gebe die Parameter der Normalverteilung μ und σ vor (o.B.d.A. seien $\mu = 0$ und $\sigma = 1$).
2. Ziehe eine Stichprobe vom Umfang n von N(0, 1)-verteilten Zufallszahlen mittels der SAS-Funktion NORMAL(x). Für den Fall $\mu \neq 0$ und $\sigma \neq 1$ liefert die Transformation $\mu + \sigma \cdot$ NORMAL(x), die Umkehr der Standardisierungsprozedur, Zufallszahlen, die $N(\mu, \sigma^2)$-verteilt sind.
3. Berechne daraus Realisierungen der Zufallsgrößen

$$M_1 = \text{MEAN}(X_1, X_2, \ldots, X_n), \qquad X_{(1)} = \text{MIN}(X_1, X_2, \ldots, X_n),$$
$$X_{(n)} = \text{MAX}(X_1, X_2, \ldots, X_n), \qquad W = X_{(n)} - X_{(1)},$$
$$S = \text{STD}(X_1, X_2, \ldots, X_n) \quad \text{und} \quad D = (X_{(n)} - X_{(1)})/S.$$

4. Wiederhole die Schritte 1 bis 3 hinreichend oft. Der Simulationsumfang kann so bestimmt werden, dass die Genauigkeitsforderung bezüglich der Differenz zwischen empirischer Häufigkeitsverteilung und Verteilung mit hoher Wahrscheinlichkeit eingehalten wird. Das liefert ein Satz von Kolmogorov und Smirnov, Das Programm sas_6_6 erzeugt die nachfolgenden Abb. 6.6 bis 6.11. Auch die Tabelle der kritischen Werte des David-Tests erhält man durch leichte Abänderungen des Programms.

Es wurde ein Simulationsumfang von n = 10 000 festgelegt. Die Wahrscheinlichkeit ist 0.05, dass das Supremum der absoluten Differenz der exakten und empirischen Verteilung unterhalb von 0.0136 liegt.

Bemerkung. Wenn $F_n(x)$ die empirische Verteilungsfunktion, ermittelt aus einer Stichprobe vom Umfang n, und F(x) die unterliegende exakte Verteilung bezeichnet, so gilt für die Prüfgröße des Kolmogorov-Smirnov-Tests

$$D_n = \sup_{-\infty < x < +\infty} |F(x) - F_n(x)|,$$

dass sie wie folgt asymptotisch verteilt ist:

$$\lim_{n \to \infty} Q_n(\lambda) = \lim_{n \to \infty} P(D_n < \lambda/\sqrt{n}) = Q(\lambda) = \sum_{k=-\infty}^{\infty} (-1)^k \exp(-2k^2\lambda^2).$$

Genaueres wird bei der Besprechung des Kolmogorov-Smirnov-Tests in Abschnitt 6.8.1 mitgeteilt.

6.3.5 Ergebnisse

Die Schätzung M_1 ist erwartungstreu und hat die Minimalvarianz nach der Rao-Cramer-Ungleichung. Sie ist als Maximum-Likelihood-Schätzung asymptotisch normalverteilt.

Da im Simulationsexperiment die Stichprobe vom Umfang n = 10 aus einer Standardnormalverteilung stammt, hat die Zufallsgröße M_1 folglich eine Normalverteilung $N(\mu, \sigma^2/n) = N(0, 0.1) = N(0, 0.31622^2)$. Die erwartete (asymptotische) Normaldichte ist in der Abb. 6.6 dargestellt. Die Zufallsgröße $M_2 = (\text{Max} - \text{Min})/2$ hat demgegenüber eine deutlich größere Varianz (siehe Abb. 6.7).

Die gleichen Minimaleigenschaften sieht man in der Abb. 6.8 bei den Schätzungen der Standardabweichungen. Maximum-Likelihood-Schätzungen haben asymptotisch stets die Minimalvarianz nach der Rao-Cramer-Ungleichung. Über die Verteilung von S_1 weiß man darüber hinaus, dass nS_1^2 mit n Freiheitsgraden χ^2-verteilt ist. Selbstverständlich konvergiert die Verteilung der Schätzung S_1 ebenfalls asymptotisch gegen eine Normalverteilung. Wenn die Stichprobe aus einer $N(\mu, \sigma^2)$-Verteilung stammt, ist S_1 nach $N(\mu, \sigma_{min}^2)$ verteilt, wobei $\sigma_{min}^2 = (n \cdot I)^{-1}$ mit I als so genannter Fisher-Information. Abbildung 6.10 gibt diese simulierte χ^2-Verteilung wieder.

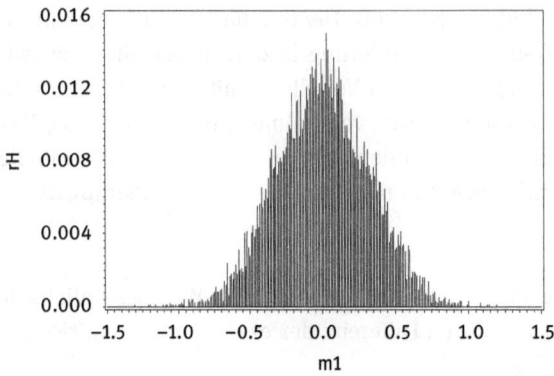

Abb. 6.6: Simulierte Größe M_1.

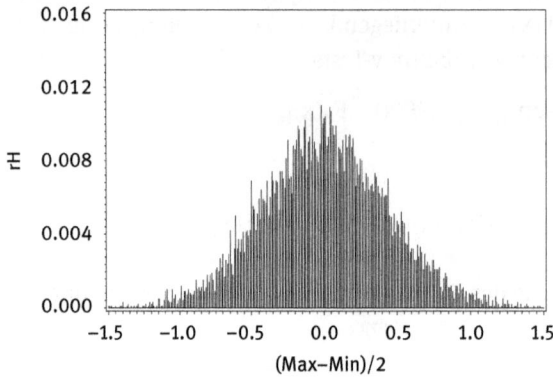

Abb. 6.7: Simulierte Größe M_2.

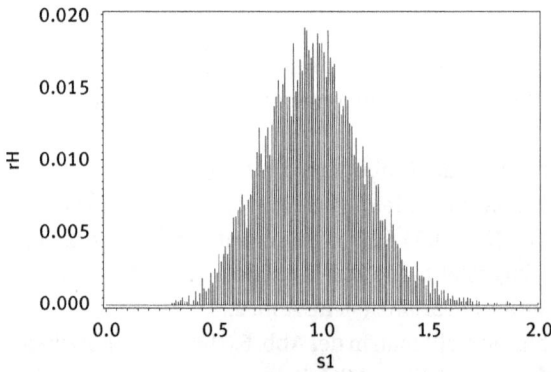

Abb. 6.8: Simulierte Größe S_1.

Mit PROC UNIVARIATE lassen sich die Quantile der simulierten David-Testgröße ermitteln. Diese stimmen sehr gut mit den in der Literatur mitgeteilten exakt berechneten Quantilen überein. Programmtechnisch wurden das Simulationsprogramm und die PROC UNIVARIATE in ein Macro eingebaut. Eingabevariable ist der Stichprobenumfang und Ausgabevariable der Vektor der Quantile.

Tab. 6.2: Exakte und simulierte Quantile für den David-Tests für Stichprobenumfänge n = 3 bis 20, 30, 40 und 50.

N	Quantile Q									
	0.005	0.01	0.025	0.05	0.10	0.90	0.95	0.975	0.99	0.995
3	1.735	1.737	1.745	1.758	1.782	1.997	1.999	2.000	2.000	2.000
Simuliert	1.734	1.737	1.746	1.759	1.785	1.997	1.999	2.000	2.000	2.000
4	1.83	1.87	1.93	1.98	2.04	2.409	2.429	2.439	2.445	2.447
Simuliert	1.808	1.846	1.910	1.974	2.049	2.408	2.429	2.440	2.446	2.448
5	1.98	2.02	2.09	2.15	2.22	2.712	2.753	2.782	2.803	2.813
Simuliert	1.997	2.032	2.082	2.142	2.221	2.709	2.754	2.781	2.801	2.811
6	2.11	2.15	2.22	2.28	2.37	2.949	3.012	3.056	3.095	3.115
Simuliert	2.117	2.150	2.216	2.275	2.361	2.947	3.014	3.055	3.097	3.115
7	2.22	2.26	2.33	2.40	2.49	3.143	3.222	3.282	3.338	3.369
Simuliert	2.215	2.263	2.340	2.406	2.483	3.142	3.221	3.284	3.339	3.368
8	2.31	2.35	2.43	2.50	2.59	3.308	3.399	3.471	3.543	3.585
Simuliert	2.316	2.356	2.432	2.504	2.594	3.315	3.401	3.472	3.542	3.582
9	2.39	2.44	2.51	2.59	2.68	3.449	3.552	3.634	3.720	3.772
Simuliert	2.392	2.438	2.515	2.590	2.684	3.447	3.553	3.630	3.713	3.763
10	2.46	2.51	2.59	2.67	2.76	3.57	3.685	3.777	3.875	3.935
Simuliert	2.452	2.502	2.597	2.672	2.768	3.583	3.693	3.783	3.882	3.930
11	2.53	2.58	2.66	2.74	2.84	3.68	3.80	3.903	4.012	4.079
Simuliert	2.518	2.574	2.659	2.742	2.834	3.676	3.797	3.893	3.998	4.064
12	2.59	2.64	2.72	2.80	2.90	3.78	3.91	4.02	4.134	4.208
Simuliert	2.574	2.629	2.719	2.803	2.908	3.782	3.902	4.012	4.119	4.191
13	2.64	2.70	2.78	2.86	2.96	3.87	4.00	4.12	4.244	4.325
Simuliert	2.630	2.689	2.773	2.858	2.954	3.874	3.998	4.102	4.236	4.321
14	2.70	2.75	2.83	2.92	3.02	3.95	4.09	4.21	4.34	4.431
Simuliert	2.696	2.739	2.825	2.906	3.021	3.944	4.088	4.202	4.333	4.418
15	2.74	2.80	2.88	2.97	3.07	4.02	4.17	4.29	4.44	4.53
Simuliert	2.739	2.790	2.875	2.964	3.068	4.020	4.169	4.300	4.441	4.535
16	2.79	2.84	2.93	3.01	3.12	4.09	4.24	4.37	4.52	4.62
Simuliert	2.768	2.845	2.931	3.022	3.122	4.091	4.242	4.377	4.526	4.632
17	2.83	2.88	2.97	3.06	3.17	4.15	4.31	4.44	4.60	4.70
Simuliert	2.824	2.875	2.971	3.060	3.165	4.152	4.315	4.451	4.622	4.751
18	2.87	2.92	3.01	3.10	3.21	4.21	4.37	4.51	4.67	4.78
Simuliert	2.859	2.910	3.003	3.099	3.206	4.219	4.376	4.506	4.662	4.769
19	2.90	2.96	3.05	3.14	3.25	4.27	4.43	4.57	4.574	4.85
Simuliert	2.903	2.958	3.054	3.142	3.249	4.277	4.449	4.599	4.758	4.874
20	2.94	2.99	3.09	3.18	3.29	4.32	4.49	4.63	4.80	4.91
Simuliert	2.915	2.992	3.082	3.171	3.286	4.321	4.489	4.648	4.837	4.950
30	3.21	3.27	3.37	3.47	3.59	4.70	4.89	5.06	5.26	5.40
Simuliert	3.200	3.274	3.382	3.477	3.591	4.691	4.884	5.045	5.231	5.375
40	3.41	3.47	3.57	3.67	3.79	4.96	5.16	5.34	5.56	5.71
Simuliert	3.390	3.466	3.571	3.66	3.793	4.966	5.174	5.366	5.592	5.740
50	3.56	3.62	3.73	3.83	3.95	5.14	5.35	5.54	5.77	5.93
Simuliert	3.566	3.635	3.751	3.845	3.973	5.136	5.363	5.554	5.754	5.933

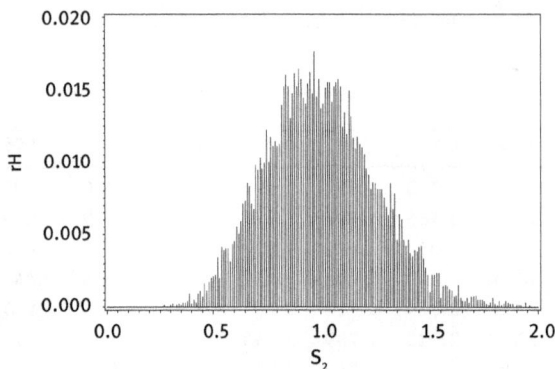

Abb. 6.9: Simulierte Größe $S_2 = (X_{(n)} - X_{(1)})/\alpha_n$.

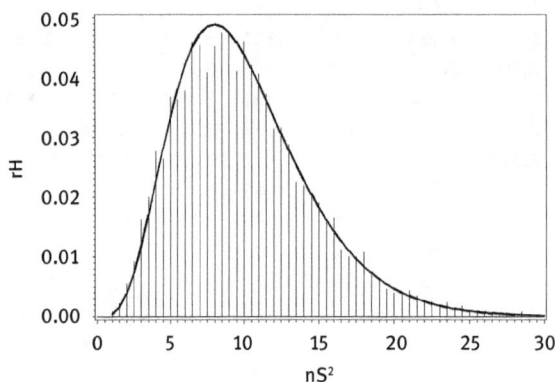

Abb. 6.10: Die Zufallsgröße nS_1^2 ist χ^2-verteilt mit dem Freiheitsgrad $n = 10$.

Die Tab. 6.2 gibt in Abhängigkeit vom Stichprobenumfang n die empirischen Quantile $Q_{0.005}$, $Q_{0.01}$, $Q_{0.025}$, $Q_{0.05}$, $Q_{0.10}$, $Q_{0.90}$, $Q_{0.95}$, $Q_{0.975}$, $Q_{0.99}$ und $Q_{0.995}$ der David-Testgröße an. Die exakten Quantile aus der Literatur sind dabei den simulierten gegenübergestellt. Abweichungen treten in wenigen Fällen an der zweiten Dezimalstelle auf, die Regel sind Abweichungen an der dritten Dezimalstelle.

Die Vorgehensweise bei der Berechnung der Tabellenwerte nach David u.a. (1954) wurde referiert von M. P. Geppert im Zentralblatt für Mathematik, vol.56, p.366 wie folgt:

> Zu dem Zwecke werden aus den bekannten Momenten von W (Spannweite) und S (Streuung) diejenigen von D exakt berechnet und Pearson-Kurven, deren erste vier Momente mit denjenigen von D übereinstimmen, zur Approximation der unbekannten exakten Verteilung von D benutzt.

Bei Dichten aus dem Pearson-System besteht eine eineindeutige Beziehung zwischen den Koeffizienten der beschreibenden Differentialgleichung und den ersten vier Momenten. Ab fünftem Moment aufwärts sind die Verteilungen von D und ihrer Pearson-Approximation in der Regel different. Deshalb ist die Bezeichnung „exakte

Quantile" für die David-Statistik in der Literatur vermessen. Die exakten Quantile sind die der zugehörigen Pearson-Verteilung.

Die Unterschiede zwischen der exakten Verteilung und ihrer Entsprechung aus dem PearsonSystem bleiben unberücksichtigt. Bedenkt man darüber hinaus, dass der Fehler zwischen der simulierten und der exakten David-Verteilung mittels des Satzes von Kolmogorov und Smirnov quantifiziert und durch Vergrößern des Simulationsumfangs beliebig verkleinert werden kann, sollte man zur Bestimmung der Quantile die Simulationsmethode favorisieren, weil im Gegensatz zur klassischen Vorgehensweise ihre Approximation kalkulierbar ist.

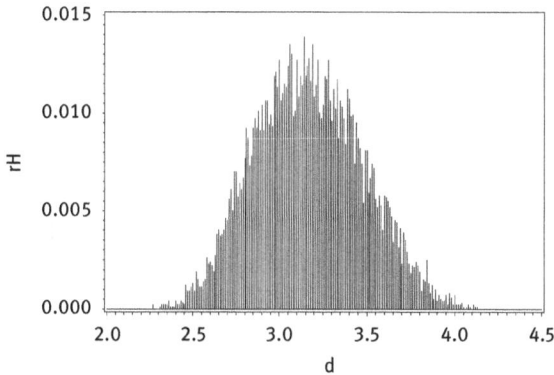

Abb. 6.11: Simulierte Dichte der David-Prüfgröße für $n = 10$.

6.4 Zweistichprobentests für zentrale Tendenzen

6.4.1 Tests für verbundene Stichproben

6.4.1.1 Gepaarter t-Test
Unter dem Begriff t-Test versteht man eine ganze Reihe von statistischen Tests. Ihre Gemeinsamkeiten bestehen darin, dass die Prüfgrößen t-verteilt sind.

Gosset, William Sealy, Student
(* 11. Juni 1876 in Canterbury ; † 16. Oktober 1937 in Beaconsfield)

Die t-Verteilung wurde von William Sealy Gosset zur Überprüfung der Qualität beim Bierbrauen ersonnen. Gosset publizierte den Test 1908 in der Biometrika unter dem

Pseudonym „Student", der bis heute synonym zum Begriff t-Test verwendet wird, Student (1908). Eine wesentliche Voraussetzung für die Anwendung des Tests liegt in der Annahme einer Normalverteilung der Daten. Nur wenn das vorausgesetzt wird, kann die t-Verteilung als Verteilung der Prüfgröße hergeleitet werden. Deshalb sollte vor Anwendung des t-Tests stets eine Prüfung der Ausgangsdaten auf Normalverteilung erfolgen. Ein einfacher Test, der David-Test, prüft Normalverteilungshypothesen.

Am folgenden Beispiel werden aus didaktischen Gründen sowohl der t-Test als auch der Vorzeichen- und der Wilcoxon-Test behandelt. Die Arbeitsweise der Tests, ihre Gemeinsamkeiten und ihre Unterschiede, werden am Beispiel erläutert.

Beispiel 6.3. Untersucht werden Patienten mit gestörter Schlafdauer. In einem Crossing-Over-Versuch mit einer Stichprobe von 20 Patienten erhalten die Patienten 1 bis 10 zunächst das Medikament A und nach einer gewissen Zeit, wenn nichts mehr vom Pharmakon A im Organismus des Patienten vermutet wird, das Medikament B. Die Patienten 11 bis 20 erhalten dagegen zunächst das Medikament B, danach A. So verhindert man, dass Lern- oder Zeiteffekte eine Rolle spielen.

Nach Gabe des Medikamentes A wird die Schlafdauer X (in h) und nach Gabe des Medikamentes B die Schlafdauer Y bestimmt (s. Tab. 6.3). Jedem Patienten i wird also ein Wertepaar (x_i, y_i) zugeordnet. Untersucht werden soll, ob beide Schlafmittel gleich wirksam sind.

Getestet wird die Nullhypothese

$$H_0 : \mu_x = \mu_y \quad \text{bzw.} \quad H_0 : d = \mu_x - \mu_y = 0,$$

als Alternativhypothese gilt entsprechend

$$H_A : \mu_x \neq \mu_y \quad \text{bzw.} \quad H_A : d = \mu_x - \mu_y \neq 0.$$

Fall 1: Die Varianz ist bekannt
Die Voraussetzungen des t-Tests seien erfüllt, d. h., $X \sim N(\mu_x, \sigma^2)$ und $Y \sim N(\mu_y, \sigma^2)$. Neben der Normalverteilung von X und Y soll darüber hinaus noch gelten, dass die Varianzen gleich sind. Unterschiede zwischen den beiden Zufallsgrößen sind dann allein Lokationsunterschiede, weil sie sich nur auf die Erwartungswerte μ_x und μ_y beziehen.

Der Test wertet die beobachteten Differenzen $d_i = x_i - y_i, i = 1, \ldots, n$, der Stichprobe aus.

Dann sind unter H_0 sowohl $D = X - Y$, die Differenz der beiden Zufallsgrößen, normalverteilt $N(0, \sigma^2)$, als auch die Zufallsgröße Mittelwert $\overline{D} = (D_1 + \cdots + D_n)/n$ normalverteilt, nämlich $\overline{D} \sim N(0, \sigma^2/n)$. Die Testgröße

$$T = \overline{D}/\sqrt{\sigma^2/n} = \overline{D}/\sigma \cdot \sqrt{n} \sim N(0, 1)$$

ist durch Standardisierung aus $\overline{D}$ entstanden und folglich N(0,1) verteilt.

Tab. 6.3: Schlafdauern X und Y nach Gabe der Medikamente A und B bei 20 Patienten mit gestörter Schlafdauer (Bsp. 6.3).

Patient i	Schlafdauer x_i	Schlafdauer y_i	$d_i = x_i - y_i$	$(d_i - \bar{d})^2$
1	5.28	5.83	−0.55	0.027
2	5.69	4.69	+1.00	1.92
3	4.81	4.43	+0.38	0.585
4	5.90	6.49	−0.59	0.042
5	6.50	7.18	−0.68	0.087
6	5.14	5.34	−0.20	0.034
7	5.66	6.95	−1.29	0.82
8	5.20	5.19	+0.01	0.156
9	5.35	5.20	+0.15	0.286
10	4.56	4.34	+0.22	0.605
11	5.97	5.29	+0.68	1.134
12	4.94	5.67	−0.73	0.119
13	5.24	6.26	−1.02	0.403
14	5.92	6.61	−0.69	0.093
15	5.17	6.11	−0.94	0.308
16	6.43	8.08	−1.65	1.60
17	5.03	5.62	−0.59	0.042
18	4.34	5.37	−1.03	0.416
19	5.51	5.69	−0.18	0.042
20	4.88	4.88	0	0.148
			$\bar{d} = -0.385$	$s_d^2 = 0.443$

Fall 2: Die Varianz ist unbekannt

Die unbekannte Varianz muss durch die empirische Varianz geschätzt werden. Dieser Fall besitzt eine weit größere Bedeutung als der Fall 1, denn nur höchst selten kennt man die Varianz und weiß, dass sie für X und Y gleich ist, hat aber keine genauen Vorstellungen, nur Hypothesen, über das Verhältnis der beiden Erwartungswerte. Die Testgröße

$$T = \bar{D}/s_d \sqrt{n}$$

ist t-verteilt mit dem Freiheitsgrad $f = n - 1$, wobei s_d die empirische Streuung der Differenzen $d_i = x_i - y_i$, $i = 1, \ldots, n$, ist.

Mit $n = 20$, $\bar{d} = -0.385$ und $s_d^2 = 0.443$ erhält man $T = -2.6$. Mit der üblicherweise festgesetzten Irrtumswahrscheinlichkeit $\alpha = 0.05$ und dem Quantil der t-Verteilung $t_{19,1-\alpha/2} = 2.086$ muss H_0 verworfen werden, weil T nicht im Intervall $[-2.086, 2.086]$ liegt. H_A wird angenommen. Die t-Tabelle wurde in Aufgabe 3.7 des Abschnitts 3.3.2 erstellt oder man entnimmt sie jedem Statistiklehrbuch.

Bemerkung. Wenn die Prüfgröße $T = \frac{\bar{D}}{s_d} \sqrt{n}$ mit $f = n - 1$ Freiheitsgraden t-verteilt ist, kann ein Simulationsprogramm die entsprechende t-Verteilung und ihre Quantile näherungsweise bestimmen. Man zieht dazu viele Male (Simulationsumfang 10 000 und mehr) eine Stichprobe des Umfangs n aus einer zweidimensional normalverteilten Grundgesamtheit und ermittelt jeweils die Prüfgröße T. Die empirische Verteilung entspricht auf Grund des hohen Simulationsumfangs der t-Verteilung mit n − 1 Freiheitsgraden.

6.4.1.2 Vorzeichentest für verbundene Stichproben

Der Vorzeichentest „vergisst" die auftretende Differenz $d_i = x_i - y_i$. Man interessiert sich nur für das Vorzeichen dieser Differenz. Die Prüfgröße ist die Anzahl der positiven (bzw. negativen) Vorzeichen. Bei gleicher Wirksamkeit der Medikamente sollten die Anzahlen positiver, bzw. negativer Vorzeichen gleich sein. Diese Anzahlen sind jeweils binomialverteilte Zufallsgrößen.

$$H_0 : \text{Anzahl}(+) = \text{Anzahl}(-), P(+) = P(-) = \frac{1}{2} \quad \text{bzw.} \quad \text{Anzahl}(+) \sim B(n, 1/2)$$

wird getestet gegen

$$H_A : \text{Anzahl}(+) \neq \text{Anzahl}(-), P(+) \neq P(-).$$

Beispiel 6.4. Der Vorzeichentest wird auf das vorangegangene Beispiel 6.3 angewandt. Die statistisch zu beantwortende Frage ist auch hier: Sind beide Schlafmittel gleich wirksam?

Bildet man die Differenzen und betrachtet deren Vorzeichen, so fällt als erstes auf, dass der Patient 20 mit Medikament A und B die gleiche Schlafdauer erreicht hat. Die Differenz ist folglich Null und kann keinem Vorzeichen zugeordnet werden.

Vorausgesetzt war, dass X und Y stetige Zufallsgrößen sind, mithin ist das Ereignis $x_i = y_i$ eine so genannte Menge vom Maße 0. Sie dürfte nicht auftreten, ihre Anwesenheit ist nur der begrenzten Genauigkeit geschuldet, mit der die Schlafdauer gemessen wird. Da die Anwesenheit aber für die Nullhypothese spricht, wird der Datensatz aus der Beobachtung gestrichen. Das bevorzugt die Alternativhypothese. Neuer Stichprobenumfang ist n = 19.

Diese Reduktion des Stichprobenumfanges bei so genannten „Bindungen" sollte allerdings nicht zu oft auftreten. Die Anzahl reduzierter Differenzen sollte stets nur einen kleinen Anteil der Gesamtstichprobe ausmachen.

Die Hypothese H_0, dass die Schlafmittel gleich wirken, wurde über die Anzahl der positiven bzw. negativen Vorzeichen der Differenz formuliert. In Tab. 6.3 zählt man:

$$\text{Anzahl pos. Vorzeichen} = 6,$$
$$\text{Anzahl neg. Vorzeichen} = 13.$$

Die Anzahl K der positiven Vorzeichen ist die Testgröße. Es gilt unter H_0 K $\sim$ B(n, 1/2) = B(19, 1/2), die Zufallsgröße K ist binomialverteilt, die Wahrscheinlichkeit für ein positives Vorzeichen der Differenz ist genau so groß wie die Wahrscheinlichkeit für ein negatives Vorzeichen der Differenz und folglich 0.5.

Den kritischen Wert kann man leicht berechnen. Als kritische Werte für die Irrtumswahrscheinlichkeit $\alpha = 0.05$ findet man bei n = 19 die Werte 5 und 14, d. h.

$$P(K < 5) + P(K < 14) \le 0.05 \quad \text{bzw.} \quad P(5 \le K \le 14) \ge 0.95.$$

Weil $5 \le K \le 14$ wird H_0 beibehalten, d. h., gegen die Hypothese, die Medikamente sind gleich wirksam, sprechen die Daten der Studie nicht. Das beweist natürlich nicht, wie schon gesagt, die Gleichwertigkeit von A und B.

Aufgabe 6.1. Berechnen Sie die kritischen Werte des Vorzeichentests für n = 5 bis 30 unter Verwendung beispielsweise der SAS-Funktion CDF('BINOMIAL',m,p,n).

Bemerkung. Die Beibehaltung der Nullhypothese ist kein Beweis für die Nullhypothese, so wie ein Freispruch vor Gericht mangels Beweises nicht die Unschuld beweist. Damit widerspricht die Testentscheidung im Vorzeichentest auch nicht derjenigen im t-Test. Man sagt der Vorzeichentest ist konservativer, er behält die Nullhypothese länger bei. Das sollte auch einleuchten, weil er nicht mit den Differenzen, sondern nur mit deren Vorzeichen arbeitet. Er muss notgedrungen mit weniger Information auskommen. Die größere Entscheidungsfreude des t-Tests ist der besseren Ausnutzung der Information, die in den Größen der Differenz steckt, und der Zuhilfenahme der Normalverteilungshypothese geschuldet.

Als weiterer Test wird der Wilcoxon- oder Rangsummentest besprochen, der, weil er neben den Vorzeichen auch noch die Ränge ausnutzt, hinsichtlich der Informationsbewertung zwischen dem t-Test und dem Vorzeichentest steht.

6.4.1.3 Wilcoxon-Test

Als weiterer Test wird der Wilcoxon- oder Rangsummentest besprochen. Weil er neben dem Vorzeichen auch noch die Ränge ausnutzt, wird er hinsichtlich der Informationsbewertung über dem Vorzeichentest aber unter dem t-Test stehen.

Wilcoxon, Frank
(* 2. September 1892 in County Cork; † 18. November 1965 in Tallahassee)

Untersucht werden Patienten mit gestörter Schlafdauer analog zu Beispiel 6.3. Beim sogenannten „verbundenen Rangsummentest", dem Wilcoxon-Test, wird nicht mit den Differenzen, sondern mit den Rängen ihrer Absolutbeträge gearbeitet. Der kleinste Wert enthält den Rang 1, der größte den Rang n. Bei Gleichheit von mehreren Absolutbeträgen von Differenzen, die nur auf Grund der Messgenauigkeit entstehen, bekommen die Werte den Mittelwert der jeweils zu vergebenden Ränge.

Der Patient 20 hat die Differenz 0. Sein Datensatz wird wie beim Vorzeichentest eliminiert und es wird mit dem reduzierten Stichprobenumfang weiter gearbeitet. Die Patienten 4 und 17 haben den gleichen Betrag der Differenz von 0.58. Auf sie würden die Ränge 8 und 9 entfallen. Sie bekommen beide den mittleren Rang 8.5. Rang 8 und 9 werden nicht vergeben. Unmittelbar darauf folgen die Patienten 5 und 11 mit dem Differenzbetrag von 0.68. Auf sie würden die Rangplätze 10 und 11 entfallen. Beide bekommen den Mittelwert 10.5. Rang 10 und 11 werden wiederum nicht vergeben und es geht mit Rang 12 weiter.

Die Prüfgröße ist die Summe der Ränge R^+ (bzw. R^-), bei denen die Differenz ein positives (bzw. negatives) Vorzeichen hat.

Die Nullhypothese lautet

$$H_0 : R^+ = R^-,$$

d. h., die Rangsumme bei positivem Vorzeichen ist gleich der Rangsumme bei negativem Vorzeichen oder locker formuliert, die Zufallsgrößen X und Y stimmen größenordnungsmäßig überein.

Die Summe aus R^+ und R^- entspricht der Summe der Zahlen von 1 bis n, weil insgesamt die Ränge von 1 bis n zu vergeben sind. Aufgrund der Beziehung

$$R^+ + R^- = 1 + 2 + \cdots + n = n/2 \cdot (n + 1)$$

Tab. 6.4: Arbeitsweise des Wilcoxon-Tests.

Patient i	Schlafdauer x_i	Schlafdauer y_i	$d_i = x_i - y_i$	$|d_i|$	Rang von $|d_i|$
1	5.28	5.83	−0.55	0.55	7
2	5.69	4.69	+1.00	1.00	15
3	4.81	4.43	+0.38	0.38	6
4	5.90	6.49	−0.59	0.59	8.5
5	6.50	7.18	−0.68	0.68	10.5
6	5.14	5.34	−0.20	0.20	4
7	5.66	6.95	−1.29	1.29	18
8	5.20	5.19	+0.01	0.01	1
9	5.35	5.20	+0.15	0.15	2
10	4.56	4.34	+0.22	0.22	5
11	5.97	5.29	+0.68	0.68	10.5
12	4.94	5.67	−0.73	0.73	13
13	5.24	6.26	−1.02	1.02	16
14	5.92	6.61	−0.69	0.69	12
15	5.17	6.11	−0.94	0.94	14
16	6.43	8.08	−1.65	1.65	19
17	5.03	5.62	−0.59	0.59	8.5
18	4.34	5.37	−1.03	1.03	17
19	5.51	5.69	−0.18	0.18	3

ist R^- bekannt, wenn R^+ bestimmt wurde. Aus Symmetriegründen sind deshalb die Verteilungen von R^+ und R^- gleich. Man hat sich darauf geeinigt, als Prüfgröße des Wilcoxon-Tests die kleinere der beiden Rangsummen zu verwenden:

$$R = MIN(R^+, R^-).$$

Die Verteilung der positiven Rangsummen zu bestimmen und daraus die kritischen Werte des Tests, ist rechenintensiv und wird deshalb über das SAS-Programm sas_6_7 realisiert.

Tab. 6.5: Kritische Werte für den Wilcoxon-Test (zweiseitig). Das Zeichen „–" in der Tabelle weist darauf hin, dass bei dem gegebenen α die geringen Fallzahlen keine statistische Testentscheidung erlauben.

n	α = 0.005	α = 0.01	α = 0.025	α = 0.05
6	–	0	1	3
7	0	1	3	4
8	1	2	4	6
9	2	4	6	9
10	4	6	9	11
11	6	8	11	14
12	8	10	14	18
13	10	13	18	22
14	13	16	22	26
15	16	20	26	31
16	20	24	30	36
17	24	28	35	42
18	28	33	41	48
19	33	38	47	54
20	38	44	53	61
21	43	50	59	68
22	49	56	66	76
23	55	63	74	84
24	62	70	82	92
25	69	77	90	101

Die Summe der positiven und negativen Rangsummen und die Prüfgröße R des Wilcoxon-Tests für das obige Beispiel sind:

$R^+ = 15 + 6 + 1 + 2 + 5 + 10.5 = 39.5,$

$R^- = 7 + 8.5 + 10.5 + 4 + 18 + 13 + 16 + 12 + 14 + 19 + 8.5 + 17 + 3 = 150.5$

und

$R = MIN(R^+, R^-) = 39.5$

Tab. 6.6: Rangsummenverteilung für n = 10.

rs	Häufigkeit	Prozent	Kumulativer Prozentwert	rs	Häufigkeit	Prozent	Kumulativer Prozentwert
0	1	0.10	0.10	28	40	3.91	53.91
1	1	0.10	0.20	29	39	3.81	57.71
2	1	0.10	0.29	30	39	3.81	61.52
3	2	0.20	0.49	31	38	3.71	65.23
4	2	0.20	0.68	32	36	3.52	68.75
5	3	0.29	0.98	33	35	3.42	72.17
6	4	0.39	1.37	34	33	3.22	75.39
7	5	0.49	1.86	35	31	3.03	78.42
8	6	0.59	2.44	36	29	2.83	81.25
9	8	0.78	3.22	37	27	2.64	83.89
10	10	0.98	4.20	38	24	2.34	86.23
11	11	1.07	5.27	39	22	2.15	88.38
12	13	1.27	6.54	40	20	1.95	90.33
13	15	1.46	8.01	41	17	1.66	91.99
14	17	1.66	9.67	42	15	1.46	93.46
15	20	1.95	11.62	43	13	1.27	94.73
16	22	2.15	13.77	44	11	1.07	95.80
17	24	2.34	16.11	45	10	0.98	96.78
18	27	2.64	18.75	46	8	0.78	97.56
19	29	2.83	21.58	47	6	0.59	98.14
20	31	3.03	24.61	48	5	0.49	98.63
21	33	3.22	27.83	49	4	0.39	99.02
22	35	3.42	31.25	50	3	0.29	99.32
23	36	3.52	34.77	51	2	0.20	99.51
24	38	3.71	38.48	52	2	0.20	99.71
25	39	3.81	42.29	53	1	0.10	99.80
26	39	3.81	46.09	54	1	0.10	99.90
27	40	3.91	50.00	55	1	0.10	100.00

Der kritische Wert für n = 19 und α = 0.05, der aus Tab. 6.5 herausgesucht wird, ist 47. Weil R^+ = 39.5 ≤ 46 folgt als statistische Entscheidung die Ablehnung von H_0 und die Annahme von H_A.

Die Tabellen für die kritischen Werte des Wilcoxon-Tests in der Literatur gehen bis n = 25. Für größere Stichprobenumfänge verwende man einen asymptotischen Test. Dieser beruht darauf, dass die Prüfgröße R den Erwartungswert

$$E(R) = 1/4 * n(n + 1)$$

und die Varianz

$$V(R) = 1/24 * n(n + 1)(2n + 1)$$

besitzt. Damit kann R näherungsweise durch die Zufallsgröße Z,

$$Z = (R - n(n + 1)/4)/\sqrt{n(n + 1)(2n + 1)/24} \sim N(0, 1),$$

beschrieben werden.

Es gelten dann

$$P\left(u_{\frac{\alpha}{2}} \le \left(R - \frac{n(n + 1)}{4}\right) \middle/ \sqrt{\frac{1}{24}n(n + 1)(2n + 1)} < u_{1-\frac{\alpha}{2}}\right) = 1 - \alpha$$

bzw. umgeformt

$$P\left(\frac{n(n + 1)}{4} + u_{\frac{\alpha}{2}}\sqrt{\frac{n(n + 1)(2n + 1)}{24}} \le R \le \frac{n(n + 1)}{4} + u_{1-\frac{\alpha}{2}}\sqrt{\frac{n(n + 1)(2n + 1)}{24}}\right) = 1 - \alpha$$

wobei $u_{\alpha/2}$ und $u_{1-\alpha/2}$ die Quantile der Standardnormalverteilung sind. Für $\alpha = 0.05$ sind $u_{\alpha/2} = -1.96$ und $u_{1-\alpha/2} = 1.96$.

Setzt man den größten Wert für n, der in der Tabelle aufgelistet ist ($n = 25$) ein, so erhält man die Relation $89.6 \le R \le 235.3$. Da die Rangsumme nur ganze oder halbe Werte annehmen kann, gelten als Näherungswerte $89.6 \le R \le 235.5$. Der in Tab. 6.5 verzeichnete Wert 90 stimmt damit gut überein.

Das SAS Programm `sas_6_8` berechnet die asymptotischen Tabellenwerte von 25 bis 50 mit der Schrittweite 1 und von 50 an bis 100 mit der Schrittweite 5 für $\alpha = 0.01$ und $\alpha = 0.05$.

Eine weitere Möglichkeit besteht darin, in einem Simulationsexperiment näherungsweise die Prüfgröße des Wilcoxon-Tests zu erzeugen und die empirischen Quantile anstelle der exakten Quantile zu akzeptieren.

Dazu werden die Zahlen von 1 bis n hintereinander geschrieben, die die Rangzahlen repräsentieren. Weitere n Zufallszahlen, die die Werte +1 und −1 mit gleichen Wahrscheinlichkeiten annehmen, entscheiden darüber, ob der entsprechende Rang ein positives oder negatives Vorzeichen erhält. Damit lassen sich ein R^+ und ein R^- erzeugen. Wiederholt man diese Prozedur genügend oft, im Programm `sas_6_9` genau 100 000 Mal, dann sind die empirischen Quantile schon hinreichend genau an den exakten.

Bemerkungen. In Tab. 6.7 erkennt man, dass die asymptotischen kritischen Werte und die simulierten empirischen kritischen Werte nur unwesentlich auseinander liegen. Für $n = 100$ und eine Summe von ganzen Zahlen, bestehend im Mittel aus 50 Summanden, ist ein Unterschied von etwa 4 bei $\alpha = 0.05$ zu vernachlässigen.

Am gleichen Beispiel wurden t-Test, Vorzeichen- und Wilcoxon-Test angewandt. Eine solche Vorgehensweise ist in der Praxis abzulehnen. Bevor die statistische Analyse durchgeführt wird, muss der Test festgelegt und nach ihm entschieden werden. An den drei Testresultaten kann man ablesen:

Tab. 6.7: Asymptotische kritische Werte und simulierte empirische kritische Werte für den Wilcoxon-Tests für α = 0.01 und α = 0.05 und ausgewählte Stichprobenumfänge.

n	α = 0.01				α = 0.05			
	u		o		u		o	
	asympt.	simul.	asympt.	simul.	asympt.	simul.	asympt.	simul.
25	66.77	69	258.23	257	89.66	90	235.34	235
26	74.08	77	276.92	275	98.33	99	252.67	252
27	81.79	83	296.21	293	107.42	108	270.58	270
28	89.88	93	316.12	314	116.93	117	289.07	289
29	98.38	100	336.62	336	126.86	127	308.14	309
30	107.27	110	357.73	355	137.21	138	327.79	327
31	116.56	119	379.44	378	147.98	148	348.02	348
32	126.25	129	401.75	399	159.18	160	368.82	369
33	136.34	139	424.66	423	170.81	171	390.19	390
34	146.84	150	448.16	445	182.86	183	412.14	412
35	157.74	160	472.26	469	195.34	196	434.66	434
36	169.04	171	496.96	493	208.25	208	457.75	457
37	180.76	183	522.24	520	221.58	221	481.42	482
38	192.88	197	548.12	546	235.35	237	505.65	505
39	205.42	207	574.58	571	249.55	250	530.45	529
40	218.36	220	601.64	601	264.18	265	555.82	555
41	231.72	232	629.28	625	279.25	279	581.75	581
42	245.49	248	657.51	56	294.75	296	608.25	608
43	259.68	263	686.32	83	310.68	312	635.32	635
44	274.28	277	715.72	712	327.05	328	662.95	663
45	289.30	293	745.70	743	343.86	345	691.14	692
46	304.73	306	776.27	773	361.10	361	719.90	718
47	320.59	325	807.41	803	378.79	380	749.21	749
48	336.86	337	839.14	835	396.91	396	779.09	776
49	353.55	355	871.45	869	415.47	416	809.53	809
50	370.67	369	904.33	902	434.46	433	840.54	840
55	462.57	466	1077.43	1074	536.07	537	1003.93	1002
60	565.10	568	1264.90	1258	648.76	650	1181.24	1178
65	678.34	678	1466.66	1462	772.58	773	1372.42	1373
70	802.35	809	1682.65	1677	907.59	911	1577.41	1575
75	937.20	944	1912.80	1912	1053.83	1056	1796.17	1797
80	1082.95	1088	2157.05	2155	1211.36	1214	2028.64	2029
85	1239.65	1246	2415.35	2417	1380.20	1384	2274.80	2275
90	1407.33	1413	2687.67	2684	1560.39	1561	2534.61	2533
95	1586.05	1592	2973.95	2976	1751.97	1749	2808.03	2810
100	1775.85	1782	3274.15	3275	1954.97	1951	3095.03	3098

– der Vorzeichentest entscheidet konservativ, d. h., er behält H_0 lange bei,
– der t-Test lehnt H_0 schneller ab, allerdings unter der zusätzlichen Annahme, dass X und Y normalverteilt sind,
– der Wilcoxon-Test folgt im Wesentlichen dem t-Test, ohne die einschränkenden zusätzlichen Annahmen. Deshalb sollte dieser bevorzugt angewandt werden.

6.4.2 Tests für unverbundene Stichproben

6.4.2.1 t-Test für unverbundene Stichproben bei gleicher Varianz

Der t-Test für unverbundene normalverteilte Stichproben setzt gleiche Varianz bei den beobachteten Zufallsgrößen voraus. Ist dies nicht gegeben, wird der Welch-Test (s. Abschnitt 6.4.2.2) verwendet.

Getestet wird die Nullhypothese $H_0 : \mu_1 = \mu_2$, das Altersmittel (s. Beispiel 6.5) ist in beiden Gruppen gleich, gegen die Alternativhypothese $H_A : \mu_1 \neq \mu_2$, das Altersmittel in beiden Gruppen ist ungleich.

Die Prüfgröße des t-Tests ist

$$T = \frac{|\bar{x} - \bar{y}|}{s} \cdot \sqrt{\frac{n_x \cdot n_y}{n_x + n_y}}$$

wobei

$$s^2 = \left[(n_x - 1) \cdot s_x^2 + (n_y - 1) \cdot s_y^2\right]/[n_x + n_y - 2]$$

ein gewichtetes Mittel der (empirischen) Varianzen aus Gruppe 1 und Gruppe 2 und n_x und n_y die Stichprobenumfänge der Gruppen 1 bzw. 2 sind.

Die Prüfgröße T ist t-verteilt mit $(n_x + n_y - 2)$ Freiheitsgraden.

Beispiel 6.5. In zwei Behandlungsgruppen wird das Alter der Patienten untersucht. Es besteht der Verdacht, dass sich in der Gruppe 2 vorwiegend ältere Patienten befinden.

Aus den Daten der Tab. 6.8 werden ermittelt:

$\bar{x} = 50.7$, $\bar{y} = 69.4$, $s_x^2 = 46.0$, $s_y^2 = 30.3$ und $s^2 = (9*46.0+11*30.3)/20 = 37.37$.

Man erhält

$$T = \frac{|50.7 - 69.4|}{6.11} \sqrt{\frac{10 - 12}{22}} = 7.15$$

Tab. 6.8: Altersverteilung in zwei Behandlungsgruppen.

Gruppe	Alter	Gruppe	Alter
1	40	2	63
1	42	2	64
1	43	2	66
1	50	2	66
1	52	2	67
1	54	2	67
1	55	2	67
1	55	2	70
1	56	2	70
1	60	2	76
		2	76
		2	81

mit Freiheitsgrad $f = n_x + n_y - 2 = 10 + 12 - 2 = 20$. Der errechnete Wert $T = 7.15$ ist größer als der kritische Wert $t_{1-\alpha,20} = 2.086$, entnommen aus einer t-Tabelle, für die Irrtumswahrscheinlichkeit $\alpha = 0.05$. Die Nullhypothese ist abzulehnen.

Vorraussetzungen für den t-Test waren:
1. $X \sim N(\mu_1, \sigma_1^2)$
2. $Y \sim N(\mu_2, \sigma_2^2)$
3. Gleichheit der Varianzen, $\sigma_1^2 = \sigma_2^2$

Wenn nicht bekannt ist, ob die Varianzen gleich sind, aber die Bedingungen 1 und 2 erfüllt sind, wird der Welch-Test angewendet, Welch (1947).

6.4.2.2 Welch-Test (t-Test bei ungleicher Varianz)

Die Vorraussetzungen für den Welch-Test sind ähnlich denen des t-Test, lediglich die Gleichheit der Varianzen wird nicht gefordert: $X \sim N(\mu_1, \sigma_1^2)$ und $Y \sim N(\mu_2, \sigma_2^2)$.

Die Prüfgröße

$$T = |\overline{x} - \overline{y}| \Big/ \sqrt{\frac{s_x^2}{n_x} + \frac{s_y^2}{n_y}}$$

ist t-verteilt mit Freiheitsgrad f,

$$f = \text{INT}\left[\left(\frac{s_x^2}{n_x} + \frac{s_y^2}{n_y} \right)^2 \Big/ \left(\frac{1}{n_x - 1} \cdot \left(\frac{s_x^2}{n_x} \right)^2 + \frac{1}{n_y - 1} \cdot \left(\frac{s_y^2}{n_y} \right) \right) \right].$$

Da von den Daten aus Beispiel 6.5 nicht bekannt war, ob die Varianzen gleich sind, wird der Welch-Test angewandt und man erhält

$$T = |50.7 - 69.4| \Big/ \sqrt{\frac{46.0}{10} + \frac{30.3}{12}} = 7.0$$

mit

$$f = \text{INT}\left[\frac{\left(\frac{46.0}{10} + \frac{30.3}{12} \right)^2}{\left(\frac{1}{9} * \left(\frac{46.0}{10} \right)^2 + \frac{1}{11} * \left(\frac{30.3}{12} \right)^2 \right)} \right]$$
$$= \text{INT}\left[(4.6 + 2.525)^2 / (2.3511 + 0.5796) \right] = 17.$$

Der Wert der Prüfgröße stimmt in etwa mit dem des vorhergehenden t-Tests überein. In der t-Tabelle bei Freiheitsgrad 17 und Irrtumswahrscheinlichkeit $\alpha = 0.05$ liest man als kritischen Wert $t_{1-\alpha/2,17} = 3.22$ ab.

Die Nullhypothese wird abgelehnt und die Alternativhypothese angenommen, weil $T = 7$ größer ist als der kritische Wert.

Bemerkung. Wenn die Prüfgrößen des unverbundenen t-Tests (bei gleicher Varianz in beiden Gruppen) und des Welch-Tests (bei ungleicher Varianz in beiden Gruppen) t-verteilt sind, dann eignen sich die Prüfgrößen zur näherungsweisen Bestimmung der t-Verteilung und ihrer Quantile. Wählt man einen hohen Simulationsumfang, kann die Differenz zwischen simulierter empirischer Verteilung und der exakten vernachlässigt werden.

6.4.2.3 Lord-Test für kleine normalverteilte Stichproben

Der Lord-Test, Lord (1947), dient zum Vergleich kleiner unabhängiger Stichproben $(X_1, \ldots, X_n)$ und $(Y_1, \ldots, Y_n)$ gleichen Umfangs n. Er setzt ebenfalls Normalverteilungen mit gleichen Varianzen voraus. Die Prüfgröße des Lord-Test ist ähnlich derjenigen des t-Tests für unabhängige Stichproben. Es werden die empirischen Streuungen s_x und s_y durch die Spannweiten der beiden Stichprobenrealisierungen

$$R_x = \max\{x_1, \ldots, x_n\} - \min\{x_1, \ldots, x_n\}$$

und

$$R_y = \max\{y_1, \ldots, y_n\} - \min\{y_1, \ldots, y_n\}$$

ersetzt. Die Prüfgröße des Lord-Tests ist

$$U = (\overline{x} - \overline{y})/[(R_x - R_y)/2],$$

wobei $\overline{x}$ und $\overline{y}$ die Mittelwerte der beiden Stichproben sind. Um aber in Tabellen nicht zwei kritische Werte $Q_{\alpha/2}$ und $Q_{1-\alpha/2}$ angeben zu müssen, die Quantile zur Irrtumswahrscheinlichkeit α der Zufallsgröße U, bezieht man sich auf den Absolutbetrag der Prüfgröße

$$L = |\overline{x} - \overline{y}|/[(R_x - R_y)/2],$$

um mit einem einzigen Quantil $Q_{1-\alpha/2}$ auszukommen.

Die kritischen Werte des Tests für verschiedene Stichprobenumfänge findet man beispielsweise in Sachs (1991).

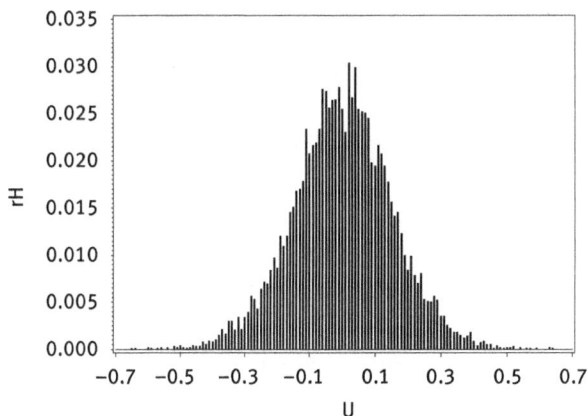

Abb. 6.12: Simulierte Häufigkeitsverteilung der Prüfgröße U des Lord-Tests für den Stichprobenumfang n = 10.

Tab. 6.9: Kritische Werte des Lord-Tests und zugehörige simulierte empirische Qantile.

n	$\alpha = 0.05$ einseitig		$\alpha = 0.01$ einseitig		$\alpha = 0.05$ zweiseitig		$\alpha = 0.01$ zweiseitig	
	exakt	simuliert	exakt	simuliert	exakt	simuliert	exakt	simuliert
3	0.974	0.9766	1.715	1.7214	1.272	1.2738	2.093	2.1276
4	0.644	0.6439	1.047	1.0525	0.831	0.8157	1.237	1.2427
5	0.493	0.4926	0.772	0.7730	0.613	0.6125	0.896	0.8968
6	0.405	0.4050	0.621	0.6208	0.499	0.4993	0.714	0.7139
7	0.347	0.3473	0.525	0.5250	0.426	0.4249	0.600	0.5984
8	0.306	0.3057	0.459	0.4588	0.373	0.3728	0.521	0.5191
9	0.275	0.2749	0.409	0.4098	0.334	0.3330	0.464	0.4629
10	0.250	0.2510	0.371	0.3719	0.304	0.3043	0.419	0.4207
11	0.233	0.2297	0.340	0.3402	0.280	0.2783	0.384	0.3835
12	0.214	0.2141	0.315	0.3135	0.260	0.2593	0.355	0.3515
13	0.201	0.2006	0.294	0.2942	0.243	0.2429	0.331	0.3308
14	0.189	0.1891	0.276	0.2776	0.228	0.2289	0.311	0.3133
15	0.179	0.1785	0.261	0.2602	0.216	0.2158	0.293	0.2930
16	0.170	0.1696	0.247	0.2475	0.205	0.2047	0.278	0.2768
17	0.162	0.1618	0.236	0.2356	0.195	0.1952	0.264	0.2640
18	0.155	0.1552	0.225	0.2251	0.187	0.1867	0.252	0.2531
19	0.149	0.1478	0.216	0.2144	0.179	0.1780	0.242	0.2416
20	0.143	0.1429	0.207	0.2069	0.172	0.1718	0.232	0.2318

Beispiel 6.6. Es soll mit dem Lord-Test (Voraussetzungen des Tests seien erfüllt) entschieden werden, ob die Erwartungswerte in beiden Stichproben X: 2, 3, 4, 6, 10, 12 und Y: 3, 4, 6, 13, 17, 18 bei zweiseitiger Fragestellung für $\alpha = 0.05$ signifikant verschieden sind?

Man ermittelt

$$U = |37/6 - 61/6|/(((12 - 2) + (18 - 3))/2) = 24/75 = 0.32.$$

Dieser Wert ist kleiner als der kritische Wert 0.499 (s. Tab. 6.9 für den Stichprobenumfang n = 6), die Nullhypothese wird nicht abgelehnt.

Der Lord-Test arbeitet ähnlich wie der t-Test für unabhängige Stichproben. Der Unterschied besteht im Wesentlichen darin, dass das beim t-Test verwendete Streuungsmaß s durch die Differenz der parameterfreien Streuungsmaße der Spannweiten ersetzt wurde. Damit liegt die Vermutung nahe, dass die Power oder der Fehler 2. Art der beiden Tests, der bei Abweichungen von der Nullhypothese $H_0 : \mu_1 = \mu_2$ gemacht wird, nahezu gleich sind.

Selbstverständlich kann man den Fehler 2. Art in Abhängigkeit von der Differenz der Mittelwerte d $= \mu_1 - \mu_2$ näherungsweise beschreiben. Bei vorausgesetzter Normal-

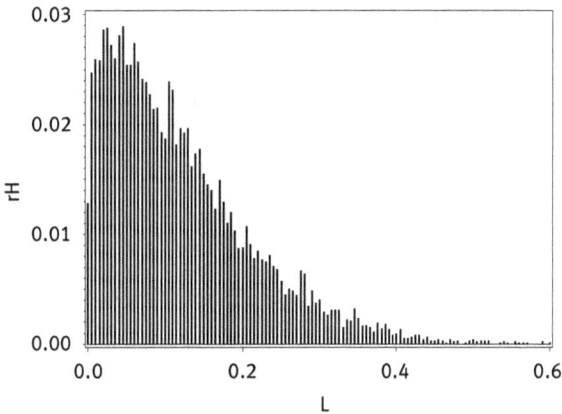

Abb. 6.13: Simulierte Häufigkeitsverteilung der Lord-Prüfgröße L (= Absolutbetrag von U) für den Stichprobenumfang n = 10. Das Simulationsprogramm `sas_6_10` erzeugt näherungsweise die Dichte- und Verteilungsfunktion der Prüfgröße L des Lord-Tests und die empirischen Quantile für die Irrtumswahrscheinlichkeiten 0.05 und 0.01, die hinreichend gut mit den exakten Werten übereinstimmen (s. Tab. 6.9).

verteilung in beiden Stichproben mit gleicher Varianz ist sowohl die Verteilung der Mittelwerte in beiden Stichproben als auch die Verteilung der Spannweite, die sich als Differenz des Maximums und des Minimums ergibt, und die ebenfalls bekannt ist, herleitbar.

An dieser Stelle soll eine Simulation mit dem Programm `sas_6_11` die Aussage über die Power (1-Fehler 2. Art) der Tests illustrieren. Es wird $\mu_1 = 0$ und $\mu_2 = d$ gewählt, σ wird auf den Wert 5 gesetzt. Als kleine Stichprobenumfänge fungieren n = m = 8. Neben dem Lord-Test werden der t-Test und der ebenfalls mögliche U-Test von Mann und Whitney durchgeführt. Es werden 10 000 mal die drei Stichprobenpaare gezogen und die Tests durchgeführt. Es wird die relative Anzahl der Entscheidungen gegen die Nullhypothese angegeben, also Schätzungen des Fehlers 2. Art.

In der Abb. 6.14 erkennt man, dass Lord-Test und t-Test nahezu identisch sind. Nur der unter wesentlich allgemeineren Voraussetzungen arbeitende U-Test fällt naturgemäß ein wenig gegen die beiden Tests ab.

Aufgabe 6.2. Erstellen Sie die Tabellen der empirischen Quantile der Lord-Testgröße für $3 \leq n_1, n_2 \leq 20$, wenn Sie als Prüfgröße des Tests für ungleiche Stichprobenumfänge die Mittelwertdifferenz nicht durch das arithmetische Mittel der Spannweitendifferenz, sondern durch das gewichtete Mittel der Spannweitendifferenz dividieren $LV = |\bar{x} - \bar{y}|/(n_1 R_x - n_2 R_y)/(2(n_1 + n_2))$.

Bemerkungen. Selbstverständlich wurden auch Varianten zum Lord-Test, Lord (1947), für ungleiche Stichprobenumfänge, beispielsweise der Test von Moore ersonnen.

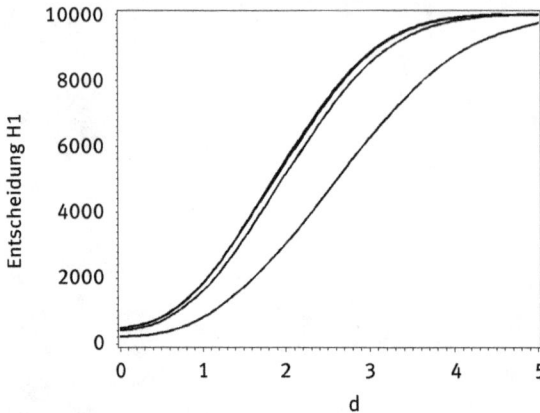

Abb. 6.14: Durch Simulation geschätzte Fehler 2. Art des t-Test, des Lord-Tests und des U-Tests (von oben nach unten) für $\sigma_1 = 0$, $\mu_2 = d$, $\sigma = 5$ (Stichprobenumfänge sind n = 8).

Da sowohl der t-Test als auch der Lord-Test den Fehler 1. Art einhalten, als auch weitestgehend gleiche Fehler 2. Art bei Abweichungen von der Nullhypothese besitzen, ist es gleichgültig, welcher Test verwendet wird. Obwohl der Lord-Test in der Kalkulation der Prüfgröße einfacher ist – er benötigt nicht die Berechnung der Streuungen, sondern kommt mit den zumindest bei kleinen Stichproben einfach abzulesenden Spannweiten aus – hat sich unverständlicherweise der t-Test durchgesetzt.

6.4.2.4 U-Test von Mann und Whitney für ordinale Merkmale

In zwei Behandlungsgruppen wird das Alter der Patienten untersucht. Es besteht der Verdacht, dass in der Gruppe 2 die älteren Patienten konzentriert sind. Der U-Test arbeitet nicht mit den Messwerten, sondern mit den zugehörigen Rangwerten. Man testet H_0, die Mediane sind in beiden Gruppen gleich, gegen H_A, die Mediane sind in beiden Gruppen nicht gleich. Da die Daten in Tab. 6.10 höher als ordinal skaliert sind, kann in diesem Fall der Median auch durch den Erwartungswert ersetzt werden.

Die Prüfgröße des U-Tests von Man und Whitney ist

$$U = MIN(U_1, U_2),$$

die kleinere Zahl der aus der Rangsummen der 1. bzw. 2. Gruppe abgeleiteten normierten Werte,

$$U_1 = n_1 n_2 + (n_1(n_1 + 1)/2) - R_1$$

und

$$U_2 = n_1 n_2 + (n_2(n_2 + 1)/2) - R_2.$$

R_1 und R_2 sind die Rangsummen der jeweiligen Gruppe.

Tab. 6.10: Altersverteilung in zwei Behandlungsgruppen mit $n_1 = 10$ und $n_2 = 12$ (Original- und Rangdaten).

Gruppe	Alter	Rang	Gruppe	Alter	Rang
1	40	1	2	63	11
1	42	2	2	64	12
1	43	3	2	66	13,5
1	50	4	2	66	13,5
1	52	5	2	67	16
1	54	6	2	67	16
1	55	7,5	2	70	18,5
1	55	7,5	2	70	18,5
1	56	9	2	76	20,5
1	60	10	2	76	20,5
			2	81	22
			2	67	16

Die Daten aus Tab. 6.10 ergeben

$$R_1 = 1 + 2 + 3 + 4 + 5 + 6 + 7.5 + 7.5 + 9 + 10 = 55$$

und

$$R_2 = 11 + 12 + 13.5 + 13.5 + 16 + 16 + 16 + 18.5 + 18.5 + 20.5 + 20.5 + 22 = 198.$$

Man kann die Berechnung leicht überprüfen, weil die Summe $R_1 + R_2$ gleich der Summe der ersten $n_1 + n_2$ natürlichen Zahlen ist,

$$\sum_{i=1}^{n_1+n_2} i = (n_1 + n_2) \cdot \frac{(n_1 + n_2 + 1)}{2} = 22 \cdot \frac{22 + 1}{2} = 253 = 55 + 198.$$

Dies führt auf

$$U_1 = 10 * 12 + (10 * 11)/2 - 55 = 120$$

und

$$U_2 = 10 * 12 + (12 * 13)/2 - 198 = 0.$$

Die Berechnung der Prüfgröße ergibt damit $U = \mathrm{MIN}(U_1, U_2) = \mathrm{MIN}(120, 0) = 0$.

Die kritischen Werte des Tests findet man in einer Tabelle des Mann-Whithney-U-Tests, sofern n_1 und n_2 kleiner oder gleich 20 sind, ansonsten verwendet man die asymptotische Verteilung der Rangsummen (s. unten).

Der kritische Wert für die Irrtumswahrscheinlichkeit $\alpha = 0,05$ ist $U_{12,10} = 29$. Da $U = 0$ kleiner als der kritische Wert $U_{12,10}$ des Tests für $\alpha = 0,05$ ist, wird H_0 verworfen und H_A angenommen.

Die Berechnung der exakten kritischen Werte ist sehr rechenaufwändig. Durch leichte Abänderung des SAS-Programms sas_6_13, das für $n_1 = 5$ und $n_2 = 6$ erstellt wurde, auf andere Stichprobenumfänge kann der kritische Wert des U-Tests bestimmt werden. Damit kann man sich eigene exakte Tabellen errechnen, aber auch durch Simulationsexperimente auf bequemere Art ermitteln.

Für größere Umfänge $(n_1, n_2 > 20)$ kann man den folgenden asymptotischen Tests verwenden.

Man geht von der exakten Verteilung von U über zur asymptotischen Normalverteilung, die man aus der Kenntnis des Erwartungswertes und der Varianz von U erhält. Es gelten

$$E(U) = n_1 \cdot n_2/2$$

und

$$V(U) = n_1 \cdot n_2 \cdot (n_1 + n_2 + 1)/12,$$

so dass für große n_1 und n_2 die standardisierte Prüfgröße

$$Z = \left(U - \frac{n_1 \cdot n_1}{2}\right) / \sqrt{\frac{n_1 \cdot n_1(n_1 + n_2 + 1)}{12}}.$$

asymptotisch $N(0, 1)$-verteilt ist. Dann gilt für die Irrtumswahrscheinlichkeit α, dass die Nullhypothese nicht abgelehnt wird, solange U den Ungleichungen

$$\frac{n_1 + n_2}{2} - u_{1-\alpha/2} \sqrt{\frac{n_1 \cdot n_1(n_1 + n_2 + 1)}{12}} \leq U \leq \frac{n_1 + n_2}{2} + u_{1-\alpha/2} \sqrt{\frac{n_1 \cdot n_1(n_1 + n_2 + 1)}{12}}$$

genügt, wobei $u_{1-\alpha/2}$ das $(1 - \alpha/2)$-Quantil der Standardnormalverteilung bezeichnet.

Eine weitere Möglichkeit besteht darin, ein Simulationsexperiment durchzuführen, das die empirische Verteilung der Prüfgröße U ermittelt und die empirischen Quantile berechnet.

Das SAS-Programm `sas_6_12` führt diese Simulation durch und gibt die empirischen Quantile für die Irrtumswahrscheinlichkeiten $\alpha = 0.05$ und $\alpha = 0.01$ aus.

Für $n_1 = n_2 = 25$ erhält man für $\alpha = 0.05$ die simulierten kritischen Werte 212 und 415, als asymptotische Werte 211.5 und 413.5, für $\alpha = 0.01$ die simulierten kritischen Werte 181 und 447, als asymptotische Werte 179.7 und 445.3.

6.4.2.5 Breslow-Day-Test auf Homogenität der odds ratio in Stratas

In einer Fall-Kontroll-Studie wurde der Einfluss von exzessivem Alkoholgenuss auf die Ausbildung eines Ösophaguskarzinoms untersucht. Es wurden als Stichproben $n_1 = 200$ Patienten mit Ösophaguskarzinom und $n_2 = 765$ Kontrollpersonen auf ihre Trinkgewohnheiten untersucht. Dabei ergab sich Tab. 6.11.

Für die odds ratio erhält man als Punktschätzung $OR = 5.6401$ und als Konfidenzschätzung zum Niveau 0.95 das Intervall $(4.0006; 7.9515)$. Da 1 nicht zum Konfidenzintervall gehört heißt das, in den Gruppen mit Ösophaguskarzinom bzw. in der Kontrollgruppe ist die Exposition Alkoholgenuss nicht gleichhäufig vertreten. In der

Tab. 6.11: Ergebnisse der Fall-Kontroll-Studie zum Einfluss von Alkoholgenuss auf die Ausbildung eines Ösophaguskarzinoms.

	Ösophaguskarzinom	Kontrollgruppe	Randsumme
Alkoholexposition	96	109	205
Keine Exposition	104	666	770
	200	775	975

Studie wurde auch das Alter der Studienteilnehmer erhoben, weil man überprüfen möchte, ob die odds ratio in definierten Altersgruppen ebenso hoch ist oder ob es in allen Altersklassen als gleich angesehen werden kann, sich festgestellte Unterschiede zwischen den Altersklassen also im Rahmen des Zufalls bewegen. Für jede Altersgruppe i, oder Schicht, entsteht eine Vierfeldertafel.

Man testet die Nullhypothese

$$H_0 : OR_i = OR \quad \text{für alle } i = 1, \ldots, s$$

gegen die Alternativhypothese

$$H_A : OR_{i_0} \neq OR \quad \text{für irgend ein } i_0.$$

Dafür wurde von Breslow und Day (1980) ein Test ersonnen. Von ihnen stammt auch das obige Beispiel. Die Tab. 6.12 enthält die Ergebnisse bezogen auf die aus medizinischer Sicht wichtigen und zur Unterscheidung benötigten sechs Altersgruppen.

Punktschätzungen eines gemeinsamen odds ratio aus den Schichten nach Mantel-Haenszel

Das gemeinsame odds ratio OR_{MH} berechnet man heutigentags nicht mehr als das gewichtete Mittel der OR_i-Werte der Schichten,

$$\overline{OR} = \left(\sum_{i=1}^{s} N_i \cdot OR_i \right) \Big/ \sum_{i=1}^{s} N_i,$$

und auch nicht als das eingangs berechnete odds ratio der Gesamtstichprobe, sondern es haben sich die Schätzungen nach Mantel, Haenszel (1959) durchgesetzt:

$$OR_{MH} = \left(\sum_{i=1}^{s} t_{1i}(n_{2i} - t_{2i})/N_i \right) \Big/ \left(\sum_{i=1}^{s} t_{2i}(n_{1i} - t_{1i})/N_i \right)$$

bzw., wenn man es nur mit den oberen linken Zellen t_{1i} der Vierfeldertafeln, deren Randsummen k_{1i} und n_{1i} und den Schichtumfängen N_i ausdrücken möchte,

$$OR_{MH} = \left(\sum_{i=1}^{s} t_{1i}(N_i - k_{1i} - n_{1i} + t_{1i})/N_i \right) \Big/ \left(\sum_{i=1}^{s} (n_{1i} - t_{1i})(k_{1i} - t_{1i})/N_i \right).$$

Die Logit-Schätzung nach Woolf (1955), die auf den Schätzungen OR_i der Schichten beruht,

$$OR_L = \exp\left(\left(\sum_{i=1}^{s} w_i \cdot \ln(OR_i)\right) \Big/ \sum_{i=1}^{s} w_i\right)$$

ist eine weitere Möglichkeit der Zusammenschau der odds ratio über die Schichten mit

$$w_i = \frac{1}{V(\ln(OR_i))} = \left(\frac{1}{t_1} + \frac{1}{t_2} + \frac{1}{n_1 - t_1} + \frac{1}{n_2 - t_2}\right)^{-1}.$$

Neben den beiden angegebenen OR_{MH} und OR_L gibt es eine Vielzahl anderer Schätzverfahren für ein gemeinsames OR bei geschichteten Untersuchungen und Schätzverfahren für die Streuung der Schätzung, die für Konfidenzbetrachtungen benötigt wird. Überblicksartikel stammen von Hauck, Anderson, Leahy(1982).

Tab. 6.12: Ergebnisse der Fall-Kontroll-Studie zum Einfluss von exzessivem Alkoholgenuss auf die Ausbildung eines Ösophaguskarzinoms für die Altersschichten.

i	Altersgruppe (Schicht)		Karzinom case	Kontrolle control	Summe	OR_i in der Schicht
1	25–34	Exposition	1	9	10	* 33.6316
		Keine Exposition	0	106	106	
		Summe	1	115	116	
2	35–44	Exposition	4	26	30	5.0462
		Keine Exposition	5	164	169	
		Summe	9	190	199	
3	45–54	Exposition	25	29	54	5.6650
		Keine Exposition	21	138	159	
		Summe	46	167	213	
4	55–64	Exposition	42	27	69	6.3595
		Keine Exposition	34	139	173	
		Summe	76	166	242	
5	65–74	Exposition	19	18	37	2.5802
		Keine Exposition	36	88	124	
		Summe	55	106	161	
6	75+	Exposition	5	0	5	* 40.7647
		Keine Exposition	8	31	39	
		Summe	13	31	44	

* Bei nicht definiertem OR_i in einer Schicht i wird hilfsweise eine Schätzung für OR_i durchgeführt, indem in jeder Zelle der entsprechenden Vierfeldertafel die Anzahl um 0.5 erhöht wird, um Belegungen mit 0 zu vermeiden. Daraus schätzt man OR.

Konfidenzschätzungen eines gemeinsamen odds ratio aus den Schichten

Auf Robins, Breslow, Greenland (1986) geht eine Konfidenzschätzung für OR_{MH} zurück, die eine Normalverteilungsapproximation von $\ln(OR_{MH})$ ausnutzt, wobei näherungsweise gilt

$$V(\ln(OR_{MH})) = \frac{\sum_{i=1}^{s}(t_{1i} + (N_i - k_{1i} - n_{1i} - t_{1i}))(t_{1i}(N_i - k_{1i} - n_{1i} - t_{1i}))/N_1^2}{2(\sum_{i=1}^{s} t_{1i}(N_i - k_{1i} - n_{1i} - t_{1i})/N_i)^2}$$

$$+ \frac{\sum_{i=1}^{s}\dfrac{(t_{1i} + (N_i - k_{1i} - n_{1i} - t_{1i}))(k_{1i} - t_{1i})(n_{1i} - t_{1i})}{+((k_{1i} - t_{1i}) + (n_{1i} - t_{1i}))t_{1i}(N_i - k_{1i} - n_{1i} - t_{1i})}{N_1^2}}{2(\sum_{i=1}^{s} t_{1i}(N_i - k_{1i} - n_{1i} - t_{1i})/N_i)(\sum_{i=1}^{s}(k_{1i} - t_{1i})(n_{1i} - t_{1i})/N_i)}$$

$$+ \frac{\sum_{i=1}^{s}((k_{1i} - t_{1i}) + (n_{1i} - t_{1i}))((k_{1i} - t_{1i})(n_{1i} - t_{1i}))/N_1^2}{2(\sum_{i=1}^{s}(k_{1i} - t_{1i})(n_{1i} - t_{1i})/N_i)^2} .$$

Dann ergeben sich mit

$$\left[\ln(OR_{MH}) - u_{1-\frac{\alpha}{2}}\sqrt{V(\ln(OR_{MH}))},\ \ln(OR_{MH}) + u_{1-\frac{\alpha}{2}}\sqrt{V(\ln(OR_{MH}))} \right]$$

ein näherungsweises $(1 - \alpha)$-Konfidenzintervall für $\ln(OR_{MH})$ und nach Rücktransformation dieser Konfidenzgrenzen mittels der Exponentialfunktion ein Konfidenzintervall für OR_{MH}

$$\left(OR_{MH}\exp\left(-u_{1-\frac{\alpha}{2}}\sqrt{V(\ln(OR_{MH}))} \right),\ OR_{MH}\exp\left(u_{1-\frac{\alpha}{2}}\sqrt{V(\ln(OR_{MH}))} \right) \right).$$

Mit der Logitschätzung OR_L von Woolf korrespondiert das $(1 - \alpha)$-Konfidenzintervall

$$\left(OR_L \cdot \exp\left((-u_{1-\frac{\alpha}{2}})/\sqrt{\sum_{i=1}^{s} w_i} \right),\ OR_L \cdot \exp\left((u_{1-\frac{\alpha}{2}})/\sqrt{\sum_{i=1}^{s} w_i} \right) \right).$$

Mit den Zahlenwerten des obigen Beispiels erhält man als Konfidenzintervalle für das gemeinsame odds ratio bei der Mantel-Haenszel-Schätzung [3.5621, 7.4677] und bei der

Tab. 6.13: Berechnung des Mantel-Haenszel odds ratio $OR_{MH} = 5.1576$, des Breslow-Day-Tests und des Korrekturfaktors des Tarone-Tests.

Alters-gruppe	OH$_{MH}$		t_{1i}	$E(t_{1i})$	$V(t_{1i})$	$\dfrac{(t_{i1} - E(t_{i1}))^2}{V(t_i 1)}$
	Zähler	**Nenner**				
	$t_{1i}\cdot(n_{2i} - t_{2i})/N_i$	$t_{2i}\cdot(n_{1i} - t_{1i})/N_i$				
25–34	0.9138	0.0000	1	.3216	0.2129	2.1618
35–44	3.2965	0.6533	4	.0442	2.0256	0.0010
45–54	16.1970	2.8592	25	24.2710	7.8037	0.0681
55–64	24.1240	3.7934	42	39.8139	10.6098	0.4508
65–74	10.3851	4.0248	19	23.5561	6.2719	3.3097
75+	3.5227	0.0000	5	3.1734	1.0014	3.3320
Summe	58.4391	11.3307	96	95.1802	28.9253	9.3234

Logitschätzung [3.5118, 7.4068]. Man beachte, dass die Mantel-Haenszel-Schätzung robuster hinsichtlich kleiner Umfänge N_i in den Schichten ist als die Logitschätzung. Der Rechenaufwand ist allerdings auch deutlich höher.

Statistische Tests für die Nullhypothese eines gemeinsamen odds ratio der Schichten

Vorgestellt werden der **Breslow-Day-Test** für die Hypothese, die OR_i sind in allen Schichten gleich, insbesondere

$$H_0 : OR_i = OR_{MH},$$

und der **Mantel-Haenszel-Test** für den für praktische Belange wichtigen Fall, dass das odds ratio in allen Schichten den Wert 1 annimmt, das Chancenverhältnis in beiden Stichproben folglich gleich ist,

$$H_0 : OR_i = 1.$$

Der Breslow-Day-Test

Die Vierfeldertafeln jeder Schicht i, i $= 1, \ldots,$ s seien solche mit vorgegebenen Rändern. Für ein fest vorgegebenes odds ratio X, insbesondere natürlich auch für OR_{MH}, lassen sich für die vier Zellen die erwarteten Anzahlen berechnen, die zu eben dieser Schätzung des odds ratio X führen. Es genügt, die Bestimmungsgleichung für eine Zelle anzugeben, die übrigen sind auf Grund der festen Ränder leicht bestimmbar. Die Berechnung des Erwartungswertes $E(t_{1i})$ der Zellebelegung t_i wird für die obere linke Zelle der Vierfeldertafel der i-ten Schicht ausgeführt. Die Bestimmungsgleichung für $E(t_{1i})$ ist

$$X = \frac{E(t_{1i}) \cdot (N_i - k_{1i} - n_{1i} + E(t_{1i}))}{(k_{1i} - E(t_{1i}))(n_{1i} - E(t_{1i}))}.$$

Die rationale Funktion der rechten Seite hat wegen der beiden Faktoren der Nennerfunktion zwei Polstellen bei k_{1i} und n_{1i}. Die gesuchte Lösung liegt vor der ersten Polstelle, weil eine Lösung zusätzlich der Nebenbedingung $E(t_{1i}) < \min(k_{1i}, n_{1i})$ genügen muss. Beim Umstellen der Gleichung kommt man auf eine quadratische Gleichung, sofern $X \neq 1$. Die kleinere der beiden Lösungen, die links von der ersten Polstelle liegt, ist die gesuchte.

Für den häufig benötigten Spezialfall $X = 1$ in allen Schichten ist das Chancenverhältnis 1. Es ergibt sich aus der obigen Gleichung eine lineare Bestimmungsgleichung und die Schätzung des Erwartungswertes ist besonders einfach:

$$E(t_{1i}) = (k_{1i} \cdot n_{1i})/N_i.$$

Die übrigen Erwartungswerte für die Zellen einer Schicht sind dann

$$E(t_{2i}) = k_1 - E(t_{1i}),$$
$$E(n_{1i} - t_{1i}) = n_{1i} - E(t_{1i})$$

und

$$E(n_{2i} - t_{2i}) = N_i - k_{1i} - n_{1i} + E(t_{1i}).$$

Für die Varianz $V(t_{1i})$ der Zellenhäufigkeit in der i-ten Schicht unter der Bedingung eines homogenen OR_{MH} geben Breslow, Day (1980)

$$V(t_{1i}) = \left(\frac{1}{E(t_{1i})} + \frac{1}{E(t_{2i})} + \frac{1}{E(n_{1i} - t_{1i})} + \frac{1}{E(n_{2i} - t_{2i})} \right)^{-1}$$

an. Die Prüfgröße des Breslow-Day-Tests

$$\chi^2_{BD} = \sum_{i=1}^{s} ((t_{i1} - E(t_{i1}))^2 / V(t_{i1}))$$

ist asymptotisch χ^2-verteilt mit $s - 1$ Freiheitsgraden.

Zur Verbesserung der asymptotischen Eigenschaften des Breslow-Day-Tests hat Tarone (1985) ein zusätzliches Korrekturglied eingeführt.

$$x^2_T = x^2_{BD} - \left(\sum_{i=1}^{s} t_{i1} - \sum_{i=1}^{s} E(t_{i1}) \right)^2 / \sum_{i=1}^{s} V(t_{i1}).$$

Die Testvariante nach Tarone ist ebenfalls χ^2-verteilt mit $s - 1$ Freiheitsgraden.

Die Berechnungsschritte für die Testgrößen nach Breslow und Day sowie die Variante des Tests nach Tarone für das obige Beispiel sind in Tab. 6.13 zusammengefasst. Man erhält

$$\chi^2_{BD} = 9.3234$$

und

$$\chi^2_T = 9.3234 - (96 - 95.1802)^2/28.9253 = 9.3002.$$

Die Prüfgröße des Breslow-Day-Tests bleibt ebenso wie die des Tests von Tarone unter dem kritischen Wert $\chi^2_{5;0.95} = 11.07$. Die Nullhypothese, die Werte der odds ratios in den Schichten seien gleich, kann nicht abgelehnt werden. Das ist auch nicht weiter überraschend, da die beiden extreme odds ratio aus der untersten (33.6316) und obersten Altersschicht (40.7647) nur durch Korrekturfaktoren berechnet werden konnten (siehe Tab. 6.13). Nimmt man die extremen Altersgruppen zu ihren benachbarten hinzu, so nehmen sich die Unterschiede in den odds ratios bescheiden aus. Man rechnet leicht nach, dass sich dann für die untere zusammengefasste Vierfeldertafel ein OR von 7.7143 und für die obere 3.6061 ergeben würde.

6.4.2.6 Mantel-Haenszel-Test für OR = 1 in allen Schichten

Bei der Untersuchung der Nullhypothese $H_0 : OR_i = 1, i = 1, \ldots, s$, für alle Schichten verwendet man den Test von Mantel, Haenszel (1959). Die Prüfgröße des Tests ist

$$\chi^2_{MH} = \left(\sum_{i=1}^{s} t_{1i} - \sum_{i=1}^{s} E(t_{1i}) \right)^2 / \sum_{i=1}^{s} \frac{k_{1i} \cdot k_{2i} \cdot n_{1i} \cdot n_{2i}}{(N_i - 1) \cdot N_i^2},$$

wobei die Erwartungswert $E(t_{1i})$ auf Grund der Nullhypothese $OR_i = 1$ geschätzt werden können als

$$E(t_{1i}) = (k_{1i} \cdot n_{1i})/N_i.$$

Diese Prüfgröße ist asymptotisch χ^2-verteilt mit nur einem Freiheitsgrad.

Bemerkungen. Als asymptotischer Test benötigt der Mantel-Haenszel-Test einen entsprechend großen Stichprobenumfang. Da aber die beobachteten t_{1i} und erwarteten Anzahlen $E(t_{1i})$ in den einzelnen Schichten i nur als Summen $\sum_{i=1}^{s} t_{1i}$ und $\sum_{i=1}^{s} E(t_{1i})$ in den Zähler $(\sum_{i=1}^{s} t_{1i} - \sum_{i=1}^{s} E(t_{1i}))^2$ der Prüfgröße des Mantel-Haenszel-Tests eingehen, ist die Bedingung (bezogen auf die Schichtumfänge N_i) nicht zu einschränkend.

Der Breslow-Day-Test hat sicher eine größere Bedeutung als der Mantel-Haenszel-Test, weil er die Möglichkeit bietet, auf Homogenität der Schichten bezüglich jeden OR-Wertes zu testen. Beim Statistiksystem SAS ist er vorab eingestellt, wenn auf Schichthomogenität geprüft wird. Erst durch zusätzliches Setzen von optionalen Prozedurparametern werden Mantel-Haenszel-Test und Tarone-Test durchgeführt.

Es gibt neben diesen Tests auch einen exakten Test auf Homogenität des OR bei geschichteten Beobachtungen, dessen Durchführung ähnlich dem exakten Test von Fisher ist. Für den Fall OR = 1 ist die Testdurchführung von Kreienbrock, Schach (1996) beschrieben.

6.5 Tests zur Untersuchung der Gleichheit von Varianzen

6.5.1 Parametrischer F-Test, ein Test auf Gleichheit zweier Varianzen

Die bekanntesten parametrischen Tests sind diejenigen, die auf Grundgesamtheiten mit Normalverteilung $N(\mu, \sigma^2)$ angewandt werden.

Im **Einstichprobentest** soll die Nullhypothese $H_0 : \sigma = \sigma_0$ mit der Irrtumswahrscheinlichkeit α gegen die Alternativhypothese $H_A : \sigma \neq \sigma_0$ getestet werden.

Falls der Erwartungswert μ bekannt ist, ist die Prüfgröße 1

$$\chi^2 = (n - 1) \cdot s^2/\sigma_0^2$$

χ^2-verteilt mit dem Freiheitsgrad $n - 1$. Ist μ aber unbekannt, so ist die Prüfgröße 2,

$$\chi^2 = (n \cdot s^2)/\sigma_0^2,$$

χ^2-verteilt mit dem Freiheitsgrad n. Dabei sind s^2 die empirische Streuung der Stichprobenwerte und n der Stichprobenumfang. Der Informationsnachteil macht sich im zweiten Falle mit einer Vergrößerung des Zählerterms bemerkbar.

Im Simulationsprogramm `sas_6_14` werden wiederholt Stichproben aus normalverteilter Grundgesamtheit gezogen, von der μ und σ_0 bekannt sind. Daraus werden die empirische Streuung s^2 bestimmt und der Wert $(n - 1) \cdot s^2/\sigma_0^2$ für die Prüfgröße χ^2

ermittelt. Die empirischen Quantile, insbesondere die für den Test benötigten $(1 - \alpha)$-Quantile stimmen gut mit den exakten Quantilen der χ^2-Verteilung überein.

Für $n = 20$, $\alpha = 0.05$ und 50 000 Simulationen erhält man als empirisches Quantil 30.1696, der exakte Wert ist $\chi^2_{1-\alpha} = 30.1435$.

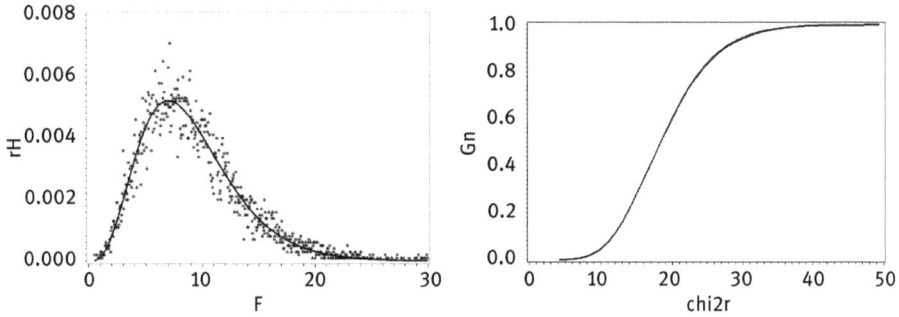

Abb. 6.15: Simulierte Prüfgröße $(n - 1) \cdot s^2/\sigma_0^2$ und zugehörige χ^2-Verteilung mit $f = 9$ ($n = 10$, $\mu = 0$, $\sigma = 2$, Simulationsumfang 10 000).

Im **Zweistichprobentest** soll die Nullhypothese $H_0 : \sigma_1 = \sigma_2$ mit der Irrtumswahrscheinlichkeit α gegen die Alternativhypothese $H_A : \sigma_1 \neq \sigma_2$ getestet werden. Es wird vorausgesetzt, dass zwei Stichproben aus den Normalverteilungen $N(\mu_1, \sigma_1^2)$ und $N(\mu_2, \sigma_2^2)$ vorliegen. Das ist der bekannte F-Test. Die Prüfgröße

$$F = s_1^2/s_2^2$$

ist F-verteilt mit den Freiheitsgraden $v_1 = n_1 - 1$ für den Zähler und $v_2 = n_2 - 1$ für den Nenner. Dabei sind s_1^2 und s_2^2 die empirischen Varianzen und n_1 und n_2 die Stichprobenumfänge.

Das Programm sas_6_15 simuliert die Prüfgröße F. Einige exakte und simulierte Quantile sind in Tab.6.14 für $v_1 = 10$ und $v_2 = 12$ exemplarisch notiert.

Tab. 6.14: Exakte und simulierte Quantile Q_p der F-Verteilung für $v_1 = 10$ und $v_2 = 12$ und verschiedene p.

p	exakt	simuliert
0.900	2.18776	2.16306
0.950	2.75339	2.71067
0.975	3.37355	3.27844
0.990	4.29605	4.26926

Eine Verallgemeinerung des F-Tests auf mehr als zwei (nämlich k) Stichproben wird in der SAS-Prozedur ANOVA, der **An**alysis **of Va**riance, betrachtet. Dabei wird die Null-

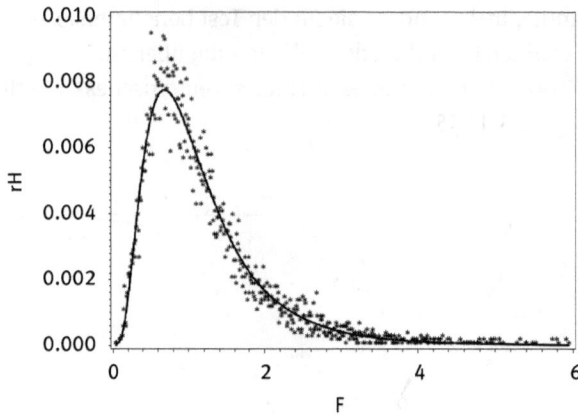

Abb. 6.16: Simulierte Zufallsgröße $F = s_1^2/s_2^2$ und exakte Dichte der F-Verteilung für $v_1 = 10$ und $v_2 = 12$.

hypothese

$$H_0 : \sigma_1^2 = \sigma_2^2 = \cdots = \sigma_k^2$$

gegen die Alternativhypothese

$$H_1 : \sigma_i^2 \neq \sigma_j^2 \quad \text{für mindestens ein Paar (i, j)}$$

getestet. Die Prüfgröße Z ist in diesem Fall der Quotient aus der Varianz zwischen den Gruppen

$$\sum_{i=1}^{k} n_i(\overline{X}_{i.} - \overline{X})^2/(k-1),$$

wobei $\overline{X}_{i.}$ das Stichprobenmittel der Gruppe i, n_i die Anzahl der Beobachtungen in der Gruppe i und $\overline{X}$ das Mittel über alle Daten bezeichnen, und der Varianz innerhalb der Gruppen

$$\sum_{i,j}(\overline{X}_{ij} - \overline{X}_{i.})^2/(n-k),$$

$$Z = \left(\sum_{i=1}^{k} n_i(\overline{X}_{i.} - \overline{X})^2/(k-1) \right) \Big/ \left(\sum_{i,j}(\overline{X}_{ij} - \overline{X}_{i.})^2/(n-k) \right).$$

Diese Prüfgröße Z folgt unter der Nullhypothese einer F-Verteilung mit k – 1 und n – k Freiheitsgraden.

Bemerkungen. Die Prüfgröße nimmt große Werte an, wenn die Varianz zwischen den Gruppen groß gegenüber der Varianz innerhalb der Gruppen ist. Sie wird klein, wenn die Varianz zwischen den Gruppen klein wird. Das passiert immer dann, wenn die Gruppenmittel $\overline{X}_{i.}$ nahezu gleiche Werte (nah bei $\overline{X}$ liegen) besitzen. Das ist der Grund, weshalb die ANOVA auch als Erwartungswertvergleich Verwendung findet.

Beispiel 6.7. Es sollen $H_0 : \sigma_1^2 = \sigma_2^2 = \sigma_3^2$ gegen $H_1 : \sigma_i^2 \neq \sigma_j^2$ für mindestens ein Paar (i, j) getestet werden. Die Stichproben mit den Umfängen $n_1 = 5$, $n_2 = 6$ und $n_3 = 7$ findet man in Tab. 6.15.

Tab. 6.15: Drei Stichproben mit den Umfängen $n_1 = 5$, $n_2 = 6$ und $n_3 = 7$.

Stichprobe 1		Stichprobe 2		Stichprobe 3	
i	X_{i1}	i	X_{i2}	i	X_{i3}
1	1.80482	1	0.37577	1	1.49972
2	−0.07992	2	1.51366	2	3.37001
3	0.39658	3	0.91339	3	0.39168
4	−1.08332	4	0.40582	4	0.51144
5	2.23829	5	1.03189	5	0.40899
		6	0.26220	6	2.68142
				7	1.39898
$\overline{X}_{i\cdot}$	0.65529		0.75045		1.46603

Das Gesamtmittel ist $\overline{X} = 1.0023022$. Den Zähler der Prüfgröße Z erhält man also

$$\sum_{i=1}^{k} n_i(\overline{X}_{i\cdot} - \overline{X})^2/(k-1) = \left[5(0.65529 - 1.0023022)^2 + 6(0.75045 - 1.0023022)^2\right.$$

$$\left. + 7(1.46603 - 1.0023022)^2\right]/(3-1)$$

$$= 2.4879816/2 = 1.24399082,$$

den Nenner aus $\sum_{i,j}(\overline{X}_{ij} - \overline{X}_{i\cdot})^2/(n-k) = 16.93406623/(18-3) = 1.12893775$. Das ergibt die Prüfgröße $Z = 1.24399/1.12894 = 1.10$. Die Nullhypothese wird nicht abgelehnt, weil $Z = 1.10$ kleiner als der kritische Wert der F-Verteilung mit den Freiheitsgraden 2 und 15 ist. Das Ergebnis wird durch den Output der PROC ANOVA einschließlich der Zwischenergebnisse bestätigt (s. Tab. 6.16). Dort wird außerdem der p-Wert der Prüfgröße angegeben $P(Z > 1.12893775) = 0.3577 > 0.05 = \alpha$.

Tab. 6.16: Output der PROC ANOVA des SAS-Programms.

Quelle	DF	Summe der Quadrate	Mittleres Quadrat	F-Statistik	Pr > F
Modell	2	2.48798164	1.24399082	1.10	0.3577
Error	15	16.93406623	1.12893775		
Corrected Total	17	19.42204787			

6.5.2 Hartley-Test und Cochran-Test

6.5.2.1 Hartley-Test

Der Hartley-Test prüft die Hypothese, ob k verschiedene unabhängige Stichproben gleichen Umfangs n aus normalverteilten Grundgesamtheiten über gleiche Varianzen verfügen,

$$H_0 : \sigma_1^2 = \sigma_2^2 = \cdots = \sigma_k^2,$$

gegen die Alternativhypothese

$$H_1 : \sigma_i^2 \neq \sigma_j^2$$

für mindestens ein Paar (i, j).

Gleiche Varianzen mehrerer Stichproben sind Voraussetzung für die Anwendung anderer statistischer Tests, insbesondere der ANOVA. Die Prüfgröße des Hartley-Tests ist das Verhältnis der größten zur kleinsten Stichprobenvarianz

$$F_{max} = s_{max}^2 / s_{min}^2,$$

wobei der Zähler das Maximum und der Nenner das Minimum von s1 bis sk sind. Die kritischen Werte des Tests wurden vertafelt für die Irrtumswahrscheinlichkeiten α = 0.05 und α = 0.01, die gemeinsamen Stichprobenumfänge n = 2, 3, . . . , 10, 12, 15, 20, 30 und 60 sowie die Stichprobenanzahl k = 2, 3, . . . , 12.

Das SAS-Programm `sas_6_16` simuliert die Prüfgröße des Hartley-Tests für einen Parametersatz k und n. Die simulierten kritischen Werte werden in Tab. 6.17 und 6.18 mit den vertafelten Werten verglichen (Simulationsumfang 100 000).

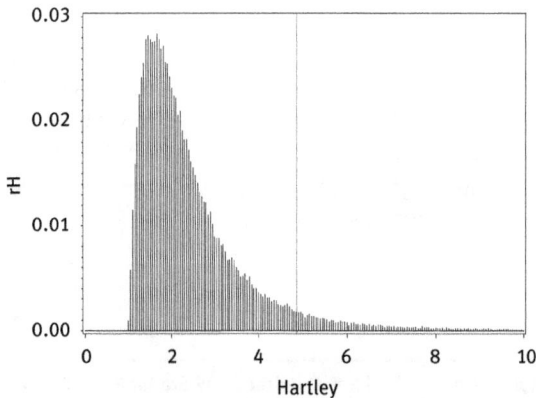

Abb. 6.17: Simulierte Häufigkeitsfunktion der Prüfgröße F_{max} des Hartley-Tests mit dem Freiheitsgrad n = 11 und k = 3 Stichproben (Referenzlinie ist der empirische kritische Wert 4.86 für 1 − α = 0.95).

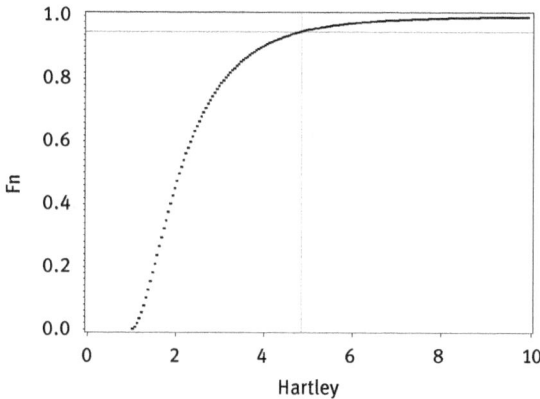

Abb. 6.18: Empirische Verteilung der Prüfgröße F_{max} des Hartley-Tests mit dem Freiheitsgrad n = 10 und k = 3 Stichproben (Referenzlinie ist der empirische kritische Wert 4.86 für $1 - \alpha = 0.95$).

Tab. 6.17: Kritische Werte des Hartley-Tests für $\alpha = 0.05$ (ex. = exakte Werte nach Hartung (1984), sim. = simuliert mit Umfang 10 000).

k		N										
		2	3	4	5	6	7	8	9	10	11	12
2	ex.	39.0	87.5	142.0	202.0	266.0	333.0	403.0	475.0	550.0	626.0	704.0
	sim.	39.0	89.7	135.1	200.2	259.1	340.6	392.0	469.5	510.0	617.2	699.2
3	ex.	15.4	27.8	39.20	50.70	62.00	72.90	83.50	93.90	104.0	114.0	124.0
	sim.	15.8	28.8	39.43	51.11	60.73	70.37	81.84	92.53	105.3	115.4	122.2
4	ex.	9.60	15.5	20.60	25.20	29.50	33.60	37.50	41.10	44.60	48.00	51.40
	sim.	9.47	14.9	20.33	25.25	29.40	32.27	37.94	42.66	44.07	49.85	50.27
5	ex.	7.15	10.8	13.70	16.30	18.70	20.80	22.90	24.70	26.50	28.20	29.90
	sim.	7.30	10.2	13.12	15.97	17.86	20.71	22.57	24.33	27.36	27.90	30.00
6	ex.	5.82	8.38	10.40	12.10	13.70	15.00	16.30	17.50	18.60	19.70	20.70
	sim.	5.79	7.98	10.39	11.83	13.47	14.96	17.05	16.88	18.21	19.35	20.19
7	ex.	4.99	6.94	8.44	9.70	10.80	11.80	12.70	13.50	14.30	15.10	15.80
	sim.	4.85	7.02	8.54	9.93	10.96	11.82	12.65	13.60	14.51	14.83	15.76
8	ex.	4.43	6.00	7.18	8.12	9.03	9.78	10.50	11.10	11.70	12.20	12.70
	sim.	4.55	6.18	7.23	8.24	8.90	9.79	10.44	11.06	11.65	12.05	12.63
9	ex.	4.03	5.34	6.31	7.11	7.80	8.41	8.95	9.45	9.91	10.30	10.70
	sim.	4.00	5.34	6.39	7.25	7.76	8.34	8.86	9.70	9.81	10.24	10.67
10	ex.	3.72	4.85	5.67	6.34	6.92	7.42	7.87	8.28	8.66	9.01	9.34
	sim.	3.73	4.86	5.52	6.31	6.89	7.42	8.01	8.32	8.68	8.76	9.19
12	ex.	3.28	4.16	4.79	5.30	5.72	6.09	6.42	6.72	7.00	7.25	7.48
	sim.	3.25	4.19	4.82	5.32	5.67	6.14	6.39	6.65	7.06	7.04	7.39
15	ex.	2.86	3.54	4.01	4.37	4.68	4.95	5.15	5.40	5.59	5.77	5.93
	sim.	2.88	3.62	4.03	4.37	4.74	4.98	5.15	5.37	5.55	5.74	5.91
20	ex.	2.46	2.95	3.29	3.54	3.76	3.94	4.10	4.24	4.37	4.49	4.59
	sim.	2.48	2.98	3.31	3.53	3.74	3.90	4.08	4.22	4.40	4.44	4.60
30	ex.	2.07	2.40	2.61	2.78	2.91	3.02	3.12	3.21	3.29	3.36	3.39
	sim.	2.06	2.37	2.60	2.80	2.92	3.00	3.07	3.17	3.27	3.33	3.38
60	ex.	1.67	1.85	1.96	2.04	2.11	2.17	2.22	2.26	2.30	2.33	2.36
	sim.	1.67	1.85	1.95	2.04	2.12	2.16	2.21	2.25	2.27	2.32	2.36

Tab. 6.18: Kritische Werte des Hartley-Tests für α = 0.01 (ex. = exakte Werte nach Hartung (1984), sim. = simuliert mit Umfang 10 000).

k	N 2	3	4	5	6	7	8	9	10	11	12
2ex.	199	448	729	1036	1362	1705	2360	2432	2813	3204	3605
sim.	190	483	626	1007	1325	1548	2016	2344	2336	3065	3506
3ex.	47.5	85.0	120	151	184	216	249	281	310	337	361
sim.	51.8	85.7	115	145	172	236.1	232.6	295.6	334.8	319.6	382.9
4ex.	23.2	37.0	49.0	59.0	69.0	79.00	89.00	97.00	106.0	113.0	120.0
sim.	23.2	35.7	51.8	55.3	67.6	75.04	90.43	100.5	107.2	116.6	108.2
5ex.	14.9	22.0	28.0	33.0	38.0	42.00	46.00	50.00	54.00	57.00	60.00
sim.	15.6	20.5	27.7	31.8	36.5	43.84	43.40	54.17	55.48	55.52	60.07
6ex.	11.1	15.5	19.1	22.0	25.0	27.00	30.00	32.00	34.00	36.00	37.00
sim.	10.8	15.2	18.5	21.4	25.5	25.33	30.98	31.89	32.02	33.95	35.53
7ex.	8.89	12.1	14.5	16.5	18.5	20.00	22.00	23.00	24.00	26.00	27.00
sim.	8.33	12.5	14.8	17.1	18.7	19.68	21.74	22.01	24.44	25.41	26.82
8ex.	7.50	9.90	11.7	13.2	15.5	15.80	16.90	17.90	18.90	19.80	21.00
sim.	7.66	10.4	11.9	12.8	14.8	15.63	16.71	17.55	18.09	19.30	20.39
9ex.	6.54	8.50	9.90	11.1	12.1	13.10	13.90	14.70	15.30	16.00	16.60
sim.	6.45	8.64	9.75	10.9	11.7	12.94	13.83	14.71	14.94	15.45	15.70
10ex.	5.85	7.40	8.60	9.60	10.4	11.10	11.80	12.40	12.90	13.40	13.90
sim.	5.95	7.61	8.40	9.55	10.8	10.99	11.58	12.40	12.92	12.76	13.81
12ex.	4.91	6.10	6.90	7.60	8.20	8.70	9.10	9.50	9.90	10.20	10.60
sim.	4.90	6.30	6.82	7.71	8.24	8.51	9.12	9.46	9.70	10.08	10.31
15ex.	4.07	4.90	5.50	6.00	6.40	6.70	7.10	7.30	7.50	7.80	8.00
sim.	4.13	5.16	5.46	5.91	6.45	6.69	6.99	7.32	7.79	7.65	7.95
20ex.	3.32	3.80	4.30	4.60	4.90	5.10	5.30	5.50	5.60	5.80	5.90
sim.	3.29	3.93	4.39	4.59	4.77	5.17	5.29	5.40	5.64	5.59	5.87
30ex.	2.63	3.00	3.30	3.40	3.60	3.70	3.80	3.90	4.00	4.10	4.20
sim.	2.59	2.99	3.24	3.42	3.56	3.69	3.73	3.81	3.96	4.03	4.03
60ex.	1.96	2.20	2.30	2.40	2.40	2.50	2.50	2.60	2.60	2.70	2.70
sim.	1.96	2.14	2.24	2.36	2.41	2.46	2.50	2.57	2.60	2.64	2.71

Bemerkungen. Der Test ist einseitig. Nur die großen Werte der Prüfgröße werden als unwahrscheinlich abgelehnt. Bei kleinen Werten der Prüfgröße $F_{max} = s^2_{max}/s^2_{min}$ stimmen die Varianzen gut überein.

Das SAS-Simulationsprogramm ist für alle Parameter n und k ausgelegt. Man kann problemlos die Tabelle um die simulierten Werte erweitern.

Der Test kann verallgemeinert werden auf Stichproben, die nicht alle gleich groß sind. Das erfordert nur kleinste Abänderungen im SAS-Programm und zwar bei der Erzeugung der Stichproben im ersten data-step.

6.5.2.2 Cochran-Test

Der Cochran-Test auf Varianzhomogenität hat vollkommen gleiche Voraussetzungen wie der Hartley-Test und untersucht die gleiche Hypothesensituation wie der Hartley-Test:

$$H_0 : \sigma_1^2 = \sigma_2^2 = \cdots = \sigma_k^2$$

gegen

$$H_1 : \sigma_i^2 \neq \sigma_j^2$$

für mindestens ein Paar (i, j).

Cochran, William Gemmel
(* 15. Juli 1909 in Rutherglen ; †29. März 1980 in Orleans)

Die Prüfgröße des Cochran-Tests ist das Verhältnis der größten Varianz der k Stichproben zur Summe der Varianzen aller Stichproben,

$$F_{max} = s_{max}^2/(s_1^2 + s_2^2 + \cdots + s_k^2).$$

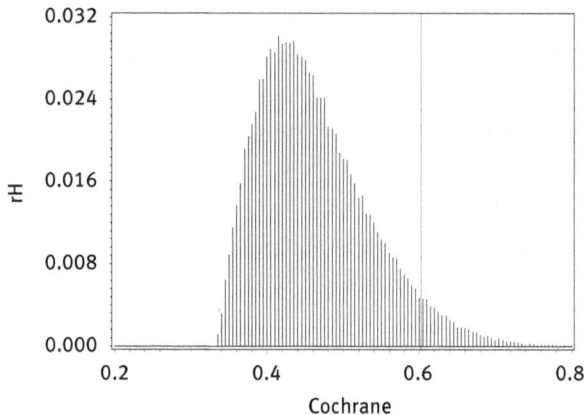

Abb. 6.19: Simulierte Dichte der Prüfgröße des Cochran-Tests, Freiheitsgrad f = 10 und k = 3 Stichproben (Referenzlinie empirischer kritische Wert 0.6025 für α = 0.05).

Die kritischen Werte des Tests wurden vertafelt für die Irrtumswahrscheinlichkeiten α = 0.05 und α = 0.01, gemeinsamen Stichprobenumfänge n und zugehörige

Freiheitsgrade $f = n - 1$ mit $f = 1, 2, 3, \ldots, 10, 16, 36$ und 144 sowie den Stichprobenanzahlen $k = 2, 3, \ldots, 10, 12, 15, 20, 24, 30, 40, 60, 120$. Das SAS-Programm `sas_6_17` simuliert die Prüfgröße des CochranTests für einen Parametersatz k und f. Die simulierten kritischen Werte werden in Tab. 6.19 und 6.20 mit den vertafelten Werten verglichen.

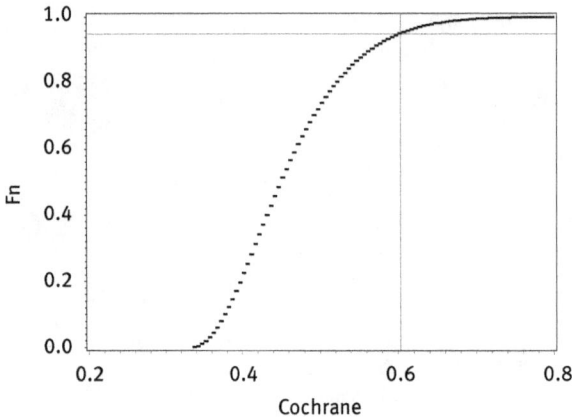

Abb. 6.20: Empirische Verteilung der Prüfgröße des Cochran-Tests mit Freiheitsgrad $f = 10$ und $k = 3$ Stichproben, eingezeichnet ist der empirische kritische Wert 0.60304 für $\alpha = 0.05$.

6.5.3 Levene-Test

Der Levene-Test prüft die Gleichheit der Varianzen von zwei oder mehr Grundgesamtheiten. Genau wie beim Bartlett-Test wird die Nullhypothese geprüft, ob alle Gruppenvarianzen gleich sind. Die Normalverteilungsvoraussetzung wird beim Levene-Test allerdings nicht gefordert.

$$H_0 : \sigma_1^2 = \sigma_2^2 = \cdots = \sigma_k^2$$

Die Negation der Nullhypothese, die Alternativhypothese, lautet demnach, dass mindestens ein Gruppenpaar ungleiche Varianzen besitzt:

$$H_1 : \sigma_i^2 \neq \sigma_j^2$$

für mindestens ein Paar (i, j) mit $i \neq j$.

Es bezeichne X_{ij} die j-te Beobachtung in der Gruppe i, $i = 1, \ldots, k$, wobei k die Anzahl der Gruppen/Stichproben angibt und $j = 1, \ldots, n_i$ mit n_i als Stichprobenumfang der Gruppe i variiert. Die statistische Analyse erfolgt nicht mit den Ursprungswerten X_{ij}, sondern beim Levene-Test mit den transformierten Werten

$$Y_{ij} = |X_{ij} - \overline{X}_{i.}|,$$

Tab. 6.19: Kritische exakte und simulierte Werte (fett) des Cochran-Tests für α = 0.05.

k	1	2	3	4	5	6	7	8	9	10	16	36	144
2	.9985	.9750	.9392	.9057	.8772	.8534	.8332	.8159	.8010	.7880	.7341	.6602	.5813
	.9983	**.9748**	**.9377**	**.9077**	**.8771**	**.8481**	**.8366**	**.8170**	**.8006**	**.7863**	**.7370**	**.6615**	**.5808**
3	.9669	.8709	.7977	.7457	.7071	.6771	.6530	.6333	.6167	.6025	.5466	.4748	.4031
	.9677	**.8752**	**.7953**	**.7743**	**.7034**	**.6790**	**.6502**	**.6322**	**.6158**	**.5997**	**.5485**	**.4740**	**.4041**
4	.9065	.7679	.6841	.6287	.5895	.5598	.5365	.5175	.5017	.4884	.4366	.3720	.3093
	.9954	**.7762**	**.6876**	**.6259**	**.5896**	**.5575**	**.5385**	**.5151**	**.5023**	**.4868**	**.4372**	**.3714**	**.3092**
5	.8412	.6838	.5981	.5441	.5065	.4783	.4564	.4387	.4241	.4118	.3645	.3066	.2513
	.8390	**.6845**	**.5951**	**.5421**	**.5074**	**.4774**	**.4552**	**.4336**	**.4219**	**.4138**	**.3653**	**.3078**	**.2514**
6	.7808	.6161	.5321	.4803	.4447	.4184	.3980	.3817	.3682	.3568	.3135	.2612	.2119
	.7853	**.6187**	**.5268**	**.4842**	**.4427**	**.4190**	**.3980**	**.3826**	**.3690**	**.3542**	**.3147**	**.2615**	**.2119**
7	.7271	.5612	.4800	.4307	.3971	.3726	.3535	.3384	.3259	.3154	.2756	.2278	.1833
	.7227	**.5614**	**.4801**	**.4316**	**.4010**	**.3721**	**.3535**	**.3393**	**.3258**	**.3155**	**.2754**	**.2277**	**.1833**
8	.6798	.5157	.4377	.3910	.3595	.3362	.3185	.3043	.2926	.2829	.2462	.2022	.1616
	.6830	**.5154**	**.4337**	**.3926**	**.3600**	**.3368**	**.3184**	**.3022**	**.2926**	**.2829**	**.2466**	**.2022**	**.1612**
9	.6385	.4775	.4027	.3584	.3286	.3067	.2901	.2768	.2659	.2568	.2226	.1820	.1446
	.6374	**.4801**	**.4059**	**.3537**	**.3261**	**.3071**	**.2903**	**.2756**	**.2650**	**.2567**	**.2230**	**.1820**	**.1444**
10	.6020	.4450	.3733	.3311	.3029	.2823	.2666	.2541	.2439	.2353	.2032	.1655	.1308
	.5971	**.4401**	**.3711**	**.3300**	**.3000**	**.2819**	**.2659**	**.2533**	**.2458**	**.2358**	**.2030**	**.1654**	**.1311**
12	.5410	.3924	.3264	.2880	.2624	.2439	.2299	.2187	.2098	.2020	.1737	.1403	.1100
	.5379	**.3910**	**.3246**	**.2854**	**.2644**	**.2419**	**.2304**	**.2193**	**.2084**	**.2014**	**.1751**	**.1407**	**.1102**
15	.4709	.3346	.2758	.2419	.2195	.2034	.1911	.1815	.1736	.1671	.1429	.1144	.0889
	.4689	**.3331**	**.2762**	**.2418**	**.2183**	**.2052**	**.1915**	**.1823**	**.1747**	**.1664**	**.1420**	**.1143**	**.0890**
20	.3894	.2705	.2205	.1921	.1735	.1602	.1501	.1422	.1357	.1303	.1108	.0879	.0675
	.3924	**.2705**	**.2210**	**.1920**	**.1729**	**.1614**	**.1513**	**.1421**	**.1359**	**.1302**	**.1107**	**.0879**	**.0674**

Tab. 6.20: Kritische exakte und simulierte Werte (fett) des Cochran-Tests für $\alpha = 0.01$.

k	f=1	2	3	4	5	6	7	8	9	10	16	36	144
2	.9999	.9950	.9794	.9586	.9373	.9172	.8988	.8823	.8674	.8539	.7949	.7067	.6062
	.9999	**.9952**	**.9774**	**.9583**	**.9348**	**.9114**	**.9011**	**.8826**	**.8685**	**.8516**	**.7949**	**.7024**	**.6049**
3	.9933	.9423	.8831	.8335	.7933	.7606	.7335	.7107	.6912	.6743	.6059	.5153	.4230
	.9943	**.9478**	**.8779**	**.8312**	**.7956**	**.7636**	**.7329**	**.7078**	**.6866**	**.6784**	**.6056**	**.5140**	**.4237**
4	.9676	.8643	.7814	.7212	.6761	.6410	.6129	.5897	.5702	.5536	.4884	.4057	.3251
	.9698	**.8747**	**.7877**	**.7212**	**.6706**	**.6500**	**.6097**	**.5890**	**.5658**	**.5496**	**.4872**	**.4038**	**.3241**
5	.9279	.7885	.6957	.6329	.5875	.5531	.5259	.5037	.4854	.4697	.4094	.3351	.2644
	.9301	**.7907**	**.6899**	**.6288**	**.5929**	**.5553**	**.5208**	**.5023**	**.4812**	**.4715**	**.4120**	**.3342**	**.2639**
6	.8828	.7218	.6258	.5635	.5195	.4866	.4608	.4401	.4229	.4084	.3529	.2858	.2229
	.8889	**.7333**	**.6178**	**.5676**	**.5229**	**.4883**	**.4647**	**.4411**	**.4254**	**.4095**	**.3537**	**.2853**	**.2229**
7	.8376	.6644	.5685	.5080	.4659	.4347	.4105	.3911	.3751	.3616	.3105	.2494	.1929
	.8250	**.6710**	**.5685**	**.5067**	**.4750**	**.4342**	**.4148**	**.3936**	**.3701**	**.3634**	**.3109**	**.2493**	**.1918**
8	.7945	.6152	.5209	.4627	.4226	.3932	.3702	.3522	.3373	.3248	.2779	.2214	.1700
	.7985	**.6121**	**.5109**	**.4622**	**.4259**	**.3915**	**.3659**	**.3503**	**.3405**	**.3257**	**.2796**	**.2218**	**.1701**
9	.7544	.5727	.4810	.4251	.3870	.3592	.3378	.3207	.3067	.2950	.2514	.1992	.1521
	.7619	**.5712**	**.4855**	**.4231**	**.3814**	**.3632**	**.3396**	**.3139**	**.3058**	**.2975**	**.2543**	**.1999**	**.1523**
10	.7175	.5358	.4469	.3934	.3572	.3308	.3106	.2945	.2916	.2704	.2297	.1811	.1376
	.7143	**.5349**	**.4464**	**.3898**	**.3522**	**.3342**	**.3090**	**.2933**	**.2810**	**.2720**	**.2295**	**.1814**	**.1379**
12	.6528	.4751	.3919	.3428	.3099	.2861	.2680	.2535	.2419	.2320	.1961	.1535	.1175
	.6522	**.4811**	**.3940**	**.3428**	**.3147**	**.2871**	**.2679**	**.2516**	**.2442**	**.2317**	**.1973**	**.1540**	**.1161**
15	.5747	.4069	.3317	.2882	.2593	.2386	.2228	.2104	.2002	.1918	.1612	.1251	.0934
	.5798	**.4039**	**.3287**	**.2868**	**.2582**	**.2405**	**.2222**	**.2128**	**.2005**	**.1950**	**.1600**	**.1243**	**.0939**
20	.4799	.3297	.2654	.2288	.2048	.1877	.1748	.1646	.1567	.1501	.1248	.0960	.0709
	.4856	**.3341**	**.2671**	**.2278**	**.2047**	**.1895**	**.1759**	**.1638**	**.1553**	**.1496**	**.1248**	**.0959**	**.0708**

wobei mit $\overline{X}_{i.}$ der Stichprobenmittelwert der Gruppe i bezeichnet wird. Die Teststatistik

$$W = \frac{(N-k)}{k-1} \cdot \frac{\sum_{i=1}^{k} n_i (\overline{Y}_{i.} - \overline{Y}_{..})^2}{\sum_{i=1}^{k} (\sum_{j=1}^{n_j} (Y_{ij} - \overline{Y}_{i.})^2)}$$

ist F-verteilt mit $(k-1)$ Zähler- und $(N-k)$ Nennerfreiheitsgraden. N ist die Anzahl aller Beobachtungen $N = n_1 + \cdots + n_k$, $\overline{Y}_{..}$ bezeichnet den Stichprobenmittelwert der y_{ij} über alle Gruppen und $\overline{Y}_{i.}$ ist der Stichprobenmittelwert der Gruppe j. Die Teststatistik bzgl. Y_{ij} ist identisch zur Teststatistik der einfaktoriellen ANOVA (Test auf Gleichheit von k Gruppenmittelwerten).

Im SAS-Simulationsprogramm `sas_6_18` soll gezeigt werden, dass die Prüfgröße W des Levene-Tests F-verteilt ist. In Abb. 6.21 sind die simulierte Häufigkeitsfunktion und die zugehörigen F-Dichte, in 6.22 die empirische Verteilung von W und die zugehörige F-Verteilung eingezeichnet. Die sehr gute Übereinstimmung ist erstaunlich, der Simulationsumfang wurde auf 500 reduziert, um Unterschiede zwischen beiden darstellen zu können.

Lässt man das Simulationsprogramm mit dem Parameter sim = 1 durchlaufen oder wandelt es nur gering ab, so erhält man in der Datei `work.levene` drei Stichproben mit den Umfängen 20, 22 und 24, die im SAS-Programm mit der PROC GLM und der Option `hovtest=LEVENE` bearbeitet wurden. Die zur Berechnung der Prüfgröße W benötigten Zwischenergebnisse enthält Tab. 6.21.

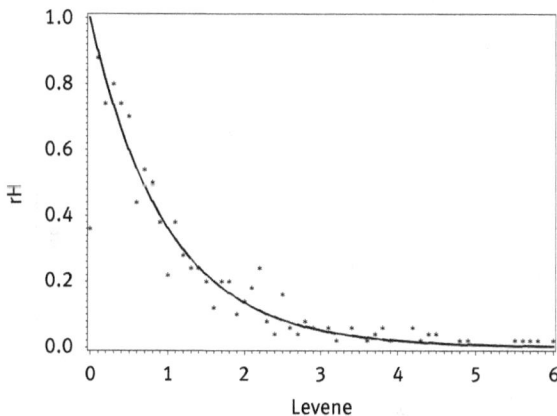

Abb. 6.21: Simulierte Häufigkeitsfunktion der Prüfgröße des Levene-Tests für die Umfänge $n_1 = 20$, $n_2 = 22$ und $n_3 = 24$ und 500 Simulationsläufen, sowie die zugehörigen F-Dichte mit Zählerfreiheitsgrad 2 und Nennerfreiheitsgrad 63 (durchgehende Linie).

Mit $Y.. = 0.6979993$ erhält man als Summenterm des Zählers der Prüfgröße W

$$20 * (.6930929 - Y..)^2 + 22 * (.9336428 - Y..)^2 + 24 * (.4860813 - Y..)^2] = 2.2999,$$

Tab. 6.21: Zwischenergebnisse bei der Berechnung der Prüfgröße W des Levene-Tests.

i	Gruppe 1			Gruppe 2			Gruppe 3		
	x	$y = \lvert x - m_1 \rvert$	$(y - y_{1.})^2$	x	$y = \lvert x - m_2 \rvert$	$(y - y_{2.})^2$	x	$y = \lvert x - m_3 \rvert$	$(y - y_{3.})^2$
1	-0.18984	0.11782	0.33094	-0.49769	0.55384	0.14425	-0.82897	1.03784	0.30443
2	0.70212	1.00978	0.10029	-1.92719	1.98334	1.10187	0.15520	0.05366	0.18699
3	-0.16130	0.14636	0.29892	0.64628	0.59013	0.11800	0.55126	0.34239	0.02065
4	-1.34383	1.03617	0.11770	-1.58983	1.64598	0.50742	0.85908	0.65022	0.02694
5	-0.83240	0.52474	0.02834	0.18250	0.12635	0.65173	-0.70782	0.91668	0.18542
6	-0.37767	0.07001	0.38823	-1.90769	1.96384	1.06130	-1.40361	1.61247	1.26876
7	0.90889	1.21655	0.27401	0.99006	0.93391	0.00000	-0.03522	0.24408	0.05856
8	0.05498	0.36264	0.10920	0.53396	0.47781	0.20778	0.47552	0.26666	0.04815
9	-1.12373	0.81607	0.01512	1.32612	1.26997	0.11312	-0.00943	0.21830	0.07171
10	-0.76344	0.45578	0.05632	.77059	0.71444	0.04805	1.05032	0.84146	0.12629
11	0.22440	0.53206	0.02593	0.08252	0.02637	0.82315	-0.71680	0.92566	0.19323
12	0.74012	1.04778	0.12580	-0.33116	0.38731	0.29848	-0.09836	0.30722	0.03199
13	-0.84685	0.53919	0.02369	1.52858	1.47243	0.29029	0.82282	0.61395	0.01635
14	-0.30042	0.00724	0.47040	0.40456	0.34841	0.34250	0.12007	0.08880	0.15783
15	0.39862	0.70628	0.00017	-1.56590	1.62205	0.47390	0.49745	0.28859	0.03900
16	-1.41087	1.10321	0.16820	-1.93259	1.98874	1.11324	0.22889	0.02002	0.21721
17	-0.12838	0.17927	0.26401	0.81544	0.75929	0.03040	0.65214	0.44328	0.00183
18	-1.12229	0.81463	0.01477	1.40732	1.35117	0.17433	0.26233	0.05347	0.18716
19	-1.87877	1.57111	0.77092	0.09519	0.03903	0.80033	0.37539	0.16653	0.10211
20	1.29750	1.60515	0.83186	1.12437	1.06822	0.01811	-0.21940	0.42827	0.00334
21				1.14870	1.09255	0.02525	1.02467	0.81581	0.10872
22				-0.06881	0.12496	0.65396	1.13803	0.92917	0.19633
23							0.32618	0.11732	0.13599
24							0.49298	0.28411	0.04079
	$m_1 = -.30766$	$Y_{1.} = 0.69309$	4.41481	$m_2 = 0.05615$	$Y_{2.} = 0.93364$	8.99745	$m_3 = 0.20886$	$Y_{3.} = 0.486081$	3.72978

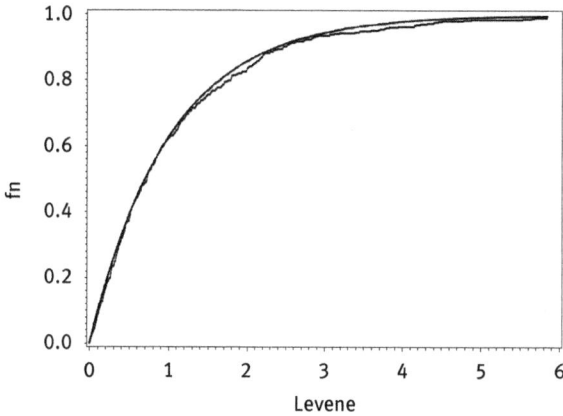

Abb. 6.22: Simulierte Verteilung der Prüfgröße des Levene-Tests (Treppenfunktion) für die Umfänge $n_1 = 20$, $n_2 = 22$ und $n_3 = 24$ und 500 Simulationsläufen, sowie die zugehörigen F-Verteilung mit Zählerfreiheitsgrad 2 und Nennerfreiheitsgrad 63 (durchgehende Linie).

als Summenterm des Nenners

$$4.414807 + 8.997446 + 3.7297845 = 17.1420381,$$

so dass man W = 4.23 erhält (vergleiche mit dem SAS-Ausdruck Tab. 6.22).

Tab. 6.22: Teil der Ausgabe der PROC GLM, die den Levene-Test enthält.

Levene-Test auf Homogenität der x Varianz ANOVA der absoluten Abweichungen von Gruppenmittelwerten

Quelle	Freiheits-grade	Summe der Quadrate	Mittleres Quadrat	F-Statistik	Pr > F
Gruppe	2	2.2999	1.1500	4.23	0.0190
Fehler	63	17.1420	0.2721		

Bemerkungen. Der Levene-Test wird heute als Standard bei den Homogenitätstests für Varianzen angesehen. In SAS wird ist er in zwei Varianten verfügbar: in der gesetzten Version (TYPE = SQARE), bei der die Transformation der Ausgangsdaten x_{ij} in

$$y_{ij}^2 = (x_{ij} - m_i)^2$$

oder in einer zweiten Version, bei der mit (TYPE=ABS) die Transformation

$$y_{ij} = |x_{ij} - m_i|$$

erfolgt.

Von O'Brien (1979) gibt es eine Weiterentwicklung des Levene-Tests (`hovtest` =`OBRIEN`), der die folgende Transformation mit einer Konstanten K vornimmt

$$y_{ij}^{OB} = [(K + ni - 2)n_i \cdot (x_{ij} - m_i)^2 - K \cdot (n_i - 1) \cdot \sigma_i^2]/[(n_i - 1) \cdot (n_i - 2)],$$

wobei σ_i^2 die Varianz in der Gruppe i ist. Für K = 0 geht die O'Brien-Transformation näherungsweise in die erste Levene-Transformation über. Man möchte mit der Transformation von O'Brien erreichen, dass man filigraner auf die unterliegende Verteilung eingehen kann. Im SAS ist der Parameter K = 0.5 voreingestellt.

Brown, Forsythe (1974) nutzen anstelle der Gruppenmittelwerte m_i bei der Levene-Transformation die Gruppenmediane,

$$y_{ij} = |x_{ij} - Q50_i|,$$

wobei $Q50_i$ der Median der i-ten Gruppe ist. Man kann diesen Test mit der Option `hovtest` = `BF` auswählen.

Alle diese Tests (O' Brien , Brown und Forsythe) werden mittels der gleichen Prüfgröße W beurteilt, die ebenso wie beim oben vorgestellten Levene-Test F-verteilt mit (k – 1) und (N – k) Freiheitsgraden ist.

6.5.4 Rangtest nach Ansari-Bradley-Freund für zwei Varianzen

Die Elemente x_i und y_j, i = 1, 2, ..., n_1, j = 1, 2, ..., n_2 bezeichnen zwei realisierte Stichproben für die Zufallsgrößen X und Y. Für die Verteilungen von X und Y sollen sowohl die Erwartungswerte μ_1 und μ_2 als auch die Varianzen σ_1^2 und σ_2^2 existieren.

Mit den Transformationen $X - \mu_1$ und $Y - \mu_2$ werden X und Y zentriert, so dass die resultierenden Zufallsgrößen die Erwartungswerte $E(X - \mu_1) = E(Y - \mu_2) = 0$ haben.

Die Nullhypothese

$$H_0 : \sigma_1^2 = \sigma_2^2$$

wird gegen

$$H_A : \sigma_1^2 \neq \sigma_2^2$$

an $X - \mu_1$ und $Y - \mu_2$ geprüft. Die Testprozedur läuft wie folgt:

- Berechnung der Mittelwerte m_1 und m_2 als Schätzungen für μ_1 und μ_2
- Transformieren der Werte $x_i' = x_i - m_1$ und $y_i' = y_i - m_2$
- Die Werte werden in einer gemeinsamen Messreihe g_i, i = 1, 2 ..., $n_1 + n_2$ aufsteigend geordnet.
- Wenn `MOD`(n_1+n_2, 2) = 1, so werden von links her die Ränge von 1 bis (n_1 +n_2+1)/2 vergeben und von rechts her die Ränge von 1 bis ($n_1 + n_2 - 1$)/2.
- Ist aber `MOD`($n_1 + n_2$, 2) = 0, so vergibt man sowohl von links als auch von rechts die Ränge von 1 bis ($n_1 + n_2$)/2 .
- Die Prüfgröße R ist die Summe der Ränge, die zu X gehörten.

Die kritischen Werte des Ansari-Bradley-Freund-Tests sind bei Hollander, Wolfe (1973) vertafelt.

Das SAS-Programm sas_6_19 berechnet die exakte Verteilung der Prüfgröße des Tests von Ansari-Bradley-Freund. Allerdings muss für andere n_1 und n_2 eine Anpassung des Programms vorgenommen werden, insbesondere für die Anzahl der do-Schleifen.

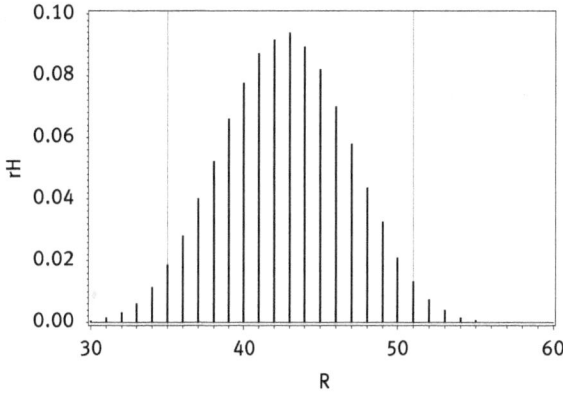

Abb. 6.23: Häufigkeitfunktion der Rangsummen R beim Ansari-Bradley-Freund-Test für $n_1 = 10$ und $n_2 = 5$ (Referenzlinien begrenzen den Annahmebereich für H_0).

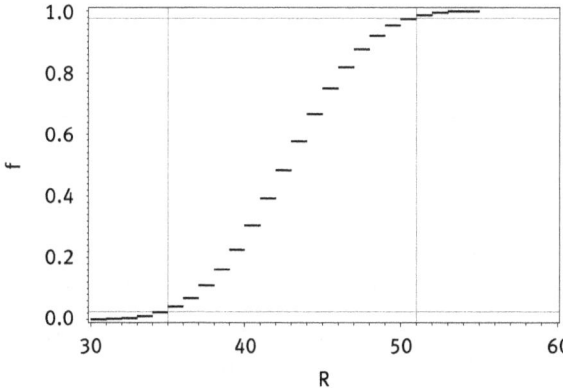

Abb. 6.24: Verteilung der Rangsummen R beim Ansari-Bradley-Freund-Test für $n_1 = 10$ und $n_2 = 5$ (Referenzlinien begrenzen den Annahmebereich für H_0).

Die Berechnung für größere n_1 und n_2 ist aufwändig. Man macht in solchen Fällen von der Grenzverteilung von R Gebrauch, einer asymptotischen Normalverteilung, wie man aus den Abb. 6.23 und 6.24 bereits vermuten würde. Wegen

$$E(R) = \begin{cases} \dfrac{n_1(n_1 + n_2 + 2)}{4} & \text{für } n_1 + n_2 \quad \text{gerade} \\[2em] \dfrac{n_1(n_1 + n_2 + 1)^2}{4(n_1 + n_2)} & \text{für } n_1 + n_2 \quad \text{ungerade} \end{cases}.$$

Tab. 6.23: Annahmebereich für H_0, Rangsumme R zwischen den durch Schrägstrich getrennten angegebenen Werten (zweiseitiger Test, $\alpha = 0.05$).

n_2	n_1 5	6	7	8	9	10
5	11/19	14/25	19/30	24/37	29/43	35/51
6	14/25	15/27	20/33	25/39	30/47	36/54
7	12/23	16/29	20/36	26/43	31/50	38/58
8	12/25	17/31	21/38	27/45	33/35	39/61
9	13/27	17/34	22/41	28/48	34/56	41/65
10	13/29	18/36	23/43	29/51	35/49	42/68

und

$$V(R) = \begin{cases} \dfrac{n_1 n_2 (n_1 + n_2 + 2)(n_1 + n_2 - 2)}{48(n_1 + n_2)^2} & \text{für } n_1 + n_2 \quad \text{gerade} \\[2ex] \dfrac{n_1 n_2 (n_1 + n_2 + 1)((n_1 + n_2)^2 + 3)}{48(n_1 + n_2)^2} & \text{für } n_1 + n_2 \quad \text{ungerade} \end{cases}.$$

gilt folglich

$$\frac{R - n_1(n_1 + n_2 + 2)/4}{\sqrt{n_1 n_2 (n_1 + n_2 + 2)(n_1 + n_2 - 2)/(48(n_1 + n_2)^2)}} \sim N(0, 1) \text{ für } n_1 + n_2 \text{ gerade}$$

und

$$\frac{R - n_1(n_1 + n_2 + 1)^2/(4(n_1 + n_2))}{\sqrt{n_1 n_2 (n_1 + n_2 + 1)((n_1 + n_2)^2 + 3)/(48(n_1 + n_2)^2)}} \sim N(0, 1) \text{ für } n_1 + n_2 \text{ ungerade}.$$

Selbstverständlich kommt man mit einer Simulation auch für große n_1 und n_2 schnell zum Ziel. Das SAS-Programm sas_6_20 simuliert die empirische Verteilung der Prüfgröße R und bestimmt deren empirische Quantile. Empirische Quantile und exakte kritische Werte sind bei Simulationsumfängen um 10 000 nicht unterscheidbar.

Aufgabe 6.3. Erstellen Sie mit Hilfe des Simulationsprogramms sas_6_20 die Tabellen der kritischen Werte des Ansari-Bradley-Freund-Tests für $10 < n_1, n_2 \leq 20$.

6.5.5 Rangtest nach Siegel und Tukey

Ein parameterfreier Test auf Gleichheit der Varianzen für zwei oder mehrere unverbundene Stichproben stammt von Siegel, Tukey (1960). Der Test wird hier für zwei Stichproben mit den Stichprobenumfängen n_1 und n_2 beschrieben. An die Verteilungen der unterliegenden Zufallsgrößen werden keine Forderungen gestellt. Die Daten müssen mindestens ordinal skaliert sein. Es wird die Hypthese

$$H_0 : \sigma_1^2 = \sigma_2^2$$

gegen

$$H_1 : \sigma_1^2 \neq \sigma_2^2$$

geprüft. Die beiden Stichproben mit den Umfängen n_1 und n_2 werden gemeinsam aufsteigend geordnet und mit Rängen versehen. Diese Ränge werden aber nicht wie im Mann-Whithney-Test, sondern auf eine spezielle Art und Weise vergeben:

- Dem kleinsten Wert wird der Rang 1 zugeordnet.
- Dem größten Wert wird der Rang 2 zugeodnet, dem zweitgrößten Wert der Rang 3.
- Dem zweiten und dritten der geordneten Beobachtungswerte werden die Ränge 4 und 5 zugeteilt. Man vergibt, lax gesprochen, abwechseln von unten und oben die Ränge stets von außen nach innen.

Siegel, Sidney
(* 4. Januar 1916 in New York ;† 29. November 1961 in Santa Clara)

Durch diese Art der Vergabe der Ränge möchte man erreichen, dass die extremen großen und kleinen Werte der Stichprobe bezüglich ihrer Siegel-Tukey-Ränge gut durchmischt sind. Das entspricht der Nullhypothese.

Man bildet die Rangsummen R_1 und R_2 der Stichproben 1 und 2. Weil die Stichprobenumfänge verschieden sein können, werden die Rangsummen normiert, indem man von ihnen diejenige Rangsumme subtrahiert, die man erhält, wenn zufällig alle kleinen Ränge auf die Summen fallen würden. Damit erhält man

$$U_1 = R_1 - (1 + 2 + \cdots + n_1) = R_1 - n_1(n_1 + 1)/2$$

und

$$U_2 = R_2 - (1 + 2 + \cdots + n_2) = R_2 - n_2(n_2 + 1)/2$$

und als Prüfgröße

$$U = MIN(U_1, U_2).$$

Die Prüfgröße U hat die gleiche Verteilung wie die Prüfgröße des Rangsummentests von Mann und Whitney. Das Programm `sas_6_21` prüft dieses nach. Zur statistischen Entscheidung kann die Tafel der kritischen Werte des Mann-Whitney-Tests für kleine

n_1 und n_2 verwendet werden. Für große Stichprobenumfänge verwendet man die zugehörige asymptotisch standardnormalverteilte Zufallsgröße Z,

$$Z = \frac{U - n_1 n_2/2}{\sqrt{n_1 n_2 (n_1 + n_2 + 1)/12}} \sim N(0, 1).$$

Tukey, John Wilder
(* 16. Juni 1915 in New Bedford; † 26. Juli 2000 in New Brunswick)

Beispiel 6.8. Die beiden Stichproben A: 10.1, 11.2, 11.9, 12.3,13.1 und B: 10.0, 10.2, 11.5, 12.4. 12.5, 12.6, 13.7, 15.6 werden in einer Reihe geordnet.

Tab. 6.24: Berechnungsbeispiel für den Test nach Siegel und Tukey.

B	A	B	A	B	A	A	B	B	B	A	B	B	Gruppe
10.0	10.1	10.2	11.2	11.5	11.9	12.3	12.4	12.5	12.6	13.1	13.7	15.6	Wert
1	4		8	9	12	13	11	10	7	6	3	2	Ränge
	4		8		12	13				6			$R_A = 43$
1		5		9			11	10	7		3	2	$R_B = 48$

Mit $R_A = 43$ und $R_B = 48$ erhält man ST = MIN(43, 48) = 43.

Als Kontrolle der Rechnung kann

$$R_A + R_B = 1 + 2 + \cdots + (n_1 + n_2) = (n_1 + n_2) \cdot (n_1 + n_2 + 1)/2$$

dienen. Im Beispiel ist $R_A + R_B = 43 + 48 = (13 * 14)/2$. Man erhält

$$U_A = R_A - \frac{n_1(n_1 + 1)}{2} = 43 - 6 \cdot \frac{7}{2} = 22$$

und

$$U_B = R_B - \frac{n_2(n_2 + 1)}{2} = 47 - 7 \cdot \frac{8}{2} = 19$$

als Prüfgröße

$$U = MIN(U_A, U_B) = 19.$$

Der kritische Wert des Mann-Whitney-Tests ist 6. Da U = 19 > 6 wird die Nullhypothese nicht abgelehnt, dass die Varianzen in beiden Stichproben gleich sind.

Aufgabe 6.4. Man kann nicht ohne weiteres erkennen, dass die Verteilung der Prüf-größe des Siegel-Tukey-Tests und des Mann-Whithney-Tests identisch sind. Erstellen Sie ein SAS-Programm, dass an einem Beispiel ($n_1 = 6$ und $n_2 = 7$) diese Aussage überprüft. Das Programm kann anschließend problemlos auch für größere Stichpro-ben erweitert werden. Die Dateien werden aber rasch sehr groß, was die Verallge-meinerung einschränkt. Das Programm kann auch für die Bestimmung der kritischen Werte herangezogen werden.

6.5.6 Bartlett-Test auf Gleichheit der Varianzen

Der Bartlett-Test prüft, ob k Stichproben aus normalverteilten Grundgesamtheiten mit gleichen Varianzen stammen. Bei vielen statistischen Tests wird vorausgesetzt, dass die Varianzen der k Gruppen gleich sind. Dann kann ein signifikanter Unterschied in erster Linie ein Lokationsunterschied sein. Der Bartlett-Test wird zur Überprüfung die-ser Voraussetzung benutzt. Er wurde 1937 von Maurice Bartlett entwickelt und beruht auf einem Likelihood-Quotienten-Test, Bartlett (1937).

Bartlett, Maurice Stevenson
(* 18. Juni 1910 in Chiswick, London; † 8. Januar 2002 in Exmouth)

Der Bartlett Test reagiert sehr empfindlich auf die Verletzung der Normalverteilungs-voraussetzung, sicher ein Grund, weshalb man in SAS bei entsprechenden Vortests auf alternative Tests, beispielsweise den Levene-Test ausweicht, der weniger auf die Verletzung der Voraussetzung reagiert. Der Bartlett-Test testet die Nullhypothese

$$H_0 : \sigma_1^2 = \sigma_2^2 = \cdots = \sigma_k^2$$

gegen die Alternativhypothese, dass mindestens zwei Gruppenvarianzen ungleich sind:

$$H_1 : \sigma_i^2 \neq \sigma_j^2$$

für mindestens ein Paar (i, j) mit i ≠ j.

Wenn die k Gruppen die Stichprobenvarianzen s_i^2 und Stichprobenumfänge n_i haben (i = 1, 2, ..., k), dann wird die Teststatistik definiert als

$$\chi^2 = \frac{(N-k)\ln(s_p^2) - \sum_{i=1}^{k}(n_i - 1)\ln(s_i^2)}{1 + \frac{1}{3(k-1)}\left(\sum_{i=1}^{k}\left(\frac{1}{n_i-1}\right) - \frac{1}{N-k}\right)} \tag{$*$}$$

mit dem Gesamtumfang $N = \sum_{i=1}^{n} n_i$ und der gepoolten Varianz

$$s_p^2 = \frac{1}{N-k} \sum_{i=1}^{k} (n_i - 1)s_i^2.$$

Die Teststatistik χ^2 ist approximativ χ^2-verteilt mit $k - 1$ Freiheitsgraden.

Das Simulationsprogramm `sas_6_22` soll die Entstehung der Prüfgröße des Bartlett-Tests illustrieren. Für den Simulationsumfang von 500 und jeweils für drei Stichproben mit den Umfängen $n_1 = 5$, $n_2 = 6$ und $n_3 = 7$ wird für jeden Run die Prüfgröße (∗) erzeugt. Die empirische Verteilung wird in Abb. 6.25 mit der χ^2-Verteilung mit dem Freiheitsgrad 2 verglichen, in Abb. 6.26 die relative Häufigkeit mit der χ^2-Dichte.

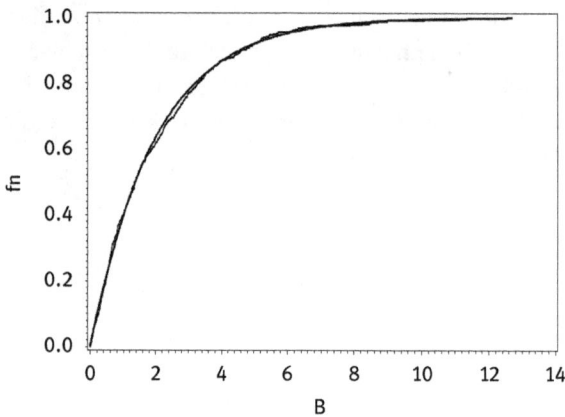

Abb. 6.25: Vergleich der simulierten Verteilung der Prüfgröße des Bartlett-Tests (Treppenfunktion) mit der zugehörigen χ^2-Verteilung mit Freiheitsgrad 2 (durchgehende Linie) beim Simulationsumfang 500.

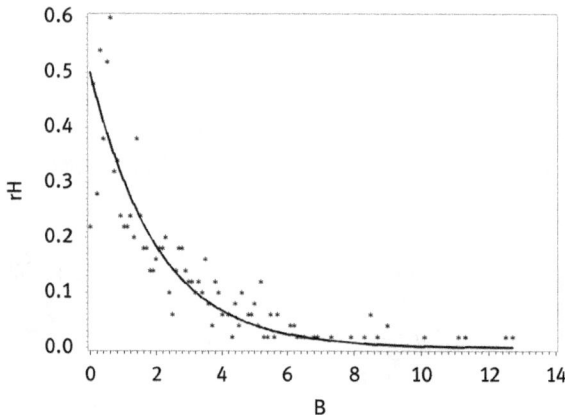

Abb. 6.26: Vergleich der simulierten relativen Häufigkeiten der Prüfgröße des Bartlett-Tests (Stern) mit der zugehörigen χ^2-Verteilung mit Freiheitsgrad 2 beim Simulationsumfang 500.

Beispiel 6.9. Für dieses Beispiel wurde ebenfalls das SAS-Programm `sas_6_22` verwendet. Als Simulationsumfang wurde 1 gewählt (`%let simgr=1;`). Ein PROC PRINT

Aufruf nach dem ersten data-step liefert die drei Stichproben. Auch die drei Varianzen der Stichproben (siehe Tab. 6.26) und die gepoolte Varianz erhält man im SAS-Programm durch geeignet eingefügte Druckanweisungen. Der Bartlett-Test ist in SAS beispielsweise in der PROC GLM verborgen, ebenso wie auch der Levene-Test.

Damit erhält man als Prüfgröße des Bartlett-Tests den Wert B = 1.252918468. Weil dieser kleiner ist als 5.991, das $(1 - \alpha)$-Quantil der χ^2-Verteilung ($\alpha = 0.05$) mit zwei Freiheitsgraden, wird die Nullhypothese $H_0 : \sigma_1^2 = \sigma_2^2 = \sigma_3^2$ nicht abgelehnt.

Tab. 6.25: Drei Stichproben aus einer N(0,1)-Verteilung für den Bartlett-Test.

1. Stichprobe		2. Stichprobe		3. Stichprobe	
i	x_i	i	x_i	i	x_i
1	−1.19891	1	−1.06836	1	−0.82434
2	−0.67695	2	0.54850	2	−0.23356
3	1.04851	3	0.97727	3	−0.13071
4	−1.10121	4	−1.56263	4	1.30419
5	2.07828	5	0.31124	5	0.76147
		6	−1.09784	6	1.56091
				7	0.15875

Tab. 6.26: Mittelwerte und Varianzen der drei Stichproben aus Tab. 6.25.

Stichprobe	N	Mittelwert	s_i^2
1	5	0.0299447	2.1306086
2	6	−0.3153042	1.1089445
3	7	0.3709584	0.7550514
		Gepoolt	$s_p^2 = 1.85686$

Die Durchführung des Bartlett-Tests mit dem Statistikprogramm SAS für dieses Beispiel erfolgt mit der PROC GLM, wie im folgenden Beispielprogramm ausgeführt. Die Option hovtest=bartlett sorgt für die Auswahl Bartlett-Tests.

6.6 Tests für mehr als zwei Stichproben

6.6.1 Friedman-Test bei mehr als zwei verbundenen Stichproben

Beim Friedman-Test werden für p abhängige stetige Zufallsgrößen $X_1, \ldots, X_p$ jeweils Stichproben vom Umfang r gezogen und als verbundene Stichproben arrangiert. Geprüft wird die Nullhypothese, dass die Zufallsgrößen die gleiche Verteilung besitzen. Man setzt Ordinalskalierung voraus.

Friedman, Milton
(* 31. Juli 1912 in Brooklyn; † 16. November 2006 in San Francisco)

Der Friedman-Test ist ein parameterfreier Test, der dementsprechend mit Rangwerten arbeitet. Von jedem Individuum i (i = 1, ..., r) werden die zugehörigen Messwerte $x_{i1}, ..., x_{ip}$ in eine Rangreihe $r_{i1}, ..., r_{ip}$ umgewandelt. Unter der Hypothese H_0, alle Zufallsgrößen stammen aus der gleichen Grundgesamtheit, erwartet man, dass die Rangsummen der assoziierten Messreihen

$$R_j = \sum_{i=1}^{r} r_{ij}$$

etwa gleich sind. Die Quantile der Verteilung der Prüfgröße des Friedman-Tests

$$V = \frac{12}{rp(p+1)} \left(\sum_{j=1}^{p} R_j^2 \right) - 3r(p+1)$$

für $\alpha = 0.05$ findet man z. B. bei Hartung (1984) für p = 3, 4, 5 und r = 2, ..., 8).

Für Bindungen (wenn etwa durch gleiche Messwerte in der Zeile Ränge geteilt werden) wird die Berechnung der Prüfgröße komplizierter und hier nicht besprochen.

Weil die Gesamtrangsumme $r \cdot (1 + 2 + \cdots + p) = r \cdot p \cdot (1 + p)/2$ bekannt ist, nämlich für jedes der r Objekte die Ränge von 1 bis p, erhält man unter der Hypothese H_0 als Erwartungswert bzw. Varianz der Rangsummen

$$E(R_j) = r \cdot (1 + p)/2 \quad \text{bzw.} \quad V(R_j) = r(1 + p)(2p + 1)/6,$$

wodurch die Summe der Quadrate der asymptotisch standardnormalverteilten Zufallsgrößen

$$(R_i - E(R_i))/\sqrt{V(R_i)}$$

asymptotisch χ^2-verteilt mit dem Freiheitsgrad p − 1 ist.

Wenn man voraussetzen kann, dass sich die Verteilungen der X_i durch Verschiebungen ineinander überführen lassen, ist der Friedman-Test als multivariater Lagetest interpretierbar.

Beispiel 6.10. Es werden die Hormonkonzentrationen im Blut von sechs Patienten vor einer Tumortherapie (Zeitpunkt A), während der Therapie (B), am Ende der Therapie (C) und drei Monate nach Therapieende (D) bestimmt. Es soll überprüft werden, ob

Tab. 6.27: Hormonwerte von sechs Patienten zu den Zeitpunkten A–D.

Pat.	A	B	C	D
1	41	73	65	21
2	85	223	137	64
3	61	184	92	41
4	253	157	54	29
5	72	204	141	89
6	44	146	72	20

Tab. 6.28: Rangplätze der Hormonwerte beim jeweiligen Patienten.

Pat.	A	B	C	D
1	2	4	3	1
2	2	4	3	1
3	2	4	3	1
4	4	3	2	1
5	1	4	3	2
6	2	4	3	1
Summe	$R_1 = 13$	$R_2 = 23$	$R_3 = 17$	$R_4 = 7$

die Therapie einen Einfluss auf den Hormonstatus hat. Die Nullhypothese postuliert, dies ist nicht der Fall.

Für obiges Beispiel mit $p = 4$ und $r = 6$ erhält man

$$V = \frac{12}{6 \cdot 4 \cdot (4+1)} (13^2 + 23^2 + 17^2 + 7^2) - 3 \cdot 6 \cdot (4+1) = 13.6.$$

Wegen $13.6 \geq V_{p,r,0.95} = 7.40$, der kritische Wert des Friedman-Tests, wird H_0 abgelehnt.

Bemerkung. Die exakte Berechnung der Verteilung und damit der Quantile ist für größere p und r auch bei heutiger Rechentechnik unmöglich. Für $p = 5$ und $r = 6$ sind beispielsweise 5! mögliche Permutationen zu berücksichtigen, von denen jeweils 6 mit Zurücklegen herausgegriffen werden. Das heißt, es müssen insgesamt $(5!)^6 = (120)^6 \approx 2.9859 \cdot 10^{12}$ Fälle betrachtet werden, an denen jeweils eine Prüfgröße V berechnet werden kann. Glücklicherweise kann in Simulationsexperimenten die Verteilung näherungsweise durch die empirische Verteilung beschrieben werden (s. dazu sas_6_23).

Für $p = 4$ und $r = 20$ wurde eine Simulation durchgeführt, die die empirischen Verteilungen der Rangsummen R_i, $i = 1, \ldots, p$, und die der Prüfgröße V angibt, sowie die empirischen kritischen Werte ermittelt.

Die Abb. 6.27 zeigt die Ergebnisse des Simulationsexperiments für R_1 exemplarisch für alle vier Rangsummen. Alle denkbaren Rangsummenwerte zwischen 20 und

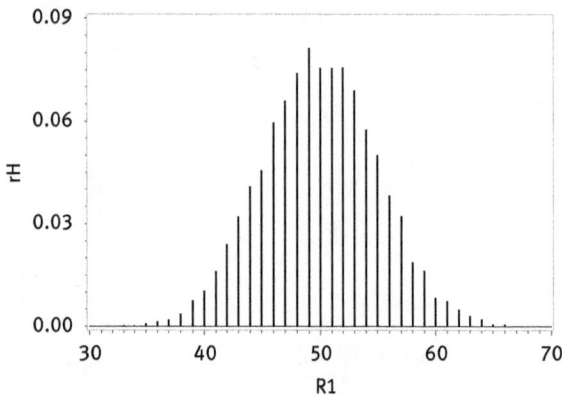

Abb. 6.27: Häufigkeitsdiagramm für die Rangsumme R_1 beim Friedman-Test für p = 4 und r = 20 bei 10 000 Simulationen.

80 werden angenommen, die Häufigkeitsfunktion hat einen Gipfel beim Erwartungswert $E(R_1) = r(1 + p)/2 = 50$ und ist um diesen symmetrisch verteilt. Die Varianz ist näherungsweise $V(R_j) = r(1 + p)(2p + 1)/6 = 150$, die Streuung etwa 12.25.

In Abb. 6.28 sind die sind die Häufigkeiten der simulierten Werte und die empirische Verteilung der Prüfgröße V des Friedman-Tests dargestellt. Man erkennt deutlich, dass die Häufigkeitsfunktion keineswegs symmetrisch ist. Mit größer werdendem r soll die Verteilung gegen eine χ^2-Verteilung mit dem Freiheitsgrad p − 1 = 3 konvergieren.

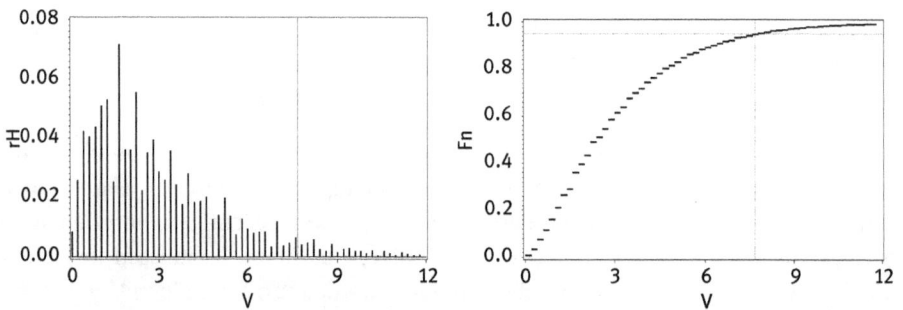

Abb. 6.28: Häufigkeitsdiagramm (links) und empirische Verteilung (rechts) für die Prüfgröße V des Friedman-Tests für p = 4 und r = 20 bei 10 000 Simulationen, Referenzlinie entspricht dem zugehörigen (1 − α)-Quantil für α = 0.05.

Das Simulationsprogramm kann mühelos für andere p- und r-Werte angepasst werden. Der Rechenaufwand ist auch für große p und r gering und vergrößert sich nur linear bezüglich p und r. Deshalb sind die verfügbaren Tabellen vervollständigt wor-

Tab. 6.29: Kritische Werte des Friedman-Tests für α = 0.05 (**fett**: exakte Werte, normal: simulierte Werte).

r	P 3		4		5		6	7	8	9	10
3	**4.67**	4.67	**7.00**	7.00	**8.27**	8.26	9.66	11.00	12.83	13.87	15.00
4	**6.00**	6.00	**7.50**	7.50	**8.60**	8.60	10.14	11.46	12.83	14.33	15.60
5	**5.20**	5.20	**7.32**	7.32	**8.80**	8.96	10.37	11.74	13.13	14.56	15.85
6	**6.33**	6.33	**7.40**	7.40		8.93	10.38	11.92	13.28	14.80	16.07
7	**6.00**	6.00	**7.63**	7.62		9.14	10.67	12.00	13.43	14.82	16.18
8	**5.25**	5.25	**7.50**	7.36		9.20	10.57	12.33	13.50	14.83	16.34
9		6.00		7.67		9.15	10.77	12.14	13.56	14.99	16.39
10		5.60		7.56		9.28	10.91	12.26	13.63	15.04	16.39
11		5.64		7.58		9.31	10.68	12.16	13.67	15.03	16.45
12		6.71		7.50		9.26	10.85	12.21	13.67	15.13	16.29
13		6.00		7.61		9.23	10.77	12.26	13.67	15.26	16.57
14		6.14		7.46		9.13	10.92	12.21	13.79	15.20	16.61
15		5.73		7.56		9.39	10.96	12.29	13.84	15.25	16.60
16		6.00		7.65		9.30	10.86	12.32	13.79	15.25	16.65
17		5.76		7.73		9.32	10.88	12.40	13.84	15.28	16.67
18		5.78		7.76		9.38	10.86	12.33	13.89	15.33	16.65
19		5.47		7.76		9.35	10.88	12.38	13.88	15.23	16.72
20		5.70		7.68		9.36	10.83	12.41	13.87	15.36	16.70
21		5.81		7.69		9.41	10.85	12.37	13.98	15.40	16.70
22		5.73		7.64		9.35	10.91	12.49	13.91	15.36	16.74
23		5.83		7.75		9.36	10.95	12.45	13.90	15.32	16.71
24		6.24		7.70		9.40	10.95	12.41	13.92	15.30	16.75
25		6.00		7.70		9.34	11.01	12.43	13.88	15.36	16.70
χ^2_{p-1}	5.991		7.815		9.488		11.07	12.59	14.06	15.50	16.92

den ($3 \leq p \leq 10$ und $3 \leq r \leq 25$). In Tab. 6.30 sind die simulierten Werte nach dem beigegebenen SAS-Programm zusammengestellt und die asymptotischen kritischen χ^2-Werte angegeben.

Die gute Übereinstimmung berechtigt dazu, mit den simulierten Werten die Testentscheidung zu treffen, ohne auf die in der Literatur angegebenen Näherungen über die χ^2-Verteilung zurückgreifen zu müssen, die möglicherweise nicht immer das Signifikanzniveau einhalten.

6.6.2 Nemenyi-Test

Nach einem signifikanten Friedman-Test weiß man, dass nicht alle beobachteten Zufallsgrößen gleich sind. Mindestens zwei unterscheiden sich. Ungünstig wäre es, wollte man nun alle denkbaren paarweisen Tests durchführen, zumal diese Anzahl bei p Variablen rasch groß wird, nämlich $1+2+\cdots+(p-1) = p(p-1)/2$. Darüber hinaus

Tab. 6.30: Simulierte kritische Werte des Friedman-Tests für $\alpha = 0.01$.

r	p							
	3	**4**	**5**	**6**	**7**	**8**	**9**	**10**
3	6.00	8.20	9.86	11.76	13.28	14.66	16.26	17.69
4	6.50	9.30	11.00	13.00	14.25	15.75	17.20	18.54
5	7.60	9.72	11.36	13.34	14.57	16.33	18.13	19.56
6	8.33	9.80	12.13	13.80	14.92	16.83	18.17	19.67
7	8.00	10.02	12.00	13.77	15.31	17.33	18.47	20.11
8	9.00	10.20	12.20	13.92	15.53	16.92	18.93	20.42
9	8.67	10.73	12.53	14.07	15.47	17.22	19.11	20.51
10	8.60	10.68	12.72	13.94	15.56	17.20	18.96	20.66
11	8.91	10.30	12.80	14.22	15.93	17.72	19.70	20.43
12	8.67	10.50	12.66	14.38	15.89	18.00	19.06	20.36
13	8.77	10.75	12.86	14.27	15.82	17.51	19.11	21.05
14	8.71	11.05	12.74	14.69	16.28	17.80	19.44	21.07
15	8.93	11.08	12.85	14.42	16.31	17.48	19.68	20.73
16	9.13	10.87	12.75	14.39	16.50	17.83	19.25	20.94
17	8.82	10.83	12.94	14.81	16.15	17.47	19.18	20.73
18	9.00	10.86	12.71	14.57	16.00	18.18	19.88	21.20
19	8.84	11.02	13.43	14.69	16.08	18.36	19.24	21.02
20	9.10	11.22	12.36	14.86	16.11	18.05	19.31	21.69
21	9.24	11.00	12.68	14.46	16.38	18.19	19.09	21.31
22	8.82	11.01	13.16	14.54	16.36	18.10	19.49	21.08
23	8.43	10.93	12.86	14.22	16.63	18.08	19.93	21.27
24	8.58	11.05	12.73	14.47	16.53	18.04	19.66	21.60
25	8.88	11.01	13.02	14.50	16.13	18.17	19.59	21.47
χ^2_{p-1}	9.21	11.35	13.28	15.09	16.81	18.48	20.09	21.67

muss man bedenken, dass bei mehreren Tests an der gleichen Stichprobe die Irrtumswahrscheinlichkeit α anzupassen ist, etwa mit Hilfe der Bonferroni-Adjustierung. Bei dieser Adjustierung wird das gewählte α durch die Anzahl der Tests geteilt.

Bonferroni, Carlo Emilio
(* 28 January 1892 in Bergamo; † 18 August 1960 in Florenz)

Mit Erfolg hilft in diesem Falle der Nemenyi-Test. Mit ihm werden gleichzeitig alle Paare ausgewertet und man hat darüber hinaus den großen Vorteil, dass man sich über Bonferroni-Adjustierungen des α-Fehlers keine Gedanken zu machen braucht, weil die Anzahl der Gruppen über den Freiheitsgrad mit eingeht.

Einen solchen Test für Einzelvergleiche nach einem sogenannten globalen **Omnibustest** (der Friedman-Test ist ein solcher) nennt man **Post Hoc Test**.

Vorgehensweise:
- Man berechne die Rangsummen R_1 bis R_p wie beim Friedman-Test.
- Man berechne die Rangmittelwerte $m(R_i)$ für jede Spalte i und die absoluten Rangmittelwertdifferenzen $ABS(m(R_i) - m(R_j))$ jeder Paarung (i, j) von Werten.
- Die absoluten Rangwertdifferenzen vergleiche man mit dem kritischen Wert des Nemenyi Tests

$$\sqrt{\frac{p(p+1)}{6r}(\chi^2_{1-\alpha;f=p-1})},$$

  wobei p die Anzahl der Variablen, r die Anzahl der Beobachtungen je Variable und $\chi^2_{1-\alpha;f=r-1}$ das $(1-\alpha)$-Quantil der χ^2-Verteilung mit $r-1$ Freiheitsgraden sind.
- Ist die absolute Rangmittelwertsdifferenz $ABS(m(R_i) - m(R_j))$ größer als der kritische Wert des Nemenyi Tests, wird die Hypothese abgelehnt, dass R_i und R_j als gleich aufgefasst werden können.

Beispiel 6.11. Der Friedman-Test im Beispiel 6.10 ergab ein signifikantes Ergebnis für $\alpha = 0.05$, also sollte man den Nemenyi-Test durchführen. Der kritische Wert des χ^2-Tests für $1-\alpha = 0.95$ und 3 Freiheitsgrade beträgt 7.815.

Der kritische Wert des Nemenyi-Tests ist $\sqrt{4 \cdot 5/(6 \cdot 6) \cdot 7.815} = 2.0837$. Nur die absolute Rangmittelwertdifferenz zwischen B und D mit $17/6 = 2.8333$ (in Tab. 6.31 fett) überschreitet den kritischen Wert bei den Einzelvergleichen.

Tab. 6.31: Berechnungsprozedur für die Prüfgröße des Nemenyi Test.

Pat.-Nr.	A	B	C	D
1	2	4	3	1
2	2	4	3	1
3	2	4	3	1
4	4	3	2	1
5	1	4	3	2
6	2	4	3	1
Summe	$R_1 = 13$	$R_2 = 23$	$R_3 = 17$	$R_4 = 6$
Mittelwerte $m(R_j)$	13/6	23/6	17/6	6/6
$ABS(m(R_1) - m(R_j))$		10/6	4/6	7/6
$ABS(m(R_2) - m(R_j))$			6/6	**17/6**
$ABS(m(R_3) - m(R_j))$				11/6

6.6.3 Page-Test

Der Page-Test, ein Test auf Trend, kann ebenfalls nach einem signifikanten Friedman-Test angewandt werden. Stände im Beispiel 6.10 zur Diskussion, ob ein Trend der Hormonkonzentrationen (hier sicher ein Absinken der Werte) entsprechend den Untersuchungszeitpunkten A bis D vorliege, dann sollte der Page-Test herangezogen werden. Seine Prüfgröße ist

$$L = \sum_{j=1}^{p} j \cdot R_j,$$

wobei R_j wie im Friedman-Test die Rangsumme der jeweiligen Spalte j bezeichnet. Für kleine Messwertreihen und wenige Kategorien gibt es Tabellenwerte.

Beispiel 6.12. In einer Reha-Klinik werden an den 6 Wochentagen Montag bis Sonnabend von 10 Patienten die auf dem Fahrradergometer erreichten Leistungen, gemessen in Kilometern, die in 10 min „gefahren" werden, notiert, wobei zeitgleich ein tägliches Aufbautraining stattfand.

Die Hypothese, dass ein Leistungsanstieg vom 1. bis zum 6. Tag besteht, wird mit dem Page-Test untersucht. Es gilt

$$L = 30.5 + 43 + 100.5 + 130 + 215 + 294 = 813.$$

Der kritische Wert für $\alpha = 0.05$ ist 777, d. h., ein monotone Leistungssteigerung kann angenommen werden.

Tab. 6.32: Fahrradergometerleistung bei Aufbautraining von einer Woche (Z.-Rang = Rang in der Zeile).

Pat.	Mo		Di		Mi		Do		Fr		Sa	
	x_1	Z.-rang	Mess-wert	Z.-rang	Mess-wert	Z.-rang	Mess-wert	Z.-rang	Mess-wert	Z.--rang	Mess-wert	Z.-Rang
1	2.61	2	3.09	3	2.08	1	3.56	4.5	4.38	6	3.56	4.5
2	1.80	1	3.10	3	2.10	2	4.00	5	3.74	4	4.68	6
3	1.96	2	1.87	1	3.89	5	3.95	6	3.59	3	3.73	4
4	3.35	5.5	3.16	2.5	3.35	5.5	2.58	1	3.21	4	3.16	2.5
5	3.51	6	2.09	1	2.76	3	2.38	2	3.14	5	3.12	4
6	2.88	3	2.03	1	3.74	4	2.53	2	4.41	5	4.83	6
7	2.66	2	1.85	1	3.47	4	2.88	3	4.24	6	3.63	5
8	3.38	2	3.68	4	3.20	1	3.88	6	3.51	3	3.73	5
9	3.34	4	2.59	1	3.12	3	2.93	2	3.49	5	4.62	6
10	3.00	3	3.54	4	3.56	5	2.56	1	2.84	2	3.75	6
R_j		30.5		21.5		33.5		32.5		43		49
$j \cdot R_j$		30.5		43		100.5		130		215		294

Tab. 6.33: Kritische Werte des Page-Tests, erhalten durch das Simulationsprogramm sas_6_24.

r	$\alpha = 0.05$ Anzahl Gruppen p						$\alpha = 0.01$ Anzahl Gruppen p					
	3	4	5	6	7	8	3	4	5	6	7	8
2	28	58	103	166	252	362		60	106	173	261	376
3	41	84	150	244	370	532	42	7	155	252	382	549
4	54	111	197	321	487	701	55	114	204	331	501	722
5	66	137	244	397	603	869	68	141	251	409	620	893
6	79	163	291	474	719	1037	81	167	299	486	737	1063
7	91	189	338	550	835	1204	93	193	346	563	855	1232
8	104	214	384	625	950	1371	106	220	393	640	972	1401
9	116	240	431	701	1065	1537	119	246	441	717	1088	1569
10	128	266	477	777	1180	1703	131	271	487	793	1205	1736
11	141	292	523	852	1295	1868	144	298	534	869	1321	1905
12	153	317	570	928	1410	2035	156	324	581	946	1437	2072
13	165	343	615	1003	1525	2201	169	350	628	1022	1553	2240
14	178	363	661	1078	1639	2367	181	376	674	1098	1668	2407
15	190	394	707	1153	1754	2532	194	402	721	1174	1784	2574
16	202	420	754	1228	1868	2697	206	427	767	1249	1899	2740
17	215	445	811	1303	1982	2862	218	453	814	1325	2014	2907
18	227	471	846	1378	2097	3028	231	479	860	1401	2130	3074
19	239	496	891	1453	2217	3129	243	505	906	1476	2245	3240
20	251	522	937	1528	2325	3358	256	531	953	1552	2350	3406

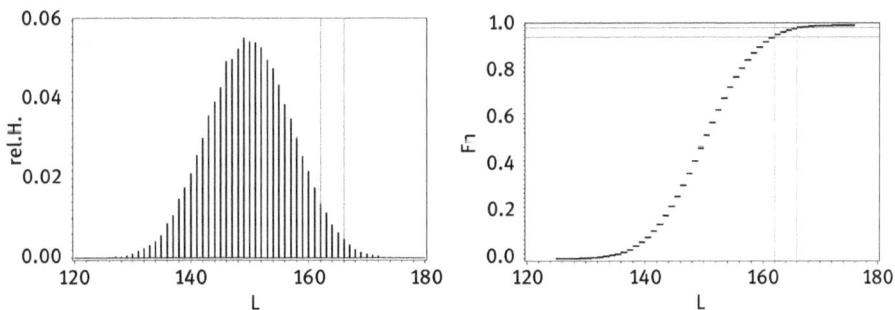

Abb. 6.29: Relative Häufigkeiten (links) und empirische Verteilungsfunktion (rechts) der Prüfgröße des Page-Tests für r = 6, p = 4 bei 10 000 Simulationen (Programm sas_6_24), Referenzlinien bei den kritischen Werten ($\alpha = 0.05$ und $\alpha = 0.01$).

Bemerkung. Eine Weiterentwicklung des Wilcoxon-Tests für paarige (verbundene) Stichproben stellt der Friedman-Test für mehr als zwei verbundene Stichproben dar. Die Tests untersuchen die Homogenitätshypothese bzw. die Hypothese der gleichen zentralen Tendenz, wenn man etwa gleiche Varianzen vorliegen hat. Der Trendtest von Page für mehr als zwei verbundene Stichproben untersucht eine Trendhypothese.

H_0 entspricht in etwa der des Friedman-Tests, die einseitige Alternative wird als Trendhypothese gedeutet, weil in der Prüfgröße L alle die Fälle zusammengefasst werden, bei denen L besonders groß ist, mithin großen Rangzahlen aufaddiert werden.

Die exakte Berechnung der Prüfgröße ist schwierig und sehr rechenaufwändig. Nimmt man beispielsweise p = 7 und r = 10, so muss man unter H_0 alle Permutationen der Ränge von 1 bis 7 zur Verfügung haben, das sind 7! = 5040. Daraus werden jeweils r = 10 Permutationen ausgewählt, um eine einmalige Prüfgrößenbestimmung für L durchzuführen. Es gibt aber $\binom{5040}{10}$ mögliche Auswahlen von 10 Permutationen aus 5040, eine unvorstellbar große Zahl. Von diesen hat jede Auswahl die gleiche Wahrscheinlichkeit realisiert zu werden. Es müssen diejenigen Permutationen zusammengefasst werden, die eine gleiche Prüfgröße L erzeugen. Für größere Werte von n und k kommt man auch mit heutigen rechentechnischen Mitteln an die Grenzen der Berechenbarkeit.

Bis r = 20 und p = 8 liegen Tabellenwerte vor. Darüber hinaus muss approximiert werden. Wesentlich einfacher ist ein Simulationsprogramm zur Ermittlung der Häufigkeitsverteilung, der empirischen Verteilungsfunktion sowie der empirischen kritischen Werte des Tests von Page. Das SAS-Programm `sas_6_24` führt die Simulation durch. Die Kürze des Programms resultiert aus der Tatsache, dass mit der `PROC PLAN` zufällige Permutationen erzeugt werden können.

Betrachtet man die Häufigkeitsfunktion (Abb. 6.29), so erkennt man bereits die Ähnlichkeit zur Normalverteilung. Die Faustregel sagt aus, für p > 8 und r > 20 kann man mit der asymptotischen Normalverteilung arbeiten.

Stichprobenumfangsplanungen für den Page-Test werden mit Hilfe der asymptotischen Normalverteilung durchgeführt. Die Prüfgröße des Page-Tests ist nämlich für große p und r asymptotisch normalverteilt mit

$$E(L) = r \cdot p \cdot (p + 1)^2 / 4$$

und

$$V(L) = (r \cdot p^2 \cdot (p^2 - 1) \cdot (p + 1)) / 144.$$

Hieraus leitet man ab, die Prüfgröße

$$\frac{(12L - 3 \cdot r \cdot p \cdot (p + 1)^2)^2}{r \cdot p^2 (p^2 - 1)(p + 1)}$$

ist χ^2-verteilt mit einem Freiheitsgrad.

Die Anordnung der Stichproben ist im Beispiel 6.10 durch die Untersuchungszeitpunkte vorgegeben. Trend meint dann den zeitlichen Aspekt. Untersucht man aber beispielsweise Keimzahlen von Erregern auf Anzuchtplatinen, die mit den Antibiotika A bis D behandelt wurden, dann ist es berechtigt, die Ordnung entsprechend den Rangsummen R_j einzuführen. Man fragt dann nach einer ansteigenden Antibiotikawirkung, die sich durch kleinere Keimzahlen bemerkbar machen sollte. Dann wäre die Ordnung D, A, C und B als Resultat denkbar.

Beispiel 6.13. Mit den Messwerten aus Beispiel 6.10 (Friedman-Test) ergibt sich L = 134 und damit kein Hinweis auf einen Trend. Erst wenn L die kritischen Werte 163 bzw. 167 überschreitet, kann mit den Irrtumswahrscheinlichkeiten $\alpha = 0.05$ bzw. 0.01 auf Trend geschlossen werden.

Zusammenfassung

Der U-Test von Mann und Whitney diente als Test für zwei verbundene Stichproben, der Friedman-Test für mehr als zwei verbundene Stichproben und der Trendtest von Page ist ebenfalls für mehr als zwei verbundene Stichproben zu benutzen.

Analoges gilt für unverbundene Stichproben. Für zwei verwendet man den Wilcoxon-Test, für mehr als zwei den Kruskal-Wallis-Test und bei einer Trendhypothese kommt der Trendtest von Jonckheere zur Anwendung, der hier aber nicht behandelt wird.

6.6.4 Kruskal-Wallis-Test für unabhängige Stichproben

Der Kruskal-Wallis-Test ist eine Verallgemeinerung des U-Tests von Mann und Whitney für mehr als zwei unabhängige Stichproben, der ebenfalls auf Rangwerten basiert. Im Falle zweier Stichproben sind beide Tests identisch.

Kruskal, William Henry
(* 10. Oktober 1919 in New York; † 21. April 2005 in Chicago)

Man testet beim Kruskal-Wallis-Test, Kruskal, Wallis (1952), global die Hypothese, dass die Verteilungsfunktionen der Zufallsgrößen, aus denen die k Stichproben stammen, gleich sind. Vorausgesetzt wird lediglich, dass es sich um stetige Zufallsgrößen handelt:

$$H_0 : F_1(x) = F_2(x) = \cdots = F_k(x).$$

Unter H_0 können alle Stichproben in einer Gesamtstichprobe vom Umfang $n = n_1 + n_2 + \cdots + n_k$ vereinigt und in einer gemeinsamen Rangreihe geordnet werden, wobei n_i der Stichprobenumfang der Gruppe i ist. Die Rangsummen R_i in den Gruppen sollten dicht bei ihrer erwarteten Rangsumme $E(R_i)$ liegen. Die Summe aller Ränge ist

$$1 + 2 + \cdots + n = n(n + 1)/2,$$

der mittlere Rang folglich $(n + 1)/2$, so dass man als erwartete Rangsummen in den Gruppen

$$E(R_i) = n_i(n + 1)/2 \quad \text{für } i = 1, \dots, k$$

hat. Die Prüfgröße

$$H = \sum_{i=1}^{k} \frac{(R_i - E(R_i))^2}{V(R_i)} = \frac{12}{n(n + 1)} \sum_{i=1}^{k} \frac{1}{n_i}(R_i - E(R_i))^2$$

ist folglich asymptotisch χ^2-verteilt mit $k - 1$ Freiheitsgraden, leichtes Umformen ergibt:

$$H = \frac{12}{n(n + 1)} \left(\sum_{i=1}^{k} \frac{R_i^2}{n_i} - \frac{n(n - 1)^2}{2} + \frac{n(n + 1)^3}{8} \right).$$

H hängt im Wesentlichen von $\sum_{i=1}^{k} R_i^2/n_i$ ab. Alle übrigen Terme sind Konstanten, die nur vom Stichprobenumfang n beeinflusst werden.

Beispiel 6.14. Für drei Behandlungsgruppen, sie können als Stichproben gelten, ist die Differenz X zwischen dem arithmetischen Mitteldruck, der aus dem systolischen und diastolischen Blutdruck gebildet wird, am Tag und dem in der Nacht in mm Hg ermittelt worden (s. Tab. 6.34). Es soll für $\alpha = 0.05$ überprüft werden, ob die Verteilungen von X in allen drei Gruppen als gleich angesehen werden können.

Als Prüfgröße erhält man

$$H = \frac{12}{21(21 + 1)} \left(\frac{1}{6}(68 - 66)^2 + \frac{1}{8}(84 - 88)^2 + \frac{1}{7}(79 - 77)^2 \right) = 0.0841,$$

was deutlich unter dem kritischen χ^2-Wert mit 2 Freiheitsgraden von 5.991 liegt.

Tab. 6.34: Differenz des arithmetischen Mitteldrucks X zwischen Tag und Nacht in drei Behandlungsgruppen.

	Gruppe 1 ($n_1 = 6$)		Gruppe 2 ($n_2 = 8$)		Gruppe 3 ($n_3 = 7$)	
	X	Rang	X	Rang	X	Rang
1	14.51	20	8.07	15	3.78	8
2	5.10	9	6.07	12	3.52	6
3	7.48	14	3.53	7	9.20	16
4	0.08	1	6.66	13	6.00	11
5	16.69	21	2.81	5	0.75	2
6	2.38	3	5.25	10	9.66	17
7			9.93	18	14.03	19
8			2.48	4		
Summe		$R_1 = 68$		$R_2 = 84$		$R_3 = 79$

Bemerkung

Für $n_i \leq 5$ gibt es exakte Tabellen, beispielsweise in Hartung (1984).

Ein Simulationsexperiment wurde durchgeführt, um zu überprüfen, ob die empirischen Quantile mit den mitgeteilten wenigen exakten Quantilen übereinstimmen und für mittelgroße Stichprobenumfänge mit Erfolg angewandt werden können. Die Ergebnisse sind in Tab. 6.35 niedergelegt. Man kann danach die asymptotische Verteilung der Prüfgröße zur Festlegung des Entscheidungskriteriums erst ab einem Gesamtstichprobenumfang von 50 bei etwa balancierten Umfängen n_1, n_2 und n_3 empfehlen.

Bei vielen Bindungen (**ties**), wenn Ränge zu teilen sind, sind Korrekturfaktoren in der Prüfgröße zu berücksichtigen. Als Faustformel gilt, die Anzahl der unterschiedlichen und nicht verbundenen Werte sollte mindestens ¾ der Gesamtstichprobe ausmachen.

Wenn die Anzahl der ties T_i pro Gruppe deutlich höher als 1 ist, sollte man anstelle obiger Prüfgröße mit

$$H = \left(\frac{12}{n(n+1)} \sum_{i=1}^{k} \frac{(R_i)}{n_i} - 3(n+1)^2 \right) \bigg/ \left(1 - \frac{\sum_{i=1}^{k} (T_i)^3 - T_i}{n^3 - n} \right)$$

arbeiten.

Um beispielsweise die empirische Verteilung von vier unabhängigen Stichproben mit den Umfängen 5, 6, 7 und 8 zu simulieren, nimmt man 10 000 zufällige Permutationen der ganzen Zahlen von 1 bis $n = 5 + 6 + 7 + 8 = 26$ her, die im Statistiksystem SAS durch PROC PLAN erzeugt werden. Von der ersten Permutation werden die ersten fünf Ränge der Gruppe 1, die folgenden sechs, sieben und acht den Gruppen 2, 3 und 4 zugeordnet und daraus ein erster Wert der Prüfgröße H gebildet. Diese Vorgehensweise wird auf jede der 10 000 Permutationen angewandt. Man erhält 10 000 Werte H der Prüfgröße des Kruskal-Wallis-Tests. Das Simulationsprogramm zum Kruskal-Wallis Test ist sas_6_26.

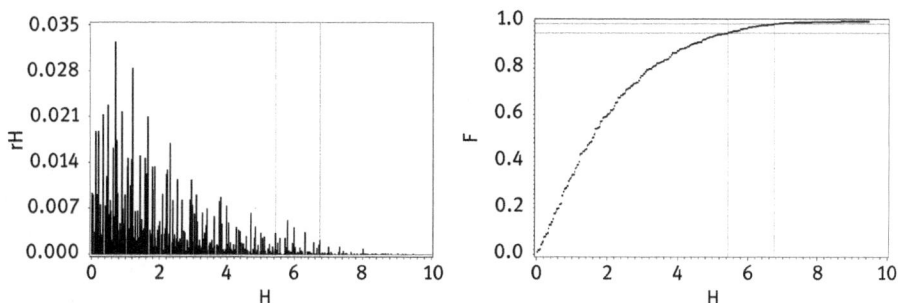

Abb. 6.30: Relative Häufigkeit und zugehörige exakte χ^2-Prüfgröße mit 3 Freiheitsgraden (links) sowie empirische Verteilung der Prüfgröße des Kruskal-Wallis-Tests bei vier unabhängigen Stichproben mit den Umfängen 5, 6, 7 und 8.

Tab. 6.35: Exakte und simulierte kritische Werte des Kruskal-Wallis-Tests für $\alpha = 0.05$ und $\alpha = 0.01$.

n	n_1	n_2	n_3	exakt q_{95}	simuliert q_{95}	simuliert q_{99}
7	1	2	4	4.82	4.82	4.82
	1	3	3	5.14	4.57	5.14
	2	2	3	4.71	4.50	5.35
8	1	2	5	5.00	4.45	5.25
	1	3	4	5.21	5.21	5.83
	2	2	4	5.13	5.13	6.00
	2	3	3	5.14	5.14	6.25
9	1	3	5	4.87	4.87	6.40
	1	4	4	4.87	4.87	6.17
	2	2	5	5.04	5.04	6.13
	2	3	4	5.40	5.40	6.30
	3	3	3	5.60	5.42	6.49
10	1	4	5	4.86	4.86	6.84
	2	3	5	5.11	5.11	6.82
	2	4	4	5.24	5.24	6.87
	3	3	4	5.72	5.57	6.71
11	1	5	5	4.91	4.91	6.84
	2	4	5	5.27	5.25	7.06
	3	3	5	5.52	5.52	6.98
	3	4	4	5.85	5.58	7.13
12	2	5	5	5.25	5.25	7.27
	3	4	5	5.63	5.62	7.39
	4	4	4	5.65	5.65	7.54
13	3	5	5	5.63	5.63	7.54
	4	4	5	5.62	5.62	7.74
14	4	5	5	5.64	5.64	7.79
15	5	5	5	5.66	5.66	7.94
20	6	7	7		5.79	8.33
24	8	8	8		5.80	8.44
30	10	10	10		5.86	8.67
50	17	17	16		5.92	8.82
∞					5.99	9.21

6.7 χ^2-Test für kategoriale Daten

Der χ^2-Test dient zum Vergleich beobachteter Häufigkeiten B_i in n vorgegebenen Kategorien mit unter einer Nullhypothese H_0 erwarteten Häufigkeiten E_i, $i = 1, \ldots, n$. Er wird zur statistischen Auswertung von kategorialen Daten (nominalskaliert) verwendet.

Üblicherweise werden die Daten kategorialer Stichproben in Mehrfeldertafeln arrangiert.

Da jede stetige Zufallsgröße so transformiert werden kann, dass sie als kategoriale Größe erscheint, ist dieser Test universell einsetzbar. Beispielsweise kann der

Blutdruck, eine stetige Größe, durch geeignete Schwellenwerte in hyperton, normoton oder hypoton kategorisiert werden. Das ist allerdings mit einem Informationsverlust verbunden.

Die Prüfgröße

$$\chi^2 = \sum_i ((B_i - E_i)^2)/E_i$$

ist unter H_o asymptotisch χ^2-verteilt. Ob die asymptotische Aussage bereits gilt, wird durch eine Faustregel entschieden, wenn nämlich $E_i \geq 5$. Das ist ein Kompromiss zwischen der Wahrscheinlichkeit des Ereignisses und dem Stichprobenumfang. Die Freiheitsgrade der χ^2-Verteilung sind dabei abhängig von der Testsituation.

6.7.1 χ²-Test als Anpassungstest

6.7.1.1 Kategorienanzahl n und Verteilungsparameter unbekannt

Beispiel 6.15. In einem historischen Beispiel untersucht Bortkiewicz (1898) die Todesfälle durch Hufschlag in preußischen Kavallerieregimentern und fragt, ob eine Poisson-Verteilung das Zufallsgeschehen beschreibt (s. Abschnitt über die Poisson-Verteilung). Der unbekannte Parameter λ der Poisson-Verteilung wurde dort durch den Mittelwert geschätzt. Inzwischen wissen wir, dass diese Parameterschätzung sowohl eine Momentenschätzung (empirischer Mittelwert wird gleich dem Erwartungswert gesetzt) als auch eine MLH-Schätzung ist:

$$\lambda = 0.61.$$

Unter H_o erwartet man, dass die beobachteten Häufigkeiten B_i und die erwarteten Häufigkeiten $E_i = P(X = i) = \frac{\lambda^i}{i!}e^{-\lambda}$ übereinstimmen. Die Berechnung der Prüfgröße, die diese Übereinstimmung bewertet, ist in der Tab. 6.36 zusammengefasst.

Tab. 6.36: Berechnungsbeispiel für den χ^2-Test als Anpassungstest.

Tod durch Hufschlag i	0	1	2	≥ 3*	Σ
B_i	109	65	22	7	200
$h_i = B_i/n$	.545	.325	.110	.035	1.0
$p_i = P(X = i)$	.543	.331	.101	.025	1.0
$E_i = n \cdot p_i$	108.6	66.2	20.2	5.0 *	200
$\dfrac{(B_i - E_i)^2}{E_i}$	$\dfrac{(109 - 108.6)^2}{108.6}$ $= 0.0015$	$\dfrac{(65 - 66.2)^2}{66.2}$ $= 0.1604$	$\dfrac{(22 - 20.2)^2}{20.2}$ $= 0.4846$	$\dfrac{(7 - 5)^2}{5}$ $= 0.8$	1.4465

* Der Erwartungswert für diese Spalte ist $E_3 = n \cdot P(X \geq 3)$

Man erhält

$$\chi^2 = 1.4465.$$

Der Freiheitsgrad ist

f = (Anz. beob. Kategorien − 1) − (Anz. geschätzter Parameter) = 2.

Der kritische Wert, abgelesen für die Irrtumswahrscheinlichkeit $\alpha = 0.05$ und $f = 2$ ist 5.99. Da 1.4465 kleiner als 5.99 ist, wird H_0 nicht abgelehnt, es ergeben sich damit keine Argumente gegen die Annahme, dass das zufällige Geschehen durch eine Poissonverteilung beschrieben wird. Die Beobachtungswerte passen gut zu den Erwartungswerten, daher der Name dieses χ^2-Tests: „Anpassungstest".

Im Simulationsprogramm `sas_6_27` werden 10 000 Stichproben vom Umfang $n = 200$ von Poisson-verteilten Zufallszahlen zum Parameter $\lambda = 0.61$ gezogen. Jede Stichprobe füllt eine Tabelle analog zu obiger, aus der jeweils die Prüfgröße $\chi^2 = \sum_i ((B_i - E_i)^2)/E_i$ bestimmt wird. Die empirische Verteilung und die χ^2-Verteilung mit dem Freiheitsgrad 2 stimmen hervorragend überein (siehe Abb. 6.31).

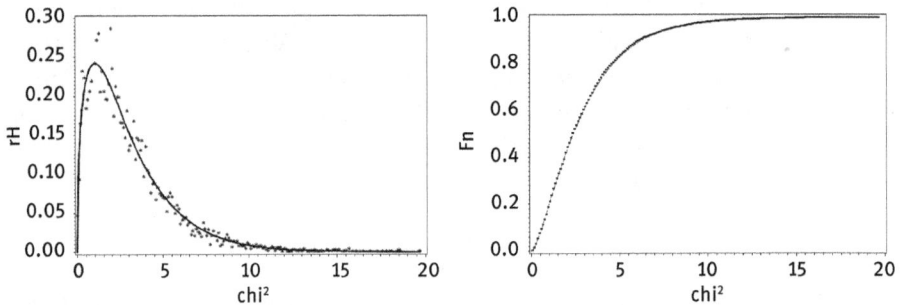

Abb. 6.31: Relative Häufigkeit der Werte der simulierten Prüfgröße χ^2 und χ^2-Dichte mit f = 2 (links) und empirische Verteilung (rechts) beim Anpassungstest an Poisson-verteilte Zufallszahlen.

Aufgabe 6.5. Führen Sie einen Anpassungstest für das Würfeln mit einem gewöhnlichen Spielwürfel durch! Hinweise: Wenn Sie CALL RANDGEN in SAS mit der Option TABLE nutzen, benötigen Sie nur minimale Programmänderungen.

6.7.1.2 Kategorienanzahl n und k Verteilungsparameter bekannt

Beispiel 6.16. Ein bekanntes Vererbungssystem, das eine Rolle in der Vaterschaftsbegutachtung spielt, ist das MN-System mit den Genotypen MM, MN und NN.

In einer Stichprobe vom Umfang n = 1001 wurden folgende Genotypenhäufigkeiten beobachtet:

$$B_1 = H(MM) = 281, B_2 = H(MN) = 499 \quad \text{und} \quad B_3 = H(NN) = 221.$$

Aus der Literatur sei bekannt:

$$p = P(M) = 0.53.$$

Als Genotypenwahrscheinlichkeiten erhält man nach dem Hardy-Weinberg-Gesetz, das auf dem statistischen Prüfstand steht, die von der Allelwahrscheinlichkeit $p = P(M)$ abhängenden Genotypenwahrscheinlichkeiten

$$P(MM) = p^2 = 0.2809,$$

$$P(MN) = 2p(1 - p) = 0.4982$$

und

$$P(NN) = (1 - p)^2 = 0.2209.$$

Die Nullhypothese lautet: Die Beobachtungen sind kompatibel zu einem 2-Allelen-System, in dem das Hardy-Weinberg-Gleichgewicht besteht.

Der χ^2-Anpassungstest wird in Tab. 6.37 berechnet:

Tab. 6.37: Berechnung des χ^2-Anpassungstest bei unbekanntem Parameter p.

	MM	MN	NN	Summe
B_i	281	499	221	1001
E_i	$n \cdot p^2 = 281.18$	$n \cdot 2p(1 - p) = 498.7$	$n \cdot (1 - p)^2 = 221.12$	1001
$\dfrac{(B_i - E_i)^2}{E_i}$	.0001	.0002	.0001	.0004

Der Freiheitsgrad f ist nach einem Satz von Fisher die

Anzahl der Kategorien(Genotypen) – Anzahl der geschätzten Parameter – 1,

im Beispiel $f = (3 - 1) - 1 = 1$. Der errechnete Wert 0.0004 ist deutlich kleiner als der kritische Wert 3.841 der χ^2-Verteilung mit dem Freiheitsgrad 1. H_0 wird beibehalten, die Beobachtungen passen an ein Zweiallelensystem.

6.7.2 χ^2-Test als Median- oder Median-Quartile-Test

6.7.2.1 Mediantest

Beispiel 6.17. Der Test wird an einem Beispiel erläutert. In zwei Behandlungsgruppen (Stichproben) wird das Alter der Patienten untersucht. Es besteht der Verdacht, dass in der Gruppe 2 die älteren Patienten konzentriert sind.

Als Nullhypothese H_0 wird formuliert: Die Messwerte der 1. und 2. Gruppe stammen aus der gleichen Grundgesamtheit. Damit kann man beide Gruppen als eine Stichprobe auffassen und die Ränge und den Median Q_{50} der gemeinsamen 22 Messwerte bestimmen. Immer wenn zwei oder mehrere Messwerte übereinstimmen, wird

Tab. 6.38: Behandlungsgruppen. Patientenalter in zwei Behandlungsgruppen (Original- und Rangdaten).

Gruppe 1		Gruppe 2	
Alter	Rang	Alter	Rang
40	1	63	11
42	2	64	12
43	3	66	13.5
50	4	66	13.5
52	5	67	16
54	6	67	16
55	7.5	70	18.5
55	7.5	70	18.5
56	9	76	20.5
60	10	76	20.5
		81	22
		67	16

ein „mittlerer Rang" vergeben. Der gemeinsame Median liegt mittig zwischen den Messwerten mit Rang 11 und 12:

$$Q_{50} = (x_{(11)} + x_{(12)})/2 = 63.5.$$

Die Messwerte der beiden Messreihen werden in eine 2×2-Tafel (Tab. 6.39) übertragen. Die in Klammern stehenden Werte sind die Erwartungswerte, die man unter H_0 annehmen würde (in der 1. Gruppe 5 Messwerte unterhalb des Medians, 5 oberhalb des Medians, in der 2. Gruppe 6 unterhalb des Medians, 6 oberhalb des Medians).

Tab. 6.39: Einordnung der Beobachtungs- und Erwartungswerte B_i und E_i nach H_0 in eine Vierfeldertafel.

	Messwerte unterhalb $Q_{50} = 63.5$	Messwerte oberhalb $Q_{50} = 63.5$	n
Gruppe 1	$B_1 = 10(E_1 = 5)$	$B_2 = 0(E_1 = 5)$	10
Gruppe 2	$B_3 = 1(E_3 = 6)$	$B_4 = 11(E_4 = 6)$	12

Der χ^2-Test liefert

$$\chi^2 = \sum_i ((B_i - E_i)^2)/E_i = (10 - 5)^2/5 + (0 - 5)^2/5 + (1 - 6)^2/6 + (11 - 6)^2/6 = 18.33.$$

Der Freiheitsgrad einer $(m \times n)$-Tafel ist $(n - 1)(m - 1)$, also hier $f = 1$ und der kritische $\chi^2_{FG, 1-\alpha}$-Wert für $\alpha = 0.05$ von 3.841 (siehe χ^2-Tabelle) wird bei weitem überschritten.

Ein Simulationsexperiment bringt in diesem Falle ernüchternde Ergebnisse. Es sind bei vorgegebenen Stichprobenumfängen n_1 und n_2 nur wenige Tafeln möglich.

Nur B_1 kann variieren, denn B_3, die Anzahl der Beobachtungen unterhalb des gemeinsamen Medians ist funktional von B_1 abhängig. Es muss nämlich

$$B_1 + B_3 = (n_1 + n_2)/2$$

gelten, ebenso

$$B_2 + B_4 = (n_1 + n_2)/2.$$

Damit können im Höchstfall so viele Vierfeldertafeln auftreten, wie B_1 Werte annehmen kann. Wegen $0 \le B_1 \le n_1$ kann es nur $n_1 + 1$ Werte für die empirische χ^2-Verteilung geben. Weil aber im Allgemeinen mehrere Tafeln zum gleichen χ^2-Wert führen, gibt es sogar deutlich weniger χ^2-Werte. Daraus kann man den Schluss ziehen, dass der oben beschriebene Mediantest sehr konservativ sein wird, weil die Wahrscheinlichkeitsmasse auf nur wenigen Punkten verteilt ist.

6.7.2.2 Median-Quartile-Test

Sind die Stichprobenumfänge größer (n_1 und n_2 mindestens 20, denn dann ist $E_i \ge 5$ erfüllt), ist auch die Einteilung in die gemeinsamen Quartilabschnitte denkbar und der so genannte Median-Quartile-Test möglich, ein χ^2-Test zum Freiheitsgrad $f = 3$. Es entsteht dabei folgende 2×4-Tafel:

Tab. 6.40: Tabelle für den Median-Quartile-Test.

	$X \le Q_{25}$	$Q_{25} < X \le Q_{50}$	$Q_{50} < X \le Q_{75}$	$X > Q_{75}$	Summe
Gruppe 1	B_1	B_2	B_3	B_4	n_1
Gruppe 2	B_5	B_6	B_7	B_8	n_2
Summe	$n/4$	$n/4$	$n/4$	$n/4$	$n = n_1 + n_2$

Dass die Testgröße

$$\chi^2 = \sum_{i=1}^{8} ((B_i - E_i)^2)/E_i,$$

mit

$$E_i = n_1/4 \quad \text{für } i = 1, \ldots, 4$$

und

$$E_i = n_2/4 \quad \text{für } i = 5, \ldots, 8,$$

unter der Nullhypothese asymptotisch χ^2-verteilt mit drei Freiheitsgraden ist, soll mit einem Simulationsprogramm illustriert werden.

Es werden im Experiment zwei Stichproben von gleichverteilten Zufallszahlen vom Umfang $n_1 = 20$ und $n_2 = 20$ aus dem Intervall von 0 bis 1 erzeugt. Bezüglich der gemeinsamen Stichprobe werden die Quantile Q_{25}, Q_{50} und Q_{75} geschätzt und für beide Stichproben ausgezählt, wie viele Werte kleiner als das erste Quantil Q_{25} sind, wie viele zwischen Q_{25} und Q_{50}, wie viele zwischen Q_{50} und Q_{75} und wie viele oberhalb von Q_{75} liegen. Mit diesen Anzahlen werden der Median-Quartile-Test durchgeführt und ein χ^2-Wert ermittelt. Führt man dieses Experiment 10 000mal durch, kann man die empirische Verteilung der Prüfgröße ermitteln und beim Vergleich mit der χ^2-Verteilung mit drei Freiheitsgraden stellt man Übereinstimmung fest. Das Programm sas_6_28 erzeugt die Abb. 6.32, den Vergleich der empirischen Prüfgrößenverteilung mit der χ^2-Verteilung mit drei Freiheitsgraden.

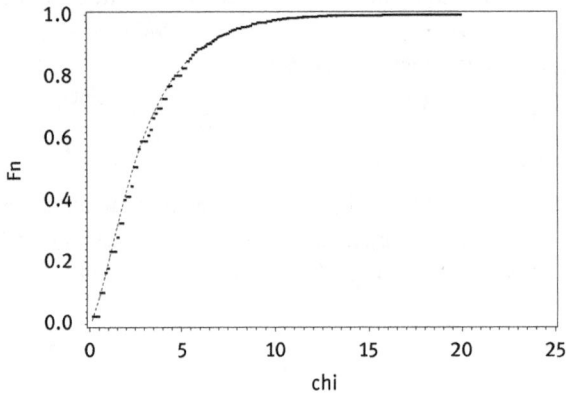

Abb. 6.32: Empirische Verteilung der Prüfgröße beim Median-Quartile-Test (Treppenfunktion) und zugehörige χ^2-Verteilung mit dem Freiheitsgrad 3 (gepunktet).

Bemerkungen

Ebenso wie beim Median-Test nimmt die simulierte Zufallsgröße nur wenige Werte an.

Es ist klar, dass mit wachsendem Freiheitsgrad die erzeugte Menge an empirischen χ^2-Werten größer wird und die wahre Verteilung immer besser angepasst werden kann.

Das SAS-Programm beim Median-Quartile-Test geht von gleichverteilten Zufallszahlen aus. Selbstverständlich ist jede andere Verteilung genauso geeignet. Es wird für den Test lediglich die Ordnung benötigt, mit der die Quartile bestimmt werden können. Mit Stichproben aus normalverteilter oder exponentialverteilter Grundgesamtheit erhält man die gleichen Resultate.

6.7.3 χ^2-Test als Unabhängigkeitstest

Nach dem Vererbungssystem MN, das für Vaterschaftstests verwendet wird, fand man später das sogenannte Sekretorsystem. Damals entstand zunächst die Frage, ob das oben beschriebene MN-Vererbungssystem (Bsp. 6.16) unabhängig vom Sekretorsystem sei, das durch zwei Allele S und s, bei denen S über s dominiert, beschrieben wird.

Möglicherweise sieht man nur andere Wirkmechanismen, die ursächlich aber durch das gleiche Vererbungssystem bedingt sind. Der als s bezeichnete Genotyp besitzt das Allelenpaar ss und unter dem Phänotypen S werden die beiden nicht zu unterscheidenden Genotypen SS und Ss zusammengefasst.

Die Ergebnisse einer Typisierung in beiden Vererbungssystemen in einer Stichprobe vom Umfang n = 1001 erbrachte die in Tab. 6.41 zusammengefassten Resultate.

Die statistische Entscheidung erfolgt durch einen Unabhängigkeitstest.

Definition. 2 Ereignisse A und B heißen unabhängig im wahrscheinlichkeitstheoretischen Sinne, wenn $P(A \cap B) = P(A)P(B)$.

Dann lässt sich die Unabhängigkeitshypothese H_0 als eine sogenannte **Allaussage** formulieren.

$$H_0 : p_{ij} = p_{i.} \cdot p_{.j} \quad \text{für alle i und j,}$$

wobei $p_{i.}$ die Zeilenwahrscheinlichkeit und $p_{.j}$ die Spaltenwahrscheinlichkeit der assoziierten Mehrfeldertafel repräsentieren. Das logische Gegenteil einer Allaussage ist eine **Existenzaussage**.

$$H_A : \text{Es gibt mindestens ein Feld } i_0, j_0 \text{ mit } p_{i_0 j_0} \neq p_{i_0} \cdot p_{j_0}.$$

Dabei sind beispielsweise für das 1. Feld (1. Zeile, 1. Spalte)

$$p_{11} = p_{1.} \cdot p_{.1} = 0.5475 \cdot 0.2807 = 0.1537$$

die erwartete Kästchenwahrscheinlichkeit und

$$E_{11} = n \cdot p_{11} = 1001 \cdot 0.1539 = 153.8$$

die erwartete Anzahl unter H_0. Die übrigen Erwartungswerte sind unter den Beobachtungswerten in Klammern in der Tabelle eingetragen. Als Prüfgröße erhält man:

$$\chi^2 = \frac{(201 - 153.8)^2}{153.8} + \frac{(278 - 273.2)^2}{273.2} + \frac{(69 - 121)^2}{121}$$
$$+ \frac{(80 - 127.2)^2}{127.2} + \frac{(221 - 225.8)^2}{225.8} + \frac{(152 - 100)^2}{100} = 81.57.$$

Der Begriff „Freiheitsgrad" als Anzahl der Felder, deren Belegung man frei wählen kann, wird hier deutlich. Weil die Randwahrscheinlichkeiten festgelegt sind, ist der Freiheitsgrad f beim Unabhängigkeitstest für eine (m × n)-Tafel

$$f = (m - 1) \cdot (n - 1).$$

Im Beispiel sind m = 2 und n = 3, also f = 2.

Der kritische Wert der χ^2-Tabelle $\chi_{f,1-\alpha} = \chi_{2,0.95} = 5.99$ ist wesentlich kleiner als die Prüfgröße. Die Unabhängigkeitshypothese wird abgelehnt, die Alternativhypothese ist statistisch bewiesen. Das M-N-System und das S-s-System sind nicht unabhängig voneinander. Es lässt sich sogar zeigen, dass beide Systeme streng gekoppelt sind. Was dies bedeutet, lese man in den Lehrbüchern der Genetik.

Tab. 6.41: Typisierung einer Stichprobe vom Umfang n = 1001 bezüglich zweier Vererbungssysteme (Tabelle enthält die beobachtete Anzahlen und in Klammern die erwarteten Anzahlen, wenn die Vererbungssysteme unabhängig wären).

	M	MN	N	Summe	Phänotypenwahr-scheinlichkeit
S	201 (153.8)	278 (273.2)	69 (121.0)	548	P(S.) = .5475
s	80 (127.2)	221 (225.8)	152 (100.0)	453	P(ss) = .4525
Summe	281	499	221	1001	
Genotypenwahr-scheinlichkeit	P(MM) = .2807	P(MN) = .4985	P(NN) = .2208		

Aufgabe 6.6. Heute nimmt man an, dass das MNS-System durch vier Allele MS, NS, Ms und Ns mit den drei Wahrscheinlichkeiten $p = P(MS)$, $q = P(NS)$, $r = P(Ms)$ und $1 - p - q - r = P(Ns)$ beschrieben wird. Bei vier Allelen sind zehn Genotypen möglich, die sich sechs Phänotypen unterordnen.

Berechnen Sie aus den Angaben in der Tab. 6.42 die Allelwahrscheinlichkeiten p, q und r wahlweise nach der MLH-Methode oder mit Hilfe des EM-Algorithmus!

Tab. 6.42: Das MNS-System.

Phänotyp Bezeichnung	Unterliegende Genotypen	Wahrscheinlichkeit	Beob. Häufigk.
MS	(MS,MS), (MS,Ms)	$p^2 + 2pr$	201
MNS	(MS,NS), (MS,Ns), (Ms,NS)	$2pq + 2p(1 - p - q - r) + 2qr$	278
NS	(NS,NS), (NS,Ns)	$q^2 + 2q(1 - p - q - r)$	69
Ms	(Ms,Ms)	r^2	80
MNs	(Ms,Ns)	$2r(1 - p - q - r)$	221
Ns	(Ns,Ns)	$(1 - p - q - r)^2$	152
Summe		1	1001

6.7.4 χ^2-Test als Symmetrietest von Bowker für abhängige Stichproben

Der **McNemar-Test,** McNemar (1947), prüft, ob eine 2 × 2-Tafel symmetrisch ist, d. h., ob die Nullhypothese gilt, dass n_{12} und n_{21} gleich sind. Der verallgemeinerte Symmetrie-Test für (n × n)-Tafeln stammt von Bowker (1948).

Unter der Symmetrie-Hypothese H_0 erwartet man, dass die zusammengehörigen und abhängigen beobachteten zufälligen Zellenanzahlen B_{ij} und B_{ji}, die symmetrisch zur Hauptdiagonalen liegen, gleich sind. Man erwartet unter H_0, dass Übergänge von Kategorie i zu Kategorie j zufällig und gleichwahrscheinlich zu den Übergängen von j nach i sind. Die Hauptdiagonale soll dabei die größten Besetzungszahlen aufweisen, das heißt, dass das Verharren im Zustand j der Normalfall ist. Bowker hat gezeigt, dass die Prüfgröße

$$B = \sum_{j=1}^{n} \sum_{i>j}^{n} (B_{ij} - B_{ji})^2 / (B_{ij} + B_{ji})$$

χ^2-verteilt ist mit dem Freiheitsgra df $= n(n-1)/2$. Der Freiheitsgrad ist damit die Anzahl der oberhalb der Hauptdiagonale stehenden Zellen.

Bowker, Albert Hosmer
(*8. September 1919 in Winchendon; † 20. Januar 2008 in Portola Valley)

Beispiel 6.18. Der APGAR-Wert wurde 1953 von der amerikanischen Anästhesistin Virginia Apgar vorgestellt. Er beschreibt den Reifegrad eines Neugeborenen durch 5 Kriterien, nämlich die Herzfrequenz, den Atemantrieb, die Reflexauslösbarkeit, den Muskeltonus und die Hautfarbe. Zur Bewertung jedes Kriteriums wird eine ganzzahlige Zensurenskala von 0 bis 2 angelegt. Die APGAR-Werte ergeben sich als Summe der 5 Einzelwerte und nehmen deshalb Werte zwischen 0 und 10 an.

Von 165 lebenden Zwillingen, d. h., APGAR-Werte nach einer Minute größer 0, soll untersucht werden, ob es Unterschiede im Reifegrad zwischen erst- bzw. zweitgeborenem Zwilling gibt. Die Werte in eine (11×11)-Tafel einschreiben zu wollen, führt bei 121 Zellen und nur 165 Zwillingspaaren zu schwach besetzten Zellen. Deshalb wurde ein „Vergröberung" aus sachlichen Gründen vorgenommen. Die Werte sind in Tab. 6.43 zusammengestellt.

Tab. 6.43: APGAR-Reifegrad des erst- und zweitgeborenen Zwillings.

		APGAR-Wert 2. Zwilling				
		1–4	5,6	7	≥ 8	Summe
APGAR-Wert	1–4	9	6	3	1	19
1. Zwilling	5,6	6	18	6	3	33
	7	5	9	33	11	58
	≥ 8	3	3	8	24	38
	Summe	23	36	50	39	148

Es gibt $9 + 18 + 33 + 24 = 84$ konkordante (übereinstimmende) Zwillingspaare auf der Hauptdiagonale und 81 diskordante (nicht übereinstimmende). Nur die Häufigkeiten der diskordanten Paare gehen in den Test ein.

Man erhält für die Prüfgröße des Bowker-Tests

$$B = (6 - 6)^2/(6 + 6) + (3 - 5)^2/(3 + 5) + (1 - 3)^2/(1 + 3)$$
$$+ (6 - 9)^2/(6 + 9) + (3 - 3)^2/(3 + 3) + (11 - 8)^2/(11 + 8)$$
$$= 2.5737 \leq 12.592 = \chi^2_{f=6, \alpha=0.05}.$$

H_0 wird nicht abgelehnt, die Reifegrade von Zwillingen bei der Geburt können weiterhin als gleich angesehen werden.

Simulation der Prüfgröße des Bowker-Tests für eine 4 × 4-Tafel

Die Simulation ist in `sas_6_29` realisiert. Die Kästchenwahrscheinlichkeiten einer 4 × 4-Tafel werden entsprechend den Testvoraussetzungen speziell gewählt:

– Die größten Wahrscheinlichkeiten werden den Feldern der Hauptdiagonalen zugeordnet, $p_{ii} > p_{ij}$ für alle j.
– Symmetrisch bezüglich der Diagonale gelegene Felder haben unter der Hypothese H_0 gleiche Wahrscheinlichkeit $p_{ji} = p_{ij}$, für $i \neq j$. Als Wahrscheinlichkeitsmatrix wird beispielsweise gewählt:

$$\begin{pmatrix} p_{11} & p_{12} & p_{13} & p_{14} \\ p_{21} & p_{22} & p_{23} & p_{24} \\ p_{31} & p_{32} & p_{33} & p_{34} \\ p_{41} & p_{42} & p_{43} & p_{44} \end{pmatrix} = \begin{pmatrix} 0.10 & 0.05 & 0.03 & 0.01 \\ 0.05 & 0.15 & 0.08 & 0.02 \\ 0.03 & 0.08 & 0.15 & 0.06 \\ 0.01 & 0.02 & 0.06 & 0.10 \end{pmatrix}$$

– Eine gleichverteilte Zufallszahl z aus (0, 1] entscheidet darüber, welches Feld realisiert wird. Die Anfangsbelegung für alle Zellen ist Null. Ist $z \leq p_{11}$, so wird die Belegungszahl B_{11} um 1 erhöht, ist $p_{11} < z \leq p_{11} + p_{12}$, so wird B_{12} um 1 erhöht, ist $p_{11} + p_{12} < z \leq p_{11} + p_{12} + p_{13}$, so wird B_{13} um 1 erhöht, usw. usf.
– Nach n-fachem Ziehen einer Zufallszahl z und Abarbeiten der Prozedur erhält man eine simulierte Tafelbelegung und daraus eine mögliche Realisierung der Prüfgröße B unter der Nullhypothese für den Umfang n.
– Wiederholt man den beschriebenen Algorithmus genügend oft, z. B. 10 000-mal, so erhält man eine empirische Verteilungsfunktion der Prüfgröße. Diese entspricht nach theoretischer Herleitung von Bowker einer χ^2-Verteilung mit $r(r-1)/2$ Freiheitsgraden.

Die Abb. 6.33 enthält die Häufigkeitsfunktion der simulierten Prüfgröße B und zusätzlich die Dichtefunktion der χ^2-Verteilung mit dem Freiheitsgrad $f = 6$. Das SAS-Programm `sas_6_29` realisiert 10 000-mal die Bowker-Prüfgröße. Beim Vergleich ihrer empirischen Verteilung mit der χ^2-Verteilung stellt man fest, dass die Differen-

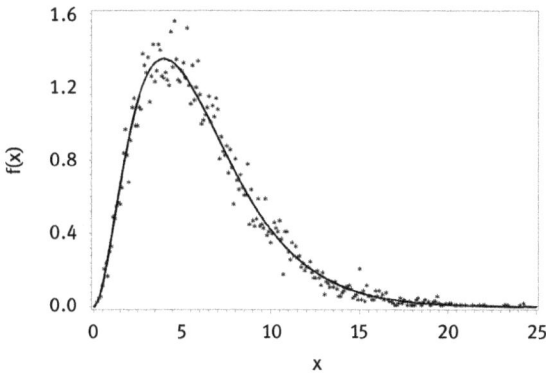

Abb. 6.33: Durch Simulation erzeugte Häufigkeitsfunktion des Bowker-Tests (Sternchen) für eine (4×4)-Tafel und die zugehörige χ^2-Dichte zum Freiheitsgrad 6.

zen zwischen empirischer und χ^2-Verteilung so klein sind, dass sie nicht dargestellt werden können. Unterschiede werden nur bei der relativen Häufigkeitsfunktion und der χ^2-Dichte sichtbar.

6.7.5 Exakter Test von Fisher und der Barnard-Test

Die im vorigen Abschnitt behandelten χ^2-Tests sind asymptotische Tests. Die Prüfgröße genügt erst für große Stichprobenumfänge einer χ^2-Verteilung. Als Faustregel gilt für die Anwendung dieser Tests, dass die Erwartungswerte nicht unter 5 sein sollten, d. h. $n \cdot p_i \geq 5$ und $n \cdot (1 - p_i) \geq 5$. Sind diese Bedingungen nicht erfüllt, können aber immer noch der exakte Test von Fisher (oder von Fisher-Yates) und der Barnard-Test, Barnard (1945), angewendet werden. Sie werden für eine Vierfeldertafel erläutert, sind aber auch für beliebige m × n-Tafeln anwendbar.

Beispiel 6.19. An einer Informationsveranstaltung über Gewichtsreduktion, bei der die schädlichen Folgen des Übergewichts an drastischen Beispielen herausgestellt wurden, nahmen 11 Frauen und 14 Männer teil. Im Anschluss wurde die Bereitschaft abgefragt, an einer Diät teilzunehmen. Die Ergebnisse der Befragung sind in Tab. 6.44 eingetragen.

Tab. 6.44: Bereitschaft zur Teilnahme an einer Gewichtsreduktion in Beziehung zum Geschlecht (Stichprobe).

	Teilnahme	Keine Teilnahme	Summe
Frauen	$a = 9$	$b = 2$	$n_1 = a + b = 11$
Männer	$c = 7$	$d = 7$	$n_2 = c + d = 14$
Summe	$a + c = 16$	$b + d = 9$	$n = 25$

Es soll die H_0-Hypothese geprüft werden, dass die Teilnahmebereitschaft von Frauen und Männern gleich sei, gegenüber der Alternativhypothese H_1, dass sie nicht gleich sei. Wenn H_0 gilt, kann man die beiden Stichproben der Frauen und Männer zu einer Gesamtstichprobe vom Umfang n = 25 vereinen. Die Wahrscheinlichkeit für die Teilnahmebereitschaft kann man mit p = 16/25 = 0.64 schätzen. Für die Nichtteilname liegt unter H_0 die Wahrscheinlichkeit bei 1 − p = 0.36 und die erwartete Häufigkeit für „Frauen, die nicht teilnehmen" bei 0.36 · 11 = 3.96. Der χ^2-Test kommt nicht zur Anwendung, weil dieser Erwartungswert kleiner als 5 ist.

6.7.5.1 Exakter Test von Fisher

Eine Vierfeldertafel ist unter der Bedingung eines festen Randes R, d. h.,

$$a + b = n_1, \quad c + d = n_2, \quad a + c \quad \text{und} \quad b + d$$

sind fest, allein durch eines der Felder, etwa a, eindeutig festgelegt. Die Wahrscheinlichkeit einer solchen Tabelle kann durch die kombinatorische Formel

$$p = P(A = a|R) = \frac{\binom{a+c}{a} \cdot \binom{b+d}{b}}{\binom{n}{a+b}} = \frac{(a+b)!(c+d)!(a+c)!(b+d)!}{a!b!c!d!n!}$$

bestimmt werden. Diese Wahrscheinlichkeit p = P(A = a|R) kommt dadurch zustande, dass A, C und A + C binomialverteilt sind:

$$A \sim B(n_1, p), \quad C \sim B(n_2, p) \quad \text{und} \quad A + C \sim B(n, p).$$

Es werden alle Tafeln erstellt, die dieselben Randsummen haben. Die Summe aus der Wahrscheinlichkeit der vorgelegten Tafel und aller Tafeln, deren Wahrscheinlichkeit kleiner ist als diese – mithin seltener und unwahrscheinlicher – entscheidet über die Annahme bzw. Ablehnung von H_0.

Ist die Summe nämlich kleiner als die vorgegebene Irrtumswahrscheinlichkeit α = 0.05 (0.01) wird H_0 verworfen und H_1 angenommen, ist sie größer als α wird H_0 nicht abgelehnt. In Tab. 6.45 sind alle Tafeln mit ihren Tafelwahrscheinlichkeiten aufgeführt.

Die Tafel in Tab. 6.44 hat bereits eine Wahrscheinlichkeit von

$$P(A = 9|R) = \frac{\binom{16}{9} \cdot \binom{9}{2}}{\binom{25}{11}} = 0.0924,$$

kleinere Wahrscheinlichkeiten (vergleiche Tab. 6.45) haben die Tafeln

$$\begin{pmatrix} 5 & 6 \\ 11 & 3 \end{pmatrix}, \begin{pmatrix} 10 & 1 \\ 6 & 8 \end{pmatrix}, \begin{pmatrix} 4 & 7 \\ 12 & 2 \end{pmatrix}, \begin{pmatrix} 3 & 8 \\ 13 & 1 \end{pmatrix}, \begin{pmatrix} 11 & 0 \\ 5 & 9 \end{pmatrix} \quad \text{und} \quad \begin{pmatrix} 2 & 9 \\ 14 & 0 \end{pmatrix}.$$

Tab. 6.45: Alle Vierfeldertafeln mit festen Rändern und ihre Wahrscheinlichkeiten, absteigend geordnet.

a	Tafel	P(a|R)]	Rang
11	$\begin{pmatrix} 11 & 0 \\ 5 & 9 \end{pmatrix}$	0.0010	9
10	$\begin{pmatrix} 10 & 1 \\ 6 & 8 \end{pmatrix}$	0.0162	6
9	$\begin{pmatrix} 9 & 2 \\ 7 & 7 \end{pmatrix}$	0.0924	4
8	$\begin{pmatrix} 8 & 3 \\ 8 & 6 \end{pmatrix}$	0.2425	2
7	$\begin{pmatrix} 7 & 4 \\ 9 & 5 \end{pmatrix}$	0.3234	1
6	$\begin{pmatrix} 6 & 5 \\ 10 & 4 \end{pmatrix}$	0.2264	3
5	$\begin{pmatrix} 5 & 6 \\ 11 & 3 \end{pmatrix}$	0.0823	5
4	$\begin{pmatrix} 4 & 7 \\ 12 & 2 \end{pmatrix}$	0.0147	7
3	$\begin{pmatrix} 3 & 8 \\ 13 & 1 \end{pmatrix}$	0.0011	8
2	$\begin{pmatrix} 2 & 9 \\ 14 & 0 \end{pmatrix}$	0.00003	10

Die kumulierte Wahrscheinlichkeit

$$0.0924 + (0.0823 + 0.0162 + 0.0147 + 0.0011 + 0.0010 + 0.00003)$$

nimmt den Wert 0.12543 an, H_0 wird folglich nicht abgelehnt.

Fisher, Ronald Aylmer
(* 17. Februar 1890 in London; † 29. Juli 1962 in Adelaide)

Das SAS-Programm `sas_6_30` realisiert den exakten Test von Fisher in der Prozedur PROC FREQ durch die Tafeloption **Fisher.** Darüber hinaus wird auch die Tafelwahrscheinlichkeit angegeben. Durch Veränderung der Dateneingabe im Programm kann man die einzelnen Tafelwahrscheinlichkeiten der Tab. 6.45 überprüfen.

Bemerkungen. Der Rechenaufwand wird für größere m × n-Tafeln schnell sehr groß, die Rechenzeit auch für heutige Computer sehr lang. Das liegt daran, dass sehr viele Tabellen berücksichtigt werden müssen. Gute Statistikprogramme wie SAS geben eine Warnung aus, wenn die Rechenzeit groß wird.

Liebermeister, ein Greifswalder Mediziner, hat etwa 1860 einen ähnlichen Test ersonnen, der als einseitiger Test sogar dem exakten Test von Fisher vorzuziehen ist, weil der Fehler 2. Art kleiner ist. Man erhöht nach Liebermeister willkürlich das a- und d-Feld um 1, mithin erhöht man beide Teilstichproben jeweils um 1. Mit dieser Tabelle rechnet man genauso wie mit dem Fisher-Test. Es leuchtet ein, dass bei der Erhöhung der Zustimmung bei den Frauen und der Erhöhung der Nichtzustimmung bei den Männern schneller eine Testentscheidung erzwungen wird, die Power (1-Fehler 2. Art) also ansteigt.

Der Fisher-Test, wie er bisher durchgeführt wurde, ist ein zweiseitiger. Die einseitigen Tests werden nicht nach den Wahrscheinlichkeiten der Tafeln sondern nach der Zufallsgröße A geordnet.

Tab. 6.46: Relative Häufigkeit und Wahrscheinlichkeit stimmen überein (Simulationsumfang 1000).

a	Anzahl	Relative Häufigkeit	Wahrscheinlichkeit
2	0	0.000	0.00003
3	1	0.001	0.00110
4	19	0.019	0.01470
5	84	0.084	0.08230
6	223	0.223	0.22640
7	320	0.320	0.32340
8	246	0.246	0.24250
9	96	0.096	0.09240
10	10	0.010	0.01620
11	1	0.001	0.00100

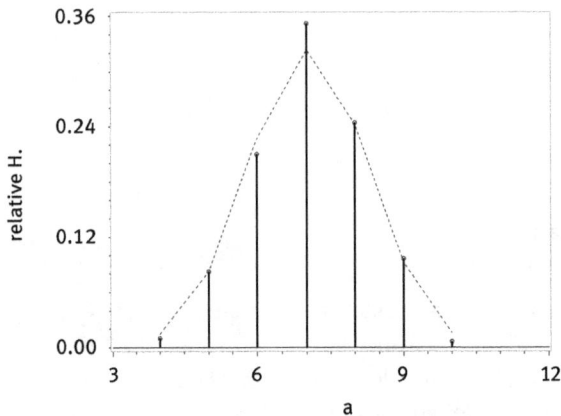

Abb. 6.34: Exakte (verbunden mit durchgehender Linie)und simulierte (Stern) Prüfgröße des exakten Fisher-Tests für $n_1 = 11$, $n_2 = 14$, $r_1 = 16$ und $r_2 = 9$ bei einem Simulationsumfang von 1000.

Beim rechtsseitigen Test gelten die Tafeln $\left(\begin{smallmatrix} 10 & 1 \\ 6 & 8 \end{smallmatrix}\right)$ und $\left(\begin{smallmatrix} 11 & 0 \\ 5 & 9 \end{smallmatrix}\right)$ und beim linksseitigen $\left(\begin{smallmatrix} 5 & 6 \\ 11 & 3 \end{smallmatrix}\right)$, $\left(\begin{smallmatrix} 4 & 7 \\ 12 & 2 \end{smallmatrix}\right)$, $\left(\begin{smallmatrix} 3 & 8 \\ 13 & 1 \end{smallmatrix}\right)$ und $\left(\begin{smallmatrix} 2 & 9 \\ 14 & 0 \end{smallmatrix}\right)$ als seltener. Man erhält deshalb für den rechtsseitigen Test $P_r = 0.1095$ und für den linksseitigen $P_l = 0.9829$. Mit $P_r + P_l - 1 = 0.0924$ ergibt sich wiederum die Tafelwahrscheinlichkeit.

Ein Simulationsexperiment (Modifikation des SAS-Programms `sas_6_30`) soll überprüfen, ob die nach der kombinatorischen Formel errechneten Wahrscheinlichkeiten dem Experiment entsprechen. Dazu werden für das oben geschätzte p = 0.64 zwei Stichproben vom Umfang 11 und 14 gezogen.

Diese werden verworfen, wenn die Randsummen a + c $\neq$ 16 bzw. b + d $\neq$ 9 sind, und einfach erneut gezogen.

6.7.5.2 Barnard-Test

Eine Alternative zum exakten Fisher-Test, den Test von Barnard findet man – sicher wegen des hohen Rechenaufwandes – auch nach der Vereinfachung der Kalkulation der Barnard-Prüfgröße durch Mato, Andres (1997) in Software-Paketen zur Statistik viel zu selten. Das SAS-Programm `sas_6_31` führt den Test durch. Eingegeben wird die Vierfeldertafel.

Die Bezeichnungen der Vierfeldertafel vom exakten Fisher-Test (Tab. 6.44) werden beibehalten. Vorausgesetzt, unter H_0 gilt $p_1 = p_2 = \pi$, dann ist die Wahrscheinlichkeit einer beobachteten Tafel X

$$P(X|\pi) = \binom{n_1}{a}\binom{n_2}{c}\pi^{a+c}(1-\pi)^{n-a-c}.$$

Die Summe aus den Wahrscheinlichkeiten der vorliegenden Tafel und denen aller extremeren im Barnardschen Sinne ist die exakte Wahrscheinlichkeit der Prüfgröße

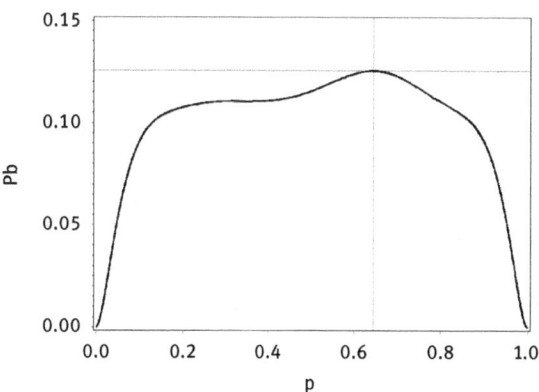

Abb. 6.35: $P_B = \sup(p(\pi) : \pi \in (0,1))$ des Barnard-Testes für die Vierfeldertafel $\left(\begin{smallmatrix} 9 & 2 \\ 7 & 7 \end{smallmatrix}\right)$. Führt man die Berechnung des Barnard-Testes (siehe `sas_6_31`) für die Vierfeldertafel $\left(\begin{smallmatrix} 9 & 2 \\ 7 & 7 \end{smallmatrix}\right)$ durch, erhält man die Wahrscheinlichkeit $P_B = 0.12546 > 0.05 = \alpha$, d. h., H_0 wird nicht abgelehnt.

des Barnard-Tests, wenn man den H_0-Parameter π kennen würde:

$$p(\pi) = \sum_{T(X) \geq T(X_0)} P(X|\pi) \qquad (*)$$

Was extremer im Barnardschen Sinne ist, das bestimmt die bekannte Wald-Statistik

$$T(X) = \frac{\hat{\pi}_a - \hat{\pi}_c}{\sqrt{\bar{\pi}(1 - \bar{\pi})(1/n_1 + 1/n_2)}},$$

wobei $\hat{\pi}_a = a/n_1$, $\hat{\pi}_c = c/n_2$ und $\bar{\pi} = (a+c)/(n_1 + n_2)$ sind. Die aufwändige Berechnung kommt durch die Gleichung (*) wegen der Abhängigkeit vom Parameter π zustande. Der Barnard-Test wählt dasjenige P_B aus, für das gilt

$$P_B = \sup(p(\pi) : \pi \in (0, 1)).$$

6.8 Anpassungstests (Goodness of fit tests)

Im vorangehenden Abschnitt wurde der David-Test besprochen. Er prüft, ob das Verhältnis zwischen empirischer Spannweite und Streuung bestimmte kritische Werte nicht übersteigt. Bei hypothetisch unterstellter Normalverteilung, bei der bekanntlich die Messwerte dicht beim Mittelwert liegen, ist das der Fall. Deshalb gehört der David-Test letztendlich in die Gruppe der sogenannten Anpassungstests, speziell zu den Normalitätstests. Die Normalverteilungsvoraussetzung ist für viele weitergehende Analysen gefordert, beispielsweise die Verschiebungsanalysen, etwa den t-Test. Histogramm und Normalwahrscheinlichkeitsplots (QQ-Plot oder PP-Plot) werden häufig zur subjektiven visuellen Überprüfung einer Verteilung auf Normalverteilung eingesetzt. Aber nur der Anpassungstest kann ein statistisch begründetes objektives Urteil fällen.

Prinzipiell gibt es zwei große Gruppen von Anpassungstest. Die einen beziehen sich auf die empirische Verteilungsfunktion und die unter der Nullhypothese unterstellte Verteilungsfunktion. Die Prüfgrößen nutzen die Differenzen zwischen diesen beiden Verteilungsfunktionen. Dazu gehören der Kolmogorov-Smirnov-Test, der Lilliefors-Test, der Kuiper-Test und der Cramer-von-Mises-Test. Andere Tests beziehen sich auf Momente der unterstellten Verteilung, etwa der David-Test auf Spannweite und Streuung der Normalverteilung, der Shanton-Bowman-Test und seine Weiterentwicklung, der Jarque-Bera-Test oder der D'Agostino-Test, bei denen Schiefe und Exzess eingehen, letztendlich die dritten und vierten Verteilungsmomente.

Manche Anpassungstests können eine Vielzahl hypothetischer Verteilungen analysieren, besonders wichtig sind aber die Tests auf Normalverteilung.

6.8.1 Kolmogorov-Smirnov-Anpassungstest

Der Kolmogorov-Smirnov-Anpassungstest (KSA-Test) wurde von Andrei Nikolajewitsch Kolmogorov und Wladimir Iwanowitsch Smirnov entwickelt, um zu überprü-

fen, ob eine Zufallsvariable einer zuvor hypothetisch angenommenen Wahrscheinlichkeitsverteilung folgt, Kolmogorov (1933, 1941), Smirnov (1948).

Man betrachtet eine (realisierte) Stichprobe $x_1, \ldots, x_n$, die aus einer unbekannten Grundgesamtheit stammt, für die man unter H_0 die Verteilungsfunktion $F_0(x)$
unterstellt. Die zweiseitig formulierten Hypothesen lauten dann:

$$H_0 : F_n(x) = F_0(x)$$

und

$$H_1 : F_n(x) \neq F_0(x),$$

wobei $F_n(x)$ die empirische Verteilungsfunktion ist. Der KSA-Test vergleicht die empirische Verteilungsfunktion F_n einer Stichprobe vom Umfang n mit einer unter H_0
fixierten beliebigen Verteilungsfunktion F_0, mittels der Teststatistik

$$d_n = \sup_x |F_n(x) - F_0(x)|,$$

wobei sup das Supremum der Abstände zwischen empirischer und hypothetischer
Verteilungsfunktion bezeichnet. Auf Grund der rechtsseitigen Stetigkeit der empirischen Verteilung und ihrer endlichen Anzahl an Sprungstellen gilt:

$$d_n = \max_i \{|F_n(x_i) - F_0(x_i)|, |F_n(x_{i-1}) - F_0(x_i)|\}.$$

Nach einem Satz von Gliwenko-Cantelli strebt die empirische Verteilung unter H_0
mit der Wahrscheinlichkeit 1 („fast sicher") gleichmäßig gegen die Verteilungsfunktion von X. Ganz wichtig ist: Die Teststatistik ist unabhängig von der hypothetischen
Verteilung F_0. Deshalb kann man sich bei der Simulation der Testgröße auf den einfachsten Fall, die Gleichverteilung auf dem Intervall von 0 bis 1, beschränken.

Smirnov, Wladimir Iwanowitsch
(* 10. Juni 1887 in St. Petersburg;
† 11.Februar 1974 in Leningrad)

Kolmogorov, Andrei Nikolajewitsch
(* 25. April 1903 in Tambow;
† 20. Oktober 1987 in Moskau)

Bemerkungen. Bis n = 40 liegen für den Kolmogorov-Smirnov-Test die kritischen
Werte vor (s. Tab. 6.48). Für größere n werden sie näherungsweise mit Hilfe einer
einfachen Formel bestimmt:

$$d_n = \frac{\sqrt{\ln(\sqrt{\frac{2}{\alpha}})}}{\sqrt{n}}.$$

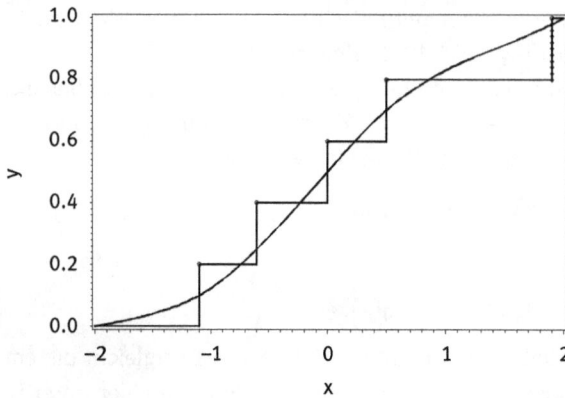

Abb. 6.36: Prüfgröße des Kolmogorov-Smirnov-Tests (gepunktete senkrechte Linie, oberste Treppenstufe) erstellt mit sas_6_32.

Diese Näherungsformel gewinnt man aus dem von Kolmogorov und Smirnov bewiesenen Satz, dass die asymptotische Wahrscheinlichkeit durch eine schnell konvergierende Reihe beschrieben werden kann, deren jeweiliger Wert durch die numerische Partialsummenbildung für $\lambda > 0$ erhalten werden kann:

$$g(\lambda) = \lim_{n \to \infty} P\left(d_n < \frac{\lambda}{\sqrt{n}}\right) = \sum_{j=-\infty}^{\infty} (-1)^j \exp(-2j^2\lambda^2).$$

Diese asymptotische Verteilung $g(\lambda)$ wird mit dem SAS-Programm sas_6_33 berechnet und ist in Abb. 6.37 dargestellt.

Der Kolmogorov-Smirnov-Test ist ein nichtparametrischer Test. Ursprünglich wurde er für stetig verteilte Merkmale entwickelt. Er gilt aber auch für diskrete und sogar rangskalierte Merkmale.

Der KSA-Test ist ein globaler Test, er gilt auf dem gesamten Definitionsbereich der Zufallsgröße.

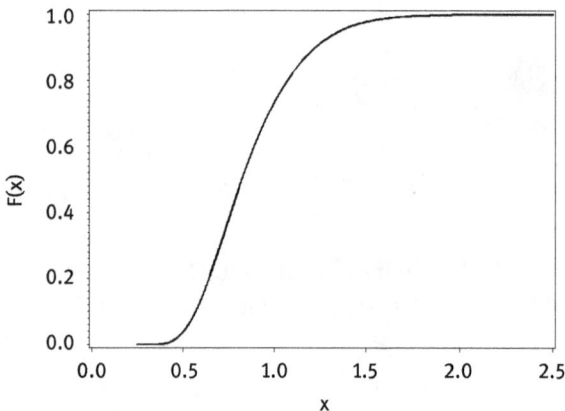

Abb. 6.37: Asymptotische Kolmogorov-Smirnov-Verteilung $g(\lambda) = \lim_{n \to \infty} P(D_N < \frac{\lambda}{\sqrt{n}}) = \sum_{j=-\infty}^{\infty} (-1)^j \exp(-2j^2\lambda^2)$.

Beispiel 6.20. In einem Unternehmen, das Medikamente herstellt, wurde im Rahmen der Qualitätssicherung der Produktion die in einer Tablette enthaltene Wirkstoffmenge X in µg für n = 8 zufällig ausgewählte Tabletten gemessen. Es soll geprüft werden, ob die geforderten Parameter µ und σ^2 der Verteilung von X, nämlich X ∼ N(µ, σ^2) = N(10, 1), bei der Produktion eingehalten wurden.

Bei einem Signifikanzniveau von α = 0, 05 soll getestet werden, ob das Merkmal X in der Grundgesamtheit normalverteilt ist mit den Parametern µ = 10 und σ = 1, also

$$H_0 : F_X(x) = F_0(x) = \Phi_{(\mu,\sigma^2)}(x) = \Phi_{(10,1)}(x)$$

mit Φ als Verteilungsfunktion der Normalverteilung. Bei der Analyse im Qualitätslabor ergaben sich die in der Tab. 6.47 zusammengestellten Messwerte.

In der Tabelle bezeichnen x_i die i-te Beobachtung, $F_n(x_i)$ = i/n den Wert der empirischen Verteilungsfunktion der i-ten Beobachtung und $F_0(x_i)$ den Wert der Normalverteilungsfunktion an der Stelle x_i mit den Parametern µ = 10 und σ = 1. Die fünfte und sechste Spalte geben die Differenzen $|F_n(x_i) - F_0(x_i)|$ und $|F_n(x_{i-1}) - F_0(x_i)|$ an. Der kritische Wert, der bei n = 8 und α = 0, 05 zur Ablehnung führte, wäre 0.457 (s. Tab. 6.48). Die größte absolute Abweichung in der Tab. 6.47 ist 0.21549 in der Zeile i = 3 und ist fett gedruckt. Dieser Wert ist kleiner als der kritische Wert, daher wird die Hypothese H_0 nicht abgelehnt.

Tab. 6.47: Berechnungsbeispiel für den KSA-Test.

i	Messwerte x_i	$F_n(x_i)$ = i/n	$F_0(y_i)$, y_i = (x_i – 10)	$|F_n(x_i) - F_0(x_i)|$	$|F_n(x_{i-1}) - F_0(x_i)|$
1	8.9167	0.125	0.13933	0.014334	–
2	9.3758	0.250	0.26624	0.016238	0.14124
3	9.9134	0.375	0.46549	0.090491	**0.21549**
4	9.9201	0.500	0.46815	0.031848	0.09315
5	10.3966	0.625	0.65416	0.029160	0.15416
6	10.5137	0.750	0.69625	0.053746	0.07125
7	11.8048	0.875	0.96445	0.089449	0.21445
8	12.2383	1.000	0.98740	0.012601	0.11240

Simulation der Prüfgröße des KSA-Tests

Ein großer Vorteil besteht darin, dass die beobachtete stetige Zufallsvariable aus einer beliebigen stetigen Verteilung folgen darf. Die Verteilung der Prüfgröße des KSA-Tests ist für alle Verteilungen identisch. Dies macht den Test so vielseitig einsetzbar. Für die Simulation der Prüfgröße kann prinzipiell jede Verteilung herangezogen werden. Im SAS-Programm `sas_6_34` wurde die Gleichverteilung auf dem Einheitsintervall gewählt. Zufallszahlen aus dieser Gleichverteilung werden in SAS mit der Funktion `UNIFORM(.)` aufgerufen.

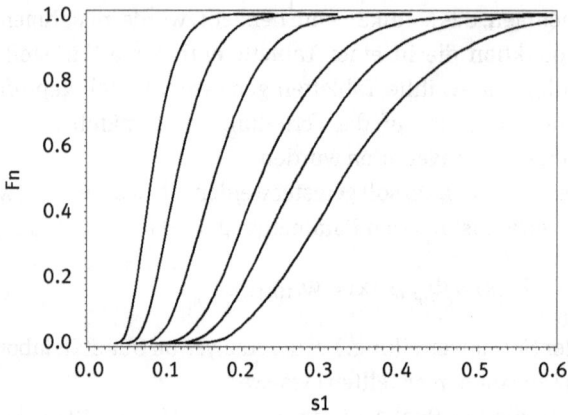

Abb. 6.38: Simulierte Verteilung der Prüfgrößen des Kolmogorov-Smirnov-Anpassungstests für Stichprobenumfänge n = 5, 8, 12, 24, 50 und 100 (von rechts nach links).

Tab. 6.48: Exakte und simulierte kritische Werte des Kolmogorov-Smirnov-Tests und simulierte kritische Werte des Lilliefors-Tests.

Stich-probenumfang n	$\alpha = 0.05$			$\alpha = 0.01$		
	exakt	KSA simuliert	Lilliefors simuliert	exakt	KSA simuliert	Lilliefors simuliert
5	.565	0.545	0.34275	.669	0.644	0.39593
6	.521	0.508	0.32316	.618	0.603	0.36988
7	.486	0.475	0.30476	.577	0.565	0.34755
8	.457	0.448	0.28988	.543	0.535	0.33589
9	.432	0.426	0.27602	.514	0.50913	0.31753
10	.410	0.406	0.26501	.490	0.489	0.30394
11	.391	0.388	0.25316	.468	0.465	0.29183
12	.375	0.374	0.24210	.450	0.449	0.28284
13	.361	0.361	0.23392	.433	0.432	0.27107
14	.349	0.348	0.22555	.418	0.416	0.26616
15	.338	0.336	0.21876	.404	0.408	0.25282
16	.328	0.326	0.21324	.392	0.390	0.24863
17	.318	0.317	0.20797	.381	0.381	0.24026
18	.309	0.308	0.20499	.371	0.370	0.23474
19	.301	0.301	0.19621	.363	0.361	0.22668
20	.294	0.294	0.19267	.356	0.352	0.22387
25	.270	0.263	0.17257	.320	0.315	0.20234
30	.240	0.241	0.15999	.290	0.289	0.18600
35	.230	0.224	0.14732	.270	0.268	0.17108
n > 35	$\dfrac{1.36}{\sqrt{n}}$			$\dfrac{1.63}{\sqrt{n}}$		

6.8.2 Lilliefors-Test

Der Lilliefors-Test ist eine Modifizierung des Kolmogorow-Smirnow-Tests. Benannt wurde er nach Hubert Lilliefors, der ihn 1967 erstmals beschrieb, Lilliefors (1967).

Lilliefors, Hubert Whitman
(* 1928; † 23. Februar 2008 in Bethesda)

Die Prüfgrößenbestimmung des Lilliefors-Tests ist ähnlich der des KSA-Tests. Es wird aber nicht eine theoretische Verteilung mit vorgegebenen Verteilungsparametern gewählt, sondern die Verteilungsparameter werden aus der Stichprobe geschätzt. Beim Lilliefors-Test auf Normalverteilung schätzt man den Erwartungswert durch den Mittelwert m und die Standardabweichung durch s und ermittelt daraus die Normalverteilung N(m, s). Aus deren Verteilung und der empirischen Verteilung der Stichprobe wird die analoge Prüfgröße zum KSA-Test gebildet. Natürlich sind die Werte dieser Prüfgröße gegenüber vorgelegten Parameterwerten der Verteilung kleiner, weil eine geschätzte Verteilung stets besser angepasst ist als eine mit hypothetischen H_0-Parametern.

Die mit dem SAS-Simulationsprogramm `sas_6_35` ermittelten kritischen Werte sind in der Tab. 6.48 neben den kritischen Werten des KSA-Tests enthalten.

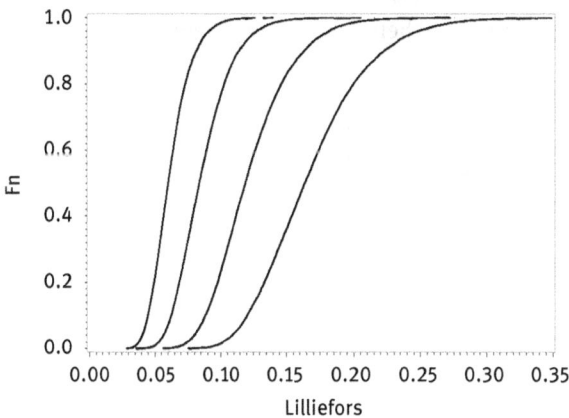

Abb. 6.39: Simulierte Verteilung der Prüfgröße des Lillieforth-Anpassungstests für Stichprobenumfänge n = 12, 24, 50 und 100 (von rechts nach links).

6.8.3 Kuiper-Test

Der Kuiper-Test ist nach dem niederländischen Mathematiker Nicolaas Kuiper benannt Kuiper (1960). Der Test steht in enger Beziehung zum KSA-Test.

Es sei F die Verteilungsfunktion einer stetigen Zufallsvariable, die in der Nullhypothese konkretisiert wird. Einer Stichprobe $x_1, x_2, .., x_n$ vom Umfang n entsprechen dann die Werte der Verteilungsfunktion $z_i = F(x_i)$. Dann definieren

$$D^+ = \max(i/n - z_i),$$

und

$$D^- = \max(z_i - (i-1)/n)$$

die Prüfgröße des Kuiper-Tests

$$V = D^+ + D^-.$$

Beim KSA-Test war die Prüfgröße

$$d_n = \max(|F_n(x_i) - F_0(x_i)|, |F_n(x_{i-1}) - F_0(x_i)|)$$
$$= \max\left(\left|\frac{i}{n} - F_0(x_i)\right|, \left|\frac{i-1}{n} - F_0(x_i)\right|\right) = \max(D^+, D^-).$$

Diese kleine Veränderung der Prüfgröße des Kuiper- gegenüber dem KSA-Test bewirkt dennoch große Unterschiede. Diese machen den Kuiper-Test invariant gegen zyklische Transformationen der unabhängigen Zufallsvariablen, etwa zyklische Variationen in der Zeit (Jahresgänge, Quartalseinflüsse, Wochen- oder Tagesgänge).

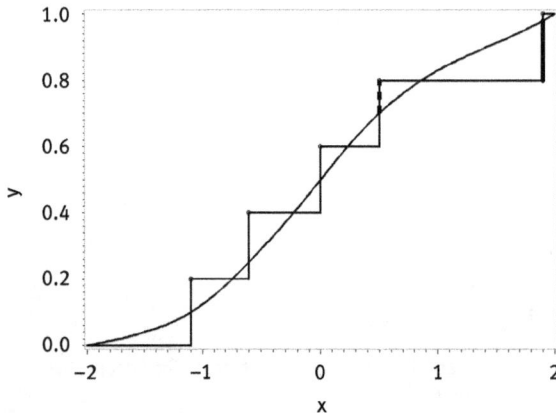

Abb. 6.40: Prüfgröße des Kuiper-Tests $V = D^+ + D^-$ (fette senkrechte Linie D^+, fette gestrichelte Linie D^-, Abstände $D^+ = |F_n(x_i) - F(x_i)|$ zwischen empirischer Verteilungsfunktion (Treppenfunktion) und Verteilungsfunktion (stetige Funktion) unter H_0 als volle Linie und Abstände $D^- = |F_n(x_{i-1}) - F(x_i)|$ als gestrichelte Linie (erstellt mit sas_6_36).

Aufgabe 6.7. Tafeln mit kritischen Werten liegen vor. Das SAS-Simulationsprogramm zum Kuiper-Test sas_6_37 sieht die Ausgabe von kritischen Werten vor und ermöglicht das Aufstellen solcher – durch Simulation entstandener – Tafeln. Erstellen Sie unter Verwendung von sas_6_37 die Kuiper-Tafeln für $\alpha = 0.05$ und $\alpha = 0.01$ sowie n = 5 bis 20.

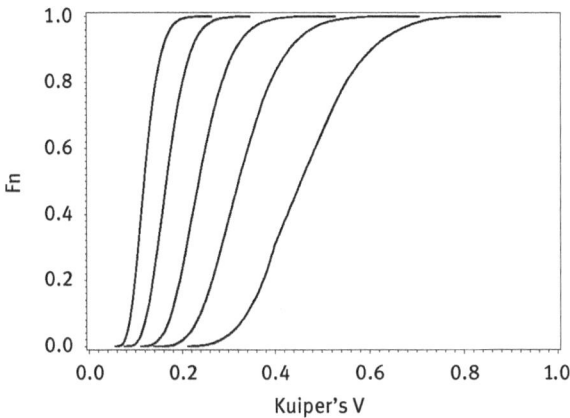

Abb. 6.41: Simulierte Verteilung der Prüfgröße des Kuiper-Tests als Normalitätstest für den Stichprobenumfang n = 5, 12, 24, 50 und 100 (von rechts nach links).

6.8.4 Anderson-Darling-Test

Der Anderson-Darling-Anpassungstest prüft, ob die Häufigkeitsverteilung der Daten einer Stichprobe signifikant von einer vorgegebenen hypothetischen Wahrscheinlichkeitsverteilung abweicht. Die bekannteste Anwendung dieses Anpassungstests ist der Einsatz als Normalitätstest, ob eine Stichprobe aus einer normalverteilten Grundgesamtheit stammen könnte. Er ist nach den amerikanischen Mathematikern Theodore Wilbur Anderson und Donald Allan Darling benannt, die ihn 1952 erstmals beschrieben haben, Anderson, Darling (1952).

Darling, Donald Allan
(* 4. Mai 1915 in Los Angeles)

Testbeschreibung

Der Anderson-Darling-Test beruht auf einer Transformation, die auf die nach der Größe sortierten Werte einer Stichprobe angewandt wird, um eine Gleichverteilung anhand der Verteilungsfunktion der vorgegebenen hypothetischen Wahrscheinlichkeitsverteilung zu erhalten. Als Prüfgröße gilt

$$A^2 = -n - S$$

mit

$$S = \sum_{k=1}^{n} \frac{2k-1}{n} (\ln(F(Y_k) + \ln(1 - F(Y_{n+1-k})))).$$

Wegen $F(Y_k) = P(X \le y_k)$ und $1 - F(Y_{n+1-k}) = P(X > y_{n+1-k})$, den Wahrscheinlichkeiten des „linken" und „rechten" Schwanzes der Verteilung, lassen sich die Summanden von S als

$$\frac{2k-1}{n} \ln(P(X \le y_k) \cdot P(X > y_{n+1-k})) = \ln \left(\frac{(P(X \le y_k) \cdot P(X > y_{n+1-k}))^{2k-1}}{(P(X \le y_k) \cdot P(X > y_{n+1-k}))^n} \right)$$

schreiben. Dadurch gilt

$$\exp(S) = \prod \frac{(P(X \le y_k) \cdot P(X > y_{n+1-k}))^{2k-1}}{(P(X \le y_k) \cdot P(X > y_{n+1-k}))^n}.$$

Es werden mithin alle gewichteten Produkte $(P(X \le y_k) \cdot P(X > y_{n+1-k}))^{2k-1}$ von linken und rechten Schwanzwahrscheinlichkeiten, genormt durch $(P(X \le y_k) \cdot P(X > y_{n+1-k}))^n$, in die Prüfgröße einbezogen.

Der Anderson-Darling-Test kann ab einem Stichprobenumfang von $n \ge 8$ eingesetzt werden.

Im Vergleich zum Kolmogorow-Smirnow-Test hat der Anderson-Darling-Test eine höhere Power. Diese ist jedoch abhängig von der vorgegebenen Wahrscheinlichkeitsverteilung, entsprechende Tabellen liegen für die Normalverteilung, die logarithmische Normalverteilung, die Exponentialverteilung, die Weibull-Verteilung, die Typ-I-Extremwertverteilung und die logistische Verteilung vor. Mit Hilfe des SAS-Simulationsprogramms `sas_6_38` ist die folgende Abb. 6.42 erstellt. Man kann mit dem Programm auch die empirische Entscheidungstabelle für jede Verteilung mit ausreichender Genauigkeit aufstellen.

Für den speziellen Einsatz als Normalitätstest gilt der Anderson-Darling-Test als einer derjenigen mit der höchsten Power, d. h., dem kleinsten Fehler 2. Art!

Aufgabe 6.8. Erstellen Sie mit Hilfe des SAS-Programms `sas_6_38` die Tabellen der kritischen Werte für $n = 8, \ldots, 20$, $\alpha = 0.05$ und $\alpha = 0.01$.

6.8.5 Cramér-von-Mises-Test

Es wird der Cramér-von-Mises-Test als Anpassungstest (Ein-Stichproben-Fall) behandelt. Dass mit ihm auch Häufigkeitsverteilungen von zwei verschiedenen Stichpro-

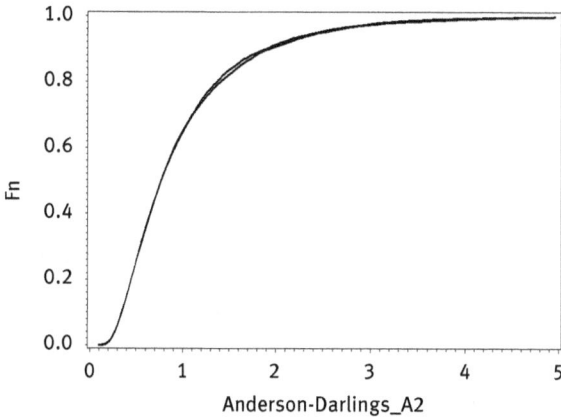

Abb. 6.42: Empirische Verteilung der Anderson-Darling-Prüfgröße für Stichprobenumfänge n = 10 und n = 100 bei je 10 000 durchgeführten Simulationen.

ben (Zwei-Stichproben-Fall) auf Gleichheit der Verteilungen geprüft werden können, bleibt unberücksichtigt. Der Test ist nach Harald Cramér und Richard von Mises benannt, die ihn zwischen 1928 und 1930 entwickelt haben. Die Verallgemeinerung für den Zwei-Stichproben-Fall stammt von Anderson (1962).

Für den Vergleich der Häufigkeitsverteilung einer Stichprobe mit einer vorgegebenen hypothetischen Wahrscheinlichkeitsverteilung berechnet sich die Testgröße T aus den aufsteigend sortierten Stichprobenwerten $x_1, x_2, \ldots, x_n$ und der Verteilungsfunktion F der vorgegebenen Wahrscheinlichkeitsverteilung nach der Formel

$$T = \frac{1}{12n} + \sum_{i=1}^{n} \left(\frac{2i-1}{2n} - F(x_i) \right)^2.$$

Man erkennt wegen

$$\frac{2i-1}{2n} - F(x_i) = \left(\frac{i}{n} - \frac{1}{2n} \right) - F(x_i) = (F_n(x_i) - F(x_i)) - \frac{1}{2n},$$

dass bei den Summanden der Prüfgröße T der quadratische Abstand zwischen der empirischen Verteilung $F_n(x_i)$ und der hypothetischen Verteilung $F(x_i)$ vermindert um das Korrekturglied $1/(2n)$ bemessen wird. Für den Cramer-von Mises-Test, Cramer (1928), Mises von (1928) liegen Tabellen vor.

Aufgabe 6.9. Erstellen Sie mit Hilfe des SAS-Programms `sas_6_39` die Tabellen der kritischen Werte für n = 5, . . . , 20 und α = 0.05 und α = 0.01.

6.8.6 Jarque-Bera-Test

Der Test auf Normalverteilung, der von Bera, Jarque (1980, 1981) vorgeschlagen wurde, ist ein Anpassungstest, der anhand höherer Momente der Verteilung, nämlich der

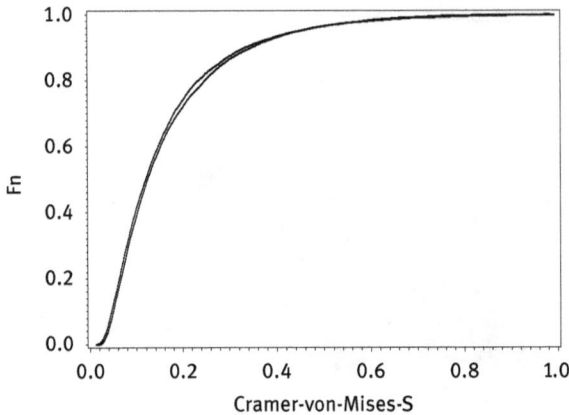

Abb. 6.43: Empirische Verteilung der Prüfgröße des Cramer-von Mises-Anpassungstestes für die Stichprobenumfäng von n = 5 und n = 50 bei 10 000 Simulationen.

Schiefe g_1 und des Exzesses g_2 die Anpassung bewertet. Die Teststatistik JB ist definiert als

$$JB = \frac{n}{6}\left(g_1^2 + \frac{(g_2 - 3)^2}{4}\right),$$

wobei n die Anzahl der Beobachtungen (Stichprobenumfang), g_1 die Schiefe der Normalverteilung g_2 der Exzess beziehungsweise ihre Schätzungen sind:

$$\gamma_1 = \frac{\mu_3}{\sigma^3} = \frac{\mu_3}{(\sigma^2)^{3/2}} \approx \frac{\frac{1}{n}\sum_{i=1}^{n}(x_i - \overline{x})^3}{\left(\frac{1}{n}\sum_{i=1}^{n}(x_i - \overline{x})^2\right)^{\frac{3}{2}}} = g_1,$$

$$\gamma_2 = \frac{\mu_4}{\sigma^4} = \frac{\mu_4}{(\sigma^2)^2} \approx \frac{\frac{1}{n}\sum_{i=1}^{n}(x_i - \overline{x})^4}{\left(\frac{1}{n}\sum_{i=1}^{n}(x_i - \overline{x})^2\right)^{2}} = g_2.$$

Bei symmetrischen Verteilungen wie der Normalverteilung ist der Erwartungswert der Schiefe Null. Der Exzess g_2 (auch Kurtosis genannt), ein Maß für die Wölbung einer Verteilung, hat bei der Normalverteilung einen Wert von 3

Es bezeichnen μ_2, μ_3 bzw. μ_4 das zweite, dritte bzw. das vierte zentrale Moment, $\overline{x}$ den Mittelwert und σ^2 die Varianz der beobachteten Zufallsgröße. Deren Schätzungen sind aus den Formeln ersichtlich.

Die JB-Teststatistik ist asymptotisch χ^2-Quadrat-verteilt mit zwei Freiheitsgraden. Man testet die Nullhypothese

$$H_0 : \text{Die Stichprobe ist normalverteilt}$$

gegen die Alternativhypothese

$$H_1 : \text{Die Stichprobe ist nicht normalverteilt}$$

mit der Irrtumswahrscheinlichkeit α.

Bemerkungen. Die höheren Momente sind aus einer Stichprobe nur ungenau schätzbar. Deshalb verwundert es nicht, dass die empirischen Verteilungen von JB für kleine und moderate Stichproben noch weit von der asymptotischen Grenzverteilung entfernt liegen (s. Abb. 6.44). In die Schätzung für die Schiefe gehen die Fehler in der dritten Potenz ein, beim Exzess sogar in der vierten.

Die entsprechenden kritischen Werte stimmen nicht mit denen der asymptotischen χ^2-Verteilung überein. Wer den Test für kleine Stichprobenumfänge durchführen möchte, sollte mit Hilfe des Simulationsprogramms die kritischen Werte näherungsweise bestimmen.

Der Jarque-Bera-Test ist in SAS lediglich bei Tests auf normalverteilte Fehler bei Zeitreihenanalysen zu finden. Bei solchen Analysen ist der Stichprobenumfang n zum einen sehr groß, so dass man zum anderen mit linear abarbeitbaren Programmen schneller als mit Programmen ist, die auf Rängen oder zumindest geordneten Messreihen beruhen.

Mit dem Simulationsprogramm sas_6_40 kann man für beliebige Stichprobenumfänge die Verteilung der Prüfgröße JB (vergleiche Abb. 6.44) und für kleine n ($n = 5, \ldots, 20$) die jeweiligen kritischen Werte für $\alpha = 0.05$ und 0.01 empirisch bestimmen.

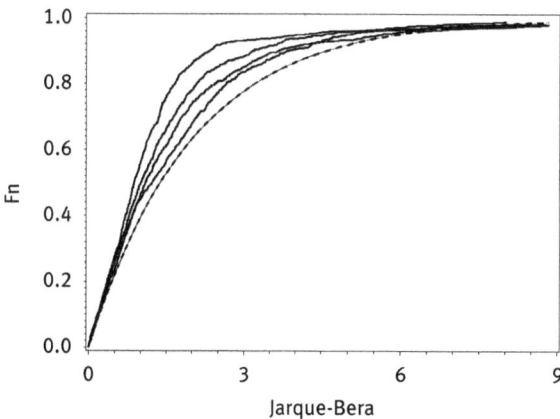

Abb. 6.44: Empirische Verteilungsfunktionen des Jarque-Bera-Anpassungstests für die Stichprobenumfänge n = 20, 50, 100 und 200 (von oben nach unten), sowie die asymptotische Grenzverteilung (gestrichelt).

6.8.7 D'Agostino-K^2-Test

Der D'Agostino-K^2-Test ist ein Normalitätstest. Er basiert auf Schiefe und Exzess, ähnlich dem Jarque-Bera-Anpassungstest, mit dem er die asymptotische Grenzverteilung gemeinsam hat, nämlich die χ^2-Verteilung mit zwei Freiheitsgraden.

Im Folgenden bezeichnen $x_1, .., x_n$ eine Stichprobe vom Umfang n, g_1 und g_2 die Schiefe und den Exzess der Stichprobe. Die Schätzungen m_1 bis m_4 stehen für die zentralen Momente der Ordnung 1 bis 4. Die Stichprobenschiefe und -exzess sind definiert als

$$g_1 = \frac{m_3}{(m_2)^{3/2}} = \frac{\frac{1}{n}\sum_{i=1}^{n}(x_i - \bar{x})^3}{\left(\frac{1}{n}\sum_{i=1}^{n}(x_i - \bar{x})^2\right)^{3/2}},$$

$$g_2 = \frac{m_4}{(m_2)^2} - 3 = \frac{\frac{1}{n}\sum_{i=1}^{n}(x_i - \bar{x})^4}{\left(\frac{1}{n}\sum_{i=1}^{n}(x_i - \bar{x})^2\right)^2} - 3.$$

Die Zufallsgrößen g_1 und g_2 sind konsistente Schätzungen der Schiefe und des Exzesses der Verteilung und damit Zufallsgrößen, deren Erwartungswert, Varianz, sowie Schiefe γ_1 und Exzess γ_2 bestimmbar sind. Die Herleitungen stammen von Pearson (1931):

$$E(g_1) = 0$$

$$V(g_1) = \frac{6(n - 2)}{(n + 1)(n + 3)}$$

$$\gamma_1(g_1) = 0$$

$$\gamma_2(g_1) = \frac{36(n - 7)(n^2 + 2n - 5)}{(n - 2)(n + 5)(n + 7)(n + 9)}$$

und

$$E(g_2) = \frac{-6}{n + 1}$$

$$V(g_2) = \frac{24n(n - 2)(n - 3)}{(n + 1)^2(n + 3)(n + 5)}$$

$$\gamma_1(g_2) = \frac{6(n^2 - 5n + 2)}{(n + 7)(n + 9)}\sqrt{\frac{6(n + 3)(n + 5)}{n(n - 2)(n - 3)}}$$

$$\gamma_2(g_2) = \frac{36(15n^6 - 36n^5 - 628n^4 + 982n^3 + 5777n^2 - 6402n + 900)}{n(n - 3)(n - 2)(n + 7)(n + 9)(n + 11)(n + 13)}.$$

Die Schätzungen für Schiefe und Exzess sind beide asymptotisch normalverteilt, ihre Konvergenz gegen die Grenzverteilung ist aber so langsam, dass beim Arbeiten mit der asymptotischen Normalgrenzverteilung zu große Fehler entstehen würden. Man suchte und fand Transformationen der Schätzungen, die schneller gegen die Normalverteilung konvergieren.

D'Agostino (1970) verwendete beispielsweise die folgende Transformation für die Schiefe:

$$Z_1(g_1) = \delta \cdot \ln\left(\frac{g_1}{\alpha\sqrt{\mu_2}} + \sqrt{\frac{g_1^2}{\alpha^2\mu_2} + 1}\right),$$

wobei die Konstanten α and δ berechnet werden als

$$\delta^2 = \frac{1}{\ln(W)}, \quad \alpha^2 = \frac{2}{W^2 - 1}$$

und

$$W^2 = \sqrt{2\gamma_2 + 4} - 1,$$

sowie $\mu_2 = V(g_1)$ als Varianz von g_1 und $\gamma_2 = \gamma_2(g_1)$ als Schiefe.

Ähnlich transformierten Anscombe, Glynn (1983) die Schätzung g_2, die relativ schnell bereits ab $n = 20$ hinreichend genau ist:

$$Z_2(g_2) = \sqrt{\frac{9A}{2}} \cdot \left(1 - \frac{2}{9A} - \left(\frac{1 - 2/A}{1 + \frac{(g_2 - \mu_1)}{\sqrt{\mu_2}} \sqrt{\frac{2}{A-4}}} \right)^{\frac{1}{3}} \right)$$

wobei

$$A = 6 + \frac{8}{\gamma_1} \left(\frac{2}{\gamma_1} + \sqrt{1 + \frac{4}{\gamma_1^2}} \right),$$

und $\mu_1 = E(g_2)$, $\mu_2 = V(g_2)$, $\gamma_1 = \gamma_1(g_2)$ die von Pearson bestimmten Momente der Zufallsgröße g_2 sind.

Die Statistiken Z_1 and Z_2 können zu einem Omnibustest kombiniert werden, der in der Lage ist, Abweichungen von der Normalverteilung betreffend Schiefe und Exzess zu entdecken, D'Agostino, Belanger, D'Agostino (1990):

$$K^2 = Z_1(g_1)^2 + Z_2(g_2)^2.$$

Unter der Nullhypothese, dass die Stichprobe aus einer normalverteilten Grundgesamtheit stammt, ist die Prüfgröße K^2 als Summe von Quadraten von Normalverteilungen χ^2-verteilt mit zwei Freiheitsgraden.

Weil g_1 und g_2 nicht unabhängig, sondern nur unkorreliert sind, ist die Gültigkeit der χ^2-Approximation nur bedingt richtig. Shenton, Bowman (1977) haben die Verteilung von K^2 in Simulationsstudien untersucht. Das SAS-Programm sas_6_41 wiederholt diese Simulationen und gibt darüber hinaus die Häufigkeitsverteilungen von g_1 und g_2, die transformierten Größen Z_1 und Z_2 und schließlich die Verteilung der Prüfgröße K^2 von D'Agostino an. Bezüglich der kritischen Werte des Tests ergeben sich einige geringe Abweichungen von der Grenzverteilung.

Tab. 6.49: Kritische Werte der simulierten Prüfgröße des D'Agostino-K^2-Tests in Abhängigkeit vom Stichprobenumfang n.

Umfang n	Q95 (simuliert)	Q99 (simuliert)
10	6.267	12.275
20	6.312	11.757
50	6.588	11.316
100	6.298	10.95
250	6.195	10.399
Grenzverteilung	5.991	9.210

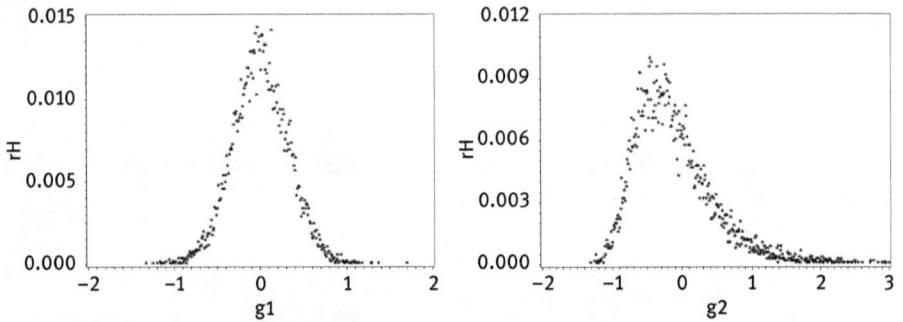

Abb. 6.45: Häufigkeitsverteilungen der simulierten Statistiken Schiefe G_1 (links) und des Exzesses G_2 (rechts), beides schiefe Verteilungen, die erst durch die Z_1- und Z_2-Transformation auf die Normalverteilungsform gebracht werden (n = 12, 10 000 Simulationen).

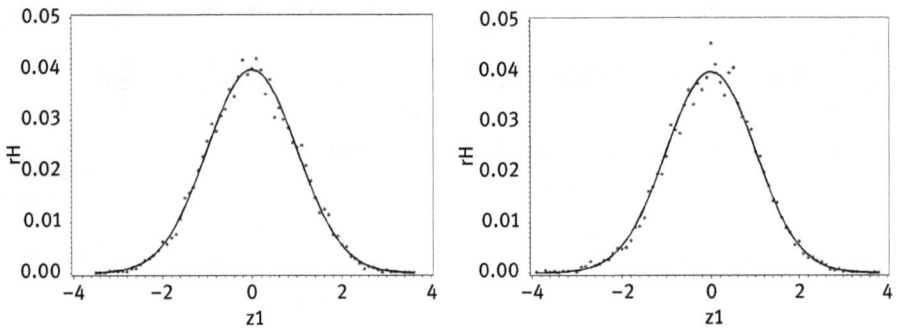

Abb. 6.46: Häufigkeitsverteilung der zu Z_1 transformierten Schiefe G_1 (links) und der zu Z_2 transformierte Exzesses G_2 (rechts) jeweils mit angepasster Normalverteilung.

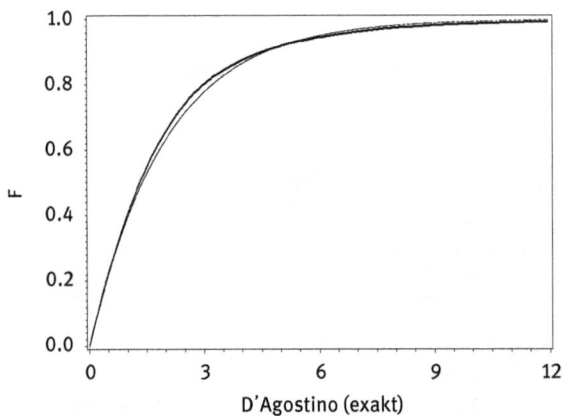

Abb. 6.47: Empirische Verteilung (fette Linie) der Prüfgröße des D'Agostino-K^2-Tests für Stichprobenumfang n = 50 bei 10 000 Simulationen und asymptotischer χ^2-Verteilung (dünne Linie).

6.9 Schnelltests (Quick Tests of Location)

6.9.1 Schnelltest nach Tukey und Rosenbaum

Der Schnelltest nach Tukey (1959) und Rosenbaum (1965) ist ein verteilungsunabhängiger Test für zwei unabhängige Stichproben etwa gleichen Umfangs für die Zufallsgrößen X und Y. Darüber hinaus soll o.B.d.A. $n_1 < n_2$ und $n_1 < n_2 < 4n_1/3$ gelten. Es wird H_0 getestet, beide Stichproben stammen aus der gleichen Grundgesamtheit.

Um die Testgröße R zu erhalten, summiere man die Anzahl der Elemente der „höher" gelegenen Stichprobe, die größer als das Maximum der „niedriger" gelegenen Stichprobe sind, zur Anzahl der Elemente der „niedriger" gelegenen Stichprobe, die das Minimum der „höher" gelegenen Stichprobe unterschreiten. Enthält eine Stichprobe sowohl das Maximum als auch das Minimum beider Stichproben, so setzt man die Prüfgröße auf den Wert $R = 0$.

Die Prüfgröße R variiert von 0 bis $n_1 + n_2$. Kleine Werte von R sprechen für die Nullhypothese, große Werte für die Alternativhypothese. Die Abb. 6.48 und 6.49 geben schematisch an, wie die Prüfgröße bestimmt wird.

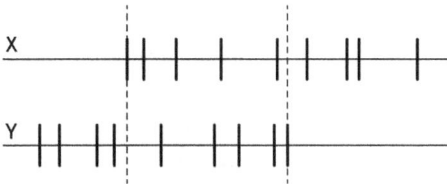

Abb. 6.48: Prüfgrößenbestimmung Schnelltest nach Tukey und Rosenbaum, Prüfgröße R = 4 + 4 = 8.

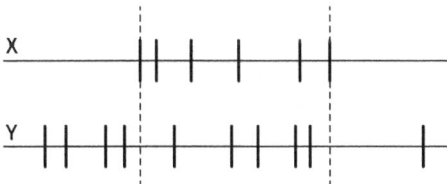

Abb. 6.49: Prüfgröße R = 0 beim Schnelltest nach Tukey und Rosenbaum, Prüfgröße R = 0 (Stichprobe y „umfasst" x).

Die kritischen Werte der Testgröße R sind unabhängig vom Stichprobenumfang
- 7 für einen zweiseitigen Test auf dem 5 %-Niveau bzw.
- 10 für einen zweiseitigen Test auf dem 1 %-Niveau.

Die exakte Verteilung der Prüfgröße von Tukey und Rosenbaum anzugeben, ist ein schwieriges kombinatorisches Problem. Eine Simulation durchzuführen mit dem Ziel, die empirische Verteilung und die empirischen Quantile für die vorgegebenen Irrtumswahrscheinlichkeiten $\alpha = 0.05$ und $\alpha = 0.01$ zu bestimmen, ist dagegen sehr einfach.

Tab. 6.50: Simulierte Prüfgröße R nach Tukey, Rosenbaum.

R	Häufigkeit	Prozent	Kumulierte Häufigkeit	Kumulierte Prozente
0	4938	49.38	4938	49.38
2	1336	13.36	6274	62.74
3	1336	13.36	7610	76.10
4	959	9.59	8569	85.69
5	614	6.14	9183	91.83
6	349	3.49	9532	95.32
7	224	2.24	9756	97.56
8	126	1.16	9882	98.82
9	61	0.61	9943	99.43
10	25	0.25	9968	99.68
11	15	0.15	9983	99.83
12	6	0.06	9989	99.89
13	4	0.04	9993	99.93
14	5	0.05	9998	99.98
15	1	0.01	9999	99.99
16	1	0.01	10000	100.00

Die empirische Testgröße wird für zwei Stichproben, jeweils vom Umfang 16, die aus N(0, 1)-verteilten Grundgesamtheit stammen, durch ein Simulationsexperiment erzeugt. Im SAS-Programm `sas_6_42` werden 10 000-mal Stichproben gezogen und die empirische Verteilung der Prüfgröße R bestimmt. Es wird mit der Prozedur `FREQ` eine Häufigkeitsauszählung vorgenommen (Tab. 6.50). Darauf basierend werden sowohl die Häufigkeits- als auch die empirische Verteilungsfunktion gezeichnet. Es soll gezeigt werden, dass

$$P(R < 7) \leq 0.95 \quad \text{bzw.} \quad P(R < 10) \leq 0.99.$$

Es ist zu erkennen, dass die α-Risiken eingehalten werden, denn

$$P(R \geq 7) = 1 - 0.9532 = 0.0468 \quad \text{und} \quad P(R \geq 10) = 1 - 0.9943 = 0.0057.$$

Man überlegt sich leicht, weshalb die Prüfgröße die Werte 1 und $m + n - 1$ nicht annehmen kann.

Aufgabe 6.10. Prüfen Sie nach, dass auch in dem Falle, dass X und Y aus exponential- oder gleichverteilter Grundgesamtheit stammen, das α-Risiko eingehalten wird. (Hinweis: Das Simulationsprogramm `sas_6_42` ist nicht mit normalverteilten, sondern mit exponential- oder gleichverteilten Zufallszahlen zu starten.)

Bemerkungen. Die kritischen Werte 7 und 10 des Tukey-Rosenbaum-Testes für die Irrtumswahrscheinlichkeiten $\alpha = 0.05$ und $\alpha = 0.01$ sind nur näherungsweise richtig. Mit Hilfe des SAS-Programms sind für gegebene Stichprobenumfänge n_1 und n_2, insbesondere auch solche Konstellationen, die nicht der Nebenbedingung

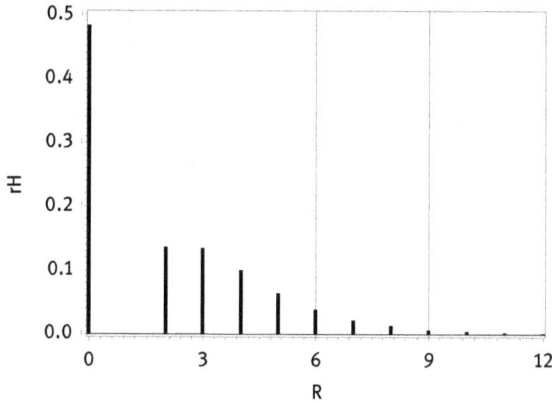

Abb. 6.50: Simulierte Häufigkeitsfunktion der Prüfgröße R des Tukey-Rosenbaum-Tests bei 10 000 Durchläufen und den Stichprobenumfängen n = 16 und m = 16 (Referenzlinien sind die empirischen $(1 - \alpha)$-Quantile für $\alpha = 0.05$ und $\alpha = 0.01$ bei R = 6 und R = 9).

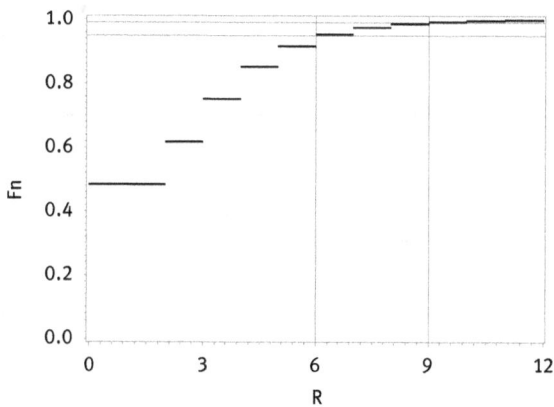

Abb. 6.51: Simulierte empirische Verteilungsfunktion der Prüfgröße R des Tukey-Rosenbaum-Tests bei 10 000 Durchläufen und den Stichprobenumfängen n = 16 und m = 16. Referenzlinien sind die empirischen $(1 - \alpha)$-Quantile für $\alpha = 0.05$ und $\alpha = 0.01$ bei R = 6 und R = 9.

$n_1 < n_2 < 4n_1/3$ genügen, kritische Werte mittels Simulation zu erhalten. Eine Auswahl findet man in Tab. 6.51 und Tab. 6.52.

Die Prüfgröße des Tukey-Rosenbaum-Testes (Anzahl der Stichprobenelemente, die die jeweils andere auf einer Seite über- oder unterschreiten) ist auf die zentrale Tendenz ausgerichtet und kann im Sinne von Verschiebungen als Alternative interpretiert werden. Demgegenüber ist der im Abschnitt 6.9.3 vorgestellte Wilks-Rosenbaum-Test als „Varianztest" aufzufassen, weil seine Prüfgröße auf die Anzahl der Stichprobenelemente genau einer Stichprobe hinzielt, die die andere sowohl auf der unteren als auch der oberen Seite übertrifft, mithin die größere Varianz hat.

Tab. 6.51: Kritische Werte des des Tukey-Rosenbaum-Schnelltestes für ausgewählte Stichproben-umfänge n_1 und n_2 und die Irrtumswahrscheinlichkeit $\alpha = 0.05$ (H_0 wird abgelehnt, wenn R größer als der Tabellenwert).

n_1	n_2															
	5	6	7	8	9	10	11	12	13	14	15	16	17	18	19	20
5	6	6	6	6	7	7	7	7	8	8	9	9	9	9	10	10
6		6	6	6	6	7	7	7	7	8	8	8	8	9	9	9
7			6	6	6	6	6	7	7	7	7	8	8	8	8	8
8				6	6	6	6	7	7	7	7	7	7	8	8	8
9					6	6	6	6	7	7	7	7	7	8	8	8
10						6	6	6	6	7	7	7	7	7	7	7
11							6	6	6	6	7	7	7	7	7	7
12								6	6	6	6	6	7	7	7	7
13									6	6	6	6	6	7	7	7
14										6	6	6	6	7	7	7
15											6	6	6	6	7	7
16												6	6	6	7	7
17													6	6	6	7
18														6	6	6
19															6	6
20																6

Tab. 6.52: Kritische Werte des des Tukey-Rosenbaum-Schnelltests für ausgewählte Stichproben-umfänge n_1 und n_2 und die Irrtumswahrscheinlichkeit $\alpha = 0.01$ (H_0 wird abgelehnt, wenn R größer als der Tabellenwert).

n_1	n_2															
	5	6	7	8	9	10	11	12	13	14	15	16	17	18	19	20
5	8	8	9	9	9	10	10	10	11	12	12	12	13	13	14	15
6		8	9	9	9	9	9	10	11	11	11	12	12	12	13	13
7			8	9	9	9	9	9	9	10	10	11	11	11	12	13
8				9	9	9	9	9	9	9	10	11	11	11	11	12
9					9	9	9	9	9	10	10	10	10	10	11	11
10						9	9	9	9	9	9	9	10	10	10	10
11							9	9	9	9	9	10	10	10	10	10
12								9	9	9	9	9	9	10	10	10
13									9	9	9	9	9	9	9	9
14										9	9	9	9	9	9	9
15											9	9	9	9	9	9
16												9	9	9	9	9
17													9	9	9	9
18														9	9	9
19															9	9
20																9

6.9.2 Schnelltest nach Neave

Eine Weiterentwicklung des Tukey-Rosenbaum-Tests stammt von Neave (1966). An einem Beispiel soll die Berechnung der Prüfgröße von Neave vorgestellt werden.

Beispiel 6.21. Es liegen die beiden der Größe nach geordneten Stichproben vor:

$$X : 1.0 \ 1.5 \ 1.5 \ 2.1 \ 2.3 \ 2.8 \ 2.9 \ 3.1 \ 4.5 \ 4.8 \ 5.0 \ 5.2 \ 5.8 \ 6.0$$

$$Y : 0.9 \ 3.0 \ 3.2 \ 3.2 \ 3.6 \ 3.9 \ 4.5 \ 4.6 \ 5.7 \ 5.8 \ 5.9 \ 6.2 \ 6.7 \ 6.7 \ 7.2$$

Nach Tukey-Rosenbaum wäre die Prüfgröße R = 0, weil die zweite Stichprobe die erste umfasst. Bei Neave wird für jedes Element z_i der gemeinsamen Stichprobe unter Weglassen genau dieses Stichprobenelementes eine Prüfgröße nach Tukey-Rosenbaum bestimmt und für das Maximum dieser endlichen Folge als Testgröße verwendet.

Offensichtlich erhält man im vorangehenden Beispiel durch Weglassen von $z_1 = y_1$ die Tukey-Rosenbaum-Prüfgröße R = 11, für alle übrigen Elemente z_2 bis z_{n+m} der gemeinsamen Stichprobe ist die Tukey-Rosenbaum-Prüfgröße R = 0. Die Neave-Prüfgröße ist das Maximum über alle diese Tukey-Rosenbaum-Prüfgrößen, T = 11.

Die im Beispiel angegebene Konstellation, dass eine Stichprobe durch die zweite auf einer Seite durch ein einziges Stichprobenelement (hier y_1 = 0.9) eingeschlossen wird, ist bei praktisch vorkommenden kleinen Stichproben sehr häufig der Fall. Dadurch kommt dem Wert R = 0 der Tukey-Rosenbaum-Statistik eine sehr hohe Wahrscheinlichkeit zu, siehe Abb. 6.52. Dies war einer der Gründe von Neave, die Prüfgröße leicht zu verändern.

Die Neave-Statistik ist die größte der Tukey-Rosenbaum-Statistiken, die man unter Weglassen jedes einzelnen Stichprobenelements der gemeinsamen Stichprobe Z aus X vom Umfang n und Y vom Umfang m erhält:

$$T = \max_{1 \le i \le n+m} \{R_{z_i \notin Z}\},$$

wobei Z die gemeinsame Stichprobe aus der ersten und der zweiten Stichprobe bezeichnet.

Diese Prüfgröße führt dazu, dass der Wert T = 0 nicht so viel Wahrscheinlichkeitsmasse auf sich vereinigt (s. Abb. 6.52). Von Neave sind exakte Formeln für $P(T \ge h)$ hergeleitet worden, die so umfangreich sind, dass sie eine ganze Seite vom American Statistical Association Journal einnehmen. Darüber hinaus gibt Naeve auch asymptotische Aussagen an.

Für große Stichprobenumfänge n und m sowie für $p = n/(n + m)$ und $q = 1 - p = m/(n + m)$ gelten für $2 \leq h \leq n + m - 1$ nach Neave die Näherungsgleichungen

$$P(T \geq h) = \begin{cases} 2(p^3 + q^3)pqG(p, h - 3) + 2(q^2p^{h-1} + p^2q^{h-1}) \\ -(q^2p^{2(h-1)} + p^2q^{2(h-1)}) + 2pq + 2pq((h - 2)pq \cdot G(p, h - 2) \\ -p^2q^2 \cdot G(p, h - 4) - (pq)^{h-1} + .G(p, h - 1)) & \text{für } p \neq q \\ (h^2 + 5)2^{-(h+1)} - 2^{-2(h-1)} & \text{für } p = q \end{cases},$$

wobei

$$G(p, n) = \begin{cases} \dfrac{p^{n+1} - q^{n+1}}{p - q} & \text{für } p \neq q \\ (n + 1) \cdot 2^{-n} & \text{für } p = q \end{cases}.$$

Mit $P(T \geq 0) = 1$ und $P(T = 1) = 0$ ist die asymptotische Charakterisierung komplett.

Wesentlich einfacher geht es, mit einer Simulation die kritischen Werte der Neave-Statistik zu bestimmen.

Aufgabe 6.11. Führen Sie ein Simulationsexperiment durch, um die kritischen Werte der Prüfgröße des Neave-Tests zu ermitteln.

Hinweis. Formen Sie den Teil des vorangehenden SAS-Programms, der die Prüfgröße nach Tukey-Rosenbaum ermittelt, in ein Makro um. Erzeugen Sie zu jeder dort realisierten Stichprobe die n + m Teilstichproben vom Umfange n + m − 1, bei denen sukzessive ein Element der gemeinsamen Stichprobe entfernt wurde, um daraus die Tukey-Rosenbaum-Statistik zu ermitteln. Die Maximumbildung über diese Statistiken geschieht dann mit der Prozedur MEANS. Bei ordnungsgemäß arbeitendem Programm erhält man die folgende Häufigkeitsfunktion und empirische Verteilungsfunktion.

Als empirische Quantile für $\alpha = 0.05$ bzw. $\alpha = 0.01$ erhält man 10 bzw. 12, wie sie als exakte Quantile in der Originalarbeit von Neave ebenfalls angegeben sind.

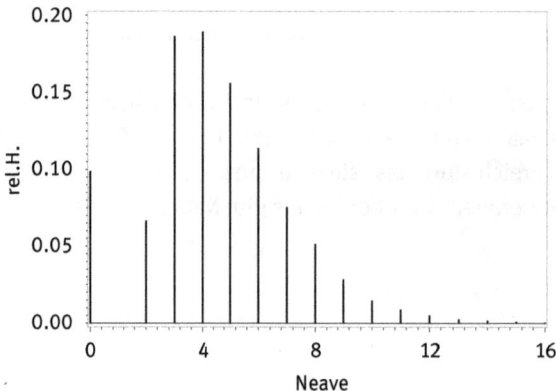

Abb. 6.52: Häufigkeitsfunktion der Neave-Prüfgröße für n = 16 und m = 15 bei 10 000 Simulationen (erstellt mit dem SAS-Programm sas_6_43).

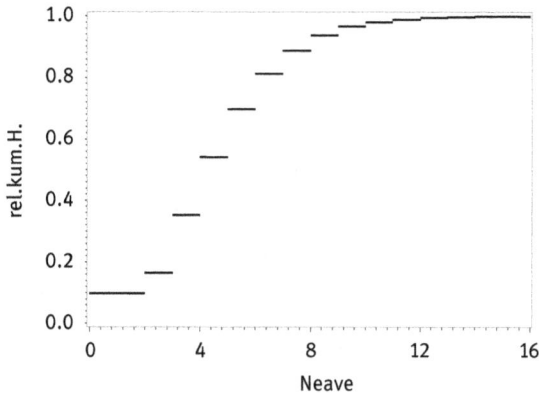

Abb. 6.53: Empirische Verteilungs-funktion der Neave-Prüfgröße für $n = 16$ und $m = 15$ bei 10 000 Simulationen (erstellt mit dem SAS-Programm sas_6_43).

Aufgabe 6.12. Mit Hilfe des Simulationsprogrammes sas_6_42 ist es möglich, die empirischen kritischen Werte des Neave-Tests zu bestimmen und den exakten Tabellen für die Irrtumswahrscheinlichkeiten $\alpha = 0.05$ bzw. $\alpha = 0.01$ und kleine n gegenüber zu stellen.

Führen Sie das für kleine n ($n = 5, \ldots, 20$) aus, um die simulierten kritischen Werte für $\alpha = 0.05$ und $\alpha = 0.01$ zu bestimmen.

Aufgabe 6.13. Da die Durchführung des Tests von Neave wesentlich aufwändiger ist, so dass der Name Schnelltest fraglich erscheint, sollte man diesen nur durchführen, wenn seine Power besser ist als diejenige des Tukey-Rosenbaum-Tests. Deshalb soll die Power des Tukey-Rosenbaum-Tests, die der Tests von Neave, des ebenfalls möglichen U-Tests von Mann und Whitney, sowie des Median- und des Kolmogorov-Smirnov-Tests in einem Simulationsprogramm bestimmt werden. Die zu Grunde gelegten Stichproben stammen aus Normalverteilungen, ausschließlich Verschiebungsalternativen werden geprüft. Die Mittelwertdifferenzen variieren von 0 bis 2.

Der Einfachheit halber fixiert man $n = 15$ und $m = 15$ und verwendet wegen der Standardisierungsnöglichkeit vereinfachend als gemeinsame Varianz den Wert 1. Wählt man als Mittelwert der ersten Stichprobe den Wert 0, so ist die Differenz der Verteilungen allein durch den Mittelwert der zweiten Stichprobe beschrieben (vergleiche sas_6_44).

Man erkennt in Abb. 6.54, dass der Fehler 2. Art β (oder äquivalent die Power $1 - \beta$) des Schnelltest von Tukey-Rosenbaum etwa dem Fehler 2. Art des Kolmogorov-Smirnov-Tests entspricht. Der „beste" Test im Sinne des Fehlers 2. Art ist der Wilcoxon-Test, der schlechteste der Median-Test. Der aufwändige Schnelltest von Neave steht bezüglich seiner Güte zwischen dem Wilcoxon- und dem Kolmogorov-Smirnov-Test.

Die Simulationsexperimente sind nur durchgeführt worden für positive Mittelwertdifferenzen sowie bei fixierter Varianz. Aus Symmetriegründen müssen positive und negative Differenzen der Mittelwerte zu gleichen Resultaten führen.

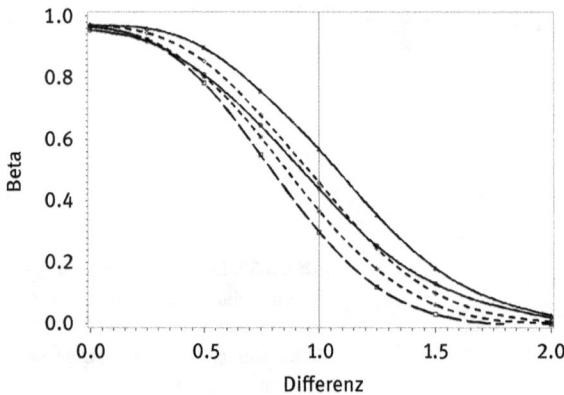

Abb. 6.54: Im Simulationsexperiment erhaltener Fehler 2. Art verschiedener Tests, an der Referenzlinie bei Differenz = 1 von oben nach unten: Median-, Kolmogorov-Smirnov-, Tukey-Rosenbaum-, Neave- und Wilcoxon-Test.

6.9.3 Wilks-Rosenbaum-Test

Ein anderer parameterfreier, also allein auf der Ordnung beruhende Test, der prüft, ob zwei Stichproben aus der gleichen stetigen Grundgesamtheit stammen, ist der Wilks-Rosenbaum-Test.

Es seien $x_1, x_2, \ldots, x_m$ und $y_1, y_2, \ldots, y_n$ zwei (realisierte) Stichproben, die nach H_0 aus der gleichen Grundgesamtheit stammen, dann ist die Prüfgröße des Wilks-Rosenbaum-Tests definiert als

$$W = m - \sum_{j=1}^{m} H(y_{(1)}, x_j, y_{(n)}),$$

wobei $y_{(1)}$ das kleinste und $y_{(n)}$ das größte Stichprobenelement von $y_1, y_2, \ldots, y_n$ sind und die Funktion

$$H(a, b, c) = \begin{cases} 1, & \text{wenn } a \leq b \leq c \\ 0, & \text{sonst} \end{cases}.$$

Prüfgröße W ist die Anzahl der Beobachtungen der Stichprobe $x_1, x_2, \ldots, x_m$, die unterhalb des kleinsten und oberhalb des größten Wertes der Stichprobe $y_1, y_2, \ldots, y_n$ angeordnet sind. Die Prüfgröße W variiert von 0, kein Wert x_i liegt außerhalb der extremen Werte von $y_1, y_2, \ldots, y_n$, bis zu n, alle x_i liegen außerhalb. Man wird auf Beibehaltung der Nullhypothese plädieren, wenn W kleine Werte annimmt. Bei größeren Werten von W ist aber nicht ohne weiteres eine Verschiebung (größere zentrale Tendenzen) zu vermuten, der Test ist eher im Sinne von unterschiedlichen Varianzen bei gleicher zentraler Tendenz zu interpretieren. Aus kombinatorischen Überlegungen folgerten Wilks und Rosenbaum, dass

$$P(W = r) = n(n - 1) \binom{m}{r} B(m + n - r - 1, r + 2),$$

wobei $B(x, y) = \int_0^1 t^{x-1}(1 - t)^{y-1} dt$ die bekannte Beta-Funktion ist.

Bemerkung. Offensichtlich ist das Testproblem nicht symmetrisch bezüglich der Stichprobenumfänge m und n. Je nachdem, welche Stichprobe man als erste greift, variiert die Prüfgröße zwischen 0 und m oder zwischen 0 und n.

Beispiel 6.22. Die beiden Stichproben für m = 8 und n = 6 sind:

$$8.84, \quad 6.64, \quad 7.00, \quad 6.56, \quad 7.50, \quad 8.24, \quad 6.46, \quad 7.12 \quad \text{und}$$

$$6.82, \quad 5.26, \quad 7.02, \quad 6.64, \quad 7.24, \quad 6.36.$$

Das kleinste $y_{(1)}$ bzw. größte $y_{(6)}$ Stichprobenelement von $y_1, y_2, \ldots, y_6$ sind $y_{(1)} = 5.26$ bzw. $y_{(6)} = 7.02$. Die Prüfgröße berechnet sich als

$$W = m - \sum_{j=1}^{m} H(y_{(1)}, x_j, y_{(n)}) = 8 - (0 + 1 + 1 + 1 + 0 + 0 + 1 + 0) = 4.$$

Man erkennt in Tab. 6.53, dass erst für W = 6 das Quantil Q_{95} überschritten wird. Die Nullhypothese, beide Stichproben stammen aus der gleichen Grundgesamtheit, wird nicht abgelehnt.

Tab. 6.53: Wahrscheinlichkeits- und Verteilungsfunktion der Prüfgröße W des Wilks-Rosenbaum-Tests für m = 8 und n = 6 (ermittelt mit `sas_6_45`).

r	$P(W = r)$	$P(W \leq r)$
0	0.16484	0.16484
1	0.21978	0.38462
2	0.20979	0.59441
3	0.16783	0.76224
4	0.11655	0.87879
5	0.06993	0.94872
6	0.03497	0.98369
7	0.01332	0.99701
8	0.00300	1.00000

Die Abb. 6.55 und 6.56 illustrieren die Wahrscheinlichkeitsfunktion und die Verteilungsfunktion für die Prüfgröße des Wilks-Rosenbaum-Tests für die Stichprobenumfänge n = 6 und m = 8.

Die für alle Stichprobenumfänge schiefe Verteilung kann deshalb auch für große Stichprobenumfänge nicht durch eine asymptotische Normalverteilung näherungsweise beschrieben werden. Das ist sicher der Grund, dass der Wilks-Rosenbaum-Test nicht umfassend angewandt wird, obwohl er sehr einfach zu handhaben ist.

Für Stichprobenumfänge von n, m = 5 bis n, m = 25 sollen durch Simulationsexperimente (SAS-Programm `sas_6_46`) die Quantile für die Prüfgröße für die Irrtumswahrscheinlichkeiten = 0.05 und = 0.01 empirisch bestimmt werden. Dazu wird der folgende Algorithmus abgearbeitet:

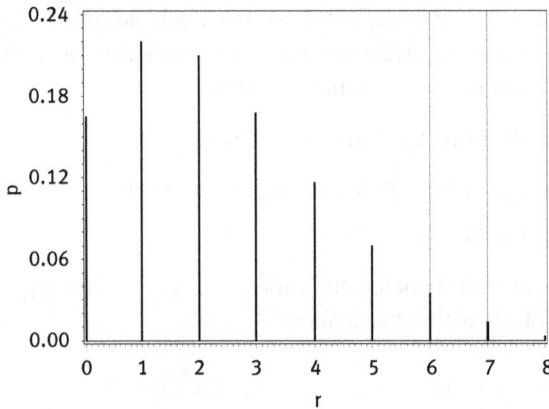

Abb. 6.55: Wahrscheinlichkeitsfunktion der Prüfgröße des Wilks-Rosenbaum-Tests für Stichprobenumfänge n = 6 und m = 8 (Referenzlinien sind die Quantile Q_{95} und Q_{99}).

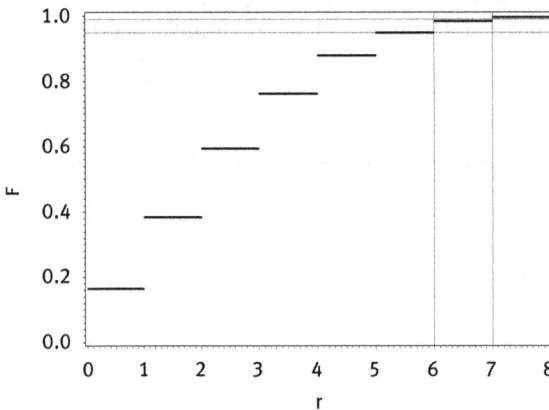

Abb. 6.56: Verteilungssfunktion der Prüfgröße des Wilks-Rosenbaum-Tests für Stichprobenumfänge n = 6 und m = 8 (Referenzlinien sind die Quantile Q_{95} und Q_{99}).

- Der Simulationsumfang sim und die beiden Stichprobenumfänge m und n werden festgelegt.
- Man wählt zwei Stichproben $x_1, x_2, \ldots, x_m$ und $y_1, y_2, \ldots, y_n$ gleicher Verteilung vom Umfang m bzw. n aus (Es genügt demnach, gleichverteilte Zufallszahlen aus dem Intervall von 0 bis 1 oder standardnormalverteilte Zufallszahlen zu wählen).
- Aus der Stichprobe $y_1, y_2, \ldots, y_n$ werden das Minimum $y_{(1)}$ und das Maximum $y_{(n)}$ bestimmt.
- Die Anzahl der Stichprobenelemente aus $x_1, x_2, \ldots, x_m$, die kleiner als das Minimum $y_{(1)}$ sind, bzw. die größer als das Maximum $y_{(n)}$ sind, werden ausgezählt. Diese Anzahl ist ein erster Wert der Prüfgröße W.
- Das Simulationsexperiment wird ab Schritt 2 wiederholt, bis der Simulationsumfang sim erreicht ist.

Die Häufigkeitsfunktion und die empirische Verteilungsfunktion F_n von W für n = 20 und m = 15 sind in Abb. 6.57 und 6.58 dargestellt. Tab. 6.54 und Tab. 6.55 enthalten die empirisch ermittelten Quantile der Wilks-Rosenbaum-Prüfgröße für die Irrtums-wahrscheinlichkeiten = 0.05 und = 0.01.

Tab. 6.54: Simuliertes empirisches Quantil des Wilks-Rosenbaum-Tests für verschiedene Stichprobenumfänge n und m für die Irrtumswahrscheinlichkeit α = 0.05.

n	m																				
	5	6	7	8	9	10	11	12	13	14	15	16	17	18	19	20	21	22	23	24	25
5	4	5	5	6	7	7	8	9	9	10	11	11	12	13	13	14	15	15	16	17	17
6	4	4	5	6	6	7	7	8	8	9	10	10	11	11	12	13	13	14	14	15	16
7	3	4	5	5	6	6	7	7	8	8	9	9	10	10	11	12	12	13	13	14	14
8	3	4	4	5	5	6	6	7	7	8	8	8	9	10	10	10	11	11	12	12	13
9	3	3	4	4	5	5	6	6	7	7	7	8	8	9	9	10	10	11	11	11	12
10	3	3	4	4	4	5	5	6	6	7	7	7	8	8	9	9	9	10	10	11	11
11	3	3	3	4	4	5	5	5	6	6	6	7	7	8	8	8	9	9	10	10	10
12	3	3	3	4	4	4	5	5	5	6	6	6	7	7	8	8	8	9	9	9	9
13	2	3	3	4	4	4	4	5	5	5	6	6	6	7	7	8	8	8	8	9	9
14	2	3	3	3	4	4	4	5	5	5	5	6	6	6	7	7	7	8	8	8	9
15	2	3	3	3	3	4	4	4	5	5	5	5	6	6	6	7	7	7	8	8	8
16	2	2	3	3	3	4	4	4	4	5	5	5	6	6	6	6	7	7	7	8	8
17	2	2	3	3	3	3	4	4	4	4	5	5	5	6	6	6	6	7	7	7	7
18	2	2	2	3	3	3	3	4	4	4	4	5	5	5	6	6	6	6	7	7	7
19	2	2	2	3	3	3	3	4	4	4	4	5	5	5	5	6	6	6	6	7	7
20	2	2	2	3	3	3	3	4	4	4	4	4	5	5	5	5	6	6	6	6	7
21	2	2	2	3	3	3	3	3	4	4	4	4	5	5	5	5	5	6	6	6	6
22	2	2	2	2	3	3	3	3	3	4	4	4	4	5	5	5	5	5	6	6	6
23	2	2	2	2	3	3	3	4	4	4	4	4	4	5	5	5	5	5	5	6	6
24	2	2	2	2	3	3	3	4	4	4	4	4	4	4	5	5	5	5	5	5	6
25	2	2	2	2	2	3	3	3	3	3	4	4	4	4	4	5	5	5	5	5	5

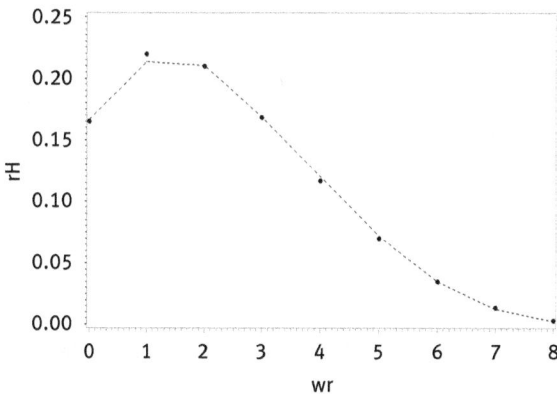

Abb. 6.57: Simulierte relative Häufigkeitsfunktion der Prüfgröße des Wilks-Rosenbaum-Tests für n = 20 und m = 15 (durchgehende Linie) und Wahrscheinlichkeitsfunktion (Kreise).

Tab. 6.55: Simuliertes empirisches Quantil des Wilks-Rosenbaum-Tests für verschiedene Stichprobenumfänge n und m für die Irrtumswahrscheinlichkeit α = 0.01.

n	m 5	6	7	8	9	10	11	12	13	14	15	16	17	18	19	20	21	22	23	24	25
5	5	6	6	7	8	9	10	10	11	12	13	14	14	15	16	17	18	19	19	20	21
6	5	5	6	7	7	8	9	10	10	11	12	13	13	14	15	15	16	17	18	18	19
7	4	5	6	7	7	8	8	9	10	10	11	12	12	13	14	15	15	16	16	17	18
8	4	5	5	6	7	7	8	8	9	10	10	11	12	12	13	13	14	15	15	16	16
9	4	5	5	6	6	7	7	8	8	9	10	10	11	12	12	12	13	14	14	15	15
10	4	4	5	5	6	7	7	8	8	9	9	10	10	11	11	12	12	13	13	14	14
11	4	4	5	5	6	6	7	7	8	8	9	9	9	10	11	11	11	12	13	13	13
12	4	4	5	5	5	6	6	7	7	8	8	9	9	9	10	11	11	11	12	12	12
13	3	4	4	5	5	6	6	6	7	7	8	8	9	9	9	10	11	11	11	12	12
14	3	4	4	5	5	5	6	6	7	7	8	8	8	9	9	9	10	10	11	11	12
15	3	4	4	4	5	5	6	6	6	7	7	7	8	8	9	9	9	10	10	11	11
16	3	3	4	4	4	5	5	6	6	6	7	7	8	8	8	9	9	9	10	10	10
17	3	3	4	4	4	5	5	6	6	6	7	7	7	8	8	8	9	9	9	10	10
18	3	3	4	4	4	5	5	5	6	6	6	7	7	7	8	8	8	9	9	9	10
19	3	3	4	4	4	5	5	5	6	6	6	6	7	7	7	8	8	8	9	9	9
20	3	3	3	4	4	4	5	5	5	6	6	6	7	7	7	7	8	8	8	9	9
21	3	3	3	4	4	4	5	5	5	5	6	6	6	7	7	7	7	8	8	8	9
22	3	3	3	4	4	4	4	5	5	5	5	6	6	7	7	7	7	7	8	8	9
23	3	3	3	3	4	4	4	5	5	5	6	6	6	7	7	7	7	7	7	8	8
24	3	3	3	3	4	4	4	5	5	6	5	6	6	6	7	7	7	7	7	8	8
25	3	3	3	3	4	4	4	4	5	5	5	5	6	6	6	7	7	7	7	7	8

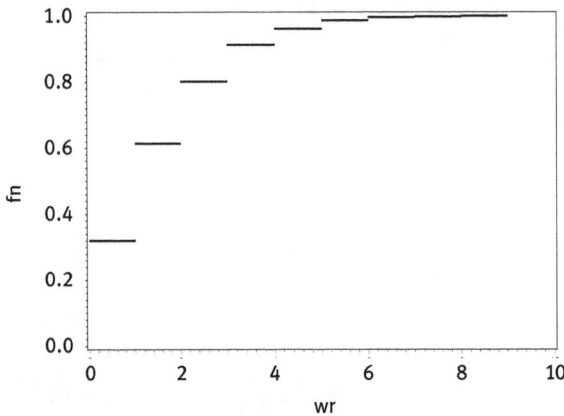

Abb. 6.58: Simulierte empirische Verteilungsfunktion der Prüfgröße des Wilks-Rosenbaum-Tests für n = 20 und m = 15 (durchgehende Linie).

6.9.4 Kamat-Test

Neben den Rangsummentests gibt es eine Vielzahl von parameterfreien, allein auf der Rangordnung beruhenden Tests. Ein solcher Zweistichprobentest, der die Hypothese prüft, beide Stichproben stammen aus der gleichen Grundgesamtheit, ist der Test von Kamat (1956).

Seien $x_1, x_2, \ldots, x_m$ und $y_1, y_2, \ldots, y_n$ zwei (realisierte) Stichproben, für deren Umfänge o.B.d.A. $m \geq n$ gilt, und die nach H_0 aus der gleichen Grundgesamtheit stammen. Dann ist die Prüfgröße des Kamat-Tests definiert als

$$D_{n,m} = R_n - R_m + m,$$

wobei R_n und R_m die Spannweiten der Ränge der Stichproben $x_1, x_2, \ldots, x_m$ und $y_1, y_2, \ldots, y_n$ bezüglich der gemeinsamen Rangreihe bezeichnen, also die Differenzen des größten und kleinsten Ranges der jeweiligen Stichprobe. $D_{n,m}$ kann Werte von 0 bis $m + n$ annehmen. Sehr große oder sehr kleine Werte der Prüfgröße sprechen gegen die Nullhypothese, dass beide Stichproben aus der gleichen Grundgesamtheit stammen könnten.

Beispiel 6.23. Die beiden Stichproben für $m = 8$ und $n = 6$ sind:

$$8.84, \quad 6.64, \quad 7.00, \quad 6.56, \quad 7.50, \quad 8.24, \quad 6.46, \quad 7.12 \quad \text{und}$$
$$6.82, \quad 5.26, \quad 7.02, \quad 6.64, \quad 7.24, \quad 6.36,$$

die zugehörigen Ränge der gemeinsamen Stichprobe

$$14, \quad 5.5, \quad 8, \quad 4, \quad 12, \quad 13, \quad 3, \quad 10,$$
$$7, \quad 1, \quad 9, \quad 5.5, \quad 11, \quad 2.$$

Damit sind $R_n = 11 - 1 = 10$ und $R_m = 14 - 3 = 11$ und $D_{8,6} = 10 - 11 + 8 = 7$. Dieser Wert liegt etwa in der Mitte der Werte, die $D_{8,6}$ annehmen könnte, nämlich $r = 0, 1, \ldots, 14$. Man wird die Nullhypothese wohl nicht verwerfen können.

Kamat hat gezeigt, dass

$$P = (D_{n,m} = r = n + i - j) = \left(2A \sum_j \binom{r - n + 2j - 2}{r - n + j - 1} + 2B \sum_i \binom{n - r + 2i - 2}{n - r + i - 1} \right.$$
$$\left. + C(m - 1 - r) \binom{n + r - 2}{n - 2} + D(r - m - 1) \binom{2m + n - r - 2}{m - 2} + 2E \right) \Big/ \binom{m + n}{n}$$

gilt, wobei $A = 1$ für $r \leq m$, $B = 1$ für $r > m$, $C = 1$ für $r < m$, $D = 1$ für $r > m$, $E = 1$ für $r = n$ sind. Für alle übrigen Fälle sind die Konstanten A, B, C, D und E Null. Für gleiche Stichprobenumfänge m und n vereinfacht sich die Formel etwas,

$$P(D_{n,m} = r) = \left(2 \sum_j \binom{r - n + 2j - 2}{r - n + j - 1} + C(n - 1 - r) \binom{n + r - 2}{n - 2} + 2E \right) \Big/ \binom{2n}{n}.$$

Mit einem aufwändigen Programm mit zahlreichen Fallunterscheidungen, die für die Parameter A, B, C, D und E abzutesten sind, lassen sich die Wahrscheinlichkeitsfunktion für die Prüfgröße aus diesen Formeln exakt und die Quantile als kritische Werte eines statistischen Tests berechnen.

Viel einfacher geht das aber mit dem Simulationsprogramm sas_6_47, in dem man die Prüfgröße und deren Verteilung aus Stichproben von Zufallszahlen mit einem Rechnerprogramm erzeugt. Da der Kamat-Test verteilungsunabhängig ist, lassen sich Zufallszahlen jeder beliebigen Verteilung verwenden. Im SAS-Programm wurden standardnormalverteilte Zufallsgrößen verwendet. Für ausgewählte Stichprobenumfänge n und m enthält die Tab. 6.56 die simulierten oberen $(1 - \alpha/2)$- und unteren $(\alpha/2)$-Quantile der Prüfgröße des Kamat-Testes für die Irrtumswahrscheinlichkeit $\alpha = 0.05$.

In Abb. 6.59 ist zu erkennen, dass der Ablehnungsbereich der Nullhypothese auf der linken Seite die Werte 0 und 1 und auf der rechten Seite die Werte 13 und 14 umfasst (vergleiche auch Tab. 6.56). Im obigen Beispiel ist $D_{8,6} = 7$. Für diesen Wert wird die Nullhypothese nicht abgelehnt.

Die beobachte Dreigipfligkeit der Häufigkeitsverteilung ist nicht zufällig, sondern bereits in der Originalarbeit von Kamat für alle Stichprobenumfänge erwähnt.

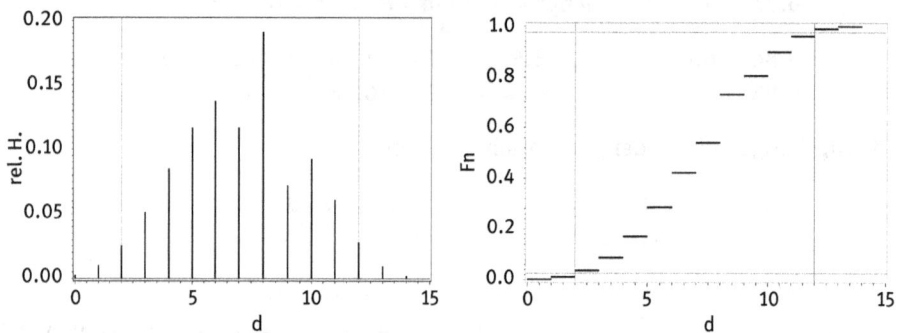

Abb. 6.59: Simulierte Wahrscheinlichkeitsfunktion (links) und empirische Verteilung (rechts) der Prüfgröße des Kamat-Tests für die Stichprobenumfänge m = 8 und n = 6 (Simulationsumfang 100 000, Referenzlinien $(\alpha/2)$- und $(1 - \alpha/2)$-Quantil für $\alpha = 0.05$).

Bemerkungen. Wegen fehlender asymptotischer Aussagen über die Prüfgröße des Kamat-Testes ist eine erneute Kalkulation der unteren und oberen kritischen Werte des Testes für jede denkbare Stichprobenumfangskonstellation (n, m) durchzuführen. Das ist sicher auch einer der Gründe, dass der Test heute keine Rolle mehr spielt.

Zwar gibt Kamat Formeln für den Erwartungswert und die Varianz, und darüber hinaus für das dritte zentrale Moment von $D_{n,m}$ an,

$$E(D_{n,m}) = m - \frac{2m}{n+1} + \frac{2n}{m+1},$$

$$
V(D_{n,m}) = \frac{2m(n-1)(m+n+1)}{(n+1)^2(n+2)} + \frac{2n(m-1)(m+n+1)}{(m+1)^2(m+2)} + \frac{8mn}{(m+1)(n+1)}
$$
$$
- 4 + \frac{4}{\binom{m+n}{n}},
$$

aber eine asymptotische Konvergenz der Prüfgröße von Kamat gegen eine Normalverteilung, wie beispielsweise für die Prüfgrößen des Wilcoxon- oder des U-Testes von Mann und Whitney, wurde nicht gefunden. Selbst für große Stichprobenumfänge, z. B. $n = m = 100$, hat die Dichte von $D_{n,m}$ noch drei Gipfel, die man auch im Simulationsexperiment wieder findet.

Ein Eindruck über die Verläufe der Powerfunktionen von möglichen anzuwendenden Tests bei der Untersuchungssituation zweier unabhängiger Stichproben für zu Grunde gelegte Normalverteilungen wird im folgenden Abschnitt vermittelt.
    Die Powerfunktionen der Tests
- t-Test für unverbundene Stichproben
- U-Test von Mann und Whitney
- Kamat-Test und
- Mediantest

wurden dabei mit dem SAS-Programm `sas_6_48` simuliert und zwar für den Fall, dass beide Stichproben aus Normalverteilungen stammen, deren Erwartungswerte sich unterscheiden, aber die Varianzen gleich sind.
    Diese Voraussetzung wird durch die Anwendung des t-Test erzwungen, bei dem die Normalverteilung zu den Voraussetzungen gehört. Sollte der t-Test nicht in den Vergleich der Powerfunktionen einbezogen werden, kann nahezu jede Verteilung benutzt werden, allein die Ordnungsfähigkeit der Zufallsgröße wird bei den restlichen drei Tests benötigt. Es werden die Stichprobenumfänge $n = 20$ und $m = 30$ zu Grunde gelegt. Die Mittelwertdifferenz im Simulationsexperiment wird durch $d = \mu_0 - \mu_1$ beschrieben, wobei mittels vorausgesetzter gemeinsamer Varianz standardisiert wurde. Man erkennt, dass sich der parametrische t-Test für diese Situation am besten eignet, weil er genau für diese Situation konstruiert ist. Er wird vom U-Test von Mann und Whitney gefolgt, dessen Power kaum hinter der des t-Tests zurücksteht. In der Abb. 6.60 sind beide Kurven nur schwer zu unterscheiden. Etwas schlechter ist der Median-Test. Der Kamat-Test ist der schlechteste. Seine Power lässt sehr zu wünschen übrig. Bei $d = \mu_0 - \mu_1 = 2$ sind die drei simulierten alternativen Tests bereits bei 100 % angelangt, d. h., man übersieht mit den statistischen Tests den Unterschied nicht mehr, wohingegen der Kamat-Test erst bei knapp 50 % angekommen ist. Man übersieht einen solch großen Unterschied noch in etwa der Hälfte der Fälle. Der Kamat-Test ist sicher zu Recht in Vergessenheit geraten.

Tab. 6.56: Simulierte oberes $(1 - \alpha/2)$-Quantil und unteres $(\alpha/2)$-Quantil der Prüfgröße des Kamat-Testes für die Irrtumswahrscheinlichkeit $\alpha = 0.05$ (Tabelle gibt den Bereich der Prüfgröße des Kamat-Tests an, in dem die Nullhypothese beibehalten wird.).

m	N																	
	5	6	7	8	9	10	11	12	13	14	15	16	17	18	19	20	25	30
5	1	1	1	2	2	2	2	2	3	3	3	3	3	3	3	3	4	5
	9	10	11	11	12	13	14	14	15	16	17	17	18	19	20	20	24	27
6	1	1	2	2	2	3	3	3	3	3	3	4	4	4	4	4	4	5
	10	11	11	12	13	13	14	15	15	16	17	17	18	19	19	20	23	26
7	1	2	2	3	3	3	3	4	4	4	3	4	4	4	4	5	5	5
	11	11	12	12	13	14	14	15	15	16	17	17	18	18	19	20	23	26
8	2	2	3	3	3	4	4	4	4	4	5	5	5	5	5	5	6	6
	11	12	12	13	14	14	15	15	16	16	17	17	18	18	19	20	22	25
9	2	2	3	3	4	4	4	5	5	5	5	5	5	6	6	6	6	7
	12	13	13	14	14	15	15	16	16	17	17	17	18	18	19	20	22	25
10	2	3	3	4	4	5	5	5	6	6	6	6	6	6	7	7	7	8
	13	13	14	14	15	15	16	16	17	17	18	18	19	19	20	20	22	25
11	2	3	4	4	5	5	6	6	6	6	7	7	7	7	7	7	8	8
	14	14	15	15	16	16	16	17	17	18	18	19	19	19	20	20	22	25
12	3	3	4	5	5	6	6	6	7	7	7	7	8	8	8	8	9	9
	15	15	15	16	16	17	17	18	18	18	19	19	20	20	20	21	23	25
13	3	4	5	5	6	6	7	7	7	8	8	8	8	9	9	9	10	10
	15	16	16	17	17	18	18	18	19	19	19	20	20	21	21	21	23	25
14	3	4	5	6	6	7	7	8	8	8	9	9	9	9	9	10	10	11
	16	17	17	18	18	18	19	19	19	20	20	20	21	21	22	22	24	25
15	3	4	5	6	7	7	8	8	9	9	9	10	10	10	10	10	11	12
	17	18	18	18	19	19	19	20	20	20	21	21	21	22	22	23	24	26
16	4	5	6	7	7	8	8	9	9	10	10	10	10	11	11	11	12	12
	18	18	19	19	20	20	20	21	21	21	22	22	22	22	23	23	25	26
17	4	5	6	7	8	8	9	9	10	10	11	11	11	11	11	12	12	13
	19	19	20	20	20	21	21	21	22	22	22	23	23	23	24	24	25	27
18	4	6	7	7	8	9	9	10	10	11	11	12	12	12	12	13	13	14
	20	20	21	21	21	22	22	22	22	23	23	23	24	24	24	25	26	27
19	4	6	7	8	9	9	10	11	11	11	12	12	12	13	13	13	14	15
	21	21	22	22	22	22	23	23	23	24	24	24	24	25	25	25	27	28
20	5	6	7	8	9	10	11	11	12	12	13	13	13	13	14	14	15	16
	22	22	22	23	23	23	24	24	24	24	25	25	25	26	26	26	27	29
25	6	8	9	11	12	13	13	14	15	15	16	16	17	17	17	18	19	20
	26	27	27	27	28	28	28	28	28	29	29	29	29	30	30	30	31	32
30	8	10	12	13	14	15	16	17	18	19	19	20	20	21	21	21	23	24
	30	31	32	32	32	32	33	33	33	33	33	34	34	34	34	34	35	36

Tab. 6.57: Simulierte oberes $(1 - \alpha/2)$-Quantil und unteres $(\alpha/2)$-Quantil der Prüfgröße des Kamat-Testes für die Irrtumswahrscheinlichkeit $\alpha = 0.01$ (Die Tabelle gibt den Bereich an, in dem die Nullhypothese beibehalten wird.).

m	N																
	5	6	7	8	9	10	11	12	13	14	15	16	17	18	19	20	25
8	0	1	1	2	2	2	3	3	3	3	3	4	4	4	4	4	5
	12	13	14	14	15	16	16	17	18	18	19	20	20	21	22	22	25
9	1	1	2	2	2	3	3	3	4	4	4	4	4	5	5	5	5
	13	14	14	15	16	16	17	17	18	19	20	20	21	22	22	22	25
10	1	1	2	2	3	3	4	4	4	4	4	5	5	5	5	5	6
	14	15	15	16	16	17	18	18	19	19	20	20	21	21	22	22	25
11	1	2	2	3	3	4	4	4	5	5	5	5	5	6	6	6	7
	15	15	16	16	17	18	18	19	19	20	20	21	21	22	22	23	25
12	1	2	2	3	4	4	4	5	5	5	6	6	6	6	6	7	7
	16	16	17	17	18	18	19	19	20	20	21	21	22	22	23	23	26
13	1	2	3	3	4	4	5	5	6	6	6	7	7	7	7	7	8
	16	17	17	18	18	19	19	20	20	21	21	22	22	23	23	24	26
14	1	2	3	4	4	5	5	6	6	6	7	7	7	8	8	8	9
	17	18	18	19	19	20	20	21	21	22	22	22	23	23	24	24	26
15	2	2	3	4	5	5	6	6	7	7	7	8	8	8	8	9	9
	18	19	19	20	20	21	21	21	22	22	23	23	24	24	24	25	27
16	2	3	4	4	5	6	6	7	7	8	8	8	8	9	9	9	10
	19	20	20	20	21	21	22	22	23	23	23	24	24	25	25	25	27
17	2	3	4	5	6	6	7	7	8	8	9	9	9	9	10	10	11
	20	20	21	21	22	22	23	23	23	24	24	24	25	25	26	26	28
18	2	3	4	5	6	7	7	8	8	9	9	9	10	10	10	11	12
	21	21	22	22	23	23	23	24	24	24	25	25	26	26	26	27	29
19	2	4	4	5	6	7	8	8	9	9	10	10	10	11	11	11	12
	22	22	23	23	23	24	24	24	25	25	26	26	26	27	27	27	29
20	3	4	5	6	7	8	8	9	9	10	10	11	11	11	12	12	13
	23	23	24	24	24	25	25	25	26	26	26	27	27	27	28	28	30
25	3	5	6	8	9	10	11	11	11	12	13	13	14	14	15	15	17
	27	28	28	28	29	29	29	29	30	30	30	31	31	31	32	32	33
30	4	6	8	10	11	12	13	14	15	15	16	17	17	18	18	19	20
	32	33	33	33	33	34	34	34	34	35	35	35	35	36	36	36	37

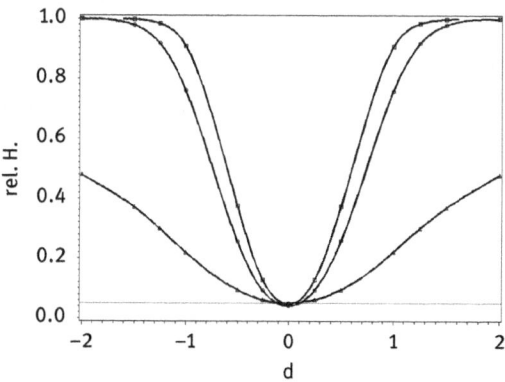

Abb. 6.60: Simulierte Powerfunktionen der vier Tests in Abhängigkeit von der Differenz der beiden Mittelwerte $d = \mu_0 - \mu_1$ (Reihenfolge von oben nach unten: t-Test für unverbundene Stichproben und U-Test von Mann und Whitney liegen übereinander, Median-Test, Kamat-Test).

6.10 Ausreißertests

6.10.1 Einleitung

Obwohl es keine geeignete Definition für Ausreißer gibt, ist die Problemstellung allen Anwendern statistischer Methoden intuitiv bekannt. Man versteht unter einem Ausreißer in der Statistik einen Messwert, der mit den übrigen erhobenen Werten nicht konsistent ist, sei es, dass er wesentlich größer oder auch wesentlich kleiner ist. Kendall and Buckland (1957) formulierten das so:

> In a sample of n observations it is possible for a limited number to be so far separated in value from the remainder that they give rise to the question whether they are not from a different population, or that the sampling technique is at fault. Such values are called outliers. Tests are available to ascertain whetherthey can be accepted as homogenous with the rest of the sample.

Man möchte einerseits solche Werte als Messfehler betrachten. Andererseits weiß man natürlich, dass es Verteilungen gibt, zu denen besonders große oder kleine, allerdings selten auftretende Werte gehören (sogenannte heavy tailed distributions, Verteilungen mit relativ großen Wahrscheinlichkeitsanteilen am Rand des Definitionsbereichs). Natürlich kann sich in der Realität auch der „besondere Fall" hinter einem solchen ungewöhnlichen Messwert verbergen, von dem man sich ohne Informationsverlust nicht trennen sollte.

Solche Ausreißer sind nicht nur ein Makel für den Experimentator, sie beeinflussen in besonderer Weise auch aus der Stichprobe berechnete Parameter, zum Beispiel die Momente. Und je höher die Momente sind, umso größer ist der Einfluss eines Ausreißers. Beim ersten Moment, dem Erwartungswert, gehen die Werte einschließlich des Ausreißers linear ein. Aber schon beim zweiten Moment, der Varianz, gehen diese quadratisch ein.

Die statistischen Entscheidungen werden ebenso von Ausreißern beeinflusst, lediglich die parameterfreien Verfahren sind ihnen gegenüber resistent. Bei diesen auf Rangwerten beruhenden Entscheidungsverfahren geht ein Ausreißer genau wie ein großer oder kleiner Messwert $x_{(n)}$ oder $x_{(1)}$ als Rangwert n oder 1 in die Analyse ein, je nachdem er am oberen oder unteren Ende positioniert ist.

Ein weiteres Problem besteht darin, dass man ohne Kenntnis der unterliegenden Verteilung keine Ausreißertests durchführen kann. Der einzige parameterfreie Ausreißertest, der Test von Walsh (1950), ist in diesem Abschnitt kurz erwähnt. Er funktioniert allerdings erst bei sehr großen Stichprobenumfängen, die man für die meisten Entscheidungen in der Praxis nicht zur Verfügung hat.

Abgesehen von diesem Walsh-Test beruhen alle besprochenen Ausreißertests allein auf der Normalverteilung. Zahlreiche Methoden sind ersonnen worden, um das Ausreißerproblem in den Griff zu bekommen, von denen die bekanntesten kurz erläutert werden sollen.

- Bei der **Boxplot-Methode** wird die doppelte Breite der Box – das ist die Differenz des oberen und unteren Quartils – vom unteren Quartil abgezogen und zum oberen Quartil addiert. Alle außerhalb dieses Bereichs liegenden Messwerte sind potenzielle Ausreißer.
- Die älteste Methode stammt von **Peirce** (1852). Er arbeitete über Planetenbewegungen und trug das Untersuchungsmaterial vieler Astronomen zusammen. Es entstand die Aufgabe, eventuelle Ausreißer zu erkennen, um möglichst genau die Bahnparameter berechnen zu können. Seine Methode wurde in der Zeitschrift Astronomical Journal veröffentlicht. Sie war 150 Jahre in Vergessenheit geraten. Ross (2003) folgend wird die Peirce-Methode in der heutigen Sprache der Statistik dargestellt.
- Bei der **Maximum-Methode** geht man von der Verteilung der Extremwerte aus, die bei bekannter Verteilung F bestimmbar sind. Bekanntlich sind das für das Maximum $MAX(X_1, X_2, \ldots, X_n)$ einer Stichprobe die Verteilung F^n, und für das Minimum $MIN(X_1, X_2, \ldots, X_n)$ die Verteilung $1 - (1 - F)^n$. Man kann sich auf die Maximumverteilung beschränken, weil durch Multiplikation mit (-1) das Minimum- zu einem Maximumproblem gewandelt werden kann. Alle Werte oberhalb des $(1 - \alpha)$-Quantils von F^n werden hier als mögliche Ausreißer deklariert.
- Bei den **modifizierten Z-Scores** wird die Differenz zwischen einem potenziellen Ausreißer und dem Median ins Verhältnis gesetzt zu den erwarteten absoluten Abweichungen, wie sie zwischen den Messwerten und dem Median auftreten. Ist diese Verhältniszahl größer als 3.5, dann spricht man bei dieser Methode von einem Ausreißer.
- Beim Ausreißertest von **Dean und Dixon** wird der Abstand von einem der Extremwerte zu seinem benachbarten Wert ins Verhältnis zur Spannweite gesetzt.
- Beim **David-Hartley-Pearson**-Test wird die Spannweite bezüglich der Streuung relativiert.
- Beim **Grubbs**-Test wird jeweils für das Maximum und das Minimum der Datenreihe eine Testgröße bestimmt und bezüglich des empirischen Mittelwertes und der Standardabweichung standardisiert. Für die standardisierte Größe kennt man die Verteilung.
- Der **Tietjen-Moore**-Test, von den Autoren auch Ausreißertests vom Grubbs-Type genannt, arbeitet analog zum Grubbs-Test, wenn mehrere Ausreißer k auf einer Seite der Stichprobe vermutet werden. Für den Fall k = 1 fällt der Tietjen-Moore-Test mit dem Grubbs-Test zusammen.
- Das parameterfreie Verfahren zur Ausreißererkennung nach **Walsh** ist erst für sehr große Stichprobenumfänge (n > 200) empfohlen.
- Das modifizierte **Thompson-α-Verfahren**, so wie es beschrieben und als SAS-Programm realisiert wird, kann nicht funktionieren. Der Anwender soll ermutigt werden, dieses auszuprobieren. Richtig gestellt wird, dass es nur falsch dargestellt wurde und eigentlich ein Grubbs-Verfahren ist.

Bemerkungen. Die wiederholte Anwendung von Ausreißertests auf die Stichprobe, die um den als Ausreißer erkannten reduziert wird, ist im Allgemeinen nicht zulässig. Lediglich beim Grubbs-Beck-Test gibt es die Möglichkeit iterativ extremwertverdächtige Punkte zu identifizieren.

Die Prüfgrößen der Tests einschließlich ihrer kritischen Werte für verschiedene Irrtumswahrscheinlichkeiten α werden durch Simulationsmethoden ermittelt. Damit ist es sofort möglich, die Tests für andere Verteilungen als die Normalverteilung zu verallgemeinern. Im Simulationsprogramm ist dazu lediglich die Zeile, die die Stichproben aus normalverteilter Grundgesamtheit aussucht, zu ersetzen. Im Abschnitt über Zufallszahlengeneratoren sind zahlreiche Beispiele angegeben, Stichproben aus anderweitigen Verteilungen zu realisieren.

6.10.2 Einfache Grundregeln, Boxplotmethoden

6.10.2.1 Boxplotmethode, basierend auf der Standardisierung

Die charakteristischen Größen für einen Boxplot sind der Median M, das untere Q_1 und obere Quartil Q_3, sowie Minimum und Maximum der Stichprobe. Man zeichnet einen Kasten vom unteren bis zum oberen Quartil. Der Median teilt diese Box in zwei Teile. An die Boxenden werden sogenannte Whiskers („Barthaare der Katze") angesetzt, die am unteren Ende bis zum Minimum und am oberen Ende bis zum Maximum reichen.

Wenn eine Normalverteilung vorausgesetzt wird, kann ein einzelner Wert als Ausreißer betrachtet werden, wenn er außerhalb eines bestimmten Bereichs vom Mittelwert, gemessen in Standardabweichungen liegt. In vielen Fällen wird ein Faktor von 2 (3) verwendet, was besagt, dass ungefähr 95 % bzw. 99 % der Daten einer Normalverteilung in diesen Bereich fallen:

$$\bar{x} \pm 2s \quad \text{für etwa } 95\,\%$$
$$\bar{x} \pm 3s \quad \text{für etwa } 99\,\%.$$

Bemerkungen. Gehören die Datenwerte nicht zu einer Normalverteilung, muss die Auswahl der Grenzwerte für die Ausreißer pessimistischer festgelegt werden. Die Normalverteilung ist nämlich dadurch gegenüber anderen Verteilungen ausgezeichnet, dass ihre Werte „dicht" um den Mittelwert angeordnet sind. Nach dem Theorem von Tschebyscheff enthält ein Intervall von $\pm n$ Standardabweichungen um den Mittelwert einen Anteil von höchstens $1 - 1/n^2$ der Stichprobenelemente. Um sicherzustellen, dass zumindest 93.75 % der Daten (einer beliebigen Verteilung) in dieses Intervall fallen, muss man $n = 4$ wählen. Wenn man $n = 5$ wählt, enthält das Intervall $[\bar{x} - 5s, \bar{x} + 5s]$ mindestens 96 % der Stichprobenelemente.

Da in diesem Kapitel überwiegend mit Stichproben aus Normalverteilungen gearbeitet wird, sind besser die obigen beiden Näherungsformel zu berücksichtigen.

6.10.2.2 Boxplotmethode, basierend auf dem Interquartilabstand

Ein parameterfreies Streuungsmaß ist die Breite der Box $Q_3 - Q_1$. Diese Differenz wird Interquartilabstand genannt. Man bezeichnet alle Punkte als ausreißerverdächtig, die zwei Boxbreiten unterhalb des ersten Quartils Q_1 oder zwei Boxbreiten oberhalb des dritten Quartils Q_3 liegen, also alle Messwerte außerhalb des Intervalls

$$I = [Q_1 - 2(Q_3 - Q_1); Q_3 + 2(Q_3 - Q_1)].$$

Von Frigge, Hoaglin, Iglewicz (1989) stammt die Aussage, dass mit der Wahrscheinlichkeit p ($0.05 \leq p \leq 0.1$) mit einem oder mehreren Ausreißern in einer zufällig erhobenen Stichprobe zu rechnen ist.

6.10.2.3 Überprüfung, welchen Anteil der Stichprobe beide Boxplotmethoden als Ausreißer deklarieren

Mit dem SAS-Simulationsexperiment sas_6_49 soll dies überprüft werden. Es werden 10 000 Stichproben vom Umfang n = 10 gezogen, jeweils das Intervall I nach obigen beiden Methoden bestimmt und die Stichprobenelemente gezählt, die außerhalb jedes der beiden Intervalle liegen.

Bei der ersten Methode erhält man bei 10 000 Simulationsläufen in 9904 Fällen keine Ausreißer (das sind etwa 99 %) und 96 Stichproben enthalten genau einen Ausreißer. Bei der Methode Frigge/Hoaglin sind nur 8976 Stichproben ohne Ausreißer. Die verbleibenden 1024 Stichproben haben teilweise mehrere Ausreißer-verdächtige Punkte. Die genaue Aufteilung findet man in Tab. 6.58 und in Abb. 6.61.

Tab. 6.58: Anzahl Ausreißerverdächtige nach Frigge/Hoaglin beim Stichprobenumfang n = 10 bei 10 000 Simulationen.

Ausreißer	Häufigkeit	Prozent
0	8976	89.76
1	773	7.73
2	190	1.90
3	54	0.54
4	7	0.07

Die mit sas_6_49 erzeugte Tab. 6.59 ist wie folgt zu lesen: Für den Stichprobenumfang n = 10 waren im Simulationsexperiment mit 10 000 Wiederholungen 8976 realisierte Stichproben ohne ausreißerverdächtigen Punkt. Die verbleibenden 1024 Stichproben hatten einen bis vier verdächtige Punkte. In Abb. 6.61 sieht man dies noch genauer. 773 Stichproben hatten einen verdächtigen Punkt, 190 zwei, 54 hatten drei und sieben Stichproben vier Ausreißer-verdächtige Punkte. Man beachte, dass die natürlichen Logarithmen der Anzahlen dargestellt sind.

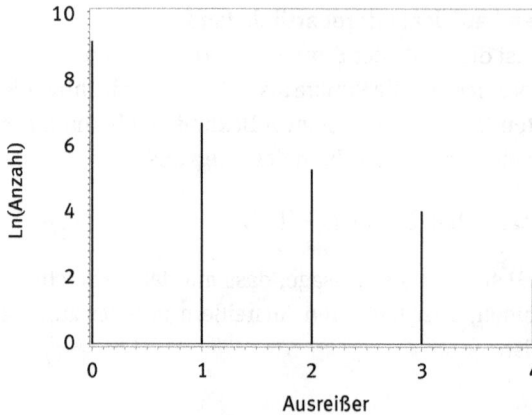

Abb. 6.61: Häufigkeit der Anzahl von Ausreißern bei 10 000 Stichproben des Umfangs n = 10 aus N(0, 1)-Verteilungen (Boxplotmethode Frigge/Hoaglin, erzeugt mit sas_6_49).

Tab. 6.59: Anzahl von ausreißerverdächtigen Punkten bei 10 000 Stichproben des Umfangs n aus N(0, 1)-Verteilungen.

n	Anzahl Ausreißer	n	Anzahl Ausreißer	n	Anzahl Ausreißer
5	0(7611)1-2	15	0(9375)1-4	25	0(8724)1-6
6	0(8930)1-2	16	0(9191)1-5	26	0(9055)1-5
7	0(9492)1-2	17	0(8588)1-7	27	0(9310)1-5
8	0(9324)1-2	18	0(9070)1-7	28	0(9126)1-6
9	0(8185)1-4	19	0(9348)1-5	29	0(8738)1-7
10	0(8976)1-4*	20	0(9162)1-5	30	0(9062)1-5
11	0(9414)1-3	21	0(8670)1-6	40	0(9074)1-5
12	0(9242)1-4	22	0(9085)1-5	50	0(9021)1-7
13	0(8424)1-5	23	0(9363)1-5	100	0(8720)1-6
14	0(9033)1-5	24	0(9141)1-6	200	0(8147)1-5

* siehe Tab. 6.58

6.10.2.4 Adjustierte Boxplot-Methode

Es sei $x_1, x_2, \ldots, x_n$ eine Stichprobe vom Umfang n aus einer normalverteilten Grundgesamtheit, die bereits der Größe nach aufsteigend geordnet ist. Man bildet die Funktion

$$h(x_i, x_j) = \frac{(x_j - \tilde{x})(x_i - \tilde{x})}{x_i - x_j},$$

mit deren Hilfe man MC, in der Literatur als „medcouple" bezeichnet, berechnen kann:

$$MC = \underset{\substack{x_i \leq \tilde{x} \leq x_j \\ x_i \neq x_j}}{\text{Median}}(h(x_i, x_j)) \quad ,$$

wobei $\bar{x}$ der Median der Stichprobe $x_1, x_2, \ldots, x_n$ ist. Das Intervall $[L, U]$ welches man adjustierten Boxplot nennt, ist wie folgt definiert:

$$L = \begin{cases} Q_1 - 1.5 \cdot \text{EXP}(3.5\,\text{MC}) \cdot (Q_3 - Q_1) & \text{falls MC} \geq 0 \\ Q_1 - 1.5 \cdot \text{EXP}(4.0\,\text{MC}) \cdot (Q_3 - Q_1) & \text{falls MC} \leq 0 \end{cases}$$

und

$$U = \begin{cases} Q_3 - 1.5 \cdot \text{EXP}(4.0\,\text{MC}) \cdot (Q_3 - Q_1) & \text{falls MC} \geq 0 \\ Q_3 - 1.5 \cdot \text{EXP}(3.5\,\text{MC}) \cdot (Q_3 - Q_1) & \text{falls MC} \leq 0 \end{cases}.$$

Dabei sind Q_1 und Q_3 das untere und obere Quartil der Stichprobe und $Q_3 - Q_1$ der oft als Streuungsmaß fungierende Quartilabstand.

Alle Stichprobenelemente außerhalb von $[L, U]$ gelten als mögliche Ausreißer.

Bemerkungen. Für den Fall von Bindungen der Art $x_i = \bar{x} = x_j$, bei denen man nicht mit obiger Formel $h(x_i, x_j)$ arbeiten kann, gilt alternativ

$$h(x_i, x_j) = \begin{cases} -1, & \text{wenn} \quad i + j - 1 < q \\ 0, & \text{wenn} \quad i + j - 1 = q \\ +1, & \text{wenn} \quad i + j - 1 > q \end{cases}.$$

Hierauf wird im Simulationsprogramm `sas_6_50` nicht eingegangen, weil es nur für gerade Stichprobenumfänge aufgestellt wurde. Bei stetigen Zufallsgrößen gelten $P(x_i = x_j) = 0$ für alle i und j der Stichprobe und der Stichprobenmedian liegt immer zwischen zwei Stichprobenelementen, so dass obiger Fall nicht auftritt. Das Programm `sas_6_50` lässt sich leicht auch für ungerade Stichprobenumfänge erweitern.

Wenn MC = 0 ist, geht der adjustierte Boxplot wegen EXP(3.5 MC) = EXP(4 MC) = 1 in den gewöhnliche Boxplot über:

$$L = Q_1 - 1.5(Q_3 - Q_1) = 2.5Q_1 - 1.5Q_3$$

und

$$U = Q_3 - 1.5(Q_3 - Q_1) = 1.5Q_1 - 0.5Q_3.$$

Überprüfung der adjustierten Boxplot-Methode D mit einem Simulationsexperiment

In dem Simulationsexperiment mit dem Programm `sas_6_50` wird überprüft, wie viele Stichprobenelemente als Ausreißer deklariert werden wenn n normalverteilte Zufallszahlen gezogen werden. Das Experiment wird 10 000mal durchgeführt. Die relativen Häufigkeiten für k Ausreißer werden für Stichprobenumfänge von n = 6, 10, 20, 30, 40, 50 und 100 angegeben.

Ergebnisse und Zusammenfassung

Die Simulationsergebnisse sind in Tab. 6.60 niedergelegt. Man erkennt, dass beispielsweise beim Stichprobenumfang n = 10 nur in etwa 79 % der durchgeführten Simulationen kein Ausreißer diagnostiziert wird. In etwa 28 % der Fälle wird mindestens ein Ausreißerverdacht ausgesprochen. In etwa 1.5 Prozent der Fälle werden drei bzw. vier Stichprobenelemente als ausreißerverdächtig eingeordnet. Der Anteil der Simulationen, bei denen kein Ausreißer gefunden wird, fällt mit wachsendem Stichprobenumfang. Bei n = 100 beträgt er etwa 52 %.

Die adjustierte Boxplot-Methode zur Erkennung von Ausreißern bei Normalverteilungen scheint eine zu grobe Methode für die Praxis zu sein, die bestenfalls für sehr kleine Stichprobenumfänge geeignet ist.

Tab. 6.60: Verdacht auf Ausreißer bei Stichprobenumfang n unter Verwendung der adjustierten Boxplotmethode.

Ausreißer-verdacht	Stichprobenumfang n						
	6	10	20	30	40	50	100
0	8131	7882	7627	7105	6666	6281	4777
1	1515	1496	1647	1896	2166	2304	2490
2	354	467	484	611	712	830	1278
3		134	162	227	244	309	572
4		21	65	94	110	126	306
5			8	27	42	67	157
6			4	19	25	28	97
7			2	9	19	14	76
8			1	6	6	15	56
9				2	3	10	41
10				4	2	5	30
11					2	4	22
12					2	4	28
13					1	2	18
14						1	10
15							8
16							8
17							7
18							9
19							2
≥ 20							8

6.10.3 Ausreißererkennung nach Peirce

Das älteste Verfahren zur Ausreißererkennung stammt von Benjamin Peirce aus dem Jahre 1852. Es ist von den Wissenschaftlern allerdings bis in unsere Zeit nicht zur Kenntnis genommen worden, wenn man einmal davon absieht, dass Gould (1855) für das Verfahren ein Tafelwerk zum leichteren Gebrauch der Ausreißererkennungsmethode schuf. Ein Spezialfall von Peirce's allgemeiner Herangehensweise, die Methode von Chauvenet (1863), ist – zumindest bei Ingenieurwissenschaftlern – in Anwendung geblieben. Der Unterschied zwischen beiden Methoden ist nur unwesentlich. Es ist das Verdienst von Ross (2003), die Arbeit von Peirce wieder bekannt gemacht zu haben, eine späte Würdigung der Leistung von Peirce 1½ Jahrhunderte nach seiner Publikation.

Peirce, Benjamin
(* 4. April 1809 in Salem, Massachusetts;
† 6. Oktober 1880 in Cambridge, Massachusetts)

Chauvenet, William
(* 24. Mai 1820 in Milford, Pennsylvania;
† 13. Dezember 1870 in St. Paul, Minnesota)

Methode von Peirce

Wenn $x_1, \ldots, x_n$ eine bereits aufsteigend geordnete Stichprobe aus einer normalverteilten Grundgesamtheit ist, dann bezeichnet

$$R_1 = MAX\left(ABS\left(\frac{x_1 - m}{s}\right), ABS\left(\frac{x_n - m}{s}\right)\right)$$

die Prüfgröße des Peirce-Tests für ein ausreißerverdächtiges Stichprobenelement. Der kleinste und der größte Wert der Stichprobe werden standardisiert und man nimmt davon das Maximum.

Die Methode von Chauvenet besteht darin, dass jeweils nur auf einer Seite der Verteilung gesucht wird. Die Prüfgrößen von Chauvenet sind folglich:

$$CH_1 = \frac{x_n - m}{s}$$

für den Test, dass der größte Wert x_n ein Ausreißer ist, bzw.

$$CH_2 = \frac{m - x_1}{s}$$

für den Test, dass der kleinste Wert x_1 ein Ausreißer ist.

Die Verallgemeinerung des Peirce- und des Chauvenet-Tests für mehrere Ausreißer verdächtige Stichprobenelemente auf einer Seite der Verteilung liegt förmlich auf der Hand. Für zwei Ausreißer beispielsweise sind die Prüfgrößen

$$R_2 = MAX\left(ABS\left(\frac{x_2 - m}{s}\right), ABS\left(\frac{x_{n-1} - m}{s}\right)\right)$$

und

$$CH_{1,2} = \frac{x_{n-1} - m}{s} \quad \text{bzw.} \quad CH_{2,2} = \frac{m - x_2}{s}.$$

Theoretisch könnte mit dieser Verallgemeinerung bis auf n/2 mögliche Ausreißer auf einer Seite der Verteilung getestet werden. Der Artikel von Gould (1855), der erstmals Tabellen für den Test von Peirce veröffentlichte, ist vollständig im Internet zu finden. Er hört bei 10 Ausreißerverdächtigen Stichprobenelementen auf. Man erkennt, welcher Aufwand zur Berechnung der Werte und wie viel mathematische Theorie nötig waren, um in einer computerlosen Zeit die Tabellen zu erstellen. Die Werte sind ebenso publiziert bei Ross (2003). Leider finden sich weder bei Gould noch bei Ross Hinweise darauf, welche Werte das eigentlich sind und welche Irrtumswahrscheinlichkeit zu Grunde gelegt wurde.

Das SAS-Programm `sas_6_51` erzeugt 100 000 Stichproben aus Normalverteilungen, hier aus der Standardnormalverteilung. Daraus werden 100 000 Werte der Zufallsgröße R_1 und daraus die empirischen Quantile (q0.5, q1, q2.5, q5, q10, q20, q30, q40, q50, q60, q70, q80, q90, q95, q97.5, q99 und q99.5 bestimmt. Insbesondere soll damit auch ergründet werden, welche Irrtumswahrscheinlichkeit α in den von Gould und Ross publizierten Tabellen verwendet wurde.

Bemerkungen. Nach wenigen Programmdurchläufen erkennt man, dass die Tabellenwerte von Gould und Ross etwa bei den 50er und 60er Perzentilen liegen. Das lässt vermuten, dass die publizierten Tabellenwerte nicht die Quantile der Prüfgröße R_1, sondern die Erwartungswerte $E(R_1)$ für den jeweiligen Stichprobenumfang n sind.

Fügt man in das Programm `sas_6_51` noch die Prozedur MEANS an, um den Mittelwert aus den 100 000 Simulationsläufen zu bestimmen, fällt die gute Übereinstimmung von Mittelwert und den Tabellenwerten von Gould und Ross auf. (s. Tab. 6.61). Vollständige Übereinstimmung ist natürlich nicht zu erzielen, weil die Integrationen von Gould und Ross auf numerischen Näherungsverfahren beruhen und das Simulationsexperiment je nach Startwert des Zufallszahlengenerators (seed) variierende Werte liefert.

Der bisher beschriebene Test nach Peirce entscheidet auf Ausreißer, wenn die Prüfgröße R_1 den Tabellenwert und damit den Erwartungswert überschreitet. Das ist aber sehr ungenau und beeinträchtigt stark den Wert des ursprünglichen Verfahrens.

Empfohlen wird im Weiteren, nicht mit den Erwartungswerten zu arbeiten, sondern die Quantile der empirischen Verteilungsfunktion von R_1 zu benutzen, die die Tab. 6.61 enthält. Auf diesen empirischen Quantilen beruhend werden am Ende des Abschnitts über Ausreißer Simulationsanalysen durchgeführt, um die Wertigkeit des Peirce-Tests, die Power des Tests, im Vergleich zu anderen Ausreißertests zu bestimmen. Daraus können Empfehlungen für oder gegen bestimmte Ausreißertests abgeleitet werden.

Tab. 6.61: Kalkulation der Quantile der Peirce-Prüfgröße bei 10 000 Simulationen und Vergleich des Erwartungswertes von Gould mit dem empirischen Mittelwert.

n	Erwartungswerte		Quantile					
	Gould	simuliert	Q_{50}	Q_{90}	Q_{95}	$Q_{97.5}$	Q_{99}	$Q_{99.5}$
5	1.509	1.439	1.441	1.671	1.715	1.743	1.764	1.773
6	1.610	1.547	1.540	1.824	1.888	1.933	1.974	1.994
7	1.693	1.632	1.618	1.938	2.021	2.079	2.138	2.171
8	1.763	1.702	1.683	2.029	2.124	2.200	2.274	2.317
9	1.824	1.762	1.738	2.109	2.213	2.298	2.388	2.439
10	1.878	1.816	1.789	2.176	2.289	2.383	2.484	2.543
11	1.925	1.863	1.835	2.234	2.356	2.455	2.562	2.627
12	1.969	1.905	1.874	2.287	2.412	2.518	2.632	2.708
13	2.007	1.943	1.910	2.332	2.460	2.573	2.700	2.779
14	2.043	1.976	1.941	2.370	2.503	2.623	2.754	2.841
15	2.076	2.008	1.973	2.411	2.548	2.668	2.804	2.899
16	2.106	2.037	2.001	2.444	2.588	2.713	2.853	2.950
17	2.134	2.066	2.029	2.479	2.622	2.749	2.898	2.992
18	2.161	2.089	2.051	2.505	2.649	2.781	2.934	3.039
19	2.185	2.113	2.075	2.533	2.685	2.819	2.971	3.076
20	2.209	2.134	2.094	2.558	2.707	2.846	3.003	3.110
25	2.307	2.228	2.186	2.661	2.822	2.968	3.139	3.254
30	2.385	2.301	2.257	2.743	2.913	3.057	3.242	3.366
35	2.450	2.362	2.316	2.811	2.977	3.133	3.315	3.448
40	2.504	2.412	2.367	2.865	3.036	3.187	3.373	3.510
45	2.551	2.457	2.412	2.914	3.086	3.246	3.434	3.563
50	2.592	2.496	2.450	2.957	3.131	3.293	3.481	3.615
60	2.663	2.561	2.515	3.022	3.194	3.356	3.552	3.693

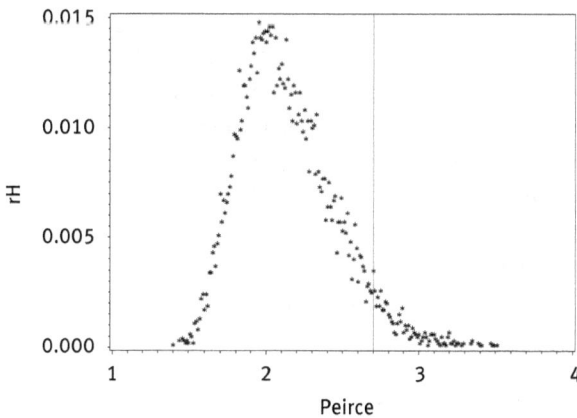

Abb. 6.62: Relative Häufigkeit der Prüfgröße von Peirce R_1 im Simulationsexperiment bei Stichprobenumfang n = 20 und 100 000 Simulationsläufen (Referenzlinie bei Q_{95} = 2.707).

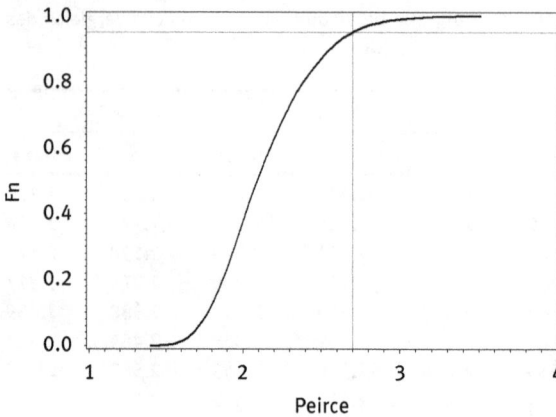

Abb. 6.63: Empirische Verteilung der Prüfgröße von Peirce R_1 im Simulationsexperiment bei Stichprobenumfang n = 20 und 100 000 Simulationsläufen (Referenzlinien für Q_{95} = 2.707).

6.10.4 Maximum-Methode

Gegeben sei eine Stichprobe des Umfangs n, die bereits der Größe nach geordnet ist. Man vermutet unter H_0, dass der größte Wert, das Maximum der Stichprobe, kein Ausreißer ist. H_1 besagt hingegen, dass der maximale Wert x_n ein Ausreißer sei.

Vermutet man hingegen, dass nicht x_n sondern x_1 ein Ausreißer ist, so multipliziere man alle Werte mit –1. Die Ordnung wird dadurch umgekehrt. Das ursprüngliche Minimum wird zum Maximum der neuen Stichprobe und man kann – wie eingangs gefordert – vom zu verifizierenden Maximum ausgehen.

Wenn die Grundgesamtheit symbolisiert durch die Zufallsgröße X, aus der die Stichprobe stammt, die Wahrscheinlichkeitsverteilung F besitzt, so hat das Maximum der (mathematischen) Stichprobe $MAX(X_1, X_2, \ldots, X_n)$ die Verteilung F^n.

Dass x_n das Maximum der Stichprobe ist und kein Ausreißer, glaubt man nur solange, wie x_n nicht das $(1 - \alpha)$-Quantil der Verteilung des Maximums F^n übersteigt, wobei α die gewählte Irrtumswahrscheinlichkeit ist. Der Test ist damit einseitig, weil alle kleinen Werte beim Maximumtest unter H_0 zugelassen werden.

Analog kann diese Methode auch für das Minimum formuliert werden, weil bei bekannter Verteilung F die Verteilung des Minimums einer Stichprobe vom Umfang n durch $1 - (1 - F)^n$ beschrieben wird. H_0 wird solange aufrechterhalten, bis das α-Quantil der Verteilung des Minimums unterschritten wird.

Im Weiteren sei $X \sim N(0, 1)$. In SAS wird die Verteilungsfunktion $F(x)$ durch die Standardfunktion CDF('NORMAL', x) berechnet und

$$F_{max}(x) = CDF('NORMAL', x)^n$$

bzw.

$$F_{min}(x) = 1 - (1 - CDF('NORMAL', x))^n.$$

Das SAS-Programm `sas_6_52` berechnet näherungsweise die 0.95- und 0.99-Quantile von $F_{max}(x) = F(x)^n$ indem man von sehr kleinen Werten x startet und diese solange mit kleiner Schrittweite erhöht, bis $F_{max}(x)$ die Grenze $1-\alpha$ überschreitet. Die Tab. 6.62 enthält diese Quantile für verschiedene Stichprobenumfänge n und $\alpha = 0.05$ und $\alpha = 0.01$.

Bemerkung. Vermutet man, dass nicht x_n sondern x_1 ein Ausreißer ist, so multipliziere man alle Werte mit –1. Das ursprüngliche Minimum wird dann zum Maximum der neuen Stichprobe und man kann wie eingangs gefordert vom Maximum ausgehen.

Im SAS-Programm wird zusätzlich die Verteilung des Minimum F_{min} berechnet. Die untere Schwelle, ab der man an einen Ausreißer glaubt, ist das α-Quantil von F_{min} Prinzipiell ist das aber wegen der obigen Bemerkung nicht nötig, weil das Maximierungsproblem durch die Multiplikation mit –1 zu einem Maximierungsproblem gewandelt werden kann.

Tab. 6.62: Approximative 0.95- und 0.99-Quantile von $F_{max}(x)$ für verschiedene Umfänge.

n	Q_{95}	Q_{99}	n	Q_{95}	Q_{99}	n	Q_{95}	Q_{99}
			21	2.8150	3.3029	41	3.0233	3.4861
			22	2.8299	3.3160	42	3.0306	3.4925
3	2.1213	2.7120	23	2.8440	3.3284	43	3.0377	3.4988
4	2.2341	2.8059	24	2.8576	3.3402	44	3.0446	3.5049
5	2.3187	2.8769	25	2.8705	3.3515	45	3.0514	3.5109
6	2.3862	2.9340	26	2.8828	3.3624	46	3.0580	3.5168
7	2.4422	2.9814	27	2.8947	3.3728	47	3.0644	3.5225
8	2.4898	3.0221	28	2.9061	3.3828	48	3.0707	3.5280
9	2.5313	3.0575	29	2.9170	3.3924	49	3.0768	3.5335
10	2.5679	3.0889	30	2.9276	3.4017	50	3.0828	3.5388
11	2.6007	3.1171	31	2.9378	3.4106	60	3.1367	3.5867
12	2.6304	3.1427	32	2.9476	3.4193	70	3.1816	3.6267
13	2.6574	3.1660	33	2.9571	3.4276	80	3.2200	3.6610
14	2.6822	3.1875	34	2.9663	3.4357	90	3.2536	3.6911
15	2.7052	3.2074	35	2.9752	3.4436	100	3.2835	3.7178
16	2.7265	3.2259	36	2.9838	3.4512	200	3.4740	3.8894
17	2.7464	3.2432	37	2.9921	3.4586	300	3.5813	3.9867
18	2.7651	3.2595	38	3.0003	3.4657			
19	2.7827	3.2748	39	3.0082	3.4727			
20	2.7993	3.2892	40	3.0159	3.4795			

Bemerkungen. Die Tab. 6.62 enthält nur die 95 %- und 99 %-Quantile für F_{max}, nicht aber die für 5 % oder 1 %. Diese sind leicht bestimmbar. Gesucht ist beispielsweise ein solches x_0, so dass $F_{max}(x_0) = F(x_0)^n = 1 - \alpha$ oder $F(x_0) = \sqrt[n]{1-\alpha}$.

Das x_0 kann aus Normalverteilungstabellen abgelesen werden.

Ebenso bestimmt man die Quantile von $F_{min}(x)$. Gesucht ist ein Quantil x_0 mit der Eigenschaft $F_{min}(x_0) = 1 - (1 - F(x_0))^n = \alpha$ oder $F(x_0) = 1 - \sqrt[n]{1 - \alpha}$.

Im SAS-Programm `sas_6_53` wird illustriert, dass die Quantile Q_1 und Q_5 von $F_{min}(x)$ den mit negativen Vorzeichen versehenen Quantilen Q_{99} und Q_{95} von $F_{max}(x)$ entsprechen. Das ist ein Resultat der Symmetrie der Standardnormalverteilung.

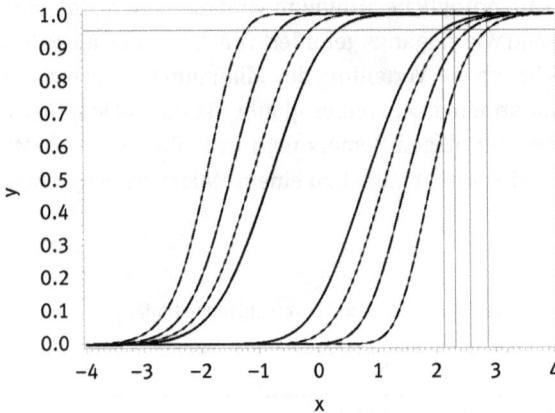

Abb. 6.64: Vier Verteilungsfunktionen $F_{max}(x)$, rechte Seite, und vier Verteilungsfunktionen $F_{min}(x)$, linke Seite, für Stichprobenumfänge n = 3, 5, 10 und 25 (von innen nach außen) mit eingezeichneten Referenzlinien (2.1213, 2.3187, 2.5679, 2.8705) für die Quantile Q_{95} für $F_{max}(x)$.

Mit dem SAS-Simulationsprogramm `sas_6_53` kann man auch überprüfen, ob in etwa 5 % der Fälle, das sind bei 10 000 Simulationsläufen 500 Stichproben, Ausreißer enthalten sind.

6.10.5 Modifizierte Z-Scores

Im Allgemeinen bezeichnet man die standardisierten Werte z_i, die durch Transformation aus beliebigen normalverteilten Werten x_i hervorgehen, als Z-Scores:

$$z_i = \frac{x_i - \bar{x}}{s}$$

wobei s die Standardabweichung ist und $\bar{x}$ der Mittelwert. Die modifizierten Z-Scores sind das parameterfreie Pendant zu den Z-Scores. Man ersetzt den Mittelwert durch den empirischen Median p_{50} und die Streuung durch den Median der absoluten Abweichung (**M**edian of **A**bsolute **D**eviation MAD) ersetzt. Der MAD-Wert ist ein robustes Maß der Variabilität der Verteilung. Er wird gegenüber der Standardabweichung weniger von Ausreißern betroffen. Ausgehend von den Abweichungen der Messwerte vom

Median der Stichprobe $(x_i - p_{50}(x_i))$ ist MAD der Median ihrer absoluten Werte:

$$MAD = p_{50}(ABS(x_i - p_{50}(x_i)))$$

und das Äquivalent zum Z-Score ist

$$M_{zi} = 0.6745\left(\frac{x_i - p_{50}(x_i)}{MAD}\right).$$

Alle Messwerte x_i mit $M_{zi} > 3.5$ gelten unter Normalverteilungsvoraussetzung nach Iglewicz, Banerjee (2001) als potenzielle Ausreißer.

Mit dem SAS-Programm `sas_6_55` soll gezeigt werden, dass die Wahrscheinlichkeit, mit der Messwerte als Ausreißer deklariert werden, etwa 0.05 ist.

Beispiel 6.24. Es wird die Stichprobe (0.5, 1, 2, **2**, 4, 5, 9) vom Umfang n = 7 betrachtet, bei der der Median mit dem viertgrößten Wert 2 (fett) zusammenfällt. Die absoluten Abweichungen von 2 sind (1.5, 1, 0, 0, 2, 4, 7). Sie haben den Median von 1.5 = MAD. Die M_{zi} sind (0.6745, 0.44967, 0, 0, 0.8993, 1.7987, 2.2483). Kein M_{zi}-Wert überschreitet die 3.5, kein Wert ist ausreißerverdächtig.

Bemerkungen. Der von Iglewicz und Hoaglin empfohlene Schwellenwert von k = 3.5 für den modifizierten Z-Score scheint für große Stichprobenumfänge (n > 50) gut geeignet zu sein. Für kleine n sollte er etwas höher angesetzt zu werden, für n = 15 beispielsweise k = 3.75. Davon kann man sich leicht durch das SAS-Programm `sas_6_55` überzeugen.

Der Test ist unter dem Namen MAD-Scores als R-Programm im Internet zu finden.

Unabhängig davon, ob die Varianz existiert oder unendlich ist, der MAD-Wert ist stets eine endliche Zahl.

Die Cauchy-Verteilung hat keine Varianz, trotzdem existiert der MAD und ist 1.

Für die Standardnormalverteilung ergibt sich eine interessante Möglichkeit zur Schätzung der Streuung σ aus dem MAD für große Stichprobenumfänge n. Wegen

$$\frac{1}{2} = P(|X - \mu| \le MAD) = P\left(\left|\frac{X-\mu}{\sigma}\right| \le \frac{MAD}{\sigma}\right) = P\left(|Z| \le \frac{MAD}{\sigma}\right)$$

gilt

$$\frac{3}{4} = F\left(\frac{MAD}{\sigma}\right) \quad bzw. \quad F^{-1}\left(\frac{3}{4}\right) = 0.6745 = \frac{MAD}{\sigma}$$

und schließlich folgt

$$\sigma = 1.4826 MAD \quad oder \quad MAD = 0.6745\sigma.$$

(Vergleiche die Konstante 0.6745 in der Bestimmungsgleichung für M_{zi}.)

6.10.6 Ausreißertest von Dean-Dixon

Voraussetzung für den Ausreißertest von Dean und Dixon sind ebenfalls Daten aus normalverteilten Grundgesamtheiten, die aufsteigend (oder auch absteigend) geordnet wurden. Der Test wurde von Dean, Dixon (1951) entwickelt und später von Dixon (1950, 1953) vereinfacht. Durch das Ordnen testet man, ob der kleinste Messwert x_1 ein Ausreißer ist. Man testet

H_0 : Die Stichprobe enthält keinen Ausreißer

gegen

H_1 : x_1 ist ein Ausreißer.

Die Testgröße Q wird nach folgender Formel berechnet:

$$Q = \frac{|x_2 - x_1|}{|x_n - x_1|}.$$

Für den Fall, dass x_1 ein Ausreißer ist, wird der Euklidische Abstand $|x_2 - x_1|$ des ersten Wertes x_1 zum zweiten x_2 besonders groß und ebenso der durch die Spannweite $|x_n - x_1|$ normierte Abstand.

Dean, Dixon (1951) haben auch die folgenden etwas komplizierteren Prüfgrößen in Abhängigkeit vom Stichprobenumfang n vorgeschlagen, um gleichzeitig zwei Ausreißer auf derselben Seite der Verteilung zu erkennen und die Stichprobengröße besser zu berücksichtigen. Die Testgröße Q wird nur für kleine n beibehalten ($3 \leq n \leq 7$). Für größere Stichprobenumfänge wurden verschiedene Varianten von Q ersonnen:

$$r_{10} = \frac{x_2 - x_1}{x_n - x_1} \quad \text{für } 3 \leq n \leq 7,$$

$$r_{11} = \frac{x_2 - x_1}{x_{n-1} - x_1} \quad \text{für } 8 \leq n \leq 10,$$

$$r_{21} = \frac{x_3 - x_1}{x_{n-1} - x_1} \quad \text{für } 11 \leq n \leq 13,$$

$$r_{22} = \frac{x_3 - x_1}{x_{n-2} - x_1} \quad \text{für } n \geq 14.$$

Durch Vergleich des Wertes der Prüfgröße mit dem kritischen Wert aus Tab.6.63 wird zwischen beiden Hypothesen entschieden. Falls der Wert von $Q = r_{10}$ (entsprechend für r_{11}, r_{21} und r_{22}) größer als der kritische Wert ist, lehnt man H_0 ab und x_1 wird als Ausreißer deklariert. Diese statistische Entscheidung ist einseitig.

Das SAS-Programm `sas_6_56` simuliert die Prüfgröße. Es ist als Makro geschrieben mit dem Stichprobenumfang n als einzige Eingabevariable des Makro.

100 000-mal wird eine N(0, 1)-verteilte Stichprobe gezogen. Für jede Stichprobe wird die Prüfgröße des Dean-Dixon-Tests bestimmt. Mit 100 000 Realisierungen kommen die empirische Verteilungsfunktion und die relative Häufigkeitsfunktion der Verteilung und der Dichte sehr nahe. Die kritischen Werte des Tests wurden hinreichend genau bestimmt und in Tab. 6.63 eingefügt.

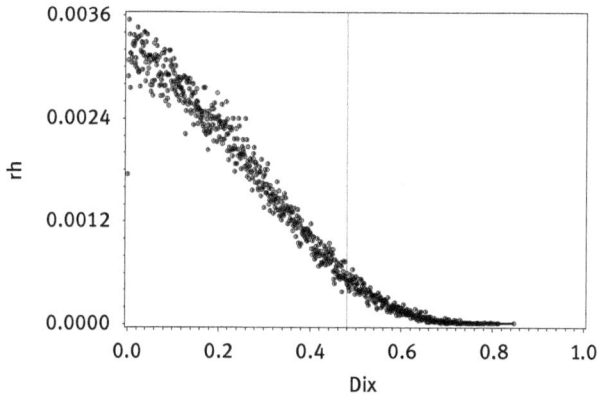

Abb. 6.65: Relative Häufigkeitsverteilung der Prüfgröße von Dean und Dixon für Stichprobenumfang $n = 10$ bei 100 000 Simulationen (eingezeichnet ist das 0.95-Quantil 0.477, siehe auch Tab. 6.63).

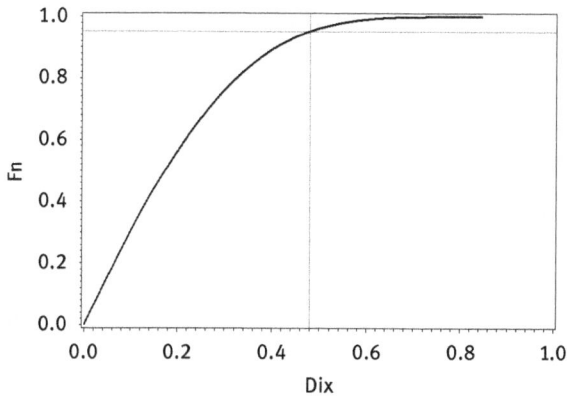

Abb. 6.66: Empirische Verteilungsfunktion der Prüfgröße von Dean und Dixon für den Stichprobenumfang $n = 10$ bei 100 000 Simulationen (eingezeichnet ist das 0.95-Quantil 0.477, s. Tab. 6.63).

6.10.7 David-Hartley-Pearson-Test

Von David, Hartley, Pearson (1954) stammt der folgende Test zur Erkennung von Ausreißern.

Es wird wieder von einer bereits der Größe nach geordneten Stichprobe ausgegangen. Die Nullhypothese H_0, der kleinste oder der größte Wert einer Datenreihe gehört zur Stichprobe, wird zum Niveau α verworfen, wenn gilt:

$$Q = \frac{R}{s} = \frac{|x_n - x_1|}{s} > Q_{n;1-\alpha}.$$

Tab. 6.63: Kritische Werte des Ausreißertests von Dean und Dixon (simulierte Werte fett).

	N	Q99	Sim Q99	Q95	Sim Q99	Sim Q1	SimQ5
$r_{10} = \dfrac{x_2 - x_1}{x_n - x_1}$	3	0.988	**0.988**	0.941	**0.941**	**0.01202**	**0.05935**
	4	0.889	**0.889**	0.766	**0.766**	**0.00673**	**0.03259**
	5	0.782	**0.778**	0.643	**0.644**	**0.00488**	**0.02361**
	6	0.698	**0.702**	0.563	**0.564**	**0.00387**	**0.01978**
	7	0.636	**0.643**	0.507	**0.509**	**0.00342**	**0.01690**
$r_{11} = \dfrac{x_2 - x_1}{x_{n-1} - x_1}$	8	0.682	**0.681**	0.554	**0.555**	**0.00395**	**0.01967**
	9	0.634	**0.631**	0.512	**0.509**	**0.00338**	**0.01733**
	10	0.597	**0.599**	0.477	**0.479**	**0.00312**	**0.01555**
$r_{21} = \dfrac{x_3 - x_1}{x_{n-1} - x_1}$	11	0.674	**0.674**	0.575	**0.571**	**0.03677**	**0.08359**
	12	0.643	**0.645**	0.546	**0.546**	**0.03354**	**0.07763**
	13	0.617	**0.617**	0.522	**0.521**	**0.03129**	**0.07251**
$r_{22} = \dfrac{x_3 - x_1}{x_{n-2} - x_1}$	14	0.640	**0.640**	0.546	**0.547**	**0.03473**	**0.07860**
	15	0.617	**0.616**	0.524	**0.523**	**0.03265**	**0.07352**
	16	0.598	**0.598**	0.505	**0.504**	**0.03016**	**0.06920**
	17	0.580	**0.579**	0.489	**0.488**	**0.02905**	**0.06609**
	18	0.564	**0.565**	0.475	**0.474**	**0.02755**	**0.06359**
	19	0.551	**0.550**	0.462	**0.461**	**0.02668**	**0.06095**
	20	0.538	**0.538**	0.450	**0.450**	**0.025**	**0.059**
	25		**0.487**		**0.405**	**0.02184**	**0.05026**
	30		**0.456**		**0.375**	**0.01920**	**0.04519**
	35		**0.432**		**0.353**	**0.01778**	**0.04199**
	40		**0.413**		**0.338**	**0.01682**	**0.03873**
	45		**0.398**		**0.323**	**0.01576**	**0.03635**
	50		**0.383**		**0.311**	**0.01473**	**0.03454**
	100		**0.253**		**0.318**	**0.01155**	**0.02647**

R ist die Spannweite $|x_n - x_1|$ und s die Standardabweichung, $Q_{n;1-\alpha}$ steht für das $(1 - \alpha)$-Quantil des David-Hartley-Pearson-Tests, wenn die n Messwerte aus einer normalverteilten Grundgesamtheit stammen.

Wird H_0 verworfen, wird der kleinste bzw. größte Wert als Ausreißer betrachtet, je nachdem, welcher am weitesten vom Mittelwert entfernt liegt.

Pearson, Egon Sharpe
(* 11. August 1895 in Hampstead; † 12. Juni 1980 in Midhurst)

Tab. 6.64: Empirische Quantile der Prüfgröße des David-Hartley-Pearson-Tests mittels Simulations-methode bei 10 000 Simulationen.

n	$Q_{0.5}$	Q_1	$Q_{2.5}$	Q_5	Q_{95}	$Q_{97.5}$	Q_{99}	$Q_{99.5}$
3	1.73516	1.73794	1.74652	1.75804	1.99932	1.99980	1.99996	1.99999
4	1.81494	1.85205	1.91693	1.99176	2.42941	2.43967	2.44536	2.44721
5	1.98352	2.02117	2.07867	2.14281	2.75173	2.77984	2.80150	2.81152
6	2.11571	2.15034	2.21996	2.28629	3.01238	3.05468	3.09387	3.11124
7	2.21171	2.26099	2.34335	2.41121	3.22649	3.28729	3.34981	3.38030
8	2.29436	2.36863	2.43347	2.50580	3.40382	3.47244	3.54852	3.58714
9	2.39648	2.45105	2.52555	2.60086	3.55800	3.64519	3.72665	3.77792
10	2.45913	2.51163	2.59730	2.67221	3.69737	3.79788	3.89212	3.94853
11	2.52272	2.58380	2.66591	2.74557	3.80982	3.91235	4.02531	4.09021
12	2.58532	2.64603	2.72937	2.80314	3.91734	4.02751	4.14188	4.22384
13	2.63405	2.70609	2.79960	2.87777	4.02760	4.13885	4.25044	4.34209
14	2.70081	2.76918	2.84601	2.93126	4.09557	4.22065	4.36647	4.46014
15	2.72822	2.79755	2.88309	2.97217	4.17184	4.28584	4.44965	4.54950
16	2.76558	2.84036	2.93274	3.02836	4.23525	4.36880	4.50386	4.59816
17	2.81530	2.88110	2.97545	3.06543	4.31813	4.45254	4.59347	4.70327
18	2.85880	2.91921	3.01298	3.10687	4.38438	4.52798	4.66333	4.76736
19	2.89970	2.95944	3.05979	3.14968	4.44371	4.58540	4.73988	4.88609
20	2.95577	3.01144	3.09956	3.18524	4.51041	4.64390	4.79413	4.90550
30	3.18687	3.25758	3.36942	3.46396	4.88532	5.05892	5.26579	5.43092
40	3.41273	3.48716	3.58208	3.68458	5.16269	5.31500	5.54512	5.69490
50	3.53288	3.62674	3.73401	3.82893	5.34887	5.52671	5.76595	5.91372
100	4.03259	4.09491	4.21027	4.31353	5.91918	6.10302	6.34227	6.48697

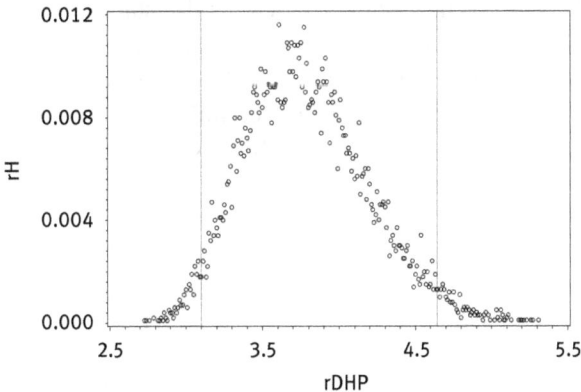

Abb. 6.67: Häufigkeitsverteilung der Prüfgröße des Tests von David-Hartley-Pearson bei 10 000 Simulationsläufen für Stichprobenumfang n = 20, (eingezeichnet sind die beiden empirischen Quantile $Q_{2.5}$ = 3.09956 und $Q_{97.5}$ = 4.64390, vergleiche Tab. 6.64).

Mit dem Simulationsprogramm sas_6_57 wurden die in der Tab. 6.64 angegebenen empirischen Quantile bestimmt sowie die Abbildungen der Häufigkeitsfunktion (Abb. 6.67) und der empirischen Verteilung der Prüfgröße des David-Hartley-Pearson-Tests (Abb. 6.68) erzeugt.

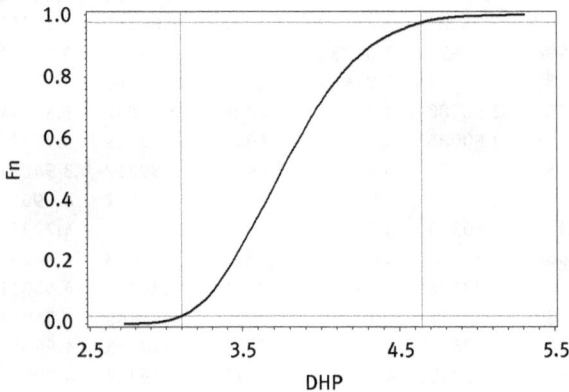

Abb. 6.68: Empirische Verteilungsfunktion der Prüfgröße des Tests von David-Hartley-Pearson bei 10 000 Simulationsläufen für Stichprobenumfang n = 20 (eingezeichnet sind die beiden empirischen Quantile $Q_{2.5} = 3.09956$ und $Q_{97.5} = 4.64390$, vergleiche Tab. 6.64).

6.10.8 Grubbs-Test

Beim Test nach Grubbs (1950, 1969) ist die Testgröße G jeweils das standardisierte Minimum bzw. das standardisierte Maximum einer Stichprobe vom Umfang n. Diese Testgröße wird mit den von n abhängigen kritischen Werten $T_{n,1-\alpha}$ des Grubbs-Test verglichen. Damit ist der Grubbs-Test als einseitiger Test formuliert. Die Nullhypothese, dass das Minimum (min) kein Ausreißer ist, wird zum Niveau α verworfen, wenn gilt:

$$G_{min} = \frac{\bar{x} - min}{s} > T_{n,1-\alpha}.$$

Entsprechendes gilt für das Maximum (max):

$$G_{max} = \frac{max - \bar{x}}{s} > T_{n,1-\alpha}$$

$\bar{x}$ entspricht dabei dem Mittelwert der Datenreihe, s der geschätzten Standardabweichung.

Der kritische Wert ist für beide Prüfgrößen gleich. Im Simulationsexperiment wird man sehen, dass sogar beide Prüfverteilungen gleich sind. Da die Prüfgrößen als Standardisierungen des extremwertverdächtigen Maximums oder des Minimums aufgefasst werden können, liegt die Vermutung nahe, dass die Prüfverteilung aus einer t-Verteilung abgeleitet werden kann.

Unter H_0, dass keine Ausreißer vorhanden sind, besitzen sowohl G_{min} als auch G_{max} eine Prüfverteilung, die als Funktion einer t-Verteilung dargestellt werden kann:

$$z_\alpha = \frac{n-1}{\sqrt{n}} \sqrt{\frac{t^2_{\frac{\alpha}{n},n-2}}{n-2+t^2_{\frac{\alpha}{n},n-2}}}.$$

Dabei bezeichnet $t_{\alpha,m}$ das α-Quantil einer t-Verteilung mit m Freiheitsgraden.

Wenn der Test einen Ausreißer entdeckt, wird dieser aus der Stichprobe entfernt und es wird ein neuer Grubbs-Test mit den Daten der restlichen Stichprobe des Umfangs n − 1 durchgeführt. Das kann so lange geschehen, bis kein Ausreißer mehr entdeckt wird. Der Grubbs-Test ist damit ein statistischer Test, der im Gegensatz zu den meisten anderen Ausreißertests wiederholt nacheinander angewandt werden kann.

Die Berechnung der kritischen Werte mit Hilfe des SAS-Systems ist einfach, weil die Quantilfunktion der t-Verteilungen zu den Standardfunktionen gehört. Das SAS-Programm sas_6_58 berechnet die kritischen Werte für die Stichprobenumfänge von 5 bis 30 (s. Tab. 6.65).

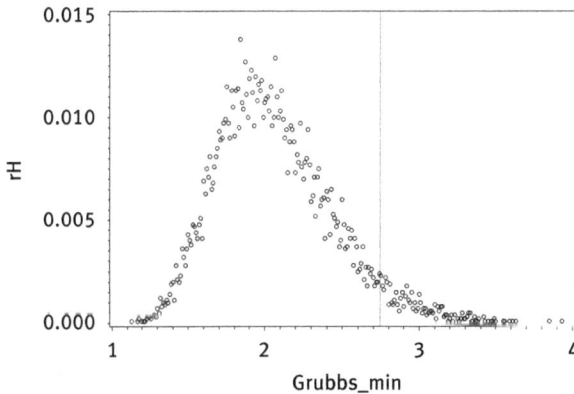

Abb. 6.69: Relative Häufigkeitsfunktion der Prüfgröße des einseitigen Ausreißertests nach Grubbs für den Stichprobenumfang n = 30 mit empirischem 0.95-Quantil 2.7469.

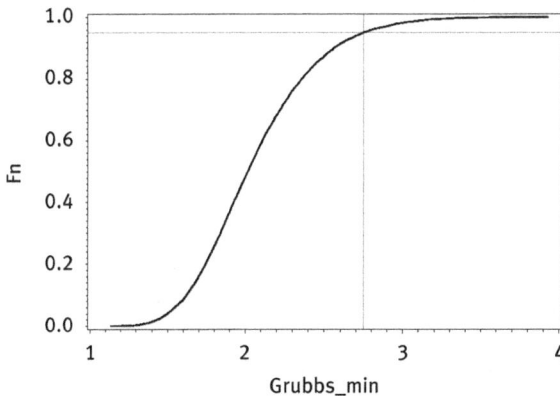

Abb. 6.70: Empirische Verteilungsfunktion der Prüfgröße des einseitigen Ausreißertests nach Grubbs für n = 30 mit empirischem 0.95-Quantil 2.7469.

Tab. 6.65: Exakte und näherungsweise kritische Werte für den einseitigen Grubbs-Test, durch Simulation gewonnen (Simulationsumfang 100 000).

n	Exakt $\alpha = 0.05$	Simuliert $\alpha = 0.05$	Exakt $\alpha = 0.01$	Simuliert $\alpha = 0.01$
5	1.67139	1.67237	1.74886	1.74989
6	1.82212	1.82590	1.94425	1.94093
7	1.93813	1.94204	2.09730	2.08874
8	2.03165	2.02864	2.22083	2.22318
9	2.10956	2.11094	2.32315	2.32572
10	2.17607	2.17384	2.40972	2.40330
11	2.23391	2.22665	2.48428	2.48495
12	2.28495	2.29248	2.54942	2.54111
13	2.33054	2.32465	2.60702	2.61181
14	2.37165	2.36483	2.65848	2.66392
15	2.40904	2.41450	2.70486	2.71787
16	2.44327	2.43818	2.74696	2.74837
17	2.47481	2.47838	2.78545	2.79970
18	2.50402	2.50045	2.82082	2.80145
19	2.53119	2.52600	2.85350	2.86778
20	2.55658	2.56000	2.88382	2.88518
21	2.58039	2.58160	2.91208	2.90706
22	2.60278	2.60051	2.93850	2.95458
23	2.62392	2.62549	2.96330	2.96105
24	2.64391	2.64991	2.98663	2.98223
25	2.66287	2.65563	3.00864	3.01669
26	2.68090	2.68023	3.02947	3.02790
27	2.69807	2.70116	3.04922	3.05162
28	2.71446	2.72119	3.06799	3.06548
29	2.73013	2.72808	3.08586	3.08963
30	2.74513	2.74690	3.10290	3.11860

Das SAS-Programm `sas_6_59` simuliert die kritischen Werte dieses Ausreißertests. Man stellt fest: Die Verteilungen von G_{max} und G_{min} sind gleich. Das ist eine Folgerung aus der Symmetrie der Normalverteilungsdichte.

6.10.9 Grubbs-Beck-Test

Während die vorstehend beschriebenen Testverfahren jeweils überprüfen, ob der kleinste oder größte Wert einer Datenreihe als Ausreißer zu bewerten ist, erlaubt dieser Grubbs-Beck-Test, Grubbs, Beck (1972), die Bewertung von Ausreißerpaaren, also Minimum und zweitkleinster Wert bzw. Maximum und zweitgrößter Wert. Es wird überprüft, ob

$$S_{1,2}^2 / S_0^2 < S_{n;\alpha}$$

bzw.

$$S_{n,n-1}^2/S_0^2 < S_{n;\alpha}.$$

Hierbei ist $S_{n;\alpha}$ der kritische Wert des Grubbs-Beck-Tests für die Stichprobengröße n bei Signifikanzniveau α. Ferner sind:

$$S_0^2 = \sum_{i=1}^{n}(x_i - \overline{x})^2,$$

$$S_{1,2}^2 = \sum_{i=3}^{n}(x_i - \overline{x}_{1,2})^2,$$

$$S_{n,n-1}^2 = \sum_{i=1}^{n-2}(x_i - \overline{x}_{n,n-1})^2.$$

$\overline{x}, \overline{x}_{1,2}$ und $\overline{x}_{n,n-1}$ bezeichnen den Gesamtmittelwert und die jeweiligen Mittelwerte der um die Indexwerte reduzierten Stichprobe.

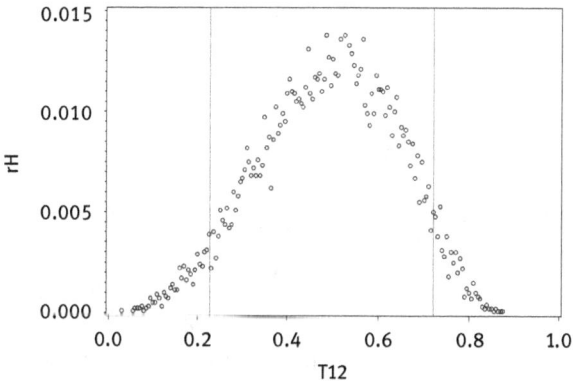

Abb. 6.71: Wahrscheinlichkeitsfunktion der simulierten Prüfgröße des Grubbs-Beck - Tests für Stichprobenumfang $n = 10$ mit eingezeichneten empirischen Quantilen $S_{n.0.05} = 0.231$ und $S_{n.0.95} = 0.720$.

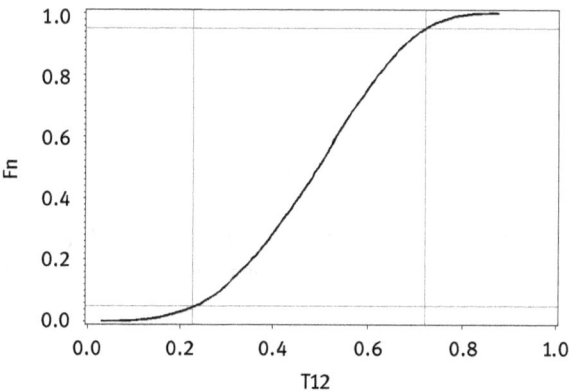

Abb. 6.72: Empirische Verteilungsfunktion der simulierten Prüfgröße des Grubbs-Beck-Tests für Stichprobenumfang $n = 10$ mit eingezeichneten empirischen Quantilen $S_{n.0.05} = 0.231$ und $S_{n.0.95} = 0.720$.

Tab. 6.66: Tabelle der kritischen Werte des Grubbs-Beck-Tests (Werte aus Hartung (1984) fett gedruckt).

n	$S_{n,0.01}$	simuliert $S_{n,0.01}$	$S_{n,0.05}$	simuliert $S_{n,0.05}$	simuliert $S_{n,0.95}$	simuliert $S_{n,0.99}$
5	0.004	0.004	0.018	0.018	0.567	0.682
6	0.019	0.018	0.056	0.056	0.624	0.721
7	0.044	0.045	0.102	0.103	0.658	0.745
8	0.075	0.076	0.148	0.149	0.684	0.763
9	0.108	0.107	0.191	0.190	0.706	0.776
10	0.141	0.141	0.231	0.230	0.720	0.788
12	0.204	0.204	0.300	0.300	0.744	0.802
15	0.286	0.284	0.382	0.381	0.773	0.822
20	0.391	0.390	0.480	0.479	0.805	0.843
30	0.527	0.528	0.601	0.602	0.843	0.875
40	0.610	0.610	0.672	0.673	0.867	0.889
50	0.667	0.670	0.720	0.721	0.883	0.902
100	0.802	0.803	0.833	0.833	0.924	0.934

Das SAS-Programm `sas_6_60` simuliert die Prüfgröße und mit ihm werden die empirischen kritischen Werte für Tab. 6.66 ermittelt.

6.10.10 Test auf mehrere Ausreißer von Tietjen und Moore

Große Probleme bereiten Ausreißer, wenn sie gehäuft auftreten. Ein statistischer Test, der genau einen Ausreißer erkennt, darf nach Elimination dieses Ausreißers mit der entsprechenden Reduktion des Stichprobenumfangs nicht erneut angewandt werden, weil man die Stichprobenelemente nicht zufällig, sondern der Größe nach reduziert. Davon nicht betroffen sind einige Ausnahmen, die zum iterativen Gebrauch entwickelt wurden.

Von Grubbs wurde ein Test entwickelt, der zwei Ausreißer der Stichprobe erkennt. Entweder liegen beide am oberen oder beide am unteren Ende oder es sind zwei Ausreißer, je einer am oberen und einer am unteren Ende der Stichprobe.

Tietjen, Moore (1972) entwickelten die Vorgehensweise von Grubbs weiter. Ihre Testgrößen nennen sie dementsprechend auch Grubbs-Typ-Statistiken. Mit diesen Tests könnte man bei einem Stichprobenumfang n bis maximal INT(n/2) Ausreißer erkennen.

Vorausgesetzt wird, die Stichprobe aus einer N(μ, σ^2)-Verteilung sei der Größe nach geordnet. Wenn die größten k Stichprobenelemente ausreißerverdächtig sind, nimmt man als Prüfgröße

$$L_k = \frac{\sum_{i=1}^{n-k}(x_i - \overline{x}_k)^2}{\sum_{i=1}^{n}(x_i - \overline{x})^2},$$

wobei $\bar{x}_k = (\sum_{i=1}^{n-k} x_i)/(n-k)$. L_1 ist gleich der Grubbs-Prüfgröße S_n^2/S^2, wobei S_n^2 die Summe der Abweichungsquadrate der $n-1$ kleinen Werte der Stichprobe von ihrem Mittel ist. L_2 ist gleich der Grubbs-Prüfgröße $S_{n,n-1}^2/S^2$, wobei $S_{n,n-1}^2$ die Summe der Abweichungsquadrate der $n-2$ kleinen Werte der Stichprobe von ihrem Mittel. Ebenso hat Grubbs Prüfgrößen für Ausreißer am unteren Ende der Stichprobe definiert, die man allerdings durch Multiplikation der Stichprobenelemente mit -1 auf obiges Problem zurückführen kann.

Liegen aber gleichzeitig am unteren und oberen Stichprobenende ausreißerverdächtige Elemente, dann soll man übergehen zur Prüfgröße mit den der Größe nach geordneten Absolutbeträgen $y_i = ABS(x_i)$

$$E_k = \frac{\sum_{i=1}^{n-k}(y_i - \bar{y}_k)^2}{\sum_{i=1}^{n}(y_i - \bar{y})^2},$$

mit $\bar{y}_k = (\sum_{i=1}^{n-k} y_i)/(n-k)$.

Die kritischen Werte der Prüfgrößen L_k und E_k erhielten Tietjen und Moore durch ein Simulationsprogramm in FORTRAN IV, ausgeführt auf einer CDC6600. Der verwendete Zufallszahlengenerator war ein multiplikativer Kongruenzgenerator des Typs

$$X_{n+1} = MOD(X_n \cdot 8.5 \cdot 10^{16} + 5, 2^{48}).$$

Die N(0, 1)-verteilten Zufallszahlen wurden mittels Box-Muller-Methode aus gleichverteilten Zufallszahlen erzeugt. Es wurden jeweils 10 000 Stichproben des Umfangs n gezogen.

Da der Simulationsumfang im hier verwendeten SAS-Programm mit 100 000 größer ist als der von Tietjen und Moore verwendete und mittlerweile „verbesserte" Zufallszahlengeneratoren zur Verfügung stehen, ist es berechtigt, die in Tab. 6.67 angegebenen kritischen Werte als verbesserte Werte anzusehen.

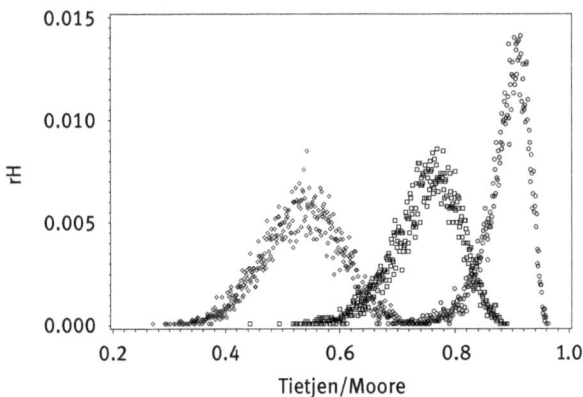

Abb. 6.73: Häufigkeitsfunktion der Prüfgröße L_k im Simulationsexperiment mit 10 000 Simulationsläufen für den Stichprobenumfang n = 50 und k = 1, 3 und 5 ausreißerverdächtige Stichprobenelemente (von rechts nach links).

Das SAS-Programm sas_6_61 erzeugt die empirische Verteilung der Prüfgröße L_k und die empirischen kritischen Werte, s. Tab. 6.67 bis 6.69, die sich ein wenig von den Originaltabellen von Tietjen, Moore (1972) unterscheiden.

Die beiden Abb. 6.73 und 6.74 zeigen Häufigkeitsfunktionen und empirische Verteilungen von L_k für verschiedene Stichprobenumfänge

Tab. 6.67: Quantile der Testgröße von Tietjen, Moore im Simulationsexperiment vom Umfang 10 000 für einen ausreißerverdächtigen Punkt zu verschiedenen Stichprobenumfängen n (fett gedruckt sind die Quantile aus der Originalarbeit von Tietjen, Moore (1972)).

n	k = 1										
	$q_{0.5}$	q_1	q_1	$q_{2.5}$	$q_{2.5}$	q_5	q_5	q_{95}	$q_{97.5}$	q_{99}	$q_{99.5}$
5	.0248	.0390	**.045**	.0805	**.084**	.1247	**.125**	.7937	.8259	.8599	.8758
6	.0594	.0888	**.091**	.1434	**.146**	.1987	**.203**	.8122	.8379	.8668	.8810
7	.1138	.1476	**.148**	.2036	**.209**	.2596	**.273**	.8274	.8534	.8756	.8914
8	.1444	.1847	**.202**	.2598	**.262**	.3292	**.326**	.8348	.8568	.8793	.8905
9	.1985	.2392	**.235**	.3146	**.308**	.3738	**.372**	.8475	.8674	.8868	.8997
10	.2283	.2756	**.280**	.3477	**.350**	.4133	**.418**	.8543	.8734	.8918	.9034
11	.2782	.3284	**.327**	.3858	**.366**	.4463	**.454**	.8616	.8781	.8970	.9076
12	.3088	.3547	**.371**	.4216	**.440**	.4818	**.489**	.8651	.8821	.8990	.9094
13	.3467	.3978	**.400**	.4561	**.462**	.5087	**.517**	.8725	.8875	.9040	.9140
14	.3665	.4138	**.424**	.4729	**.493**	.5323	**.540**	.8761	.8913	.9052	.9134
15	.3971	.4457	**.450**	.5083	**.498**	.5552	**.556**	.8792	.8943	.9083	.9157
16	.4237	.4733	**.473**	.5301	**.537**	.5775	**.575**	.8852	.8985	.9104	.9189
17	.4435	.4912	**.480**	.5459	**.552**	.5926	**.594**	.8866	.8995	.9122	.9200
18	.4611	.5065	**.502**	.5694	**.570**	.6123	**.608**	.8906	.9041	.9155	.9233
19	.4841	.5260	**.508**	.5785	**.573**	.6220	**.624**	.8928	.9058	.9176	.9252
20	.4929	.5395	**.533**	.5963	**.595**	.6371	**.639**	.8968	.9073	.9192	.9266
25	.5751	.6092	**.603**	.6559	**.656**	.6932	**.696**	.9082	.9180	.9274	.9331
30	.6309	.6626	**.650**	.6992	**.699**	.7308	**.730**	.9171	.9247	.9333	.9384
35	.6721	.6966	**.690**	.7320	**.732**	.7614	**.762**	.9229	.9301	.9373	.9416
40	.7028	.7266	**.722**	.7582	**.755**	.7831	**.784**	.9296	.9360	.9418	.9445
45	.7300	.7468	**.745**	.7764	**.773**	.8025	**.802**	.9341	.9398	.9453	.9490
50	.7484	.7674	**.768**	.7967	**.796**	.8187	**.820**	.9385	.9435	.9486	.9514

Bemerkungen. Die kritischen Werte der Prüfgröße E_k erhält man mit Hilfe eines minimal abgeänderten SAS-Programms sas_6_61, bei dem nicht mit den Werten x der Stichprobe, sondern mit deren Absolutwerten y = ABS(x) gearbeitet wird.

Während der bisher beschriebene Test nur Ausreißer auf einer Seite der Verteilung finden kann, ist man mit E_k in der Lage, auf beiden Seiten der Stichprobe gleichzeitig

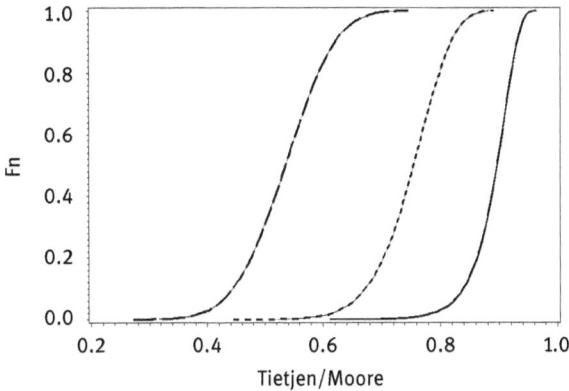

Abb. 6.74: Empirische Verteilungsfunktion der Prüfgröße L_k im Simulationsexperiment mit 10 000 Simulationsläufen für den Stichprobenumfang n $=$ 50 und k $=$ 1, 3 und 5 ausreißerverdächtige Stichprobenelemente (von rechts nach links).

nach Ausreißern zu fahnden. Die zweite Methode wird dem Leser als Übungsaufgabe überlassen.

Die Werte der Zufallsgröße variieren zwischen 0 und 1. Wenn die Summen der Abweichungsquadrate in Zähler und Nenner von L_k in etwa übereinstimmen – wie das bei Gültigkeit von H_0 der Fall ist – erhält man große Werte von L_k. Gegen H_0 und für H_1 entscheidet man sich, wenn die Prüfgröße L_k kleine Werte annimmt.

Sinnvoll ist damit ein einseitiger Test, der H_0 ablehnt, wenn die Werte von L_k unter die Quantile $q_{0.01}$ bzw. $q_{0.05}$ fallen, je nachdem ob man $\alpha = 0.01$ bzw. $\alpha = 0.05$ gewählt hat.

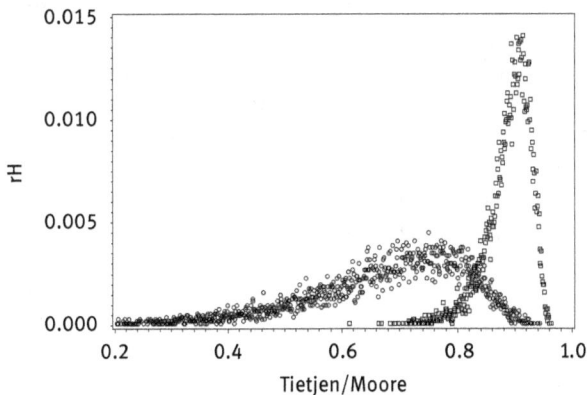

Abb. 6.75: Häufigkeitsfunktionen der Prüfgröße L_k im Simulationsexperiment mit 10 000 Simulationsläufen für den Stichprobenumfang n $=$ 10 und 50 (von links nach rechts) und einem ausreißerverdächtigen Stichprobenelement.

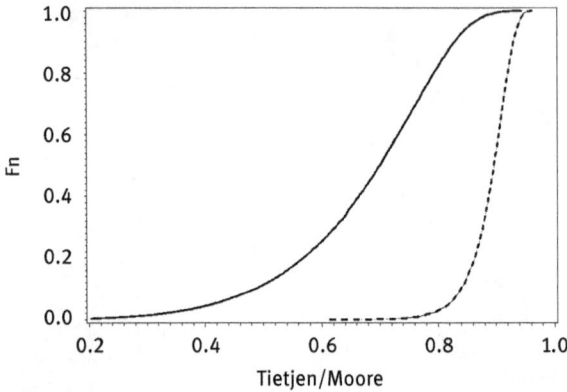

Abb. 6.76: Verteilungsfunktionen der Prüfgröße L_k im Simulationsexperiment mit 10 000 Simulationen für die Stichprobenumfänge n = 10 und 50 (von linksnach rechts) und einem ausreißerverdächtigen Stichprobenelement mit Referenzlinie α = 0.05.

Tab. 6.68: Quantile der Testgröße von Tietjen, Moore im Simulationsexperiment vom Umfang 10 000 für k = 2 ausreißerverdächtige Punkte zu verschiedenen Stichprobenumfängen n (fett gedruckt sind die Quantile aus der Originalarbeit von Tietjen, Moore).

n	k = 2										
	$q_{0.5}$	q_1	q_1	$q_{2.5}$	$q_{2.5}$	q_5	q_5	q_{95}	$q_{97.5}$	q_{99}	$q_{99.5}$
6	.0111	.0197	**.021**	.0357	**.034**	.0557	**.055**	.6243	.6724	.7190	.7478
7	.0275	.0414	**.047**	.0687	**.076**	.1005	**.106**	.6582	.7019	.7448	.7693
8	.0508	.0691	**.076**	.1029	**.115**	.1411	**.146**	.6797	.7170	.7552	.7811
9	.0882	.1124	**.112**	.1523	**.150**	.1951	**.194**	.7052	.7405	.7785	.8036
10	.1162	.1464	**.142**	.1827	**.188**	.2290	**.233**	.7199	.7526	.7889	.8046
11	.1479	.1795	**.178**	.2235	**.225**	.2657	**.270**	.7335	.7651	.7994	.8162
12	.1729	.2091	**.208**	.2556	**.268**	.3002	**.305**	.7428	.7710	.8040	.8228
13	.2094	.2347	**.233**	.2859	**.292**	.3318	**.337**	.7553	.7821	.8121	.8295
14	.2236	.2619	**.267**	.3103	**.317**	.3500	**.363**	.7640	.7898	.8138	.8290
15	.2522	.2867	**.294**	.3369	**.341**	.3816	**.387**	.7720	.7969	.8232	.8335
16	.2756	.3066	**.311**	.3557	**.372**	.4032	**.410**	.7812	.8034	.8269	.8410
17	.3040	.3334	**.338**	.3837	**.388**	.4262	**.427**	.7864	.8080	.8305	.8414
18	.3184	.3530	**.358**	.4040	**.406**	.4482	**.447**	.7948	.8150	.8361	.8500
19	.3308	.3655	**.366**	.4232	**.416**	.4639	**.462**	.7995	.8197	.8414	.8522
20	.3506	.3882	**.387**	.4396	**.442**	.4804	**.484**	.8053	.8252	.8458	.8578
25	.4404	.4667	**.468**	.5092	**.654**	.5462	**.550**	.8274	.8447	.8605	.8722
30	.5024	.5290	**.526**	.5688	**.568**	.6002	**.599**	.8442	.8575	.8718	.8816
35	.5497	.5764	**.574**	.6081	**.612**	.6371	**.642**	.8552	.8670	.8798	.8871
40	.5832	.6109	**.608**	.6432	**.641**	.6701	**.672**	.8671	.8783	.8873	.8933
45	.6174	.6378	**.636**	.6712	**.667**	.6959	**.696**	.8751	.8845	.8955	.9009
50	.6507	.6693	**.668**	.6972	**.698**	.7190	**.722**	.8833	.8925	.9021	.9066

Tab. 6.69: Quantile der Testgröße von Tietjen, Moore im Simulationsexperiment vom Umfang 10 000 für k = 3 ausreißerverdächtige Punkte zu verschiedenen Stichprobenumfängen n (fett gedruckt sind die Quantile in der Originalarbeit von Tietjen, Moore).

n	$q_{0.5}$	q_1	q_1	$q_{2.5}$	$q_{2.5}$	q_5	q_5	q_{95}	$q_{97.5}$	q_{99}	$q_{99.5}$
								k = 3			
7	.0057	.0093	**.010**	.0185	**.021**	.0324	**.032**	.5041	.5549	.6108	.6439
8	.0148	.0237	**.028**	.0398	**.045**	.0608	**.064**	.5402	.5831	.6400	.6786
9	.0311	.0448	**.048**	.0736	**.073**	.0981	**.099**	.5749	.6199	.6736	.7049
10	.0499	.0678	**.070**	.1001	**.100**	.1263	**.129**	.5985	.6429	.6911	.7163
11	.0736	.0961	**.098**	.1292	**.129**	.1614	**.162**	.6191	.6609	.7080	.7276
12	.1007	.1191	**.120**	.1586	**.162**	.1908	**.196**	.6358	.6720	.7140	.7413
13	.1286	.1509	**.147**	.1875	**.184**	.2197	**.224**	.6510	.6859	.7266	.7517
14	.1509	.1733	**.172**	.2113	**.214**	.2448	**.250**	.6656	.6999	.7324	.7540
15	.1720	.1934	**.194**	.2337	**.239**	.2699	**.276**	.6777	.7107	.7434	.7614
16	.1969	.2190	**.219**	.2530	**.261**	.2929	**.300**	.6896	.7193	.7495	.7677
17	.2190	.2429	**.237**	.2821	**.282**	.3178	**.322**	.7000	.7261	.7561	.7737
18	.2331	.2660	**.260**	.3059	**299**	.3420	**.337**	.7111	.7364	.7650	.7818
19	.2562	.2768	**.272**	.3212	**.311**	.3581	**.354**	.7166	.7450	.7725	.7884
20	.2647	.2948	**.300**	.3386	**.341**	.3755	**.377**	.7239	.7518	.7781	.7924
25	.3597	.3776	**.377**	.4140	**.416**	.4480	**.450**	.7561	.7782	.7990	.8149
30	.4194	.4432	**.434**	.4769	**..479**	.5075	**.506**	.7789	.7981	.8153	.8310
35	.4684	.4882	**.484**	.5228	**.527**	.5512	**.554**	.7953	.8119	.8259	.8362
40	.5021	.5255	**.522**	.5602	**.561**	.5877	**.588**	.8126	.8259	.8389	.8459
45	.5453	.5633	**.558**	.5941	**.592**	.6179	**.618**	.8231	.8368	.8494	.8565
50	.5707	.5935	**.592**	.6234	**.622**	.6473	**.646**	.8345	.8466	.8603	.8677

6.10.11 Parameterfreier Ausreißertest nach Walsh

Walsh (1950, 1953, 1958) entwickelte einen nichtparametrischen Test, um mögliche Ausreißer in einer Stichprobe zu entdecken. Dieser Test erfordert auf der einen Seite einen großen Stichprobenumfang, kann auf der anderen aber auch auf Stichproben aus nichtnormalverteilten Grundgesamtheiten angewendet werden. Die folgenden Anweisungen beschreiben die Durchführung des Walsh-Tests für große Stichproben:

Mit $x_{(1)}, x_{(2)}, \ldots, x_{(n)}$ wird die in aufsteigender Reihenfolge sortierte Stichprobe bezeichnet. Falls n < 60 sollte der Test noch nicht durchgeführt werden. Für $60 < n \leq 220$ wähle man das Signifikanzniveau $\alpha = 0.10$. Erst bei n > 220 sollte $\alpha = 0.05$ sein.

- Es bezeichne $r \geq 1$ die Zahl der möglichen Ausreißer.
- Man berechnet

$$a = \frac{1 + b \cdot \sqrt{\frac{c-b^2}{c-1}}}{c - b^2 - 1}$$

mit $k = r + c$, $c = \text{CEIL}(\sqrt{2n})$ und $b^2 = 1/\alpha$. Die SAS-Funktion $\text{CEIL}(x)$ rundet die Zahl x zur nächstgelegenen größeren ganzen Zahl auf.

– Die r kleinsten Stichprobenelemente sind Ausreißer (bei einem Signifikanzniveau α), falls gilt

$$x_r - (1 + a) \cdot x_{r+1} + a \cdot x_k < 0.$$

– Die r größten Stichprobenelemente sind Ausreißer (bei einem Sigifikanzniveau α), falls gilt

$$x_{n+1-r} - (1 + a) \cdot x_{n-r} + a \cdot x_{n+1-k} > 0.$$

– Falls beide Ungleichungen gelten, sind sowohl die kleinen als auch die großen Werte als Ausreißer anzusehen.

Das Simulationsprogramm sas_6_62 erkennt die r ausreißerverdächtigen Punkte am unteren Ende der Stichprobe. Bei 10 000 Simulationsläufen, einem Stichprobenumfang von 250 und vorgegebenen α = 0.05 erhält man Tab. 6.70 mit folgendem Resultat:

Tab. 6.70: Anzahl der Ausreißer bei 10 000 simulierten Stichproben des Umfangs n = 250.

r Ausreißer	Anzahl Stichproben mit Ausreißern am unteren Ende
1	122
2	18
3	4
4	1
5	1
6	1
Summe	147

Bemerkung. Auch wenn man aus Symmetriegründen bei der Normalverteilung am oberen Ende der Stichprobe ähnliche Verhältnisse erwarten kann und etwa gleiche Anzahlen (s. Tab. 6.70) an verdächtigen Punkten, scheint der Walsh-Test konservativ zu sein. Er würde dann bei etwa 300 Stichproben Ausreißer erkennen.

Aufgabe 6.14. Arbeiten Sie die Bedingung für das obere Ende in das Simulationsprogramm sas_6_62 ein. Achten Sie darauf, dass die Anzahlen an Ausreißern am unteren und oberen Ende nicht einfach addiert werden können. Es gibt auch Stichproben, die am unteren und gleichzeitig am oberen Ende Ausreißer besitzen!

6.10.12 Modifiziertes Thompson-τ-Verfahren

Eine Stichprobe vom Umfang n aus einer Grundgesamtheit mit $N(\mu, \sigma^2)$-Verteilung wird auf Ausreißer nach dem modifizierte Thompson-μ-Verfahren, Thompson (1935), folgendermaßen getestet:

- Bestimme Mittelwert $\bar{x}$ und empirische Standardabweichung s.
- Jeder Messwert x_i, i = 1, ..., n, wird in einen Wert

$$\delta_i = |x_i - \bar{x}|/s$$

umgewandelt. (Absolutwert der Standardisierung, bei dem der Erwartungswert E(X) durch den Mittelwert $\bar{x}$ und die Streuung σ durch die empirische Streuung s ersetzt wird).
- Der kritische Wert τ des modifizierte Thompson-τ-Verfahrens wird nach folgender Formel berechnet

$$\tau = \frac{t_{1-\frac{\alpha}{2},n-2}(n-1)}{\sqrt{n}\sqrt{n-2+t^2_{1-\frac{\alpha}{2},n-2}}},$$

wobei $t_{\alpha,n}$ das α-Quantil der t-Verteilung mit dem Freiheitsgrad n bezeichnet. Man prüft leicht nach, dass der Grenzwert für n $\to \infty$ mit dem $(1 - \alpha/2)$-Quantil der Standardnormalverteilung für $\alpha = 0.05$ zusammenfällt.
- Wenn $\delta_i > \tau$ wird der Datenpunkt x_i als Ausreißer bezeichnet.

Die Tab. 6.71 enthält die kritischen Werte für ausgewählte Stichprobenumfänge. Die Berechnung erfolgte mit dem SAS-Programm sas_6_63.

Bemerkungen. Dieses Verfahren findet man auf der englischsprachigen Wikipedia unter dem Schlagwort „Outliers" verzeichnet. Eine ausführliche Beschreibung findet man bei Jon M. Cimbala (September 12, 2011) „Outliers" http://www.mne.pu.edu/me345/Lectures/Outliers.pdf.

Das Thompson-τ-Verfahren wird sogar als iteratives Verfahren bezeichnet. Streicht man nämlich den als Ausreißer erkannten Messpunkt x_i aus der Stichprobe, dann kann man mit der um x_i reduzierten Stichprobe die obige Prozedur erneut starten. Das kann so oft wiederholt werden, bis keine Ausreißer mehr gefunden werden.

Die Analogie zum Peirce-Verfahren ist offensichtlich. Während bei Thompson nur ein verdächtiger Punkt x_i am oberen oder unteren Ende der Stichprobe untersucht wird

$$\delta_i = |x_i - \bar{x}|/s,$$

sind es beim Peirce-Verfahren gleichzeitig oberer und unterer Wert

$$R_1 = \text{MAX}\left(\text{ABS}\left(\frac{x_1 - \bar{x}}{s}\right), \text{ABS}\left(\frac{x_n - \bar{x}}{s}\right)\right).$$

Man wird im Weiteren am Beispiel erkennen, dass dieses Verfahren schlecht arbeitet. Für n = 100 werden bei 10 000 Simulationen nur in vier Fällen Stichproben ohne Ausreißer entdeckt. Unter H_0 sollten aber etwa 5 % der Stichproben einen Ausreißer enthalten, um den α-Fehler auszuschöpfen.

Im Simulationsexperiment mit dem Programm sas_6_64 soll überprüft werden, bei wie vielen von 10 000 Versuchen das modifizierte Thompson-τ-Verfahren Ausreißer erkennt.

Tab. 6.71: Werte des modifizierte Thompson-τ-Tests für α = 0.05.

n	τ	n	τ	n	τ	n	τ
3	1.15114	18	1.87636	33	1.91601	48	1.93014
4	1.42500	19	1.88111	34	1.91736	49	1.93077
5	1.57122	20	1.88534	35	1.91862	50	1.93137
6	1.65627	21	1.88915	36	1.91981	60	1.93624
7	1.71103	22	1.89258	37	1.92094	70	1.93969
8	1.74908	23	1.89570	38	1.92201	80	1.94227
9	1.77702	24	1.89854	39	1.92301	90	1.94427
10	1.79841	25	1.90113	40	1.92397	100	1.94586
11	1.81531	26	1.90352	41	1.92488	200	1.95296
12	1.82899	27	1.90572	42	1.92574	300	1.95530
13	1.84030	28	1.90776	43	1.92656	400	1.95647
14	1.84981	29	1.90965	44	1.92734	500	1.95717
15	1.85792	30	1.91141	45	1.92809	750	1.95810
16	1.86491	31	1.91304	46	1.92880	1000	1.95857
17	1.87100	32	1.91457	47	1.92949	∞	1.9599

Beim Stichprobenumfang n = 10 findet man unter 10 000 zufällig gezogenen Stichproben bei 5137 Stichproben keinen Ausreißer, bei 4708 werden ein Ausreißer und bei 155 Stichproben zwei mögliche Ausreißer entdeckt. Bei größerem Stichprobenumfang n = 100 werden nur in 4 Stichproben keine Ausreißer gefunden. Die Verteilung der markierten Ausreißer reicht von 1 bis 10 (s. Tab. 6.72).

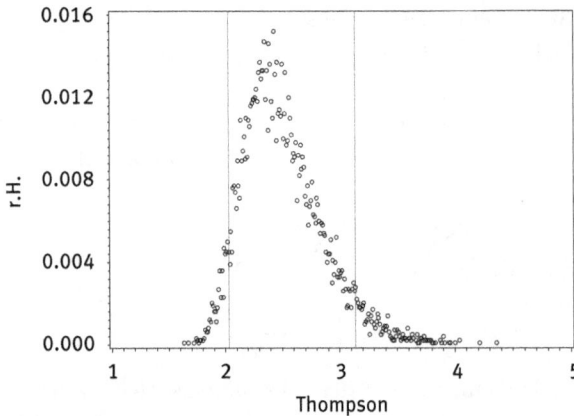

Abb. 6.77: Häufigkeitsverteilung beim Thompson-τ-Verfahren, $\delta_i = |x_i - \bar{x}|/s$ für 10 000 Simulationen, Stichprobenumfang n = 50.

Sieht man sich die folgende Häufigkeitsverteilung und die empirische Verteilungsfunktion von Thompsons $\delta_i = |x_i - \bar{x}|/s$ für 10 000 Simulationen beim Stichproben-

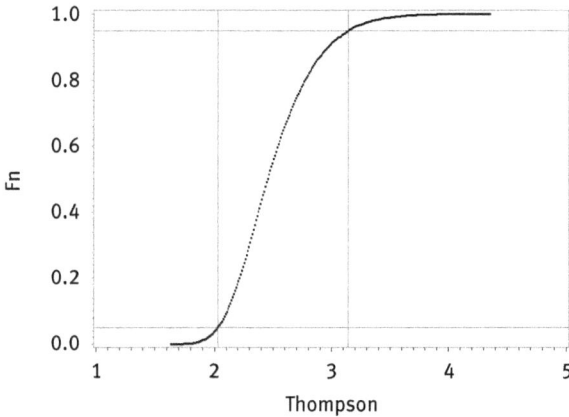

Abb. 6.78: Empirische Verteilungsfunktion beim Thompson-τ-Verfahren, $\delta_i = |x_i - \bar{x}|/s$ für 10 000 Simulationen, Stichprobenumfang n = 50.

umfang n = 50 an, so glaubt man nicht daran, dass die in Tab. 6.71 angegebenen Werte von τ geeignet sind, Ausreißer zu erkennen. Ändert man das Simulationsexperiment ein wenig ab, um nach dem data-step, in dem die absolute Standardisierung und die Berechnung des Thompson'schen τ erfolgen, zu enden und das maximale δ_i für jede Stichprobe zu erzeugen. Dann lässt sich daraus das empirische Quantil der δ_i bestimmen. Resultate sind die Peirce-Quantile!

Offenbar scheint die Methode von Thompson nichts anderes zu sein als die Methode von Chauvenet oder besser Peirce. Dazu müsste man die empirischen Quantile für jeden Stichprobenumfang bestimmen. Das ist mit dem SAS-Programm `sas_6_64` ohne große Änderungen möglich.

Tab. 6.72: Anzahl Messwerte bei Stichprobenumfang n = 100, die eine Markierung für Ausreißer tragen (Simulationsumfang 10 000).

Ausreißer-verdacht	Häufigkeit	Prozent	Kumulative Häufigkeit	Kumulativer Prozentwert
0	4	0.04	4	0.04
1	52	0.52	56	0.56
2	314	3.14	370	3.70
3	1062	10.62	1432	14.32
4	2181	21.82	3613	36.10
5	2808	28.09	6421	64.21
6	2102	21.03	8523	85.23
7	1041	10.41	9564	95.64
8	347	3.47	9911	99.11
9	77	0.77	9988	99.88
10	12	0.12	10000	100.00

6.10.13 Wertung der Testmethoden zur Ausreißererkennung mittels Powerbestimung

Die Powerbestimmungen werden mit einem Simulationsexperimentes durchgeführt. Unter H_0 befindet sich kein Ausreißer in der Stichprobe. H_1 wird auf folgende Weise parametrisiert. In der Stichprobe werden den 90 % einer Standardnormalverteilung 10 % einer weiteren N(μ, 1)-Verteilung beigemischt. Wenn μ = 0 gilt, dann liegt H_0 vor. Bei jedem μ > 0 kommen Werte hinzu, die nicht zur Standardnormalverteilung gehören und ausreißerverdächtig sind. Je größer μ wird, umso mehr Ausreißer erwartet man in der Stichprobe und die Entscheidung für H_0 fällt immer seltener.

Tab. 6.73: Entscheidungen für H_0 bei 10 000 Simulationen.

μ	Mod. Z-Scores	Grubbs-Beck	Grubbs	Dean-Dixon	Peirce	Maximum	David-Hartley-Pearson
0.0	9420	9489	9500	9507	9487	9823	9554
0.5	9427	9493	9483	9475	9485	9820	9528
1.0	9331	9359	9366	9413	9443	9771	9531
2.0	8667	8722	8666	8795	9071	9440	9357
3.0	6996	7316	7273	7599	8149	8627	9077
4.0	4525	5309	5672	6037	6772	7417	8509
5.0	2648	3481	4479	4948	5566	6283	7989
6.0	1652	2187	4027	4418	4882	5574	7655

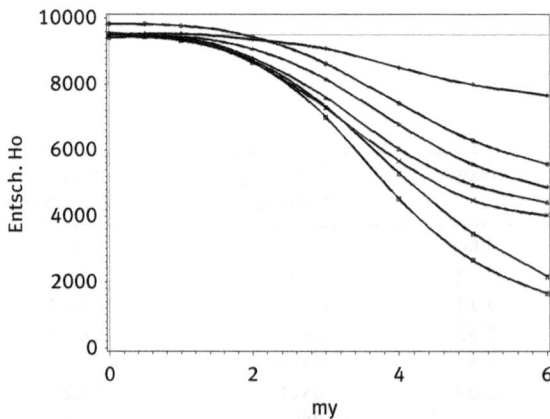

Abb. 6.79: Entscheidungen für H_0 für die Tests: Mod. Z-Scores, Grubbs-Beck, Grubbs, Dean-Dixon, Peirce, Maximum und David-Hartley-Pearson, aufsteigend geordnet nach ihrer simulierten Power an der Stelle μ = 6 für den Stichprobenumfang n = 20 aus N(0, 1) verteilter Grundgesamtheit, die mit 10 % N(μ, 1)-Verteilung verschmutzt ist, Simulationsumfang 10 000.

Das SAS-Programm `sas_6_65` realisiert die Erzeugung von 10 000 „verschmutzten" Standardnormalverteilungen. Diese werden in die jeweiligen SAS-Programme eingebunden und für μ = 0, 0.5, 1, 2, 3, 4, 5 und 6 die jeweilige Power bestimmt. In den Programmen wird mit `PROC FREQ` ermittelt, wie oft H_0 angenommen wurde. Das ist gerade der Fehler 2. Art β des Tests, denn für $\mu > 0$ gilt H_1.

Je schneller die Powerfunktion gegen 0 geht, um so besser ist der Test. Mit Hilfe der Abb. 6.79 kann ein Ranking der Ausreißertests für die konkrete Situation durchgeführt werden.

Aufgabe 6.15. Führen Sie eine weitere Poweruntersuchung durch, bei der der Parameter der verschmutzenden Verteilung μ = 2 ist und der Verschmutzungsgrad von 0 bis 0.4 mit Schrittweite 0.05 variiert.

6.11 Sequenzielle statistische Tests

6.11.1 Prinzip von Sequenzialtests

Nach einem anderen Prinzip als Signifikanztests arbeiten die Sequenzialtests. Ein Sequenzialtest besteht aus einer Folge von Testentscheidungen bei sukzessiver Erhöhung des Stichprobenumfanges. Geprüft wird z. B. die Nullhypothese

$$H_0 : p = p_0$$

gegen die Alternative

$$H_A : p = p_1,$$

wobei p, p_0, p_1 Parameter und nicht notwendig Wahrscheinlichkeiten bezeichnen.

Soll ein Sequenzialtest durchgeführt werden, muss die Alternativhypothese ganz speziell angebbar sein. Das Problem ist nicht die Vorgabe einer solchen Zahl, sondern die Begründung, dass alle anderen Wahrscheinlichkeiten als p_1 nicht als Alternative zu p_0 auftreten können. Die praktische Anwendung von Sequenzialtests wird durch diese Anforderung an die Formulierung der Alternativhypothese wesentlich eingeschränkt!

Vorab sind die Risiken 1. Art α und 2. Art β festzulegen. Es bezeichnen X eine Zufallsgröße, $(x_1, \ldots, x_N)$ eine konkrete Stichprobe, $P((x_1, \ldots, x_N)|H_0)$ die Wahrscheinlichkeit für eine konkrete Stichprobe bei vorausgesetzter Gültigkeit von H_0 sowie $P((x_1, \ldots, x_N)|H_A)$ die Wahrscheinlichkeit bezüglich H_A. Die Testgröße des Sequenzialtests,

$$T = \frac{P((x_1, \ldots, x_N)|H_0)}{P((x_1, \ldots, x_N)|H_A)},$$

heißt Likelihood-Quotient. Aus den vorgegebenen Risiken werden zwei Grenzwerte

$$T_u = \frac{\beta}{1 - \alpha} \quad \text{und} \quad T_o = \frac{1 - \beta}{\alpha}$$

berechnet. Der Sequenzialtest trifft folgende Entscheidungen:

- Falls $T \leq T_u$ gilt, wird H_0 angenommen.
- Falls $T_u \leq T \leq T_o$ gilt, kann keine Entscheidung getroffen werden. Der Stichprobenumfang wird vergrößert, der Test ist erneut durchzuführen.
- Falls $T_o \leq T$ gilt, wird H_A angenommen.

Der Beweis, dass mit den Grenzen T_u und T_o des Likelihood-Quotienten das α- und β-Risiko des Tests eingehalten werden, stammt von Wald (1945).

Sowohl die Ablehnung von H_0 (die Annahme von H_A) als auch die Annahme von H_0 (die Ablehnung von H_A) sind wegen der Vorgabe von α und β verwertbare Aussagen, statistische Beweise. Hier zeigt sich ein weiterer Vorteil dieses Konzepts im Vergleich zu den Signifikanztests.

6.11.2 Sequenzieller t-Test

Der klassische sequenzielle t-Test zum Vergleich von Erwartungswerten normalverteilter Zufallsgrößen bei unbekannter Varianz fehlt in den meisten verbreiteten Statistik-Programmsystemen. Er wird in diesem Abschnitt für das SAS-System realisiert.

Der Kern des Verfahrens besteht in einer als SAS-Makro entwickelten Simulationsprozedur. Sie erlaubt es, die für die Testdurchführung erforderlichen Parameter allgemein zu berechnen. Die gebräuchlichsten Fälle, die Kombinationen der Fehler 1. Art $\alpha = 0.05, 0.01$ und Fehler 2. Art $\beta = 0.2, 0.15, 0.10$ und 0.05, wurden tabelliert.

Beim sequenziellen Test ist der Stichprobenumfang eine Zufallsgröße. Natürlich ist man nicht sicher, ob der erwartete Stichprobenumfang im konkreten Anwendungsfall des Tests auch realisiert wird. Deshalb wird hier in einem Simulationsexperiment für die gegebene Situation die empirische Verteilung des Stichprobenumfangs ermittelt. Zusätzlich zum erwarteten Stichprobenumfang stehen damit die (empirischen) Perzentile der Stichprobenumfangsverteilung zur Verfügung. Dies erlaubt eine detailliertere Beurteilung der Testeigenschaften.

Die Perzentile $Q_p(0 < p < 1)$ geben diejenigen Stichprobenumfänge an, die mit der Wahrscheinlichkeit p (genauer: der relativen Häufigkeit p) im Anwendungsfalle unterschritten und mit der Wahrscheinlichkeit $1 - p$ (genauer: der relativen Häufigkeit $1 - p$) übertroffen werden. Alle nachfolgend dargestellten Berechnungen erfolgten mittels SAS-Programmen.

6.11.2.1 Sequenzielle Testprozedur bei bekannter Varianz
Es soll für eine $N(\mu, \sigma^2)$-verteilte Zufallsgröße X mit bekannter Varianz σ^2 entschieden werden, ob der unbekannte Erwartungswert μ unterhalb oder oberhalb eines vorgegebenen Wertes μ^* liegt. Dazu werden die Hypothesen

$$H_0 : \mu \leq \mu^* \quad \text{und} \quad H_A : \mu > \mu^*$$

umgeformt zu den Ersatzhypothesen

$$H_0 : \mu = \mu_0 \quad \text{und} \quad H_1 : \mu = \mu_1,$$

wobei $\mu_0 \leq \mu^*$ und $\mu^* < \mu_1$ gelten sollen.

Auf den Bereichen $\mu_0 \leq \mu^*$ bzw. $\mu^* < \mu_1$ sind die vorgegebenen Fehler α bzw. β einzuhalten. Darüber hinaus gibt es einen Indifferenzbereich zwischen μ_0 und μ_1, in dem die Fehler α und β überschritten werden können.

Die Likelihoodfunktionen L_0 und L_1 für eine Stichprobe $(x_1, x_2, \ldots, x_n)$ vom Umfang n unter H_0 bzw. H_1 sind:

$$L_0 = \prod_{i=1}^{n} f_{\mu_0 \sigma}(x_i) = \prod_{i=1}^{n} \frac{1}{\sqrt{2\pi}\sigma} \exp\left(\frac{-(x_i - \mu_0)^2}{2\sigma^2} \right)$$

bzw.

$$L_1 = \prod_{i=1}^{n} f_{\mu_1 \sigma}(x_i) = \prod_{i=1}^{n} \frac{1}{\sqrt{2\pi}\sigma} \exp\left(\frac{-(x_i - \mu_1)^2}{2\sigma^2} \right)$$

Der Quotient L_0/L_1 ist ein Maß dafür, wie gut die Parameter μ_0 und μ_1 übereinstimmen. Im Falle der Identität nimmt der Quotient den Wert 1 an. Von Wald stammt der Beweis, dass für $\mu \leq \mu_0$ der Fehler 1. Art α und für $\mu > \mu_1$ der Fehler 2. Art β eingehalten werden, wenn für den Quotienten L_0/L_1 gilt

$$\frac{\beta}{1 - \alpha} < \frac{L_0}{L_1} < \frac{1 - \beta}{\alpha}.$$

Daraus erhält man die Ungleichung

$$\frac{\sigma^2}{\mu_1 - \mu_0} \ln\left(\frac{\beta}{1 - \alpha} \right) + \left(\frac{\mu_1 + \mu_0}{2} \right)n < x_1 + x_2 + \cdots + x_n < \frac{\sigma^2}{\mu_1 - \mu_0} \ln\left(\frac{1 - \beta}{\alpha} \right) + \left(\frac{\mu_1 + \mu_0}{2} \right)n.$$

$$(*)$$

Ihre inhaltliche Interpretation besteht darin, dass die Summe $x_1 + x_2 + \cdots + x_n$ der Stichprobenelemente durch zwei Geraden mit gleichem Anstieg

$$g_1(n) = a_0 + bn \quad \text{und} \quad g_2(n) = a_1 + bn$$

nach unten bzw. oben begrenzt wird, wobei

$$a_0 = \frac{\sigma^2}{\mu_1 - \mu_0} \ln\left(\frac{\beta}{1 - \alpha} \right), \quad a_1 = \frac{\sigma^2}{\mu_1 - \mu_0} \ln\left(\frac{1 - \beta}{\alpha} \right) \quad \text{und} \quad b = \frac{\mu_1 + \mu_0}{2}$$

sind. Die daraus konstruierten Testentscheidungen sind:

Fall 1: $x_1 + x_2 + \cdots + x_n$ erfüllt die Ungleichung (*). Es ist keine statistische Entscheidung gefallen, man vergrößere die Stichprobe um ein weiteres Element.

Fall 2: $x_1 + x_2 + \cdots + x_n < a_0 + bn$. Es wird H_0 angenommen.

Fall 3: $x_1 + x_2 + \cdots + x_n > a_1 + bn$. Es wird H_1 angenommen.

Beispiel 6.25. Es sollen die Hypothesen, $H_0 : \mu = 0$ und $H_1 : \mu = 1$ mit $\alpha = 0.05$ und $\beta = 0.2$ sequenziell entschieden werden. Aus einer $N(-0.1, 1)$-verteilten Grundgesamtheit werden nacheinander Stichprobenelemente entnommen und der sequenzielle Test angewandt, der die Hypothesen H_0 und H_1 untersucht. Der Test kommt nach der 8. Entnahme eines Stichprobenelementes zum richtigen Testergebnis (s. Abb. 6.80), nämlich der Entscheidung für H_0.

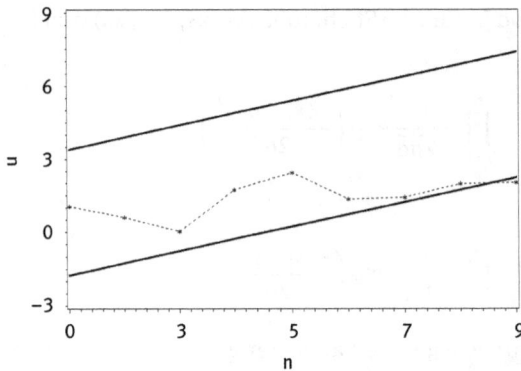

Abb. 6.80: Folge der Stichprobensummen mit der Entscheidung für $H_0 : \mu = 0$ nach 8. Entnahme eines Stichprobenelementes; indifferenter Bereich zwischen beiden Geraden, Entscheidung für H_0 unterhalb der unteren Geraden, Entscheidung für H_1 oberhalb der oberen Geraden; erstellt mit dem Programm sas_6_66.

Beispiel 6.26. Es sollen die Hypothesen $H_0 : \mu = 0$ und $H_1 : \mu = 1$ mit $\alpha = 0.05$ und $\beta = 0.2$ sequenziell entschieden werden. Aus einer $N(1.1, 1)$-verteilten Grundgesamtheit werden nacheinander Stichprobenelemente entnommen und der sequenzielle Test angewandt. Die Hypothesen H_0 und H_1 werden untersucht. Der Test kommt nach der 7. Entnahme eines Stichprobenelementes zum richtigen Testergebnis (Abb. 6.81), nämlich der Entscheidung für H_1.

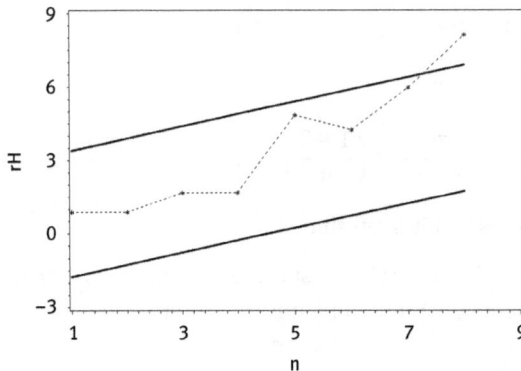

Abb. 6.81: Folge der Stichproben-summen mit der Entscheidung für $H_1 : \mu = 1$ nach der 7. Entnahme eines Stichprobenelementes; erstellt mit dem Programm sas_6_67.

Beispiel 6.27. Ausgehend von einer $N(0.2, 1)$-Verteilung wird $H_0 : \mu = 0$ gegen $H_1 : \mu = 1$ sequenziell getestet. Abbildung 6.82 gibt für 10 000 Testwiederholungen die Häufigkeitsverteilung der Zufallsgröße „Stichprobenumfang bis zur Testentscheidung" an. Man erkennt, dass Stichprobenumfänge über 25 sehr selten sind. Maximaler beobachteter Stichprobenumfang war 41. Genauere Aussagen erlauben die empirischen Quantile (Tab. 6.74). Das Quantil $Q_{99} = 21$ besagt, dass nur mit einer kleinen Wahrscheinlichkeit ($p = 0.01$) Stichprobenumfänge größer 21 beim sequenziellen Test auftraten.

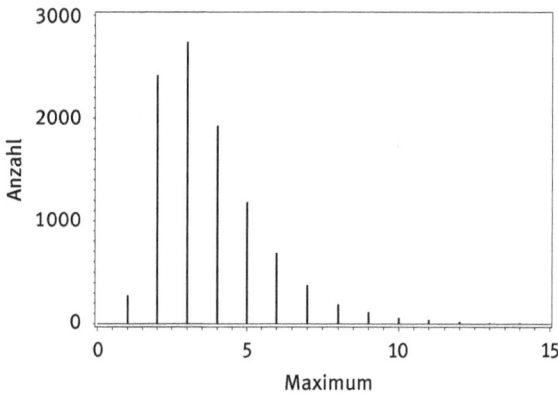

Abb. 6.82: Empirische Häufigkeitsverteilung des Stichprobenumfangs bis zur sequenziellen Entscheidung bei 10 000 Wiederholungen des Sequenzialtests (erstellt mit dem Programm sas_6_68).

Tab. 6.74: Empirische Quantile des Stichprobenumfangs bis zur statistischen Entscheidung.

Q_{50}	Q_{60}	Q_{70}	Q_{80}	Q_{90}	Q_{95}	Q_{99}	**Max**
4	5	6	8	12	15	21	41

Der Stichprobenumfang bis zur statistischen Entscheidung ist natürlich vom unterliegenden Parameter μ abhängig. Insbesondere können die empirischen Quantile als Funktionen von μ dargestellt werden.

Die Abb. 6.83 gibt eine Auswahl von Quantilfunktionen (Q_{50}, Q_{90}, Q_{95} und Q_{100}) des benötigten Stichprobenumfangs bis zur statistischen Entscheigung in Abhängigkeit vom Parameter μ an. Die größten Stichprobenumfänge werden für Parameter aus dem indifferenten Bereich zwischen den zu den Hypothesen $H_0 : \mu \leq 0$ und $H_1 : \mu \geq 1$ gehörenden Werten benötigt. Aber diese werden gar nicht betrachtet. Sie sind in Abb. 6.83 als dünne Linien eingetragen und sind gewissermaßen die Fortsetzung der Betrachtungen auf den indifferenten Bereich. Zu jedem Parameterwert μ

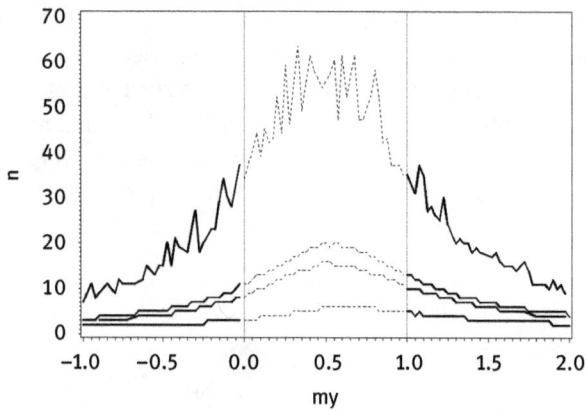

Abb. 6.83: Quantile des benötigten Stichprobenumfangs bis zur statistischen Entscheidung als Funktionen von μ (von unten nach oben. Q_{50}, Q_{90}, Q_{95} und Q_{100}) (erstellt mit dem Programm sas_6_69).

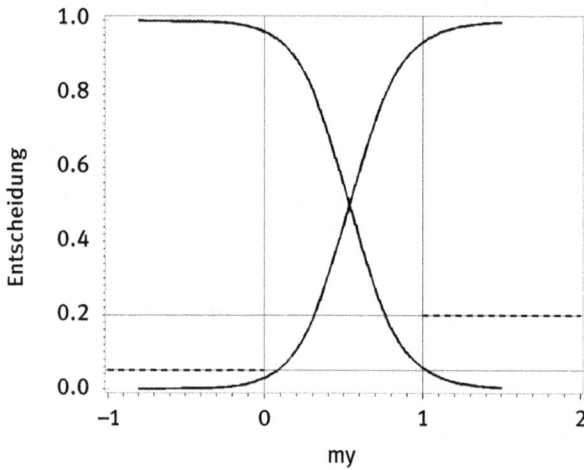

Abb. 6.84: Simulierte Fehler 1. Art α (volle Linie) und Fehler 2. Art β (gestrichelte Linie) des Sequenzialtests in Abhängigkeit vom Parameter μ (erstellt mit dem Programm sas_6_70).

gehört eine Simulation vom Umfang 100 000, bei der jeweils die Quantile bestimmt wurden.

In Abb. 6.84 erkennt man deutlich, dass der Test auf dem H_0-Intervall $\mu \leq 0$ den Fehler 1. Art ($\alpha = 0.05$) und auf dem H_1-Intervall $\mu \geq 1$ den Fehler 2. Art ($\beta = 0.20$) einhält.

6.11.2.2 Sequenzielle Testprozedur bei unbekannter Varianz

Der sequenzielle t-Test von Baker (1950), bei dem die Varianz σ^2 der beobachteten Zufallsgröße X unbekannt sein kann, ist dem sequenziellen t-Test mit bekannter Varianz σ^2 sehr ähnlich. In der Ungleichung

$$\frac{\sigma^2}{\mu_1 - \mu_0} \ln\left(\frac{\beta}{1-\alpha}\right) + \left(\frac{\mu_1 + \mu_0}{2}\right)n < x_1 + x_2 + \cdots + x_n < \frac{\sigma^2}{\mu_1 - \mu_0} \ln\left(\frac{1-\beta}{\alpha}\right) + \left(\frac{\mu_1 + \mu_0}{2}\right)n$$

wird die unbekannte Varianz σ^2 durch die übliche Schätzung s^2 ersetzt. Die auftretenden Differenzen zwischen der tatsächlichen Varianz und ihrer Schätzung werden durch zwei von n, α und β abhängenden Zufallsgrößen $G_n^{(o)}(\alpha, \beta)$ und $G_n^{(u)}(\alpha, \beta)$ modelliert:

$$\frac{s^2}{\mu_1 - \mu_0} G_n^{(u)}(\alpha, \beta) + \left(\frac{\mu_1 + \mu_0}{2}\right)n < x_1 + x_2 + \cdots + x_n < \frac{s^2}{\mu_1 - \mu_0} G_n^{(o)}(\alpha, \beta)$$
$$+ \left(\frac{\mu_1 + \mu_0}{2}\right)n. \qquad (**)$$

Analog zur obigen Ungleichung (*) bedeutet dies die Begrenzung der Summe der Stichprobenelemente durch zwei zufällige Schwellenwerte

$$\frac{s^2}{\mu_1 - \mu_0} G_n^{(u)}(\alpha, \beta) + \left(\frac{\mu_1 + \mu_0}{2}\right)n$$

und

$$\frac{s^2}{\mu_1 - \mu_0} G_n^{(o)}(\alpha, \beta) + \left(\frac{\mu_1 + \mu_0}{2}\right)n,$$

die eine ähnliche Funktion wie die begrenzenden Geraden des ursprünglichen Modells haben. Die absoluten Glieder sind aber zusätzlich von s^2 abhängig und unterliegen damit einem zufälligen Einfluss. Beim Vergleich beider Ungleichungen (*) und (**) erhält man

$$\sigma^2 \ln\left(\frac{\beta}{1-\alpha}\right) = s^2 G_n^{(o)}(\alpha, \beta) \quad \text{und} \quad \sigma^2 \ln\left(\frac{1-\beta}{\alpha}\right) = s^2 G_n^{(o)}(\alpha, \beta),$$

und daraus

$$G_n^{(o)}(\alpha, \beta) = \frac{\sigma^2}{s^2} \ln\left(\frac{\beta}{1-\alpha}\right) \quad \text{sowie} \quad G_n^{(u)}(\alpha, \beta) = \frac{\sigma^2}{s^2} \ln\left(\frac{1-\beta}{\alpha}\right).$$

Die Entscheidungen des sequenziellen t-Tests fallen in Bezug auf die Erwartungswerte der Zufallsgrößen $G_n^{(o)}(\alpha, \beta)$ und $G_n^{(u)}(\alpha, \beta)$. Die den Test entscheidende Ungleichung ist

$$\frac{s^2}{\mu_1 - \mu_0} E(G_n^u(\alpha, \beta)) + \left(\frac{\mu_1 + \mu_0}{2}\right)n < x_1 + \cdots + x_n < \frac{s^2}{\mu_1 - \mu_0} E(G_n^o(\alpha, \beta)) + \left(\frac{\mu_1 + \mu_0}{2}\right)n.$$

Tabellen dieser Erwartungswerte sind beispielsweise bei Bauer, Scheiber, Wohlzogen (1986) für die Umfänge n = 3, . . . , 40 sowie für die heute unüblichen Kombinationen

Tab. 6.75: Durch Simulation erhaltenen Erwartungswerte $E(G_n^{(u)}(\alpha, \beta))$ und $E(G_n^{(o)}(\alpha, \beta))$ des sequenziellen t-Tests für verschiedene Fehler α und β, sowie der Vergleich der Tabellenwerte aus Bauer, Scheiber, Wohlzogen (1986) mit den simulierten Werten (vorletzte Spalte) für $\alpha = \beta = 0.05$.

n	$\alpha = 0.05, \beta = 0.20$		$\alpha = 0.05, \beta = 0.10$		$\alpha = 0.05, \beta = 0.05$	
	$E(G_n^{(u)})$ simuliert	$E(G_n^{(o)})$ simuliert	$E(G_n^{(u)})$ simuliert	$E(G_n^{(o)})$ simuliert	$E(G_n^{(u)}) = -E(G_n^{(o)})$ simuliert	Bauer
3	−18.230	−32.43	−27.425	35.2113	41.532	12.53
4	−4.8528	8.6352	−7.1024	9.1185	8.5676	7.52
5	−3.0928	5.5033	−4.4854	5.7587	5.8036	5.87
6	−2.5841	4.5982	−3.7652	4.8341	4.8904	5.09
7	−2.3338	4.1527	−3.3822	4.3424	4.4031	4.63
8	−2.1759	3.8718	−3.1473	4.0408	4.1240	4.33
9	−2.0735	3.6896	−2.9873	3.8353	3.9345	4.12
10	−2.0073	3.5718	−2.8928	3.7140	3.8085	3.97
11	−1.9473	3.4651	−2.8234	3.6249	3.6757	3.85
12	−1.9089	3.3968	−2.7542	3.5361	3.5917	3.75
13	−1.8676	3.3232	−2.7002	3.4667	3.5404	3.68
14	−1.8430	3.2795	−2.6581	3.4126	3.4788	3.62
15	−1.8190	3.2368	−2.6278	3.3738	3.4376	3.56
16	−1.7933	3.1911	−2.5960	3.3329	3.3903	3.52
17	−1.7827	3.1722	−2.5742	3.3050	3.3645	3.48
18	−1.7668	3.1439	−2.5512	3.2754	3.3328	3.44
19	−1.7500	3.1140	−2.5353	3.2550	3.3108	3.41
20	−1.7411	3.0982	−2.5188	3.2339	3.2929	3.39
21	−1.7302	3.0787	−2.4980	3.2071	3.2689	
22	−1.7222	3.0645	−2.4843	3.1895	3.2532	
23	−1.7147	3.0512	−2.4749	3.1775	3.2379	
24	−1.7090	3.0410	−2.4656	3.1655	3.2186	
25	−1.6982	3.0219	−2.4555	3.1525	3.2106	3.29
30	−1.6745	2.9796	−2.4162	3.1020	3.1659	3.23
35	−1.6554	2.9456	−2.3906	3.0693	3.1311	3.18
40	−1.6438	2.9249	−2.3745	3.0486	3.1022	3.15
∞	−1.5581	2.7726	−2.2513	2.8904	2.9444	2.94

$\alpha = \beta = 0.01$, $\alpha = \beta = 0.025$ und $\alpha = \beta = 0.05$ der Irrtumswahrscheinlichkeiten angegeben. Diese Tabelle ist für die praktische Anwendung des sequenziellen t-Tests natürlich nicht ausreichend. Mit einem Makro, das in das SAS-Programm `sas_6_71` eingebunden ist, lassen sich die Erwartungswerte für beliebige Konstellationen n, α und β ermitteln.

Nachfolgend werden drei Vorgehensweisen zur angenäherten Berechnung der Erwartungswerte von $G_n^{(o)}(\alpha, \beta)$ und $G_n^{(u)}(\alpha, \beta$. vorgestellt.

1. Für große Stichprobenumfänge hat man

$$E(G_n^{(o)}(\alpha, \beta)) \approx E\left(\frac{\sigma^2}{s^2}\ln\left(\frac{\beta}{1-\alpha}\right)\right) = \ln\left(\frac{\beta}{1-\alpha}\right)E\left(\frac{\sigma^2}{s^2}\right) = \ln\left(\frac{\beta}{1-\alpha}\right)$$

und

$$E(G_n^{(u)}(\alpha, \beta)) \approx E\left(\frac{\sigma^2}{s^2} \ln\left(\frac{1-\beta}{\alpha}\right)\right) = \ln\left(\frac{1-\beta}{\alpha}\right) E\left(\frac{\sigma^2}{s^2}\right) = \ln\left(\frac{1-\beta}{\alpha}\right).$$

Bei der Berechnung dieser Erwartungswerte benutzt man die übliche „asymptotische" Schlussweise: Es ist s^2 ein erwartungstreuer Schätzer für σ^2, $E(s^2) = \sigma^2$. Um den Erwartungswert $E(1/s^2)$ der transformierten Stichprobenfunktion angenähert zu berechnen, wird T bis zum 2. Glied in eine Taylorreihe entwickelt. Daraus gewinnt man $E(T(S^2)) \approx T(\sigma^2) = 1/\sigma^2$, wobei das Restglied der Reihenentwicklung mit wachsendem n kleiner wird (so genannte δ-Methode, s. beispielsweise Lachin (2000).

2. Für die N(0, 1)-verteilte Zufallsgröße Y besitzt $n \cdot S_Y^2$ eine χ^2-Verteilung mit dem Freiheitsgrad n − 1. Ihre Momente sind

$$m_k = 2^k \frac{\Gamma\left(k + \frac{n-1}{2}\right)}{\Gamma\left(\frac{n-1}{2}\right)}.$$

Also gilt für die ersten beiden Momente $m_1 = n - 1$, $m_2 = (n - 1)(n + 1)$. Entsprechend dem Taylorpolynom $f(x) = 1/x \approx P_2(x) = 3 - 3x + x^2$ vom 2. Grade erhält man zunächst

$$E\left(\frac{1}{S^2}\right) \approx E(3 - 3S^2 + (S^2)^2) = 3 - 3 \cdot E(S^2) + E((S^2)^2) = (n^2 + 3n - 11)/n^2$$

und daraus die Näherungslösungen

$$E(G_n^{(0)}(\alpha, \beta)) \approx \ln(\beta/(1 - \alpha)) \cdot ((n^2 + 3n - 11)/n^2) = O_2$$

und

$$E(G_n^{(u)}(\alpha, \beta)) \approx \ln((1 - \beta)/\alpha) \cdot ((n^2 + 3n - 11)/n^2) = U_2.$$

Auch hieraus ist die Näherung nach der 1. Methode erkennbar, wenn man n gegen unendlich gehen lässt:

$$\lim_{n \to \infty} E(G_n^{(u)}(\alpha, \beta)) = \ln\left(\frac{1-\beta}{\alpha}\right) \quad \text{und} \quad \lim_{n \to \infty} E(G_n^{(0)}(\alpha, \beta)) = \ln\left(\frac{\beta}{1-\alpha}\right),$$

weil

$$\lim_{n \to \infty} (n^2 + 3n - 11)/n^2 = 1.$$

3. Die Aufgabe wird durch eine Simulation experimentell gelöst. Weil $E(\sigma^2/S^2)$ unabhängig von μ und σ ist, genügt es, ausgehend von Y ~ N(0, 1), den Erwartungswert $E(1/S^2)$ zu berechnen. Für die standardnormalverteilte Zufallsgröße Y werden 100 000 Stichproben vom Umfang n erzeugt und daraus die empirische Verteilung von $1/S^2$ sowie die empirischen Erwartungswerte $E(G_n^{(u)})$ sowie $E(G_n^{(0)})$ berechnet.

Tab. 6.76: Übereinstimmung der simulierten kritischen Werte des Tests $E(G_n^{(u)})$ und $E(G_n^{(o)})$ mit den Näherungswerten U_2 und O_2 sowie den Tabellenwerten aus Bauer, Scheiber, Wohlzogen (1986).

n	$\alpha = 0.05, \beta = 0.20$				$\alpha = 0.05, \beta = 0.05$		
	$E(G_n^{(u)})$	U_2	$E(G_n^{(o)})$	O_2	$-E(G_n^{(u)})$ $= E(G_n^{(o)})$	$-U_2 = O_2$	(Bauer u. a.)
10	−2.0073	−2.0100	3.5718	3.5766	3.8085	3.7983	3.97
15	−1.8190	−1.8628	3.2368	3.3147	3.4376	3.5202	3.56
20	−1.7411	−1.7879	3.0982	3.1815	3.2929	3.3787	3.39
25	−1.7302	−1.7426	3.0787	3.1008	3.2689	3.2930	3.29
30	−1.6745	−1.7122	2.9796	3.0467	3.1659	3.2356	3.23
35	−1.6554	−1.6904	2.9456	3.0079	3.1311	3.1944	3.18
40	−1.6438	−1.6740	2.9249	2.9788	3.1022	3.1634	3.15
∞	−1.5581		2.7726		2.9444		2.94

Die Tab. 6.76 zeigt, dass sowohl $E(G_n^{(u)})$ hinreichend genau mit U_2, wie auch $E(G_n^{(o)})$ mit O_2 übereinstimmen, d. h. simulierte Erwartungswerte und Näherungswerte bzgl. Taylorapproximation stimmen hinreichend genau überein.

Diese Berechnungsergebnisse werden hier außerdem mit den Tabellenwerten aus Bauer, Scheiber, Wohlzogen (1986) verglichen (s. Tab. 6.76). Dieses ist leider nur für die letzten beiden Spalten möglich.

6.11.2.3 Rechentechnische Realisierung des sequenziellen t-Tests

Der sequenzielle t-Test kann für beliebigen Stichprobenumfang n sowie für beliebige α und β mit dem Programm sas_6_72 gerechnet werden. Es ist wie folgt organisiert:

- Einlesen eines neuen Datensatzes, z. B. cards-Eingabe, in eine Datei work.neu
- Anhängen von work.neu an vorhandene permanente Datei, z. B. sasuser. recent mittels Proc Append
- Proc Means, angewendet auf sasuser.recent, die berechneten Werte n (= Stichprobenumfang), Summe (= Summe der $x_{(i)}$) und Varianz (= Varianz der $x_{(i)}$) werden als global definiert.
- Aufruf des Makro baker_sequenz mit der globalen Variablen n sowie den gewählten alpha- und beta-Werten. Die vom Makro baker_sequenz ausgegebenen go = $E(G_n^{(o)}(\alpha, \beta))$ und gu = $E(G_n^{(u)}(\alpha, \beta)$ werden ebenfalls als global definiert.
- In der Datei Entscheidung werden die globalen Variablen summe, n, varianz, go und gu, sowie my0 und my1 (entsprechend den Null- und Alternativhypothesen) eingeschrieben und die absoluten Werte a0 = $\frac{\text{Varianz}}{\text{my1}-\text{my0}} * \text{gu}$ und a1 = $\frac{\text{Varianz}}{\text{my1}-\text{my0}} * \text{go}$ berechnet. Aus my0 und my1 wird der Anstieg b = $\frac{\text{my1}-\text{my0}}{2}$ kalkuliert.
- Anschließend werden getestet:

Fall 1: if a0 + b * n < summe and summe < a1 + b * n then
      ent = 'weitermachen'
Fall 2: if a0 + b * n > summe then ent = 'Es gilt H0'
Fall 3: if summe > a1 + b * n then ent = 'Es gilt H1'
- Ausdrucken der Datei work.entscheidung

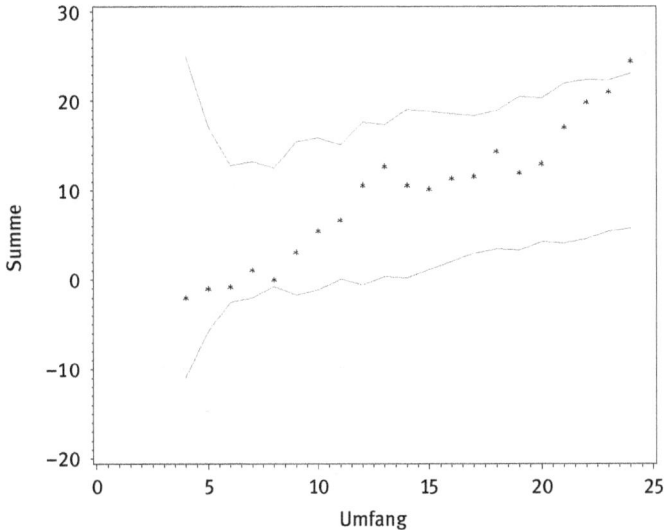

Abb. 6.85: Statistische Entscheidung des sequenziellen t-Tests bei einem Stichprobenumfang n = 24, erstellt mit sas_6_72. (Bsp. aus Bauer, Scheiber, Wohlzogen (1986)).

Das Beispiel aus Bauer, Scheiber, Wohlzogen (1986) wurde mit dem SAS-Programm sas_6_72 nachgerechnet. Die Ergebnisse für die einzelnen Prozedurschritte sind in der Abb. 6.85 zusammengefasst. Man erkennt, dass sich die Summe $x_1 + x_2 + \cdots + x_n$ der Stichprobenelemente in Abhängigkeit von n, kenntlich gemacht durch das Symbol „*", zunächst zwischen den Grenzen

$$\frac{s^2}{\mu_1 - \mu_0} E(G_n^u(\alpha, \beta.) + \left(\frac{\mu_1 + \mu_0}{2}\right)n \quad \text{und} \quad \frac{s^2}{\mu_1 - \mu_0} G_n^{(o)}(\alpha, \beta) + \left(\frac{\mu_1 + \mu_0}{2}\right)n$$

bewegt. Verlässt sie den begrenzten Bereich nach oben, wird H_1 angenommen, verlässt sie ihn nach unten, wird H_0 angenommen. Nachdem der Stichprobenumfang n = 24 erreichte, wurde die statistische Entscheidung für H_1 und gegen H_0 gefällt. Man erkennt die Asymptotik der Begrenzungen. Diese nähern sich mit wachsendem n asymptotisch den begrenzenden Geraden mit gleichem Anstieg

$$\frac{\sigma^2}{\mu_1 - \mu_0} * \ln(\beta/(1 - \alpha)) + \left(\frac{\mu_1 + \mu_0}{2}\right)n \quad \text{und} \quad \frac{\sigma^2}{\mu_1 - \mu_0} * \ln((1 - \beta)/\alpha) + \left(\frac{\mu_1 + \mu_0}{2}\right)n.$$

Die Variation der oberen und unteren Begrenzung ist bedingt durch den zufälligen Einfluss von s^2.

6.11.3 Sequenzieller Test für das odds ratio OR

Die Theorie der sequenziellen statistischen Methoden stammt von Barnard (1945) und Wald (1947) und wurde zuerst bei der Produktionsüberwachung/Prozesskontrolle in der Industrie angewandt. Es galt, mit kleinstem Stichprobenumfang und mit geringsten Kosten zu schnellstmöglichen statistischen Entscheidungen zu kommen.

Diese Vorteile der sequenziellen statistischen Entscheidung, mit kleinstem Stichprobenumfang auszukommen, werden ebenso bei der Überwachung klinischer Studien angestrebt. Bei multizentrischen Studien kommen allerdings eher die Methoden der gruppensequenziellen Verfahren zur Anwendung, wenn zu fest vorgegebenen Interimsauswertungen statistische Entscheidungen zu fällen sind.

Das odds ratio OR oder das Chancenverhältnis ist ein fester Bestandteil bei der Auswertung klinischer Studien. Es wird im Weiteren die Nullhypothese $H_0 : OR \geq OR_0$ gegen die Alternative $H_1 : OR \leq OR_A$ sequenziell getestet, wobei o.B.d.A. $OR_0 > OR_A$ angenommen wird.

Der benötigte Stichprobenumfang, bei sequenziellen Verfahren eine Zufallsgröße, wird durch seine Verteilung beschrieben. Es wird sich zeigen, dass der Median des benötigten (zufälligen) Stichprobenumfangs merklich kleiner ist als der durch Stichprobenumfangsplanung im klassischen Fall kalkulierte.

Die Ergebnisse zweier Binomialversuche lassen sich wie in Tab. 6.77 zusammenfassen.

Tab. 6.77: Bezeichnung der Häufigkeiten.

1. Stichprobe	2.Stichprobe	Zeilensummen	Bedeutung
a	c	k_1	positive Versuchsausgänge
b	d	k_2	negative Versuchsausgänge
n_1	n_2	N	
Spaltensummen			

Man geht davon aus, dass die Wahrscheinlichkeit der Vierfeldertafel unter Rückgriff auf die Binomialwahrscheinlichkeiten bestimmt werden kann. Die Randsummen der Tafel sollen dabei als fest angenommen werden. Aus

$$P(a, c) = \left(\binom{n_1}{a} p_1^a (1 - p_1)^{n_1 - a} \right) \left(\binom{n_2}{c} p_2^c (1 - p_2)^{n_2 - c} \right)$$

erhält man durch Einsetzen von $c = k_1 - a$ und

$$OR = \frac{p_1/(1 - p_1)}{p_2/(1 - p_2)}$$

$$P(a, k_1) = \binom{n_1}{a} \binom{n_2}{k_1 - a} OR^a (1 - p_1)^{n_2} p_2^{k_1} (1 - p_2)^{n_2 - k_1},$$

und als bedingte Wahrscheinlichkeit

$$P_B(a, OR) = \frac{P(a, k_1)}{\sum_{i=a_u}^{a_o} P(i, k_1)} = \frac{\binom{n_1}{a}\binom{n_2}{k_1 - a} OR^a}{\sum_{i=a_u}^{a_o} \binom{n_1}{i}\binom{n_2}{k_1 - i} OR^i}$$

einen Ausdruck, der nur von der Anzahl a, den Rändern der Vierfeldertafel und OR abhängt. Die Zufallsgröße a variiert dabei zwischen $a_u = \max\{0, k_1 - n_2\}$ und $a_o = \min\{k_1, n_1\}$.

Die bedingten Wahrscheinlichkeiten einer allein durch a definierten Vierfeldertafel, wobei beide Ränder (sowohl Zeilen- als auch Spaltensummen) fest sind, mit den Parametern OR_0 und entsprechend OR_A sind folglich

$$P_{OR_0} = \frac{\binom{n_1}{a}\binom{n_2}{k_1 - a} (OR_0)^a}{\sum_{i=a_u}^{a_o} \binom{n_1}{i}\binom{n_2}{k_1 - i} (OR_0)^i}$$

und

$$P_{OR_A} = \frac{\binom{n_1}{a}\binom{n_2}{k_1 - a} (OR_A)^a}{\sum_{i=a_u}^{a_o} \binom{n_1}{i}\binom{n_2}{k_1 - i} (OR_A)^i}.$$

Ist der Quotient

$$\frac{P_{OR_0}}{P_{OR_A}}$$

nahe 1, so spricht das für die Hypothese $OR_0 = OR_A$, ist er aber wegen $P_{OR_0} < P_{OR_A}$ sehr klein, so spricht das für $OR = OR_A$ und ist der Quotient sehr groß, spricht das für $OR = OR_0$. Erhöht man zur statistischen Entscheidung iterativ den Umfang N, wird ein sequenzieller Test definiert durch die folgende Vorgehensweise. Nach Wald, Wolfowitz (1940) wird mittels der fortlaufenden Ungleichungen

$$\frac{\beta}{1 - \alpha} \leq \frac{P_{OR_0}}{P_{OR_A}} \leq \frac{1 - \beta}{\alpha}$$

der Bereich gekennzeichnet, bei dem keine statistische Entscheidung möglich ist. Für

$$\frac{1 - \beta}{\alpha} < \frac{P_{OR_0}}{P_{OR_A}}$$

gilt H_0 und für

$$\frac{P_{OR_0}}{P_{OR_A}} < \frac{\beta}{1 - \alpha}$$

gilt entsprechend H_1. Diese Grenzen sorgen dafür, dass die Fehler 1. Art α und 2. Art β bei der sequenziellen statistischen Entscheidung eingehalten werden. Die Berechnung des mittleren OR-Quotienten der folgenden Ungleichung

$$\frac{\beta}{1-\alpha} \leq \frac{\binom{n_1}{a}\binom{n_2}{k_1-a}(OR_0)^a}{\sum_{i=a_u}^{a_o}\binom{n_1}{i}\binom{n_2}{k_1-i}(OR_0)^i} \Bigg/ \frac{\binom{n_1}{a}\binom{n_2}{k_1-a}(OR_A)^a}{\sum_{i=a_u}^{a_o}\binom{n_1}{i}\binom{n_2}{k_1-i}(OR_A)^i} \leq \frac{1-\beta}{\alpha}$$

ist bei Verwendung geeigneter Programme, bei denen die nichtzentrale hypergeometrische Verteilung als Grundfunktion vorliegt, problemlos möglich. Im Statistikprogramm SAS ist diese als eine der so genannten „**p**robability **d**ensity **f**unctions"

$$PDF('HYPER', a, N, n_1, k_1, OR) = \frac{\binom{n_1}{a}\binom{N-n_1}{k_1-a}OR^a}{\sum_{i=a_u}^{a_o}\binom{n_1}{i}\binom{N-n_1}{k_1-i}OR^i}$$

verfügbar. Effektive und leicht nachnutzbare iterativ arbeitende Algorithmen zur Berechnung der nichtzentralen hypergeometrischen Verteilung findet man zum Beispiel bei Liao, Rosen (2001).

Da die Wahrscheinlichkeiten P_{OR_0} und P_{OR_A} unter Umständen sehr klein werden, empfiehlt es sich, die Unleichungen zu logarithmieren.

Nach jedem Schritt der Vergrößerung des Stichprobenumfangs N muss zur Überprüfung der Quotient P_{OR_0}/P_{OR_A} bzw. $\ln(P_{OR_0}/P_{OR_A})$ erneut berechnet werden.

Wolfowitz, Jacob
(* 19. März 1910 in Warschau; † 16. Juli 1981 in Tampa)

Simulationsexperiment

Ein Simulationsexperiment soll den Zufallsprozess realisieren. Eine auf dem Intervall von 0 bis 1 gleichverteilte Zufallszahl entscheidet, welches der Kästchen der Vierfeldertafel iterativ zu erhöhen ist. Vereinfachend ist angenommen, dass die Randsummen n_1 und n_2 nahezu gleich sind, dass also die Felder der ersten und zweiten Spalte mit gleicher Wahrscheinlichkeit (nämlich mit der Wahrscheinlichkeit ½) durch den Zufallsprozess getroffen werden. Das odds ratio OR, für das die Simulation durchgeführt werden soll, wird fixiert. Legt man darüber hinaus p_1 fest, lässt sich

$$p_2 = p_2(OR, p_1) = \frac{p_1}{OR - OR \cdot p_1 + p_1}$$

bestimmen. Wenn die zwischen 0 und 1 gleichverteilte Zufallszahl der Bedingung

$$z \le p_1/2$$

genügt, so erhöhe die Anzahl im Feld a derum 1, wenn

$$p_1/2 < z \le \frac{1}{2},$$

so erhöhe die Anzahl im Feld b um 1, wenn

$$\frac{1}{2} < z \le \frac{1}{2} + p_2/2$$

so erhöhe die Anzahl im Feld c um 1, wenn

$$\frac{1}{2} + p_2/2 < z$$

so erhöhe die Anzahl im Feld d um 1 der Vierfeldertafel.

Sollten die Spaltensummen nicht als gleich angenommen werden, so wird das Einheitsintervall zunächst in die Spaltensummenanteile und anschließend diese in die Felder aufgeteilt.

Mit a, b, c und d ergeben sich die Randsummen $n_1 = a+b$, $n_2 = c+d$, $k_1 = a+c$ und $k_2 = b+d$ mit denen man den Zähler und den Nenner des interessierenden Quotienten P_{OR_0}/P_{OR_A} bestimmen kann.

Bekanntlich ist bei einer Vierfeldertafel mit festen Rändern mit der Belegung eines Feldes (o.B.d.A. das ersteFeld a) die Belegung der übrigen drei (die Felder b, c und d) bereits festgelegt. Die übrigen Anzahlen in den Feldern und Randsummen ergeben sich aus den Argumenten der PDF-Funktion.

Beispiel 6.28. Als Fehler erster und zweiter Art werden $\alpha = 0.05$ und $\beta = 0.2$ festgelegt. Das odds ratio OR sei 0.8, welches sich mit $p_1 = 0.5$ ergibt. Die Nullhypothese $OR_0 \ge 2$ sollgegen die Alternativhypothese $OR_A \le 1$ sequenziell getestet werden.

Die sequenzielle Prozedur wird mittels Pseudozufallszahlengenerator, der SAS-Funktion UNIFORM(x), gestartet. Die Entwicklung des Quotienten $\ln(P_{OR_0}/P_{OR_A})$ zeigt die Abb. 6.86. Dieser Quotient verlässt bei $n = 81$ den unentschiedenen Bereich. Es wird die Hypothese H_1 angenommen, dass der wahre Parameter OR kleiner oder gleich 1 ist.

Beispiel 6.29. Es werden wie bei Beispiel 6.27 die Fehler mit $\alpha = 0.05$, $\beta = 0.2$ festgelegt. OR = 3.5 und $p_1 = 0.5$ seien gegeben. Als Null- und Alternativhypothese werden $OR_0 = 2$ und $OR_1 = 1$ gewählt. Die Funktion $\ln(P_{OR_0}/P_{OR_A})$ verlässt bei $n = 141$ den unentschiedenen Bereich, es wird die Hypothese H_0 angenommen, dass der wahre Parameter OR größer oder gleich 2 ist (siehe Abb. 6.87 und sas_6_73).

Abb. 6.86: Grenzen $\ln((1 - \beta)/\alpha) = 2.7725887222$ und $\ln(\alpha/(1 - \beta)) = -1.558144618$ (Referenzlinien) des unentschiedenen Bereichs und $m = \ln(P_{OR_0}/P_{OR_A})$ (als verbundene Linie) bis zur sequenziellen Entscheidung (erstellt mit sas_6_73).

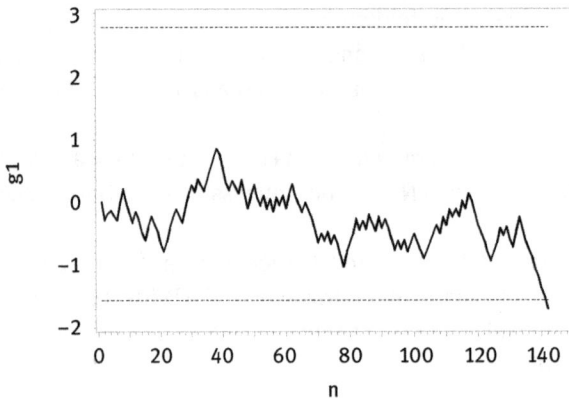

Abb. 6.87: Grenzen $\ln((1 - \beta)/\alpha) = 2.7725887222$ und $\ln(\alpha/(1 - \beta)) = -1.558144618$ des unentschiedenen Bereichs und $m = \ln(P_{OR_0}/P_{OR_A})$ (als verbundene Linie).

Man beachte, beide Entscheidungen fallen bei unterschiedlichen Umfängen. Der Stichprobenumfang N ist zufällig! Im Folgenden wird ein Simulationsexperiment beschrieben, das die Power des sequenziellen Verfahrens beschreibt.

Im Experiment werden für jedes OR genau 10 000 Simulationen durchgeführt, die jeweils zu einer statistischen Entscheidung für oder gegen die Nullhypothese führen.

Startet man mit einem OR des H_0-Bereichs, so möchte man den α-Fehler einhalten. Das bedeutet, wenn $\alpha = 0.05$ gesetzt wurde, dass etwa 95 % der Entscheidungen (etwa 9500) richtig sind und für H_0 ausfallen und nur 5 % Fehlentscheidungen (etwa 5000) für H_1 getroffen werden.

Auf der anderen Seite soll der β-Fehler 0.2 auf dem H_1-Bereich eingehalten werden. Das heißt, höchstens 20 % der Entscheidungen auf diesem Bereich dürfen für H_0 ausfallen.

Selbstverständlich führen viele Paare (p_1, p_2) zum gleichen Parameter OR. Die Simulation wurde für $p_1 = 0.05$ bis 0.95 mit der Schrittweite 0.05 und dem entsprechenden

$$p_2 = p_2(p_1) = \frac{p_1}{OR - p_1 \cdot OR + p_1}$$

durchgeführt, für den das Paar (p_1, p_2) zum vorgegebenen Parameter OR führt.

In der Abb. 6.88 sind die Referenzlinien für die H_0-Hypothese bei OR = 2 (senkrecht) $\alpha = 0.0.95$ sowie $\beta = 0.2$ (waagerecht) eingezeichnet. Man sieht, dass an der Grenze des H_0-Bereichs der α-Fehler eingehalten wird, für alle OR > 2 ist der α-Fehler kleiner als 0.05.

Der β-Fehler wird genau am Rand (s. vertikale Referenzlinie für OR = 1 und horizontale Referenzlinie für β in Abb. 6.88) angenommen, für alle Parameter OR < 1 ist der β-Fehler kleiner als der vorgegebene Wert.

Lediglich auf dem Bereich zwischen $OR_1 = 1$ und $OR_0 = 2$, für $1 \le OR \le 2$, werden die Fehler 1. und 2. Art nicht eingehalten, aber dafür wurde der sequenzielle Test nicht ausgelegt, Fehlerbetrachtungen für diesen Bereich sind damit gegenstandslos, obwohl die sequenzielle Prozedur formal auch für solche Parameter 1 < OR < 2 zu einer Entscheidung führt.

Bezüglich der Einhaltung der Fehler wurden keine Unterschiede bei variierendem p_1 festgestellt. Davon kann man sich überzeugen, indem man das SAS-Programm sas_6_73 für die extremsten Fälle $p_1 = 0.01$, $p_1 = 0.99$ sowie für ein „mittleres" $p_1 = 0.5$ laufen lässt. Die zugehörigen simulierten Fehlerfunktionen sind dann nahezu deckungsgleich.

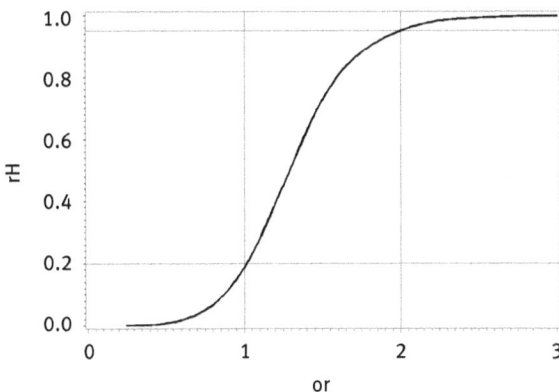

Abb. 6.88: Relative Häufigkeiten der sequenziellen Entscheidung für H_0 für gewählte Parameter OR von 0.25 bis 3 mit der Schrittweite 0.25 bei $H_1 : OR \le 1$ und $H_0 : OR \ge 2$.

7 Funktionstests für Zufallszahlengeneratoren

Scharfsinnige Tests wurden ersonnen, um die ordnungsgemäße Funktion von Zufallszahlengeneratoren zu überprüfen. Dabei werden der Zufallszahlengenerator als eine „black box" angesehen und eine von ihm erzeugte Folge von Zufallszahlen untersucht. Ein einzelner Test prüft aber nur bestimmte Konstellationen ab, etwa dass eine Sequenz von Zufallszahlen nicht zu lange monoton wächst oder dass bestimmte Muster in einer Folge nicht zu oft vorkommen. Deshalb ist es heute Standard, eine ganze Reihe von Tests (die von Marsaglia entwickelten Diehard-Tests, http://www.stat.fsu.edu/pub/diehard/) nacheinander anzuwenden, um Besonderheiten der Zufallsgeneratoren in jeglicher Hinsicht zu erkennen. Diese Tests werden im Folgenden beschrieben und auf den Mersenne-Zufallszahlengenerator von SAS übertragen. Das geschieht allerdings nur aus didaktischen Gründen, denn der Zufallszahlengenerator hat vor seiner Einbindung in das SAS-System alle Diehard-Tests bereits bestanden.

Die Tests sind von statistischer Art. Bei einigen wird man sich an das Kapitel der Spiele erinnern. Das ist auch nicht weiter verwunderlich, da viele professionelle Glücksspiele oder Spielautomaten mit Zufallszahlengeneratoren in Verbindung stehen. Staatliche Stellen zertifizieren und überprüfen deren Arbeitsweise. Man kann natürlich nur solche Zufallszahlengeneratoren verwenden, die ordnungsgemäß arbeiten. Das ist im Interesse der Spieler, der Spielbanken und nicht zuletzt des Staates, weil auf Glücksspielgewinne entsprechende Steuern zu zahlen sind.

Ebenso werden Statistiksysteme zertifiziert, wenn sie für medizinische Studien oder Medikamentenzulassungen benutzt werden. Viele Prozeduren, auch im SAS, arbeiten mit Teilstichprobenmethoden, die unterliegende Zufallszahlengeneratoren nutzen. Auf deren ordnungsgemäße Arbeit muss man sich bei Entscheidungen für oder gegen ein Medikament oder eine Therapie verlassen können.

7.1 Zwei χ^2-Anpassungstests

7.1.1 Einfacher χ^2-Anpassungstest

Hat man einen Zufallszahlengenerator, der gleichverteilte ganze Zahlen von 1 bis k erzeugen soll, wird man zunächst überprüfen, ob bei einem großen Simulationsumfang n (etwa n = 10 000 oder n = 1 000 000) die auf Grund der Gleichverteilungshypothese erwarteten Häufigkeiten $E_i = n/k$, $i = 1, \ldots, k$, und die beobachteten Häufigkeiten B_i übereinstimmen. Dabei kommt der χ^2-Test zur Anwendung. Die Prüfgröße $\chi^2 = \sum_{i=1}^{k}(B_i - E_i)^2/E_i$ ist χ^2-verteilt mit k − 1 Freiheitsgraden.

Beispiel 7.1. Für k = 10 und n = 1 000 000 enthält die Tab. 7.1 die beobachteten B_i und erwarteten Häufigkeiten E_i der ganzzahligen Zufallszahlen von 0 bis 9 und den jeweiligen Anteil $(B_i - E_i)^2/E_i$ an der χ^2-Prüfgröße von 8.46248. Man erhält bei

Tab. 7.1: χ^2-Anpassungstest für n = 1 000 000 gleichverteilte Zufallszahlen von 0 bis 9.

Zufalls- zahl	beobachtete Häufigkeiten B_i	erwartete Häufigkeiten E_i	Anteile am χ^2 : $(B_i - E_i)^2/E_i$
0	100 108	100 000	0.11664
1	99 976	100 000	0.00576
2	99 591	100 000	1.67281
3	100 605	100 000	3.66025
4	100 042	100 000	0.01764
5	100 254	100 000	0.64516
6	99 783	100 000	0.47089
7	99 788	100 000	0.44944
8	100 183	100 000	0.33489
9	99 670	100 000	1.08900

einem Freiheitsgrad von f = 9 und einer Irrtumswahrscheinlichkeit von α = 0.05 einen kritischen Wert von 16.9190. Damit wird die Gleichverteilungshypothese nicht abgelehnt (s. CHI2Anpassungstest1.sas).

7.1.2 Paartest

Eine ähnliche Vorgehensweise hat der für gleichverteilte ganze Zufallszahlen von 1 bis k ersonnene **Paartest**. Die Folge der Zufallszahlen $x_1, x_2, \ldots, x_n$ wird dabei in Paare (x_1, x_2), (x_3, x_4), ... zerlegt. Von den entstehenden k^2 verschiedenen Zahlenpaaren werden die Häufigkeiten festgestellt und mit den erwarteten Häufigkeiten $E_{ij} = n/k^2$ unter der Gleichverteilungshypothese verglichen. Dabei kommt wiederum ein χ^2-Test zur Anwendung. Die Prüfgröße

$$\chi^2 = \sum_{j=1}^{k} \left(\sum_{i=1}^{k} (B_{ij} - E_{ij})^2/E_{ij} \right)$$

ist χ^2-verteilt mit $k^2 - 1$ Freiheitsgraden.

   Da eine neu ausgegebene Zufallszahl als Funktion des Vorgängers beschrieben werden kann, müsste dieser Test besonders die versteckten funktionalen Abhängigkeiten aufdecken.

Beispiel 7.2. Es werden 2 000 000 Zufallszahlen erzeugt. Diese ergeben für k = 10 genau n = 1 000 000 Zahlenpaare. Tabelle 7.2 enthält die beobachteten Häufigkeiten B_{ij} für die Zahlenpaare (i, j), i, j = 1, ..., 10. Die erwartete Häufigkeit unter der Gleichverteilungshypothese ist für alle Paare E_{ij} = 10 000. Man erhält als Prüfgröße den Wert 96.1278. Bei 99 Freiheitsgraden entspricht das einem p von 0.43699. Gegen die Gleichverteilungsannahme findet man kein Argument, sie wird nicht abgelehnt.

Tab. 7.2: Beobachtete Häufigkeiten B_{ij} für die Paare (i, j) mit $i, j = 1, \ldots, 10$ aus gleichverteilten Zufallszahlen (s. Bsp. 7.2).

2. Zahl	1. Zahl i									
j	1	2	3	4	5	6	7	8	9	10
1	9885	9982	10054	9739	10048	10025	9975	10005	10090	10196
2	10005	10092	10038	10136	10007	10131	10023	9952	9967	10147
3	9891	9881	9917	10109	9972	10103	10211	9941	10109	9990
4	9992	10064	10010	10177	10070	10087	9912	10025	9934	10124
5	9999	10061	10066	10051	9893	10139	9963	9846	10206	9870
6	10060	9939	10111	9895	10050	10011	9920	9971	10167	9957
7	9881	10139	9932	9893	10026	10025	9982	10037	10042	9852
8	9819	9799	9946	10163	10121	10032	9903	10022	9940	10056
9	10074	9938	9895	10025	10096	9887	9950	9951	10018	9902
10	10126	10024	9806	9984	9900	9962	9964	9898	9912	9887

Tab. 7.3: Anteile $(B_{ij} - E_{ij})^2/E_{ij}$ zum χ^2 für die Paare (i, j) mit $i, j = 1, \ldots, 10$, berechnet aus $2\,000\,000$ gleichverteilten Zufallszahlen (s. Bsp. 7.2).

2. Zahl	1. Zahl i									
j	1	2	3	4	5	6	7	8	9	10
1	1.3225	0.0324	0.2916	6.8121	0.2304	0.0625	0.0625	0.0025	0.8100	3.8416
2	0.0025	0.8464	0.1444	1.8496	0.0049	1.7161	0.0529	0.2304	0.1089	2.1609
3	1.1881	1.4161	0.6889	1.1881	0.0784	1.0609	4.4521	0.3481	1.1881	0.0100
4	0.0064	0.4096	0.0100	3.1329	0.4900	0.7569	0.7744	0.0625	0.4356	1.5376
5	0.0001	0.3721	0.4356	0.2601	1.1449	1.9321	0.1369	2.3716	4.2436	1.6900
6	0.3600	0.3721	1.2321	1.1025	0.2500	0.0121	0.6400	0.0841	2.7889	0.1849
7	1.4161	1.9321	0.4624	1.1449	0.0676	0.0625	0.0324	0.1369	0.1764	2.1904
8	3.2761	4.0401	0.2916	2.6569	1.4641	0.1024	0.9409	0.0484	0.3600	0.3136
9	0.5476	0.3844	1.1025	0.0625	0.9216	1.2769	0.2500	0.2401	0.0324	0.9604
10	1.5876	0.0576	3.7636	0.0256	1.0000	0.1444	0.1296	1.0404	0.7744	1.2769

Aufgabe 7.1. Erstellen Sie ein SAS-Programm, das den Anpassungstest aus Abschnitt 7.1.2, den Paartest, realisiert. (Hinweis: Im Programm CHI2Anpassungstest1.sas ist der Paartest am Ende des Programms enthalten, allerdings auskommentiert.)

7.2 Kolmogorov-Smirnov-Test

Vom Test von Kolmogorov und Smirnov ist bekannt, dass er sehr konservativ ist, die Nullhypothese der Gleichverteilung damit erst spät ablehnt. Man wird ihn nur ungern durchführen, wenn man an einer raschen Ablehnung der Gleichverteilungshypothese interessiert ist. Der Vollständigkeit halber wird er besprochen und an einem Beispiel ausgeführt.

Beispiel 7.3. Von n = 100 gleichverteilten Zufallszahlen aus dem Intervall [0; 1) wird die empirische Verteilungsfunktion $F_n(x)$ bestimmt. Die Verteilungsfunktion der in Rede stehenden Gleichverteilung auf dem Intervall [0; 1] ist die Funktion F(x) = x. Die Prüfgröße des Kolmogorov/Smirnov-Tests ist

$$d = \sup_x |F_n(x) - x| = \max_i(|F_n(x_i) - x_i|, |F_n(x_{i-1}) - x_i|).$$

In SAS steht für $F_n(x_{i-1})$ die Funktion LAG($F_n(x_i)$) zur Verfügung. Der errechnete Wert d = 0.0996353 liegt unter dem kritischen Wert 1.3581 für eine Irrtumswahrscheinlichkeit von α = 0.05 (s. SAS-Programm KolmogorovSmirnovAnpassung.sas).

Für kleine n bis 35 liegen die kritischen Werte tabelliert vor. Für größere n können sie näherungsweise mit Hilfe der Formel $d_\alpha = \sqrt{\ln(\frac{2}{\alpha})}/\sqrt{2n}$ bestimmt werden. Für n = 100 erhält man

$$d_\alpha = \sqrt{\ln\left(\frac{2}{0.05}\right)}/\sqrt{2 \cdot 100} = 0.135807.$$

7.3 Permutationstest

Getestet werden soll ein Zufallszahlengenerator, der gleichverteilte stetige Zufallszahlen aus dem Intervall von 0 bis 1 generieren soll. Ein n-Tupel von Zufallszahlen wird durch das n-Tupel seiner Rangzahlen ersetzt. Da die Wahrscheinlichkeit Null ist, dass zwei dieser n Zufallszahlen gleich sind, wird kein Rang doppelt vergeben und keiner ausgelassen. Damit wird das n-Tupel in eine Permutation der Länge n überführt. Es gibt genau n! Permutationen der Länge n. Erzeugt der Zufallszahlengenerator tatsächlich gleichverteilte Zufallszahlen, so sollte jede Permutation mit der gleichen Wahrscheinlichkeit auftreten, also mit 1/n!. Ein χ^2-Anpassungstest ist konstruierbar, bei dem die beobachteten Anzahlen der Permutationen mit ihren erwarteten Anzahlen verglichen werden können.

Beispiel 7.4. Ein Simulationsexperiment erzeugt 1 000 000 Quadrupel von Zufallszahlen aus dem Intervall von 0 bis 1, d. h. es werden 4 Mill. Zufallszahlen benötigt. Diese werden in Permutationen der Zahlen 1 bis 4 umgewandelt. Mittels der Prozedur FREQ des SAS-Systems wird ausgezählt, wie häufig jede Permutation unter den betrachteten 1 000 000 Permutationen vorkommt. Die erwartete Permutationsanzahl für jedes i ist E_i = 1 000 000/4! = 41 666.67. Tabelle 7.4 enthält die Simulationsergebnisse. Das beobachtete

$$\chi^2 = \sum_{i=1}^{24}(B_i - E_i)^2/E_i = 23.1735$$

liegt deutlich unter dem kritischen Wert von 35.1725 des χ^2-Tests mit dem Freiheitsgrad f = 23 für α = 0.05. Die Nullhypothese, dass der Zufallszahlengenerator gleichverteilte Zufallszahlen aus dem Intervall von 0 bis 1 generiert, wird nicht abgelehnt.

Tab. 7.4: Beobachtete und erwartete Häufigkeit von Permutationen der Länge 4 (beim Simulationsumfang 1 000 000) und ihre Anteile am χ^2 (berechnet mit SAS-Programm `PermutationsTest`).

i	Permutation	beobachtete Anzahl B_i	erwartete Anzahl E_i	$(B_i - E_i)^2/E_i$
1	1234	41 755	41 666.67	0.18727
2	1243	41 612	41 666.67	0.07172
3	1324	42 170	41 666.67	6.08027
4	1342	41 675	41 666.67	0.00167
5	1423	41 795	41 666.67	0.39527
6	1432	41 693	41 666.67	0.01664
7	2134	41 749	41 666.67	0.16269
8	2143	41 537	41 666.67	0.40352
9	2314	41 342	41 666.67	2.52980
10	2341	41 365	41 666.67	2.18407
11	2413	41 553	41 666.67	0.31008
12	2431	41 412	41 666.67	1.55652
13	3124	41 791	41 666.67	0.37101
14	3142	41 871	41 666.67	1.00205
15	3214	41 581	41 666.67	0.17613
16	3241	41 763	41 666.67	0.22272
17	3412	41 993	41 666.67	2.55584
18	3421	41 773	41 666.67	0.27136
19	4123	41 507	41 666.67	0.61184
20	4132	41 439	41 666.67	1.24397
21	4213	41 576	41 666.67	0.19729
22	4231	41 807	41 666.67	0.47264
23	4312	41 827	41 666.67	0.61696
24	4321	41 414	41 666.67	1.53217
		1 000 000	1 000 000.00	23.1735

7.4 Run-Tests

Der Begriff Run-Test zur Überprüfung, ob ein Zufallszahlengenerator gleichverteilte
Zufallszahlen erzeugt, wird in der Literatur nicht einheitlich gebraucht. Es gibt mindestens drei Tests solchen Namens, die sowohl als exakte Tests als auch in der
asymptotischen Variante besprochen werden sollen.

1. Beim **Run-Test 1 nach Knuth** (1982) werden zufällige Längen L streng monotoner
   Sequenzen untersucht.

   Die Zufallsgröße L ist die Länge der monoton wachsenden oder fallenden Teilsequenzen, Runs genannt, die durch eine „Stoppzahl" beendet werden. Bei
   der Stoppzahl wird das Monotonieverhalten aufeinander folgender Zufallszahlen
   erstmals unterbrochen. In der Abbildung ändert sich die Monotonie nach der
   zweiten, sechsten, elften und 13. Zufallszahl. Es entstehen die zufälligen Längen
   der Runs von 1, 3, 4 und 1.

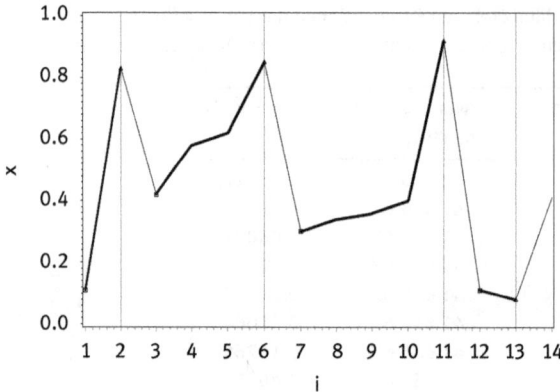

Abb. 7.1: Illustration zum Run-Test 1 nach Knuth, 4 Runs der Länge 1, 3, 4 und 1 (Referenzlinien bezeichnen den Stopp).

Die Verteilung dieser zufälligen Längen kann durch kombinatorische Überlegungen hergeleitet werden.

In einem genügend umfangreichen Simulationsexperiment wird die empirische Verteilung der Längen der Runs bestimmt. Ein anschließender χ^2-Test prüft, ob die in einer Folge von generierten Zufallszahlen beobachteten Anzahlen an monotonen Sequenzen der jeweiligen Länge mit den erwarteten Anzahlen übereinstimmen.

2. Ein weiterer Run-Test 2 untersucht von Sequenzen von Zufallszahlen (aufeinander folgende Zufallszahlen) vorgegebener Länge n die Anzahl von monoton wachsenden (oder fallenden) Teilfolgen, Runs genannt. Im Unterschied zum Run-Test nach Knuth treten keine „Stoppzahlen" auf.

Vorgegeben wird eine Sequenzlänge n. Die Sequenz setzt sich ihrerseits aus Teilsequenzen zusammen, die streng monoton sind. Die Abb. 7.2 gibt die Situation für eine Sequenz der Länge n = 14 an. Sie zerfällt in sieben Teilsequenzen (Runs) mit den Längen 1, 1, 3, 1, 4, 2 und 1. Zufallsgröße ist die Anzahl an Runs in der untersuchten Sequenz.

Auch hier gilt, dass kurze Runs häufig vorkommen und lange Runs gegen die Gleichverteilung sprechen. Jede Sequenz kann in eine Permutation der Länge n umgewandelt werden, wenn man die Zahlen durch ihren Rang ersetzt. Die folgende Sequenz beispielsweise

$$0.10978, \quad 0.82053, \quad 0.39895, \quad 0.55639, \quad 0.62032, \quad 0.81566,$$
$$0.25788, \quad 0.19015, \quad 0.29876, \quad 0.39940, \quad 0.91591, \quad 0.14322$$

geht durch ihre Rangtransformation über in die Permutation

$$\begin{pmatrix} 1 & 2 & 3 & 4 & 5 & 6 & 7 & 8 & 9 & 10 & 11 & 12 \\ 1 & 11 & 6 & 8 & 9 & 10 & 4 & 3 & 5 & 7 & 12 & 2 \end{pmatrix},$$

bei der man die gleichen Subsequenzen (Runs) in gleichen Längen wie in der Ausgangssequenz feststellen kann. Die Herleitung der Verteilungsfunktion für die Anzahlen N_r der Runs bei Sequenzen der Länge n erfolgt über die Anzahlen der Runs der zugehörigen Permutation.

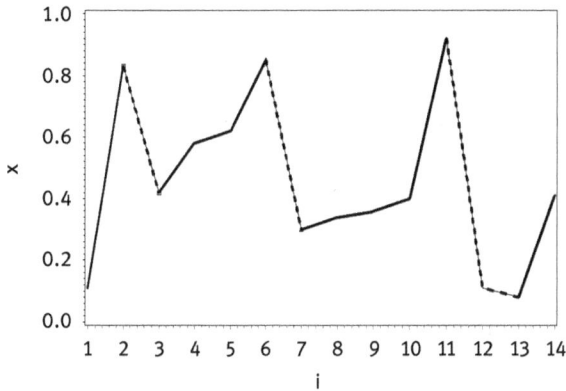

Abb. 7.2: Illustration zum Run-Test 2 (Sequenzlänge n = 14, n_r = 7 Runs der Länge 1, 1, 3, 1, 4, 2 und 1).

3. Ein **bedingter Run-Test** unter Rückgriff auf den **Wald-Wolfowitz-Test** (1940) untersucht wiederum Zufallszahlenfolgen vorgegebener Länge n von aufeinander folgenden stetigen Zufallszahlen aus dem Intervall [0, 1).

Bezüglich des Mittelwertes zerfällt die Menge von n Zufallszahlen in zwei Teilmengen. Es liegen davon n_1 Zufallszahlen oberhalb und $n_2 = n - n_1$ unterhalb des arithmetischen Mittels der beobachteten Zufallszahlen. Die Wahrscheinlichkeit ist Null, dass zwei Zufallszahlen gleich sind oder dass eine der n Zufallszahlen mit dem Mittelwert zusammen fällt. Diesen Teilmengen sind von zufälligem Umfang n_1 und n_2. In ihnen werden zusammenhängende Sequenzen, die Runs, ausgezählt. Im Unterschied zum 1. und 2. Run-Test bezeichnet Run hier einen Abschnitt der Zufallszahlenfolge, der gänzlich oberhalb oder gänzlich unterhalb des arithmetischen Mittels liegt. Diese Runs müssen nicht notwendigerweise monoton wachsend oder fallend sein.

Die Zufallsgröße ist die Anzahl K der Runs, wobei K als Summe der Anzahl der Runs oberhalb des Mittels K_1 und der Anzahl Runs unterhalb des Mittels K_2 aufgefasst werden kann: $K = K_1 + K_2$. Die bedingte Verteilung der Anzahl der Runs, unter der Voraussetzung, dass n_1 Zufallszahlen oberhalb und $n_2 = n - n_1$ unterhalb des arithmetischen Mittels liegen, kann angegeben werden.

Diese Verteilung wird zurückgeführt auf die Verteilung der sogenannten Iterationszahlen, die Wald und Wolfowitz ausführlich untersucht haben. Dazu ist es notwendig, die Folge der n Zufallszahlen in eine Folge der Werte von 0 und 1 umzuwandeln, wobei man für Zahlen oberhalb des arithmetischen Mittels eine 1 und für solche unterhalb des arithmetischen Mittels eine 0 schreibt (oder auch umgekehrt). Eine vollständige und ausführliche Herleitung der Wahrscheinlichkeitsverteilung der Iterationszahlen findet man bei Fisz (1989).

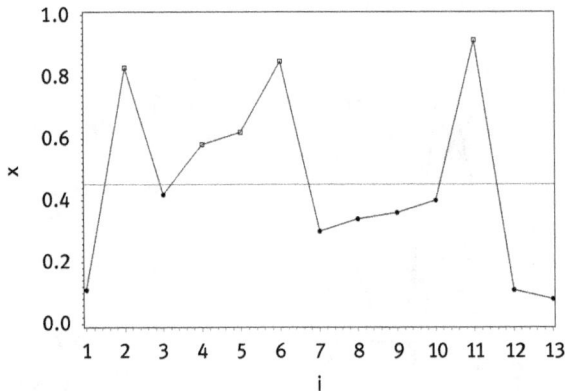

Abb. 7.3: Illustration zum bedingten Run-Test 3 nach Wald und Wolfowitz (Sequenzlänge $n = 13$, Anzahl Runs $k = k_1 + k_2 = 3 + 4 = 7$, wobei die 3 Runs oberhalb des arithmetischen Mittels mit einem Quadrat und die 4 unterhalb des arithmetischen Mittels mit einem Punkt gekennzeichnet sind).

7.4.1 Run-Test nach Knuth

Dieser Run-Test untersucht die Länge von streng monotonen Sequenzen innerhalb einer Folge von stetigen gleich verteilten Zufallszahlen, die o.B.d.A. aus dem Intervall [0; 1) stammen. Die Sequenzen können streng monoton wachsend oder auch streng monoton fallend sein. Zwei gleiche aufeinander folgende Zufallszahlen kann es auf Grund der stetigen Verteilung nicht geben.

Es werden o.B.d.A. nur die streng monoton wachsenden Sequenzen betrachtet. Die Verteilungen der Längen der streng monoton fallenden und der streng monoton wachsenden Sequenzen sind identisch. Eine Sequenz der Länge $L = l$ beginnt mit x_i an der Stelle i und endet an der Stelle x_{i+l}. Die darauf folgende Zufallszahl x_{i+l+1} ist die „Stoppzahl". Für diese Zufallszahlen gelten die folgenden Ungleichungen

$$x_i < x_{i+1} < \cdots < x_{i+l} > x_{i+l+1}.$$

Die folgende Sequenz beginnt nach der Stoppzahl. Als mögliche Sequenzlängen kommen alle natürlichen Zahlen in Frage. Für die Zufallsgröße L gilt:

$$P(L = l) = 1/(l + 1)!$$

Die Beweisidee wird kurz skizziert. Wegen $x_i < x_{i+1} < \cdots < x_{i+l}$ in einem Run ist die Folge der Ränge der Zufallszahlen des Runs $1 < 2 < \cdots < l$. Wegen $x_{i+l} > x_{i+l+1}$ ist die

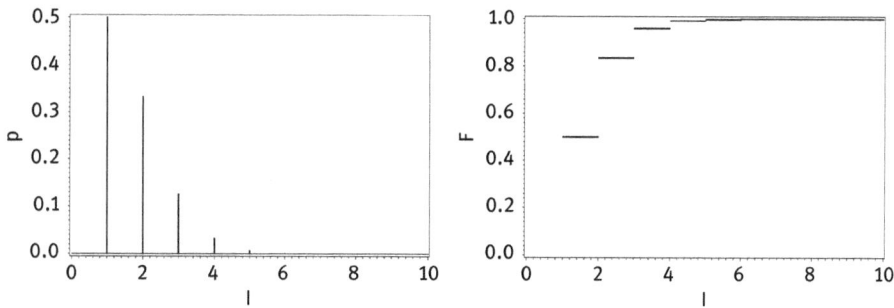

Abb. 7.4: Wahrscheinlichkeitsfunktion (links) und Verteilungsfunktion (rechts) der Sequenzlängen beim Run-Test von Knuth.

Rangzahl der Stoppzahl entweder vor der von x_i oder der von x_{i+1} oder ... oder der von x_{i+1} einzuordnen. Das sind l mögliche Anordnungen (Permutationen) von insgesamt $(l + 1)!$. Für die Zufallsgröße L gelten weiterhin

$$E(L) = \sum_{i=1}^{\infty} i \cdot P(L = i) = \sum_{i=1}^{\infty} i^2/(i + 1)! = e - 1 \approx 1.7182818$$

und

$$V(L) = \sum_{i=1}^{\infty} (i - E(L))^2 \cdot P(L = i) = (i \cdot (i - (e - 1))^2)/(i + 1)! = 3e - e^2 \approx 0.7657894.$$

Man erwartet bei gleichverteilten Zufallszahlen nur kleine Sequenzlängen. Werden die Sequenzlängen zu groß oder treten wesentlich andere relative Häufigkeiten auf, als sie durch die Verteilungsfunktion vorgegeben sind, so wird die Gleichverteilungshypothese abgelehnt. Statistischer Test: Durchgeführt wird ein χ^2-Anpassungstest, der bei einer großen Stichprobe die Häufigkeiten der Sequenzlängen mit der erwarteten Anzahl der Sequenzlängen nach deren Verteilungsgesetz vergleicht. Schwach besetzte Sequenzlängenkategorien werden zusammengefasst. Dazu ist die folgende Aussage hilfreich, die mit vollständiger Induktion über n leicht bewiesen werden kann:

$$\sum_{i=1}^{n} P(L = i) = \sum_{i=1}^{n} \frac{i}{(i + 1)!} = 1 - \frac{1}{(n + 1)!}.$$

Daraus lässt sich die für den χ^2-Anpassungstest benötigte Reihe $\sum_{i=n}^{\infty} P(L = i)$ ermitteln:

$$\sum_{i=n}^{\infty} P(L = i) = 1 - \sum_{i=1}^{n-1} \frac{i}{(i + 1)!} = 1 - (1 - \frac{1}{n!}) = \frac{1}{n!}.$$

Beispiel 7.5. Mit dem SAS-Zufallszahlengenerator wurden n = 1 000 000 gleichverteilte Zufallszahlen aus dem Intervall [0; 1] ausgegeben. Die ermittelte Anzahl von Sequenzen ist nur noch 367 702, weil zum einen die Stoppzahlen abgezogen werden, zum anderen mehrere Zufallszahlen zu einer streng monoton wachsenden

Tab. 7.5: Beobachtete und erwartete Häufigkeiten von Run-Längen streng monoton wachsender Sequenzen aus einer Folge von 1 000 000 gleichverteilten Zufallszahlen aus dem Intervall [0; 1].

Länge l der Sequenz	P(L = l)		Beob. Häufigk. B_l	Erwartete Häufigkeiten $E_l = n \cdot P(L = l)$	$(B_l - E_l)^2 / E_l$
1	1 /	2 = 0.50000	183 443	183 851.00	0.90543
2	2 /	6 = 0.33333	122 676	122 567.33	0.09634
3	3 /	24 = 0.12500	46 493	45 962.75	6.11724
4	4 /	120 = 0.03333	12 038	12 256.73	3.90351
5	5 /	720 = 0.00694	2 530	2 553.49	0.21602
6	6 /	5040 = 0.00119	444	437.74	0.08951
7	7 /	40320 = 0.00017	65	63.84	0.02118
≥8	1 /	40320 = 0.00002	13	9.12	1.65112
Summe			367 702	367 702.00	13.0003

Teilsequenz gehören. Die Ergebnisse sind in Tab. 7.5 zusammengefasst. Bei einem Freiheitsgrad von f = 8 wird der kritische Wert 14.0671 durch die Prüfgröße χ^2 = 13.0003 nicht erreicht.

Wesentlich schwieriger ist dieser Run-Test für gleichverteilte ganze Zahlen von 1 bis k. Die Zufallsgröße L wird wie im stetigen Fall bestimmt. Man beachte, dass die Abbruchbedingung bereits eintritt, wenn die folgende Zahl mit der vorangehenden übereinstimmt. Im Gegensatz zum obigen Run-Test, bei dem die Wahrscheinlichkeit Null ist, dass zwei aufeinander folgende Zufallszahlen in einer Sequenz gleich sind, hat dieses Ereignis bei gleichverteilten ganzen Zahlen von 1 bis k die Wahrscheinlichkeit $1/k^2$.

Die Zufallsgröße L kann im Gegensatz zum stetigen Fall auch nur endlich viele Werte annehmen, und zwar von 1 bis k. Spätestens nach k + 1 Schritten muss sich eine der Zufallszahlen wiederholen.

Die Herleitung der Verteilungsfunktion wird für k = 6 dargestellt. Dem entspricht als Zufallszahlengenerator der gewöhnlichen Spielwürfel, womit jeder genügend Erfahrungen gesammelt hat.

Im ersten Schritt werden alle Sequenzen der Länge L = 1 angegeben. Die Sequenz und die Stoppzahl bilden ein Paar von Zufallszahlen, insgesamt also 36 = k^2 Paare. In der Tab. 7.6 sind alle Sequenzen der Länge 1 und ihre Stoppzahlen angegeben.

Da es genau 21 = 1 + 2 + ··· + 6 solcher Sequenzen gibt, ist die Wahrscheinlichkeit

$$P(L_6 = 1) = 21/6^2 \approx 0.58333.$$

Aus Tab. 7.6 ist eine Formel für gleichverteilte Zufallszahlen von 1 bis n ableitbar,

$$P(L_n = 1) = (n(n + 1)/2)/n^2 = 1/2 + 1/(2n),$$

so dass sofort folgt

$$\lim_{n \to \infty} P(L_n = 1) = 1/2 = P(L = 1).$$

Tab. 7.6: Bestimmung der Anzahl aller streng monoton wachsenden Sequenzen der Länge 1.

monotone Sequenz	mögliche Stoppzahl	Anzahl Paare	Summe
1	1	1	
2	1, 2	2	
3	1, 2, 3	3	21
4	1, 2, 3, 4	4	
5	1, 2, 3, 4, 5	5	
6	1, 2, 3, 4, 5, 6	6	

Tabelle 7.7 enthält sämtliche streng monoton wachsenden Sequenzen der Länge 2 mit den möglichen Stoppzahlen für jede Sequenz. Aufgeführt sind 70 Tripel, bestehend aus der Sequenz der Länge 2 und der Stoppzahl.

Tab. 7.7: Bestimmung der Anzahl aller streng monoton wachsenden Sequenzen der Länge 2.

Sequenz	mögliche Stoppzahl	Anzahl Tripel	Summe
1, 2	1, 2	2	
1, 3	1, 2, 3	3	
1, 4	1, 2, 3, 4	4	
1, 5	1, 2, 3, 4, 5	5	
1, 6	1, 2, 3, 4, 5, 6	6	
2, 3	1, 2, 3	3	
2, 4	1, 2, 3, 4	4	
2, 5	1, 2, 3, 4, 5	5	70
2, 6	1, 2, 3, 4, 5, 6	6	
3, 4	1, 2, 3, 4	4	
3, 5	1, 2, 3, 4, 5	5	
3, 6	1, 2, 3, 4, 5, 6	6	
4, 5	1, 2, 3, 4, 5	5	
4, 6	1, 2, 3, 4, 5, 6	6	
5, 6	1, 2, 3, 4, 5, 6	6	

Insgesamt gibt es 6^3 mögliche Tripel, so dass

$$P(L_6 = 2) = 70/6^3 \approx 0.32407.$$

Die Berechnung der übrigen Wahrscheinlichkeiten geht aus den Tab. 7.8 bis 7.10 hervor.

$$P(L_6 = 3) = 105/6^4 \approx 0.08102$$
$$P(L_6 = 4) = 84/6^5 \approx 0.01080$$
$$P(L_6 = 5) = 35/6^6 \approx 0.00075$$

Tab. 7.8: Bestimmung der Anzahl aller streng monoton wachsenden Sequenzen der Länge 3.

Sequenz	Stoppzahl	Quadrupel	Summe
1, 2, 3	1, 2, 3	3	
1, 2, 4	1, 2, 3, 4	4	
1, 2, 5	1, 2, 3, 4, 5	5	
1, 2, 6	1, 2, 3, 4, 5, 6	6	
1, 3, 4	1, 2, 3, 4	4	
1, 3, 5	1, 2, 3, 4, 5	5	
1, 3, 6	1, 2, 3, 4, 5, 6	6	
1, 4, 5	1, 2, 3, 4, 5	5	
1, 4, 6	1, 2, 3, 4, 5, 6	6	
1, 5, 6	1, 2, 3, 4, 5, 6	6	105
2, 3, 4	1, 2, 3, 4	4	
2, 3, 5	1, 2, 3, 4, 5	5	
2, 3, 6	1, 2, 3, 4, 5, 6	6	
2, 4, 5	1, 2, 3, 4, 5	5	
2, 4, 6	1, 2, 3, 4, 5, 6	6	
2, 5, 6	1, 2, 3, 4, 5, 6	6	
3, 4, 5	1, 2, 3, 4, 5	5	
3, 4, 6	1, 2, 3, 4, 5, 6	6	
3, 5, 6	1, 2, 3, 4, 5, 6	6	
4, 5, 6	1, 2, 3, 4, 5, 6	6	

Tab. 7.9: Bestimmung der Anzahl aller streng monoton wachsenden Sequenzen der Länge 4.

Sequenz	mögliche Stoppzahl	Anzahl Pentupel	Summe
1, 2, 3, 4	1, 2, 3, 4	4	
1, 2, 3, 5	1, 2, 3, 4, 5	5	
1, 2, 3, 6	1, 2, 3, 4, 5, 6	6	
1, 2, 4, 5	1, 2, 3, 4, 5	5	
1, 2, 4, 6	1, 2, 3, 4, 5, 6	6	
1, 2, 5, 6	1, 2, 3, 4, 5, 6	6	
1, 3, 4, 5	1, 2, 3, 4, 5	5	
1, 3, 4, 6	1, 2, 3, 4, 5, 6	6	84
1, 3, 5, 6	1, 2, 3, 4, 5, 6	6	
1, 4, 5, 6	1, 2, 3, 4, 5, 6	6	
2, 3, 4, 5	1, 2, 3, 4, 5	5	
2, 3, 4, 6	1, 2, 3, 4, 5, 6	6	
2, 3, 5, 6	1, 2, 3, 4, 5, 6	6	
2, 4, 5, 6	1, 2, 3, 4, 5, 6	6	
3, 4, 5, 6	1, 2, 3, 4, 5, 6	6	

Tab. 7.10: Bestimmung der Anzahl aller streng monoton wachsenden Sequenzen der Länge 5.

Sequenz	mögliche Stoppzahl	Anzahl 6-Tupel	Summe
1, 2, 3, 4, 5	1, 2, 3, 4, 5	5	
1, 2, 3, 4, 6	1, 2, 3, 4, 5, 6	6	
1, 2, 3, 5, 6	1, 2, 3, 4, 5, 6	6	35
1, 2, 4, 5, 6	1, 2, 3, 4, 5, 6	6	
1, 3, 4, 5, 6	1, 2, 3, 4, 5, 6	6	
2, 3, 4, 5, 6	1, 2, 3, 4, 5, 6	6	

und

$$P(L_6 = 6) = \frac{1}{6^6} \approx 0.00002.$$

Tabelle 7.11 enthält neben der Zusammenfassung der Berechnungsschritte der Wahrscheinlichkeitsverteilung für die Längen der streng monotonen Sequenzen $P(L_6 = k)$ auch die zugehörige Wahrscheinlichkeitsverteilung $P(L = k)$ für den stetigen Fall. Die Differenzen sind beachtlich.

Tab. 7.11: Wahrscheinlichkeitsverteilung für die Längen k der streng monoton wachsenden Sequenzen $P(L_6 = k)$ und zugehörige Wahrscheinlichkeitsverteilung $P(L = k)$ des stetigen Falls.

K	$P(L_6 = k)$	$P(L = k)$
1	$21 / 6^2 = 0.58333$	0.50000
2	$70 / 6^3 = 0.32407$	0.33333
3	$105 / 6^4 = 0.08102$	0.12500
4	$84 / 6^5 = 0.01080$	0.03333
5	$35 / 6^6 = 0.00075$	0.00694
6	$1 / 6^6 = 0.00002$	0.00119
Summe	1	

Mit größer werdendem Vorrat an ganzen Zufallszahlen $(1, 2, \ldots, n)$ wird die Wahrscheinlichkeitsmasse zum einen immer mehr aufgeteilt. Zum anderen wirkt aber ein gegenläufiger Prozess. Hält man k fest, so konvergieren die Wahrscheinlichkeiten $P(L_n = k)$ der Sequenzlängen im diskreten Fall gegen die Grenzwahrscheinlichkeiten des stetigen Modells

$$\lim_{n\to\infty} P(L_n = k) = k/(k + 1)! = P(L = k).$$

Oben wurde bereits gezeigt, dass diese Grenzwerteigenschaft für k = 1 gilt:

$$\lim_{n\to\infty} P(L_n = 1) = 1/2 = P(L = 1).$$

Der Nachweis, dass diese Grenzwerteigenschaft aber auch für alle anderen Sequenzlängen k gilt, ist schwierig und wird hier nicht erbracht.

Tabelle 7.12 illustriert die Konvergenz von $P(L_n = k)$ für $n = 3, \ldots, 15, 20, 30, 50$ und 100 für praktisch relevante streng monotone Sequenzlängen von 1 bis 8, die restlichen seltenen Längen sind zur Kategorie „9+" zusammengefasst worden (vorletzte Spalte). Selbstverständlich gelten die Grenzwerteigenschaften nicht nur für die Wahrscheinlichkeiten $P(L_n = k)$ gegen $P(L = k)$, sondern auch für den Erwartungswert (s. Tab. 7.12) und die Varianz,

$$\lim_{n \to \infty} E(L_n) = E(L) = e - 1$$

und

$$\lim_{n \to \infty} V(L_n) = V(L) = 3e - e^2.$$

Tab. 7.12: Konvergenz für wachsendes n von $P(L_n = k)$ gegen $P(L = k)$ innerhalb der Spalten.

n	$P(L_n = k)$									$E(L_n)$
	k = 1	k = 2	k = 3	k = 4	k = 5	k = 6	k = 7	k = 8	k = 9⁺	
3	.66667	.29630	.03704	–	–	–	–	–	–	1.37039
4	.62500	.31250	.05859	.00390	–	–	–	–	–	1.44137
5	.60000	.32000	.07200	.00768	.00032	–	–	–	–	1.48832
6	.58333	.32407	.08102	.01080	.00075	.00002	–	–	–	1.52160
7	.57143	.32653	.08746	.01333	.00119	.00005	.00000	–	–	1.54635
8	.56250	.32813	.09229	.01538	.00160	.00010	.00000	.00000	–	1.56575
9	.55556	.32922	.09602	.01707	.00198	.00015	.00001	.00000	.00000	1.58121
10	.55000	.33000	.09900	.01848	.00231	.00020	.00001	.00000	.00000	1.59374
11	.54545	.33058	.10143	.01967	.00260	.00024	.00002	.00000	.00000	1.60416
12	.54167	.33102	.10344	.02068	.00287	.00029	.00002	.00000	.00000	1.61298
13	.53846	.33136	.10514	.02156	.00311	.00033	.00003	.00000	.00000	1.62058
14	.53571	.33163	.10660	.02233	.00332	.00037	.00003	.00000	.00000	1.62712
15	.53333	.33185	.10785	.02301	.00352	.00040	.00004	.00000	.00000	1.63290
20	.52500	.33250	.11222	.02544	.00424	.00055	.00006	.00001	.00000	1.65342
30	.51667	.33296	.11654	.02797	.00505	.00072	.00008	.00001	.00000	1.67486
50	.51000	.33320	.11995	.03007	.00576	.00089	.00011	.00001	.00000	1.69152
100	.50500	.33330	.12249	.03168	.00634	.00103	.00013	.00002	.00001	1.70483
∞	.50000	.33333	.12500	.03333	.00694	.00119	.00017	.00002	.00002	1.71828

7.4.2 Zweiter Run-Test

Bei der Einleitung oben wurde bereits an einem Beispiel ausgeführt, dass eine Sequenz in eine Permutation der Länge n umgewandelt werden kann, wenn man die Zahlen durch ihren Rang ersetzt.

Die Herleitung der Verteilungsfunktion für die Anzahlen N_r der Runs bei Sequenzen der Länge n kann über die Anzahlen der Runs der zugehörigen Permutation erfolgen. Dabei kann man sich N_r als Summe der auf- bzw. absteigenden Runs vorstellen, $N_r = N_1 + N_2$. Damit ist dieser Test allerdings uninteressant geworden, weil er ähnliche Konstellationen im Output des Zufallszahlengenerators wie der Permutationstest abprüft. Treten nämlich die Permutationen unter der Annahme, dass der Zufallszahlengenerator gleichverteilte Zufallszahlen liefert, mit den erwarteten Häufigkeiten auf, dann natürlich auch die durch Transformationen daraus erhaltenen Anzahlen an Runs.

Die Berechnung der Wahrscheinlichkeitsfunktion, des Erwartungswertes und der Varianz von N_r wird in Tab. 7.13 für die Sequenzlänge n = 4 exemplarisch vorgeführt. Man beachte, dass n! mögliche Permutationen zu berücksichtigen sind und n! rasch anwächst.

Interessant ist allerdings, dass Erwartungswert und Varianz der Zufallsgröße nur von der Sequenzlänge n abhängen. Es gelten

$$E(N_r) = (2n - 1)/3 \quad \text{und} \quad V(N_r) = (16n - 29)/90.$$

Dann ist für große Sequenzlängen n die Prüfgröße

$$U_1 = (N_r - (2n - 1)/3)/\sqrt{(16n - 29)/90}$$

asymptotisch N(0, 1)-verteilt. Damit hat man einen praktikablen und schnell durchführbaren Test des Zufallszahlengenerators für große Sequenzlängen, bei denen ein Permutationstest unsinnig wäre.

Beispiel 7.6. Für die Sequenzlänge k = 4 wird über die zugehörigen 4! = 24 möglichen Permutationen die Herleitung der Wahrscheinlichkeiten $P(N_4 = i)$ gezeigt.

Man erhält für die Sequenzlänge k = 4 aus Tab. 7.13 die Wahrscheinlichkeiten

$$P(N_4 = 1) = 2/24 \approx 0.08333,$$
$$P(N_4 = 2) = 12/24 \approx 0.50000$$

und

$$P(N_4 = 3) = 10/24 \approx 0.41667,$$

damit den Erwartungswert $E(N_4) = 7/3$ und die Varianz $V(N_4) = 35/90$.

Aufgabe 7.2. Entwickeln Sie ein Simulationsprogramm zur näherungsweisen Bestimmung der Verteilung der Anzahl der Runs N_4 bei Sequenzlänge k = 4. Nutzen Sie dazu die SAS-Prozedur PLAN, die zufällige Permutationen ausgibt.

7.4.3 Bedingter Run-Test nach Wald und Wolfowitz

Es wird eine Sequenz von n Zufallszahlen generiert und deren arithmetisches Mittel m gebildet. Bezüglich des Wertes von m zerfällt die Sequenz in zwei Teilmengen des

Tab. 7.13: Herleitung der Verteilung der Anzahl der Runs N_4 bei Sequenzlänge $k = 4$.

Permutation	N_1	N_2	N_r	Permutation	N_1	N_2	N_r
$\begin{pmatrix} 1\,2\,3\,4 \\ 1\,2\,3\,4 \end{pmatrix}$	1	0	1	$\begin{pmatrix} 1\,2\,3\,4 \\ 3\,1\,2\,4 \end{pmatrix}$	1	1	2
$\begin{pmatrix} 1\,2\,3\,4 \\ 1\,2\,4\,3 \end{pmatrix}$	1	1	2	$\begin{pmatrix} 1\,2\,3\,4 \\ 3\,1\,4\,2 \end{pmatrix}$	1	2	3
$\begin{pmatrix} 1\,2\,3\,4 \\ 1\,3\,2\,4 \end{pmatrix}$	2	1	3	$\begin{pmatrix} 1\,2\,3\,4 \\ 3\,2\,1\,4 \end{pmatrix}$	1	1	2
$\begin{pmatrix} 1\,2\,3\,4 \\ 1\,3\,4\,2 \end{pmatrix}$	1	1	2	$\begin{pmatrix} 1\,2\,3\,4 \\ 3\,2\,4\,1 \end{pmatrix}$	1	2	3
$\begin{pmatrix} 1\,2\,3\,4 \\ 1\,4\,2\,3 \end{pmatrix}$	2	1	3	$\begin{pmatrix} 1\,2\,3\,4 \\ 3\,4\,1\,2 \end{pmatrix}$	2	1	3
$\begin{pmatrix} 1\,2\,3\,4 \\ 1\,4\,3\,2 \end{pmatrix}$	1	1	2	$\begin{pmatrix} 1\,2\,3\,4 \\ 3\,4\,2\,1 \end{pmatrix}$	1	1	2
$\begin{pmatrix} 1\,2\,3\,4 \\ 2\,1\,3\,4 \end{pmatrix}$	1	1	2	$\begin{pmatrix} 1\,2\,3\,4 \\ 4\,1\,2\,3 \end{pmatrix}$	1	1	2
$\begin{pmatrix} 1\,2\,3\,4 \\ 2\,1\,4\,3 \end{pmatrix}$	1	2	3	$\begin{pmatrix} 1\,2\,3\,4 \\ 4\,1\,3\,2 \end{pmatrix}$	1	2	3
$\begin{pmatrix} 1\,2\,3\,4 \\ 2\,3\,1\,4 \end{pmatrix}$	2	1	3	$\begin{pmatrix} 1\,2\,3\,4 \\ 4\,2\,1\,3 \end{pmatrix}$	1	1	2
$\begin{pmatrix} 1\,2\,3\,4 \\ 2\,3\,4\,1 \end{pmatrix}$	1	1	2	$\begin{pmatrix} 1\,2\,3\,4 \\ 4\,2\,3\,1 \end{pmatrix}$	1	2	3
$\begin{pmatrix} 1\,2\,3\,4 \\ 2\,4\,1\,3 \end{pmatrix}$	2	1	3	$\begin{pmatrix} 1\,2\,3\,4 \\ 4\,3\,1\,2 \end{pmatrix}$	1	1	2
$\begin{pmatrix} 1\,2\,3\,4 \\ 2\,4\,3\,1 \end{pmatrix}$	1	1	2	$\begin{pmatrix} 1\,2\,3\,4 \\ 4\,3\,2\,1 \end{pmatrix}$	0	1	1

zufälligen Umfangs N_1 und N_2, die Zufallszahlen die oberhalb und diejenigen die unterhalb des arithmetischen Mittels m liegen. N_1 und N_2 können die Werte von 1 bis n – 1 annehmen, denn es muss mindestens eine Zufallszahl oberhalb und auch mindestens eine Zufallszahl unterhalb von m liegen.

Die Verteilungen von N_1 und N_2 sind identisch bei einem Zufallszahlengenerator, der gleich verteilte Zufallszahlen aus dem Intervall von 0 bis 1 erzeugen soll. Davon kann man sich durch Abb. 7.5 überzeugen lassen. Ausführlich findet man die Herleitungen der Formeln dieses Abschnittes im Lehrbuch von Fisz (1989).

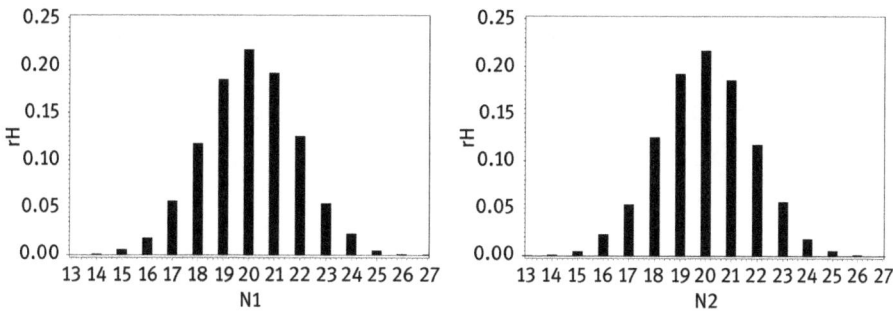

Abb. 7.5: Empirische Verteilungen von N_1 (links) und von N_2 (rechts) für Sequenzlänge n = 40, (erzeugt mit Run_Test_WaldWolfowitz.sas).

Die bedingte Verteilung der Anzahl der Runs unter eben diesen Bedingungen sind

$$P(K = k | N_1 = n_1, N_2 = n_2) = 2 \cdot \binom{n_1 - 1}{k/2 - 1} \cdot \binom{n_2 - 1}{k/2 - 1} / \binom{n}{n_1}$$

für k gerade und

$$P(K = k | N_1 = n_1, N_2 = n_2) =$$
$$\left(\binom{n_1 - 1}{(k - 1)/2} \binom{n_2 - 1}{(k - 3)/2} + \binom{n_1 - 1}{(k - 3)/2} \binom{n_1 - 1}{(k - 1)/2} \right) / \binom{n}{n_1}$$

für k ungerade. Der bedingte Erwartungswert

$$E(K | N_1 = n_1, N_2 = n_2) = (2n_1 n_2 + n)/n$$

und die bedingte Varianz sind

$$V(K | N_1 = n_1, N_2 = n_2) = 2n_1 n_2 (2n_1 n_2 - n)/((n - 1)n^2).$$

Für große Sequenzlängen n ist

$$Z = \frac{K - ((2n_1 n_2 + n)/n)}{\sqrt{2n_1 n_2 (2n_1 n_2 - n)/((n - 1)n^2)}}$$

asymptotisch standardnormalverteilt. Wald, Wolfowitz (1940) haben bewiesen, dass die obige bedingte Verteilung für $n_1 = \alpha n_2$ und $n_1 \rightarrow \infty$ asymptotisch verteilt ist:

$$N(2n_1/(1 + \alpha), 4\alpha n_1/(1 + \alpha)^3)$$

Diese Normalverteilungsapproximation kann bereits für $n_1 > 20$ und $n_2 > 20$ verwendet werden.

Beispiel 7.7. Es werden 100 000 zufällige Sequenzen $(x_1, \ldots, x_{40})$ der Länge $n = 40$ betrachtet. Die Zufallsgrößen N_1 und N_2 können prinzipiell die Werte von 1 bis 39 annehmen, allerdings sind extreme Konstellationen äußerst selten. In Tab. 7.14 erkennt man, dass bei 10 000 simulierten Sequenzen N_1 und N_2 nicht unter 12 fallen und nicht über 28 ansteigen.

Eine bedingte Häufigkeitsfunktion und eine bedingte -verteilung mit zugehöriger Normaldichte und -verteilung sind in Abb. 7.6 dargestellt.

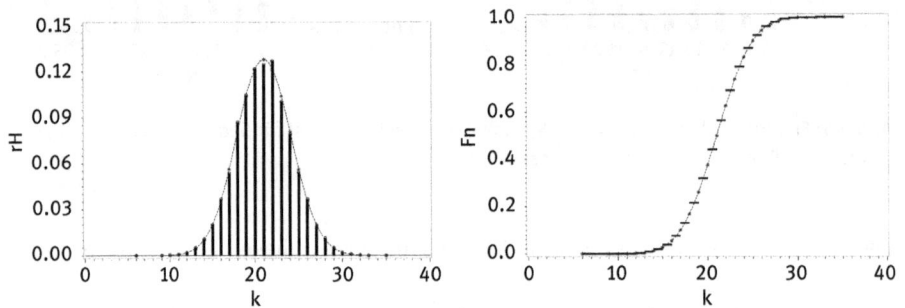

Abb. 7.6: Relative Häufigkeiten und approximative Normalverteilungsdichte (gepunktet), wobei $E(K|N_1 = 20, N_2 = 20) = 21$ und $V(K|N_1 = 20, N_2 = 20) = 9.74$, und bedingte Verteilung der Anzahl der Runs (Treppenfunktion).

Tabelle 7.14 demonstriert die Übereinstimmung von exakter bedingter Wahrscheinlichkeit $P(K = k|N_1 = n_1, N_2 = n_2)$ und Verteilung $F(k) = P(K \leq k|N_1 = n_1, N_2 = n_2)$ für $n_1 = 22$ und $n_2 = 18$ mit der von Wald und Wolfowitz gegebenen approximativen Normalverteilung $N(2n_1/(1 + \alpha), 4\alpha n_1/(1 + \alpha)^3)$ für $n_1 = \alpha n_2$ auf der einen Seite und den simulierten relativen Häufigkeiten auf der anderen.

Ist darüber hinaus vom Zufallszahlengenerator bekannt, dass er gleich verteilte Zufallszahlen X aus dem Intervall von 0 bis 1 liefert, der Erwartungswert mithin $E(X) = 0.5$ ist, so kann die unbedingte Verteilung $P(K = k)$ für die zufällige Anzahl K der Runs angegeben werden. Es sind

$$P(K = k) = \left(\binom{n_1 - 1}{k/2 - 1} \cdot \left(\binom{n_2 - 1}{k/2 - 1} \right) \right) / \left(\binom{n}{n_1} \cdot 2^{n-1} \right)$$

Tab. 7.14: Übereinstimmung bei 10 000 Simulationen von bedingten Erwartungswerten $E(K|N_1, N_2)$ und Mittelwerten m_k sowie von bedingten Varianzen $V(K|N_1, N_2)$ und empirischen Varianzen v_k, wenn der jeweilige Umfang für die Schätzung groß genug ist (Schattierung).

n_1	n_2	m_k	$E(K|N_1 = n_1, N_2 = n_2)$	v_k	$V(K|N_1 = n_1, N_2 = n_2)$	Umfang
12	28	18.00	17.80	.	6.80	1
13	27	17.66	18.55	8.60	7.44	12
14	26	19.54	19.20	7.24	8.02	102
15	25	19.68	19.75	8.23	8.53	505
16	24	20.28	20.20	9.04	8.96	1943
17	23	20.58	20.55	9.37	9.29	5695
18	22	20.85	20.80	9.56	9.54	12050
19	21	20.94	20.95	9.46	9.69	18740
20	20	20.97	21.00	9.81	9.74	21838
21	19	20.96	20.95	9.70	9.69	18961
22	18	20.79	20.80	9.55	9.54	12003
23	17	20.52	20.55	9.20	9.29	5618
24	16	20.18	20.20	9.01	8.96	1992
25	15	19.90	19.75	7.73	8.53	457
26	14	18.98	19.20	10.01	8.02	74
27	13	18.55	18.55	4.52	7.44	9

für gerades k,

$$P(K = k) = \left(\binom{n_1 - 1}{(k - 1)/2} \cdot \binom{n_2 - 1}{(k - 3)/2} + \binom{n_1 - 1}{(k - 3)/2} \cdot \binom{n_2 - 1}{(k - 1)/2} \right) \Big/ \left(\binom{n}{n_1} \cdot 2^{n-1} \right)$$

für ungerades k und der Erwartungswert und die Varianz

$$E(K) = (n + 1)/2 \quad \text{und} \quad V(K) = (n - 1)/4.$$

Für große Sequenzlängen n ist die standardisierte Zufallsgröße

$$Z = \frac{K - (n + 1)/2}{\sqrt{(n - 1)/4}}$$

asymptotisch $N(0, 1)$-verteilt.

Von Wishart, Hirschfeld (1936) ist unter allgemeineren Voraussetzungen bewiesen worden, dass für Iterationen der Länge n, wobei p die Wahrscheinlichkeit für die „0" und $q = 1 - p$ die Wahrscheinlichkeit für die „1", die Verteilung von K asymptotisch beschrieben wird durch

$$Z_1 = \frac{K - 2npq}{2 \cdot \sqrt{npq(1 - 3pq)}}.$$

Im Spezialfall $p = q = 1/2$, beim Zufallszahlengenerator, der gleichverteilte Zufallszahlen zwischen 0 und 1 liefert, geht Z_1 über in

$$Z_1 = \frac{K - n/2}{\sqrt{n/4}}.$$

Tab. 7.15: Überprüfung der Übereinstimmung von exakter bedingter Wahrscheinlichkeit $P(K = k | N_1 = n_1, N_2 = n_2)$ für $n_1 = 22$ und $n_2 = 18$ mit der von Wald und Wolfowitz gegebenen approximativen Normalverteilung $N(2n_1/(1 + \alpha), 4\alpha n_1/(1 + \alpha)^3)$ für $n_1 = \alpha n_2$ auf der einen Seite und den simulierten relativen Häufigkeiten andererseits.

k	P	$P_{asymp.}$	Rel. H.	F_{exakt}	$F_{asymp.}$	F_{empir}
7	0.00000	0.00001		0.00000	0.00001	
8	0.00002	0.00003	0.0002	0.00002	0.00004	0.0002
9	0.00006	0.00010		0.00008	0.00015	0.0002
10	0.00025	0.00033	0.0001	0.00033	0.00050	0.0002
11	0.00075	0.00095	0.0010	0.00109	0.00149	0.0012
12	0.00222	0.00245	0.0022	0.00331	0.00401	0.0035
13	0.00518	0.00572	0.0057	0.00849	0.00986	0.0092
14	0.01185	0.01204	0.0112	0.02034	0.02209	0.0204
15	0.02200	0.02291	0.0234	0.04234	0.04523	0.0438
16	0.03989	0.03934	0.0391	0.08223	0.08480	0.0829
17	0.05984	0.06100	0.0598	0.14207	0.14592	0.1427
18	0.08726	0.08542	0.0856	0.22933	0.23127	0.2284
19	0.10665	0.10802	0.1050	0.33598	0.33898	0.3333
20	0.12604	0.12334	0.1272	0.46202	0.46183	0.4606
21	0.12604	0.12717	0.1282	0.58807	0.58846	0.5888
22	0.12100	0.11841	0.1201	0.70907	0.70644	0.7088
23	0.09900	0.09955	0.0991	0.80807	0.80578	0.8080
24	0.07700	0.07558	0.0750	0.88507	0.88137	0.8829
25	0.05133	0.05181	0.0547	0.93641	0.93336	0.9377
26	0.03208	0.03208	0.0337	0.96849	0.96567	0.9713
27	0.01728	0.01793	0.0149	0.98577	0.98383	0.9863
28	0.00854	0.00905	0.0075	0.99431	0.99304	0.9938
29	0.00366	0.00413	0.0044	0.99797	0.99727	0.9982
30	0.00139	0.00170	0.0012	0.99937	0.99903	0.9994
31	0.00046	0.00063	0.0003	0.99983	0.99968	0.9998
32	0.00013	0.00021	0.0001	0.99996	0.99991	0.9998
33	0.00003	0.00006	0.0002	0.99999	0.99998	1.0000
34	0.00001	0.00002		1.00000	0.99999	

Man erkennt sofort, dass zwar Z und Z_1 asymptotisch gleich sind, welche Zufallsgröße aber die tatsächlichen Verhältnisse bei kleinem n besser widerspiegelt, bleibt unklar. Einsicht kann bei konkretem n nur ein Simulationsexperiment bringen.

Beispiel 7.8. Für n = 40 wurden in 10 000 Simulationen die relativen Häufigkeiten für die Run-Anzahlen K bestimmt. Abbildung 7.8 gibt die empirischen Verteilungen an. Die gestrichelte Linie gibt die asymptotische Näherung nach Wishart und Hirschfeld, die gepunktete Linie diejenige asymptotische Näherung wieder, die auf dem Erwartungswert und der Varianz von K beruht. Man erkennt, dass die letztgenannten asymptotischen Methoden im untersuchten Fall besser an die simulierten Werte passen.

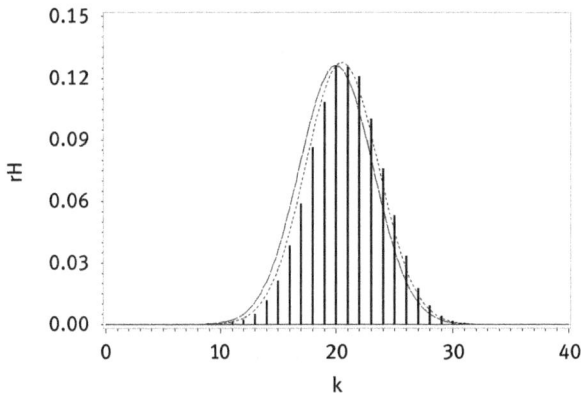

Abb. 7.7: Relative Häufigkeit der Run-Anzahlen K bei Sequenzlängen von n = 40 und Dichtefunktionen der beiden asymptotischen Normalverteilungen mit $\mu_1 = n/2$ und $\sigma_1 = \sqrt{n/4}$ nach Wishard und Hirschfeld (gestrichelt) sowie mit $\mu = (n + 1)/2$ und $\sigma = \sqrt{(n - 1)/4}$ (gepunktet).

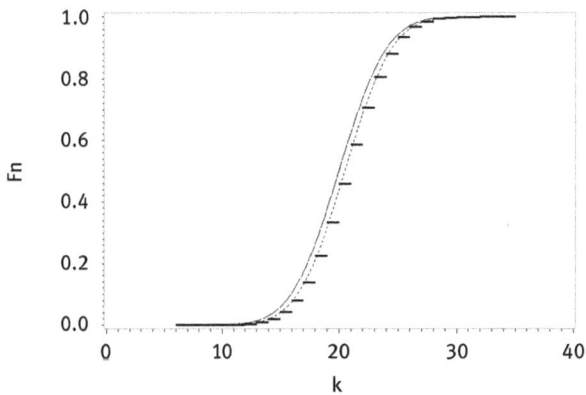

Abb. 7.8: Empirische Verteilungsfunktion (Treppenfunktion) der Run-Anzahlen K bei Sequenzlängen von n = 40 und Verteilungsfunktionen der beiden asymptotischen Normalverteilungen mit $\mu_1 = n/2$ und $\sigma_1 = \sqrt{n/4}$ (nach Wishard und Hirschfeld, gestrichelt) sowie mit $\mu = (n+1)/2$ und $\sigma = \sqrt{(n - 1)/4}$ (gepunktet).

7.5 Gap-Test

Untersucht werden gleichverteilte Zufallszahlen aus dem Intervall [0; 1). Zufallsgröße ist die Länge L der Zufallszahlensequenz, bis erstmals eine Zufallszahl in eine vorgegebene Lücke [a; b] des Einheitsintervalls fällt ($0 \leq a < b \leq 1$). Bezeichnet man die Länge des Teilintervalls mit p, wobei p = b – a ist, so wird die Wahrscheinlichkeitsfunktion von L durch

$$P(L = i) = p(1 - p)^{i-1}$$

beschrieben. Eine solche Verteilung heißt **geometrische Verteilung**, weil sich die Wahrscheinlichkeit für jede Sequenzlänge i, i ≥ 2, als geometrisches Mittel der Wahrscheinlichkeiten der Sequenzlängen i − 1 und i + 1 ergibt,

$$P(L = i) = \sqrt{P(L = i + 1) \cdot P(L = i - 1)} = \sqrt{p(1 - p)^i \cdot p(1 - p)^{i-2}} = p(1 - p)^{i-1}.$$

Für Erwartungswert und Varianz einer solchen Zufallsgröße gelten

$$E(L) = 1/p \quad \text{und} \quad V(L) = (1 - p)/p^2.$$

Eine Folge von zu testenden Zufallszahlen wird bezüglich der eben beschriebenen Lücke ausgezählt. Die ermittelten Häufigkeiten B_i werden mit den unter der Gleichverteilungshypothese erwarteten Häufigkeiten $E_i = nP(L = i)$ verglichen. Man beachte, dass n die Anzahl beobachteter Sequenzen und nicht die Anzahl benötigter Zufallszahlen ist. Der zugehörige χ^2-Anpassungstest ist ein asymptotischer Test. Um seine Voraussetzungen einzuhalten, werden die seltenen Werte der Zufallsgröße L zusammengefasst (im Beispiel L ≥ 13). Dazu ist die folgende Gleichung von Vorteil

$$P(L \geq k) = \sum_{i=k}^{\infty} P(L = i) = (1 - p)^{k-1}.$$

Die Gleichung lässt sich leicht mit vollständiger Induktion über k nachweisen.

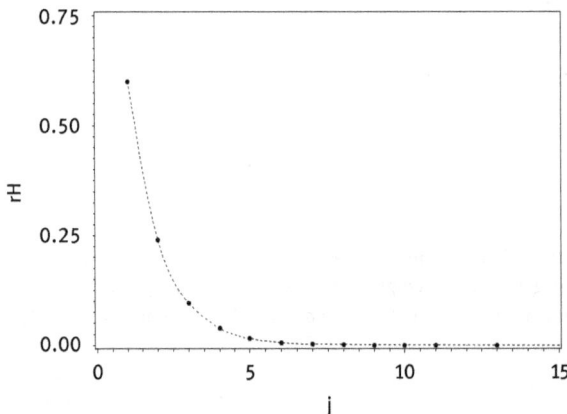

Abb. 7.9: Relative Häufigkeit und Wahrscheinlichkeiten (gepunktet) der Längen im Gap-Test für a = 0.2 und b = 0.8.

Beispiel 7.9. Es werden a = 0.2 und b = 0.8 gewählt. Damit erhält man p = 0.6. Das SAS-Programm GAP_Test.sas wählt so lange Zufallszahlen aus, bis 1 000 000 Längen L bestimmt wurden. Für Erwartungswert und Varianz gelten E(L) = 1.6667 und V(L) = 1.1111.

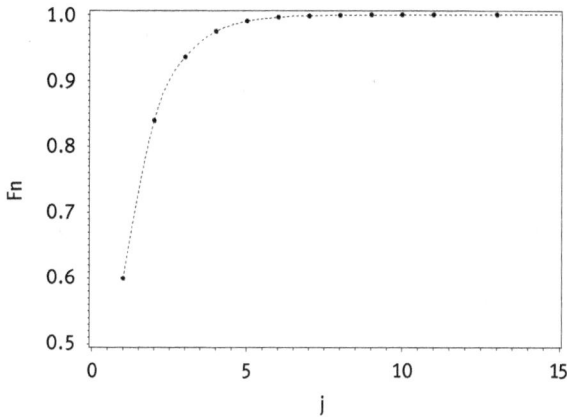

Abb. 7.10: Empirische und wahre Verteilungsfunktion (gepunktet) der Längen im Gap-Test für a = 0.2 und b = 0.8.

Die Häufigkeiten der beobachteten Längen sind in Tab. 7.16 zusammengestellt. Die Prüfgröße des χ^2-Anpassungstests ergibt 12.8646, der Freiheitsgrad ist f = 12. Der kritische Wert für die Irrtumswahrscheinlichkeit α = 0.05 ist 21.0261, er wird nicht erreicht. Die Gleichverteilungshypothese wird nicht abgelehnt.

Tab. 7.16: Beobachtete und erwartete Häufigkeiten des Gap-Tests, s. Bsp. 7.9.

Länge i	beobachtet B_i	$E_i = n \cdot P(L = i)$	$(B_i - E_i)^2 / E_i$
1	599 479	600 000.0	0.45240
2	240 496	240 000.0	1.02507
3	95 836	96 000.0	0.28017
4	38 444	38 400.0	0.05042
5	15 471	15 360.0	0.80215
6	6 161	6 144.0	0.04704
7	2 495	2 457.6	0.56916
8	941	983.0	1.79785
9	390	393.2	0.02630
10	164	157.3	0.28656
11	64	62.9	0.01873
12	33	25.2	2.43880
13+	26	16.8	5.06996

7.6 Poker-Test

Untersucht wird eine Folge von gleichverteilten Zufallszahlen von 1 bis n. Sind das beispielsweise die Zahlen von 1 bis 8, so könnten ihnen auch die Bilder eines Skatspiels zugeordnet werden (Ass, König, Dame, Bube, 10, 9, 8 und 7). Diese Folge wird in Blöcke der Länge 5 zerlegt. Das würde beim Pokerspiel den ausgeteilten fünf Karten entsprechen. Gefragt wird danach, ob bestimmte Kartenkombinationen, z. B. Vielfache von Bildern unter den ausgeteilten zu finden sind. Den Pokerregeln entsprechen die in der Tab. 7.17 angegebenen Blätter.

Tab. 7.17: Beispiele für Gewinnblätter beim Pokerspiel.

Name	Bedeutung	Beispiel
ein Paar (One Pair)	zwei Karten gleichen Wertes	10♣ 10♥ J♦ 8♣ 7♥
zwei Paare (Two Pair)	zwei Paare	J♦ J♠ 8♣ 8♠ A♠
Drilling (Three Of A Kind)	drei Karten gleichen Wertes	Q♣ Q♥ Q♠ A♥ 9♣
Straße (Straight)	fünf Karten in einer beliebigen Reihe	J♠ 10♦ 9♥ 8♣ 7♥
Flush	fünf Karten in einer Farbe	Q♠ 10♠ 7♠ 9♠ 8♠
Full House	ein Drilling und ein Paar	K♠ K♠ K♦ 9♥ 9♠
Vierling (Four Of A Kind)	vier Karten gleichen Wertes	A♥ A♦ A♠ A♣ 8♠
Straight Flush	Straße in einer Farbe	Q♣ J♣ 10♣ 9♣ 8♣
Royal Flush	Straße in einer Farbe mit Ass beginnend	A♠ K♠ Q♠ J♠ 10♠

Diese Regeln werden beim Poker-Test für Zufallszahlengeneratoren zur bequemeren Berechenbarkeit allerdings aus rechentechnischen Gründen stark vereinfacht. Es wird eine fünfte Farbe hinzugenommen. Die Zufallsgröße ist die Anzahl Z der verschiedenen Zufallszahlen, die sich im ausgeteilten Blatt $(x_1, x_2, x_3, x_4, x_5)$ befinden. Mit anderen Worten, die Zufallsgröße gibt die Anzahl der verschiedenen Karten an, die sich im ausgeteilten Blatt befinden. Tabelle 7.18 erläutert das an jeweils einem Beispiel. Beim Beispiel der Skatkarten sind $r = 5$ und $d = 8$ (Ass, König, Dame, Bube, 10, 9, 8 und 7).

Tab. 7.18: Werte der Zufallsgröße Z des Pokertests und ihre Beziehungen zum Pokerspiel mit Beispielen.

Z	Bedeutung	Beispiel
1	5 gleiche Zufallszahlen	$(7, 7, 7, 7, 7)$
2	Full House oder Four Of A Kind	$(3, 3, 3, 5, 5)$ oder $(1, 1, 1, 1, 2)$
3	Two Pair oder Three Of A Kind	$(2, 2, 4, 4, 3)$ oder $(4, 4, 4, 6, 8)$
4	One Pair	$(5, 5, 2, 4, 7)$
5	Kein Gewinnblatt oder Flush	$(1, 3, 5, 7, 8)$ oder $(2, 3, 4, 5, 6)$

Die Wahrscheinlichkeit, dass die Zufallsgröße Z den Wert r annimmt,

$$P(Z = r) = \begin{Bmatrix} k \\ r \end{Bmatrix} (d(d-1)\ldots(d-r+1))/d^k,$$

wird unter Rückgriff auf die Stirlingzahl 2. Art $\begin{Bmatrix} k \\ r \end{Bmatrix}$, der Anzahl aller Partitionen einer k-elementigen Menge in r nichtleere Teilmengen, ermittelt.

Man kann die Stirlingzahlen 2. Art durch die Iterationsformel

$$\begin{Bmatrix} n \\ k \end{Bmatrix} = \begin{Bmatrix} n-1 \\ k-1 \end{Bmatrix} + k \begin{Bmatrix} n-1 \\ k \end{Bmatrix}$$

sowie den Anfangswerten $\{ \begin{smallmatrix} n \\ 0 \end{smallmatrix} = 0 \}$, $\{ \begin{smallmatrix} n \\ 1 \end{smallmatrix} = 0 \} = 1$ und $\{ \begin{smallmatrix} n \\ n \end{smallmatrix} = 0 \} = 1$ ermitteln. Es gibt auch eine Formel zur direkten Berechnung der Stirlingzahlen 2. Art:

$$\begin{Bmatrix} n \\ k \end{Bmatrix} = \left(\sum_{i=0}^{k-1} (-1)^i \binom{k}{i} (k-i)^n \right)/k!.$$

Bemerkungen. Mehr über kombinatorische Sätze über Zerlegungen, einige schöne Eigenschaften der Stirlingzahlen 1. und 2. Art sowie die Bellzahlen, die in einem Zusammenhang mit den Stirlingzahlen stehen, findet man bei Cieslik (2006). Für das folgende Beispiel wurde Tab. 7.19 über Stirlingzahlen 2. Art $\{ \begin{smallmatrix} n \\ k \end{smallmatrix} = 0 \}$ mit dem SAS-Programm `stirling_bell.sas` berechnet. Die für das Beispiel benötigte Zeile ist grau unterlegt.

Der vorgestellte Pokertest ist nicht auf Folgen von fünf Zufallszahlen beschränkt. Prinzipiell ließe er sich für jede Anzahl einrichten. Die Stirlingzahlen 2. Art werden aber schnell sehr groß, so dass man sich beschränken sollte. Der Übergang zur asymptotischen Normalverteilung ist nicht angezeigt, da man in Tab. 7.20 erkennt, dass die Verteilungen sehr schief sind.

Die Bell-Zahl B(n) gibt die Anzahl aller Zerlegungen einer n-elementigen Menge an. Sie ist durch folgenden Zusammenhang mit den Stirlingzahlen 2. Art verknüpft:

$$B(n) = \sum_{k=1}^{n} \begin{Bmatrix} n \\ k \end{Bmatrix},$$

wobei man definiert $B(0) = 1 = \{ \begin{smallmatrix} 0 \\ 0 \end{smallmatrix} = 0 \}$.

Aufgabe 7.3. Zeigen Sie, dass für die Stirlingzahlen bei $n \geq 2$ folgende Regeln gelten:

$$\begin{Bmatrix} n \\ 2 \end{Bmatrix} = 2^{n-1} - 1 \quad \text{und} \quad \begin{Bmatrix} n \\ n-1 \end{Bmatrix} = \binom{n}{2}.$$

Für $n \geq 1$ kann man die Bellzahl B(n) aus allen kleineren Bellzahlen bestimmen:

$$B(n) = \sum_{k=0}^{n-1} \binom{n-1}{k} B(k).$$

Tab. 7.19: Stirlingzahlen 2. Art $\left\{\begin{matrix} n \\ k \end{matrix}\right\}$ für $1 \leq n \leq 12$ und $1 \leq k \leq n$ (Berechnung mittels SAS-Programm `Bell_Stirling_Zahlen.sas`).

n \ K	1	2	3	4	5	6	7	8	9	10	11	12	Bell
1	1	.	.	.	.	.	.	.	.	.	.	.	1
2	1	1	.	.	.	.	.	.	.	.	.	.	2
3	1	3	1	.	.	.	.	.	.	.	.	.	5
4	1	7	6	1	.	.	.	.	.	.	.	.	15
5	1	15	25	10	1	.	.	.	.	.	.	.	52
6	1	31	90	65	15	1	.	.	.	.	.	.	203
7	1	63	301	350	140	21	1	.	.	.	.	.	877
8	1	127	966	1701	1050	266	28	1	.	.	.	.	4140
9	1	255	3025	7770	6951	2646	462	36	1	.	.	.	21147
10	1	511	9330	34105	42525	22827	5880	750	45	1	.	.	115975
11	1	1023	28501	145750	246730	179487	63987	11880	1155	55	1	.	678570
12	1	2047	86526	611501	1379400	1323652	627396	159027	22275	1705	66	1	4213597

Beispiel 7.10. Für d = 8 und k = 5(Pokerspiel mit einem Skatblatt) ermittelt man

$$P(Z = 1) = (8/8^5) \cdot \begin{Bmatrix} 5 \\ 1 \end{Bmatrix} = 8/8^5,$$

$$P(Z = 2) = ((8 \cdot 7)/8^5) \cdot \begin{Bmatrix} 5 \\ 2 \end{Bmatrix} = 840/8^5,$$

$$P(Z = 3) = ((8 \cdot 7 \cdot 6)/8^5) \cdot \begin{Bmatrix} 5 \\ 3 \end{Bmatrix} = 8400/8^5,$$

$$P(Z = 4) = ((8 \cdot 7 \cdot 6 \cdot 5)/8^5) \cdot \begin{Bmatrix} 5 \\ 4 \end{Bmatrix} = 16800/8^5$$

und

$$P(Z = 5) = ((8 \cdot 7 \cdot 6 \cdot 5 \cdot 4)/8^5) \cdot \begin{Bmatrix} 5 \\ 5 \end{Bmatrix} = 6720/8^5.$$

Die Ergebnisse eines Simulationsexperimentes, bei dem 100 000 Zufallszahlen ausgegeben wurden, mit einem anschließenden χ^2-Anpassungstest mit dem Freiheitsgrad 5, beruhend auf einem Pokertest, für ein Pokerspiel nach Kapitel 2.7, sind in Tab. 7.20 zusammengefasst. Der kritische Wert des Anpassungstestes 11.070 führt nicht zur Ablehnung der Hypothese H_0, dass der Zufallszahlengenerator gleichverteilte Zufallszahlen liefert.

Tab. 7.20: Ergebnisse eines Simulationsexperiments vom Umfang 100 000 zur Überprüfung eines Zufallszahlengenerators mit Hilfe des Pokertests (Pokertest.sas).

i	Bedeutung im Pokerspiel	B_i	E_i	$(B_i - E_i)^2/E_i$
1	Four of a Kind	22	24	0.1667
2	Full House	162	144	2.2500
3	Three Of A Kind	2 178	2 113	1.9995
4	Two Pair	4 828	4 754	1.1519
5	One Pair	42 121	42 257	0.4377
6	nichts mehrfach	50 684	50 708	0.0114
Σ		100 000	100 000	6.0172

7.7 Coupon Collectors Test

Der Sammler von Werbebildchen, von denen es genau d verschiedene gibt, fragt sich, wie viele Male er das Produkt mit dem Werbebild anschaffen muss, bis er die Serie des Umfangs d komplett besitzt.

Der Zufallszahlengenerator erzeugt in Analogie dazu ganze Zufallszahlen von 1 bis d. Gesucht ist die Verteilung der Sequenzlängen L, bis erstmals sämtliche Zufallszahlen von 1 bis d in der Sequenz enthalten sind. Die Wahrscheinlichkeit, dass diese

Sequenzlänge gleich r ist, wird durch

$$P(L = r) = d!/d^r \cdot \left\{ \begin{matrix} r - 1 \\ d - 1 \end{matrix} \right\},$$

beschrieben, wobei $\left\{ \begin{smallmatrix} r \\ d \end{smallmatrix} \right\}$ die Stirlingzahl 2. Art ist. Sie gibt inhaltlich die Anzahl aller Zerlegungen in d Teilmengen einer r-elementigen Menge an (siehe Abschnitt Poker-test).

Zählt ein Simulationsprogramm eine große Anzahl n_{sim} solcher Sequenzlängen aus, kann die beobachtete Häufigkeit mit der erwarteten Anzahl mittels eines χ^2-Anpassungstests oder die Verteilung mit der empirischen Verteilung mittels eines Kolmogorov-Smirnov-Tests verglichen und statistisch geprüft werden. Man beachte, dass sehr große Sequenzlängen selten vorkommen und beim Anpassungstest zur Kategorie $L \geq t$ zusammengefasst werden müssen, um Erwartungswerte größer als 5 zu erreichen. Dabei ist die folgende Formel, die mittels vollständiger Induktion über t bewiesen werden kann, günstig zu verwenden:

$$P(L \geq t) = 1 - d!/d^{t-1} \cdot \left\{ \begin{matrix} t - 1 \\ d \end{matrix} \right\}.$$

Beispiel 7.11. Mit dem SAS-Programm `Coupon_Collectors_Test.sas` wird diese Prozedur für $d = 5$ und $n_{sim} = 10\,000$ durchgeführt. Tabelle 7.21 gibt eine Übersicht über die beobachteten und erwarteten Häufigkeiten bestimmter Sequenzlängen, über ihre relativen Häufigkeiten sowie die Wahrscheinlichkeiten $P(L = r)$. Die Übereinstimmung von empirischer F_n und unterliegender Verteilung $F(t) = P(L \leq t)$ findet man in den letzten beiden Spalten von Tab. 7.21, die Übereinstimmung von relativen Häufigkeiten und zugehörigen Wahrscheinlichkeiten zeigt Abb. 7.11. Als Erwartungswert und Varianz ergaben sich $E(L) = 11.4167$ und $V(L) = 25.1736$.

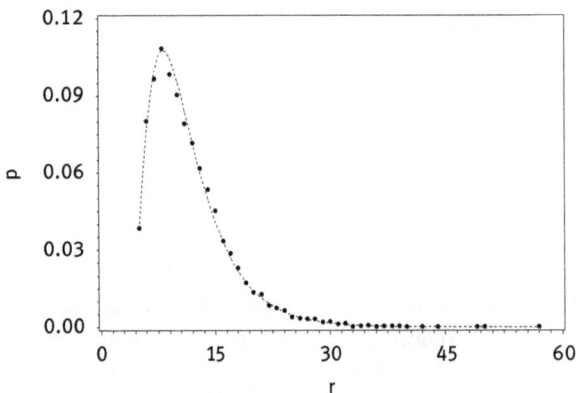

Abb. 7.11: Beobachtete relative Häufigkeiten (*) und Wahrscheinlichkeiten $P(L = r)$, die wegen der besseren Übersichtlichkeit mit einer Linie verbunden sind ($d = 5$, $n_{sim} = 10\,000$).

Tab. 7.21: Beobachtete und erwartete Häufigkeiten, relative Häufigkeiten und Wahrscheinlichkeiten $P(L = r)$, sowie empirische und unterliegende Verteilung für Sequenzlängen r von 5 bis 63 bei 10 000 Simulationen.

r	Beob. B_i	Erwartete E_i	Rel. Häufigkeit	$P(L = r)$	F_n	$F(t) = P(L \leq t)$
5	346	384.00	0.0346	0.03840	0.0346	0.03840
6	783	768.00	0.0783	0.07680	0.1129	0.11520
7	1040	998.40	0.1040	0.09984	0.2169	0.21504
8	1116	1075.20	0.1116	0.10752	0.3285	0.32256
9	993	1045.09	0.0993	0.10451	0.4278	0.42707
10	955	954.78	0.0955	0.09548	0.5233	0.52255
11	829	838.16	0.0829	0.08382	0.6062	0.60636
12	722	716.39	0.0722	0.07164	0.6784	0.67800
13	615	601.13	0.0615	0.06011	0.7399	0.73812
14	546	497.92	0.0546	0.04979	0.7945	0.78791
15	455	408.62	0.0455	0.04086	0.8400	0.82877
16	302	333.10	0.0302	0.03331	0.8702	0.86208
17	252	270.22	0.0252	0.02702	0.8954	0.88910
18	214	218.42	0.0214	0.02184	0.9168	0.91094
19	173	176.09	0.0173	0.01761	0.9341	0.92855
20	133	141.68	0.0133	0.01417	0.9474	0.94272
21	99	113.83	0.0099	0.01138	0.9573	0.95410
22	96	91.36	0.0096	0.00914	0.9669	0.96324
23	67	73.26	0.0067	0.00733	0.9736	0.97056
24	52	58.71	0.0052	0.00587	0.9788	0.97644
25	41	47.03	0.0041	0.00470	0.9829	0.98114
26	35	37.67	0.0035	0.00377	0.9864	0.98491
27	32	30.15	0.0032	0.00302	0.9896	0.98792
28	26	24.14	0.0026	0.00241	0.9922	0.99033
29	18	19.32	0.0018	0.00193	0.9940	0.99227
30	7	15.46	0.0007	0.00155	0.9947	0.99381
31	11	12.37	0.0011	0.00124	0.9958	0.99505
32	2	9.90	0.0002	0.00099	0.9960	0.99604
33	8	7.92	0.0008	0.00079	0.9968	0.99683
34	7	6.34	0.0007	0.00063	0.9975	0.99746
35	6	5.07	0.0006	0.00051	0.9981	0.99797
36	1	4.06	0.0001	0.00041	0.9982	0.99838
37	2	3.24	0.0002	0.00032	0.9984	0.99870
38	5	2.60	0.0005	0.00026	0.9989	0.99896
39	3	2.08	0.0003	0.00021	0.9992	0.99917
40	2	1.66	0.0002	0.00017	0.9994	0.99934
41	3	1.33	0.0003	0.00013	0.9997	0.99947
42	1	1.06	0.0001	0.00011	0.9998	0.99957
55	1	0.06	0.0001	0.00001	0.9999	0.99998
63	1	0.01	0.0001	0.00000	1.0000	1.00000

7.8 Geburtstagstest

Eine bekannte Frage der Unterhaltungsmathematik ist, wie viele Personen mindestens in einem Raum sein müssen, bis die Wahrscheinlichkeit p_n, dass mindestens zwei Personen am gleichen Tag Geburtstag haben, höher ist als die Wahrscheinlichkeit, dass alle an verschiedenen Tagen Geburtstag feiern können.

Bei großem Glück kann das bereits bei zwei Personen der Fall sein, bei großem Pech dagegen erst bei 366, wenn man das Jahr mit 365 Tagen ansetzt. Diese extremen Standpunkte helfen hier nicht weiter, man muss die Wahrscheinlichkeit $1 - p_n$ ausrechnen, dass n Personen nicht am gleichen Tag Geburtstag haben. Für n = 2 ist das die Wahrscheinlichkeit

$$1 - p_2 = 1 - 1/365,$$

für n = 3 die Wahrscheinlichkeit

$$1 - p_3 = (1 - 1/365) \cdot (1 - 2/365)$$

und allgemein

$$1 - p_n = (1 - 1/365) \cdot (1 - 2/365) \cdot \cdots \cdot (1 - (n-1)/365) = \prod_{i=1}^{n-1} (1 - i/365).$$

Damit lässt sich für jedes n ≥ 2 die oben gesuchte Wahrscheinlichkeit

$$p_n = 1 - \prod_{i=1}^{n-1} (1 - i/365)$$

berechnen. In Abb. 7.12 ist die Wahrscheinlichkeit für n = 2 bis 80 dargestellt.

Man erkennt, dass die Wahrscheinlichkeit p_n rasch ansteigt. Bereits wenn n = 23 Personen zusammentreffen, überschreitet die Wahrscheinlichkeit p_n = 0.5073 den Wert 0.5 und man könnte mit schmalem Gewinn wetten, dass mindestens zwei am gleichen Tag Geburtstag haben.

Diese Überlegungen lassen sich nutzen, um Zufallszahlengeneratoren, die gleichverteilte ganze Zahlen von 1 bis m erzeugen sollen, auf zuverlässiges Generieren zu überprüfen. Die Wahrscheinlichkeit, dass unter n gezogenen Zahlen mindestens zwei gleich sind, kann berechnet werden mittels

$$p_n = 1 - \prod_{i=1}^{n-1} (1 - i/m).$$

Wenn n klein gegenüber m ist, so ist nach der Taylor-Reihenentwicklung der Exponentialfunktion

$$e^{-i/m} \approx 1 - i/m$$

und damit

$$p_n = 1 - \prod_{i=1}^{n-1}(1 - i/m) \approx 1 - \prod_{i=1}^{n-1} e^{-i/m} = 1 - e^{-n^2/(2m)} \cdot e^{-n/(2m)}$$

$$\approx 1 - e^{-n^2/(2m)}.$$

Nimmt man diese Näherungsformel, um das n des Geburtstagsproblems zu kalkulieren, bei dem $p_n > 0.5$, so erhält man aus der Bestimmungsgleichung $0.5 > 1 - e^{-n^2/(2 \cdot 365)}$ durch leichtes Umformen $n > 22.5$ und damit die gleiche Lösung, nämlich $n \geq 23$.

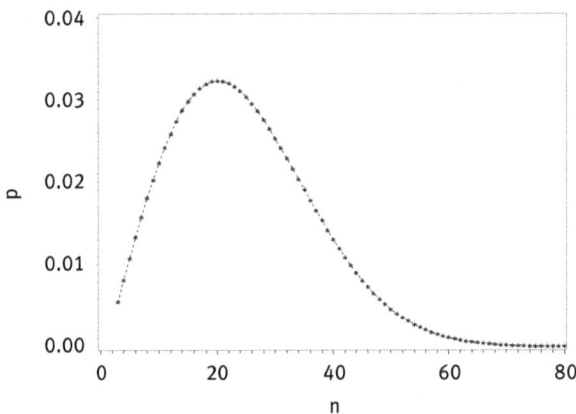

Abb. 7.12: Häufigkeitsverteilung beim Geburtstagstest, dass bei der Personenzahl n mindestens zwei an einem Tag Geburtstag haben. (Die Grafik ist erzeugt mit `geburtstagstest_exakt.sas`).

Beispiel 7.12. Mit einem Simulationsprogramm (`geburtstagstest_simul.sas`) werden n = 23 Zahlen mit einem Zufallszahlengenerator erzeugt, der m = 365 Zufallszahlen von 1 bis 365 erzeugt. Bei einer großen Anzahl an Wiederholungen dieses Experimentes (Simulationsumfang 100 000) sollten wegen $p_n = 0.5073$ bei mehr als der Hälfte der Experimente mindestens zwei der gezogenen Zufallszahlen (entspricht Geburtstagen) gleich sein.

Das Experiment liefert in 49 214 Fällen keine übereinstimmenden Geburtstage, in 49 540 Fällen stimmen zwei Geburtstage überein, aber in 1227 Fällen sind sogar drei Geburtstage und in 19 Fällen sogar 4 am gleichen Tag. In 50 786 Fällen, und damit in über der Hälfte der Fälle, fallen mindestens zwei Geburtstage auf den gleichen Tag.

Ein χ^2-Anpassungstest verwirft die Hypothese nicht, dass der Zufallszahlengenerator gleichverteilte Zufallszahlen liefert. Das Simulationsprogramm in SAS ist für beliebige n, m und Simulationsumfänge ausgelegt.

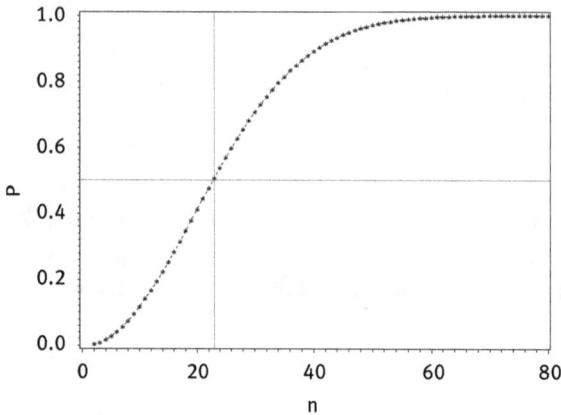

Abb. 7.13: Verteilungsfunktion beim Geburtstagstest in Abhängigkeit von der Personenzahl n, eingezeichnet sind die Referenzlinien für $n = 23$ mit $p_n = 0.5073$. (Grafik erzeugt mit `geburtstagstest_exakt.sas`).

7.9 Maximumtest

Für einen Zufallszahlengenerator soll überprüft werden, ob er gleichverteilte ganze Zufallszahlen von 1 bis n generiert. Dazu werden Sequenzen der Länge t von Zufallszahlen gebildet und deren Maximum bestimmt. Der Test beruht darauf, dass die Verteilung des Maximums einer Stichprobe leicht bestimmt werden kann, wenn die Verteilung der unterliegenden Zufallsgröße bekannt ist. Damit kann das folgende Zufallsexperiment durchgeführt werden.

Mit dem Simulationsumfang n_{sim} werden jeweils t gleichverteilte Zufallszahlen zwischen 0 und 1 generiert und ihr Maximum bestimmt. Die empirische Verteilung dieser n_{sim} Maxima wird bestimmt und mit der Verteilung

$$F_{MAX}(i) = (i/n)^t \quad \text{für } i = 1, \ldots, n$$

verglichen. Der entsprechende statistische Test ist der Kolmogorov-Smirnov-Test. Eine alternative Möglichkeit besteht darin, die beobachteten Häufigkeiten für die Werte von 1 bis n des Maximums mit den theoretisch erwarteten Häufigkeiten zu vergleichen. Die Wahrscheinlichkeiten P(i) erhält man aus der Verteilungsfunktion:

$$P(i) = F_{MAX}(i) - F_{MAX}(i-1) \quad \text{für } i = 2, \ldots, n$$

und

$$P(1) = F_{MAX}(1),$$

die entsprechenden Erwartungswerte

$$E_i = n_{sim} P(i).$$

Man sollte beachten, dass unter Umständen kleine Werte des Maximums mit kleinen Wahrscheinlichkeiten zusammengefasst werden müssen, um die für den asymptotisch arbeitenden χ^2-Anpassungstest empfohlenen Erwartungswerte größer 5 zu sichern. Der Freiheitsgrad ist die Anzahl der verbleibenden Kategorien um 1 vermindert.

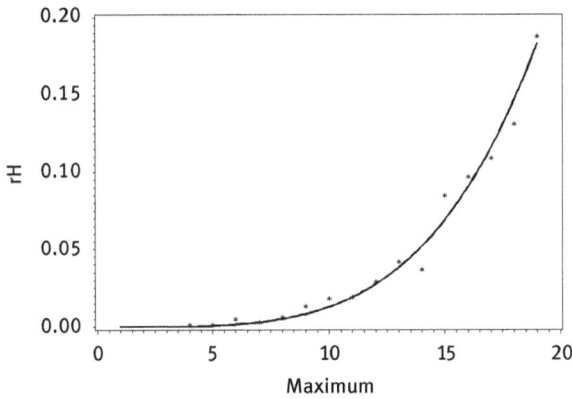

Abb. 7.14: Relative Häufigkeiten (Stern) und Wahrscheinlichkeitsfunktion (Linie) für das Maximum von fünf gleichverteilten ganzen Zufallszahlen zwischen 1 und 20.

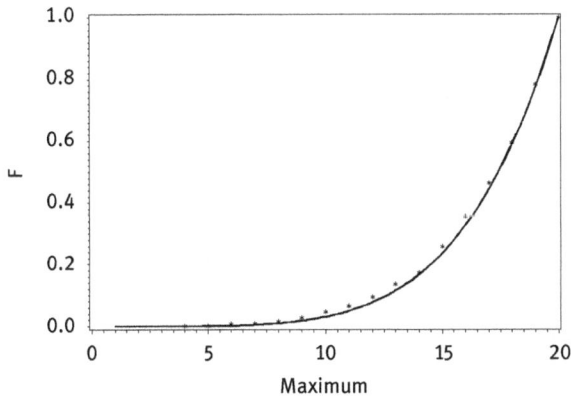

Abb. 7.15: Empirische Verteilung (Stern) und zugehörige Verteilungsfunktion (Linie) für das Maximum von fünf gleichverteilten ganzen Zufallszahlen zwischen 1 und 20.

Beispiel 7.13. Für einen Simulationsumfang von n_{sim} = 10 000 werden für jeweils $t = 5$ generierte ganze Zufallszahlen von 1 bis 20 das Maximum bestimmt.

In der Abb. 7.14 sind die relativen Häufigkeiten mit einem Stern gekennzeichnet und die Wahrscheinlichkeitsfunktion zur Unterscheidung von den relativen Häufigkeiten als Linie dargestellt. Man erkennt die gute Übereinstimmung. Der Simulationsumfang war noch nicht groß genug, um alle denkbaren Werte des Maximums zu realisieren, das Maximum nahm nicht die Werte 1 und 2 an.

Die Differenz zwischen der empirischen und der Verteilungsfunktion können grafisch nicht mehr dargestellt werden. Die Prüfgröße des Kolmogorov-Smirnov-Tests ist 0.005894687 und liegt damit unter dem kritischen Wert der Verteilung von 0.0136 ($\alpha = 0.05$). Die Tab. 7.22 stellt die Simulationsergebnisse komplett dar.

Bemerkungen. Ein vollkommen analoger Test für Zufallszahlengeneratoren lässt sich über die Verteilung des Minimums von t Zufallszahlen konstruieren, weil die Verteilung wie beim Maximum aus der unterliegenden Verteilung hergeleitet werden kann. Für die Verteilung des Minimums von t ganzzahligen Zufallszahlen zwischen 1 und n gilt

$$F_{min}(i) = 1 - (1 - (i/n))^t \quad \text{für } i = 1, \dots, n.$$

Selbstverständlich könnte man auch die Verteilung des zweit-, dritt-, ..., n-größten Wertes angeben, die ebenfalls aus der unterliegenden Verteilung gewonnen werden kann. Das ist aber programmiertechnisch aufwändiger.

Tab. 7.22: Beobachtete Anzahlen, relative Häufigkeiten und Wahrscheinlichkeiten, empirische Verteilung und Verteilung für das Maximum von fünf gleichverteilten ganzen Zufallszahlen zwischen 1 und 20, $n_{sim} = 10\,000$.

Maximum	beob. Anzahl	relative Häufigkeit	Wahrschein- lichkeit	empirische Verteilung	Verteilung
1	0	0	0.00000	0.0000	0.00000
2	0	0	0.00001	0.0000	0.00001
3	1	0.0001	0.00007	0.0001	0.00008
4	3	0.0003	0.00024	0.0004	0.00032
5	11	0.0011	0.00066	0.0015	0.00098
6	18	0.0018	0.00145	0.0033	0.00243
7	21	0.0021	0.00282	0.0054	0.00525
8	52	0.0052	0.00499	0.0106	0.01024
9	74	0.0074	0.00821	0.0180	0.01845
10	128	0.0128	0.01280	0.0308	0.03125
11	169	0.0169	0.01908	0.0477	0.05033
12	269	0.0269	0.02743	0.0746	0.07776
13	407	0.0407	0.03827	0.1153	0.11603
14	521	0.0521	0.05204	0.1674	0.16807
15	714	0.0714	0.06923	0.2388	0.23730
16	959	0.0959	0.09038	0.3347	0.32768
17	1165	0.1165	0.11603	0.4512	0.44371
18	1444	0.1444	0.14678	0.5956	0.59049
19	1802	0.1802	0.18329	0.7758	0.77378
20	2242	0.2242	0.22622	1.0000	1.00000

7.10 Count-The-1's-Test und Monkey-Test

Beim Count-The-1's-Test werden vom zu überprüfenden Zufallszahlengenerator ganze Zufallszahlen zwischen 0 und $255 = 2^8 - 1$ generiert. Jede dieser Zufallszahl wird in eine 8-Bit Dualzahl umgewandelt. Die entstehenden Worte der Länge 8 bestehen aus den Buchstaben 0 und 1 liegen dem entsprechend zwischen $0000\ 0000_2 = 0_{10}$ und $1111\ 1111_2 = 255_{10}$. Bei einem Zufallszahlengenerator, der gleichverteilte Zufallszahlen erzeugt, sollte die Wahrscheinlichkeit für eine gezogene „1" gleich der Wahrscheinlichkeit für eine gezogene „0" und damit $p = 0.5$ sein. Die Anzahl X der Einsen dieser Dualzahl kann die Werte von 0 bis 8 annehmen. In einer zufälligen Dualzahl ist die Anzahl an Einsen binomialverteilt $B(8, 0.5)$. Die Wahrscheinlichkeit für $X = i$ ist

$$P(X = i) = \binom{8}{i} 0.5^i \cdot (1 - 0.5)^{8-i} = \binom{8}{i} 0.5^8 = \binom{8}{i} \cdot \frac{1}{256}.$$

Mit Hilfe dieser Wahrscheinlichkeiten $P(X = i)$ und dem Simulationsumfang j berechnet man die Erwartungswerte $E_j = j \cdot P(X = i)$ für die Zufallsereignisse und vergleicht die Beobachtungswerte mit den Erwartungswerten über einen χ^2-Anpassungstest mit $f = 8$ Freiheitsgraden.

Beispiel 7.14. Es werden insgesamt $j = 256\,000$ Zufallszahlen mit dem zu testenden Zufallszahlengenerator erzeugt und die Einsen in den Dualdarstellungen der Zufallszahlen gezählt. Die Ergebnisse des Simulationsexperimentes sind in Tab. 7.23 zusammengestellt. Da der kritische Wert des χ^2-Tests von 15.5073 für $\alpha = 0.05$ nicht überschritten wird, gibt es keine Gründe, am einwandfreien Arbeiten des Zufallszahlengenerators zu zweifeln.

Tab. 7.23: Ergebnisse des Count-The-1's Tests bei einem Simulationsumfang von 256 000.

i	Wahrscheinlichkeit $p_i = P(X = i)$	Erwartungs- wert E_i	Beobachtungs- wert B_i	$\frac{(B_i - E_i)^2}{E_i}$
0	1/256 = 0.0039	1 000	986	0.19600
1	8/256 = 0.0313	8 000	8 035	0.15313
2	28/256 = 0.1094	28 000	27 687	3.49889
3	56/256 = 0.2188	56 000	55 868	0.31114
4	70/256 = 0.2734	70 000	70 247	0.87156
5	56/256 = 0.2188	56 000	56 033	0.01945
6	28/256 = 0.1094	28 000	28 120	0.51429
7	8/256 = 0.0313	80 00	8 009	0.01013
8	1/256 = 0.0039	1000	1 015	0.22500
Summe	1.0000	256 000	256 000	5.79958

Der **Monkey-Test** ist eine Variation des Count-The-1's-Tests. Bei ihm werden seltene Ereignisse zu den beiden Ereignissen $X \leq 2$ und $X \geq 6$ zusammengefasst. Die fünf möglichen Resultate haben danach die Wahrscheinlichkeiten

$(1 + 8 + 28)/256 = 37/256 = 0.1445$ und kodiert einen Buchstaben „A",

$56/256 = 0.2188$ und kodiert einen Buchstaben „B",

$70/256 = 0.2734$ und kodiert einen Buchstaben „C",

$56/256 = 0.2188$ und kodiert einen Buchstaben „D",

$37/256 = 0.1445$ und kodiert einen Buchstaben „E".

Fünfmaliges Ziehen einer Zufallszahl kodiert ein Wort der Länge 5, bestehend aus einem Alphabet der fünf Buchstaben A bis E. Es können insgesamt $5^5 = 3125$ mögliche Worte erzeugt werden. Die Wahrscheinlichkeit des Auftretens eines solchen Wortes wird durch das Produkt der Wahrscheinlichkeiten seiner Buchstaben bestimmt, die als unabhängig voneinander betrachtet werden. Für das Wort W = "ACEED" beispielsweise gilt

$$P(W = \text{"ACEED"}) = P(A) \cdot P(C) \cdot P(E)^2 \cdot P(D)$$
$$= 37/256 \cdot 70/256 \cdot (37/256)^2 \cdot 56/256 = 0.00018059.$$

Die Wahrscheinlichkeitsmasse wird auf 3125 mögliche Worte verteilt. Worte mit den kleinsten Wahrscheinlichkeiten, die beispielsweise nur aus den Buchstaben A oder E bestehen, treten entsprechend selten auf, etwa AAAAA mit der Wahrscheinlichkeit von $(37/256)^5 = 0.00006307$. Mit einem Simulationsumfang von 100 000 erreicht man aber für alle Worte einen Erwartungswert über 5. Ein χ^2-Anpassungstest ist durchführbar, der überprüft, ob die im Simulationsexperiment beobachteten Häufigkeiten der einzelnen Wörter und die erwarteten Anzahlen übereinstimmen.

Bemerkungen. Simulationsumfang 100 000 heißt, dass 100 000 mal fünf Zufallszahlen zwischen 0 und 255 zu ziehen sind, mithin also 500 000 Zahlen.

Der Begriff Monkey-Test leitet sich von der Vorstellung ab, dass ein Affe auf einer Schreibmaschine, deren Tastatur nur das Schreiben der Buchstaben A bis E erlaubt, zufällig Worte der Länge 5 schreibt. Allerdings sind auf Grund der Vorlieben des Affen für die einzelnen Tasten unterschiedliche Wahrscheinlichkeiten für die Anschläge der einzelnen Buchstaben zu berücksichtigen.

Einen verallgemeinerten Test erhält man für beliebige „Schreibmaschinen" mit n „Tasten" und beliebige Zerlegungen der Wahrscheinlichkeitsmasse 1 auf die „Tasten". Jeder Laplace-Wahrscheinlichkeitsraum (d. h., endliche Menge von Elementarereignissen mit deren Potenzmenge als Ereignisalgebra) definiert einen Monkey-Test.

Beispiel 7.15. Mit dem SAS-Programm Monkeytest.sas werden 100 000 Wörter nach obiger Prozedur erzeugt. Die ersten und letzten Wörter in lexikografischer Ordnung sind in Tab. 7.24 mit ihren beobachteten Häufigkeiten und erwarteten Anzahlen angegeben unter der Hypothese, dass der Zufallszahlengenerator gleich verteilte Zufallszahlen zwischen 0 und 255 ausgibt. Ein anschließender χ^2-Anpassungstest mit einem Freiheitsgrad $f = 5^5 - 1 = 3124$ erlaubt es, H_0 nicht abzulehnen (kritischer Wert für $\alpha = 0.05$ ist 3255.14).

Tab. 7.24: Auswahl der ersten und letzten Wörter bezüglich der lexikografischen Ordnung, ihre Erwartungs- und Beobachtungswerte sowie ihr Beitrag zum χ^2 (eine vollständige Übersicht erhält man mit `Monkey_Test.sas`).

Wort	Erwartungswert	Beobachtungswert	χ^2-Wert
AAAAA	6.307	8	0.4546
AAAAB	9.545	8	0.2502
AAAAC	11.932	13	0.0956
AAAAD	9.545	6	1.3169
AAAAE	6.307	9	1.1501
AAABA	9.545	8	0.2502
AAABB	14.447	18	0.8737
AAABC	18.059	13	1.4172
AAABD	14.447	12	0.4145
AAABE	9.545	10	0.0216
...	...	...	...
EEEDA	9.545	9	0.0312
EEEDB	14.447	19	1.4348
EEEDC	18.059	16	0.2347
EEEDD	14.447	11	0.8225
EEEDE	9.545	9	0.0312
EEEEA	6.307	7	0.0762
EEEEB	9.545	12	0.6312
EEEEC	11.932	12	0.0004
EEEED	9.545	9	0.0312
EEEEE	6.307	5	0.2708
Summe	10 000.000	10 000	3114.49

7.11 Binärer Matrix-Rang-Test

Man testet einen Zufallszahlengenerator für ganze Zahlen, der z. B. die Zahlen von 1 bis $65536 = 2^{16}$ in zufälliger Reihenfolge ausgibt. Sie werden in eine Dualzahldarstellung überführt. Diese stellt im Beispielfalle ein Wort der Länge 16 dar, bestehend aus den Ziffern 0 und 1. Jedes Dualwort wird in vier Teilworte der Länge 4 zerlegt, die als Zeilen oder Spalten einer Matrix vom Typ 4×4 aufgefasst werden, deren Matrixelemente nur aus den Zahlen 0 und 1 bestehen. Die Zufallsgröße X ist der Rang dieser Matrix. Er kann die Werte von 0 bis maximal 4 annehmen.

Die Wahrscheinlichkeitsfunktion $P(X = k)$ für $k = 0, \ldots, 4$ erhält man, indem man mit einem Rechnerprogramm alle Matrizen des Typs 4×4, das sind $2^{16} = 65\,536$ Stück, hernimmt und den jeweiligen Rang bestimmt.

In Tab. 7.25 sind für einige Matrix-Typen die Häufigkeiten der Ränge angegeben. Für obiges Beispiel gelten:

$$P(X = 0) = \quad 1/2^{16} = 1.526 \cdot 10^{-5}$$
$$P(X = 1) = \quad 225/2^{16} = 0.00343$$
$$P(X = 2) = 6750/2^{16} = 0.10284$$
$$P(X = 3) = 36000/2^{16} = 0.54932$$

und

$$P(X = 4) = 22560/2^{16} = 0.34424.$$

Beim binären Matrix-Rang-Test wird getestet, ob die relativen Häufigkeiten der Ränge diesen Wahrscheinlichkeiten nahekommen. Mit Hilfe eines χ^2-Anpassungstests wird die Nullhypothese überprüft, ob die beobachteten und die erwarteten Häufigkeiten übereinstimmen. Dabei muss auf Grund des asymptotischen χ^2-Tests beachtet werden, dass die Erwartungswerte für die seltenen Kategorien über dem Wert 5 liegen. Ist das nicht der Fall, müssen Kategorien zusammengefasst werden.

Da die Rangbestimmung von Matrizen nicht auf quadratische beschränkt ist, kann mit dem binären Matrix-Rang-Test auf Matrizen beliebigen Typs $n \times m$ zurückgegriffen werden.

Beispiel 7.16. Es werden mit dem zu überprüfenden Generator 10 000 ganze Zufallszahlen zwischen 0 und $65536 = 2^{16}$ erzeugt. Diese werden nach obigem Algorithmus in 0-1-Matrizen des Typs 4×4 umgewandelt. Man erhält unter der Gleichverteilungshypothese die folgenden Erwartungswerte:

$$E(X \le 1) = 10\,000 \cdot P(X \le 1) = 34.5$$
$$E(X = 2) = 10\,000 \cdot P(X = 2) = 1030.0$$
$$E(X = 3) = 10\,000 \cdot P(X = 3) = 5493.2$$

und

$$E(X = 4) = 10\,000 \cdot P(X = 4) = 3442.4,$$

die mit den beobachteten Anzahlen beim Simulationsumfang 10 000

$$B_1 = B(X \le 1) = 36$$
$$B_2 = B(X = 2) = 1041$$
$$B_3 = B(X = 3) = 5486$$

und

$$B_4 = B(X = 4) = 3437$$

verglichen werden. Das resultierende $\chi^2 = \sum_{i=1}^{4}(B_i - E_i)^2/E_i = 0.2006$ liegt unter dem kritischen Wert 7.815 des χ^2-Tests mit Freiheitsgrad $f = 3$ und $\alpha = 0.05$.

Tab. 7.25: Wahrscheinlichkeitsverteilungen von Rängen von 0-1-Matrizen in Abhängigkeit vom Matrixtyp m × n (bei kleinen Werten der Wahrscheinlichkeit wurden Ränge zusammengefasst).

Matrixtyp m × n	Anzahl von Matrizen mit Rang X					
	0 oder 1	2	3	4	5	Summe
3 × 3	1 49	288	174	–	–	2^9
P(X = k)	0.09766	0.56250	0.33984	–	–	
3 × 4	1 105	1 410	2 580	–	–	2^{12}
P(X = k)	0.02588	0.34424	0.62988	–	–	
3 × 5	1 217	6 120	26 430	–	–	2^{15}
P(X = k)	0.00665	0.18677	0.80658	–	–	
3 × 6	1 441	25 242	236 465	–	–	2^{18}
P(X = k)	0.00169	0.09629	0.90204	–	–	
3 × 7	1 889	101 808	1 994 454	–	–	2^{21}
P(X = k)	0.00042	0.04855	0.95103	–	–	
4 × 4	1 225	6 750	36 000	22 560	–	2^{16}
P(X = k)	0.00345	0.10300	0.54932	0.34424	–	
4 × 5	1 465	28 50	347 700	671 760	–	2^{20}
P(X = k)	0.00044	0.02732	0.33159	0.64064	–	
4 × 6	1 945	115 710	2 948 400	13 712 160	–	2^{24}
P(X = k)	0.00695		0.17574	0.81731	–	
4 × 7	1 1905	458 010	23 742 180	244 233 360	–	2^{28}
P(X = k)	0.00171		0.08845	0.90984	–	1
5 × 5	1 961	118 800	3 159 750	17 760 600	12 514 320	2^{25}
P(X = k)	0.00357		0.09417	0.52931	0.37296	

Bemerkungen. Der in der Literatur beschriebene binäre Matrix-Rang-Test wird wesentlich komplizierter dargestellt. Dort werden die ganzen Zufallszahlen in eine 32-bit-Dualdarstellung gebracht. Daraus wählt man 8 bit aus, die bezüglich der ersten Zufallszahl kontrolliert werden sollen. Bei weiteren 5 Zufallszahlen werden ebenfalls 8 bit ausgewählt. Das können aber durchaus andere als im ersten Falle sein. Diese 6 Zeilen ergeben eine Matrix vom Typ 6 × 8, deren Rang zu bestimmen ist. Insgesamt kommt wieder ein χ^2-Anpassungstest zur Anwendung.

Je größer der Matrixtyp, umso länger benötigt das Auszählprogramm für die Ränge aller 0-1-Matrizen. Beim beschriebenen 6×8 Typ muss man $2^{48} \approx 2.8 \cdot 10^{14}$ Ränge berücksichtigen. Die Rechenzeit wird dementsprechend sehr hoch.

Bei sehr ungleichen Zeilen- und Spaltenanzahlen z und s ist die Wahrscheinlichkeitsmasse extrem schief verteilt. Es werden im Wesentlichen die Rangzahlen $min(z, s)$ bevorzugt, kleine Rangzahlen treten selten auf. Für einen χ^2-Anpassungstest ist das ungünstig.

In der Prozedur IML in SAS gibt es keine Funktion zur Berechnung des Rangs einer Matrix. Allerdings gibt es eine Möglichkeit, die Basis des Nullraumes einer Matrix anzugeben:

```
ROUND(TRACE(GINV(a)*a)); /* Rang der Matrix */
```

Diese wurde bei der Berechnung des Rangs der Matrix verwandt.

Die Ergebnisse der exakten und simulierten Methode bei Binärmatrizen vom Typ 4×4 stimmen sehr gut überein (s. Tab. 7.26). Als Simulationsumfang wurde $2^{16} = 65\,536$ festgelegt, damit die Häufigkeiten von exakter Methode und Experiment direkt vergleichbar sind.

Tab. 7.26: Vergleich der exakten mit der experimentellen Methode, $n_{sim} = 65\,536 = 2^{16}$.

Rang	beobachtete Häufigkeit	relative Häufigkeit	kumulierte relative Häufigkeit	erwartete Häufigkeit	Wahrscheinlichkeit	kumulierte Wahrscheinlichkeit
0	1	0.0000	0.0000	1	0.00002	0.00002
1	250	0.0038	0.0038	225	0.00343	0.00345
2	6 783	0.1035	0.1073	6 750	0.10300	0.10645
3	35 876	0.5474	0.6548	36 000	0.54932	0.65577
4	22 626	0.3452	1.0000	22 560	0.34424	1.00001

7.12 Kubustest

Ein einfaches Beispiel für einen Test von Zufallsgeneratoren, die gleichverteilte Zufallszahlen aus dem Einheitsintervall erzeugen, sind die Besetzungszahlen der Teilkuben eines Würfels. Man erzeugt dazu ganzzahlige Zufallszahlen von 1 bis n und interpretiert drei auf einander folgende Zahlen (i, j, k) als Koordinaten der Ecke eines achsenparallelen Teilwürfels, und zwar derjenigen Ecke, die vom Koordinatenursprung am weitesten entfernt ist. Der Teilwürfel hat die Kantenlänge 1, der Würfel die Kantenlänge N.

Wenn die Koordinaten (i, j, k) aufgetreten sind, gilt dieser Teilwürfel als besucht. Berechnet man den Anteil der nicht besuchten Teilwürfel, dann sollte dieser mit steigender Zahl generierter Zufallszahlen gegen Null gehen.

Es wird n = 3 gewählt. Bei einem Durchlauf, bei dem nacheinander durch den Zufallszahlengenerator Würfel (i, j, k) zufällig besucht werden, erreicht man nach 109 Schritten, dass jeder der 27 Teilwürfel mindestens einmal besucht wurde. Das zugehörige SAS-Programm ist kubustest.sas.

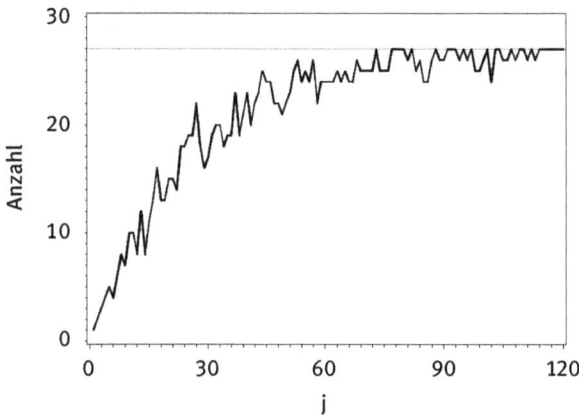

Abb. 7.16: Zufällige Anzahl der bei j Durchläufen besuchten Teilkuben (Referernzlinie ist die maximal mögliche Teilkubusanzahl 27).

Bemerkungen. Der vorgestellte Test ist mit dem Geburtstagstest verwandt. Verwendet man wechselseitig die jeweiligen Formulierungen des anderen Tests, so fragt man beim Geburtstagstest, wann erstmals zwei Zufallszahlen in den gleichen Kubus fallen, hier fragt man nach der notwendigen Anzahl an Personen, damit jeder Tag ein Geburtstag wird. Offensichtlich benötigt dieser Test einen größeren Simulationsumfang.

Legt man um die do-Schleife des data-steps eine weitere do-Schleife, so kann man in der erzeugten Grafik (Abb. 7.16) erkennen, dass mit wachsendem Simulationsumfang die besuchte Anzahl an Teilwürfeln gegen die maximal mögliche von 27 konvergiert, was man auch erwartet.

Der Würfeltest ist geeignet, Hyperebenenstrukturen im dreidimensionalen Raum zu erkennen, wie sie durch RANDU erzeugt werden, wenn nämlich bestimmte Teilwürfel nicht besucht werden. Die Würfelkanten müssen dann allerdings so klein gehalten werden, dass Würfel zwischen die Hyperebenen passen.

7.13 Autokorrelation

Durch den Zufallszahlengenerator wird eine Folge von Zufallszahlen erzeugt. Zur Messung der Abhängigkeiten der Folgenglieder einer Zahlenfolge dient die so genannte Autokorrelation. Man erhält die Autokorrelation k-ter Ordnung (k > 0), indem man die beiden Folgen

$$z_1, z_2, z_3, \ldots, z_i, \ldots, z_n$$

und

$$z_{1+k}, z_{2+k}, z_{3+k}, \ldots, z_{i+k}, \ldots, z_{n+k}$$

gegenübergestellt. Der Autokorrelationkoeffizient k-ter Ordnung r_k ergibt sich als

$$r_k = \sum_{i=1}^{n-k} ((z_i - E(Z)) \cdot (z_{i+k} - E(Z))) / \left(\sum_{i=1}^{n-k} (z_i - E(Z)) \cdot \sum_{i=1}^{n-k} (z_{i+k} - E(Z)) \right),$$

wobei $E(Z)$ der Erwartungswert ist. Sollte der Zufallszahlengenerator gleichverteilte Zufallszahlen Z aus dem Intervall von 0 bis 1 liefern, so ist $E(Z) = 0.5$. Bei ordnungsgemäß arbeitendem Zufallszahlengenerator wünscht man Unkorreliertheit, also $\varrho = 0$.

Im Abschnitt über die Verteilung des Korrelationskoeffizienten wurde ausgeführt, dass unter der Annahme $H_0 : \varrho = 0$ die Prüfgröße

$$t = \left(r_k / \sqrt{1 - r_k^2} \right) \sqrt{n - k - 2}$$

eine t-Verteilung mit $n - k - 2$ Freiheitsgraden besitzt.

Ein SAS-Programm, das den Autokorrelationstest mit dem Zufallszahlengenerator im SAS durchführt, kann leicht erstellt werden (Autokorrelation.sas). Man erzeugt beispielsweise eine Folge $x_i, i = 1, \ldots, n$ von normalverteilten Zufallszahlen mit der SAS-Funktion NORMAL(.). Die um k Folgenglieder verschobene Zufallszahlenfolge erhält man durch die in SAS vorhandene Transformation LAGk(x), die den Datensatzzeiger um k Datensätze zurück verschiebt. Den Korrelationskoeffizienten r nach Pearson liefert die PROC CORR. Für jede der 100 000 Simulationen wird aus dem zufälligen r das zufällige t kalkuliert. Damit erhält man die Dichte der t-Verteilung (siehe Abb. 7.17) und kann sich leicht davon überzeugen, dass der oben vorgeschlagene Test das α-Risiko einhält.

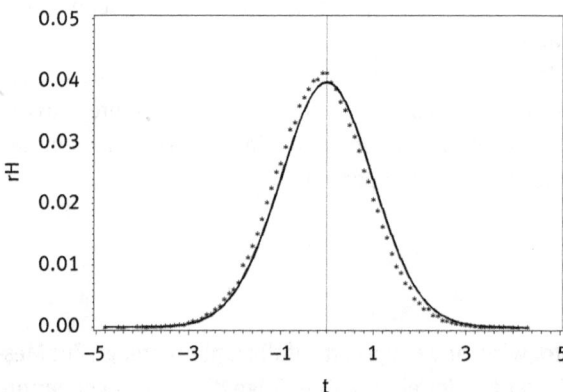

Abb. 7.17: Häufigkeitsfunktion (*) der Prüfgröße $t = (r_k / \sqrt{1 - r_k^2}) \sqrt{n - k - 2}$ mit $n = 68$, $k = 6$, Simulationsumfang 100 000 und Dichte der zu approximierenden t-Verteilung mit $f = 60$.

Bemerkungen. Der Term $n - k$ in der Prüfgröße entspricht der Anzahl der Paare (z_i, z_{i+k}), die sich in den beiden Folgen von Zufallszahlen gegenüber stehen.

Dieser Test ist dafür geeignet, den Zufallszahlengenerator RANDU auszusondern.

Außerhalb der zu $\alpha = 0.05$ gehörenden unteren und oberen Quantile von -2 und 2 der t-Verteilung mit $n - k - 2 = 60$ Freiheitsgraden liegen im durchgeführten Simulationsexperiment 4.89 % der t-Werte.

Die Behandlung der Tests für Zufallszahlengeneratoren in diesem Kapitel erhebt keinen Anspruch auf Vollständigkeit. Mit Sicherheit werden auch in Zukunft weitere Tests entwickelt werden, die die Glaubwürdigkeit von Simulationsuntersuchungen erhöhen.

Literatur

Agresti, A. und Min, Y. 2001. On Small-Sample Confidence Intervals for Parameters in Discrete Distributions. *Biometrics* 57(3), 963–971.

Andersen, E. S. 1949. On the number of positive sums of random variables. *Skand. Aktuarie Tidskrift* 32, 27–36.

Andersen, E. S. 1953. On sums of symmetrically dependent random variables, *Skand. Aktuarie Tidskrift* 36, 123–138.

Andersen, E. S. 1954. Fluctuations of sums of random variables. *Mathematica Scandinavica* 1, 1953, 263–285, *Mathematica Scandinavica* 2, 1954, 195–223.

Anderson, T. W. 1962. On the Distribution of the Two-Sample Cramer-von-Mises Criterion. *The Annals of Mathematical Statistics* 33(3), 1148–1159.

Anderson, T. W. und Darling, D. A. 1952. Asymptotic Theory of Certain "Goodness of Fit" Criteria Based on Stochastic Processes. Annals of Mathematical Statistics, 23, 2, 193–212.

Anscombe, F. J. 1948. The transformation of Poisson, binomial and negative-binomial data. Biometrika, 35, 246–254.

Anscombe, F. J. und Glynn, W. J. 1983. Distribution of the kurtosis statistic b2 for normal statistics. *Biometrika* 70(1) 227–234.

Baker, A. G. 1950. Properties of some tests in sequential analysis. *Biometrika* 37, 334–346.

Balakrishnan, N. und Cohen, A. C. 1991. Order Statistics and Inference, Academic Press, Inc., San Diego.

Bar-Lev, S. K. und Enis, P. 1988. On the classical choice of variance stabilising transformations and an application for a Poisson variate. *Biometrika* 75(4), 803–804.

Barnard, G. A 1945. A New Test for 2 × 2 Tables. *Nature* 156, 177.

Bartlett, M. 1937. Properties of sufficiency and statistical tests. *Proceedings of the Royal Statistical Society Series A* 160, 268–282.

Bartsch, H.-J. 2001. Taschenbuch mathematischer Formeln, Fachbuchverlag Leipzig im Carl Hanser Verlag, 19. Auflage, 92 ff.

Bauer, P.; Scheiber, V. und Wohlzogen, F. X. 1986. Sequentielle statistische Verfahren. Gustav Fischer Verlag Stuttgart, New York.

Bera, A. K. und Jarque, C. M. 1980. Efficient tests for normality, homoscedasticity and serial independence of regression residuals. *Economics Letters* 6(3), 255–259.

Bera, A. K. und Jarque, C. M. 1981. Efficient tests for normality, homoscedasticity and serial independence of regression residuals: Monte Carlo evidence. *Economics Letters* 7(4), 313–318.

Bernstein, F. 1924. Ergebnisse einer biostatistischen zusammenfassenden Betrachtung über die erblichen Blutstrukturen der Menschen. *Klin. Wschr.* 3, 1495–1497.

Bernstein, F. 1930. Über die Erblichkeit der Blutgruppen. *Z. indukt. Abstamm. U. Vererb. Lehre* 54, 400.

Best, D. J. 1974. The variance of the inverse binomial estimator. *Biometrika* 61, 385–386.

Biebler, K.-E. und Jäger, B. 2009. Estimations of the odds ratio. In: Kitsos, C. P., Rigas, A. G., Biebler, K.-E. (Ed.): Cancer risk assessment, selected papers from ICCRA3, Shaker Verlag, Aachen.

Biebler, K.-E. und Jäger, B. P. 1996. Punkt- und Konfidenzschätzungen von Allelwahrscheinlichkeiten. In: Biometrische Aspekte der Genomanalyse. Ginkgo Park Mediengesellschaft Gützkow.

Biebler, K.-E. und Jäger, B. P. 2015. Transformations of confidence intervals for risk measures. In: Kitsos, C. P. et al (Eds.): Theory and practice of risk assessment. *Springer Proceedings in Mathematics and Statistics* 136, 79–84.

Blum, L.; Blum, M. und Shub, M. 1986. A Simple Unpredictable Pseudo-Random Number Generator. *SIAM Journal on Computing* 15, 364–383.

Blum, L.; Blum, M. und Shub, M. 2004. Comparison of Two Pseudo-Random Number Generators. Advances in Cryptology: Proceedings of Crypto '82.

Blyth, C. und Staudte, R. G. 1997. Hypothesis estimates and acceptability profiles for 2×2 contingency tables. *Journal of the American Statistical Association* 92(438), 694–699.

Bock J. 1998. Bestimmung des Stichprobenumfangs für biologische Experimente und kontrollierte klinische Studien. Oldenbourg Verlag, München.

Bortkiewitcz, L. 1898. Das Gesetz der kleinen Zahlen. Leipzig, 23–25.

Bowker, A. H. 1948. A test for symmetry in contingency tables. *J. Amer. Statist. Assoc.* 43, 572–574.

Breslow, N. E. und Day, N. E. 1980. Statistical Methods in Cancer Research. Volume I – The analysis of case-control studies , IARC Scientific Publications No. 32.

Breslow, N. E. und Day, N. E. 1987. Statistical Methods in Cancer Research. Volume II – The Design and Analysis of Cohort Studies. IARC Scientific Publications No. 82.

Brown, M. B. und Forsythe, A. B. 1974. Robust Tests for Equality of Variances. *Journal of the American Statistical Association* 69, 364–367.

Brown, M. B. und Forsythe, A. B. 1974. Robust tests for equality of variances. *Journal of the American Statistical Association.* 69, 364–367.

Brys, G.; Hubert, M. und Rousseeuw, P. J. 2005. A robustifikation of independent component analysis. *Journal of Chemometrics* 19, 364–375.

Chauvenet, W. 1863. A manual of spherical and practical astronomy. V.II.,Lippincott, Philadelphia.

Cheng, R. C. H. 1977. The Generation of Gamma Variables with non-integral shape parameter. *Applied Statistics* 26, 71–75.

Cieslik, D. 2006. Discrete Structures in Biomathematics. Biometrie und Medizinische Informatik-Greifswalder Seminarberichte, Heft 12. Shaker Verlag Aachen.

Coad, D. S. und Govindarajulu, Z. 2000. Corrected confidence intervals following a sequential adaptive clinical trial with binary responses. *Journal of Statistical Planning and Inference* 91, 53–56.

Cochran, W. G. 1941. The distribution of the largest of a set of estimated variances as a fraction of their total. *Annals of Eugenics* 11, 47–52.

Cochran, W. G. 1954. Some Methods for Strengthening the Common χ^2 Tests. *Biometrics* 10(4), 417–451.

Cornfield, J. 1956. A statistical problem arising from retrospective studies. In: Neyman, J. (Ed.): Proceedings of the Third Berkeley Symposium. University of California Press, Berkeley, 133–148.

Corput van der, J. G. 1935. Verteilungsfunktionen. *Proc. Ned. Akad. v. Wet.* 38, 813–821.

Coveyou, R. R. und MacPherson, R. D. 1967. Fourier analysis of uniform random number generators. *Journal of the ACM* 14, 100–119.

Cramér, H. 1928. On the composition of elementary errors. *Scandinavian Actuarial Journal* 11, 141–180.

D'Agostino, R. B. 1970. Transformation to normality of the null distribution of g1. *Biometrika* 57(3), 679–681.

D'Agostino, R. B.; Belanger, A. und D'Agostino, Jr. R. B. 1990. A suggestion for using powerful and informative tests of normality. *The American Statistician* 44(4), 316–321.

Daly L. 1992. Simple SAS macros for the calculation of exact binomial and Poisson confidence limits. *Comput. Biol. Med.* 22, 351–361.

David, H. A.; Hartley, H. O. und Pearson, E. S. 1954. The distribution of the ratio in a single normal sample of range to standard deviation. *Biometrika* 41, 482–493.

Dean, R. B. und Dixon, W. J. 1951. Simplified statistics for small numbers of observations. *Anal.Chem.* 23, 636–638.

DIN-Taschenbuch 224. 1989. Qualitätssicherung und angewandte Statistik. Verfahren 1. Beuth Verlag, Berlin, Köln.

Dixon, W. J. 1950. Analysis of extreme values. *Ann. Math. Stat.* 21, 488–506.

Dixon, W. J. 1953. Processing data for outliers. *J. Biometrics* 9, 74–89.

Dobiński, G. 1877. Summierung der Reihe $\sum n^m/n!$ für m = 1, 2, 3, 4, 5, ... Grunert's Archiv, 61, 333–336.

Efron, B. und Tibshirani, R. J. 1993. An introduction to the bootstrap. Chapman & Hall, Inc., New York, London.

Excoffier, L. und Slatkin, M. 1995. Maximum-Likelihood Estimation of Molecular Haplotype Frequencies in a Diploid Population. *Mol. Biol. Evol.* 12(5), 921–927.

Feller, W. 1968. Introduction to probability theory and its applications. Vol. 1, 3rd Ed., John Wiley & Sons, Inc., New York.

Finney, D. J. 1949. On a method of estimating frequencies. *Biometrika* 36, 233–234.

Fishman, G. S. 1975. Sampling from the gamma distribution on a computer. *Communications of the ACM* 19, 407–409.

Fishman, G. S. 1978. Principles of Discrete Event Simulation. John Wiley & Sons, Inc., New York.

Fishman, G. S. und Moore, L. R. 1982. A Statistical Evaluation of Multiplicative Congruential Generators with Modulus. *Journal of the American Statistical Association* 77, 129–136.

Fisz, M. 1989. Wahrscheinlichkeitsrechnung und mathematische Statistik, Dt. Verl. d. Wiss., Berlin.

Freeman, M. F. und Tukey, J. W. 1950. Transformations related to the angular and the square root. *Ann. Math. Statist.* 21, 607–611.

Frigge, M.; Hoaglin. D. C. und Iglewicz, B. 1989. Some Implementations of the Boxplot. *The American Statistician* 43(1), 50–54.

Fushimi, M. und Tezuka, S. 1983. The k-distribution of generalized feedback shift register pseudorandom numbers. *Commun. ACM* 26, 515–523.

Galoisy-Guibal, L.; Soubirou, J. L.; Desjeux, G.; Dusseau, J. Y.; Eve, O.; Escarment, J. und Ecochard, R. 2006. Screening for multidrug-resistant bacteria as a predictive test for subsequent onset of nosocomial infection. *Infect. Control Hosp. Epidemiol.* 27(11), 1233–1241.

Gould, B. A. 1855. On Peirce's criterion for the rejection of doubtful observations, with tables for facilitating its application. *Astronomical Journal* 83(4, 11), 81–87.

Grubbs, F. E. 1950. Sample Criteria for Testing Outlying Observations. *Annals of Mathematical Statistics* 21(1), 27–58.

Grubbs, F. E. 1969. Procedures for detecting outlying observations in samples. *Technometrics* 11(1), 1–21.

Grubbs, F. E. und Beck, G. 1972. Extension of sample sizes and percentage points for significance tests of outlying observations. *Technometrics* 14, 847–854.

Haldane, J. B. 1945. On a Method of Estimating Frequencies, *Biometrika* 33, 222–225.

Hartley, H. O. 1950. The Use of Range in Analysis of Variance. *Biometrika* 37, 271–280.

Hartung, J.; Elpelt, B.; Klösener, K.-H. 1984. Statistik, Lehr- und Handbuch der angewandten Statistik R. Oldenbourg Verlag München, Wien.

Hartung. J. 2002. Statistik – Lehr- und Handbuch der angewandten Statistik. 13. Auflage. R. Oldenbourg Verlag München, Wien.

Hauck, W. W. und Anderson, S. 1986. "A Comparison of Large-Sample Confidence Interval Methods for the Difference of Two Binomial Probabilities," *The American Statistician* 40, 318–322.

Hauck, W. W.; Anderson, S. und Leahy, F. J. 1982. Finite sample properties of some old and some new estimators of a common odds ratio from multiple 2 × 2 tables, *JASA* 77, 145–152.

Hein, H. O.; Suadicani, P. und Gyntelberg, F. 2005. The Lewis blood group – a new genetic marker of obesity. *Int J Obes (Lond).* 29(5), 540–542.

Hoaglin, D. C.; Mosteller, F. und Tukey, J. W. 1983. Understanding Robust and Exploratory Data Analysis. John Wiley & Sons., Inc. New York. Cite uses deprecated parameters (help).

Holgate, P. 1981. Buffon's cycloid, Studies in the history of probability and statistics. *Biometrika* 68(3), 712–716.

Hollander, M. und Douglas A. W. 1973. Nonparametric statistical methods. John Wiley & Sons, Inc., New York.

Hollander, M. und Douglas A. W. 1999. Nonparametric Statistical Methods (2nd ed.). John Wiley & Sons, Inc., New York.

Hollander, M. und Wolf, D. A. 1973. NonparametricStatistical Methods. John Wiley and Sons. New York.

http://en.wikipedia.org/wiki/Hartley's_test&prev$=$/search%3Fq%3Dhartley%2Btest

http://planning.cs.uiuc.edu/node196.html

http://www.medizin.uni-greifswald.de/biometrie/statist/

http://www.statistics4u.com/fundstat_germ/ee_walsh_outliertest.html

http://www.statistics4u.info/fundstat_germ/cc_outlier_tests_dixon.htm

Hwang, J.-S. und Biswas, A. 2008. Odds ratio for a single 2x2 table with correlated binomials for two margins. *Stat. Meth. Appl.* 17, 483–497.

Iglewicz, B. und Banerjee, S. 2001. A simple univariate outlier identification procedure. Proceedings of the Annual Meeting of the American Statistical Association, August 5–9.

Jacobs, K. 1969. Das kombinatorische Äquivalenzprinzip und das arcsin-Gesetz von E. Sparre. Andersen, *Heidelberger Taschenbücher* 49, 53–81.

Jacobs, K. 1992. Discrete Stochastics. Birkhäuser Basel, Boston, Berlin.

Jäger, B. P.; Klassen, E.; Biebler, K.-E. und Rudolph. P. E. 2007. Vergleich des Tests von Liebermeister mit dem exakten Test von Fisher. In: Rainer Muche, R.; Bödeker, R.-H. (Hrsg.): Proceedings der 11. Konferenz der SAS-Anwender in Forschung und Entwicklung (KSFE). Shaker Verlag, Aachen.

Jäger, B. P.; Philipp, T.; Rudolph, P. E. und Biebler, K.-E. 2008. Über Tests von Zufallszahlengeneratoren. In: Hilgers, R.-D.; Heussen, N.; Herff, W.; Ortseifen, C.: KSFE 2008, Proceedings der 12. Konferenz der SAS-Anwender in Forschung und Entwicklung (KSFE), 105–123.

Johnson, M. E. 1987. Multivariate Statistical Simulation. John Wiley, New York.

Johnson, R. E.; Liu, H. 2000. Pseudo-Random Numbers: Out of Uniform, Proceedings of the SUGI 25 conference, Indianapolis, Indiana (http://www2.sas.com/proceedings/sugi25/25/po/25p236.pdf).

Judge, G. G.; Hill, R. C.; Griffiths, W.; Lutkepohl, H. und Lee, T. C. 1988. Introduction to the theory and practice of econometrics. 3rd edn., John Wiley and Sons, New York, 890–892.

Kamat, A. R. 1956. A two-sample distribution-free test. *Biometrika* 43(3-4), 377–387.

Kang, S.-H. und Kim, S.-J. 2004. A Comparison of the Three Conditional Exact Tests in Two-way Contingency, Tables Using the Unconditional Exact Power. *Biometrical Journal* 463, 320–330.

Kendall, M. G. und Buckland, W. R. 1957. A dictionary of statistical terms. Edienburgh, Oliver and Boyd.

Knuth, D. E. 1969. The Art of Computerprogramming. Vol. 2, Addison-Wesley, Reading.

Knuth, D. E. 1981. The Art of Computerprogramming, Vol. 2, Seminumerical Algorithms, 2. ed. Addison-Wesley, Reading.

Kolmogorov, A. 1933. Sulla Determinazione Empirica di una Legge di Duistributione. Giornale dell' Istituto Ialiano delgli Attuar, 4, 1–11.

Kolmogorov, A. 1941. Confidence limits for an unknown distribution function. *Annals of Mathematical Statistics* 12, 461–463.

Kreienbrock, L. und Schach, S. 1996. Epidemiologische Methoden, Spektrum Akademischer Verlag, Heidelberg, Berlin.

Kruskal, W. H. und Wallis, W. A. 1952. Use of ranks in one-criterion variance analysis. *Journal of the American Statistical Association* 47, 583–621.

Kruskal, W. H. 1957. Historical Note on the Wilcoxon unpaired two-sample test. *Journal of the American Statistical Association* 52, 356–360.

Kuiper, N. H. 1960. Tests concerning random points on a circle. Proceedings of the Koninklijke Nederlandse Akademie van Wetenschappen, S. A, 63: 38–47.

Kuipers, L. und Niederreiter, H. 2005. Uniform distribution of sequences. Dover Publications, 129–158.

Kuritz, S. J.; Landis, J. R. und Koch, G. G. 1988. A general overview of Mantel-Haenszel methods: applications and recent developments. *Annual Review of Public Health* 9, 123–160.

Lachin, J. M. 2000. Biostatistical Methods. John Wiley & Sons, Inc., New York.

Lehmann, E. L. und D'Abrera, H. J. M. 2006. Nonparametrics: Statistical Methods Based on Ranks. Springer. Heidelberg, New York.

Leslie, J. R.; Stephens, M. A. und Fotopoulos, S. 1986. Asymptotic Distribution of the Shapiro-Wilk W for Testing for Normality. *The Annals of Statistics* 14(4), 1497–1506.

Levene, H. 1960. Robust tests for equality of variances. In: Olkin, I.; Hotelling, H. et. al. (Eds.): Contributions to Probability and Statistics: Essays in Honor of Harold Hotelling, Stanford University Press, 278–292.

Lewis, T. G. und Payne, W. H. 1973. Generalized feedback shift register pseudorandom number algorithms. *J.ACM* 20(3), 456–468

Li, S. und Wang, Y. 2007. Exploiting randomness on continuous sets. *Information Sciences*, 177(1), 192–201.

Liao, J. G. und Rosen, O. 2001. Fast and stable algorithms for computing and sampling from the noncentral hypergeometric distribution. *The American Statistician* 55(4), 366–369.

Lilliefors, H. 1967. On the Kolmogorov-Smirnov Test for Normality with Mean and Variance Unknown. *Journal of the American Statistical Association* 62, 399–402.

Lord, E. 1947. The use of range in place of standard deviation in the t-test. *Biometrika* 34, 41–67.

Loveland, J. 2001. Buffon, the certainty of sunrise, and the probabilistic reductio ad absurdum. *Arch. Hist. Exact Sci.* 55(5), 465–477.

Mann, H. und Whitney, D. 1947. On a test of whether one of two random variables is stochastically larger than the other. *Annals of mathematical Statistics* 18, 50–60.

Mann, H. B. 1945. Non-parametric test against trend. *Econometrica* 13, 245–259.

Mantel, N. und Haenszel, W. 1959. Statistical aspects of the analysis of data from retrospective studies of disease. *Journal of the National Cancer Institute* 22(4), 719–748.

Marsaglia, G. 1968. Random numbers fall mainly in the planes. *Proc. Nat. Acad. Sci.* 61, 25.

Marsaglia, G.; Ananthanarayanan, K. und Paul, N. J. 1976. Improvements on Fast Methods for Generating Normal Random Variables. *Inf. Process. Lett.* 5(2), 27–30.

Marsaglia, G.; MacLaren, M. D. und Bray, T. A. 1964. A fast procedure for generating normal random variables. *Commun. ACM* 7(1), 4–10.

Mato, A. S. und Andres, A. M. 1997. Simplifying the calculation of the P-value for Barnard's test and its derivatives. *Statistics and Computing* 7, 137–143.

Matsumoto, M. und Nishimura, T. 1998. Mersenne Twister: A 623-dimensionally Equidistributed Uniform Pseudo-random Number Generator. *ACM Transactions on Modeling and Computer Simulation* 8(1), 3–30.

Matsumoto, M.; Saito, M.; Haramoto, H. und Nishimura, T. 2006. Pseudorandom Number Generation: Impossibility and Compromise. *Journal of Universal Computer Science* 12(6), 672–690.

McNemar, Q. 1947. Note on the sampling error of the difference between correlated proportions or percentages. *Psychometrika* 12(2), 153–157.

Meeker, W. O. 1981. A conditional sequential test for the equality of two binomial proportions. *Appl. Statist.* 30(2), 109–115.

Metha, C. R. und Hilton, J. F. 1993. Exact power of conditional and unconditional tests: Going beyond the 2 × 2 contingency table. *The American Statistician* 47(2), 91–98.

Meyer-Bahlberg, H. F. L. 1970. A nonparametric test for elative spread in K unpaired samples. *Metrika* 15, 23–29.

Miettinen, O. S. 1976. Estimability and Estimation in Case-Referent Studies. *Amer.J. Epidemiol* 103, 226–235.

Mikulski, P. und Smith, P. J. 1976. A variance bound for unbiased estimation in inverse sampling. *Biometrika* 63, 216–217.

Mises, R. E. von. 1928. Wahrscheinlichkeit, Statistik und Wahrheit, Julius Springer.

Neave, H. R. 1966. A Development of Tukey's Quick Test of Location. *Journal of the American Statistical Association.* 61(316), 949–964.

Neave, H. R. und Granger, C. W. J. 1968. A Monte Carlo Study Comparing Various Two-Sample Tests for Differences in Mean. *Technometrics.* 10(3). American Society for Quality 509–522.

Nemenyi, P. B. 1963. Distribution-free Multiple Comparisons. PhD thesis, Princeton University.

Newcombe, R. G. 1998a. Interval Estimation for the Difference between Independent Proportions: Comparison of Eleven Methods. *Statistics in Medicine* 17, 873–890.

Newcombe, R. G. 1998b. Two-Sided Confidence Intervals for the Single Proportion: Comparison of Seven Methods." *Statistics in Medicine* 17, 857–872.

Niederreiter, H. 1988. Low-Discrepancy and Low-Dispersion Sequences. *Journal of Number Theory* 30, 51–70.

Niederreiter, H. 1992. Random Number Generation and Quasi-Monte Carlo Methods. Society for Industrial and Applied Mathematics Philadelphia.

O' Brien, R. G. 1979. A general ANOVA method for robust testof additive models for variance. *J. American Stat. Asso.* 74, 877–880.

O'Brien. R. G. 1981. A simple test for variance effects in experimental designs. *Psychological Bulletin* 89, 570–574.

Ortseifen, C. 2000. Der SAS-Kurs – Eine leicht verständliche Einführung. Verlag Redline GmbH.

Pearson, E. S. 1931. Note on tests for normality. *Biometrika* 22(3/4), 423–424.

Pearson, E. S. und Hartley, H. O. 1972. Biometrika Tables for Statisticians. Vol. 2, Cambridge University Press, London.

Pearson, E. S. und Stephens, M. A. 1964. The ratio of range to standard deviation in the same normal sample. *Biometrika* 51, 484–487.

Pearson. E. S. und Hartley, H. O. 1970. Biometrika Tables for Statisticians. Vol 1, Cambridge University Press, London.

Peirce, B. (1852. Criterion for the rejection of doubtful observations. *Astronomical Journal II* 45, 161–163.

Precht, M.; Kraft, R. und Bachmaier, M. 2005. Angewandte Statistik. Oldenbourg, München.

Press, W. H.; Flannery, B. P.; Teukolsky, S. A. und Vetterling, W. T. 1992. Numerical Recipes in Fortran 77: The Art of Scientific Computing. 2nd ed. Cambridge University Press.

Rasch, D.; Herrendörfer, G.; Bock, J.; Victor, N. und Guiard, V. 2007. Verfahrensbibliothek: Versuchsplanung und -auswertung (Mit CD-ROM), Oldenbourg Wissenschaftsverlag München; 2. Auflage.

Rees, D. G. 2000. Essential Statistics. Fourth ed., Chapman & Hall CRC.

Robins, J.; Breslow, N. und Greenland, S. 1986. Estimators of the Mantel-Haenszel variance consistent in both sparse data and large-strata limiting model. *Biometrics* 42(2), 311–323.

Rorabacher, D. B. 1991. Statistical Treatment for Rejection of Deviant Values: Critical Values of Dixon Q Parameter and Related Subrange Ratios at the 95 percent Confidence Level. *Anal. Chem.* 63(2), 139–146.

Rosenbaum, S. 1965. On some two sample non-parametric tests. *Journal of American Statistical Association* 60, 1118–1126.

Ross, S. M. 2003. Peirce's criterion for the elimination of suspect experimental data. *Journal of Engineering Technology* 2(2), 1–12.

Russell, Roberta S. und Taylor III, B. W. 2006. Operations Management. John Wiley & Sons., Inc., New York, 497–498.

Sachs, L. 1991. Angewandte Statistik. 8. Aufl., Springer Verlag Berlin, Heidelberg, New York.

Sachs, L. 1991. Statistische Methoden, Planung und Auswertung. 7. Auflage, Springer Berlin.

Santer, T. J.; Snell, M. K. 1980. Small-Sample Confidence Intervals for p1-p2 and p1/p2 in 2 × 2 Contingency Tables. *Journal of the American Statistical Association* 75, 386–394.

Santner, T. J. und Snell, M. K. 1980. Small-Sample Confidence Intervals for $p_1 - p_2$ and p_1/p_2 in 2 × 2 Contingency Tables. *Journal of the American Statistical Association* 75(370), 386–394.

SAS Institute Inc. 2012. SAS/IML® 12.1 User's Guide. Cary, NC: SAS Institute Inc.

SAS Institute Inc. 2015. Base SAS® 9.4 Procedures Guide, Fourth Edition. Cary, NC: SAS Institute Inc.

SAS Institute Inc. 2015. SAS/STAT® 14.1 User's Guide. Cary, NC: SAS Institute Inc.

Schmidt, C. O. und Kohlmann, T. 2008. When to use the odds ratio or the relative risk? *Int. J. Public Health* 53, 165–167.

Seier, E. 2002. Comparison of Tests for Univariate Normality. Department of Mathematics. East Tennessee State University.

Shapiro, S. S. und Wilk, M. B. 1965. An analysis of variance test for normality (for complete samples). *Biometrika* 52(3/4), 591–611.

Shenton, L. R. und Bowman, K. O. 1977. A bivariate model for the distribution of $\sqrt{b1}$ and b2. *Journal of the American Statistical Association* 72(357), 206–211.

Siegel, S. und Tukey, J. W. 1960. A nonparametric sum of ranks procedure for relativ spread bin unpaired samples. *J. Amer. Statist. Assoc.* 55, 429–448.

Sinha, N. 2011. Analogues of the van der Corput's sequence and Generalized van der Corput sequence (http://hardyramanujan.wordpress.com/2011/02/25/analogues-of-the-van-der-corputs-sequence/).

Smirnov, N. 1948. Table for Estimating the Goodness-of-fit of Empirical Distributions. *Annals of Mathematical Statistics* 19, 279–281.

Sobol, I. M. 1967. Distribution of points in a cube and approximate evaluation of integrals. *Zh. Vych. Mat. Mat. Fiz.* 7, 784–802 (in Russian); U.S.S.R *Comput. Maths., Math. Phys.* 7, 86–112 (in English).

Sobol, I. M. 1971. Die Monte-Carlo-Methode. Deutscher Verlag der Wissenschaften, Berlin.

Stadlober, E. 1989. Sampling from Poisson, binomial and hypergeometric distributions: Ratio of uniforms as simple and fast alternative. Berichte der mathematisch-statistischen Sektion in der Forschungsgesellschaft Joanneum, 303, Graz.

Stadlober, E. 1990. The ratio of uniforms approach for generating discrete random variates. *Journal of Comp. and Appl. Mathematics* 31(1), 181–189.

Stadlober, E. und Zechner, H. 1999. The Patchwork Rejection Technique for Sampling from Unimodal Distributions. *ACM Transactions on Modeling and Computer Simulation* 9(1), 59–80.

Stephens, M. A. 1974. EDF Statistics for Goodness of Fit and Some Comparisons. *Journal of the American Statistical Association* 69, 730–737.

Stephens, M. A. 2005. Anderson–Darling Test of Goodness of Fit In: Encyclopedia of Statistical Sciences. John Wiley & Sons, 2006 (doi:10.1002/0471667196.ess0041.pub2).

Stephens, M. A. und Scholz, F. W. 1986. K-Sample Anderson-Darling Tests of Fit, for Continuous and Discrete Cases. Technical report Department of Statistics, University of Washington Seattle (http://l.academicdirect.org/Horticulture/GAs/Refs/Scholz&Stephens_1986.pdf)

Student 1908. The probable error of a mean. *Biometrika* 6(1), 1–25.

Tarone, R. E. 1985. On Heterogeneity Tests Based on Efficient Scores. *Biometrika* 72(1), 91–95.

Thompson, W. R. 1935. On a Criterion for the Rejection of Observations and the Distribution of the Ratio of Deviation to Sample Standard Deviation. *The Annals of Mathematical Statistics* 6(4), 214–219.

Tietjen, G. L. und Moore, R. 1972. Some Grubbs-type statistics for the detection of several outliers. *Technometrics* 14, 583–597.

Tuchscherer, A.; Rudolph, P. E.; Jäger, B. und Tuchscherer, M. 1999. Ein SAS-Makro zur Erzeugung multivariat normalverteilter Zufallsgrößen. In: Ortseifen, C. (Ed.): Proceedings der 3. Konferenz für SAS-Benutzer in Forschung und Entwicklung. Ruprecht-Karls-Universität Heidelberg, 293–306.

Tuckerman, B. 1971. The 24th Mersenne Prime. *Proceedings of the National Academy of Sciences* of the United States of America 68(10), 2319–2320.

Tukey, J. W. 1959. A Quick, Compact, Two-Sample Test to Duckworth's Specifications. *Technometrics* 1(1), American Society for Quality, 31–48.

Vanderviere, E. und Huber, M. 2004. An adjusted boxplot for skewed distributions. COMPSTAT 2004 Symposium (https://wis.kuleuven.be/stat/robust/papers/2004/boxplotCOMPSTAT04.pdf)

Venables, W. N. und Ripley, B. D. 1999. Modern Applied Statistics with S-PLUS. Springer. Heidelberg New York. Third Ed. of MASS

Wald, A. 1945. Sequential tests of statistical hypothesis. *Ann. Math. Statist.* 16, 117–86.

Wald, A. 1947. Sequential Analysis, John Wiley & Sons, Inc., New York.

Wald, A. und Wolfowitz, J. 1940. On the test whether two samples are from the same population, *Ann. of Math. Statistics* 11, 147–162.

Walsh, J. E. 1950. Some nonparametric tests of whether the largest observations of a set are too large or too small. *Annals of Mathematical Statistics* 21, 583–592.

Walsh, J. E. 1953. Correction to "Some nonparametric tests of whether the largest observations of a set are too large or too small". *Annals of Mathematical Statistics* 24, 134–135.

Walsh, J. E. 1958. Large sample nonparametric rejection of outlying observations. *Annals of the Institute of Statistical Mathematics* 10, 223–232.

Walsh. J. E.; Kelleher, J. und Grace, J. 1973. Nonparametric estimation of mean and variance when a few "sample" values possibly outliers. *Ann. Inst. Stat. Math.* 25, 87–90.

Watson, G. S. 1961. Goodness-of-Fit Tests on a Circle. *Biometrika* 48, 109–114.

Welch, B. L. 1947. The generalization of "Student's" problem when several different population variances are involved. *Biometrika* 34(1–2), 28–35.

Weyl, H. K. H. 1916. Über die Gleichverteilung der Zahlen mod 1. Math. Annalen, LXXVII, 313–352.

Wilcoxon, F. 1945. Individual Comparisons by Ranking Methods. *Biometrics Bulletin* 1, 80–83.

Wilks, S. S. 1948. Order statistics. *Bull. Amer. Math. Soc* 54(1), 6–50.

Wishart, J. und Hirschfeld, H. D. 1936. A theorem concerning the distribution of joins between line segments, *J. of the London Math. Soc.* 11, 227.

Woolf, B. 1955. On estimating the relationship between blood group and disease. *Ann. Human Genetics.* 19, 251–253.

Yazici, B. und Yolacan, S. 2007. A comparison of various tests of normality, *Journal of Statistical Computation and Simulation* 77(2), 175–183.

Stichwortverzeichnis

A

Allelfrequenzschätzung
– sequenziell 216
Andersen, Erik Sparre 101
Anpassungstests (Goodness of fit tests) 354
ARC-SINUS-Gesetz 98
Augensumme zweier Würfel 69

B

Bell-Zahlen 148
Bellzahlen 461
Bonferroni-Adjustierung 330
Box-Muller-Verfahren 123
Bruchteilfolge 34

C

Cardano-Lösungsformeln für kubische
    Gleichungen 29
Choleski-Zerlegung 123

D

Dichte
– F-Verteilung 136
– χ^2-Verteilung 130
– t-Verteilung 134
– Betaverteilung 151
– Cauchy-Verteilung 149
– Erlang-Verteilung 171
– Gammaverteilung 158
– Inverse Gauß-Verteilung 167
– Laplace-Verteilung 164
– logistische Verteilung 173
– Maxwell-Verteilung 166
– Normalverteilung 119
– Pareto-Verteilung 155
– Weibull-Verteilung 162
– zweidimensional normal 122
Diehard-Tests
– χ^2-Anpassungstests 437
– Autokorrelation 477
– bedingter Run-Test nach Wald/Wolfowitz 443
– Binärer Matrix-Rang-Test 473
– Count-The-1's-Test 471
– Coupon Collectors Test 463
– Gap-Test 457
– Geburtstagstest 466
– Kolmogorov-Smirnov-Test 439
– Kubustest 476
– Marsaglias Diehard-Tests 437
– Maximumtest 468
– Monkey-Test 472
– Paartest 438
– Poker-Test 460
– Run-Test 1 nach Knuth 441
– Run-Test 2 442
disjunkte Teilintervalle 63
Dobinski's Formel 148

E

Erdös, Paul 101

F

Funktion
– cumulative distribution function CDF 28
– hypergeometrische 213
– Jonquièresche 218
– Polylogarithmus 217
– probability distribution function PDF 28
– verallgemeinerte hypergeometrische 210

G

Genotypenwahrscheinlichkeiten 191
geometrische Verteilung 77
gewöhnlicher Spielwürfel 63
gezinkter Würfel 67
Gleichgewichtspunkte beim Spiel 96
gleichverteilte Folge modulo 1 34

H

Häufigkeitsdiagramm 2
Hardy-Weinberg-Gesetz 191
Harsanyi, John C. 96
Heterozygote AB 191
Homozygote AA 191

K

Kac, Mark 101
Kendallsche Statistik 271
Konfidenzbereich
– für eine Verteilungsfunktion 261
Konfidenzintervall
– für μ bei bekannter Varianz 229
– für μ bei geschätzter Varianz 230
– für das relative Risiko RR 247

– für den Chancenquotienten OR nach
  Cornfield 254
– für den Chancenquotienten OR nach
  Miettinen 253
– für den Chancenquotienten OR nach
  Woolf 252
– für den Median 231
– für die Differenzen von Medianen
  (gepaart) 235
– für die Differenzen von Medianen
  (ungepaart) 234
– für die Risikodifferenz RD (asymp.) 244
– für die Risikodifferenz RD (Newcombe) 245
– für Parameter p der Binomialverteilung
  (asymp.) 236
– linksoffenes 229
– rechtsoffenes $[X_u, . + \infty)$ 230
– symmetrisches 229
Konfidenzschätzung
– des Parameters p der Binomialverteilung bei
  sequenzieller Methode 214

L
Lotto-Spiel 6 aus 49 87

M
Maximum und Minimum zweier Würfel 72
Median 4
Minimalvarianz
– nach Satz von Rao, Cramer, Darmois 194
– von regulärer Schätzung 193
Monte-Carlo-Methode
– Berechnung der Zahl π 47
– Berechnung von bestimmten Integralen 51
– Flächeninhalt der Kardioide 54
– Integralbestimmung nach Sobol 58
– Nadelexperiment von Buffon 44
– Umfang der Ellipse 55
– Volumenbestimmung für Kegel, Kugel und
  Zylinder 49

N
Nash, John F. 96
normalverteilte Zufallszahlen
– Methode nach großem Grenzwertsatz der
  Statistik 41
– Polar-Methode von Marsaglia 42
Nullsummenspiel 95

O
odds ratio
– Konfidenzschätzung aus Schichten 300
– Logit-Schätzung nach Woolf 300
– Mantel-Haenszel-Schätzung 299
Omnibustest 331

P
Paul, Levy 101
Phänotypenwahrscheinlichkeiten 191
Pokerspiel mit 52 Karten 90
Post Hoc Test 331
Produkt der Augenzahlen zweier Würfel 74

Q
Quantile
– χ^2-Verteilung 132
– Kolmogorov-Smirnov-Verteilung 140

R
Restklassenoperationen ganzer Zahlen 5
Risikomaße
– odds ratio OR 242
– relatives Risiko RR 242
– Risikodifferenz RD 242

S
Schätzung
– asymptotisch erwartungstreu 190
– Bias 189
– EM-Algorithmus 196
– erwartungstreu 189
– Maximum-Likelihood-Methode 187
– Methode der kleinsten Quadrate (MKQ oder
  MLS) 226
– Minimum-χ^2-Methode 227
– mit Minimalvarianz 190
– Momentenmethode 180
– nach Haldane 211
– sequentielle 204
Schätzung für AB0-Blutgruppen
– Bernstein-Lösung 198
– EM-Algorithmus 197
Schnick-Schnack-Schnuck Spiel 93
Seiten, Reinhard 96
Spannweite bzw. statistical range 274
Spannweitenmitte bzw. midrange 274
statistischer Test
– F-Test, Test auf Gleichheit zweier
  Varianzen 304

– U-Test von Mann/Whitney für ordinale Merkmale 296
– χ^2-Test als Median-Test 341
– χ^2-Test als Symmetrietest-Test von Bowker 346
– χ^2-Test als Anpassungstest 339
– χ^2-Test als Unabhängigkeitstest 344
– t-Test 291
– Anderson-Darling-Anpassungstest 361
– ANOVA, Analysis of Variance 305
– Ansari-Bradley-Freund Rangtest auf Varianzhomogenität 318
– Ausreißer nach Thompson-τ-Verfahren 414
– Ausreißer von Tietjen und Moore 408
– Ausreißer, adjustierte Boxplot-Methode 390
– Ausreißer, modifizierte Z-Scores 398
– Ausreißererkennung von Chauvenet 393
– Ausreißererkennung von Peirce 392
– Ausreißertest Maximum-Methode 396
– Ausreißertest nach Walsh 413
– Ausreißertest von Dean und Dixon 400
– Ausreißertest, Boxplot mit Interquartilabstand 389
– Ausreißertest-Boxplotmethode 388
– Bartlett-Test auf Gleichheit der Varianzen 323
– Breslow-Day-Tests 301
– Brown-Forsythe-Test 318
– Cochran-Test auf Varianzhomogenität 311
– Cramér-von-Mises-Anpassungstest 362
– D'Agostino-K^2-Normalitätstest 365
– David-Hartley-Pearson-Test 401
– David-Test auf Normalverteilung 274
– Einstichproben-Trendtest nach Mann 270
– Einstichprobentest für den Erwartungswert einer normalverteilten Zufallsgröße 269
– Einstichprobentest für den Parameter p der Binomialverteilung 268
– exakter Test von Fisher 349
– exakter Test von Liebermeister 352
– Friedman-Test, Rangtest bei mehr als zwei verbundenen Stichproben 325
– gepaarter t-Test 281
– Grubbs-Beck-Test 406
– Grubbs-Test 404
– Hartley-Test auf Varianzhomogenität 308
– Jarque-Bera-Test auf Normalverteilung 363
– Kamat-Test 381
– Kolmogorov-Smirnov-Anpassungstest (KSA-Test) 354

– Kruskal-Wallis-Test für unabhängige Stichproben 335
– Kuiper-Anpassungstest 360
– Levene-Test auf Varianzhomogenität 312
– Lilliefors-Anpassungstest 358
– Lord-Test für kleine normalverteilte Stichproben 293
– Median-Quartile-Test 343
– Neave Schnelltest 373
– Nemenyi-Test nach signifikantem Friedman-Test 329
– O'Brien-Test 318
– Page-Test 332
– Prinzip von Sequenzialtests 419
– sequenzieller t-Test 420
– sequenzieller t-Test von Baker 425
– sequenzieller Test für OR 430
– Siegel-Tukey Rangtest auf Varianzhomogenität 320
– Tarone-Tests 301
– Test von Barnard 353
– Tukey und Rosenbaum Schnelltest 369
– Vorzeichentest für verbundene Stichproben 284
– Welch-Test (t-Test bei ungleicher Varianz) 292
– Wilcoxon-Mann-Whitney-Test 285
– Wilks-Rosenbaum-Test 376
Stichprobe 179
Stichprobenfunktion 179
Stichprobenumfang 179
Stirlingzahl 2. Art 461

T
Transformation von Konfidenzgrenzen 264

U
Urnenmodelle 103
– Binomialmodell 103
– hypergeometrisches Modell 103
– Polynomialmodell 104

V
Verteilung
– F-Verteilung 136
– χ^2-Verteilung 130
– t-Verteilung 134
– Beta 151
– Betaverteilung 28
– binomial 105

– Cauchy 149
– Erlang 171
– Gamma 158
– Gleichverteilung auf dem Intervall [a,b) 6
– hypergeometrisch 117
– inverse Gauß 168
– Laplace 164
– logistische 173
– Maxwell 166
– normal 119
– Pareto 155
– Pareto-Verteilung 28
– Poisson 143
– polynomial 112
– Weibull 162, 185
– zweidimensional normal 122
Verteilungsfunktion
– χ^2-Verteilung 131
– Cauchy-Verteilung 149
– empirische 4
– Erlang-Verteilung 171
– Inverse Gauß-Verteilung 167
– Laplace-Verteilung 164
– logistische Verteilung 173
– Maxwell-Verteilung 166
– Weibull-Verteilung 162

W
Wähle-Dein-Glück Würfelspiel 79
Würfelexperiment 63
Wahrscheinlichkeitsfunktion
– hypergeometrisch 117

– Poisson-Verteilung 143
– polynomial 112
Wurfanzahl bis erstmals eine 6 fällt 76

Y
Yahtzee oder Kniffel Würfelspiel 82

Z
Zufallszahlengenerator
– additiver (oder Fibonacci-) Generator 6
– Akzeptanz-Zurückweise-Regel
    (acceptance-rejection-method) 29
– allgemeines feedback shift register (GFSR) 19
– gemischter Generator 13
– Generatoren im Softwaresystem SAS 61
– irrationaler Generator nach Weyl 33
– irrationaler Generator von Li und Wang 38
– Mersenne-Twister 24
– Methode der Transformation der
    Verteilungsfkt. 26
– multiplikativer Generator 6
– quadratischer Generator 15
– Quadratmitten-Methode 1
– RANDU-Generator 16
– Startwert (engl. seed, Saat) 1
– twisted GFSR-Generatoren (TGFSR) 21
– van der Corput Folge 36
– Zyklenlänge 2
Zweiallelenmodell
– mit Dominanz 191
– ohne Dominanz 191